Estudios de la OCDE sobre Gobernanza Pública: República Dominicana

GESTIÓN DE RECURSOS HUMANOS PARA LA INNOVACIÓN EN EL GOBIERNO

OCDE
MEJORES POLÍTICAS PARA UNA VIDA MEJOR

Este trabajo se publica bajo la responsabilidad del Secretario General. Las opiniones expresadas y los argumentos utilizados en el mismo no reflejan necesariamente el punto de vista oficial de los países miembros de la OCDE.

Tanto este documento como cualquier mapa que se incluya en él no conllevan perjuicio alguno respecto al estatus o la soberanía de cualquier territorio, a la delimitación de fronteras y límites internacionales, ni al nombre de cualquier territorio, ciudad o área.

Por favor, cite esta publicación de la siguiente manera:
OCDE (2015), *Estudios de la OCDE sobre Gobernanza Pública: República Dominicana: Gestión de Recursos Humanos para la Innovación en el Gobierno*, Éditions OCDE Paris.
http://dx.doi.org/10.1787/9789264213067-es

ISBN 978-92-64-21305-0 (impresa)
ISBN 978-92-64-21306-7 (PDF)

Los datos estadísticos para Israel son suministrados por y bajo la responsabilidad de las autoridades israelíes competentes. El uso de estos datos por la OCDE es sin perjuicio del estatuto de los Altos del Golán, Jerusalén Este y los asentamientos israelíes en Cisjordania bajo los términos del derecho internacional.

Las erratas de las publicaciones de la OCDE se encuentran en línea en: *www.oecd.org/about/publishing/corrigenda.htm.*

Prefacio

Este trabajo representa un nuevo enfoque de políticas públicas a los estudios de reformas del sector público, al vincular el marco temático tradicional del empleo público y la gestión de recursos humanos (GRH) estratégica con la innovación del sector público y los retos de prestación de servicios de la República Dominicana. Se basa en aprendizajes pertinentes obtenidos de la experiencia de los países miembros y principales países asociados de la OCDE, sustentados con un análisis económico e institucional del panorama dominicano actual desde una perspectiva regional más amplia.

El estudio brinda un diagnóstico detallado de la gestión del empleo público dominicano, así como soluciones estratégicas y pragmáticas para mejorarla. Las recomendaciones de corto, mediano y largo plazos se basan en evaluaciones en las siguientes áreas prioritarias identificadas: el uso de la planificación y gestión estratégicas de la fuerza laboral, la capacidad del Estado para adquirir y mantener las competencias de ésta y mejorar los valores fundamentales del gobierno, la gestión del desempeño y el liderazgo, las reformas estratégicas de GRH y la capacidad de incorporar enfoques innovadores para una administración pública más eficiente y eficaz que conduzca a una mejor prestación de servicios.

Se presentan varias opciones para aprovechar al máximo los medios públicos disponibles, atendiendo a la brecha entre recursos, demandas y expectativas de los ciudadanos respecto al sector público, rompiendo el círculo vicioso que ha atrapado a países latinoamericanos y caribeños en particular. Las barreras institucionales, organizacionales y regulatorias pueden obstaculizar seriamente la implementación de las reformas del sector público y con ello limitar los beneficios que podrían obtenerse de mejoras en el desempeño en áreas prioritarias como el empleo público y la GRH estratégica.

El estudio se terminó en abril de 2014, bajo los auspicios de la Red de Empleo y Gestión Públicos de la OCDE (PEM, por sus siglas en inglés) anual, como parte del programa de trabajo de la Dirección de Gobernanza Pública y Desarrollo Territorial (GOV, por sus siglas en inglés). Fue solicitado y financiado por el gobierno dominicano (Ministerio de Administración Pública, MAP), bajo el activo liderazgo del ministro Ventura Camejo, con el fuerte apoyo de la Presidencia.

Bajo la dirección de Edwin Lau (Jefe de la División Reforma del Sector Público), el estudio fue coordinado y preparado por Natalia Cerrato. Los capítulos 1 y 6 fueron escritos por Natalia Cerrato. Los capítulos 2, 3, 4 y 5 fueron coescritos por Natalia Cerrato y Maria Maguire. Mario Marcel, Edwin Lau, Christoph Demmke, Daniel Gerson y Marco Daglio aportaron muy valiosos comentarios. Alessandro Lupi brindó asesoría estadística y metodológica para algunas cifras comparativas de empleo público en el capítulo 2.

Lia Beyeler, Natasha Lawrance y Sophie Limoges ofrecieron ayuda administrativa y de producción. La asistencia editorial estuvo a cargo de Jennifer Allain.

La publicación en español de este estudio fue coordinada también por Natalia Cerrato y facilitada por José Antonio García (Centro de la OCDE en México) y Gilda Moreno Manzur (traducción).

La Secretaría General de la OCDE agradece al personal del Ministerio de Administración Pública dominicano (MAP) por su amable colaboración al suministrar información de antecedentes y coordinar muchas entrevistas con actores pertinentes, dentro y fuera de la administración pública nacional.

El proceso de revisión también se benefició, durante las etapas más importantes del proyecto, de la participación, compromiso y entusiasmo de varios expertos nacionales de alto nivel: Alejandro Weber (Chile), Regina Luna Santos de Souza (Brasil), Richard Martinez (Francia), Philippe Vermeulen (Bélgica), Richard Rochefort (Canadá) y Claudia Hernández (Colombia).

Nuestro agradecimiento especial a los dos expertos nacionales de alto nivel que realizaron la revisión por pares durante la semana de investigación llevada a cabo en 2013: Richard Martinez (Francia) y Regina Luna Santos de Souza (Brasil). Ambos, de manera muy dinámica, participaron y contribuyeron a todas las entrevistas realizadas con funcionarios del gobierno dominicano, actores externos y académicos, compartiendo valiosas ideas basadas en sus conocimientos expertos, prácticas nacionales y aprendizajes respectivos.

Índice

Cuadros

Gráficas

Acrónimos y siglas

AIR	Análisis de impacto regulatorio
ALC	América Latina y el Caribe
BID	Banco Interamericano de Desarrollo
CAF	Marco Común de Evaluación (por sus siglas en inglés: *Common Assessment Framework*)
CICC	Convención Interamericana contra la Corrupción
END	Estrategia Nacional de Desarrollo
GpRD	Gestión para Resultados en el Desarrollo
GRH	Gestión de Recursos Humanos
INAP	Instituto Nacional de Administración Pública
IPAC	Iniciativa Participativa Anticorrupción
MAP	Ministerio de Administración Pública
MEPyD	Ministerio de Economia, Planificación y Desarrollo
MH	Ministerio de Hacienda
OCDE	Organización para la Cooperación y el Desarrollo Económicos
ONG	Organización no gubernamental
OPTIC	Oficina Presidencial de Tecnologías de la Información y Comunicación
PEM	Gestión y Empleo Público (por sus siglas en inglés: *Public Employment and Management*)
PyMEs	Pequeñas y Medianas Empresas
RDG	Regulación Dentro del Gobierno

SASP	Sistema de Administración de Servidores Públicos
SISMAP	Sistema de Monitoreo de la Administración Pública
VU	Ventanillas Únicas

Perfil del país

Estructuración territorial e institucional de la República Dominicana

La República Dominicana está dividida en 31 provincias heterogéneas (que incorporan a 155 municipios) y el Distrito Nacional, en el cual se ubica la capital (Santo Domingo de Guzmán). Las provincias son unidades administrativas y políticas que facilitan la delegación de la autoridad gubernamental central en el nivel intermedio. Cada provincia tiene un gobernador civil que es nombrado por el Poder Ejecutivo central, al cual representa. Cada provincia está conformada por dos o más municipios que, a su vez, funcionan como unidades políticas y administrativas.

Gráfica 0.1. Mapa de la República Dominicana

Fuente: OCDE (2013a), *Fiscal Policy for Development in the Dominican Republic: Making Development Happen*, núm. 2, OECD Publishing, París, www.oecd.org/countries/dominicanrepublic/Fiscal%20policy%20for%20development%20in%20the%20Dominican%20Republic.E-Book.pdf.

Cuadro 0.1. Principales indicadores económicos de la República Dominicana, 1960-2010

	1960	1970	1980	1990	2000	2010
Población (millones)	3.31	4.51	5.79	7.19	8.59	9.93
Desempleo, total (% de la fuerza laboral total)	-	-	-	-	14.20	14.30
Inflación, precios al consumidor (% anual)	-	3.82	16.75	50.46	7.72	6.33
Índice de recuento de pobreza a 1.25 USD / día (PPA) (% de población)	-	-	-	-	-	-
Indicadores macroeconómicos						
PIB (USD actuales, millones)	672.40	1 485.40	6 631.00	7 073.67	23 996.66	51 576.21
PIB (USD constantes 2000, millones)	3 019.31	5 293.14	10 534.04	13 315.13	23 996.66	40 196.11
PIB per cápita (USD actuales)	203.21	329.24	1 144.45	983.18	2 792.92	5 195.38
PIB per cápita (USD constantes 2000)	912.47	1 173.24	1 818.07	1 850.70	2 792.92	4 049.04
Ahorro bruto (% del PIB)	-	13.26	15.26	16.07	18.04	8.07
Estructura industrial (valor agregado)						
Agricultura, valor agregado (% del PIB)	-	23.24	20.15	13.42	7.25	6.22
Industria, valor agregado (% del PIB)	-	26.14	28.29	31.41	35.91	32.04
Servicios, etc., valor agregado (% del PIB)	-	50.62	51.56	55.17	56.85	61.74
Estructura de empleo (% de empleo total)						
Agricultura	-	-	-	-	15.90	-
Industria	-	-	-	-	24.30	-
Servicios	-	-	-	-	59.80	-
Proporción empleo-población, 15+, total (%)	-	-	-	-	54.20	55.50
Estructura comercial						
Exportación de bienes y servicios (USD actuales, millones)	172.10	255.90	1 271.00	2 392.77	8 890.16	11 878.94
Exportación de bienes y servicios (% del PIB)	25.59	17.23	19.17	33.83	37.05	23.03
Importación de bienes y servicios (USD actuales, millones)	126.50	365.30	1 919.00	3 090.58	11 006.50	17 648.14
Importación de bienes y servicios (% del PIB)	18.81	24.59	28.94	43.69	45.87	34.22
Recursos humanos						
Fuerza laboral, total	-	-	-	2 850 506.58	3 538 466.29	4 430 037.91
Matrícula escolar, secundaria (porcentaje neto)	-	-	-	-	40.21	62.33
Fuerza laboral con educación terciaria (% del total)	-	-	-	-	10.30	-
Gasto público en educación, total (% del PIB)	-	2.64	-	-	1.91	-

Fuente: OCDE (2013a), *Fiscal Policy for Development in the Dominican Republic: Making Development Happen*, núm. 2, OECD Publishing, París, www.oecd.org/countries/dominicanrepublic/Fiscal%20policy%20for%20development%20in%20the%20Dominican%20Republic.E-Book.pdf.

Recuadro 0.1. Indicadores clave de la República Dominicana, 2012

Población (millones): 10.1

PIB (USD miles de millones): 59.0

PIB per cápita (USD): 5 763

PIB (PPA) como proporción (%) del total mundial: 0.12%

Fuente: Foro Económico Mundial (2013), *Global Competitiveness Report 2013-14*, www.weforum.org/reports/global-competitiveness-report-2013-2014.

Resumen ejecutivo

El Gobierno de República Dominicana reconoce ampliamente la importancia de la gestión de recursos humanos (GRH) para ofrecer servicios públicos de mejor calidad, más oportunos y eficaces. La estrategia de reforma de la GRH de la administración pública se suma de manera decisiva a reformas de mayor alcance del servicio público que a su vez se han inscrito en el plan nacional de desarrollo del país. Esto da a las reformas un fuerte impulso político, el cual resulta fundamental para que se instauren exitosamente.

El pilar central de las reformas de la GRH que están en marcha en la República Dominicana es la creación del servicio público profesional, complementado con un reclutamiento basado en méritos, procesos de empleo y prácticas de GRH orientadas al desempeño. Hoy se dispone de un sólido marco legislativo para el empleo en el servicio público y se están desarrollando prácticas estratégicas de GRH que facilitarán la reestructuración y reasignación de la fuerza laboral. El nuevo sistema de clasificación de puestos de trabajo, una estructura general de pagos y una competencia basada en perfiles laborales ofrecen oportunidades potenciales para desarrollar flexibilidad en la gestión de la fuerza laboral, crear un servicio profesional más cohesionado e impulsar la movilidad. Se está preparando un sistema de gestión basado en las competencias y será una herramienta importante para formar capacidad en la fuerza laboral e inculcar los valores del sector público.

Con la finalidad de contribuir a la mejora en los servicios públicos, se está desarrollando un sistema global de gestión del desempeño, el cual contempla un marco de desempeño integral organizacional e individual. La evaluación y difusión informativa sistemáticas y consistentes cuenta con herramientas en línea que han aumentado la transparencia y la rendición de cuentas.

El mayor reto que la República Dominicana afronta en su esfuerzo por modernizar y profesionalizar su servicio civil es mantener el ímpetu de las reformas y materializar de manera eficaz los planes. Este informe identifica diversos obstáculos clave institucionales, organizacionales, de desempeño y regulatorios que pueden afectar la capacidad para implementar exitosamente las reformas del sector público y limitar los beneficios que pueden derivarse de las mejoras en el empleo público y la GRH estratégica.

La fragmentación institucional en la República Dominicana obstaculiza una asignación eficaz de la fuerza laboral, socava la GRH estratégica y dificulta tener control sobre el número y los costos de empleados. Podría solucionarse la fragmentación, duplicación y proliferación institucional si se reconsideraran la estructura de la administración pública y las relaciones entre entidades. Ello permitiría contar con una administración coherente, sujeta a rendición de cuentas, transparente y con eficiencia de costos, capaz de poner en marcha reformas de gobierno entero de manera más oportuna y efectiva.

El manejo de liderazgo se ha identificado como una brecha en la estrategia de reforma de la República Dominicana. Para sostener las reformas del servicio público se requieren nuevas competencias de liderazgo y gestión, nuevas formas de compromiso entre altos directivos y líderes políticos, así como una mayor cultura de liderazgo corporativo y de gobierno entero. La estrategia de reforma del gobierno carece de medidas para fortalecer el liderazgo y la gestión. Las áreas en que se obtendrían mayores beneficios si se les prestara más atención incluyen procesos de selección más rigurosos, un perfil con competencias de liderazgo, objetivos de desempeño que contemplan responsabilidades de liderazgo corporativas transversales, y desarrollo de liderazgo y gestión.

Otra área que ha recibido poca atención es la planificación de la fuerza laboral. A pesar de las iniciativas gubernamentales para controlar los costos de nómina, en los últimos años el empleo en el sector público ha seguido creciendo rápidamente. Aun considerando la necesidad de formar capacidad para mejorar los servicios públicos, esta tendencia debe controlarse y supervisarse para asegurar que sean viables los incrementos en el número de empleados, bien planeados y focalizados estratégicamente a fin de conseguir mejoras en la cantidad y/o calidad de los servicios.

A fin de superar éstos y otros retos, la agenda de reformas de la República Dominicana requerirá un fortalecimiento constante, un liderazgo sostenido y comprometido por parte de los niveles administrativo y político, así como un enfoque práctico y pragmático para la secuencia de reformas. Con base en la experiencia de los países miembros de la OCDE, este informe presenta recomendaciones y consideraciones clave orientadas a fortalecer y sostener las reformas y su ímpetu en el corto, mediano y largo plazos.

En dichas recomendaciones no subyace una visión de "más estado", sino de "mejor Estado", y se presta atención tanto a lo que el Estado hace mejor como a la creación de confianza y la generación de un crecimiento económico sustentable, cuyas bases sean mecanismos de coordinación sólidos y un marco regulatorio eficaz. Para mejorar la rendición de cuentas, eficacia, efectividad y flexibilidad de la administración pública se necesita un enfoque de gobierno entero para las actividades gubernamentales, de modo que se produzca una ruta de cambio integral, sistemática, progresiva, sostenida y visible.

Adoptar una perspectiva de gobierno entero constituiría una enorme ventaja para administrar el tamaño y la asignación de la fuerza laboral del sector público y para evitar un aumento no planeado en el largo plazo de costos de nómina. En el futuro inmediato, al hacer una revisión estratégica del personal el gobierno podría establecer un punto de referencia para las decisiones acerca de la reasignación y reestructura de la fuerza laboral; podría, asimismo, alentar a las organizaciones a identificar maneras de prestar mejores servicios a pesar de las restricciones presupuestarias.

Se recomienda tomar medidas adicionales para fortalecer los esfuerzos por ampliar e institucionalizar el reclutamiento y la promoción basados en méritos, por ejemplo, recurrir a marcos de rendición de cuentas para asegurar que los ministros y altos directivos se responsabilicen por la implementación de reformas orientadas a méritos en las instituciones a su cargo.

La consolidación del servicio público profesional se vería beneficiado con la incorporación de un marco de GRH basado en competencias, el cual podría mejorar el proceso de reclutamiento, la capacitación y el desarrollo, así como el manejo de desempeño. Dicho marco puede ayudar a identificar las brechas de competencias críticas en la fuerza laboral y desarrollar capacidad para alcanzar los objetivos de gobierno tocantes a la gestión de calidad, la innovación y los resultados tangibles en el servicio público.

Las recomendaciones también se centran en asegurar que el diseño del marco de GRH para el servicio público profesional le permita ser un motor clave de desempeño. Al diseñarse empleos y estructuras de clasificación de puestos de trabajo de forma que se amplíen las estructuras profesionales, y al aumentarse las oportunidades para el aprendizaje en el trabajo y la movilidad, se puede contribuir a fomentar una cultura de desempeño, motivación y diversidad. Un sistema de clasificación de empleos que permita la movilidad tanto horizontal como vertical, así como una organización flexible del trabajo, entraña el potencial de aportar significativamente a los esfuerzos de la República Dominicana por fortalecer el desempeño y la innovación.

Finalmente, la experiencia de los países de la OCDE que han llevado a cabo reformas de GRH coherentes, como las descritas en este informe, destaca la necesidad de tener paciencia, compromiso y un enfoque estratégico ante la secuencia gradual de reformas. Resultados tales como la creación de una cultura orientada al desempeño, el desarrollo de la capacidad de liderazgo transformacional y la generación de una fuerza laboral flexible y ágil siguen siendo retos de todos los países de la OCDE y áreas que requieren continua atención y desarrollo. De ahí que el liderazgo institucional del sistema de GRH del país deba asegurar que tiene la capacidad, los recursos y los sistemas adecuados para mantener la concentración en permitir una mejora continua en el campo de la GRH, sin olvidarse del desempeño organizacional, una mejor prestación de servicios e innovación en la administración pública de la República Dominicana.

El compromiso del gobierno de la República Dominicana de mejorar el papel de sus servidores civiles contribuirá en gran medida al desarrollo que tiene lugar en el país y a su prosperidad futura. Este informe da cuenta de los avances logrados, identifica diversos obstáculos clave y propone una audaz agenda de cambios a través de una serie de recomendaciones orientadas a mantener el ímpetu de la reforma.

Evaluación y recomendaciones clave

La administración pública dominicana afronta retos institucionales y presupuestarios importantes, con una brecha clara entre los recursos, las demandas y expectativas de los ciudadanos respecto al sector público, y las competencias actuales para responder adecuadamente a ellos. No obstante, hay amplio margen para un uso más eficaz de los medios públicos disponibles. Al ser un Estado pequeño con recursos limitados, es necesario que la República Dominicana los aproveche al máximo y se asegure de que su uso rinda el retorno más eficiente y eficaz.

La respuesta no es necesariamente "más estado" sino un "mejor estado", centrado en lo que el estado hace mejor y en generar confianza y crecimiento económico sostenible, con el apoyo de mecanismos sólidos de coordinación y un marco regulatorio eficiente. La mejora de la rendición de cuentas, la eficiencia, eficacia y flexibilidad de la administración pública requiere *un enfoque de gobierno entero* a las actividades gubernamentales, que genere un camino de cambio integrado, sistemático, gradual, sostenido y visible mediante el ordenamiento secuencial.

En este panorama es fundamental garantizar cierta congruencia, continuidad y pragmatismo en el proceso de reforma, incorporando y fortaleciendo lo que es esencial antes de absorber novedades en el ámbito de la administración pública. Igualmente, es importante que el progreso en la reforma del sector público ayude a generar más recursos de la sociedad civil, rompiendo el círculo vicioso que atrapa a los países latinoamericanos y caribeños pequeños en particular. Esto hace más apremiante la necesidad *de enfoques innovadores y soluciones pragmáticas* a retos complejos de la administración pública y de la prestación de servicios. Sin embargo, sólo una estrategia de largo plazo sostenible e incluyente ayudará a identificar las prioridades clave adecuadas y a comprometerse con una agenda de corto y mediano plazos ambiciosa pero realista; esto al perseverar lo suficiente para lograr ganancias cuantitativas y cualitativas tangibles, tanto en términos de gobernanza pública interna como de prestación de servicios externa.

La República Dominicana ha emprendido programas ambiciosos de reforma para modernizar y profesionalizar su administración pública. La mejora de su desempeño en el servicio público es un pilar central de la estrategia Nacional de Desarrollo dominicana. El gobierno dominicano actual está comprometido con la prestación de servicios de mejor calidad, más efectivos y eficientes, la reducción del desperdicio de los recursos públicos y el establecimiento de una cultura profesional orientada a resultados e innovadora en el sector público.

El empleo público y la gestión de recursos humanos (GRH) estratégica pueden desempeñar una función decisiva en la innovación del sector público dominicano al hacer espacio mediante la reestructuración, la reubicación y la eliminación de duplicaciones; al identificar y desarrollar las capacidades necesarias y desarrollar competencia organizacional; al enfocar la gestión del desempeño en los resultados deseados y crear flexibilidad para alcanzarlos, y al lograr el equilibrio entre la rendición de cuentas y la toma de riesgos bien informada.

El Ministerio de administración Pública (MAP) es la autoridad central responsable de la administración pública, el empleo público y la GRH en la República Dominicana. el MaP tiene amplias responsabilidades como Ministerio de administración Pública y ha logrado mucho en su corto tiempo de existencia (2008). El nombramiento de un ministro fuerte y activo (el ministro Ventura Camejo) señala el empoderamiento político.

La creación de un servicio público de carrera basado en méritos es un gran logro que requiere reforzamiento continuo

La República Dominicana ha iniciado un conjunto exhaustivo de reformas de gestión pública, en el cual las reformas de la gestión de recursos humanos (GRH) desempeñan un papel clave. el pilar central de las reformas de GRH es la creación del servicio público de carrera, con el apoyo de la selección basada en méritos, los procesos de empleo y las prácticas de GRH orientadas al desempeño. Los cambios a las prácticas de GRH pueden proporcionar incentivos para que el personal implemente innovaciones en la prestación de servicios. Dado que estas reformas cuestionan el legado de influencia política y nepotismo en el empleo público, se requerirán apoyo político y vigilancia fuertes y continuos para garantizar que el servicio público de carrera y el principio del mérito se establezcan con firmeza.

Si bien ahora se cuenta con un marco legislativo sólido para el empleo en el servicio público, traducir éste a una implementación eficaz plantea retos importantes y requerirá un reforzamiento continuo. La implementación puede fortalecerse al colocar los valores fundamentales más a la vanguardia de las reformas para un cambio sostenido. esto generará confianza e impulsará las mejoras esenciales en la cultura del servicio público, siempre y cuando los valores promovidos por las reformas de GRH cuenten con el apoyo de aquellos demostrados por otras ramas de gobierno.

Para reforzar los encomiables esfuerzos que se realizan para ampliar e institucionalizar la selección y ascensos basados en méritos en todo el servicio público, podría considerarse establecer una agencia independiente de protección de méritos. Si se les asignan los recursos adecuados, estos organismos pueden ser sumamente eficaces. es posible enviar otra señal muy visible del compromiso con el principio de mérito al asegurarse de que los ministros y directivos de alto nivel sean responsables de la implementación de reformas en las instituciones de las cuales son responsables. Se ayudaría a la consolidación del servicio público de carrera al aumentar la rapidez y eficiencia del proceso de selección y asegurarse de que los empleados que se incorporen al sistema de carrera tengan las competencias adecuadas y se encuentren en el sitio adecuado.

La planificación estratégica y la gestión de la fuerza laboral pueden mejorarse

El número de empleados públicos en la república Dominicana se ubica debajo del promedio de la OCDE de 15% de la fuerza laboral, pero es relativamente grande en términos comparativos si se toma en cuenta el nivel de ingresos del país. Sin embargo, la fragmentación institucional obstaculiza la asignación eficiente de la fuerza laboral, debilita la GRH estratégica y dificulta el control de los números y costos de los empleados. Hay un margen importante para aumentar la eficiencia y productividad al reestructurar la administración pública y se requieren esfuerzos adicionales en este campo. Los enfoques innovadores al empleo público y la GRH estratégica pueden ser una fuente importante de ahorro de costos y ayudar al gobierno de la república Dominicana a atender retos emergentes, como el envejecimiento de la fuerza laboral.

Pese a las iniciativas del gobierno para controlar los costos de nómina, el empleo público ha seguido creciendo rápidamente en años recientes. Aun tomando en cuenta la necesidad de desarrollar capacidad para mejorar los servicios públicos, es necesario controlar y vigilar de cerca esta tendencia para asegurarse de que los aumentos en el número de empleados son asequibles y bien planificados, y generarán mejoras en la cantidad y calidad de los servicios, o ambas.

Asumir una perspectiva de gobierno entero sería una importante ventaja para gestionar el tamaño y la asignación de la fuerza laboral pública y evitar un crecimiento de largo plazo no planificado de costos de nómina. Es probable que se recurra a una reestructuración significativa de la fuerza laboral, para garantizar que los números y competencias del personal coincidan con las prioridades de la Estrategia Nacional de Desarrollo (END). En el futuro inmediato, emprender una revisión estratégica de la dotación de personal podría vincularse provechosamente con el objetivo gubernamental de impulsar la innovación en la prestación del servicio público en términos de alentar a las organizaciones a identificar maneras de prestar mejores servicios dentro de restricciones presupuestarias. En el plazo largo, será esencial desarrollar la planificación estratégica de la fuerza laboral, con el fin de fortalecer la capacidad de planificar y asignar a los empleados en forma más eficiente de acuerdo con las prioridades de políticas del gobierno.

Las prácticas de GrH estratégica en proceso de desarrollo dentro del marco del servicio público de carrera facilitarán la reducción del tamaño y la reasignación de la fuerza laboral y, con el tiempo, podrían impulsar una menor dependencia de congelaciones de la selección de personal y recortes del mismo. Los concursos de selección externos, la movilidad y la reorganización son instrumentos clave que tendrían que utilizarse más. También será importante eliminar las barreras estructurales y culturales a la gestión flexible de la fuerza laboral. Por ejemplo, al ubicar a la innovación en el centro de las políticas de modernización de la gestión pública, sobre todo en los sectores más afectados por el envejecimiento.

El nuevo sistema de clasificación de puestos, una estructura común de pagos y perfiles de puesto basados en competencias ofrecen oportunidades para desarrollar flexibilidad en la gestión de los empleados y podrían utilizarse al máximo en la creación de un servicio de carrera más cohesivo y el fomento de la movilidad.

El sistema de gestión de competencias en desarrollo será un activo importante para construir la capacidad de la fuerza laboral e incorporar nuevos valores. Su eficacia aumentará al establecer un marco común de competencias para el servicio público en su conjunto. En un entorno de políticas rápidamente cambiante, las competencias no pueden permanecer estáticas. El desarrollo continuo de competencias presentes y futuras es parte esencial de la flexibilidad y capacidad de solución de problemas que resultan indispensables para que los gobiernos se anticipen al cambio y traten dificultades cada vez más complejas. Un área clave en la que las competencias tendrían que integrarse con la mayor rapidez posible es la formación y desarrollo de personal, orientada a elevar el nivel de calificación de los empleados. Pueden utilizarse competencias para identificar brechas de habilidades decisivas que necesitarán cerrarse para permitir el logro de los objetivos gubernamentales relacionados con la gestión de calidad, la innovación y resultados tangibles en todo el sector público. Cerrar estas brechas requerirá un gran esfuerzo de desarrollo de capacidades, apoyado por un enfoque más estratégico a la formación y desarrollo del personal.

Puede utilizarse una gama de instrumentos de GRH para aumentar la eficacia de la gestión del desempeño

Con el fin de apoyar las mejoras en los servicios públicos, se está desarrollando un sistema exhaustivo de gestión del desempeño, que comprende un marco integrado de desempeño organizacional e individual. Si bien se trata de una reforma de enorme relevancia, la experiencia de los países de la OCDE muestra que la implementación de estos sistemas es un proyecto largo y complejo. Mientras tanto, es urgente fortalecer la gestión individual del desempeño. Como paso intermedio, sería beneficioso avanzar de inmediato con un sistema individual simplificado que se enfoque en los objetivos de desempeño, dejando para un momento posterior el establecimiento de los vínculos con el desempeño organizacional. La eficacia de la gestión individual del desempeño también podría mejorarse con medidas para tratar las calificaciones de desempeño infladas y el mal desempeño.

La gestión de los directivos de alto nivel es un elemento fundamental para reforzar la orientación al desempeño de la gobernanza pública. Los directivos desempeñan una crucial función motivadora en la creación de una cultura de excelencia y alto desempeño, y deben dirigir con el ejemplo. A la espera de la implementación del marco de gestión del desempeño organizacional, que incluirá un contrato de desempeño para altos directivos, la orientación general del desempeño del servicio público se fortalecería al ampliar la evaluación del desempeño individual a todos los directivos.

El marco de GRH para el servicio público de carrera está diseñado para ser un impulsor central del desempeño. Los procesos de selección y ascensos basados en el mérito que permiten que las evaluaciones de desempeño intervengan en el desarrollo y promoción de carrera son un prerrequisito para un énfasis más fuerte en la gestión del desempeño. Diseñar puestos y estructuras de clasificación de puestos en formas que abran las estructuras de carrera, así como aumentar las oportunidades de aprendizaje y movilidad en el trabajo, contribuirán a una cultura de desempeño, motivación y diversidad. Un sistema de clasificación de puestos que permita la movilidad horizontal y vertical, así como la organización flexible del trabajo, puede contribuir significativamente a los esfuerzos de la república Dominicana para fortalecer el desempeño y la innovación.

El desarrollo de métodos de participación y compromiso en el sitio de trabajo para directivos y empleados también puede mejorar el desempeño y contribuir en forma importante a la motivación de los empleados, la promoción de la calidad y la innovación, y la gestión de cambio general en el servicio público de la república Dominicana.

El liderazgo y la gestión deberían recibir mayor atención

El liderazgo eficaz de las reformas por parte de los servidores públicos de alto nivel es clave para el éxito. Resulta esencial tener directivos de alto nivel que brinden no sólo excelentes capacidades de gestión y competencia profesional, sino también liderazgo para el cambio en el sector público. Es más probable que las actividades de desarrollo de liderazgo y gestión sean más eficaces cuando el gobierno de la república Dominicana las define como una alta prioridad, las ubica firmemente en el contexto de las reformas del servicio público y las vincula de cerca con la cultura de calidad, innovación y resultados que el gobierno dominicano desea establecer en todo el servicio público.

Sostener las reformas del servicio público exigirá nuevas competencias de liderazgo y gestión, nuevas formas de participación entre directivos de alto nivel y líderes políticos, y una cultura de liderazgo más corporativo y de gobierno entero. En la estrategia de reforma del gobierno tendrían que figurar de manera más prominente las medidas para fortalecer el liderazgo y la gestión. Las áreas donde una mayor atención rendiría dividendos incluyen procesos de selección más rigurosos, un perfil de competencias de liderazgo, objetivos de desempeño con responsabilidades de liderazgo corporativo transversales y desarrollo de liderazgo y gestión.

Un enfoque más estructurado a la gestión de directivos de alto nivel como grupo proporcionaría al gobierno mayor margen para fortalecer el liderazgo y la gestión, y a la vez mantener una flexibilidad apropiada respecto a los nombramientos. Las medidas emprendidas para acercar a la organización y gestión del servicio público de alto nivel a los criterios latinoamericanos de servicio público son un avance positivo. La creación del servicio público de carrera ofrece la oportunidad de establecer un modo más claro de comunicación entre el nivel político y la administración, así como de crear un grupo de directivos profesionales para llevar a cabo el programa de reforma del gobierno.

Se requiere un desarrollo continuo de capacidades de GRH y por ahora se tendría que poner énfasis en la centralización más que la delegación

Es importante que el gobierno continúe sus esfuerzos para desarrollar capacidad de GRH. El Ministerio de Administración Pública (MAP) debe contar con recursos suficientes para llevar a cabo sus amplias responsabilidades, y es necesario reforzar su autoridad por todos los medios posibles. Si bien el MAP ha adoptado una orientación estratégica clara, aún puede aumentar su eficacia al alinear más cercanamente su estructura con sus prioridades estratégicas. Se requiere desarrollar capacidades en el Instituto Nacional de Administración Pública (INAP) que le permitan asumir una función más estratégica. Es necesario construir la capacidad de la función de GRH dentro de las instituciones y desarrollar las competencias y responsabilidades de GRH de los directivos operativos. Los impresionantes avances e inversión que actualmente se hacen en herramientas en línea, en particular el desarrollo del Sistema de Administración de Servidores Públicos (SASP), es una contribución sumamente valiosa a la mejora de la capacidad de GRH estratégica.

La implementación de las reformas de GRH en un servicio público que en el pasado ha sido regulado laxamente requiere poner énfasis en el monitoreo y control centrales en el presente. No conviene considerar un aumento de la delegación de GRH a directivos operativos en tanto los valores fundamentales no estén bien establecidos y se incorporen marcos fuertes de desempeño y rendición de cuentas. Una vez implementados los sistemas de gestión del desempeño y presupuestos basados en resultados, podrán integrarse a estos marcos arreglos de delegación de GRH.

La implementación de las reformas de GRH puede fortalecerse al atender riesgos potenciales y elementos faltantes, y adoptar un enfoque más gradual

Una fortaleza clave de la estrategia de reforma de GRH en la administración pública dominicana es que se trata de una parte integral de las reformas más amplias del servicio público, y se reconoce cabalmente la importancia de la GRH para lograr servicios públicos de mejor calidad, más sensibles y eficientes. Esto inyecta a las reformas un fuerte ímpetu político que resulta decisivo para el éxito en la implementación. La estrategia de reforma de GRH se fortalecería aún más incluyendo dos elementos que hasta ahora no han recibido atención suficiente: el liderazgo y la planificación estratégica de la fuerza laboral, aunque esto puede requerir algún reordenamiento de las prioridades de implementación.

La implementación puede también apoyarse mediante la identificación de tensiones y amenazas potenciales y el desarrollo de estrategias de gestión de riesgos. Una consideración fundamental a este respecto es el reto de implementar estas reformas complejas y de amplio alcance dentro de un marco de tiempo relativamente corto y en un contexto de recursos limitados. En última instancia, es posible que un enfoque más gradual a la implementación resulte más sostenible, aunque es importante mantener el impulso de la reforma.

La evaluación y presentación de informes sistemáticas y congruentes son esenciales para sostener las reformas. El Sistema de Monitoreo de la Administración Pública (SISMAP) es otro instrumento (en línea) sumamente útil que ha aumentado la transparencia y la rendición de cuentas. El monitoreo y la evaluación pueden desarrollarse más con la presentación pública de informes por parte del MAP y otros organismos centrales al ejecutivo y la legislatura. Asimismo, podría considerarse poner en marcha un requerimiento legislativo para una revisión periódica de los avances al implementar la Ley función Pública 41-08.

Los resultados pueden mejorar significativamente al resolver los principales cuellos de botella de la administración pública e invertir en enfoques participativos pragmáticos para una mejor prestación de servicios públicos

La república Dominicana se beneficiaría en gran medida de un margen de innovación más amplio que conduzca a un enfoque orientado, sostenido y bien integrado para superar las principales barreras institucionales, organizacionales, de desempeño y regulatorias identificadas en su administración pública. Estos cuellos de botella pueden obstaculizar seriamente la capacidad de implementar con éxito las reformas del sector público como un motor para la renovación y mejores soluciones de prestación de servicios centrada en los ciudadanos, limitando los beneficios que pueden conseguirse de las mejoras en áreas prioritarias como el empleo público y la GRH estratégica.

Es importante prestar atención prioritaria a la "maquinaria del gobierno", al atender la fragmentación, duplicación y proliferación institucionales para identificar oportunidades viables de racionalización y reorganización con miras a una administración más congruente, responsable, transparente y rentable que preste mejores servicios. Podría hacerse un mejor uso de los recursos existentes del MAP mediante el cambio a una estructura más sencilla y organizada alrededor de áreas estratégicas en vez de funciones.

En el entorno dominicano podría aumentarse la flexibilidad para adaptar las estructuras organizacionales a las cambiantes necesidades, al alejarse de la actual y rígida práctica de establecer *ex ante* la estructura de las instituciones y las disposiciones de prestación de servicios en la legislación.

Es necesario desarrollar e incorporar, tan rápido como sea posible, la gestión del cambio para apoyar con eficacia los esfuerzos de reestructuración institucional y los promisorios instrumentos de gestión de calidad, ayudando a mejorar la imagen y credibilidad del sector público.

Conviene fortalecer la función del MAP como autoridad central, ya que la implementación de reformas complejas y delicadas, como el nuevo sistema salarial del sector público, requerirá una función central (un empleador público) con un cometido significativamente ajustado. De igual importancia a este respecto es el desarrollo de un enfoque "holístico" bien coordinado y más uniforme a la política de prestación de servicios en el nivel de administración central, apuntalado por una estrategia sólida para su logro, y tomar una decisión en el mediano a largo plazos sobre el modelo organizacional más apropiado de prestación de servicios públicos en la república Dominicana. No se recomienda delegar responsabilidades adicionales al gobierno local en el corto plazo, ya que esto implicaría correr el riesgo de debilitar las reformas que requieren un impulso sostenido por parte del centro del gobierno. Sin embargo, las mejoras tangibles en los servicios públicos exigirán en cierto momento un gran esfuerzo para optimizar la capacidad de los servicios descentralizados, lo cual inevitablemente implica un financiamiento adecuado y un personal con las capacidades adecuadas.

Es fundamental asumir un enfoque gradual a la implementación de un marco organizacional de gestión del desempeño completamente integrado (pero no demasiado complejo), en lugar de intentar establecer un sistema muy sofisticado de una sola vez. Establecer una cultura fuerte de desempeño y avanzar hacia una administración pública orientada al desempeño requerirá más tiempo que un periodo gubernamental. a medida que el marco de desempeño de la república Dominicana se desarrolla, el escenario objetivo puede avanzar más en el largo plazo y podrán fortalecerse los vínculos cruciales con la planificación estratégica, la elaboración de presupuestos e iniciativas clave como la GrH, la gestión de calidad y la reestructuración institucional.

La reforma regulatoria dentro del gobierno puede ayudar a liberar importantes recursos para mejores respuestas de prestación de servicios públicos a ciudadanos y empresas, haciendo que las organizaciones del sector público basadas en reglas rígidas y reguladas en exceso resulten menos onerosas, más eficientes, productivas y flexibles en la implementación del cambio y prácticas innovadoras. Es preferible empezar prestando atención primero a asuntos que conduzcan a mejoras y beneficios políticos visibles dentro de un marco de tiempo razonable (el principio de Pareto), y reservar las reformas regulatorias más complejas pero de todas maneras necesarias hasta la etapa siguiente, más madura (de mediano a largo plazos). Asimismo, podría considerarse el uso eficaz de cláusulas de expiración o revisión en las nuevas regulaciones.

En términos generales, es aconsejable enfocarse en una prestación de servicios innovadora en áreas clave selectas para el desarrollo económico y social del país mediante políticas y acciones focalizadas, en vez de intentar atender todo al mismo tiempo. Las áreas de servicio público como salud y educación, en las que ha iniciado el proceso de cambio en la república Dominicana, ofrecen al gobierno oportunidades de demostrar impactos de corto, mediano y largo plazos, así como construir algún tipo de "caso de negocios".

La calidad y accesibilidad de los servicios públicos básicos podrían mejorar mediante enfoques participativos pragmáticos y focalizados del diseño de políticas a la implementación y evaluación, trabajando con actores internos y externos para entender mejor las necesidades de los usuarios, reconstruir la confianza con base en una comunicación sistemática y abierta, colaborar más eficazmente, obtener retroalimentación sobre servicios públicos e implicar a nuevos aliados en la prestación de servicios.

El instrumento de gobierno móvil en particular puede utilizarse para complementar otras herramientas de gobierno electrónico, como servicios en línea, mejorando la prestación de servicios con un enfoque integrado.

Un uso más amplio de herramientas de gestión pública, como programas de codiseño y coprestación en las estrategias de prestación de servicios públicos podría ser útil para las zonas rurales dominicanas donde los mecanismos tradicionales serían demasiado caros o menos eficaces, ofreciendo una manera interesante y valiosa de pensar en la reorganización de los servicios públicos existentes y/o crear y después proporcionar nuevos.

Recomendaciones clave

Planificación y gestión estratégicas de la fuerza de trabajo para superar los retos actuales y futuros en la prestación de servicios públicos en la República Dominicana

A. Corto plazo (1-2 años)

Es esencial una perspectiva de gobierno entero del tamaño, estructura y asignación de la fuerza laboral para armonizar la dotación de personal con las prioridades gubernamentales. Las medidas que ayudarían a lograrlo incluyen las siguientes:

- Realizar una revisión estratégica de la dotación de personal de servicio público para apoyar un enfoque de gobierno entero a la reestructuración y reducción de la fuerza laboral, así como identificar áreas prioritarias en las que tendría que desarrollarse primero una planificación de la fuerza laboral.
- Utilizar los resultados de una revisión estratégica de dotación de personal para identificar oportunidades de reasignar puestos de acuerdo con las prioridades establecidas en la Estrategia Nacional de Desarrollo (END) y ahorrar.
- Desarrollar medidas focalizadas para elevar la competencia general y el nivel de calificación de la fuerza laboral para apoyar las mejoras en la prestación de servicios, innovación y gobierno electrónico.

Se recomienda seguir mejorando los controles de los números de dotación de personal y costos de nómina. Las medidas que ayudarían a lograrlo incluyen las siguientes:

- Mejorar el control del empleo del personal temporal para asegurar que coincida con las disposiciones de la Ley de función Pública 41-08.
- Garantizar que todas las instituciones del gobierno central participen en el proceso de validación de los presupuestos de su fuerza laboral por parte del MaP y llevar a todas las instituciones al mismo nivel de capacidad a este respecto.

La implementación del sistema de carrera podría fortalecerse más. Las medidas que ayudarían a lograrlo incluyen las siguientes:

- Asignar personal adicional dentro del MAP para supervisar la corrección y calidad procesales del proceso de incorporación de personal al servicio de carrera y acelerar el desarrollo de capacidades de la función de GRH en ministerios y otras instituciones. es necesario que el MAP supervise rigurosamente la calidad del proceso de incorporación. La implementación del servicio público de carrera podría facilitarse más con un enfoque justo y bien coordinado. en el corto a mediano plazos parece requerirse la centralización más que la descentralización.
- Garantizar que el sistema de carrera se aísle de interferencia política y responsabilizar a ministros y directivos de alto nivel de la implementación de dicho sistema. esto podría

hacerse, por ejemplo, mediante una presentación regular de informes al Presidente y al congreso, y/o una revisión regular de los avances al nivel del Gabinete, con el requerimiento de que los ministros rindan cuentas de los avances en las instituciones a su cargo.

- Mantener la vigilancia para evitar una situación en la que las organizaciones busquen derogaciones para optar por salir del sistema de carrera, o simplemente no poner en vigor las disposiciones de la Ley 41-08 en forma oportuna.
- Utilizar los resultados de una revisión estratégica de dotación de personal para guiar un enfoque más focalizado a la incorporación de empleados al sistema de carrera y vincular el proceso de incorporación al proceso de reestructuración institucional. esto ayudará a evitar incorporar a empleados cuyas competencias o funciones quizá no se requieran en el futuro.
- Identificar áreas de buenas prácticas en la gestión estratégica del proceso de incorporación y difundirlas a otras áreas del servicio público. esto podría ser apoyado por el establecimiento por parte del MAP de un modelo para la gestión del proceso de incorporación, con el fin de difundir un enfoque más estratégico a otras instituciones.

Podría utilizarse un conjunto más amplio de instrumentos de GRH para facilitar la reducción y reasignación de la fuerza laboral. Las medidas que ayudarían a lograrlo incluyen las siguiente:

- Utilizar más las disposiciones de la Ley 41-08 para permitir la separación de empleados excedentes con el fin de facilitar la reestructuración organizacional. esto puede requerir asignar financiamiento a instituciones para pagos de despido de personal excedente.
- Sistemas de selección que brinden flexibilidad para contratar personal de todos los niveles (y a la vez aplicar enfoques basados en méritos y evitar el peligro de la politización), focalizar las competencias para puestos específicos y aumentar la diversidad.
- Aumentar las oportunidades de movilidad al realizar más concursos de selección abiertos.
- Desarrollar disposiciones de reorganización para ayudar a reestructurar la fuerza laboral y evaluar si es necesario ampliar las disposiciones sobre duplicación.

Es recomendable planificar la fuerza laboral para apoyar una mejor gestión de costos de la fuerza laboral y su armonización estratégica con las prioridades del gobierno. Las medidas que ayudarían a lograrlo incluyen las siguientes:

- Crear conciencia de la importancia estratégica de la planificación de la fuerza laboral y empezar a desarrollar capacidad entre los directivos y el personal de GRH.
- Como primer paso en esta planificación, desarrollar escenarios del tamaño y la estructura de la fuerza laboral necesarios para cumplir con los objetivos estratégicos del gobierno, y analizar las implicaciones de costo de las diferentes opciones. También podrían desarrollarse proyecciones para sectores clave.
- Desarrollar la competencia del MaP en la planificación de la fuerza laboral y empezar a desarrollar herramientas sencillas y directrices para uso por parte de las organizaciones. conviene establecer una unidad de planificación en el MAP.

Se requerirá implementar la reforma salarial en forma secuencial y cuidadosa, e integrarla bien a otras reformas de GRH. Las medidas que ayudarían a lograrlo incluyen las siguientes:

- Desarrollar un sistema de clasificación de puestos que apoye la cohesión y la movilidad en el servicio público de carrera.
- En la medida de lo posible, desarrollar descripciones de puesto estándares para reemplazar los manuales de descripción de puestos específicos para cada institución.
- Evaluar lo que puede hacerse para desarrollar apoyo para el nuevo sistema. La planificación del nuevo sistema salarial podría incluir una cuidadosa identificación de ganadores y perdedores, así como el desarrollo de medidas de transición.
- Mantener un control central del sistema salarial en vez de la descentralización en el corto a mediano plazos, para establecer un sistema salarial ordenado y obtener un control firme sobre los costos de retribución.

B. Mediano plazo (3-5 años)

Los enfoques innovadores al empleo público y la GRH estratégica pueden ser una fuente importante de ahorros en costos y ayudar al gobierno de la República Dominicana a atender retos emergentes, como el envejecimiento de la fuerza laboral. Las medidas que ayudarían a lograrlo incluyen las siguientes:

- Seguir gestionando el tamaño y la estructura de la fuerza laboral para evitar un crecimiento de largo plazo no planificado en los costos del empleo público. esto será fundamental para el éxito del programa gubernamental de reforma del servicio público.
- Desarrollar la capacidad de registrar y analizar los costos de la retribución de los empleados públicos y los costos de producción de los servicios del gobierno.
- Analizar las tendencias demográficas en todo el servicio público para tener una imagen clara de la estructura de edad de la fuerza laboral y desarrollar políticas para atender el envejecimiento de los empleados del gobierno central. Los retos demográficos actuales y futuros de la fuerza laboral pueden ejercer un impacto importante en la capacidad de la administración pública central de modernizar e innovar más debido a la falta de maneras frescas de pensar y nuevas perspectivas.
- Evaluar las oportunidades de contratar externamente ciertas funciones técnicas y de apoyo con el fin de facilitar la reestructuración de la fuerza laboral y un aumento general en los niveles de capacidad y calificaciones.

El servicio público de carrera tendría que continuar institucionalizado. Las medidas que ayudarían a lograrlo incluyen las siguientes:

- Hacer que la aplicación de las disposiciones de la Ley 41-08 forme parte del contrato de desempeño de los directivos de alto nivel al implementar el sistema de gestión del desempeño organizacional.
- Examinar cómo podría ampliarse el alcance del servicio de carrera con el tiempo, para así garantizar su continua viabilidad.
- Priorizar la creación de carreras transversales y evitar la proliferación de carreras especiales que inhibirían la movilidad y aumentarían el riesgo de distorsionar la estructura salarial.

Los instrumentos de GRH para gestionar el tamaño y la asignación de la fuerza laboral tendrían que seguir desarrollándose. Las medidas que ayudarían a lograrlo incluyen las siguientes:

- Desarrollar la planificación de la fuerza de trabajo y vincularla a los sistemas de planificación estratégica y de presupuestos basados en resultados. es fundamental que los titulares de los ministerios y otras instituciones sean responsables de la planificación de la fuerza laboral al incorporarla al marco de desempeño organizacional.
- Implementar estrategias sectoriales focalizadas, centrarse en asuntos como la planificación de la fuerza laboral para optimizar los niveles de dotación de personal, cerrar brechas de competencias y desarrollar capacidades de GRH.
- Integrar la gestión de competencias a la planificación de la fuerza laboral.
- Desarrollar métodos para registrar la movilidad de los empleados y evaluar las posibles barreras a la movilidad.
- Evaluar la eficacia de las disposiciones de reubicación y continuar mejorando su puesta en práctica.
- Utilizar las competencias para crear un sistema de perfiles de puesto, poniendo énfasis en descripciones genéricas de los puestos en la medida de lo posible, con el fin de apoyar estructuras de carrera flexibles, movilidad y gestión de la clasificación de puestos.

La implementación continua de la reforma salarial podría usarse para ofrecer al gobierno mejores instrumentos de gestión en este ámbito. Las medidas que ayudarían a lograrlo incluyen las siguientes:

- Implementar medidas para reducir la dispersión salarial.
- Desarrollar la capacidad del MAP para el análisis salarial con miras a apoyar el proceso de fijación salarial.
- Analizar el impacto de diferentes métodos de aumento salarial en la evolución de los costos de nómina, para establecer un método que brinde una flexibilidad razonable para que el gobierno gestione los costos, y a la vez ofrecer a los empleados una expectativa razonable de aumento salarial con el tiempo.
- Revisar los subsidios y prestaciones con el fin de reducir el número de componentes salariales adicionales.
- Cambiar el método de determinación salarial al implementar un conjunto más amplio de criterios para guiar las decisiones del gobierno respecto a los ajustes salariales.
- Implementar un enfoque centralizado, de gobierno entero, a la fijación salarial para impedir que las relatividades entre los diferentes grupos se conviertan en un problema.

C. Largo plazo (5 años +)

Conviene seguir fortaleciendo la planificación estratégica y la gestión de la fuerza laboral. Las medidas que ayudarían a lograrlo incluyen las siguientes:

- Implementar medidas adicionales para alentar la movilidad.

- Continuar mejorando la planificación de la fuerza laboral al nivel de gobierno entero y dentro de las instituciones.
- Poner en marcha revisiones de capacidades de las instituciones como una herramienta para apoyar una mejor planificación de la fuerza laboral e impulsar mejoras en la capacidad de las instituciones.

Es importante que se siga mejorando la gestión del sistema salarial y la fijación salarial, así como revisar y reestructurar el sistema de pensiones del servicio público. Las medidas que ayudarían a lograrlo incluyen las siguientes:

- Desarrollar metodologías de evaluación comparativa como insumo a la fijación salarial.
- Utilizar comparaciones internacionales dentro de la región para informar de la fijación salarial a los servidores públicos de alto nivel.
- Desarrollar un enfoque de retribución total a la gestión salarial. La transparencia y competitividad de la retribución mejorarían al generar una "oferta" más clara para los servidores públicos, centrándose no sólo en la retribución, sino también en prestaciones no financieras como pensiones, oportunidades de aprendizaje y oportunidades de desarrollo de carrera.
- Desarrollar un sistema de negociación de salarios —a medida que el sistema de relaciones con empleados madure— que permita al gobierno utilizar la retribución como un valioso instrumento para vincular el pago con mejoras en productividad y áreas prioritarias (como educación) de la Estrategia Nacional de Desarrollo (END), e impulsar objetivos de reforma como la innovación y el desarrollo organizacionales. esto podría también ayudar a evitar el surgimiento de un sistema de relaciones industriales confrontaciones y fragmentado.
- Desarrollar el sistema de retribución como una herramienta de gestión, para aumentar la flexibilidad, influir en la conducta de los empleados y mejorar el desempeño.
- Revisar y reestructurar el sistema de pensiones del servicio público.

Invertir en el futuro mediante la adquisición, desarrollo y retención de talento en la administración pública dominicana

A. Corto plazo (1-2 años)

Se requieren medidas adicionales para establecer con firmeza la selección basada en méritos en todo el servicio público, y aumentar la rapidez y eficacia del sistema de selección. Las medidas que ayudarían a lograrlo incluyen las siguientes:

- Requerir a los ministros que garanticen que la selección basada en méritos se utilice con congruencia en las organizaciones bajo su responsabilidad, para garantizar el respaldo político continuo y fuerte que resulta esencial para el éxito de esta reforma.
- Responsabilizar personalmente a los viceministros y directores generales de aplicar los procedimientos requeridos de selección y promoción, y exigirles que cada seis meses informen del número de empleados contratados y promovidos en las instituciones a su cargo, en comparación con el número de concursos realizados.
- Establecer un organismo independiente de protección de méritos con facultades de investigación, auditoría y presentación de informes.

- Establecer un organismo central de selección para gestionar el proceso de selección para el servicio público de carrera.
- Mejorar la planificación de la selección y llevar a cabo concursos comunes donde sea posible.
- Separar el proceso de control de la dotación de personal central del proceso de planificación de concursos de selección, de modo que éstos puedan organizarse siguiendo un programa diferente de las autorizaciones a puestos abiertos.
- Brindar a las organizaciones la flexibilidad de proceder directamente con un concurso público o un concurso interno abierto si lo consideran necesario.
- Revisar la mezcla de concursos internos y externos en el contexto de la necesidad de atraer nuevas capacidades contra la necesidad de promover la movilidad interna y brindar oportunidades de carrera a los empleados existentes.
- Desarrollar una panorámica de las capacidades que escasean, sobre todo en áreas de alta prioridad, y utilizar más la formación previa a la selección para así ampliar la oferta de candidatos internos y externos.
- Explorar la posibilidad de establecer vínculos con universidades e instituciones que proporcionen formación técnica y profesional, como una manera de desarrollar un canal directo a posibles candidatos a los puestos.

La gestión de competencias es un instrumento clave que podría desarrollarse más. Las medidas que ayudarían a lograrlo incluyen las siguiente:

- Desarrollar un marco de competencias estándar para crear conceptos comunes y permitir la vinculación de competencias con áreas clave de GRH, como planificación, selección, formación y gestión del desempeño de la fuerza de trabajo.
- Hacer que los valores fundamentales del servicio público formen parte del marco de competencias.
- Definir competencias de liderazgo para servidores públicos de alto nivel.
- Identificar competencias que se necesitarán en el futuro para lograr los objetivos gubernamentales de largo plazo.

Se necesita con urgencia desarrollar las capacidades de la fuerza laboral. Las medidas que ayudarían a lograrlo incluyen las siguientes:

- Establecer un marco nacional de formación y desarrollo para fijar prioridades y guiar un esfuerzo de desarrollo de capacidades focalizado.
- Identificar necesidades de formación de capacidades de alta prioridad y establecer un plan de desarrollo a tres años para atenderlas.
- Diseñar un plan de estudios central basado en competencias, que pueda afinarse gradualmente a medida que se desarrolla el marco de competencias.
- Poner en acción al consejo académico como el organismo coordinador general.
- Aclarar las funciones y responsabilidades de formación y desarrollo: las instituciones y directivos operativos tendrán la responsabilidad primordial de su propio personal y el INAP se centrará en su función estratégica.

- Desarrollar programas de liderazgo y gestión basados en competencias y empezar un proceso sistemático de desarrollo de liderazgo y gestión.
- Desarrollar orientación y herramientas para ayudar a las instituciones a realizar análisis de necesidades de formación, a crear sus planes de formación y a evaluar sus actividades de formación y desarrollo.
- Implementar métodos de evaluación de aprendizaje y formación de mejores prácticas.
- Examinar maneras de mejorar la adquisición de programas de formación.

B. Mediano plazo (3-5 años)

Asegurar el uso congruente de la selección basada en méritos tendría que seguir siendo una alta prioridad. Las medidas que ayudarían a lograrlo incluyen las siguientes:

- Una vez establecido un contrato de desempeño para una institución, uno de los criterios de desempeño podría ser el uso congruente de procedimientos de selección y promoción basados en méritos.
- Continuar desarrollando la capacidad del organismo de protección de méritos y el organismo central de selección, y garantizar que ambos cuenten con los recursos adecuados para llevar a cabo sus funciones.
- Implementar medidas para aumentar la diversidad de la oferta de selección.
- Utilizar las disposiciones de la Ley 41-08 para incluir todos los puestos por debajo de casi todo el nivel directivo más alto en el servicio de carrera, y sujetarlos a la selección basada en méritos.
- Una vez que se cuente con tiempo suficiente para que ocurra la rotación y se hagan nuevos nombramientos, el MAP podría evaluar comparativamente y de forma útil la proporción de directivos que se han seleccionado por sus méritos en comparación con otros países de la región.
- Considerar de qué manera la selección para puestos que permanecen fuera del servicio de carrera podría hacerse más rigurosa e inmune al nepotismo, para así ayudar a elevar la calidad general de calificaciones de los empleados y apoyar los objetivos de mejorar la calidad y los resultados en todo el servicio público.
- Llevar a cabo en forma continua la vigilancia, evaluación y presentación de informes de los avances en la implementación de la selección basada en méritos.

Ampliar las oportunidades de carrera ayudará a desarrollar el compromiso de los empleados con los méritos y el profesionalismo. Las medidas que ayudarían a lograrlo incluyen las siguientes:

- Reducir el número de categorías de puestos diferentes al crear categorías de puestos interministeriales en la medida de lo posible.
- Enriquecer el trabajo que se está haciendo en la elaboración de perfiles de puestos basados en competencias para desarrollar un método de organización y agrupamiento de puestos que facilite la flexibilidad, por ejemplo, un modelo de familias de puestos o un conjunto común de puestos de referencia.

Conviene seguir desarrollando la gestión de competencias como un instrumento clave de GRH estratégica. Las medidas que ayudarían a lograrlo incluyen las siguientes:

- Vincular las competencias con la gestión de desempeño y la planificación de la fuerza laboral.
- Integrar las competencias a la selección y desarrollo de directivos.

Se sugiere fortalecer más la formación y el desarrollo y vincularlos con otros procesos de GRH. Las medidas que ayudarían a lograrlo incluyen las siguientes:

- Utilizar la evaluación de desempeño para identificar brechas de competencias y necesidades de formación y desarrollo del personal, y requerir a los directivos que establezcan planes individuales de formación.
- Utilizar la planificación de la fuerza laboral para identificar brechas de competencias y vincularla con los planes de formación dentro de las instituciones, las prioridades de formación y desarrollo para sectores particulares y las estrategias de desarrollo de competencias para el servicio público en su conjunto.
- Transferir la responsabilidad de la formación de inducción a las instituciones dentro de un marco establecido por el INAP.
- Ampliar el aprendizaje electrónico utilizando un enfoque corporativo para desarrollar un sistema de gobierno entero.

C. Largo plazo (5 años +)

Es importante que se dé un ímpetu estratégico a las actividades de desarrollo de liderazgo y gestión en la administración pública dominicana, firmemente colocado en el contexto de reformas del servicio público. Las medidas que ayudarían a lograrlo incluyen las siguientes:

- Establecer un centro estratégico para el aprendizaje y desarrollo de liderazgo, preferiblemente por medio del fortalecimiento de la capacidad del *INAP* (en vez de crear un nuevo organismo). Éste tendría que vincularse estrechamente con la cultura de la calidad, *innovación* y resultados que el *gobierno dominicano* quiere lograr en todo el servicio público.

Mejorar la orientación hacia el desempeño y desarrollar el liderazgo para un desempeño más fuerte del sector público en la República Dominicana

A. Corto plazo (1–2 años)

Conviene fortalecer la gestión del desempeño individual. Las medidas que ayudarían a lograrlo incluyen las siguientes:

- Adoptar un enfoque gradual a la implementación de la gestión de desempeño en lugar de intentar establecer un sistema demasiado complejo de una sola vez.
- Implementar una versión simplificada del nuevo sistema de gestión de desempeño individual que se ha planificado, con un fuerte foco en mejorar la calidad de la fijación de objetivos.
- Abandonar el sistema actual de evaluación del desempeño, que no funciona adecuadamente, de manera que pueda implementarse con rapidez un nuevo sistema simplificado, empezando con el gobierno central y organismos autónomos clave.

- Incluir a directivos de todos los niveles en la gestión de desempeño individual para que haya un liderazgo modelado y descendente.
- Poner en marcha un programa acelerado de formación para directivos operativos y profesionales de GRH en fijación de objetivos y evaluación del desempeño.
- Desarrollar un sistema de gestión de desempeño en línea para reducir la carga de trabajo y la *burocracia.*
- Tomar medidas para atender el problema de la inflación de calificaciones de desempeño.
- Vincular las evaluaciones de desempeño con la identificación del aprendizaje necesario para cerrar brechas de desempeño.
- Implementar un sistema para atender el mal desempeño.

Las reformas del servicio público requieren nuevas competencias directivas y de liderazgo. Las medidas que ayudarían a lograrlo incluyen las siguientes:

- Aclarar la afiliación de categorías directivas y el número de directivos de cada nivel.
- De manera gradual, dar efecto a las disposiciones de la Ley 41-08, que permite al Presidente incluir puestos directivos debajo del nivel de viceministro en el servicio público de carrera. El objetivo podría ser crear una masa crítica de directivos que sean servidores públicos de carrera con una reducción adicional del grado de politización. Esto podría vincularse con el proceso de reestructuración institucional.
- Diseñar un marco de competencias de liderazgo que apuntale la selección, desarrollo y gestión de los directivos.
- Poner en marcha procesos de selección más rigurosos y basados en méritos, apoyados por asesoría profesional.
- Fortalecer la transparencia y el aseguramiento de la calidad en nombramientos de alto nivel y a la vez preservar la influencia gubernamental.
- Implementar la formación para directivos en áreas clave, como *gestión del cambio*, gestión del desempeño y liderazgo.
- Desarrollar apoyo para cambios en la forma en que el servicio público de alto nivel se organiza y gestiona.

B. Mediano plazo (3-5 años)

Las medidas que podrían tomarse para fortalecer más la gestión del desempeño incluyen las siguientes:

- Integrar las competencias al sistema de gestión de desempeño individual una vez que se validen e incluyan en los perfiles de puestos, y a la vez evitar un enfoque excesivamente complicado a la evaluación de competencias.
- Garantizar que el logro de objetivos siga siendo el interés central de la evaluación del desempeño.

- Vincular, de manera gradual, el desempeño individual con la gestión de desempeño organizacional, alentando las oportunidades de aprendizaje.
- Evaluar y continuar mejorando el sistema de gestión de desempeño individual.
- Utilizar el desarrollo de carrera como un incentivo, mediante mejores estructuras de movilidad y promoción, así como alentando a los directivos a brindar a los buenos ejecutores oportunidades de desarrollar nuevas competencias y capacidades con tareas en el sitio de trabajo.
- Hacer que el desarrollo de la capacidad de sus organizaciones sea parte de los objetivos de desempeño de los directivos de alto nivel.
- Desarrollar métodos de compromiso de los empleados para apoyar el desempeño y la innovación.

Las medidas que podrían tomarse para seguir desarrollando la capacidad de gestión y liderazgo incluyen las siguientes:

- Lograr que la dirección de los funcionarios de alto nivel coincida con el modelo de servicio público latinoamericano.
- Desarrollar sistemas e instrumentos para garantizar estándares altos y constantes de gestión y liderazgo.
- Desarrollar el liderazgo colectivo y una perspectiva de gobierno entero entre los directivos de alto nivel.
- Establecer un organismo independiente para asesorar respecto a nombramientos de alto nivel.
- Establecer un proceso estructurado de desarrollo de liderazgo y gestión.

C. Largo plazo (5 años +)

Las medidas que podrían tomarse para ayudar a que la gestión de desempeño avance al siguiente nivel incluyen éstas:

- Considerar establecer un programa formal de carrera como una manera de acelerar el desarrollo de los buenos ejecutores.
- Evaluar si las organizaciones están preparadas para la remuneración relacionada con el desempeño. La implementación de esta remuneración no tendría que ser prioritaria.

Fortalecer las reformas de GRH en la administración pública dominicana para obtener resultados más innovadores y tangibles

A. Corto plazo (1–2 años)

Es esencial seguir incorporando e institucionalizando los valores fundamentales, y promover la gestión basada en valores. Las medidas que ayudarían a lograrlo incluyen las siguientes:

- Fortalecer las regulaciones y supervisión en áreas como selección, promoción, disciplina y ética.

- Escoger con cuidado qué valores se destacan en diferentes etapas del proceso de reforma. Mejorar la calidad, eficiencia y desempeño requerirá, primero y antes que nada, que el servicio público tenga funcionarios seleccionados por méritos, y que la probidad y legalidad se establezcan con solidez. Los valores de rendición de cuentas pública y transparencia son requisitos esenciales de un régimen de gestión orientado al desempeño más flexible.
- Reforzar los valores fundamentales a través de un enfoque de gobierno entero. Estándares consolidados de conducta y ética que cubran a todos los titulares de cargos públicos fortalecerían las medidas ya en vigor.
- Responsabilizar explícitamente a los ministros y servidores públicos de alto nivel de promover los valores.
- Financiar iniciativas de ética como cuestión prioritaria, asignando financiamiento específico para implementar la "Iniciativa Participativa Anti-Corrupción" (IPAC), las medidas relacionadas con la "Convención Interamericana contra la Corrupción" (CICC), la elaboración de códigos de conducta y formación ética.
- Implementar medidas identificadas por la IPAC y el plan de acción asociado con la CICC.
- Fortalecer el marco de aplicación y cumplimiento (incluidas las disposiciones para la investigación y la denuncia), y establecer un organismo independiente para investigar y perseguir esta conducta en un cargo público.
- Hacer un uso más activo de los instrumentos de GRH disponibles para resolver las faltas de ética y conducta por parte de servidores públicos.
- Desarrollar un código de conducta para funcionarios públicos, respaldado por medidas de formación y conocimiento, incluidas herramientas en línea.
- Desarrollar códigos de conducta específicos para puestos de alto riesgo.
- Asignar al MAP la responsabilidad general de desarrollar el marco de ética y evaluar su implementación.
- Clarificar las responsabilidades respectivas del *INAP* y las instituciones que puedan ofrecer formación ética en los niveles central y local, fomentando una coordinación eficaz de actividades de formación.
- Garantizar que el elemento ético del proceso de incorporación de empleados al servicio público de carrera sea muy riguroso en su aplicación y se utilice plenamente para cortar de raíz la corrupción.

La capacidad y autoridad del MAP tendría que seguir desarrollándose para permitirle dirigir y garantizar la implementación de las reformas de GRH. Las medidas que ayudarían a lograrlo incluyen las siguientes:

- Sostener el apoyo político para la reforma, en particular en términos de insistir en el compromiso colectivo de los ministros gubernamentales y los directivos de alto nivel con la implementación de las reformas.
- Desarrollar rápidamente la capacidad organizacional del *MAP* en las áreas que impulsan la implementación de las reformas: planificación de la fuerza laboral, valores y ética, diseño de políticas de GRH y la creación de marcos para apoyar la congruencia en la

aplicación de políticas, la clasificación de puestos, los salarios y las relaciones industriales.

- Reforzar la capacidad del MAP para definir las reglas y garantizar su aplicación en áreas clave, como la incorporación del personal al servicio público de carrera, la selección basada en méritos y la prevención de la contratación no autorizada, hasta el establecimiento pleno de estos sistemas de GRH.
- Desarrollar un perfil de competencias para profesionales de GRH.
- Una formación y selección más rápidas de profesionales de GRH bien capacitados para el MAP, con el fin de ampliar las capacidades de GRH generales y especializadas. Se sugiere examinar las opciones de financiamiento y organización de un programa de desarrollo acelerado de capacidades, tanto en el MAP como en las instituciones, así como formar a profesionales de GRH y a directivos operativos asignando prioridad a áreas clave como selección, gestión de desempeño y disciplina.
- Difundir buenas prácticas de GRH, a partir de la experiencia positiva de compartir prácticas buenas y promisorias de gestión de calidad.

Conocer los posibles riesgos de la implementación y saber cómo anticipar los posibles impactos negativos es parte importante del proceso de reforma. Las medidas que ayudarían a lograrlo incluyen las siguientes:

- Identificar oportunamente los riesgos para la implementación y poner en marcha estrategias explícitas para atenderlos con eficacia.
- Estar alerta a los esfuerzos que debilitan la implementación del servicio público de carrera, por ejemplo, al abandonar o negar recursos a las iniciativas.
- Evitar la excesiva carga de la reforma al intentar hacer demasiado de una sola vez.
- Reforzar las medidas para generar apoyo para las reformas en las instituciones.

Hay varias tensiones estratégicas clave que tendrán que atenderse al avanzar en las reformas de GRH. Las medidas que ayudarían a lograrlo incluyen las siguientes:

- Sacar a la luz tensiones estratégicas e implicar a los actores clave en la discusión sobre cómo tratarlas para tener la oportunidad de participar en un proceso gestionado de solución de problemas y generar apoyo para las soluciones, en vez de permitir que las tensiones debiliten la implementación.
- El MAP podría asumir una posición activa en la identificación de tensiones estratégicas que afectan la implementación de reformas y organizar un enfoque de solución de problemas.

El ordenamiento secuencial de las reformas es muy importante para el éxito en la implementación. Esto requiere una evaluación cuidadosa de qué medidas tienen que ponerse en práctica primero, para aportar la base para reformas adicionales de GRH, y es probable que implique cierto reordenamiento de las prioridades de reforma. Las medidas que ayudarían a lograrlo incluyen las siguientes:

- Concentrarse en un fuerte esfuerzo de implementación en los ministerios del gobierno central y los servicios descentralizados más importantes. En el corto plazo tal vez sea preferible un enfoque sectorial a la implementación, para utilizar mejor los recursos disponibles, creando una masa crítica que pueda ayudar a sostener las reformas. Centrarse en las áreas de servicio público que apoyan las funciones centrales del

Estado, como recaudación de impuestos, justicia y elaboración de políticas, así como en servicios clave, como educación y salud, podría partir de iniciativas ya emprendidas en algunas de estas áreas.

- Dar una mayor prioridad a la creación de las condiciones necesarias para reformas sostenibles al fortalecer los valores fundamentales del servicio público; atender las fallas éticas, la corrupción y el mal desempeño, y desarrollar capacidad de liderazgo.
- Tomar medidas inmediatas para garantizar que las instituciones tengan una dotación de personal y capacidades adecuadas al asignar mayor prioridad a la reestructuración y planificación de la fuerza laboral, la gestión de competencias, la formación y actualización de descripciones de puesto.
- Poner a prueba piloto las reformas en algunas áreas del servicio público antes de proceder a su implementación plena. Esto permite identificar y solventar los problemas en una etapa temprana.
- Evitar un diseño demasiado complejo de las reformas y concentrarse por el momento en elementos que son esenciales para establecer el servicio público de carrera. Siempre es posible añadir después elementos adicionales, a medida que la capacidad de implementar reformas aumenta.

Es necesario fortalecer el liderazgo para la reforma. Las medidas que ayudarían a lograrlo incluyen las siguientes:

- Que el Presidente y los ministros fijen expectativas claras y específicas para que los directivos de alto nivel actúen con liderazgo para impulsar las reformas de GRH en sus instituciones.
- Implicar a los directivos en las decisiones sobre cómo implementar las políticas de GRH es por lo general una manera eficaz de obtener su apoyo y generar su adhesión a las reformas. El MAP debería encontrar formas de interactuar directamente con los funcionarios que ocupan puestos clave en vez de depender únicamente de contactos por medio de sus unidades de GRH.
- Crear un foro consultivo para directivos de alto nivel, presidido por el MAP, con el fin de desarrollar la adhesión a las reformas.
- Identificar a los directivos que podrían ser agentes de cambio e implicarlos en programas piloto para la implementación de las reformas de GRH.
- Medidas sistemáticas de desarrollo de competencias de liderazgo y liderazgo, como se establece en el Capítulo 3.

Se requiere un esfuerzo continuo para obtener el apoyo de actores internos. Las medidas que ayudarían a lograrlo incluyen las siguientes:

- Identificar grupos de actores clave, evaluar sus intereses y probables posiciones y desarrollar estrategias focalizadas para garantizar su apoyo, o en algunos casos, neutralizar la oposición.
- Seguir creando asociaciones de personal como un canal para desarrollar la participación de éste en las reformas y alentar un enfoque colaborativo para implementar el cambio en el nivel del sitio de trabajo, implicando a los directivos y empleados.

Es necesario que las reformas se sostengan con evaluación y presentación de informes. Las medidas que ayudarían a lograrlo incluyen las siguientes:

- Informes regulares de los avances en la implementación, que deberán usarse para destacar áreas problemáticas, identificar obstáculos y sugerir soluciones.
- Prever una revisión legislativa de los avances en la implementación de la Ley 41-08.

B. Mediano plazo (3-5 años)

Seguir fortaleciendo el marco de ética. Las medidas que ayudarían a lograrlo incluyen las siguientes:

- Adoptar un enfoque multifacético para poner en vigor los valores fundamentales, de conformidad con los Principios de la OCDE sobre Conducta Ética en el Servicio Público.
- Continuar las iniciativas para difundir y poner en acción los valores.
- Evaluar y supervisar la aplicación eficaz de valores y ética, con una presentación anual de informes al Ejecutivo y la Legislatura.

Es probable que la división de responsabilidades entre el MAP y las instituciones cambie a medida que se implementen las reformas; es necesario planificar y prepararse para estos cambios con bastante anticipación. Las medidas que ayudarían a lograrlo incluyen las siguientes

- Como parte de la planificación estratégica del MAP, establecer una hoja de ruta para la delegación gradual de ciertas funciones de GRH a los ministerios y otras instituciones del servicio público, sujeta a análisis de riesgo y a ciertas condiciones.
- Identificar áreas de GRH donde se considera esencial ejercer un estricto control central para establecer el servicio público de carrera, y las áreas donde es deseable un régimen más flexible. Podría ser beneficiosa alguna variación en los arreglos de una organización a otra.
- Crear las condiciones para la GRH estratégica dentro de las instituciones al estabilizar los niveles de dotación de personal, implementar el servicio público de carrera y desarrollar herramientas clave como planificación de la fuerza laboral, gestión de competencias y gestión del desempeño.
- Priorizar a organizaciones y sectores en los que se considera deseable contar con una mayor delegación para mejorar la calidad de los servicios públicos e identificar buenas prácticas que podrían servir como un modelo para otros sectores.
- Desarrollar desde el principio responsabilidades de GRH de directivos de alto nivel en los marcos de gestión del desempeño organizacional e individual.
- Utilizar las reformas de gestión financiera como incentivo para que las instituciones implementen las reformas de GRH.
- Seguir desarrollando e implementando herramientas de administración pública y GRH en línea, con un cambio a servicios compartidos. No obstante, los servicios compartidos no garantizan una mayor eficiencia por sí solos: de no implementarse correctamente, pueden conducir a grandes fracasos, con lo que se debilitará seriamente los beneficios esperados de la transformación.

El cambio sostenido requerirá una mayor apertura de canales para la participación del personal. Las medidas que ayudarían a lograrlo incluyen las siguientes:

- Prepararse para posibles presiones por parte de servidores públicos para obtener mayores derechos de representación, con el fin de evitar avances no planificados que pudieran generar dificultades en la gestión de relaciones de los empleados.

Conviene seguir desarrollando la vigilancia y evaluación de las reformas. Las medidas que ayudarían a lograrlo incluyen las siguientes:

- Requerir al MAP que presente al Presidente y al Congreso un informe anual sobre el estado del servicio público y la implementación de la Ley 41-08.
- Vigilar y evaluar de manera continua la integración de reformas relacionadas con la GRH, la gestión financiera y la gestión de desempeño.
- Desarrollar mecanismos externos de evaluación de las reformas.

C. Largo plazo (5 años +)

Es importante prestar una atención prolongada al desarrollo de las relaciones de empleados y mejorar la gestión de desempeño, el control interno y la evaluación de las reformas del sector público. Las medidas que ayudarían a lograrlo incluyen las siguientes:

- Continuar la delegación gradual de ciertas funciones de GRH a las instituciones con el fin de brindar flexibilidad para mejorar el desempeño. Esto podría vincularse con la implementación de la gestión financiera y la gestión de desempeño organizacional, con mecanismos eficaces de supervisión y control en el centro.
- Reforzar la evaluación interna al vincularla con el sistema de gestión orientada a resultados.
- Desarrollar la función de la Contraloría General como un órgano de auditoría, responsable de informar periódicamente sobre los aspectos de rentabilidad y control de las reformas del servicio público.
- Seguir desarrollando las relaciones de empleados a través de un enfoque de alianzas.

Enfoques innovadores complementarios para una administración pública eficiente y eficaz que genere una mejor prestación de servicios en la República Dominicana

A. Corto plazo (1-2 años)

La estructura del gobierno es fundamental para el funcionamiento de una administración pública moderna y un factor clave subyacente a la capacidad institucional, organizacional y de desempeño para implementar con éxito las reformas del sector público como un motor para la renovación y una mejor prestación del servicio centrado en el ciudadano. De manera similar, es importante que los avances en la reforma del sector público ayuden a generar más recursos de la sociedad civil, rompiendo el círculo vicioso que ha atrapado a los países latinoamericanos y caribeños pequeños. Las medidas que ayudarían a lograrlo incluyen las siguientes:

- Garantizar cierta congruencia, continuidad y pragmatismo en el proceso de reforma, integrando y fortaleciendo lo que es esencial antes de absorber novedades y modalidades de administración pública modernas. Esto podría complementarse con el desarrollo horizontal y la incorporación vertical de una mentalidad y cultura profesional compartidas, duraderas, y a la vez orientadas a la obtención de resultados, en el sector público dominicano.

- Fijar prioridades claras y focalizadas, pero no demasiadas; desarrollar un camino de cambio integrado, sistemático, gradual y visible al ordenar secuencialmente; identificar con claridad desde el principio a los "ganadores" y "perdedores" de una reforma (gestión de apoyo y oposición); dar seguimiento y mantenimiento de cierta flexibilidad en la implementación; enfocar la comunicación transparente en resultados, beneficios y costos (gestión de expectativas); explotar ventanas de oportunidad, y la importancia de apreciar el liderazgo fuerte e inspirador.
- Ampliar el alcance innovador y el potencial subyacente de la administración pública dominicana más allá de su actual e importante foco en soluciones de gobierno electrónico. Una visión más amplia y bien integrada podría generar considerables sinergias y aumentar significativamente los beneficios tangibles dentro del empleo público y la GRH, como un facilitador de innovación para otras áreas relacionadas de políticas del sector público dominicano y viceversa; al final esto produciría una mejor prestación de servicios a ciudadanos y empresas.
- Atender la fragmentación, duplicación y proliferación institucionales para alcanzar una administración pública más coherente, responsable, transparente y rentable, que preste mejores servicios, mejorando así la imagen y credibilidad del sector público.
- Una revisión profunda e independiente de la "maquinaria del gobierno" y la evaluación de la administración pública dominicana para identificar oportunidades viables de racionalización y reorganización, aumentando los beneficios que pueden lograrse al mejorar áreas de políticas clave, como el empleo público y la GRH estratégica, alentando una asignación más eficiente de los recursos humanos disponibles y un mejor control de los costos de nómina.
- Una revisión específica de la relación calidad-precio del actual modelo dominicano de prestación de servicios públicos para evaluar su eficiencia y eficacia operativas, incluidos los cambios institucionales requeridos para aumentar la eficiencia de los servicios públicos dentro del marco de una demanda cambiante (en particular en los sectores de salud y educación). Esto podría apoyarse con un proceso sólido de consulta y una estrategia de comunicación.
- La gestión del cambio tendría que desarrollarse tan rápido como sea posible para apoyar con eficacia los programas de reestructuración institucional y los instrumentos promisorios de gestión de la calidad. Estos esfuerzos se apuntalarían con arreglos financieros transparentes, liderazgo de los altos directivos de todo el gobierno y recompensas para aquéllos que dirijan con el ejemplo, impulsen la innovación y brinden apoyo al personal al afrontar éxitos y fallas en los proyectos.
- Utilizar un enfoque basado en evidencias para aclarar y fortalecer la función de valor añadido y los criterios de toma de decisiones para establecer los organismos, agencias, instituciones, unidades (autónomas) y servicios (descentralizados), existentes y nuevos planificados.
- Hacer un mejor uso de los recursos existentes del MAP al cambiar a una estructura más sencilla que gire alrededor de áreas estratégicas más que de funciones. Es recomendable examinar las opciones para consolidar la organización del MAP. Podrían fusionarse unidades muy pequeñas con otras unidades (superpuestas), con el fin de crear más capacidad.

- Podría utilizarse el Plan Estratégico del MAP como base de un plan de gestión multianual de recursos, de modo que puedan preverse los recursos organizacionales disponibles para la implementación de las reformas.
- Fortalecer la función central del MAP, empezando el desarrollo de un enfoque bien coordinado y flexible de gobierno entero a la prestación de servicios públicos, apuntalada por una estrategia sólida orientada a su logro. No se recomienda delegar responsabilidades adicionales al gobierno local en el corto plazo, ya que esto plantearía el riesgo de debilitar reformas que requieren un impulso sostenido por parte del centro del gobierno. Sin embargo, las mejoras tangibles en los servicios públicos demandarán un gran esfuerzo para mejorar la capacidad de los servicios descentralizados.
- Reforzar su entorno propicio para la mejora de la prestación de servicios al consolidar más las responsabilidades del servicio administrativo, actualmente diseminadas en el MAP, los ministerios operativos y las instituciones locales. En el corto plazo, esto significaría una mayor coordinación para armonizar plataformas y prácticas, focalizar mejor los escasos recursos, reducir las duplicaciones y permitir que se compartan costos de desarrollo de herramientas de administración. Esto allanaría el camino para una mayor co-ubicación de los servicios administrativos.
- Además, desarrollar y sostener la capacidad de coordinación, incluso a través de incentivos más fuertes y rendición de cuentas para el trabajo horizontal, la formación para una mayor profesionalización, el apoyo a comunidades de práctica y gestión de calidad.
- Asumir un enfoque gradual a la implementación de un sistema de gestión del desempeño organizacional plenamente integrado (pero no demasiado complejo), en vez de intentar establecer un sistema muy sofisticado de una sola vez. Establecer una cultura fuerte de desempeño y cambiar a una administración pública orientada al desempeño requerirá más tiempo que un periodo gubernamental.
- Implementar una elaboración de presupuestos de programas (no demasiado compleja) para ayudar a que la transferencia del financiamiento y los productos y resultados de desempeño sea más transparente, y facilitar los cambios a la maquinaria del gobierno.
- La transparencia pública suministrada a través del SISMAP podría reforzarse con la rendición política de cuentas mediante un informe regular presentado al Presidente y el Congreso, como sucede en varios países de la OCDE. Otra posibilidad por considerar es una revisión regular de los avances por parte del Gabinete, tal vez con el requerimiento a los ministros de rendir cuentas del progreso en las instituciones de las cuales son responsables. A medida que se desarrolla el sistema de gestión del desempeño para instituciones y altos directivos, es importante integrar a su evaluación de desempeño la aplicación de las disposiciones de la Ley 41-08.
- En términos generales, es recomendable enfocarse en innovar la prestación de servicios en algunas áreas clave para el desarrollo económico y social del país mediante políticas y acciones participativas focalizadas, en vez de intentar atender todo al mismo tiempo.
- Las áreas de servicio público como salud y educación, donde se ha iniciado el proceso de cambio en la República Dominicana, ofrecen al gobierno oportunidades de demostrar impactos de corto, mediano y largo plazos, y desarrollar algún tipo de "caso de negocios".

- Mejorar la calidad y acceso a los servicios públicos básicos mediante enfoques participativos pragmáticos y estratégicos focalizados, al trabajar con actores internos y externos para comprender mejor las necesidades de los usuarios, reconstruir la confianza recurriendo a la comunicación sistemática y abierta, colaborar de manera más eficaz, recibir retroalimentación sobre servicios públicos e involucrar a nuevos aliados en la prestación de servicios para una perspectiva más centrada en el ciudadano.
- Utilizar el instrumento de gobierno móvil en particular —la adopción de tecnologías móviles para apoyar y mejorar el desempeño gubernamental, y fomentar una sociedad más conectada— para complementar otros instrumentos de gobierno electrónico, como servicios en línea, que ayuden a mejorar la prestación de servicios con un enfoque integrado.

La reforma regulatoria en el interior del gobierno puede ayudar a liberar importantes recursos para brindar mejores respuestas de prestación de servicios públicos a ciudadanos y empresas, logrando que las organizaciones del sector público excesivamente reguladas y rígidas, basadas en reglas, sean menos onerosas, más eficientes, productivas y flexibles para implementar el cambio y las prácticas innovadoras. Las medidas que ayudarían a lograrlo incluyen las siguientes:

- Adoptar en el nivel gubernamental más alto, un enfoque claro, exhaustivo y de gobierno entero a la política de reforma regulatoria y su calidad. Éste debería integrar los diversos planes y esfuerzos de reforma, describir los principios en los que se basan, y fijar objetivos, responsabilidades, así como un marco para la implementación.
- Dado el contexto de la República Dominicana, en el cual puede dedicarse largo tiempo a debatir y aprobar las reformas legislativas, podría ser más pragmático, en primera instancia, establecer una política regulatoria por medio de un documento presidencial.
- Considerar el establecimiento de una unidad de coordinación y supervisión de reforma regulatoria de alto perfil (preferiblemente dentro de la Presidencia) responsable de fomentar la eficiencia y la calidad regulatorias en toda la administración pública dominicana, garantizando una gestión regulatoria uniforme y un desarrollo e implementación eficaces de las políticas focalizadas de reforma regulatoria por parte de los ministerios individuales.
- Empezar por prestar atención primero a los asuntos que dan paso a mejoras y beneficios políticos visibles dentro de un marco de tiempo razonable (oportunidades fáciles tangibles y ganancias rápidas).
- Elegir la reserva (la regulación existente) como "punto de entrada" para los esfuerzos de reforma regulatoria, fijando criterios completos y claros para seleccionar una cantidad limitada de regulaciones prioritarias existentes que se revisarán cada año, con base en análisis económicos y complementados con la percepción del "sentido de urgencia".
- Una "exploración rápida" podría ser la opción viable para experimentar y obtener cierta experiencia en los diversos efectos sobre la nueva regulación, antes de avanzar a análisis de impacto regulatorio (AIRs) más completos y sofisticados.

B. Mediano plazo (3-5 años)

La República Dominicana podría beneficiarse en gran medida de un enfoque focalizado sostenido para superar las principales barreras institucionales, organizacionales, de desempeño y regulatorias identificadas en su administración pública. Estos cuellos de botella pueden obstaculizar seriamente la implementación de las reformas del sector público y las soluciones innovadoras de prestación de servicios, limitando los beneficios que pueden lograrse de las mejoras de desempeño en áreas prioritarias como el empleo público y la GRH estratégica. Las medidas que ayudarían a lograrlo incluyen las siguientes:

- Seguir reduciendo la fragmentación institucional mediante la implementación de los resultados de una revisión de la "maquinaria de gobierno".
- Suministrar los recursos necesarios para permitir a la Contraloría General la plena implementación del sistema de unidades de control interno en las instituciones públicas.
- Considerar añadir en el mediano y largo plazos algunas cláusulas en las leyes de creación de agencias sentando las bases para revisar las funciones, el desempeño y el valor añadido de éstas, con el fin de permitir una supervisión y evaluación más regulares de la idoneidad o necesidad continuas de las tareas por desarrollar por parte de una agencia (independiente).
- Seguir fortaleciendo y ampliando la función del MAP como autoridad central, ya que la implementación de reformas complejas y delicadas como el nuevo sistema salarial del sector público requerirá una función central (del empleador público) con un cometido considerablemente ajustado.
- Incorporar una perspectiva más "holística" de la prestación de servicios, abandonando aquélla impulsada por la postura de un nivel gubernamental o interés específicos y centrándose más bien en la eficiencia integral del sector público, así como en el servicio eficaz a la ciudadanía y el ámbito empresarial.
- Para superar esta debilidad de coordinación, se requiere un liderazgo más fuerte que aporte una perspectiva estratégica y orientada a resultados a las actividades de servicio administrativo, identifique vínculos y sinergias en todas las diferentes áreas del servicio administrativo y asegure la capacidad de entregar beneficios reales.
- Podría delegarse al MAP la función y responsabilidad general de uniformar la política de prestación de servicios al nivel de administración central, lo cual facilitaría la toma de decisiones coherente y brindaría mejores servicios públicos. Sin embargo, ello requeriría que se ofreciera el financiamiento adecuado y un personal debidamente calificado.
- Vincular los resultados de una revisión estratégica de la dotación de personal para el gobierno electrónico y otras iniciativas de innovación, para alentar a las organizaciones a identificar maneras de prestar servicios públicos con mayor eficiencia y eficacia.
- La flexibilidad en la adaptación de las estructuras organizacionales a las necesidades en proceso de cambio podría aumentarse en el entorno dominicano al abandonar la actual y rígida práctica de establecer ex ante la estructura de las instituciones y las disposiciones de prestación de servicios en la ley. Al final esto podría ayudar al MAP y a otros actores implicados a ser más innovadores al buscar maneras de brindar servicios públicos con mayor eficiencia y eficacia.
- El diseño organizacional tendría que ser un tema de rendición de cuentas de gestión, controlado por medio del marco de desempeño, y no un asunto prescrito con anterioridad. La función del MAP de supervisión y aprobación de la reestructuración

institucional requerida habría de significar que se tiene un control adecuado sin necesidad de legislar.

- La implementación de un sistema de gestión del desempeño organizacional plenamente integrado requiere innovaciones considerables en la gestión del sector público, lo que implica un esfuerzo coordinado y sostenido de todos los actores institucionales en el mediano y largo plazos, que a menudo trasciende varios periodos de gobierno. Esto facilitará la creación de mecanismos de integración y cooperación necesarios para superar las tradicionales fricciones, falta de coordinación de presupuestos y planificación tan comunes en los países ALC. A este respecto es importante que los actores clave de la reforma institucional tomen en cuenta el ciclo de gestión en su conjunto.
- El tema del financiamiento inicial o semilla es un ejemplo de una condición importante por cubrir si la República Dominicana desea utilizar alianzas pragmáticas con ciudadanos y la sociedad civil para avanzar, en el largo plazo, de la mejora gradual a la transformación focalizada de la prestación de servicios y la innovación.
- Un uso más amplio de herramientas de gestión pública, como métodos de codiseño y coprestación en estrategias rurales de prestación de servicios públicos, formando alianzas —cuando sea viable— con organizaciones cuya cultura facilite la experimentación necesaria para desarrollar soluciones innovadoras. Un enfoque como éste podría ser útil para las zonas rurales dominicanas, donde los mecanismos tradicionales de prestación de servicios serían demasiado caros o menos eficaces, lo que ofrece una manera interesante y útil de pensar en reorganizar los servicios públicos existentes y/o crear y después suministrar nuevos.

La reforma regulatoria no se logra con una política que se implemente de una sola vez; más bien, es resultado de un proceso de mejora continua y una evaluación sistemática de las regulaciones existentes y nuevas. De regulaciones más eficaces y eficientes se desprende un mayor cumplimiento de las políticas. Las medidas que ayudarían a lograrlo incluyen las siguientes:

- Elevar el estatus de una política regulatoria al de ley primaria e incorporarla al marco legislativo en el mediano a largo plazos.
- Concentrarse en identificar, revisar y simplificar las regulaciones de alto impacto (el principio de Pareto) en estrecha colaboración con actores, así como atender, mediante un programa o iniciativa focalizados y bien coordinados, las cargas administrativas más sustanciales, desproporcionadas, irritantes e innecesarias dentro del gobierno, que afectan la prestación de servicios públicos en sectores económicos y sociales cruciales.
- Mantener las menos visibles, más complejas pero necesarias reformas regulatorias hasta la siguiente etapa más madura (mediano a largo plazos). Esto se aplica, por ejemplo, a atender todo el flujo de nuevas regulaciones con exhaustivos instrumentos ex ante (análisis de impacto regulatorio o AIRs), a ayudar a prevenir que surjan nuevas e innecesarias cargas regulatorias al captar las consecuencias completas (beneficios y costos) de los proyectos de regulaciones.
- Tendría que considerarse también el uso eficaz de cláusulas de terminación o revisión en las nuevas regulaciones.

C. Largo plazo (5 años +)

Sólo una estrategia incluyente y de largo plazo ayudará a identificar las principales prioridades correctas y a comprometerse con una agenda ambiciosa, y realista a la vez, de corto y mediano plazos, perseverando el tiempo suficiente para generar beneficios cuantitativos y cualitativos tangibles tanto en términos de gobernanza pública interna como de prestación de servicios externa. Las medidas que ayudarían a lograrlo incluyen las siguientes:

- Identificar áreas en las que el MAP podría, con el tiempo, deshacerse de responsabilidades (por ejemplo, es importante que su función de desarrollo del sistema de relaciones laborales no implique que el ministerio trate casos individuales o se encargue de proteger los derechos de servidores públicos).
- Tomar la decisión en el mediano a largo plazos sobre la forma organizacional más apropiada para la prestación de servicios públicos en la República Dominicana. Esto requeriría una revisión funcional del gobierno, con un análisis de rentabilidad de largo plazo de las nuevas maneras de prestación de servicios públicos. La República Dominicana podría considerar un enfoque en el que todas las actividades de servicio administrativo se consoliden en un ministerio (el MAP).
- Seguir aplicando el sistema de gestión del desempeño organizacional.
- Vincular la planificación estratégica con los sistemas de presupuestos basados en resultados y los sistemas de gestión del desempeño organizacional a medida que éstos se implementan. Vínculos firmes entre los marcos de planificación estratégica, elaboración de presupuestos y desempeño permiten relacionar el gasto gubernamental con el logro de resultados de políticas, y forzar la priorización de objetivos cuando se afronta la limitación de recursos.
- Vincular la gestión de desempeño individual con la gestión del desempeño organizacional, asumiendo un enfoque gradual a la implementación que abrirá oportunidades de aprendizaje. A medida que se desarrolle el marco de desempeño de la República Dominicana, es posible que avance más la fijación de objetivos y se refuercen más los vínculos con la planificación, elaboración de presupuestos e iniciativas clave como la GRH, la gestión de calidad y la reestructuración institucional.
- El establecimiento fructífero de los mencionados vínculos decisivos en la República Dominicana depende de una cooperación eficaz entre el MAP, el Ministerio de Hacienda (MH), el Ministerio de Economía, Planificación y Desarrollo (MEPyD), ministerios individuales y agencias.
- Seguir desarrollando capacidad para implementar alianzas con ciudadanos y la sociedad civil, con miras a una mejor prestación de servicios. Para ser eficaz, la prestación de servicios innovadora requiere también programas de gobernanza local flexibles y adaptables, cultivar entornos que faciliten la formación de reservas de conocimientos, simplificar la toma de decisiones y comprometer más a las comunidades locales al integrar sus puntos de vista y expectativas del diseño de políticas a la implementación y la evaluación.

Capítulo 1

Importancia económica e institucional de la innovación para la República Dominicana desde una perspectiva regional amplia

En este primer capítulo se evalúa el panorama económico e institucional de la República Dominicana en relación con la región de América Latina y el Caribe (ALC), en particular dentro del marco de las funciones asumidas por el Estado. La región afronta varios retos comunes de administración pública, como la calidad del servicio público, el marco regulatorio, la transparencia de la gobernanza y una mayor centralización que en las economías de la OCDE. El análisis general presentado en el capítulo se propone facilitar el proceso de captación plena y mejor comprensión de la naturaleza y la magnitud de las tareas de reforma del sector público enfrentadas actualmente por las burocracias de ALC y la República Dominicana en particular, todas sus implicaciones, en combinación con las expectativas y percepciones de los ciudadanos, así como los recursos públicos disponibles, a menudo limitados. Se presta atención a la importancia de la innovación del sector público y sus impactos, las lecciones aprendidas y las políticas para una administración pública más sostenible e innovadora en la región ALC.

Los datos estadísticos para Israel son suministrados por y bajo la responsabilidad de las autoridades israelíes competentes. El uso de estos datos por la OCDE es sin perjuicio del estatuto de los Altos del Golán, Jerusalén Este y los asentamientos israelíes en Cisjordania bajo los términos del derecho internacional.

Introducción

Considerando las recomendaciones planteadas por el Banco Mundial, el Fondo Monetario Internacional (FMI), la OCDE y otras organizaciones, así como su propio análisis de los retos y opciones disponibles, el Gobierno de la República Dominicana ha adoptado un programa de reforma ambicioso y de largo plazo, reflejado en la Estrategia Nacional de Desarrollo (END) 2010-2030 del Ministerio de Economía, Planificación y Desarrollo (MEPyD). La estrategia se convirtió en la Ley Orgánica de la Estrategia Nacional de Desarrollo de la República Dominicana 2030 (aprobada en enero de 2012) y se basa en la siguiente Visión de la Nación de largo plazo:

> *República Dominicana es un país próspero, donde las personas viven dignamente, apegadas a valores éticos y en el marco de una democracia participativa que garantiza el Estado social y democrático de derecho y promueve la equidad, la justicia social y una sociedad más igualitaria, que gestiona y potencia sus recursos para desarrollarse de manera innovadora, sostenible y territorialmente integrada y se inserta competitivamente en la economía global (MEPyD, 2010).*

La END se propone reducir considerablemente la pobreza del porcentaje actual, 34%, a 15%, y asegurar la cobertura educativa para el 100% de la población. Los objetivos de desarrollo de la estrategia incluyen reducir la proporción de la población en pobreza extrema de 10% a 5% entre 2010 y 2020, así como aumentar el ingreso bruto per cápita de USD 4,390 en 2010 a USD 7,753 hacia 2020.

La estrategia nacional apunta a cuatro objetivos clave: 1) la consecución de un Estado que sirva a sus ciudadanos mediante el Estado de derecho, transparencia y eficiencia; 2) mayor cohesión social, con una considerable reducción de la pobreza y la desigualdad; 3) desarrollar una economía fuerte e innovadora capaz de competir en los mercados globales, y 4) gestionar los retos del medio ambiente y el cambio climático.

Por consiguiente, el gobierno dominicano se compromete con una estrategia de largo plazo que aporte mejor calidad, preste servicios más efectivos y eficientes, reduzca el desperdicio de recursos públicos y establezca una cultura orientada a la obtención de resultados.

Durante los pasados 20 años, República Dominicana ha contado con la economía de crecimiento más rápido en América Latina y el Caribe (ALC) en términos del Producto Interno Bruto (PIB) per cápita, con un crecimiento anual promedio de 4% (Hausmann et al., 2012). Sin embargo, varios estudios indican que la tasa de crecimiento económico de República Dominicana se desacelerará, lo que podría provocar problemas de sostenibilidad fiscal (Hausmann et al., 2012). De manera similar, otro estudio reciente plantea que el país afronta dificultades en el ámbito de la sostenibilidad fiscal y recomienda que el gobierno tome medidas para reducir su déficit primario (BID, 2013). Conviene que el proceso de creación de la sostenibilidad fiscal se acompañe con avances en la implementación de la END.

A medida que la disponibilidad de los recursos públicos disminuye, la República Dominicana requiere aumentar los ingresos y bajar los gastos. Por el lado de los ingresos, el gobierno aprobó recientemente una ley de reforma fiscal (Ley 253-12) que se espera aumente los ingresos provenientes del impuesto sobre la renta y el impuesto sobre las ventas. Por el lado de los gastos, es necesario que la política se centre en la eficiencia y eficacia del gasto público. En su publicación República Dominicana: Estrategia de País del BID (2010-2013), el Banco Interamericano de Desarrollo (BID) afirmó que "el gasto ineficiente (…) y la mala calidad del servicio ponen en riesgo la capacidad de restituir el crecimiento económico y la salud fiscal en el largo plazo (BID, 2013). Otros estudios avalan esta opinión. Por ejemplo, la Alianza Estratégica entre el Banco Mundial y la República Dominicana sostiene que hay "una capacidad limitada de las instituciones públicas para generar resultados tangibles" (Banco Mundial, 2009), en tanto que el Global Competitiveness Report 2013-14 clasifica a la República Dominicana en el sitio 138 (de 148 países) en lo que respecta a desperdicio del gasto gubernamental (Foro Económico Mundial, 2013).

Esto destaca la importancia de aspectos como una mayor eficiencia, eficacia y transparencia del gasto gubernamental, así como la participación institucional en la asignación y evaluación de los gastos fiscales. Dado que los dominicanos perciben que el sector público carece de legitimidad fiscal, es necesario establecer prioridades de gasto mediante el consenso con diferentes sectores de la sociedad en un proceso abierto de consulta y negociación.

Factores como el tamaño del Estado, corrupción, volatilidad, expectativas de los ciudadanos y falta de confianza distan mucho de ser independientes, ya que generan un círculo vicioso con implicaciones particularmente graves para países más pequeños de la región ALC.

Gráfica 1.1. Etapa de desarrollo - República Dominicana

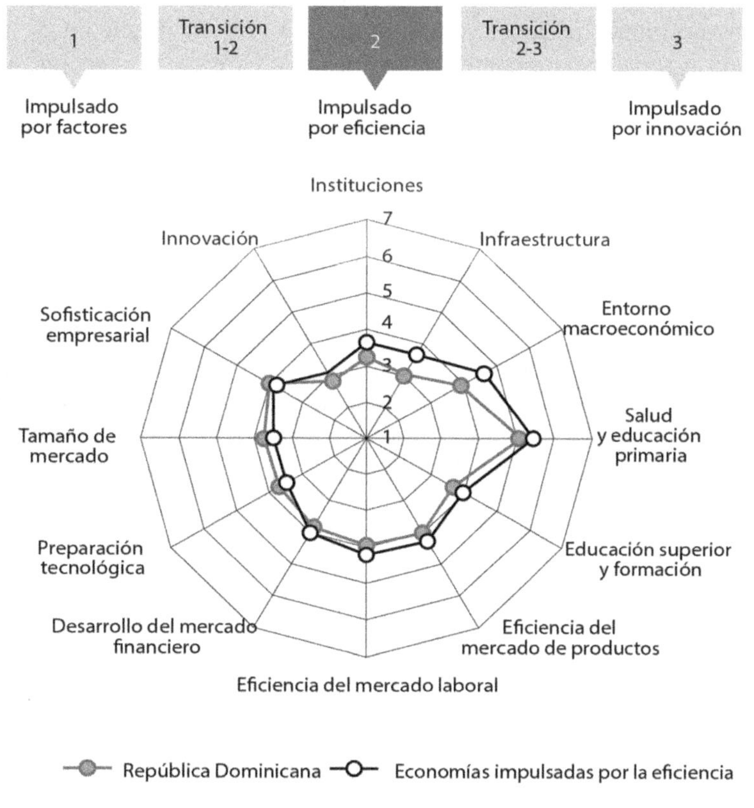

Fuente: Foro económico Mundial (2013), *Global Competitiveness Report 2013-14*, Foro económico Mundial, www.weforum.org/reports/global-competitiveness-report-2013-2014.

Tradicionalmente los *dominicanos* no parecen percibir que sus *servicios públicos* tengan una alta calidad en general.

Cuadro 1.1. Índice de Satisfacción con los Servicios del Estado (2009-2011)

	Total 2009	Total 2010	Total 2011
Argentina	4.5	5.6	5.9
Bolivia	4.7	3.9	4.1
Brasil	4.3	5.0	4.2
Chile	5.5	5.3	4.3
Colombia	5.9	5.1	5.2
Costa Rica	5.9	5.9	5.9
República Dominicana	5.5	4.9	4.5
Ecuador	5.0	6.1	6.7
El Salvador	5.9	5.6	6.2
Guatemala	5.4	4.3	4.7
Honduras	5.3	4.0	4.3
México	5.0	5.0	4.9
Nicaragua	5.1	5.4	5.5
Panamá	5.2	5.1	5.6
Paraguay	4.5	4.3	4.4
Perú	3.9	3.7	3.9
Uruguay	7.3	6.4	6.4
Venezuela	4.6	4.8	4.7
América Latina	**5.2**	**5.0**	**5.1**

Fuente: Latinobarómetro (2011), www.latinobarometro.org.

Por ejemplo, casi un cuarto de la población parece estar bastante insatisfecha con la calidad de los hospitales públicos, en comparación con un promedio de menos de un décimo en todos los países latinoamericanos (véase la Gráfica 1.2, sección A). La falta de confianza en el gobierno y la baja satisfacción con la calidad de los *servicios públicos* por lo general disminuye la disposición a pagar impuestos (BID, 2009). Por consiguiente, no es de sorprender que la *República Dominicana* tenga la segunda menor moral fiscal (disposición para pagar impuestos) de la región (véase la Gráfica 1.2, sección B). Si bien el porcentaje promedio de los ciudadanos de países de ALC que opinan que la evasión fiscal nunca se justifica es de 45%, en *República Dominicana* la cifra se ubica en menos de 30%. Probablemente esta diferencia se deba en parte a otros factores como altos impuestos y corrupción, pero éstos no son lo suficientemente prominentes como para explicar esta diferencia respecto a otros países de la región ALC. Por consiguiente, más bien parece que las diferencias en la calidad de los *servicios públicos* constituyen un factor destacado.

Gráfica 1.2. Satisfacción con los servicios públicos de salud y moral fiscal

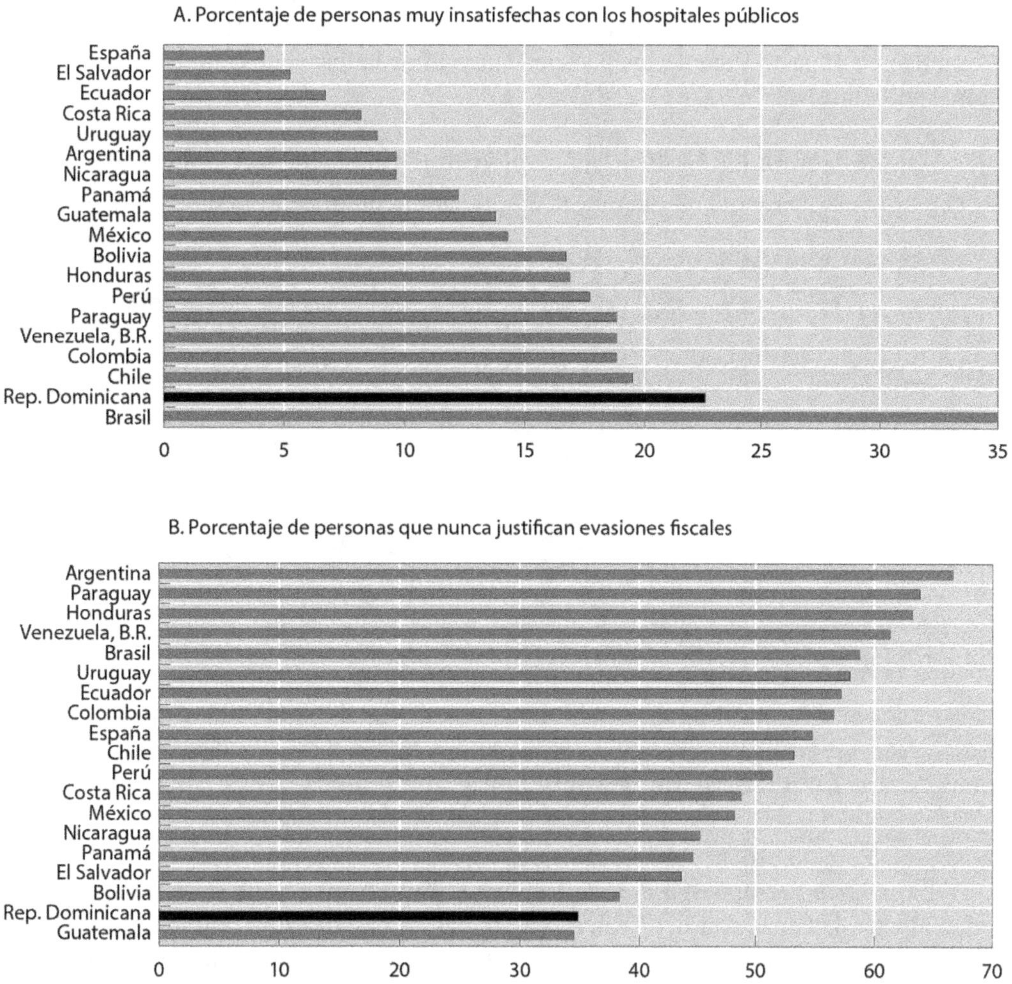

Fuentes: Latinobarómetro (2010), www.latinobarometro.org; *Fiscal Policy for Development in the Dominican Republic: Making Development Happen*, núm. 2, OECD Publishing, París, www.oecd.org/countries/dominicanrepublic/Fiscal%20policy%20for%20development%20in%20the%20Dominican%20Republic.E-Book.pdf.

Una moral fiscal más baja implica un problema adicional: establecer prioridades de gasto y decidir cómo financiarlas. La *Estrategia Nacional de Desarrollo (END)* estipula las políticas de desarrollo hasta 2030 y es necesario aumentar los ingresos fiscales para financiarlas. Si se pagan menos impuestos, se abre una brecha entre los ingresos necesarios para gastar en desarrollo y los ingresos recaudados. Esto alimenta un círculo vicioso en el que las prioridades de política de desarrollo no corresponden a las finanzas públicas en el mediano y largo plazos.

El gasto público se distribuye en una forma perjudicial para los sectores con el mayor potencial de crear crecimiento económico, la cual contribuye a las bajas expectativas en el renglón del gasto público. Por lo general, la distribución de éste ha desfavorecido de alguna manera las prioridades de políticas de desarrollo, reflejadas sobre todo en el gasto en *educación y salud.* El gobierno se ha visto forzado a atender otros compromisos, como el servicio de su deuda, el cual requiere una enorme cantidad de recursos fiscales (véase la Gráfica 1.3). La siguiente gráfica muestra que el gasto en *salud y educación* permaneció relativamente estable, aunque bajo, entre 2000 y 2010, en tanto que el servicio de la deuda utilizó una parte sustancial del presupuesto anual después de la crisis de 2003-2004. En infraestructura de producción, como energía y transporte, gran parte del impulso en el gasto durante los pasados cinco años ha provenido de la infraestructura de transporte masivo.

Gráfica 1.3. Gasto del gobierno central en la República Dominicana

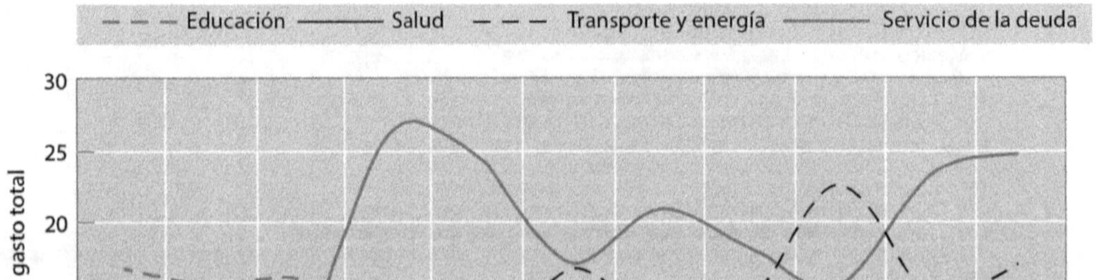

Nota: Con base en información proporcionada por el Ministerio de Hacienda (2013) dominicano.

Fuente: OCDE (2013a), *Fiscal Policy for Development in the Dominican Republic: Making Development Happen*, núm. 2, OECD Publishing, París, www.oecd.org/countries/dominicanrepublic/Fiscal%20policy%20for%20development%20in%20the%20Dominican%20Republic.E-Book.pdf.

La política presupuestaria de la República Dominicana tiene normas de gran rigidez que afectan la capacidad del gobierno de poner en práctica una política eficaz de gastos. Al preparar el presupuesto de ingresos y gastos para el año fiscal, las autoridades fiscales determinaron que un tercio de sus obligaciones de gastos ya se han asignado. Alrededor de 20 leyes especiales pre-asignan recursos presupuestarios a varias funciones e instituciones (Ministerio dominicano de Hacienda, 2013). De acuerdo con varias estimaciones, estas obligaciones comprometen casi la mitad del presupuesto nacional antes de que haya empezado siquiera a ejecutarse y tiende a optarse por el crecimiento automático del gasto corriente. Esta situación daña la inversión pública (BID, 2009). Según varios cálculos, al añadir otras partidas cuasi rígidas (como salarios de servidores públicos, servicio de la deuda gubernamental y subsidios), la proporción del presupuesto automáticamente asignada se eleva a 60-70% (Ministerio dominicano de Hacienda, 2013).

Contexto económico

La República *Dominicana* es un país de ingresos medios y tiene la economía más grande de América Central y el Caribe. En los últimos 20 años, la economía *dominicana* ha experimentado cambios fundamentales que han transformado la economía, antes basada principalmente en exportaciones agrícolas e industria ligera, en una economía basada en servicios. Después de una fuerte recesión económica sufrida en 1990, durante los cinco años posteriores el país vivió varias reformas estructurales que cambiaron considerablemente los principios económicos.

El crecimiento económico de la década de 2000 fue impulsado sobre todo por el sector de servicios, por ejemplo, las telecomunicaciones (BID, 2013). En términos de su contribución al PIB, los principales sectores de la economía son manufactura (21%), telecomunicaciones (16.2%), comercio (9%), agricultura (7.6%) y turismo (6.1%).

El país ha resistido bien la crisis económica mundial y en 2010 tuvo una de las tasas de crecimiento económico más altas de la región ALC (7.8%), con un promedio anual de 6% entre 1990 y 2010. El crecimiento del PIB en 2012 fue de 3.9%.

Gráfica 1.4. Crecimiento del PIB (porcentaje anual)

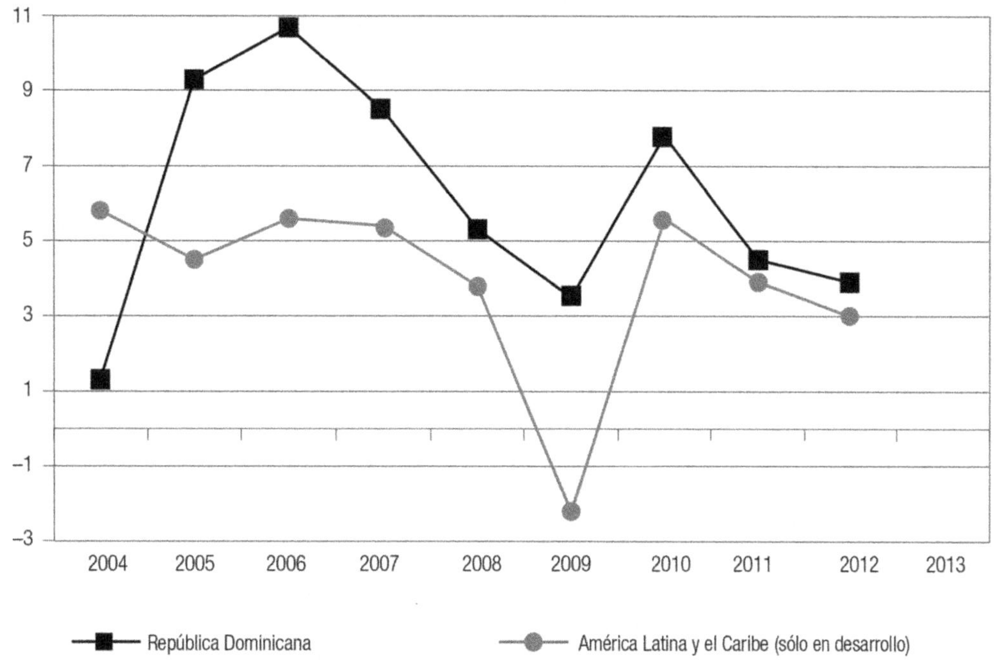

Fuente: elaborada con base en información proporcionada por el Banco Mundial (2013).

Asimismo, la *República Dominicana* logró aumentar su ingreso per cápita en 50% en un periodo de 20 años (BID, 2013). Después de la crisis financiera de 2003-2004, el crecimiento del PIB per cápita se recuperó y en años recientes logró tasas más altas que las reportadas por economías de la OCDE y otros países de la región. En los países de la OCDE el PIB per cápita aumentó 1.5% en promedio cada año entre 2001 y 2011 (OCDE, 2013a); los aumentos anuales promedio más altos se alcanzaron en Estonia (5.3%) y Corea (5.0%).

De 1991 a 2012 el PIB real creció a una tasa promedio anual de 5.6%, dejando atrás al promedio regional de 3.3%. El PIB real per cápita ha aumentado más del doble en este periodo. En términos generales, el crecimiento económico se ha acompañado de un clima de estabilidad política y social. La mayoría de los países de la región ALC se esfuerzan por mantener el crecimiento del PIB per cápita lo suficientemente alto para disminuir la diferencia en los estándares de vida entre ellos y las naciones más avanzadas.

Gráfica 1.5. PIB (PPA) per cápita (dólares internacionales), 1990-2012

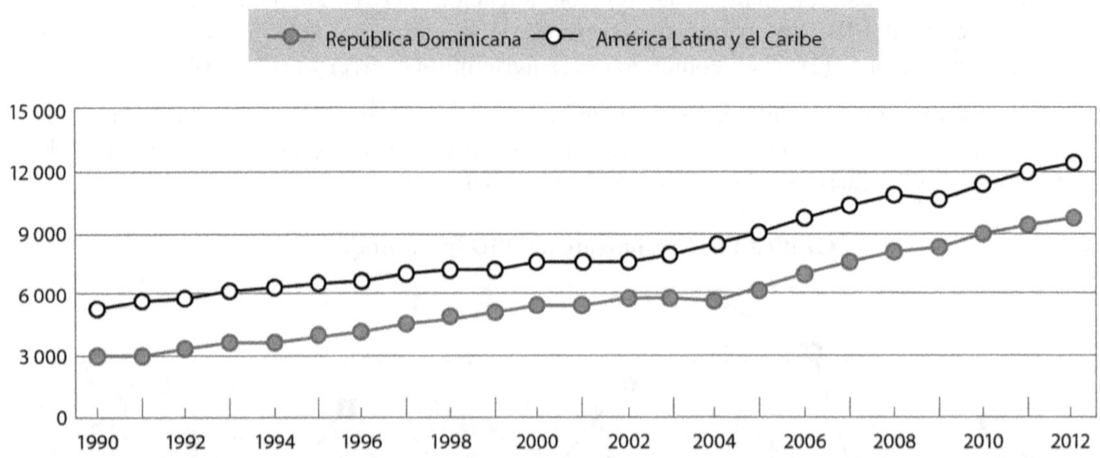

Fuente: Foro económico Mundial (2013), *Global Competitiveness Report 2013-14*, Foro económico Mundial, www.weforum.org/reports/global-competitiveness-report-2013-2014.

La *República Dominicana* cuenta con una de las economías más dinámicas de América Latina y el Caribe (ALC); sin embargo, persisten retos económicos, sociales e institucionales importantes. En el nivel macroeconómico, la vulnerabilidad de las finanzas públicas representa un dilema considerable.

Pese al rápido crecimiento económico y a la liberalización del comercio logrados en décadas recientes, el crecimiento del país es demasiado volátil para ejercer un efecto fuerte en los indicadores sociales nacionales, en parte debido a la ubicación del país en una isla perteneciente a una región azotada por desastres naturales, pero también debido a repetidas crisis macroeconómicas y financieras. Una de las consecuencias de esta inestabilidad ha sido el limitado efecto goteo del crecimiento económico. Por ejemplo, entre 2000 y 2010, la tasa de pobreza aumentó de 28.2% a 34.4%, en gran medida debido a la crisis bancaria de 2003. Por tanto, si bien el PIB per cápita aumentó 45% entre 2000 y 2010, la tasa de pobreza también se incrementó durante el mismo periodo (OCDE, 2013a).

Cuadro 1.2. Escenarios de crecimiento de la República Dominicana (2010, 2030)

Indicador	República Dominicana (2010)	República Dominicana (2030)		
		Escenario pesimista	Escenario intermedio	Escenario optimista
Crecimiento promedio	n.a.	3%	4%	5%
PIB per cápita (dólares constantes 2010)	5 232	9 449	11 463	13 881

Fuente: Elaborado con base en información proporcionada por el centro de Desarrollo internacional de la Universidad de Harvard y el Banco central de la república Dominicana (2013).

La República Dominicana ha avanzado en la implementación de las reformas fiscales, pero aún tiene una de las cargas fiscales más ligeras de la región (14.1% en 2005-2012), debido principalmente a la cantidad de incentivos y exenciones en este terreno (Banco Central de la República Dominicana, 2013).

En términos sociales, en el contexto de la crisis financiera de 2003, los niveles de pobreza aumentaron de 32% en 2000 a 48.8% en 2004.1 En el escenario posterior de crecimiento económico rápido, si bien los niveles de pobreza bajaron (40.4% en 2011), aún se encuentran encima de los niveles previos a la crisis (Indicadores del desarrollo mundial, Banco Mundial).

Pese a que el país ha logrado ciertos avances en términos de acceso a la educación y atención a la salud, aún se enfrentan retos importantes. Los problemas principales para la educación son las bajas tasas de cobertura de educación secundaria, baja eficiencia interna del sistema educativo y mala calidad educativa. En lo que se refiere a la salud, los niveles de mortalidad continúan altos en comparación con la región, en particular en el caso de la mortalidad materna infantil.

De igual forma, el rápido crecimiento económico no se ha visto reflejado en un aumento relevante en la creación de empleo. Las tasas de participación en la fuerza de trabajo permanecen bajas y el mercado laboral está caracterizado por un alto grado de informalidad, en el que mujeres y jóvenes son los más afectados por el desempleo y la falta de seguridad en el empleo. El tamaño de la economía informal (57% de la población en edad de trabajar) también contribuye a la erosión de la base fiscal nacional. Medidas recientes para atraer a integrantes de la economía informal al sector formal incluyen, en particular, la puesta en marcha de un Régimen Simplificado de Tributación mucho más amplio que el ya existente.

Importancia e impactos de la innovación en el sector público

En momentos en que los gobiernos afrontan el reto de asegurar la consolidación financiera y al mismo tiempo fomentar el crecimiento, la competitividad y el empleo, se justifican fuertemente las ganancias en eficiencia, la mejora en la gobernanza y la mayor participación del usuario en el sector público. Para cumplir con estos exigentes retos, los gobiernos y las organizaciones del sector público de todo el mundo buscan nuevas maneras de alcanzar sus objetivos. En pocas palabras, innovan.

Innovación ha sido un término ampliamente utilizado en el sector privado y hoy está en proceso de adaptación para su uso en el sector público. Si bien hay varias definiciones de lo que es la *innovación en el sector público*, la OCDE ha adoptado la siguiente definición funcional:

- La innovación en el sector público es una nueva manera (radical o paulatina) en que una organización del sector público opera o cumple su mandato, la cual se orienta a mejorar por lo menos una de las áreas siguientes: eficiencia; eficacia; calidad del servicio; satisfacción del usuario o valores democráticos. Si hacemos a un lado esta definición, se trata de novedad, acción e impacto. En primer lugar, una innovación es nueva para la organización en la cual se implementa (aunque quizá no lo sea para el mundo, el país o el sector). En segundo lugar, una innovación es un cambio que se implementa, no sólo una idea o un plan. En tercer lugar, es una mejora planteada respecto a la situación actual.

Entre otras cosas, puede considerarse que la innovación ejerce varias funciones:

- **Innovación como concepto.** Ésta sirve como una guía para explicaciones, pero también es fundamental para la transición a la realidad, la práctica y acciones futuras. Por ejemplo, conceptualizar las *innovaciones* en la *gestión de recursos humanos (GRH) estratégica* es a la vez útil y necesario para los procesos de desarrollo nacionales, puesto que constituye un componente de la formulación de estrategias para la formación y enriquecimiento de capacidades en la gobernanza y la administración pública.
- **Innovación como respuesta a necesidades o problemas de progreso y desarrollo.** En el caso de las *innovaciones* resulta cierta la idea clásica de que "la necesidad y la escasez generan creatividad e invención". Las crecientes presiones socioeconómicas y ambientales, los retos complejos y los sucesos inesperados en los ámbitos nacional e internacional, imponen más que nunca la necesidad de implementar innovaciones, soluciones inteligentes y autonomía (que en sí misma sirve como un impulso clave para que más *innovaciones* fomenten la mejora de capacidades en todas las áreas de gobernanza, gestión y sector público).
- **Innovación como mentalidad.** Tratar a la *innovación* como mentalidad es como navegar en un océano con los sentidos completamente en alerta, con sistemas de radar y con la capacidad permanente de crear y encontrar nuevas maneras de atravesar con éxito tormentas y barreras, así como aguas más claras y tranquilas (Farazmand, 2004).

La *innovación* como mentalidad permite, por ejemplo, que la GRH *estratégica* guíe las dimensiones humanas de la administración pública en la supervisión y el avance más allá de las rutinas y resultados previsibles. Permite a los encargados de la GRH estratégica y a todos los líderes del sector público dirigir a sus organizaciones con confianza a través de algún tipo de sistema de capacidad anticipatoria (con un corte transversal de las áreas de *innovación* humana, tecnológica, organizacional y gerencial). Con una mentalidad de gestión *innovadora*, la propia *innovación* se convertirá en un instrumento estratégico clave de progreso, desarrollo, alto rendimiento y legitimidad organizacional y sistémica.

Si bien la innovación en el sector privado tiene una larga y rica historia de estudio y teoría, la innovación del sector público es menos entendida. Sin embargo, resulta claro que la innovación en el sector público difiere de su contraparte del sector privado en lo que se refiere a los valores que la impulsan y los obstáculos para su éxito (OCDE, 2011a).Pese a que la innovación en el sector privado por lo general es regida por una conducta orientada a la obtención de utilidades y una competencia de mercado, la innovación en el sector público es impulsada por objetivos de eficiencia y eficacia en términos del uso de recursos y la calidad de la prestación de servicios.

En nuestros días muchos países miembros y asociados de la OCDE reconocen la importancia de la innovación en el sector público para atender mejor las restricciones presupuestarias actuales y los retos sociales (de largo plazo) para lograr, tanto en nivel nacional como local, progreso socioeconómico, productividad, desarrollo sostenible y solidez en la gobernanza y la administración pública. Muchos países buscan respuestas innovadoras para problemas cada vez más demandantes y necesidades sociales cambiantes. La evidencia inicial de la base de datos del OPSI sugiere que los países innovan para generar efectos notables en beneficios públicos como una mejor productividad (y, por consiguiente, estándares de vida más altos); servicios públicos mejores, más eficientes y accesibles, y una prestación de servicios más sensible y dinámica (OCDE, 2013b).

Recuadro 1.1 El Observatorio de Innovación en el Sector público de la OCDE (OPSI, por sus siglas en inglés)

La OCDE ha iniciado un proyecto de recopilación de datos para desarrollar un conocimiento sistemático de la manera en que el sector público innova y logra resultados. El OPSI permite a los gobiernos destacar las prácticas innovadoras y proporciona una plataforma para que los innovadores del sector público se inspiren mutuamente, compartan ideas y colaboren.

El OPSI recaba prácticas en las categorías siguientes:

- Innovación en el servicio: un servicio o producto completamente nuevo o bastante nuevo, o la prestación de un servicio existente a un nuevo grupo de usuarios.
- Innovación en el proceso: un enfoque o proceso nuevo para el diseño o prestación de servicios o productos existentes.
- Innovación organizacional: una nueva manera de organizar o gestionar el trabajo dentro de una organización.
- Innovación en la comunicación: una nueva manera de comunicarse con usuarios de servicios.

Fuente: OCDE (2013b), Observatory of Public Sector Innovation: Identifying policy levers to promote innovation, Dirección de Gobernanza Pública y Desarrollo Territorial, GOV/PGC(2013)15.

En particular, la innovación en la prestación de servicios públicos tiene que ver con mejorar los resultados para los ciudadanos y aprovechar al máximo los recursos y capacidades invertidos. La prestación de servicios representa un promedio de más de la mitad del gasto en el sector público en los países de la OCDE. La dimensión de los retos demográficos, ambientales y fiscales que los gobiernos afrontan hoy se ve reflejada en presiones internas sobre los servicios públicos para hacer más (o lo mismo) con recursos limitados. Lo que está en juego es la capacidad de los gobiernos de adaptarse a estos cambios y crear la capacidad para transformar riesgos en oportunidades para contar con métodos, herramientas y canales de distribución nuevos y mejorados. Al elegir un enfoque a la innovación en el servicio intervienen muchos factores, incluido el propio sistema de prestación de servicios del país (por ejemplo, reglas y regulaciones, marcos financieros y contextos organizacionales) y el grado de participación de actores externos en el proceso de prestación. También pueden combinarse diferentes enfoques para lograr el mismo impacto o uno mejor (por ejemplo, el uso instrumental de las TIC en enfoques de coproducción con los usuarios del servicio).

El OPSI ha comenzado a recopilar ejemplos promisorios de innovación en una amplia variedad de contextos del sector público, aunque aún se necesita evidencia sólida de los efectos de los resultados y el proceso de diseño, implementación y difusión de la innovación. Se requieren casos organizacionales que destaquen los beneficios, costos y eficacia de las innovaciones para ayudar a los responsables a tomar mejores decisiones de inversión. Ejemplos indican que las innovaciones exitosas dependen de un proceso minucioso de consulta e investigación que ponga a prueba varios escenarios y enfoques con programas piloto o con prototipos, y después adapte la innovación con base en la información reunida. A menudo se utiliza la participación de los ciudadanos y usuarios finales —incluidos organizaciones de la sociedad civil, empresas y organizaciones no gubernamentales, así como empleados públicos — como un medio eficaz para que los gobiernos obtengan ideas innovadoras para resolver problemas de políticas públicas o mejorar los servicios públicos (OCDE, 2011b). También puede ayudar a los gobiernos a obtener apoyo y adhesión a sus decisiones.

La innovación en el sector público puede ser resultado de decisiones "descendentes", impulsadas por las políticas públicas. De acuerdo con algunos estudios, las ideas innovadoras a menudo se desarrollan en forma "ascendente", por los mandos intermedios y el personal operativo (Borins, 2001). Una investigación más reciente indica que la innovación surge de ambos lados (Comisión Europea, 2013). Este concepto es apoyado por varios ejemplos recogidos por el OPSI, los cuales sugieren que una combinación del apoyo de la alta dirección y la participación del personal crea condiciones que sustentan más la innovación exitosa en las organizaciones del sector público. Además, las investigaciones sugieren que la fuente de la idea se correlaciona con el tipo de innovación: las ideas iniciadas por los mandos intermedios y el personal operativo tienen mayor probabilidad de generar innovaciones graduales, en tanto que aquellas iniciadas por la dirección de alto nivel tienden a generar innovaciones a mayor escala.

Dado que el sector público opera en un entorno político, el éxito de la innovación puede depender de una dirección de alto nivel y del apoyo de responsables de tomar decisiones con nombramiento político, del impulso del cambio al proporcionar evidencia tangible de los resultados e impactos de la innovación, de desempeñar un papel clave en la negociación de incentivos para otros actores y de reducir las resistencias internas y externas a la reforma.

La investigación inicial de la OCDE indica que los siguientes elementos pueden apoyar la innovación exitosa en el sector público:

- La colaboración interorganizacional en la prestación de servicios puede estimular la creatividad y, de esta manera, apoyar el desarrollo de más innovaciones transversales, por ejemplo, ventanillas únicas o nuevas maneras de organizar la información. Esto puede mejorar tanto la comunicación descendente como ascendente de ideas innovadoras y también, promover una prestación de servicios expedita.
- Dentro de las organizaciones individuales del sector público el trabajo en equipo interdisciplinario puede también ayudar a generar ideas innovadoras, reuniendo diferentes perspectivas a la solución de problemas. Asimismo, la investigación comparativa suele apuntar a la importancia de los "defensores de la innovación" o empresarios del sector público (personas con visión y determinación suficientes para "vender" sus ideas y convencer a los encargados de la toma de decisiones de su valor) como impulsores de la innovación dentro de las organizaciones del sector público.
- Más aún, cierta evidencia sugiere que las buenas prácticas de gestión del conocimiento —como la medición y supervisión de actividades y resultados de los servicios públicos, mecanismos de retroinformación y evaluación para responsables de la toma de decisiones, y el desarrollo de un enfoque basado en evidencias — apoyan la innovación en el sector público.
- La medición del desempeño puede también impactar la capacidad de innovación de las organizaciones del sector público. Proporcionar indicadores significativos para las organizaciones del sector público podría garantizar que las entidades con los mejores resultados reciban recompensas en términos de asignación de recursos o se les brinde la posibilidad de reinvertir ahorros reales en la innovación de servicios.

- Las alianzas público-privadas de alta calidad basadas en buenas prácticas establecidas —como asequibilidad, relación calidad precio, riesgos compartidos, competencia y transparencia — podrían también ayudar a fortalecer la innovación del sector público. Sin embargo, esto requiere capacidad suficiente dentro del sector público para crear, gestionar y evaluar estas alianzas.
- La apertura de la información del sector público podría estimular soluciones innovadoras en el sector público. Eliminar restricciones innecesarias sobre las maneras de acceder, utilizar, reutilizar, combinar o compartir la información puede convertir a la información pública en un recurso para la innovación.

De igual manera, identificar y eliminar barreras a la innovación en el sector público es importante para que los responsables de la toma de decisiones en el sector público aumenten al máximo el impacto de innovación. Algunos estudios indican que la falta de recursos humanos o financieros, la falta de flexibilidad en la asignación y gestión de dichos recursos, la duplicación de requerimientos regulatorios, la deficiencia en el apoyo de gestión e incentivos para el personal son barreras importantes para la innovación en administraciones públicas. Además, los horizontes de planificación y presupuestos de corto plazo pueden limitar la innovación, en tanto que la elaboración de presupuestos multianuales puede ayudar a desarrollar una visión de innovación de largo plazo en los procesos de toma de decisiones y asegurar el financiamiento necesario. Otra posible barrera a la innovación en el sector público es una política organizacional que dé prioridad a la estabilidad por encima del cambio y que se perciba como más opuesta al riesgo. Dado que el riesgo de fracaso es parte esencial de cualquier innovación, la gestión de riesgos de alta calidad podría ser fundamental para el éxito.

Burocracias de América Latina y el Caribe

Para captar y comprender plenamente los riesgos de reforma del sector público actualmente enfrentados por la República Dominicana, todas sus implicaciones y la necesidad de soluciones innovadoras pragmáticas, es importante evaluar primero el panorama institucional de la región de América Latina y el Caribe (ALC), en particular dentro del marco de las funciones asumidas por el Estado.

El conjunto de instituciones, normas y regulaciones que determinan la manera en que los organismos públicos, las agencias estatales y los recursos humanos se gestionan desempeña una función decisiva en el desarrollo de los países ALC. Estas funciones no difieren mucho de las de las economías de la OCDE: incluyen la provisión de bienes públicos, el fomento de la equidad social, la prestación de servicios sociales, la redistribución de recursos y la estabilización de la economía.

Lo que diferencia a la mayoría de los Estados ALC de los países más avanzados es la magnitud de las necesidades que deben cubrirse con estructuras preburocráticas, en combinación con las expectativas y percepciones de los ciudadanos, y la limitación de recursos disponibles para lograr esta tarea. Esto genera retos considerables y complejos, lo que requiere soluciones innovadoras, pragmáticas y sostenibles. La región afronta varios retos comunes como la calidad del servicio social, la burocracia excesiva, la transparencia de la gobernanza y una mayor centralización que en las economías de la OCDE. Los formuladores de políticas en América Latina y el Caribe deberían considerar en particular la naturaleza de las compensaciones entre los costos de corto plazo de atender estos retos y los beneficios de largo plazo de la reforma del sector público.

La experiencia de las economías de la OCDE muestra que no hay atajos ni un único camino para desarrollar un sector público eficaz, eficiente y transparente. La vía para la reforma del sector público es larga, ardua y requiere esfuerzos acumulativos prolongados.

América Latina y el Caribe están ahora bien posicionados para reformar su sector público y constituir estados que puedan cubrir sus propias necesidades de desarrollo. Las economías de la región resistieron bien la crisis financiera gracias a decisiones prudentes tomadas en años recientes. Por tal razón, en la actualidad cuentan con la fuerza y la credibilidad financieras necesarias para emprender reformas de largo plazo.

También ha habido adelantos e innovaciones importantes en las políticas públicas en el sector social, en infraestructura y en desarrollo productivo. La consolidación de las instituciones democráticas y el desarrollo tecnológico han generado nuevas oportunidades para mejorar la administración pública. Sin embargo, esto no debe provocar complacencia o menosprecio de la magnitud de los retos afrontados por los países de la región ALC (OCDE, 2011).

Es necesario fortalecer la confianza de los ciudadanos en el Estado con un mejor cumplimiento de las expectativas públicas. Soluciones innovadoras abarcan una combinación de instrumentos, tanto públicos como privados, que los países pueden utilizar para reducir el riesgo de desconfianza en el Estado (como declaraciones de interés, sistemas de acceso a la información y códigos de ética).

Los países de América Latina y el Caribe pueden también beneficiarse de la participación e inclusión de diferentes actores e interesados en las políticas públicas. Para prestar servicios públicos con mayor eficacia y eficiencia, los gobiernos pueden combinar sus insumos, políticas y conocimientos con los de otros actores, incluidos los no pertenecientes al Estado, administraciones subnacionales y proveedores comerciales de bienes públicos. El apoyo gubernamental ayuda a instaurar incentivos para aumentar la eficiencia, ampliar las opciones de los usuarios, facilitar el acceso y encontrar nuevas maneras de mejorar la calidad y las propuestas de servicios públicos. Las alianzas con entidades privadas o sin fines de lucro que ofrecen una mentalidad orientada al riesgo e innovadora puede crear rutas alternativas para la innovación en organizaciones del sector público (véase también el Capítulo 6).

Las burocracias en la región ALC no son actores homogéneos. En realidad, son un conjunto de organizaciones complejas e interdependientes que varían en términos de su autonomía y capacidad. Esta heterogeneidad puede aportar algunas claves para comprender la dinámica interna del aparato estatal y el grado en el cual diferentes partes de la burocracia pueden desempeñar funciones diferentes y en ocasiones contradictorias en el mismo país. Partiendo de este supuesto, en la Gráfica 1.6 se presenta una categorización básica de los distintos tipos de burocracias encontradas en la región ALC. La colocación de tipos de burocracia (y ejemplos nacionales), si bien se basa en estudios cualitativos de caso de sistemas de servicio público en la región, no es precisa y se realiza sólo para fines ilustrativos (BID, 2006a). La prevalencia de estos tipos de burocracias varía entre los países y los tipos también coexisten dentro de los mismos. Cada uno está conformado en contextos históricos y por prácticas políticas predominantes; además, tiende a realizar ciertas funciones en el proceso de formulación de políticas, aunque hay excepciones.

Gráfica 1.6. Clasificación de las burocracias de América Latina y el Caribe

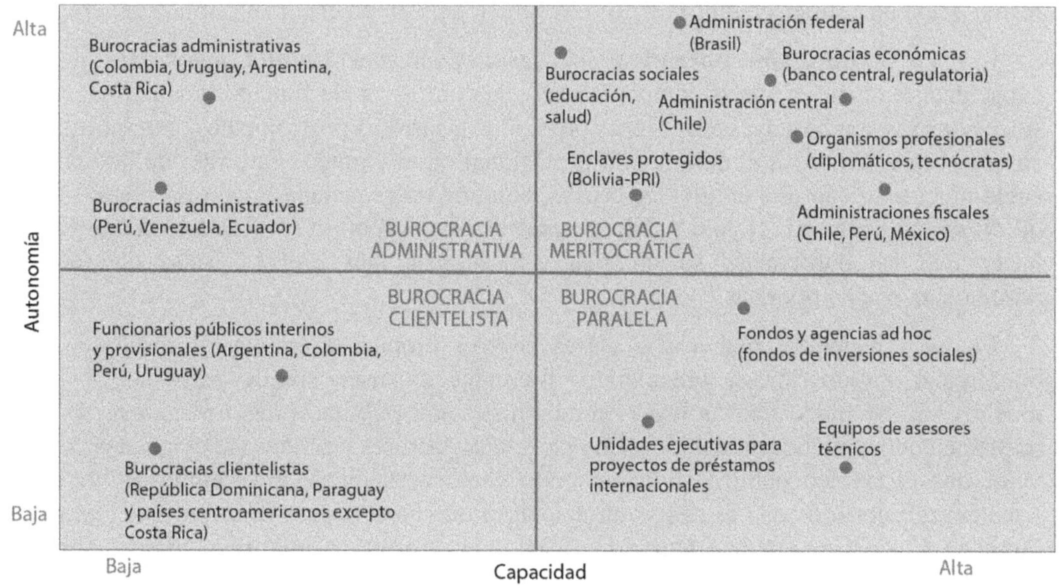

Fuente: BID (2006a), *The Politics of Policies: Economic and Social Progress in Latin America*, centro David Rockefeller de estudios Latinoamericanos, Universidad de Harvard, Estados Unidos.

Las **burocracias administrativas** se caracterizan por su baja capacidad y grado relativamente alto de autonomía. Los funcionarios públicos se contratan con base en criterios políticos más que meritocráticos, pero tienen cierta seguridad en el empleo. Su grado de competencia técnica y orientación hacia el buen desempeño es bajo. Este tipo de burocracia tiene una capacidad limitada para desempeñar un papel activo en las diferentes etapas de las políticas, lo que le impide un ejercicio eficiente de influencia durante el proceso de toma de decisiones. Puede intervenir de alguna manera en la implementación de políticas, aunque tendiendo al formalismo y el control mediante la conformidad con procedimientos burocráticos, más que mediante la gestión eficaz de los servicios.

Las **burocracias clientelistas** se caracterizan por su escasa autonomía y baja capacidad. Es probable que los cambios en los ministerios o en otros ámbitos gubernamentales afecten el acervo de recursos humanos y esto puede incluso generar una rotación a gran escala de funcionarios. Para un subconjunto de estas burocracias, el control sobre el acceso y permanencia radica no sólo en el sistema partidista sino en los sindicatos. Este tipo de burocracia es una extensión del partido político. Tiene cierto poder de veto sobre los segmentos profesionales o meritocráticos de la burocracia, con lo cual puede entrar en conflicto. Su función en el diseño e implementación de políticas suele ser débil (excepto en relación con el nivel más operativo), dificulta seriamente la prestación de servicios públicos y genera falta de confianza en el gobierno y una menor moral fiscal.

Las **burocracias paralelas** se caracterizan por su baja autonomía y alta capacidad. El sistema de empleo usualmente es regido por leyes relacionadas con contratos de servicio u otros acuerdos legales para cubrir ciertas necesidades técnicas. Estas estructuras por lo general se configuran fuera o dentro de los organismos regulares, encontrando grados variables de resistencia por parte de otros actores burocráticos internos. Las burocracias paralelas no contribuyen a fortalecer las capacidades intertemporales del sector público, ya que permanecen aisladas y concentradas en papeles muy limitados del proceso de formulación de políticas públicas y no se institucionalizan en el sector público general.

Las **burocracias meritocráticas** se caracterizan por su alta autonomía y alta capacidad, también en varias combinaciones. Se componen de funcionarios permanentes seleccionados con base en méritos e incorporados a carreras profesionales, con incentivos variables que favorecen el desempeño profesional en el empleo. Este tipo de burocracia suele vincularse con una cultura específica, algunas veces aislada, y con un fuerte *esprit de corps* (solidaridad), el cual puede generar sesgos corporativos. Este elemento puede hacer que las burocracias se inclinen a participar más en el diseño que en la implementación de políticas.

En años recientes, numerosos países se han propuesto ampliar y fortalecer sus burocracias meritocráticas, obteniendo diferentes experiencias de reforma. Si bien muchos han adoptado nuevas leyes de administración pública, éstas no siempre se han implementado con eficacia debido a una mezcla de factores políticos (relacionados con el valor que el empleo público sigue teniendo como moneda de intercambio político) y fiscales (relacionados con el riesgo inflacionario que acompaña a la reforma del empleo público). Los países que han logrado colocar a la reforma en una trayectoria estable lo han hecho en situaciones en las que se prioriza al fortalecimiento de la capacidad del Estado y cuando las reformas se emprenden de manera congruente con la política fiscal general (BID, 2013).

Retos comunes de la administración pública en la región ALC

Muchos países de la región requieren más recursos fiscales para cubrir las necesidades del sector público y contribuir con mayor eficacia al desarrollo nacional. En el contexto de la administración pública, se necesita mejorar la planificación, coordinación y evaluación de riesgos para generar suficientes recursos. Dado que la estructura de las políticas públicas evoluciona con el nivel de desarrollo del país, es posible que las naciones se vean cada vez más obligadas a ampliar sus servicios y transferencias. Esto puede implementarse aumentando la descentralización, pero es necesario que se acompañe de una vigilancia regular del volumen y la calidad de los servicios.

El aumento en la prestación de servicios y transferencias ha convertido a la eficacia en un elemento clave de la administración pública. La capacidad de la administración pública de cumplir los compromisos establecidos en el proceso político, las crecientes demandas ciudadanas y las expectativas públicas más altas son ahora una preocupación central.

Importantes dimensiones de la capacidad del Estado son la capacidad de evitar las fallas de coordinación y la institucionalización de mecanismos para garantizar un horizonte de más largo plazo. Es esencial contar con un enfoque de "gobierno entero" verdaderamente exhaustivo para aprovechar oportunidades de desarrollo no explotadas (OCDE, 2011).

Los servicios públicos también deben cumplir con altos estándares de transparencia. Los gobiernos son financiados por el dinero de los contribuyentes y deben actuar de acuerdo con restricciones y mandatos legales específicos. Los Estados modernos son responsables ante sus ciudadanos por el uso de recursos públicos y por los resultados de sus actos. Los mecanismos de financiamiento de muchos servicios públicos a menudo imponen requisitos de transparencia que exceden a los del sector privado, pero son fundamentales para mantener la confianza. La transparencia es clave para limitar el riesgo de corrupción. La previsibilidad de las intervenciones públicas aumenta la confianza del mercado, reduce las primas de riesgo y facilita el cumplimiento de las regulaciones. La mayor transparencia de los Estados modernos es también un producto derivado de las tecnologías de la información, ya que los ciudadanos de muchos países ahora pueden tener acceso a servicios en línea y comparar situaciones entre países.

Lograr el mismo nivel de servicios públicos con menos insumos liberará recursos para atender otros déficits de desarrollo. Un aumento en la eficiencia puede también ayudar a crear apoyo público para las reformas estatales, incluso aquellas que requieren una carga fiscal mayor. Si bien los ciudadanos, como votantes y usuarios de servicios públicos, pueden considerar que dichos servicios públicos (prestados directamente por el Estado o bajo la supervisión de éste) son escasos y de baja calidad, es posible que como contribuyentes no estén dispuestos a pagar el costo de resolver el problema. Como resultado, los Estados enfrentan cada vez más presión para cumplir las expectativas públicas haciendo más y mejor con menos, y convirtiendo a la eficiencia y una prestación de servicios más innovadora en elementos clave de la administración pública.

Cuadro 1.3. Eficiencia y transparencia del Estado

	Eficiencia del Estado		Eficiencia de los empleados del sector público		Eficiencia de los procedimientos oficiales		Transparencia del Estado	
	Promedio	% de respuestas positivas	Promedio	% de respuestas positivas	Promedio	% de respuestas positivas	Promedio	% de respuestas positivas
Argentina	5.2	25	4.4	11	4.9	18	44.6	20
Bolivia	5.0	18	4.2	8	4.1	8	41.5	15
Brasil	5.4	30	5.3	29	6.2	44	47.8	25
Chile	5.2	23	4.7	14	5.0	17	57.4	35
Colombia	5.3	27	4.4	14	4.7	19	39.3	15
Costa Rica	5.5	32	5.0	22	5.1	24	44.3	17
Rep. Dominicana	3.9	13	3.5	10	4.2	14	37.2	15
Ecuador	6.0	42	5.3	29	5.5	33	51.0	28
El Salvador	4.3	32	4.9	23	5.2	26	48.9	23
Guatemala	4.3	13	3.9	8	4.2	11	38.1	11
Honduras	4.4	13	3.9	9	4.0	10	38.4	12
México	5.7	37	4.9	23	5.2	31	45.1	26
Nicaragua	6.3	40	5.6	32	5.9	35	56.3	35
Panamá	5.7	37	5.4	29	5.6	30	55.8	30
Paraguay	4.9	23	4.6	14	4.7	14	41.4	14
Perú	4.9	16	4.2	8	4.4	12	43.4	15
Uruguay	6.0	38	5.1	20	5.1	21	59.8	40
Venezuela	5.4	29	4.5	16	4.8	18	52.2	29

Fuente: Latinobarómetro (2011), www.latinobarometro.org.

Recuadro 1.2. Responsabilidades y recursos de los Estados modernos

Los países dependen del Estado el suministro de bienes públicos esenciales, como el mantenimiento de la ley y el orden, la defensa nacional, la protección de derechos de propiedad intelectual y el otorgamiento de contratos. Los Estados también desempeñan la función de orientación económica al enviar señales a los mercados, ofrecer incentivos mediante la concesión de licencias y permisos, así como al regular la energía, el transporte, la seguridad alimentaria y la innovación. La educación y la salud son servicios públicos esenciales y beneficios estatales proporcionados para el bienestar de los ciudadanos. Los Estados promueven la cultura y la recreación, a la vez que crean sistemas que protegen a las personas del desempleo, la enfermedad y la pobreza en edades avanzadas. La asignación de responsabilidades por estas funciones refleja las preferencias sociales. Sin embargo, parece que las diferencias entre los Estados se deben más a la heterogeneidad con la que llevan a cabo estas funciones — a través del suministro directo, la regulación o incentivos al sector privado — que al alcance real de las responsabilidades gubernamentales, las que, sorprendentemente, son similares en distintos países.

Los Estados se desarrollaron considerablemente durante el siglo XX, convirtiéndose en importantes proveedores de servicios. Esta tendencia de los pasados 100 años refleja un aumento en el tamaño del Estado. Durante el siglo pasado, en la mayoría de los países desarrollados, los gastos y el número de empleados crecieron de menos de un décimo a ligeramente menos de la mitad del ingreso nacional. En muchas naciones el Estado se transformó con la consolidación de la democracia, el desarrollo de una economía de mercado, la creación del estado de bienestar y la globalización. No obstante, estos cambios no fueron lineales y muchos países han afrontado una considerable redefinición de la función del Estado como resultado de las restricciones fiscales, la necesidad de competitividad y el cambio social. El aspecto más notorio de la transformación del sector público durante los últimos 70 años fue su enorme desarrollo como importante prestador de servicios. A partir de esta transformación, la interacción entre el Estado y sus ciudadanos se ha convertido en una actividad cotidiana.

Las expectativas y estándares respecto a los servicios públicos son ahora considerablemente más altos. Pese a que los Estados modernos hacen más y gastan más, vale la pena cuestionar si están proporcionando mejores servicios y cumpliendo las expectativas de los ciudadanos y de la comunidad empresarial. Dadas las restricciones fiscales actuales, la respuesta no es necesariamente "más Estado" sino un "mejor Estado", centrado en lo que el Estado hace mejor y en generar confianza y crecimiento económico sostenible. Estos temas atraen cada vez más el interés de los científicos sociales. Los economistas y los formuladores de políticas públicas también dedican mayor atención a la economía del sector público debido a su creciente proporción del ingreso nacional y su impacto macroeconómico.

Los Estados son organizaciones complejas que a menudo persiguen muchos objetivos de política en forma simultánea y que se enfrentan a múltiples objetivos y actores. Las entidades y organizaciones públicas, en vez de operar sus propios programas, deben responder a los mandatos y funciones que les asigna el proceso político mediante la legislación, así como atender a las necesidades de los ciudadanos. Éste es un proceso que puede crear demandas, mandatos y objetivos que algunas veces son vagos o incluso contradictorios. Conviene que la administración pública reconozca esta realidad y reconcilie los objetivos con las posibilidades.

La administración pública debe integrar la naturaleza diversa de los Estados modernos que refleja la relación entre redes de diferentes organismos públicos. La economía de elección pública ha ayudado a mejorar la comprensión del papel y las funciones de la burocracia, la cual puede perseguir objetivos sectoriales precisos en representación del interés general.

Recuadro 1.2. Responsabilidades y recursos de los Estados modernos *(cont.)*

La complejidad del aparato del sector público requiere respuestas políticas ambiciosas pero pragmáticas, la implementación de sistemas de pesos y contrapesos, el fomento de la apertura y la transparencia, y mecanismos de control que reduzcan el riesgo de corrupción y captura. De manera similar, se requiere coordinación para, con la contribución de diferentes organismos, poder lograr los objetivos estratégicos del Estado y alinear los recursos, compromisos e implementación para alcanzar los resultados esperados.

La brecha entre la necesidad de intervención pública y los recursos disponibles es considerablemente más alta en América Latina y el Caribe que en los países desarrollados. Por consiguiente, aprovechar al máximo los escasos recursos públicos es crucial para que los gobiernos puedan contribuir plenamente al desarrollo de la región. Bien se trate de la gestión de programas públicos o del uso de recursos privados para fines públicos, para que los Estados logren sus objetivos, es fundamental contar con una administración pública eficiente y eficaz.

Fuente: Adaptado de OCDE/ECLAC (2011), Latin American Economic Outlook 2012: Transforming the State for Development, OECD Publishing, París, http://dx.doi.org/10.1787/leo-2012-en.

A medida que aumenta la heterogeneidad de las sociedades, las demandas para el Estado se diversifican. En América Latina, los Estados son responsables del suministro de bienes públicos, la prestación de servicios sociales, el fomento de la equidad social, la redistribución de los recursos y la estabilización de la economía en el mismo grado que en los países de ingresos altos.

En años recientes los Estados latinoamericanos comenzaron a atender necesidades en las áreas de protección ambiental, integración económica, igualdad de género y desarrollo social y productivo. Los recursos disponibles para desempeñar todas estas funciones son escasos, no sólo en comparación con los países de ingresos altos, sino también con aquellos con niveles de desarrollo similares.

La profesionalización de la administración pública

Como se ilustra en la siguiente gráfica, el tamaño del empleo público en la *República Dominicana* es comparable con el promedio regional ALC (13.5% del empleo nacional total en 2008).

Gráfica 1.7. Empleo público nacional en la región ALC (porcentaje del empleo nacional total)

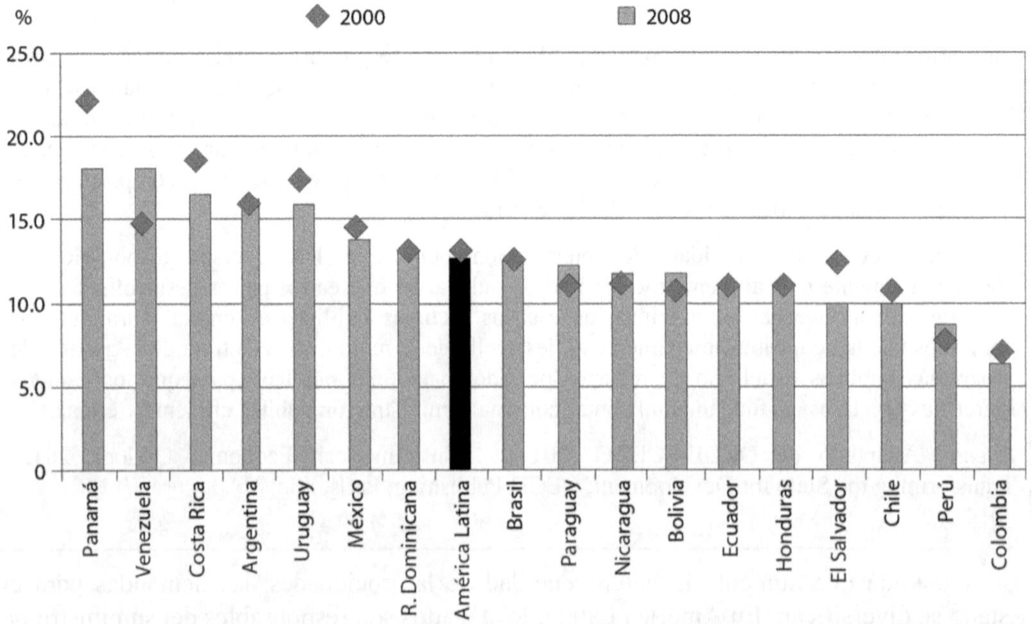

Fuente: Presentación por Mario Marcel, Director adjunto de Gobernanza Pública y Desarrollo Territorial (OCDE), seminario internacional sobre la reforma del sector público, república Dominicana, Santo Domingo (mayo de 2013).

Como se muestra en la Gráfica 1.8, los países ALC tienen en promedio muchos menos empleados públicos que las economías de la OCDE (como porcentaje de la fuerza de trabajo total). En algunos países, el porcentaje es ligeramente mayor de la mitad del encontrado en las economías de la OCDE con los niveles más altos de empleo público. Sin embargo, la mayor diferencia es que los Estados ALC por lo general son preburocráticos, puesto que se caracterizan por la falta de una administración pública formal y profesional, así como por una alta proporción de nombramientos políticos entre funcionarios. Algunos países parecen haber desarrollado una burocracia altamente distorsionada, en la que se protege a trabajadores poco calificados con acuerdos contractuales estrictos y se nombra a directivos por sus afinidades políticas. Esta situación genera niveles de rotación laboral y clientelismo poco útiles para el desarrollo de políticas públicas, cuya eficacia requiere un alto grado de coherencia y continuidad. Bajo este régimen, la flexibilidad que pudiera requerirse para cubrir mejor las diferentes necesidades públicas puede fácilmente volverse discrecional y una fuente de influencias entrantes. En muchos países la proporción de empleados públicos con altas capacidades y alta motivación podría ser mucho mayor. En fechas recientes algunos países como Brasil, Chile, México y Perú emprendieron reformas para establecer una administración pública altamente profesional, aunque en la región esto es más la excepción que la regla. Las reformas en estos países son incipientes y aún tendrán que superar muchos obstáculos.

Otro indicador usado a menudo para identificar el tamaño del Estado — el gasto público como porcentaje del PIB — muestra que la región ALC se ha rezagado respecto a los Estados de la OCDE. El gasto público ha aumentado, pero las diferencias siguen siendo considerables e incluso se han ampliado en años recientes (OCDE, 2011).

Gráfica 1.8. Países de América Latina y de la OCDE: empleo en el sector público en la fuerza de trabajo, 2008 (porcentaje de la fuerza de trabajo)

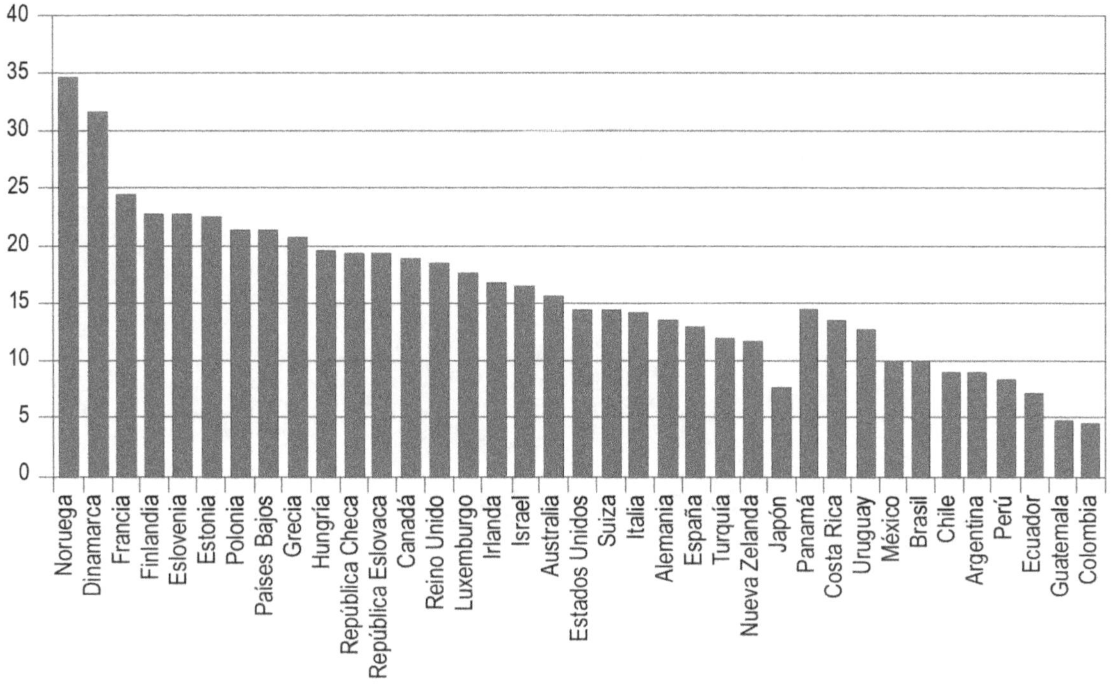

Nota: Los datos de Finlandia, Israel, México, Panamá y Polonia corresponden a 2007; los de Francia, Japón, Nueva Zelanda y Uruguay a 2006, y Brasil a 2003.

Fuente: OCDE/ECLAC (2011), *Latin American Economic Outlook 2012: Transforming the State for Development*, OECD Publishing, París, http://dx.doi.org/10.1787/leo-2012-en.

Centralización

Los países de América Latina y el Caribe tienen un nivel de descentralización fiscal y administrativa inferior al de las economías de la OCDE. El gasto municipal en la región ALC es menor de la mitad del de las economías de la OCDE como porcentaje del PIB (9.5% y 20.6%, respectivamente), y sus ingresos constituyen poco menos de un tercio (OCDE, 2011). Esto refleja desequilibrios verticales importantes. Las cifras regionales son más equilibradas, pero con grandes variaciones entre los países federales grandes (Argentina, Brasil y México) y Estados unitarios más pequeños que tal vez ni siquiera tengan una administración regional. La centralización puede limitar seriamente la capacidad de los ciudadanos de participar en asuntos de Estado. Si los gobiernos locales suministran una parte significativa de los servicios requeridos por los ciudadanos y las inversiones de mayor interés para las comunidades, su falta de recursos y poderes, así como su dependencia excesiva en transferencias del gobierno central, son restricciones estructurales a la participación ciudadana que resultarán difíciles de superar para el gobierno.

Falta de transparencia y confianza

Pese a los avances en algunas áreas, la alta desigualdad, la falta de transparencia y la mala calidad de los servicios públicos debilitan la confianza en el gobierno y en el contrato social en la región. Las instituciones públicas de la región ALC a menudo padecen de falta de confianza. La confianza en las instituciones democráticas, como el sistema judicial y legislativo, es muy baja y el grado de satisfacción con los servicios locales casi nunca excede el 50%. Esto puede dar paso a un círculo vicioso de desconfianza y a una legitimidad debilitada, lo cual a su vez limita la posibilidad de recaudar impuestos e impide la prestación de servicios más universales.

Gráfica 1.9. Confianza en las instituciones públicas

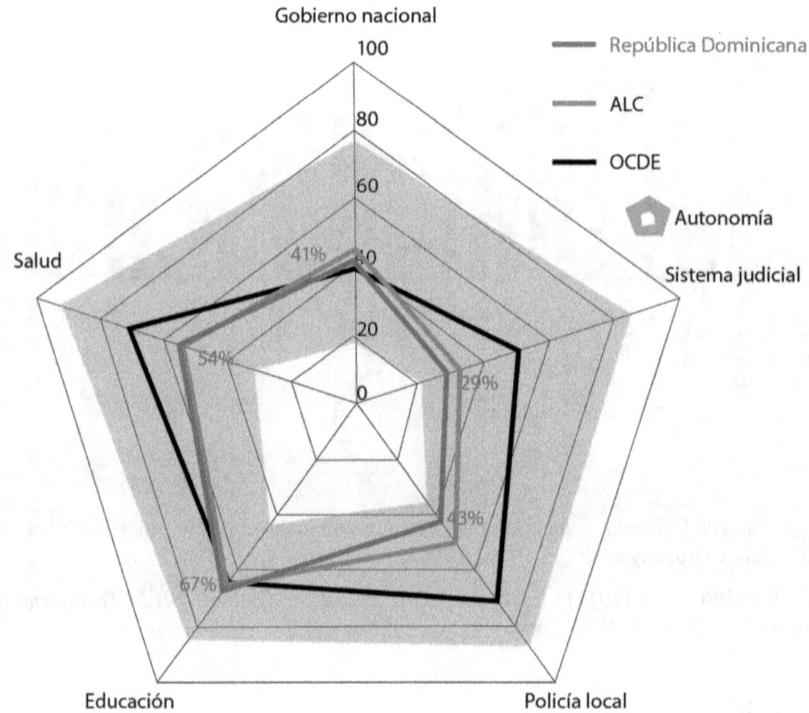

Fuente: encuesta Mundial Gallup (2012).

Cuando las personas tienen los medios para pagar servicios privados es posible que abandonen por completo los servicios públicos, con lo que contribuyen a su señalamiento negativo. De hecho, en los países ALC, la prestación privada de servicios básicos de educación, salud e incluso seguridad es alta en comparación con las economías de la OCDE (OCDE, 2011).

Estudios comparativos internacionales sugieren que en una gran mayoría de los países de la región ALC hay una percepción considerablemente más alta de corrupción que en las economías de la OCDE. Cualesquiera que sean las causas, los recientes avances alcanzados por algunos países de la región son encomiables. Por ejemplo, según Transparencia Internacional, los niveles de percepción de la corrupción en Chile y Uruguay son similares a los registrados en países europeos como Bélgica, Francia y Eslovenia, y sólo marginalmente inferiores a los de Estados Unidos y el Reino Unido.

La regulación como un instrumento de política

Muchos países de la región desarrollaron sus sistemas regulatorios en las décadas de 1980 y 1990, con el fin de adaptarse al proceso de privatización de los servicios públicos y las empresas estatales. Durante este proceso, algunos países crearon organismos independientes responsables de la regulación en los sectores de energía, telecomunicaciones y agua. Sin embargo, esta oleada de reformas no logró conformar un sistema regulatorio coherente. El grado de implementación dependió en gran medida de la importancia de las instituciones responsables de la regulación. Un problema común para muchos países de la región fue el desequilibrio entre el poder de la industria y la fragilidad de los reguladores, quienes tenían recursos limitados y una fuerza de trabajo cuyo sueldo se ubicaba por debajo de los salarios del mercado, como es el caso de las concesiones en transporte (OCDE, 2011). En algunos de los países pequeños de la región, la capacidad de gestionar las regulaciones y los procesos regulatorios es aún limitada, lo cual afecta la racionalización y eficacia de los marcos regulatorios. Por ende, la regulación como instrumento de política se utiliza menos, y a menudo es menos eficaz, en los países ALC que en la mayoría de las economías de la OCDE.

Avances promisorios y lecciones aprendidas en la región ALC

Los últimos 20 años han dejado en América Latina en particular un legado de experiencias que constituyen una buena base para aprender y continuar avanzando. Sin embargo, para Estados capaces de superar los retos planteados por el desarrollo, los países ALC no necesariamente tienen que seguir el mismo camino recorrido por los países más avanzados. De hecho, es importante evitar cualquier herramienta de reproducción y copiado automático sin tomar en cuenta diferencias institucionales. Más bien es cuestión de aprender haciendo, adaptando e innovando.

La consolidación fiscal ha aumentado la presión sobre la administración pública. La crisis ha afectado el equilibrio entre el Estado, los mercados y la sociedad y ha provocado que los gobiernos asuman mayores responsabilidades. La prioridad actual es mejorar la capacidad de visión estratégica, compromiso colectivo y flexibilidad de recursos para lograr una mayor coherencia en las acciones relacionadas con políticas públicas y recuperar el desarrollo sostenido de largo plazo. Los países dependen más que nunca de una cultura de rendimiento, lo cual requiere aumentar la competitividad y ampliar la gama de opciones en la prestación de servicios, para mejorar la eficiencia del sector público y promover una mayor participación de los usuarios en el diseño y prestación de servicios públicos.

El despliegue de nuevas tecnologías ha abierto las puertas a nuevas oportunidades. El cambio tecnológico ha brindado nuevos instrumentos para gestionar la información y mejorar las comunicaciones, dos elementos básicos en la prestación de servicios públicos. Esto requiere aportar soluciones innovadoras y eficaces en colaboración con ciudadanos y empresas. Es necesario que el sector público adquiera mayor agilidad y mejore su productividad sin incurrir en costos adicionales, recurriendo más al gobierno electrónico, la telemática en el gobierno y la gestión estratégica de los recursos humanos. Nuevas tecnologías también brindan oportunidades para transformar al sector público en una "entidad transparente" que facilite la participación ciudadana y optimice la prestación de servicios centrada en las necesidades de los usuarios.

Recuadro 1.3. El proceso de reforma en América Latina y el Caribe (región ALC)

Es importante estudiar no sólo qué prácticas deberían adoptarse para fomentar el desarrollo, sino también cómo lograr estas reformas. Éste es el dilema del proceso de reforma, el cual puede entenderse mejor en términos de un "ciclo de reforma" en cinco etapas: planificación, diálogo, adopción, implementación y sostenibilidad. Si bien estas etapas no siempre se desarrollan en forma secuencial, es útil distinguir entre ellas para evaluar la fuerza relativa de cada actor y de los esfuerzos de reforma, así como evitar dificultades en el futuro.

Ciclo estilizado de reforma: etapas, principales actores y cuellos de botella:

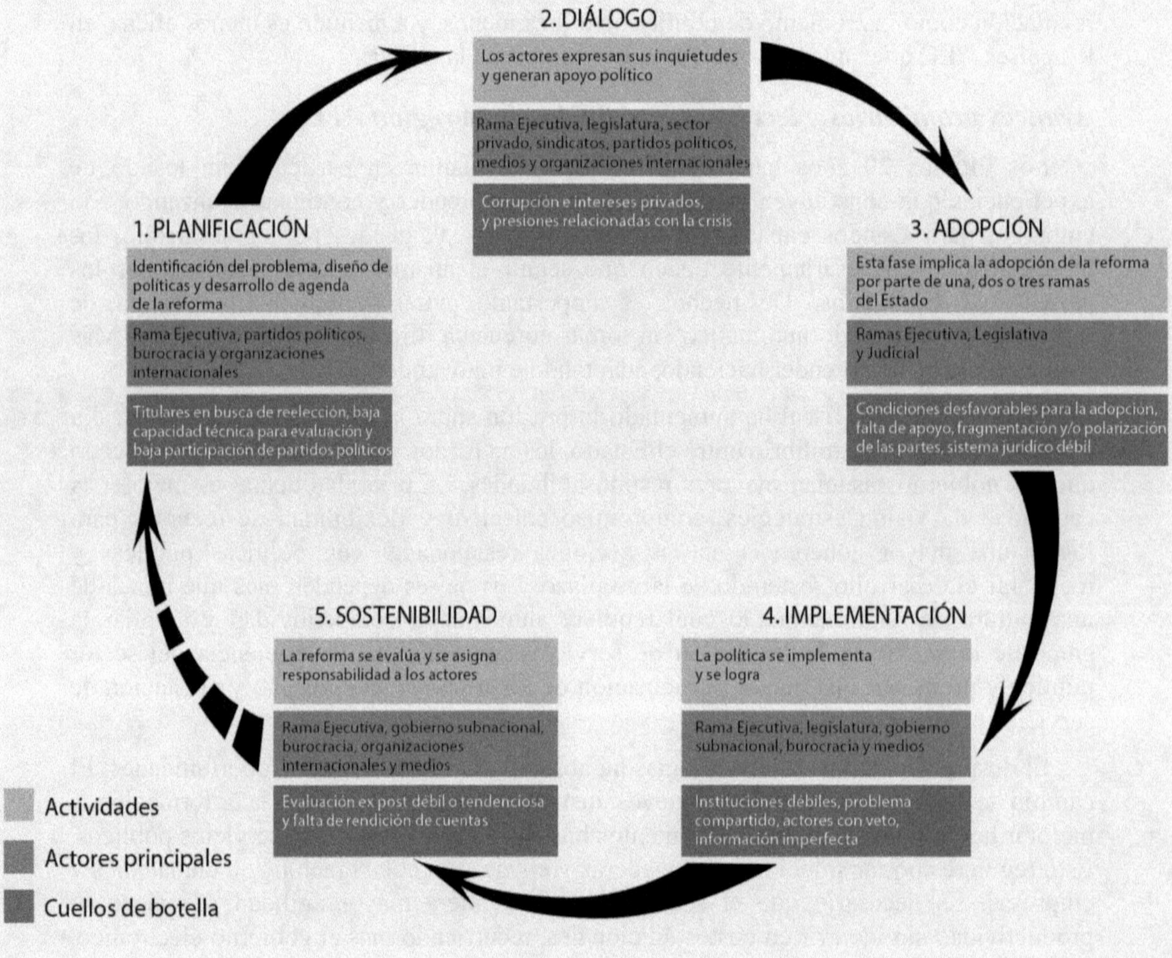

En la etapa de **planificación**, los actores identifican el problema, diseñan la política y desarrollan la agenda de reforma. En América Latina esta etapa tiende a ser un proceso creativo y desorganizado. Los directivos prácticamente monopolizan la formulación de propuestas de políticas y sólo en forma ocasional reciben insumos de otros actores. Respecto a los partidos políticos, los bajos niveles de institucionalización y la alta fragmentación partidarias han provocado que estas entidades sean clientelistas, débiles y de vida corta. Los partidos no programáticos presentan retos para la planificación de la reforma, ya que las políticas públicas carecerán de planificación ex ante y congruencia con el paso del tiempo. Las fallas de coordinación pueden mejorarse al fomentar una mayor participación de organismos técnicos, organizaciones internacionales y partidos políticos.

Recuadro 1.3. El proceso de reforma en América Latina y el Caribe (región ALC)

(cont.)

La tecnocracia de la burocracia mejora la calidad de la evaluación ex ante y el diseño de reformas, en tanto que las organizaciones internacionales ayudan a identificar los cuellos de botella en las reformas y difundir información sobre experiencias en diferentes países.

Una vez diseñadas, por lo general se suscita un **diálogo** incluyente y exhaustivo entre los actores de una reforma. Esto proporciona un espacio para la deliberación y el debate públicos, lo cual ayuda a crear apoyo político para la reforma. En fechas recientes algunos países latinoamericanos han realizado esfuerzos para mejorar la disciplina de los partidos. Además, las administraciones actuales aprovechan la influencia de los medios sobre la opinión pública al utilizar técnicas de "comunicación estratégica" y de "gestión de noticias" para aumentar el apoyo público para la reforma. En efecto, los presidentes han reforzado la comunicación directa con el público. Sin embargo, una presión excesiva por parte de los medios y la opinión pública respecto a la reforma afecta negativamente la calidad de las políticas públicas, puesto que es posible que los beneficiados prioricen la alta visibilidad de las reformas.

El contexto socioeconómico y la organización de la agenda de reforma son elementos clave en la etapa de **adopción**. Las reformas son adoptadas por los tres poderes del Estado, aunque la participación de diferentes ramas depende de la reforma en cuestión. La experiencia latinoamericana confirma que el contexto económico afecta las probabilidades de adoptar reformas de política. En general, las crisis engendran reformas — aunque no necesariamente de naturaleza estructural — y lanzar un "paquete" de reformas puede ayudar en la correcta adopción de las políticas. El fin de la crisis del milenio dio paso a marcos de responsabilidad y transparencia fiscales (por ejemplo, Argentina en 1999, Brasil en 2000, Colombia en 2003, México en 2006 y Perú en 1999), así como a reglas estructurales de equilibrio fiscal bien diseñadas (por ejemplo, Chile en 2001). En lo que se refiere a la formulación de políticas financieras, algunos países latinoamericanos mejoraron la regulación y supervisión de sus sistemas financieros en el periodo posterior a las crisis bancarias de la década anterior (por ejemplo, Colombia en 1999, Perú en 1999 y Uruguay en 2002). Además, en esta etapa son decisivos el liderazgo y un alto grado de legitimidad de los beneficiados.

Una vez adoptada la política, es necesario ejecutarla y ponerla en marcha en la etapa de **implementación**. Por un lado, la rama Ejecutiva es responsable de implementar las políticas aprobadas, en tanto que la rama Legislativa vigila, revisa e investiga con detalle las actividades del gobierno. Sin embargo, el poder de los grupos de interés, las estructuras institucionales débiles, las fallas de coordinación entre los gobiernos subnacionales y nacionales, y las suaves restricciones presupuestarias subnacionales han provocado la obstrucción de las políticas públicas en América Latina. Esto distorsiona la calidad general de dichas políticas y aumenta el déficit nacional. Cumpliendo con su papel de guardián, los medios exponen las malas implementaciones de políticas públicas, exigiendo la rendición de cuentas de los actores respectivos. De tal forma, la gran brecha entre las reformas de jure y la implementación de facto sirve como estímulo para que América Latina realice cambios institucionales importantes en el proceso de formulación de políticas.

Las evaluaciones *ex post* de las reformas mejorarán la **sostenibilidad** de las políticas en América Latina. Desde un punto de vista político, sostener una política es difícil porque plantea a los formuladores de políticas el reto de mantener la política hasta que alcance el éxito y de impedir su revocación por parte de las siguientes Administraciones. Las evaluaciones pueden ayudar a sostener reformas que rindan frutos más allá del ciclo político y a facilitar los cambios para que las políticas sean más eficaces al aprender del proceso de implementación. En América Latina la tecnocracia y las organizaciones internacionales han garantizado cada vez más la independencia de evaluaciones ex post, lo cual permite una mayor rendición de cuentas e incrementa la legitimidad del Estado durante todo el proceso de formulación de políticas. No obstante, aún hay margen para mejorar en este sentido.

Fuente: Adaptado de OCDE/ECLAC (2011), *Latin American Economic Outlook 2012: Transforming the State for Development*, OECD Publishing, París, http://dx.doi.org/10.1787/leo-2012-en.

Si bien no todas las experiencias lograron el éxito, han dejado un legado de enseñanzas que constituye una buena base para mejoras adicionales a las políticas públicas. Las tres conclusiones principales de estas experiencias son: i) el suministro privado no absuelve a las autoridades de su responsabilidad de desarrollar áreas de política, ii) la prestación de servicios públicos por parte de proveedores privados da lugar a varios problemas entre los directores y los agentes, los cuales podrían resolverse con incentivos y una supervisión eficaz, y iii) es importante evaluar las alianzas público-privadas y otros sistemas con participación externa de acuerdo con los mismos principios utilizados con otros elementos de las políticas públicas (OCDE/ECLAC, 2011).

Es conveniente que los países ALC estén dispuestos a continuar en el camino que se ha fijado, conscientes de que la reforma del sector público no será producto de un solo gobierno o líder, sino el trabajo constructivo de muchos actores e interesados en las políticas públicas. En este proceso, es recomendable que los formuladores de políticas conozcan los muchos obstáculos que afrontarán, y evalúen los costos y beneficios de corto y largo plazos. La centralización del poder es un buen ejemplo de esto. Debido al peso de los sistemas presidenciales y la necesidad de un liderazgo fuerte para escapar de la crisis, los países ALC han tendido a concentrar el poder de toma de decisión en unos cuantos actores de la rama Ejecutiva. Esto ocurre especialmente en el área de la gestión fiscal, donde el equilibrio del poder entre las ramas Ejecutiva y Legislativa favorecen mucho a la primera. Varios riesgos a este respecto podrían mitigarse con una toma de decisiones conjunta y una mayor asignación de responsabilidad a las autoridades por ellas.

Las compensaciones de políticas no se resolverán sólo con legislación — aunque esté bien diseñada — sino con modificaciones al funcionamiento mismo de las instituciones públicas. Para lograrlo es necesario reformar los sistemas de administración pública o desarrollar otros más apropiados. Los sistemas requieren reglas para funcionar, pero también se caracterizan por una serie de incentivos y estructuras institucionales que determinan la conducta humana.

Los sistemas de administración pública bien estructurados pueden generar el principal beneficio para la gobernanza: confianza entre el Estado y la sociedad. La desconfianza es un elemento persistente en la relación entre los ciudadanos y el Estado en América Latina y el Caribe. Es probable que intereses especiales influyan en la legislación, la regulación y la administración, pero la desconfianza puede extenderse a instituciones estatales básicas como la judicial, la legislatura y la policía. La desconfianza es muy perjudicial para la administración pública, no sólo porque dificulta la relación entre los organismos públicos y el Estado, sino también porque aumenta los costos de transacción con el gobierno. Conviene supervisar con cuidado las compensaciones de políticas públicas, prestando atención especial a la manera en que los sistemas institucionales podrían superarlas y al mismo tiempo aumentando la confianza en las instituciones públicas.

Políticas para una administración pública más sostenible e innovadora en la región ALC

La agenda de desarrollo de la región ALC presenta varios retos para el Estado. Para afrontarlos, el Estado necesita el apoyo de sus ciudadanos y una visión de largo plazo que pueda garantizar un cierto nivel de continuidad política, social y técnica. En los países ALC, el componente más bajo de los índices de calidad de políticas públicas suele ser la coordinación y coherencia de éstas, que muestra interacciones políticas no cooperativas entre diferentes organismos del gobierno central, entre organismos del gobierno central y las autoridades subnacionales, y entre organismos que operan en distintas etapas del proceso de formulación de políticas (OCDE/ECLAC, 2011).

Gráfica 1.10. Calidad de las políticas públicas en América Latina y el Caribe (ALC) vs. países de la OCDE

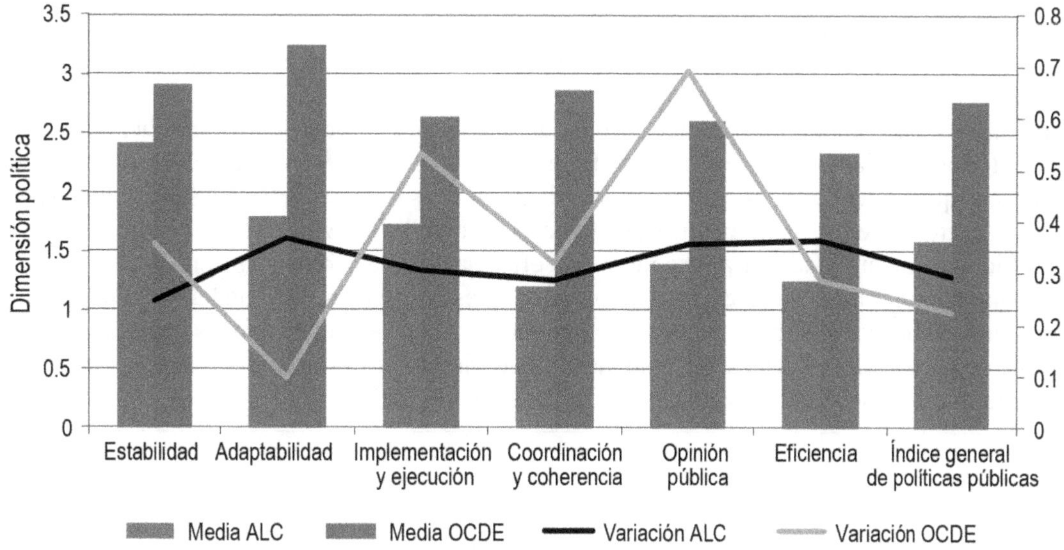

Nota: Las diferentes dimensiones del índice de políticas públicas se componen de información y preguntas extraídas del Fraser Index of Economic Freedom, el Global Competitiveness Report, Profils Institutionnels, el Bertelsmann Transformation index, la Columbia University's State Capacity Survey y la Economist Intelligence Unit.

Fuente: OCDE/ECLAC (2011), *Latin American Economic Outlook 2012: Transforming the State for Development,* OECD Publishing, París, http://dx.doi.org/10.1787/leo-2012-en.

Sin usurpar la función del mercado, se requiere que el Estado ocupe un papel central en la respuesta a las necesidades de desarrollo y se centre en varias áreas de políticas públicas. Éstas incluyen: i) mejorar la movilización de los recursos fiscales; ii) promover mecanismos para aumentar la apertura y transparencia del gobierno; iii) profesionalizar la administración pública; iv) comprometer a varios actores, y v) utilizar apropiadamente las nuevas tecnologías.

Ampliación del espacio fiscal y mejor movilización de recursos

Sin recursos adicionales, muchos Estados ALC no pueden cumplir con las expectativas de la sociedad o con sus compromisos globales. Las funciones del Estado son ya muy diversas y continuarán cambiando con el paso del tiempo.

La administración pública de las finanzas es decisiva en esta área. Tanto la planificación como la programación multianual del sector público, con base en objetivos estratégicos, representan una oportunidad y una condición necesaria para el fomento del desarrollo económico y social sostenible. Por tanto, los esfuerzos para controlar las finanzas públicas y la programación presupuestaria de corto plazo en un entorno volátil se encuentran en el proceso de definición de las estrategias y objetivos de desarrollo.

Pese a la gran mejora en el desempeño fiscal lograda desde 2000, los países de la región aún tienen una gran agenda de mejoras presupuestarias y de espacio fiscal para aumentar la eficacia y eficiencia de la asignación de recursos y la transparencia. Los presupuestos adolecen de rigidez institucional y alta volatilidad, lo cual debilita la gestión del gasto público (OCDE/ECLAC, 2011).

El uso limitado de evidencia en la toma de decisiones relativas al presupuesto requiere una gestión presupuestaria más a fondo con objetivos orientados a resultados, que tome en cuenta los retos y el marco institucional particulares de un país. En lo que respecta a la legislación, por lo general los Congresos no cuentan con apoyo técnico específico para evaluar las propuestas de presupuesto del Ejecutivo, lo cual puede propiciar el clientelismo. Fortalecer la toma de decisiones y la capacidad analítica de los Ministerios de Hacienda y operativos de la región ALC puede ayudar a impulsar las reformas que se centren más en la adopción de decisiones de gestión basadas en evidencia transparente y menos en el control presupuestario detallado. Esto debe ser parte de un cambio de mentalidad para asegurar la eficacia de las reformas presupuestarias fundamentales, como la creación de marcos presupuestarios de mediano plazo, la ampliación de la flexibilidad en los ministerios que ejecutan planes de gasto e implementación de las leyes de responsabilidad fiscal que establecen la base para la transparencia presupuestaria y de gasto (OCDE/ECLAC, 2011).

Recuadro 1.4. Avanzar hacia la orientación al rendimiento en la región ALC

En esencia, la orientación al rendimiento en el sector público es la predisposición a hacer promesas y la capacidad de cumplirlas. Algunas de las ideas clave que sostienen este concepto son las siguientes:

- Capacidad de respuesta: reducir el espacio de tiempo entre el cambio de prioridades de política y las correspondientes acciones de políticas públicas.
- Medición: la cuantificación de resultados (y ocasionalmente resultados).
- Gerencia Pública: la relajación de la congruencia aplicada en procedimientos para cambiar a la flexibilidad con rendición de cuentas para mejorar la eficiencia. A menudo se contempla solamente como un aspecto que sea tomado prestado del sector privado, pero de hecho siempre ha habido áreas de gestionismo dentro del sector público.

Muchos países latinoamericanos han intentado avanzar hacia la elaboración de presupuestos de programa para mejorar la capacidad de respuesta a prioridades de política cambiantes. Chile es el que más ha avanzado, aunque Brasil, Colombia y México también lo han hecho de manera importante. Hay fallas significativas en algunas de las clasificaciones de programa ya que de alguna manera se vinculan en exceso a las estructuras administrativas existentes.

En América Latina la capacidad de respuesta es menos considerada como un objetivo de reforma de GRH que en muchos entornos de la OCDE, dado que el alto grado de influencia política en el servicio público lo ha hecho claramente sensible a los intereses políticos.

El gestionismo, en el sentido de delegación a entidades operativas, de alguna manera ha avanzado menos, aunque ha habido un aumento considerable en el número de organismos independientes creados a menudo para proporcionar alguna autoridad delegada, financiera y de GRH. Los organismos han demostrado ser algo problemáticos, principalmente por encontrarse, *de jure* o *de facto*, fuera de la autoridad ministerial jerárquica, a menudo rindiendo cuentas al presidente y provocando problemas en la sostenibilidad después de realizar cambios en las administraciones.

En muchas maneras la medición ha sido el área que implica mayor reto ya que se han logrado avances muy importantes en los sistemas de vigilancia y evaluación (VyE), pero continuamente ha faltado armonización entre las clasificaciones presupuestarias de actividades y los indicadores utilizados para la VyE.

Fuente: Banco Mundial (2010), *GET Brief: Improving Performance*, febrero, Banco Mundial, Washington, D.C.

Debido a que los gobiernos de la región ALC se centran más en programas e inversiones que las economías de la OCDE, la gestión presupuestaria podría fortalecer los vínculos con la planificación estratégica, los programas de inversión y un uso más intensivo de la evaluación de resultados. En consecuencia, los retos consisten en avanzar en el desarrollo de objetivos transversales compartidos, promover la planificación integral, estratégica e institucional, y establecer acuerdos de rendimiento y gestión para organismos públicos clave.

Mejorar la confianza en el sector público a través de un gobierno abierto y transparente

En la región ALC, los recursos limitados, el clientelismo y la corrupción a menudo erosionan la confianza ciudadana. La escasa confianza del público en el gobierno y una percepción negativa de los servicios públicos perjudica la moral fiscal, reduciendo la disposición de las personas a pagar impuestos.

Gráfica 1.11. Falta de confianza en el gobierno

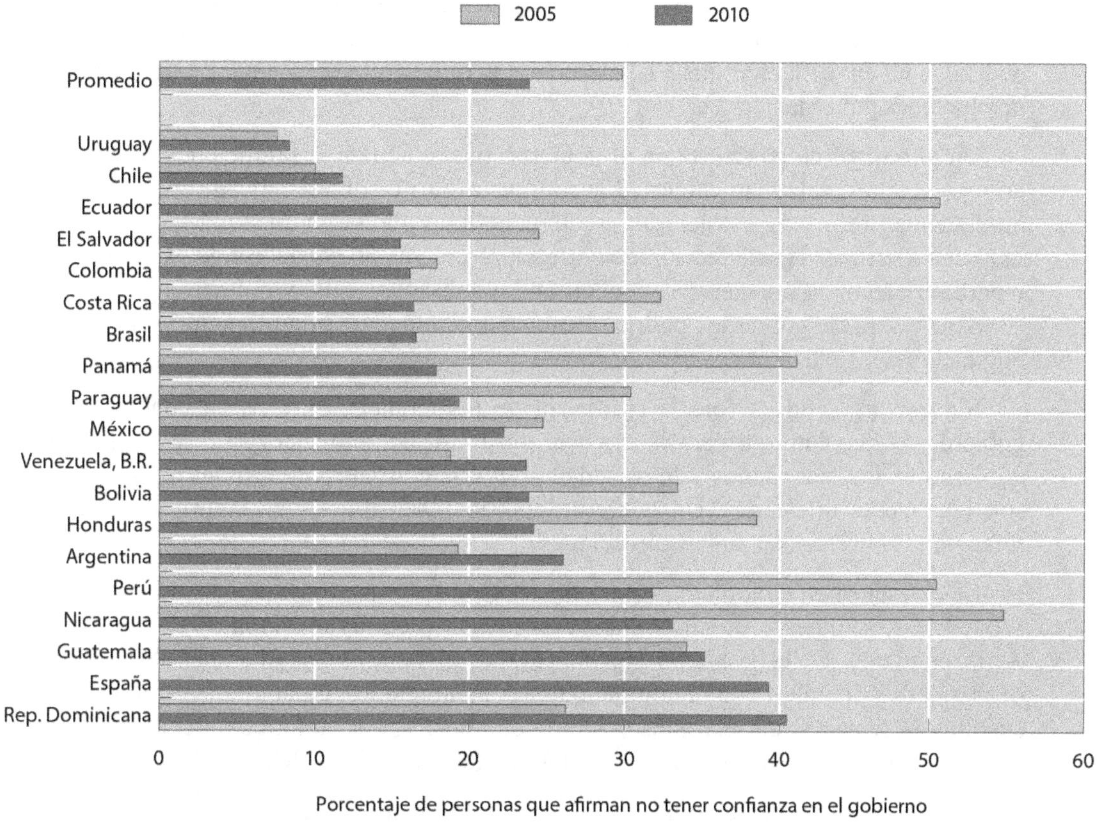

Fuentes: Latinobarómetro (2010), www.latinobarometro.org; OCDE (2013a), *Fiscal Policy for Development in the Dominican Republic: Making Development Happen*, núm. 2, OECD Publishing, París, www.oecd.org/countries/dominicanrepublic/Fiscal%20policy%20for%20development%20in%20the%20Dominican%20Republic.E-Book.pdf.

Datos del estudio Latinobarómetro de 2010 muestran que la República Dominicana tiene la tasa más baja de confianza en el gobierno central en la región (también menor que la de España). En 2010, 41% de quienes respondieron dijeron que no tenían confianza en el gobierno, casi el doble del promedio regional (véase la Gráfica 1.11). Un punto que vale la pena tomar en cuenta es que el resultado es peor que la cifra de 2005 de sólo 26%, la cual de hecho se situó por debajo del promedio regional (30%). Este cambio es incluso más asombroso al compararlo con la tendencia ascendente en el gobierno en general, especialmente en Ecuador, Nicaragua y Perú, donde las cifras cambiaron de manera numéricamente similar, pero en dirección opuesta.

La confianza en las instituciones públicas es esencial para asegurar que el contrato social entre los ciudadanos y el Estado permanezca intacto, influyendo en la conducta individual en formas que podrían sustentar los resultados de política deseados. La confianza en el gobierno representa la confianza ciudadana en las acciones de un "gobierno para emprender lo que es correcto y se percibe como justo" " (Easton, 1965). Las expectativas de los ciudadanos son clave para su confianza en el gobierno, la cual recibe una influencia diferente según tengan una experiencia positiva o negativa con la prestación de servicios.

La confianza requiere tiempo para establecerse, pero puede perderse con rapidez. Una creciente desconfianza en el gobierno puede reducir la disposición de los ciudadanos (y las empresas) a obedecer la ley, hacer sacrificios durante las crisis o pagar impuestos (como ya se mencionó). Esto podría aumentar los costos para el gobierno — disminuyendo la eficiencia — o reducir los ingresos. La baja de confianza en el gobierno podría también dificultar más la atracción y retención de talento para trabajar para instituciones gubernamentales.

Un alto nivel de confianza en el gobierno puede aumentar la eficiencia y eficacia de las operaciones gubernamentales. La confianza en el gobierno puede ayudar a éste a implementar reformas estructurales con beneficios de largo plazo. Muchas reformas implican sacrificar la satisfacción de corto plazo en aras de ganancias de plazo más largo, y para ser efectivas y sostenibles requerirán un consenso social y político más amplio. La confianza en el gobierno podría también mejorar el cumplimiento de reglas y regulaciones y reducir el costo de ejecución.

Sin embargo, no es sólo la confianza de los ciudadanos y la sociedad civil en el gobierno lo que importa para la eficacia de políticas, sino viceversa: la confianza del gobierno en los ciudadanos y la sociedad civil y la confianza dentro del propio gobierno son igualmente relevantes. Un gobierno abierto y sensible es un entorno propicio que refuerza la confianza en ambas direcciones.

La confianza en el gobierno es multifacética y se basa en una mezcla de interacciones económicas, sociales y políticas entre ciudadanos y gobierno. Impulsores significativos de la confianza en el gobierno son la cultura, el entorno institucional, los resultados económicos y sociales, y el rendimiento de las instituciones. La confianza y la mayoría de sus impulsores están entrelazados y son autónomos, y, por tanto, complementarios en su relación con la gobernanza pública y el desarrollo económico (OCDE, 2013c).

La confianza en el gobierno puede analizarse en tres niveles. En el nivel macro, la confianza se relaciona con las instituciones políticas y el funcionamiento de la democracia. En el nivel intermedio, la confianza se relaciona con la formulación de políticas, es decir, la capacidad de los gobiernos para gestionar asuntos económicos y sociales, y para generar expectativas positivas para el bienestar futuro. Por último, en el nivel micro, la confianza se refiere al impacto del gobierno en la vida diaria de las personas mediante la prestación de servicios. Aunque diferentes, estos tres niveles interactúan y una reducción considerable en la confianza en uno de ellos puede afectar la confianza en otros e influir en los resultados de política (OCDE, 2013c). Por consiguiente, los esfuerzos para fortalecer la confianza necesitan reforzar las sinergias en cada una de estas diferentes esferas.

La confianza no es sólo algo que les sucede a los gobiernos, sino algo sobre lo que éstos pueden influir mediante sus acciones y políticas públicas. Cuando se trata de influir en la confianza, no importa sólo el qué de las políticas públicas, sino también el cómo, el para quién y el con quién. En consecuencia, para los ciudadanos y empresas son valiosos los resultados finales, pero también los procesos utilizados para alcanzarlos.

La información accesible al público respecto a la asignación de recursos y los resultados de su inversión es una condición necesaria para la acción gubernamental transparente. Pese a las importantes medidas tomadas en el renglón de la transparencia presupuestaria, los países de la región ALC aún afrontan un reto significativo en este campo (OCDE/ECLAC, 2011).

El acceso a información pública y el uso de ésta están cambiando la manera en que los ciudadanos interactúan con sus gobiernos. Esta interacción añade valor a las iniciativas públicas y contribuye a la toma de decisiones por parte de las comunidades y las autoridades políticas. Dentro de este marco, el reto más apremiante será cómo dirigir los beneficios de la apertura obtenida al ciudadano, en una forma real y concreta.

También será fundamental para los países ALC vigilar el riesgo de corrupción. Más que una única solución, hay toda una gama de instrumentos, públicos y privados, que los países pueden utilizar para reducir riesgos. Esto requiere enfoques multidisciplinarios que facilitan el acceso a la información y la transparencia, promueven la difusión de información y agilizan las regulaciones internas al eliminar concentraciones de poder y discrecionalidad.

Evidencia de la región ALC muestra que algunos países, como Brasil, Chile y México (OCDE, 2012c) ya están tomando medidas para aumentar la transparencia y fortalecer la integridad. Por ejemplo, el gobierno de Chile difunde información activamente. El gobierno alienta la publicación de documentos sobre presupuesto e informes de auditoría, y publica listas de funcionarios públicos con sus sueldos. Además, da a conocer nombres de beneficiarios de programas sociales. El país utiliza diferentes canales de publicación, incluidos portales y sitios web (OCDE/ECLAC, 2011).

Recuadro 1.5. Mejor entendimiento de la dimensión de confianza de la gobernanza pública

El entorno institucional de confianza y su desempeño puede entenderse mejor si se divide el concepto en un conjunto de componentes interrelacionados del proceso (igualmente importantes) que recogen lo que los ciudadanos esperan del gobierno:

- Confiabilidad: la capacidad de los gobiernos de minimizar la incertidumbre en el entorno económico, social y político de sus ciudadanos, y actuar de manera congruente y previsible.
- Capacidad de respuesta: la prestación de servicios públicos accesibles, eficientes y orientados al ciudadano que atiendan con eficacia las necesidades y expectativas del público.
- Apertura e inclusión: un enfoque sistémico y exhaustivo a la institucionalización de una comunicación en dos vías con actores, a través de la cual se brinde información útil y se fomente la interacción como un medio de mejorar la transparencia, la rendición de cuentas y la participación.
- Integridad: la armonización de las instituciones gubernamentales y públicas con principios y estándares de conducta más amplios que contribuyan a salvaguardar el interés público a la vez que impiden la corrupción.
- Justicia: con referencia a procedimientos, el trato congruente a los ciudadanos (y empresas) en los procesos de formulación e implementación de políticas públicas.

Fuente: OCDE (2013c), *Government at a Glance 2013*, OECD Publishing, París, http://dx.doi.org/10.1787/gov_glance-2013-en.

Chile y México también han tomado medidas para publicar información sobre esta actividad en sus principales sitios web gubernamentales. En Brasil, el portal federal de contrataciones públicas y el portal federal sobre transparencia de la administración pública son ejemplos de sitios que brindan información al público. Al igual que Chile, Brasil permite el seguimiento público del gasto en contrataciones. El siguiente paso es la obligación de revelar conflictos de interés de los encargados de tomar decisiones de alto nivel.

Del empleo público a la profesionalización de la administración pública

Como organizaciones de servicio, los gobiernos dependen fuertemente de sus empleados para cumplir con su misión. Esto se aplica en particular a los empleados públicos que representan al Estado en el ejercicio de poderes estatutarios y cuya conducta, por tanto, no puede basarse exclusivamente en la eficiencia, sino también en los principios de las leyes administrativas, los requisitos éticos, la transparencia y la equidad. De hecho, el desempeño de un servidor público implica no sólo entregar resultados y productos, sino también respeto a la ley, conducta ética, rendición de cuentas política, neutralidad política y lealtad al gobierno electo en el poder.

La reforma del empleo público en los países de América Latina y el Caribe es un reto de suma importancia que requiere un cambio completo de mentalidad en el sector público, terminando con la historia de clientelismo y la politización de la administración pública. Este reto no es ajeno a muchas economías de la OCDE que durante el siglo pasado crearon una administración pública con objetivos similares. Es necesario asignar prioridad al proceso y su institucionalización.

La profesionalización de la administración pública no es un objetivo en sí misma, sino un medio para aumentar la capacidad y para poder funcionar una vez eliminadas las restricciones regulatorias.

Recuadro 1.6. Mejorar la integridad de la administración pública: el caso del gobierno federal de Brasil

Durante la década pasada, el gobierno federal de Brasil adoptó diversas medidas para mejorar la integridad e impedir la corrupción en la administración pública. Dichas acciones incluyen: i) aumento de la transparencia y la participación ciudadana en las políticas públicas, ii) puesta en marcha de un sistema de control interno en la prestación de servicios basado en riesgos, y iii) incorporación de altos estándares de conducta para funcionarios públicos.

La transparencia y la participación ciudadana en las políticas públicas aumentaron con la distribución libre de información actualizada sobre el gasto público en programas gubernamentales, vía el Portal de Transparencia. Esto se complementó con la obligación de todos los organismos del gobierno federal de dar a conocer información sobre los servicios que prestan, maneras de tener acceso a ellos y los estándares que pueden esperarse, por medio de Estatutos de Servicios al Ciudadano. Además, la participación ciudadana en la supervisión de las políticas públicas se facilitó con la ampliación de unidades de ombudsman (Ouvidoria).

La administración pública está implementando mecanismos de control interno en la prestación de servicios basados en riesgo. Por ejemplo, han fortalecido controles ex ante y ex post para acuerdos relativos a la prestación de servicios públicos para organizaciones de la sociedad civil y el uso de tarjetas de crédito del gobierno federal para adquirir bienes de consumo y servicios.

Se han publicado códigos de conducta y otros materiales guía, como cursos de orientación para funcionarios públicos, con el fin de fomentar altos estándares de conducta. Además, se han emprendido acciones para vigilar activamente la conducta de los funcionarios mediante técnicas de auditoría pericial para identificar posibles conflictos de interés y situaciones de enriquecimiento ilícito. Asimismo, el gobierno federal mejoró la calidad, velocidad e impacto de las investigaciones internas de violaciones de integridad y conducta administrativa inapropiada.

Fuente: Adaptado de OCDE (2012c), *OECD Integrity Review of Brazil: Managing Risks for a Cleaner Public Service*, OECD Public Governance Reviews, OECD Publishing, París, http://dx.doi.org/10.1787/9789264119321-en.

Un buen punto de arranque para los formuladores de políticas en el marco de la reforma de la administración pública es tener una idea clara de lo que motiva a los empleados del sector público. Para ayudar a resolver el problema en el sector de empleo público, varios países de América Latina empezaron a utilizar instrumentos modernos de gestión, como programas para niveles altos de administración y organismos ejecutivos. Sin embargo, es importante que los formuladores de políticas se aseguren de que el uso de estos instrumentos se justifique por la naturaleza del problema y por la realidad de los países en los que se aplicarán.

Antes de diseñar reformas e instrumentos específicos, se requiere que los formuladores de políticas distingan entre por lo menos cuatro categorías de empleados públicos: burócratas profesionales, prestadores de servicios, funcionarios públicos y personal de apoyo. Para que estas categorías funcionen con eficiencia, se necesita incluir diversas disposiciones en el marco legal y contractual de los empleados públicos. Debido a que la realidad en la región ALC muestra muchas discrepancias en este ámbito, la reestructuración de los acuerdos laborales probablemente desempeñe una función primordial en la reforma del sector público.

Para impulsar las habilidades y capacidades de los funcionarios públicos y alcanzar los objetivos de las instituciones para las cuales trabajan, es esencial entender sus principales incentivos. Estudios indican que a los empleados del sector público no necesariamente les motivan los mismos factores que motivan a sus contrapartes en el sector privado. Muchas personas se sienten atraídas al servicio público debido a la naturaleza del puesto o a la contribución que éste puede hacer a su desarrollo profesional. Si bien esto no puede usarse como excusa para reducir la retribución, sí sugiere la conveniencia de que un programa de incentivos incluya temas como planificación estratégica, evaluación de resultados, formación, retroinformación, reconocimiento y movilidad profesional, por lo menos en la misma medida que los sistemas de compensación y retribución vinculada a desempeño.

El pilar de la gestión de recursos humanos (GRH) central en el sector público podría ser establecer un fuerte vínculo entre los objetivos, responsabilidades y reconocimiento corporativos. Para lograrlo debe haber congruencia desde el ingreso hasta la salida (contratación, programación del trabajo, evaluación, compensación, promoción y salida). Esto requiere apoyarse con un estudio continuo de la motivación de los empleados y las condiciones del mercado.

En el cuadro siguiente se resume el proceso de evolución para desarrollar capacidad de GRH pública en países en transición de la región ALC. El desarrollo de los sistemas administrativos en general (y los sistemas de GRH pública en particular) en los países menos desarrollados tiende a evolucionar a lo largo de una sola trayectoria hacia el modelo de mayor racionalidad y transparencia como indicador de un gobierno eficaz y desarrollo económico. Respecto a los sistemas de GRH pública, esto suele implicar una transición secuencial de la independencia al clientelismo, del clientelismo a la administración pública y de la administración pública a una diversidad de sistemas de personal alternativos más maduros.

Los sistemas operados por elites constituyen la primera etapa, a medida que los líderes de movimientos de independencia fructíferos establecen nuevas naciones. La transición a una segunda etapa (el clientelismo) es el paso siguiente, cuando las naciones emergentes luchan por fortalecer las condiciones de una sociedad civil que implican un gobierno eficaz (como educación, participación política, crecimiento económico y justicia social) mediante el perfeccionamiento de sus constituciones, el desarrollo de partidos políticos y la creación de organismos públicos. Esta transición suele ser difícil, debido a límites arbitrarios posteriores a la colonización, conflictos étnicos internos y el clientelismo centralizado de un liderazgo autoritario (Klingner y Pallavicini Campos, 2002).

Cuadro 1.4. Desarrollo de GRH pública en países ALC en transición: indicadores de resultados positivos y negativos

Indicador	Negativo	positivo
1. De independencia a clientelismo		
Indicador	Baja	Alta
Libertad política (discurso y medios)	Basados en la exportación	Equilibrados
Crecimiento y desarrollo económicos	Carismática	Temas y partidos
Base de liderazgo político	Inadecuado	Funcional
2. De clientelismo a sistemas de méritos		
Gobierno eficaz y transparente	No	Sí
Formalismo administrativo	Alto	Bajo
Influencias clientelistas	Altas	Bajas
Se ha promulgado una ley de administración pública	No	Sí
Existe un organismo central de personal público	No	Sí
Operan procedimientos de sistema de méritos	No	Sí
Desempleo o subempleo	Alto	Bajo
Salarios y prestaciones	Inadecuados	Adecuados
Discriminación sin tomar en cuenta méritos	Alta	Baja
Función de la fuerza militar	Invasiva	Mínima
Fuente de presión para reformar	Internacional	Nacional
3. De una administración pública tradicional a una administración pública moderna		
Uniformidad-flexibilidad equilibradas	No	Sí
Centralización-descentralización equilibradas	No	Sí
Empleo público-privado equilibrado	No	Sí
Derechos empleados-dirección equilibrados	No	Sí

Fuente: Adaptado de Klingner, Donald E. y Pallavicini Campos (2002), "Building Public HRM capacity in Latin America and the Caribbean: what works and what doesn't", *Public Organization Review: A Global Journal*, 2: 349-364. Kluwer Academic Publishers, Países Bajos.

La tercera etapa es la transición del clientelismo a sistemas de méritos marcados por la promulgación de una ley de administración pública, la creación de un organismo de administración pública y el desarrollo de políticas y procedimientos de personal. Se debe a presiones internas para alcanzar la eficiencia (modernización) y el respeto a los derechos humanos (democratización). A menudo, los prestamistas internacionales y gobiernos donantes añaden presiones externas que ponen énfasis en la capacidad gubernamental, la transparencia y la participación ciudadana. Esta transición puede también ser difícil, por lo que no siempre es razonable o apropiado esperar que los países menos desarrollados — que frecuentemente afrontan complejos retos, antiguos y modernos, en forma simultánea y no secuencial — avancen con facilidad o rapidez del clientelismo a la administración pública. Los gobiernos pueden ser grandes o ineficientes porque las tradiciones socialistas favorecen el control público de los organismos. Las presiones para conformar un gobierno transparente, honesto y eficiente pueden verse contrarrestadas por la corrupción, el uso del sector público como el empleador de última instancia o como una fuente de "fuga de cerebros" al sector privado. Los países menos avanzados que carecen de una fuerte tradición cultural que propugna el "interés público", el Estado de derecho o un servicio público profesional, pueden también padecer de formalismo administrativo: leyes, organismos y prácticas que se ven bien "en el papel" tal vez no funcionen bien en la realidad (Klingner y Pallavicini Campos, 2002). Y en países plagados de barreras de clase o alto subempleo, es improbable que las presiones para respetar los derechos humanos o dar empleo igualitario a minorías tengan un efecto significativo en las políticas o prácticas relacionadas con el personal. A menos que ocurran estas transiciones sucesivas a la tercera etapa (la administración pública), no es probable que el gobierno de un país cuente con la capacidad administrativa adecuada para gestionar el proceso.

Si ocurre la transición a la administración pública, y cuando esto suceda, los países menos avanzados buscarán equilibrar los valores y los sistemas de personal en conflicto para lograr los contradictorios objetivos que caracterizan a la cuarta etapa de gestión de empleados públicos (Klingner y Pallavicini Campos, 2002). Es fundamental que establezcan un nivel óptimo de empleo público, mantengan la eficiencia administrativa y protejan los derechos de los empleados públicos, logrando uniformidad y flexibilidad de las políticas y procedimientos de personal. Obviamente, aun con la dificultad que estos dilemas plantean en países más desarrollado, son incluso más arduos en condiciones de transición. Las tradiciones coloniales y presiones políticas tienden a producir sistemas políticos y económicos centralizados (Klingner y Pallavicini Campos, 2002). Como resultado, la excesiva rigidez y uniformidad pesan más que la flexibilidad y diversidad administrativas. En la GRH esto puede imponer graves limitaciones a la eficacia organizacional y a los derechos de los empleados.

En la República Dominicana y otros países caribeños, las presiones nacionales e internacionales provocaron varias reformas de modernización gubernamental orientadas a contraatacar a una cultura tradicional de autoritarismo o caudillaje y corrupción (Germán, 2012). Hoy, las tendencias históricas y el legado cultural del colonialismo son contrarrestados por las presiones económicas sobre el sector público, las que a su vez aumentaron la demanda de una mayor eficiencia, capacidad de respuesta y mejor calidad en la prestación de servicios. La GRH pública también se ha reformado debido a la necesidad de incrementar la responsabilidad directiva, aumentar la transparencia de la elaboración de presupuestos públicos y mantener la competitividad con el sector privado ante los continuos cambios en la fuerza de trabajo.

El actual gobierno dominicano está comprometido a prestar servicios de mejor calidad, mayor eficacia y eficiencia, reducir el desperdicio de recursos públicos y establecer una cultura orientada a resultados e innovadora. El empleo público y la GRH estratégica pueden intervenir de manera decisiva en la innovación del sector público dominicano al abrir espacios mediante la reestructuración, la reasignación y la eliminación de excedentes; identificar y desarrollar las capacidades necesarias y desarrollar capacidad organizacional; centrar la gestión de desempeño en los resultados deseados y crear flexibilidad para alcanzarlos, así como lograr el equilibrio entre la rendición de cuentas y la toma de riesgos.

Estos enfoques innovadores pueden ser una fuente importante de ahorro de costos y una mejora tangible de los servicios públicos, ayudando a los gobiernos a atender retos emergentes como el envejecimiento de la fuerza de trabajo. La innovación en los aspectos estratégicos y operativos de GRH pueden ayudar a asegurar un capital humano profesional, moderno, talentoso, diverso, de alto rendimiento, capacitado, basado en conocimientos y flexible. El empleo público y la GRH innovadores significan marcos y enfoques de gobierno entero, retribución centrada en capacidades y funciones más que en puestos y antigüedad, y vinculación de la estrategia de GRH con objetivos gubernamentales generales y con otras prioridades de reforma (en especial en las áreas de presupuesto y gestión organizacional estratégica).

En términos más generales, es necesario desarrollar reformas sobre cimientos sólidos de valores de servicio público claros y congruentes, aceptados por todos. Es importante conservar los valores centrales, fortalecidos e integrados en nuevos instrumentos de legislación de servicios públicos y GRH, para garantizar la continuidad sin crear una excesiva rigidez (véase el Capítulo 5). Resulta fundamental que los marcos legislativos y de políticas públicas permitan una gestión de recursos humanos estratégica e innovadora, protegiendo a la vez los principios esenciales de un sistema de administración pública profesional. Las anteriores son condiciones normativas y estructurales que ejercen impacto sobre el diseño y la implementación exitosos de reformas en el empleo público y la GRH en la administración pública, al brindar incentivos para que el personal genere innovaciones tangibles en la prestación de servicios.

En términos más generales, es necesario desarrollar reformas sobre cimientos sólidos de valores de servicio público claros y congruentes, aceptados por todos. Es importante conservar los valores centrales, fortalecidos e integrados en nuevos instrumentos de legislación de servicios públicos y GRH, para garantizar la continuidad sin crear una excesiva rigidez (véase el Capítulo 5). Resulta fundamental que los marcos legislativos y de políticas públicas permitan una gestión de recursos humanos estratégica e innovadora, protegiendo a la vez los principios esenciales de un sistema de administración pública profesional. Las anteriores son condiciones normativas y estructurales que ejercen impacto sobre el diseño y la implementación exitosos de reformas en el empleo público y la GRH en la administración pública, al brindar incentivos para que el personal genere innovaciones tangibles en la prestación de servicios.

La GRH estratégica permite a las organizaciones armonizar la gestión de personal con sus objetivos estratégicos, con lo que también alienta a los gobiernos a orientarse hacia el futuro, pensando estratégicamente en la mezcla adecuada de personas, competencias y capacidades que se necesitarán para responder a necesidades sociales cambiantes, así como a mantener su viabilidad a través de la innovación y la capacidad de adaptarse a un mundo dinámico. La gestión de competencias puede ser un vehículo importante para el cambio organizacional y cultural.

La implementación de la gestión orientada al desempeño es otro aspecto fundamental para modernizar la administración pública de los países miembros de la OCDE y afiliados a la Organización; de hecho, en muchos países se utilizan evaluaciones de desempeño para personal individual, grupos de trabajo y el nivel organizacional, con el fin de fortalecer los incentivos para mejorar resultados.

Si bien la idea de mejorar el desempeño de las personas, organizaciones y el servicio público en su conjunto es un objetivo directo compartido por todos los gobiernos democráticos, la práctica es mucho más complicada. Los servicios públicos tienen que cumplir objetivos no sólo de calidad, cantidad, costo, resultados y satisfacción del usuario, sino también otros criterios importantes como legalidad, equidad, debido proceso y confiabilidad. Esto convierte al desempeño en un concepto multifacético.

Proporcionar un liderazgo eficaz es crucial y a los directivos de alto nivel corresponde una función clave para garantizar el éxito de las reformas y la innovación en el sector público. Los acuerdos para gestionar la interfaz político-administrativa son un tema primordial en relación con el servicio público de alto nivel.

Nota

1. Tasas de pobreza basadas en la línea de pobreza nacional (porcentaje de la población) (Banco Mundial, Indicadores del desarrollo mundial).

Bibliografía

Attali & Associés (2010), *Informe de la Comisión Internacional sobre el Desarrollo Estratégico de la República Dominicana: 2010-2020*, Santo Domingo.

Banco Interamericano de Desarrollo (BID) (2013), *Managing for Development Results in the Dominican Republic,* nota técnica núm. IDB-TN-537, Washington D.C.

Banco Interamericano de Desarrollo (BID) (2009), *La ruta hacia el crecimiento sostenible en la República Dominicana,* Washington D.C.

Banco Interamericano de Desarrollo (BID) (2006a), *The Politics of Policies: Economic and Social Progress in Latin America,* Centro David Rockefeller de Estudios Latinoamericanos, Universidad de Harvard.

Banco Interamericano de Desarrollo (BID) (2006b), *Informe sobre la situación del servicio civil en América Latina,* Washington D.C.

Banco Mundial (2013), *Public Accountability Mechanisms Initiative*, Monitoring and Oversight website, www.agidata.org/pam/ProfileIndicator.aspx?c=58&i=3301.

Banco Mundial (2010), *GET Brief: Improving Performance*, febrero, Banco Mundial, Washington, D.C.

Banco Mundial (2009), *Country Partnership Strategy*, Banco Mundial, Washington, D.C.

Borins, S. (2001), *The Challenge of Innovating in Government*, The PricewaterhouseCoopers Endowment for the Business of Government.

Comisión Europea (2013), *European Public Sector Innovation Scoreboard 2013,* http://ec.europa.eu/enterprise/policies/innovation/files/epsis-2013_en.pdf.

DFID (2013), *Summary Report of the Public Sector Governance Reform Evaluation*, informe preparado por DFID – UK Department for International Development, Irish Aid, Sida – la agencia sueca de ayuda en colaboración con la OECD DAC Network on Governance, London, www.gov.uk/government/uploads/system/uploads/attachment_data/file/199777/Public-sector-gov-reform-eval-summary.pdf.

Easton, D. (1965), *A Framework for Political Analysis*, Prentice-Hall, Inc., Englewood Cliffs, New Jersey, United States.

ESADE (2012), *Segundo Barómetro de la Profesionalización del Empleo Público en Centroamérica y República Dominicana*, presentación de los resultados preliminares, Francisco Longo, Instituto de Gobernanza y Dirección Publica.

Eurofound (2013), *Work organisation and employee involvement in Europe*, Publications Office of the European Union, Luxemburgo, www.eurofound.europa.eu/publications/htmlfiles/ef1330.htm.

Farazmand, A. (2004), "Innovation in Strategic Human Resource Management: Building Capacity in the Age of Globalization", *Public Organization Review: A Global Journal*, 4:3-24, Kluwer Academic Publishers, Países Bajos.

Focus Consultancy (2010), *Diversity and Innovation, A Business Opportunity for All*, publicación financiada por el European Community Programme for Employment and Social Solidarity (2007-2013), www.iegd.org/pdf/Task%203%20-%20Innovation.pdf.

Germán, D. (2012), *Avances en la Carrera Administrativa en la República Dominicana*, XVI Foro de la Función Pública del Istmo Centroamericano, Panama y República Dominicana, Panama, July, http://biblioteca.icap.ac.cr/rcap/64/donatila_german.pdf.

Grindle, M. (2010), "Constructing, Deconstructing and Reconstructing Career Civil Service Systems in Latin America", Faculty Research Working Paper Series RWP10-025, Escuela Kennedy de Harvard, Escuela de Gobierno John F. Kennedy, Universidad de Harvard,Estados Unidos.

Hausmann, R., C., A. Hidalgo, J.A. Jiménez, R. Lawrence, E. Levy-Yeyati, L. Pritchett, C. Sabel and D. Schydlowsky (2012), *Reporte Harvard. Construyendo un mejor futuro para la República Dominicana: Herramientas para el desarrollo, Informe Elaborado por el Centro de Desarrollo Internacional de la Universidad de Harvard a Solicitud del Ministerio de Economía, Planificación y Desarrollo de la República Dominicana*, Working Papers, Centro de Desarrollo Internacional de la Universidad de Harvard, Santo Domingo.

Klingner, D.E., and V. Pallavicini Campos (2002), "Building Public HRM Capacity in Latin America and the Caribbean: what works and what doesn't", *Public Organization Review: A Global Journal*, 2:349-364, Kluwer Academic Publishers, Países Bajos.

Latinobarómetro (2011), www.latinobarometro.org.

Latinobarómetro (2010), www.latinobarometro.org.

Marcel, M. (2013), presentación, seminario internacional sobre la reforma del sector público, república Dominicana, Santo Domingo, mayo.

MEPyD (Ministerio de Economía, Planificación y Desarrollo) (2012), *Estudios y Documentos de Base Propuesta Estrategia Nacional de Desarrollo 2010-2030*, Santo Domingo.

OCDE (2013a), *Fiscal Policy for Development in the Dominican Republic: Making Development Happen*, núm.2, OECD Publishing, París, www.oecd.org/countries/dominicanrepublic/Fiscal%20policy%20for%20development%20in%20the%20Dominican%20Republic.E-Book.pdf.

OCDE (2013b), "Observatory of Public Sector Innovation: Identifying policy levers to promote innovation", Dirección de Gobernanza Pública y Desarrollo Territorial, GOV/PGC(2013)15.

OCDE (2013c), *Government at a Glance 2013*, OECD Publishing, París, http://dx.doi.org/10.1787/gov_glance-2013-en.

OCDE (2012a), *Capital Markets in the Dominican Republic: Tapping the Potential for Development*, Development Centre Studies, OECD Publishing, París, http://dx.doi.org/10.1787/9789264177628-en.

OCDE (2012b), *Promoting Inclusive Growth: Challenges and Policies*, OECD Publishing, París, http://dx.doi.org/10.1787/9789264168305-en.

OCDE (2012c), *OECD Integrity Review of Brazil: Managing Risks for a Cleaner Public Service*, OECD Public Governance Reviews, OECD Publishing, París, http://dx.doi.org/10.1787/9789264119321-en.

OCDE (2011a), "Innovation in Public Service Delivery: Context, solutions and challenges", Dirección de Gobernanza Pública y Desarrollo Territorial, GOV/PGC(2011)4/REV1.

OCDE (2011b), *Together for Better Public Services: Partnering with Citizens and Civil Society*, OECD Public Governance Reviews, OECD Publishing, París, http://dx.doi.org/10.1787/9789264118843-en.

OCDE (2010), *Value for Money in Government: Public Administration after "New Public Management"*, OECD Publishing, París, http://dx.doi.org/10.1787/9789264086449-en.

OCDE (2002), *Regulatory Policies in OECD Countries:From Interventionism to Regulatory Governance*, OECD Publishing, París, http://dx.doi.org/10.1787/9789264177437-en.

OCDE /ECLAC (2011), *Latin American Economic Outlook 2012: Transforming the State for Development*, OECD Publishing, París, http://dx.doi.org/10.1787/leo-2012-en.

Presidencia de la República Dominicana, Ministerio de Administración Pública (2012), *Estrategias para Desarrollar la Calidad en los Servicios Públicos en República Dominicana*, Santo Domingo, Febrero, www.map.gob.do.

Presidencia de la República Dominicana, Secretaría de Estado de Administración Pública (SEAP) (2010), *Desafíos de Innovación de la Función Pública Dominicana*, documento presentado en el XV Foro organizado por el Instituto Centroamericano de Administración Pública (ICAP) y la Dirección General de Servicio Civil (DGSC), Costa Rica.

Regidor-Barboza, H. (2013), "El Barómetro de la Profesionalización del Empleo Público en Centroamérica y República Dominicana", *ICAP Revista Centroamericana de Administración Pública*, 64:151-158, junio, http://biblioteca.icap.ac.cr/rcap/64/harys_regidor.pdf.

World Economic Forum (2013), *Global Competitiveness Report 2013-14*, WEF, www.weforum.org/reports/global-competitiveness-report-2013-2014.

Capítulo 2

Planificación y gestión estratégicas de la fuerza de trabajo para superar los retos actuales y futuros en la prestación de servicios públicos en la República Dominicana

En este capítulo se analizan las principales características, retos y ventanas de oportunidad de la planificación estratégica de la fuerza laboral en la administración pública dominicana, a la luz de la experiencia y las enseñanzas adquiridas de países de la OCDE. La planificación estratégica de la fuerza laboral se ha convertido en una prioridad clave y en una práctica fundamental de gestión para muchos sistemas de administración pública. Puede proporcionar una herramienta de una invaluable capacidad para gestionar con eficacia su capital humano, y entregar mejores resultados internos y externos, aún más en tiempos en que los recursos se ven limitados. Una cuidadosa planificación de la fuerza de trabajo y reformas estratégicas de GRH ayudan a garantizar servicios públicos de calidad, y, a la vez, responden a la necesidad de reducir o mantener los presupuestos. Lograr el tamaño y la asignación más eficientes y eficaces de la fuerza laboral del servicio público para alinear la dotación de personal con las prioridades gubernamentales, es un reto continuo para los gobiernos, marcado por una confluencia de factores que incluyen presiones fiscales, envejecimiento de los empleados, pero también demandas de servicio público y nuevas posibilidades ofrecidas por tecnologías de la información y la comunicación (TIC).

Los datos estadísticos para Israel son suministrados por y bajo la responsabilidad de las autoridades israelíes competentes. El uso de estos datos por la OCDE es sin perjuicio del estatuto de los Altos del Golán, Jerusalén Este y los asentamientos israelíes en Cisjordania bajo los términos del derecho internacional.

Introducción

La planificación estratégica de la fuerza de trabajo se convierte cada vez más en una prioridad clave y en una práctica central de gestión en los países miembros y países en adhesión de la OCDE. El uso eficaz de la planificación de la fuerza de trabajo ofrece una herramienta invaluable para que las administraciones públicas gestionen con eficiencia su capital humana, aún más en tiempos de limitación de recursos.

Para implementar las políticas públicas con eficacia y prestar servicios públicos de calidad, se requiere que los gobiernos demuestren la capacidad de planificación de la fuerza de trabajo para superar en forma rentable los retos actuales y futuros, así como los cambios en necesidades que plantea la prestación de servicios. La planificación estratégica de la fuerza de trabajo es un factor primordial que contribuye a generar capacidad en las organizaciones del sector público, asegurando que se cuente con una fuerza de trabajo con una estructura y un tamaño adecuados, es decir, el número correcto de personas con las capacidades apropiadas empleadas en las áreas de administración pública apropiadas para poner en operación los objetivos gubernamentales con eficacia.

La buena planificación de la fuerza de trabajo requiere como base y antes que nada, de disponer de registros de números de empleados, costos, datos demográficos y competencias, planificar necesidades futuras y evitar un crecimiento de largo plazo no planificado en los costos del empleo público.

Atender con visión integral temas como números de empleados, gestión de competencias y habilidades, así como asegurar la diversidad, puede ejercer un impacto sobre la capacidad de innovación de una organización. Una composición diversa de la fuerza de trabajo proporciona una gama más amplia de competencias y habilidades que puede generar enfoques más innovadores y una mejor adaptación a un entorno en constante cambio.

En el nivel de la gestión general de servicios públicos, se requiere una perspectiva de gobierno entero de la planificación y asignación de la fuerza de trabajo de acuerdo con las prioridades del gobierno, así como la gestión del tamaño, la capacidad y el costo generales de los recursos humanos.

En el nivel de las organizaciones gubernamentales individuales, la planificación y gestión estratégicas de la fuerza de trabajo son necesarias para vincular decisiones acerca de ésta con aspectos de planificación y eficiencia organizacionales, y los directivos deben responder por ello.

Los instrumentos GRH que brindan suficiente flexibilidad en la gestión y asignación de los recursos humanos son esenciales. Conviene que los métodos de elaboración de presupuesto apoyen también un enfoque estratégico a la planificación de la fuerza de trabajo. Es importante diseñar acuerdos para gestionar al personal que sean centrales para la misión del público, para así garantizar que se cuente con una fuerza de trabajo estable y profesional. El marco de empleo, el sistema de pago y los programas de pensiones permiten una gestión eficiente y eficaz del personal principal, sin generar inflexibilidad ni costos excesivos.

Tamaño y estructura de la fuerza de trabajo: el registro de los empleados públicos y sus costos mejora

El Ministerio de Administración Pública (MAP), creado en 2008 como la Secretaría de Estado de Administración Pública (SEAP) por la Ley 41-08 (Ley 41-08 de Función Pública), es la autoridad central responsable de la administración pública, el empleo público y la GRH estratégica en la República Dominicana. El ascenso del antiguo organismo de GRH, la Oficina Nacional de Administración y Personal (ONAP) al estatus de Ministerio de Administración Pública en 2010 destaca la importancia que el gobierno dominicano otorga a las reformas estratégicas de GRH en el contexto del programa general de reforma del sector público nacional. El nombramiento de un ministro de Administración Pública fuerte y activo en la República Dominicana (el ministro Ventura Camejo) señala el empoderamiento político. El MAP ha logrado grandes avances en su corto tiempo de existencia y su capacidad se está fortaleciendo (véanse también los Capítulos 5 y 6).

El MAP tiene responsabilidades de gran alcance como Ministerio de Administración Pública: además de estar a cargo de la aplicación de todas las disposiciones contenidas en la Ley 41-08, es responsable de la reestructuración institucional (Ley Orgánica de Administración Pública 247-12), la gestión del desempeño organizacional, la iniciativa de calidad de la administración pública y la gestión del cambio, el gobierno electrónico y la innovación, la prestación de servicios públicos, así como el apoyo a municipios en el desarrollo de su GRH, entre otras atribuciones. La estructura y los recursos del MAP aún están en desarrollo. Debido a la limitación de recursos se ha tenido que adoptar un enfoque gradual a la dotación de personal y muchas unidades aún no funcionan.

El primer paso para gestionar el tamaño, la organización y la estructura de la fuerza de trabajo, y para evitar un crecimiento de largo plazo no planificado de los costos del empleo público, es tener un buen registro de los números de empleados públicos y sus costos. Es difícil visualizar con exactitud la estructura de empleo público y del número y distribución de los empleados públicos en la República Dominicana, ya que diferentes organismos de control mantienen diferentes conjuntos de datos para diferentes fines. Tampoco es fácil identificar el número y tipo exactos de instituciones públicas (Ministerio de Economía, Planificación y Desarrollo, 2012).

Como se ilustra en el Capítulo 1 (Gráfica 1.7), el tamaño del empleo público en la República Dominicana es comparable con el promedio regional ALC (13.5% del empleo nacional total en 2008).

Con el fin de resolver estos problemas, el MAP realiza actualmente una inversión importante en el desarrollo de su sistema de información de GRH. La implementación del Sistema de Administración de Servidores Públicos (SASP) ha avanzado (véase el Recuadro 2.1). Es claro ya que la ventaja de contar con un único registro de empleados en el SASP consiste en la capacidad de identificar la duplicación de funciones; hasta ahora se han identificado cerca de 6,000 duplicaciones de funciones, lo cual crea oportunidades para la reorganización (véase el Capítulo 6).

Recuadro 2.1. Sistema dominicano de Administración de Servidores Públicos (SASP)

El SASP es el sistema central de información de GRH integrada de la administración pública dominicana, una muy importante herramienta de gestión pública desarrollada con éxito por el MAP. Su propósito es generar un sistema de gestión del empleo público más eficiente, eficaz, flexible y transparente, que produzca la información estratégica necesaria y datos prácticos para mejorar la planificación, toma de decisiones, supervisión y evaluación de las políticas de GRH. Además, ofrecerá a cada institución pública su propio sistema personalizado de GRH y administración, al automatizar operaciones diarias y prolongadas para las diversas unidades de GRH en la administración pública dominicana.

Trayectoria de implementación

En la actualidad el SASP cubre a alrededor de 250,000 empleados en 152 organizaciones del gobierno central — un 70% estimado del empleo gubernamental central (un 93% si dejamos fuera militares y policías) — y se considera que a partir de 2012 las estadísticas son muy confiables. Los ministerios faltantes (FFAA y Turismo) estarán incluidos en el 2014, los servicios descentralizados en el 2015 y un 30% municipios en el 2016.

Beneficios

- Sistema de información de administración pública que facilita políticas de GRH más proactivas, eficientes y eficaces.
- GRH moderna y ágil.
- Información cuantitativa y cualitativa sobre servidores públicos.
- Herramienta poderosa de planificación, vigilancia y simulación.
- Auditorías de GRH.
- Transparencia en nombramientos públicos.
- Instrumento para responder de manera más adecuada cuestionamientos sobre el empleo público planteados por los ciudadanos y la sociedad civil.

Componentes

- Registro y control de GRH.
- Administración y supervisión de nombramientos y nóminas.
- Clasificación, valuación y retribución del empleo.
- Selección, evaluación y contratación.
- Estructuras organizacionales.
- Salud ocupacional.
- Evaluación de desempeño.
- Capacidad de GRH.
- Estadísticas.
- Etcétera.

Fuente: Ministerio de Administración Pública de la República Dominicana (MAP), www.map.gob.do.

La fragmentación institucional dificulta la colocación eficaz de la fuerza de trabajo y el control de los costos de nómina

El sector público de la República Dominicana consiste de ministerios del gobierno central, organizaciones bajo el control directo de ministerios, servicios descentralizados del gobierno central, municipios, entidades autónomas, empresas estatales y sociedades de la economía mixta. Hasta la plena implementación del SASP, la fuente más completa de información vigente sobre empleo público es la información en poder de la Contraloría General de la República Dominicana, según la cual el gobierno emplea a aproximadamente 494,000 personas en los niveles central y descentralizado (cifras a julio de 2013), incluidos los ministerios del gobierno central y los organismos bajo el control directo de los ministerios, el personal de educación y salud, los efectivos de las fuerzas militares y de policía, servicios descentralizados del gobierno central, entidades autónomas, municipios, empresas estatales y sociedades de la economía mixta (véase el Cuadro 2.1).

Los datos sobre el empleo en poder de la Contraloría General registran 587 diferentes instituciones empleadoras (julio de 2013), muchas de las cuales son muy pequeñas. Hay 130 organizaciones en el nivel del gobierno central, bajo 22 ministerios, y 457 en el nivel descentralizado, de las cuales 304 son municipios. Excluidos los municipios y los cuerpos de bomberos, 42% de las organizaciones del gobierno central y descentralizado tienen menos de 100 empleados (Cuadro 2.1). La fragmentación institucional aumentó por la proliferación de entidades, las cuales a menudo tienen un alto grado de autonomía de gestión (BID, 2009).

Cuadro 2.1. Niveles de organización y dotación de personal en el sector público dominicano (julio de 2013)

Estructura del sector público	Número de instituciones	Número de empleados
Gobierno central[1]	**130**	**334 287** (67.7%)
Ministerios	22	215 236
De los cuales: Educación [2]		*117 806*
Salud[2]		*61 269*
Organismos bajo el control directo de ministerios	108	119 051
De los cuales: Policía		*32 906*
Fuerzas armadas		*51 297*
Gobierno descentralizado	**457**	**159 810** (32.3%)
Servicios descentralizados del gobierno central	n.a.	n.a.
Entidades autónomas	n.a.	n.a.
Municipios y cuerpos de bomberos [3]	317	44 138
Empresas estatales	n.a.	n.a.
Sociedades de la economía mixta	n.a.	n.a.
Total	**587**	**494 097**
Instituciones del gobierno central y descentralizado, excluidos los municipios y cuerpos de bomberos, con:		
50-100 empleados	28	42.2% del total de instituciones
Menos de 50 empleados	86	

Notas: Las cifras sólo incluyen servidores públicos activos registrados por la Contraloría General de la República Dominicana.
(1) No incluye las instituciones siguientes, las cuales tienen por ley autonomía administrativa y presupuestaria: Congreso Nacional, Procuraduría General, Poder Judicial, Junta Central Electoral, Tribunal de Cuentas, Dirección General de Aduanas y Dirección General de Impuestos Internos. Estos organismos están incluidos en las cifras del gobierno descentralizado.
(2) Profesores y profesionales de la salud empleados directamente por el Ministerio.
(3) Ayuntamiento, Distrito Municipal, Junta de Distrito.

Fuente: Elaborado con base en información publicada en el sitio web de la *Contraloría General de la República Dominicana*, julio de 2013, www.contraloria.gob.do

Desde una perspectiva de gestión de recursos humanos, la estructura de servicios públicos dificulta la dotación eficiente de personal de acuerdo con los objetivos de políticas públicas del gobierno y debilita el control sobre la GRH, en particular en lo que respecta a contrataciones y salarios. La fragmentación institucional obstaculiza la implementación de las reformas de GRH y limita los beneficios que pueden obtenerse con las mejoras en este ámbito. De hecho, ha generado una amplia variación de las condiciones de empleo de diferentes grupos de personal, ha contribuido al clientelismo y ha dificultado el establecimiento de un control presupuestario y financiero eficaz; las reformas de GRH y presupuestaria implementadas por la República Dominicana se orientan a resolver estos problemas.

La fuerza de trabajo del gobierno ha seguido creciendo

Los datos de la Encuesta Nacional de Fuerza de Trabajo recopilados por el Banco Central de la República Dominicana son en la actualidad la única fuente de series cronológicas de datos sobre el empleo público. Estos datos sugieren que el empleo en el sector público (gobierno general y corporaciones públicas) ha sido relativamente estable como porcentaje del empleo total durante la década pasada: en 2002 representó cerca de 12.5% del empleo total y en 2012 había aumentado ligeramente a 13.2%. Sin embargo, esta tendencia oculta el hecho de que entre 2000 y 2012 el empleo en el sector público aumentó 56.7% en términos absolutos (véase la Gráfica 2.1), pese a los esfuerzos del gobierno de mantener baja la nómina del sector público al restringir nuevas contrataciones. El número de empleados públicos creció mucho más rápido que la población de la República Dominicana, la cual aumentó 10.3% entre 2002 y 2010.

Gráfica 2.1. Empleo público como porcentaje del empleo total en la República Dominicana (2002-2012)

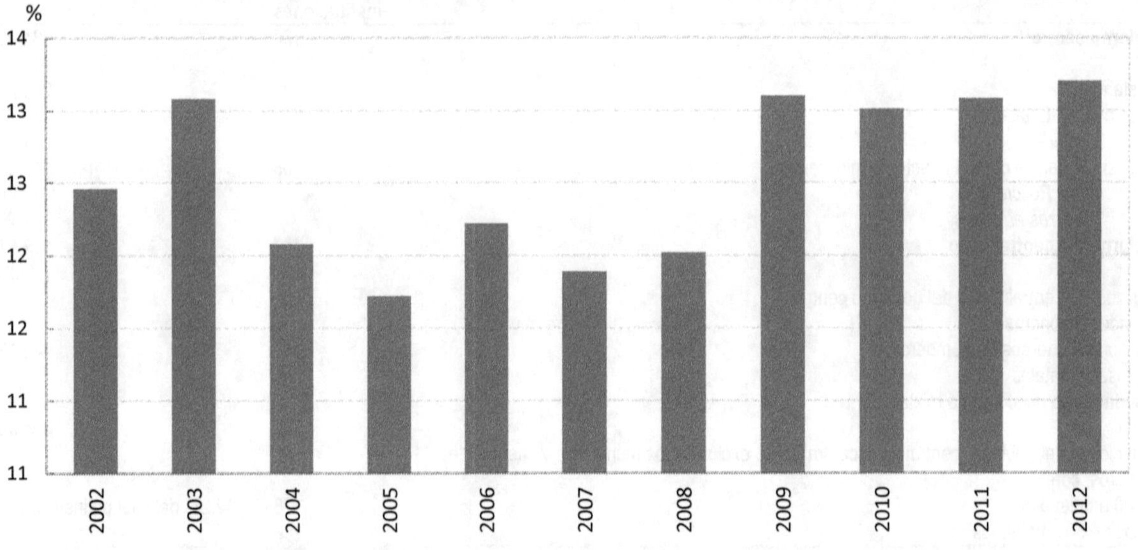

Fuente: Elaborado con base en datos de la Encuesta Nacional de Fuerza de Trabajo, Banco Central de la República Dominicana (2013).

Una fuerza de trabajo gubernamental relativamente grande en términos comparativos

Desde una perspectiva comparativa, la proporción del empleo del sector público como porcentaje de la fuerza de trabajo de la República Dominicana en 2011 se ubicó ligeramente arriba del nivel de Brasil, Chile y México, y equivalió a dos tercios del promedio de la OCDE de 15.5% (véase la Gráfica 2.2). Dado que el PIB per cápita en la República Dominicana fue de alrededor de 37% del promedio de la OCDE en el mismo año, esto indica que la República Dominicana tiene una fuerza de trabajo gubernamental relativamente grande en comparación con el nivel de ingresos del país. Esto puede indicar una tendencia a utilizar al sector público como empleador de última instancia, dado el nivel de desempleo prevaleciente en el país. Asimismo, puede reflejar la dificultad de controlar las cifras de empleo en un sector público tan fragmentado. Otra posible explicación puede ser el legado del clientelismo político de creación de empleo público, el cual el gobierno está decidido a superar con la creación de la carrera administrativa profesional en el servicio civil.

Gráfica 2.2. Empleo en el gobierno general como porcentaje de la fuerza de trabajo (2000 y 2011)

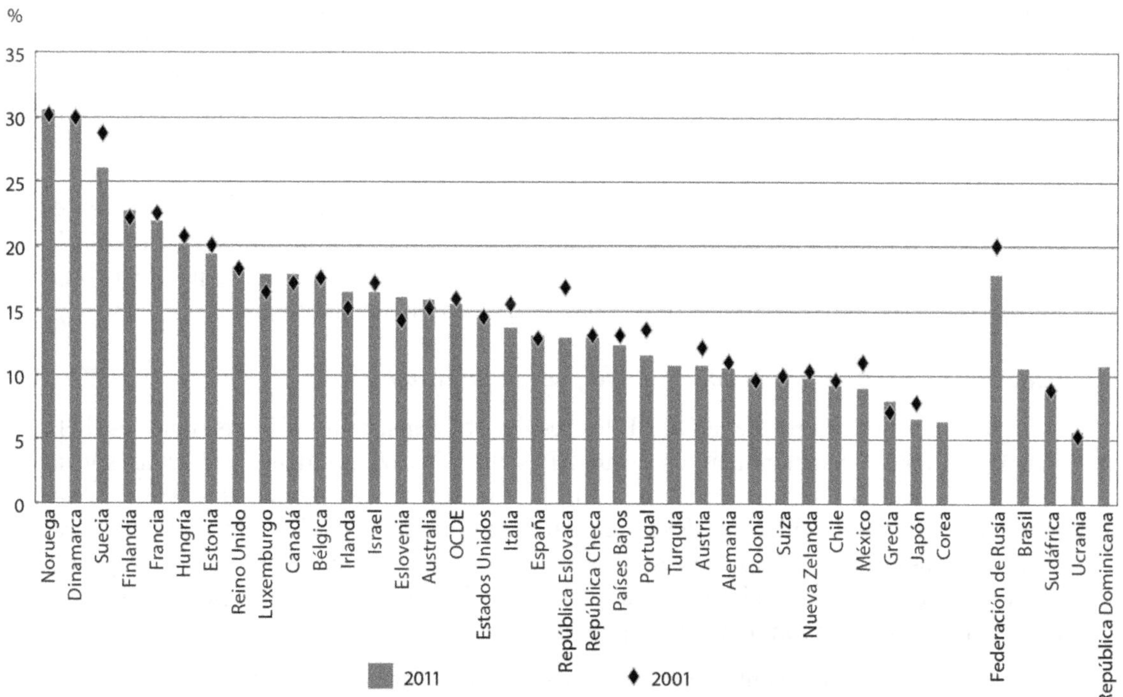

Notas: No se dispone de datos sobre Islandia. No se dispone de datos para 2001 de Brasil, Corea del Sur, Turquía y la República Dominicana, y estos países no se incluyen en el promedio de la OCDE. Los datos de Australia, Chile y la República Dominicana se refieren al sector público (gobierno general y organizaciones públicas). Los datos de Austria, Italia, Nueva Zelanda, Países Bajos y República Checa, se expresan en equivalentes de tiempo completo (ETC). Alemania, Irlanda, Noruega, Reino Unido, Suecia y Ucrania: 2010 en vez de 2011. Hungría, Japón, México, Brasil y Federación de Rusia: 2009 en vez de 2011. Chile, Grecia, Portugal y Suiza: 2008 en vez de 2011. Francia y Sudáfrica: 2006 en vez de 2011. Ucrania: 2002 en vez de 2001.

Fuentes: Organización Internacional del Trabajo (OIT), *LABORSTA (base de datos)*, http://laborsta.ilo.org; *OECD Labour Force Statistics (base de datos)*. La información de Corea del Sur fue proporcionada por funcionarios del gobierno. La información sobre la República Dominicana provino de la Encuesta Nacional de Fuerza de Trabajo realizada anualmente por el Banco Central de la República Dominicana (2013).

Incluso si se contempla la necesidad de desarrollar capacidad con el fin de mejorar los servicios públicos, se requiere vigilar con cuidado los aumentos en el empleo público, para así garantizar que sean asequibles y bien planificados, y logren mejoras en la cantidad y calidad de los servicios públicos. El SASP facilitará un mejor registro y gestión de los números de empleados en el futuro y esto apoyará la planificación de la fuerza de trabajo. La gestión de la fuerza de trabajo mediante su planificación estratégica, en particular la colocación de personal en los sectores de políticas y según las prioridades, es decisiva para controlar el costo general de producción de bienes y servicio públicos.

Reforzar los controles internos contribuirá a controlar mejor los números y costos del personal. Una iniciativa clave a este respecto es la creación de la Cuenta Única, la cuenta central de la Tesorería Nacional, la cual eliminará la posibilidad de que las instituciones financien los gastos en personal y de otro tipo con fondos fuera del presupuesto. Esta reforma dará a la Tesorería más control sobre los presupuestos de instituciones autónomas en particular. De igual manera, se aumentarán las medidas de control con una disposición de la Ley 41-08, conforme a la cual las entidades autónomas se afiliarán al ministerio relacionado con sus tareas y el ministro ejercerá labores de gestión y supervisión sobre ellas. También se están reforzando los controles de auditoría interna. La Contraloría General ha avanzado en la definición de las principales metodologías para el sistema de control interno, pero enfrenta obstáculos como la escasez de recursos y el proceso de establecimiento de unidades de control interno en todas las instituciones públicas aún se encuentra en una etapa preliminar (BID, 2013). Es importante asignar recursos suficientes a la Contraloría General para poder operar con el calendario de aplicación para el establecimiento de unidades de control en todas las instituciones públicas. Otra iniciativa importante es que la Contraloría General está trabajando con el MAP y la Presidencia en la puesta en marcha de un mejor sistema de control de la contratación de personal temporal en puestos de carrera, para garantizar su justificación e impedir que este tipo de contratación se convierta en empleo de largo plazo.

Necesidad de registrar los costos de la fuerza de trabajo

A los países miembros de la OCDE les resulta útil registrar no sólo los números de la fuerza de trabajo sino también sus costos. Las medidas comúnmente utilizadas son la proporción de los costos de retribución de los empleados gubernamentales como porcentaje del PIB y también el costo general de producir los servicios gubernamentales. Estas medidas del peso de los servicios públicos en la economía pueden señalar aspectos vinculados con el tamaño, el costo y la relativa productividad del sector público que son un insumo valioso a la formulación de políticas.

Si bien en estos momentos no se dispone de información que permitiría analizar el costo de la fuerza de trabajo pública de la República Dominicana, a medida que el sistema SASP se desarrolle, deberá ser posible registrar los costos de la retribución de los empleados públicos. El análisis de los costos de remuneración relativos al rendimiento general del gobierno y al PIB proporcionaría al gobierno una medida del costo relativo de la fuerza de trabajo del sector público y mejoraría la información disponible para hacer elecciones de políticas públicas respecto a la gestión de dichos costos.

Un sistema de administración pública altamente centralizado

La proporción de los empleados gubernamentales en el nivel subnacional es un indicador del grado de descentralización de la administración pública; esto es, el grado en el cual se delegan responsabilidades a gobiernos regionales y locales. La mayoría de los países de la OCDE tienen más empleados en el nivel subnacional de gobierno que en el central (véase la Gráfica 2.3).

Gráfica 2.3. Distribución del empleo gubernamental general en los niveles de gobierno (2011)

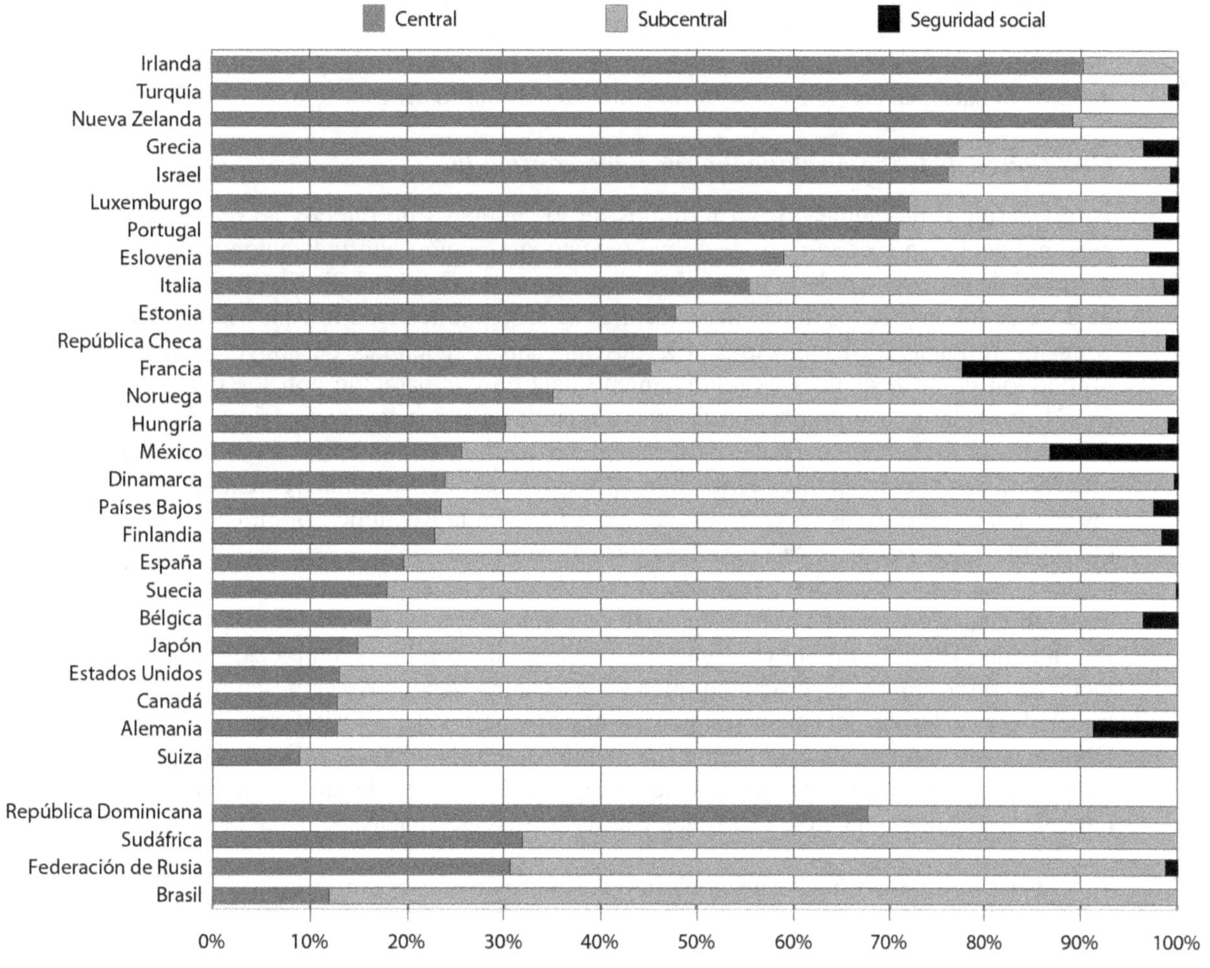

Notas: No se dispone de datos de Australia, Austria, Chile, Corea del Sur, Islandia, Polonia, Reino Unido y República Eslovaca. Los datos de Italia, Nueva Zelanda y Países Bajos se expresan en equivalentes de tiempo completo (ETC). Los fondos de seguridad social no se identifican por separado (es decir, registrado bajo gobierno central o subcentral) para Canadá, España, Estados Unidos, Estonia, Irlanda, Japón, Noruega, Nueva Zelanda y Suiza. Alemania, Irlanda, Noruega y Suecia: 2010. Japón, México, Brasil y Federación de Rusia: 2009. Grecia, Hungría, Portugal y Suiza: 2008. República Checa: 2007. Francia y Sudáfrica: 2006.

Fuentes: Organización Internacional del Trabajo (OIT), *LABORSTA (base de datos)*, http://laborsta.ilo.org; la información para la República Dominicana proviene de la Contraloría General de la República Dominicana (julio de 2013).

La situación de la República Dominicana parece ser lo opuesto de esta tendencia, pues la Contraloría General clasifica al 68% de los empleados públicos como personal del gobierno central. Esta tendencia del empleo público refleja un sistema de gobierno y administración pública altamente centralizado en la República Dominicana, y la responsabilidad del gobierno central de prestar la mayoría de los servicios públicos, bien sea directamente o por medio de sus servicios descentralizados. Los números de empleados por el gobierno central se inflaron porque grandes grupos de empleados como profesores y profesionales de la salud se cuentan como tales. Por otra parte, servicios que generalmente se tomarían como parte de la administración central en países de la OCDE, como el Congreso Nacional, la Procuraduría General, el Poder Judicial, la Junta Central Electoral, el Tribunal de Cuentas, la Dirección General de Aduanas y la Dirección General de Impuestos Internos, en la República Dominicana, debido a su estatus legal particular, se cuentan como parte del gobierno descentralizado. Además, no todos los empleados categorizados como parte del sector de gobierno descentralizado en la República Dominicana trabajan en los niveles subnacionales de gobierno; más bien, muchos lo hacen en servicios descentralizados del gobierno central.

Una fuerza de trabajo relativamente poco calificada

El desglose de empleados en términos de los números de directivos, profesionales, personal de apoyo secretarial y de apoyo técnico sirve como una indicación aproximada del nivel de calificación de la fuerza de trabajo (véase el Cuadro 2.2). En 2012, alrededor de 24% de los empleados del gobierno central de la República Dominicana se clasificaron como profesionales, en tanto que 50% desempeñaban funciones de apoyo técnico. La proporción de profesionales es relativamente baja en comparación con los países de la OCDE, en tanto que la proporción de apoyo técnico es alta (véase la Gráfica 2.4). En los países de la OCDE el personal profesional ha tendido a aumentar a medida que la intensidad de conocimiento en el trabajo del servicio público se ha incrementado. La alta proporción de empleados en grados de apoyo técnico en la República Dominicana sugiere que la fuerza de trabajo está relativamente mal calificada, ya que este personal tendría, cuando mucho, educación secundaria o técnica y algunos serían trabajadores semicalificados o no calificados. Este perfil ocupacional puede explicarse en parte porque las funciones básicas de apoyo como los servicios de comida y limpieza, y funciones técnicas como impresión y mantenimiento, las cuales tienden a ser desempeñadas por trabajadores externos del sector privado en muchos países de la OCDE, en la República Dominicana son realizadas por empleados públicos. También puede reflejar proporciones de dotación de personal relativamente altas en funciones de apoyo técnico como conducción, mantenimiento de edificios y otras áreas relacionadas.

Cuadro 2.2. Distribución de empleados del gobierno central por categoría (2012)

Grupo ocupacional	Porcentaje
Directivos	16
Profesionales	24
Personal secretarial	10
Apoyo técnico	50

Fuente: Contraloría General de la República Dominicana, respuesta a la pregunta 4 de la OECD Survey on Strategic Human Resources Management in Central/Federal Governments (Encuesta de la OCDE sobre la Gestión Estratégica de Recursos Humanos en Gobiernos Centrales/Federales, julio de 2013).

Los objetivos del gobierno de elevar la calidad de los servicios públicos e impulsar la innovación y el gobierno electrónico requieren un esfuerzo concertado y bien focalizado para incrementar el nivel de calificaciones de la fuerza de trabajo. La experiencia de los países de la OCDE indica que los gobiernos pueden crear una fuerza de trabajo más flexible al desarrollar programas de reentrenamiento, permitir que los empleados cuyas capacidades sean obsoletas o cuyos puestos hayan sido eliminados como resultado de una reestructuración permanezcan en la fuerza de trabajo (OCDE, 2012d). Conforme a los Acuerdos de Ajuste de la Fuerza de Trabajo en Canadá, se brinda reentrenamiento para facilitar la redistribución de empleados. Portugal diseñó cursos de formación para ayudar a empleados de mayor edad a adquirir nuevas capacidades vocacionales, particularmente habilidades de TIC, lo cual ha ayudado a modernizar a los empleados sin excluir a los mayores. El grado en el cual hay margen para reentrenar al personal existente en el servicio público en la República Dominicana necesita evaluarse, ya que la brecha entre el perfil de capacidades existente y el requerido puede ser demasiado amplia en ciertos casos. De ser así, el gobierno podría tener que participar en una reestructuración más radical. Por ejemplo, el perfil ocupacional mostrado en el Cuadro 2.2 sugiere que puede haber margen para reducir el número de puestos de apoyo técnico para liberar recursos y dirigirlos a la contratación de empleados más calificados con las capacidades requeridas. Éste ha sido un aspecto de la reestructuración de la fuerza de trabajo en muchos países de la OCDE (OCDE, 2011a).

Gráfica 2.4. Perfil ocupacional de la fuerza de trabajo del gobierno central/federal en algunos países miembros de la OCDE y la República Dominicana

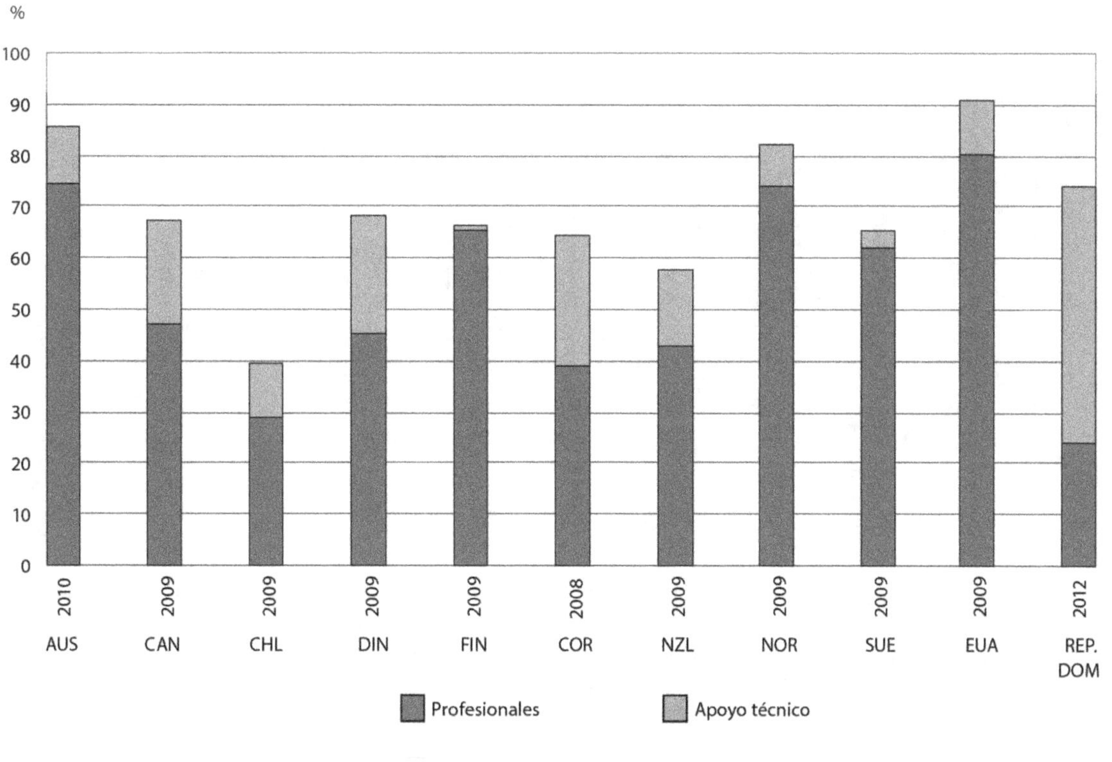

Fuentes: Elaborado con base en información de la OECD Survey on Strategic Human Resource Management in Central/Federal Governments (Encuesta de la OCDE sobre la Gestión Estratégica de Recursos Humanos en Gobiernos Centrales/Federales). Los datos sobre los países de la OCDE se refieren a 2009, excepto en el caso de Austria (2010) y Corea del Sur (2008). Los datos sobre la República Dominicana (proporcionados por el MAP en julio de 2013 en respuesta a los cuestionarios de la OCDE) se refieren a 2012.

Prepararse para los retos demográficos

Los enfoques innovadores al empleo público y la GRH estratégica pueden ayudar al gobierno de la República Dominicana a atender retos emergentes como el envejecimiento de la fuerza de trabajo. Si bien la República Dominicana tiene una población relativamente joven, los empleados del gobierno central son relativamente mayores. Su estructura de edad es bastante semejante a la de los países de la OCDE, los cuales afrontan el reto del envejecimiento de la fuerza de trabajo pública en el contexto del envejecimiento general de su población (véase la Gráfica 2.5). Los retos demográficos de la fuerza de trabajo, actuales y futuros, pueden ejercer un impacto considerable en la capacidad de la administración pública central para la modernización adicional debido a la falta de maneras frescas de pensar y nuevas perspectivas.

Los datos en poder del SASP sugieren que la República Dominicana afronta un problema demográfico considerable, por lo menos en los ministerios del gobierno central, ya que en 2012, 66% de los empleados tenían más de 40 años de edad y 36%, más de 50. Se trata de una proporción significativamente más alta en los grupos de mayor de edad que en muchos países de la OCDE.

Gráfica 2.5. Porcentaje de empleados del gobierno central con 50 años o más de edad

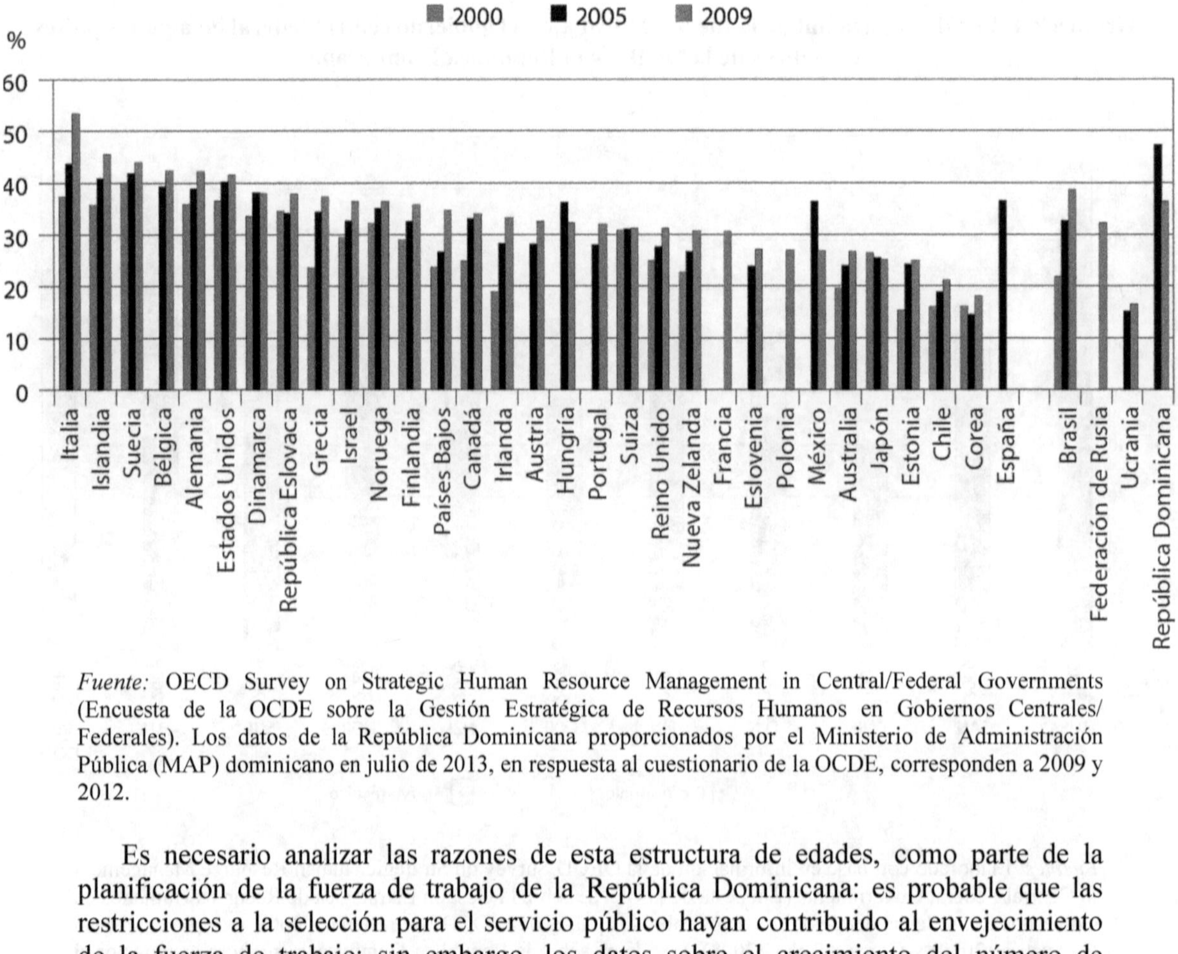

Fuente: OECD Survey on Strategic Human Resource Management in Central/Federal Governments (Encuesta de la OCDE sobre la Gestión Estratégica de Recursos Humanos en Gobiernos Centrales/ Federales). Los datos de la República Dominicana proporcionados por el Ministerio de Administración Pública (MAP) dominicano en julio de 2013, en respuesta al cuestionario de la OCDE, corresponden a 2009 y 2012.

Es necesario analizar las razones de esta estructura de edades, como parte de la planificación de la fuerza de trabajo de la República Dominicana: es probable que las restricciones a la selección para el servicio público hayan contribuido al envejecimiento de la fuerza de trabajo; sin embargo, los datos sobre el crecimiento del número de empleados públicos presentados en la Gráfica 2.1 sugieren que se han realizado labores de selección y podría esperarse que esto contribuya a contar con una fuerza de trabajo más joven. Dicha anomalía puede explicarse porque los datos sobre el aspecto demográfico de la fuerza de trabajo pública se tomaron del SASP, el cual actualmente cubre sólo ministerios del gobierno central y es en los ministerios donde las restricciones de selección han sido más eficaces. La estructura de edades de la fuerza de trabajo pública más amplia puede variar. Será importante, como componente de la planificación de la fuerza de trabajo, establecer una imagen clara de la demografía de la fuerza de trabajo pública y desarrollar estrategias focalizadas para atender los diferentes problemas que puedan surgir en diferentes partes del servicio público.

En los países de la OCDE, los objetivos de GRH para atender a una fuerza de trabajo pública en proceso de envejecimiento se han concentrado en (OCDE, 2007):

- Aprovechar las jubilaciones para reducir el tamaño de la fuerza de trabajo o reasignar al personal de acuerdo con los cambios en las prioridades sectoriales o de programa.
- Mantener sin cambio los costos de los sistemas de pensión del servicio público (al reducir prestaciones, conservar a los trabajadores mayores en su empleo más tiempo y avanzar de programas de contribución definidos por prestaciones a aquellos definidos por financiamiento).
- Mantener la capacidad de la fuerza de trabajo mediante su planificación proactiva.
- Retener a empleados de mayor edad en el servicio.
- Atender la discriminación relacionada con la edad.

La República Dominicana tendrá que planificar la jubilación de un gran número de empleados experimentados en un futuro relativamente cercano, por lo menos en el gobierno central, asegurándose de que no se pierdan aspectos fundamentales como la memoria y la experiencia institucionales. En lo que a finanzas se refiere, el gobierno tendrá que planificar que habrá un aumento de los costos de pensiones en el contexto de un sistema de pensión del servicio público que ya se esfuerza por salir adelante. No obstante, el perfil demográfico significa que en el futuro ese gobierno tendrá una relevante oportunidad estratégica de reestructurar la fuerza de trabajo.

La rotación de personal a través de jubilaciones podría utilizarse para reforzar el servicio civil y la carrera administrativa profesional al atraer graduados con buen nivel educativo y profesionales capacitados, y ofrecerles una atractiva perspectiva profesional. Esto probablemente signifique que habrá compensaciones en lo que se refiere a identificar áreas donde la dotación de personal puede reducirse para dar paso a nuevas contrataciones en áreas prioritarias. La planificación de la fuerza de trabajo será esencial para permitir al gobierno aprovechar las oportunidades de reestructurarla.

Al desarrollar sus políticas públicas con el fin de afrontar con éxito el envejecimiento de los empleados del sector público, el gobierno de la República Dominicana podrá encontrar orientación de utilidad en la siguiente lista de verificación desarrollada para países de la OCDE (véase el Recuadro 2.2).

Recuadro 2.2. Lista de verificación para el desarrollo de una estrategia sostenible para el envejecimiento del sector público

1. Valorar el grado en el cual está envejeciendo el servicio público en todos los niveles de gobierno y los sectores que resultarán afectados por una mayor demanda de servicios. Valorar los números de salidas planificadas del servicio público, su carácter oportuno y las capacidades futuras necesarias, tomando en cuenta los cambios en la demanda de servicios públicos y la manera en que éstos se proporcionan.

2. Decidir sobre las maneras más apropiadas de aumentar la productividad en la prestación de servicios públicos y de reducir los costos generales, aprovechando a la vez la oportunidad única proporcionada por los mayores números de servidores públicas en proceso de jubilación:

- Revisar todas las posibilidades de ahorrar costos, especialmente respecto a costos de personal (recortes, reforma de retribuciones en el contexto de un servicio público de más edad) y pensiones.
- Decidir sobre la forma organizacional más apropiada de prestación de servicios —prestación por parte de departamentos centrales, organismos gubernamentales, organismos independientes, organizaciones contratadas, alianzas público-privadas, en particular en los sectores que serán más afectados por el aumento de la demanda. Esto requerirá una revisión funcional por parte del gobierno, con un análisis costo-beneficio de largo plazo de las nuevas formas de prestación de servicios públicos.
- Fomentar todas las iniciativas orientadas a aumentar la productividad, en particular el gobierno electrónico.
- Aprovechar las salidas a gran escala del servicio público para propiciar cambios de gestión en organizaciones públicas.
- Ubicar a la innovación como factor central de las políticas de modernización de la gestión pública, en especial en los sectores más afectados por el envejecimiento.
- Promover el uso de herramientas de gestión que ayuden a planificar la distribución de recursos a lo largo de los años, como los presupuestos multianuales y la contabilidad de ejercicio.

3. Centrarse en mantener la capacidad en algunos sectores y aumentarla en otros:

- Planificar la reasignación de mediano y largo plazos de números de empleados en los diferentes sectores.
- La estrategia de mantenimiento de capacidad se centraría en:
  - Planificar nuevas contrataciones por sector y mejorar el atractivo del empleador público.
  - Formación inicial y guía para los servidores públicos que se contratarán.
  - Favorecer la movilidad en la trayectoria profesional como un instrumento decisivo de enriquecimiento y ascenso en la carrera.
  - Ascensos, formación y desarrollo de capacidades por vía rápida de directivos de nivel medio prometedores.
  - Retención de empleados mayores (siempre y cuando sus costos de nómina no sean más altos que los ahorros en pensiones).

Recuadro 2.2. Lista de verificación para el desarrollo de una estrategia sostenible para el envejecimiento del sector público *(cont.)*

4. Fomentar cambios institucionales dirigidos a adaptar a la gobernanza multinivel al reto del envejecimiento:

- Revisar los cambios institucionales requeridos para aumentar la eficiencia de los servicios, sobre todo en los sectores de salud y educación.
- Desarrollar una estrategia orientada a mejorar la coordinación de la prestación de estos servicios en todos los niveles de gobierno.
- Llevar a cabo los cambios institucionales necesarios para prestar servicios con eficiencia dentro del marco de cambio en las demandas.
- Reasignar recursos financieros y de personal para favorecer a los niveles de gobierno que sufrirán la mayor presión de nuevas demandas.

Fuente: OCDE (2007), *Ageing and the Public Service: Human Resource Challenges,* OECD Publishing, París, http://dx.doi.org/10.1787/9789264029712-en.

Tamaño y alcance del sistema de carrera

Hacia mediados de 2013, alrededor de 60,000 empleados de la administración central habían sido integrados al sistema de carrera, en comparación con los 24,600 de 2010. En 2016, al completarse la implementación del sistema de carrera, se anticipa que habrá 180,000 servidores públicos de carrera: 160,000 en el gobierno ejecutivo (administración central, servicios descentralizados y entidades autónomas) y 20,000 en el gobierno local.1 Parece que la mayoría de estos puestos se ocuparán incorporando personal existente en vez de contratar nuevo. Esta cifra excluye directivos, así como mucho personal de apoyo técnico empleado conforme al estatuto simplificado. Según el MAP, sólo se incorporarán al sistema de carrera mediante evaluación interna los empleados actuales que ingresaron hasta el año 2010. Los restantes 2011-2014 deberán vincularse por concursos.

Al comparar la cifra objetivo de 180,000 con el número total de puestos registrado por la Contraloría General en julio de 2013 (véase el Cuadro 2.1), parece que el sistema de carrera, al implementarse plenamente en 2016, cubrirá a alrededor de 36% de los empleados en las administraciones central y local. Llegar a este objetivo sería un logro importante respecto a la situación actual. Sin embargo, aún dejará a una considerable proporción de servidores públicos fuera del sistema de carrera, provocando la vulnerabilidad de éste. Si se reserva sólo una minoría de puestos para los servidores públicos de carrera siempre se correrá el riesgo de que el servicio de carrera se debilite, pues sólo a algunos empleados interesará que continúe. Además, incluso si se contempla que los servidores públicos de carrera ocupen puestos de nombramiento libre y después regresen a su estatus original, las oportunidades de carrera estarán limitadas en un servicio de carrera de pequeñas dimensiones. No queda claro cómo se llegó a la cifra de 180,000 servidores públicos de carrera y si ésta incluye el número estimado de empleados en carreras especiales. Si este tipo de carreras no está incluido en la cifra, el tamaño del servicio público de carrera está subestimado.

Hasta ahora, la República Dominicana ha elegido no incluir la mayoría de los puestos de gestión de nivel medio y alto en el sistema de carrera. Si bien la Ley 41-08 estipula que el Presidente de la República puede asignar puestos por debajo del nivel de viceministro como parte del servicio de carrera, esta disposición no se ha aplicado en forma amplia. En 2012, sólo 3% de los servidores públicos de carrera registrados en el SASP ocupaban puestos de supervisión y gestión (SEAP, 2010). Si bien la proporción de puestos de gestión sujetos a libre nombramiento y despido varía significativamente en los países de la OCDE, todos ellos consideran indispensable mantener la continuidad al tener un conjunto de directivos profesionales de carrera, y se pone un énfasis creciente en desarrollar la función de liderazgo colectivo de los directivos de carrera en la ejecución y sostenimiento de reformas, como se analiza en el Capítulo 5. Para la República Dominicana, tener un grupo de directivos profesionales con titularidad que aportan continuidad y excelencia será esencial para el logro del objetivo gubernamental de mejorar el desempeño y la calidad de los servicios públicos. Un avance positivo en este renglón es que el MAP se encuentra en la etapa inicial de diseño de una estructura de carrera para la carrera administrativa general, la cual parece que incluirá puestos directivos hasta el nivel de Director de Área (véase el Capítulo 3).

En lo que se refiere a las reformas de GRH, el MAP prioriza la implementación del servicio público de carrera en áreas prioritarias como salud y educación, entre otras. A partir de esto, se requieren estrategias sectoriales focalizadas que acompañen al programa de reforma general, centrándose en asuntos fundamentales como la planificación de la fuerza de trabajo para optimizar los niveles de dotación de personal y cerrar brechas de competencias, fortalecer las capacidades de liderazgo y gestión, y asignar responsabilidad de rendición de cuentas a los directivos. Los esfuerzos focalizados emprendidos en el sector de la salud en relación con algunos de estos asuntos pueden servir como ejemplos para otras áreas, aunque cada sector necesitará su propia estrategia, diseñada según sus necesidades.

Profesionalizar el servicio público

Un servicio público de carrera profesional brinda la estabilidad, continuidad y liberación del clientelismo y el nepotismo políticos esenciales para una administración pública eficiente y eficaz. Ampliar el servicio público de carrera y darle una base sólida son objetivos fundamentales de las reformas del servicio público de la República Dominicana. El primer marco para un servicio de carrera en el país se estableció en la Ley 14-91, que cubría a la administración central. Sin embargo, los avances en la institucionalización del sistema de carrera en los años siguientes fue lento y se reconoció la necesidad de un marco legal más exhaustivo, basado en principios de GRH modernos. Por consiguiente, en 2008 la Ley 41-08 fijó un nuevo marco legal para un servicio público de carrera permanente basado en méritos (véase el Recuadro 2.3). La Ley 41-08 tiene una cobertura mucho más amplia que la Ley de 1991, dado que extiende el servicio público de carrera a entidades descentralizadas, entidades autónomas y municipios. La ley prevé una carrera administrativa generalista, así como carreras especiales en áreas como diplomacia, salud, educación y finanzas públicas, entre otras (MAP, 2012).

Recuadro 2.3. Ley Función Pública 41-08

La Ley 41-08 estableció en 2008 los valores y principios básicos para un servicio público profesional en la República Dominicana. Dio pie a la creación en 2010 del Ministerio de Administración Pública (MAP) como la principal autoridad nacional para la administración pública, el empleo público y la GRH estratégica, responsabilizando al Instituto Nacional de Administración Pública (INAP) del desarrollo y formación del personal. La ley regula las relaciones laborales, condiciones de trabajo, y derechos y deberes de los empleados. El marco para la GRH estratégica se establece con disposiciones relacionadas con la selección, carreras, terminación del empleo, gestión del desempeño y retribución.

Antes de la creación del MAP en 2010, el empleo público y la GRH eran responsabilidad de la Secretaría de Estado de Administración Pública (SEAP), entidad predecesora del MAP, de 2008 a 2010, y de la Oficina Nacional de Administración y Personal (ONAP), de 1965 a 2008.

Los principios básicos de empleo público establecidos en la Ley 41-08 son los siguientes:

- **Mérito personal** demostrado en concursos internos y externos, evaluación de desempeño y otros instrumentos de GRH.
- **Acceso equitativo** al servicio público con base en méritos personales y sin referencia a género, discapacidad u otro aspecto.
- **Estabilidad en puestos de carrera.** La permanencia de los servidores públicos de carrera es garantizada por el Estado, siempre y cuando aquéllos cumplan con los requisitos de desempeño, eficiencia, ética y disciplina.
- **Equidad en la retribución** con base en el principio universal de pago igual por trabajo igual
- **Flexibilidad organizacional** para que el empleador varíe las condiciones de trabajo en interés de la institución.
- **Renuncia**. Los derechos y privilegios de los servidores públicos conforme a esta ley son inalienables.
- **Protección judicial.** Los servidores públicos tienen derecho a apelar al tribunal administrativo solicitando protección como parte de los derechos consagrados por esta ley.

La Ley 41-08 prevé cuatro categorías de personal:

- Servidores civiles de carrera, seleccionados por méritos, sujetos a ascensos y gestión de desempeño basados en méritos, y con titularidad
- Personal de nombramiento libre, principalmente puestos ejecutivos y asesores de alto nivel
- Personal empleado conforme al estatuto simplificado, principalmente en trabajos no calificados y operativos
- Empleados temporales que pueden contratarse para ocupar puestos de carrera por un máximo de seis meses.

Fuente: Ministerio de Administración Pública de la República Dominicana (MAP), 2013.

La Ley 41-08 estableció los lineamientos para un sistema integrado de carrera basado en el ingreso y los ascensos competitivos a partir de méritos, gestión de carreras vinculada con la evaluación de desempeño y modalidades para salir del servicio de carrera (véase la Gráfica 2.6).

Gráfica 2.6. Panorámica del sistema de carrera en la República Dominicana

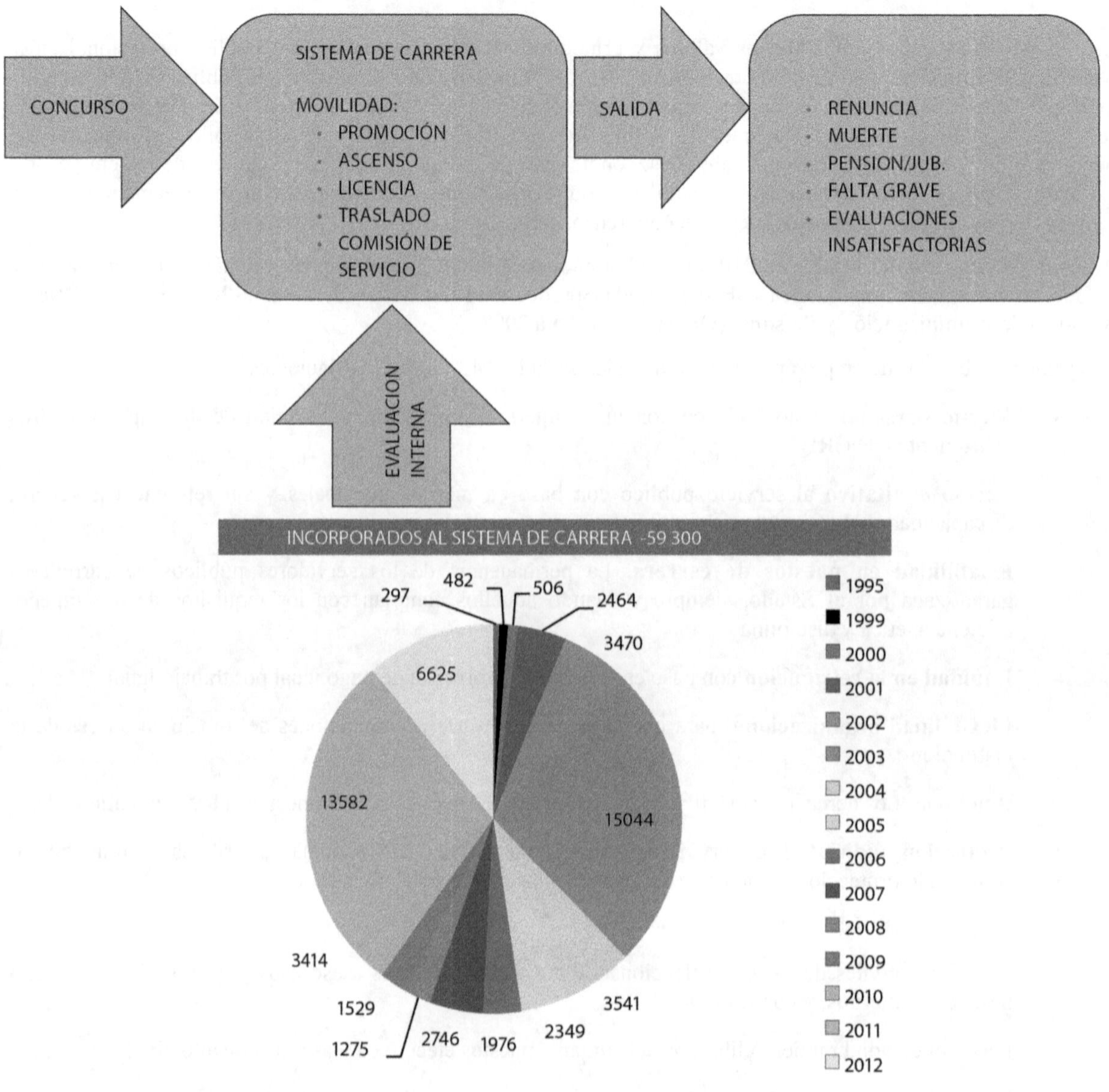

Fuente: Presentación del MAP durante la semana de investigación de la OCDE (julio de 2013).

Al no haberse implementado plenamente la Ley 41-08, el empleo en el servicio público aún está estructurado en dos sistemas: el antiguo sistema de Servicio Civil General, el cual regula las relaciones laborales y la ética entre la administración y los empleados, y el nuevo sistema de carrera, el cual aún se está poniendo en marcha. El primer sistema permite que las personas sean contratadas como empleados, sin un proceso abierto y basado en méritos. Los empleados no tienen los mismos derechos de empleo que los servidores públicos de carrera.

Voluntad política para consolidar y ampliar el servicio público de carrera

Hay una fuerte voluntad política para consolidar y ampliar el servicio público de carrera y el proyecto cuenta con el respaldo personal del Presidente. Una estrategia de implementación es parte integral de la iniciativa, y los avances son vigilados e informados con regularidad por el MAP. El objetivo es desarrollar la legitimidad del sistema al asegurarse de que éste se traduzca en una mejora de los servicios públicos. Con este fin, el MAP prioriza la implementación de la carrera administrativa en varias áreas clave, incluidas la salud, el agua, la educación y la agricultura. El Sistema de Monitoreo de la Administración Pública (SISMAP) supervisa el cumplimiento de las instituciones con la Ley 41-08, incluida la implementación del sistema de carrera, en una forma pública y transparente (véase el Recuadro 2.4). El público puede consultar al SISMAP en línea para observar la clasificación de instituciones en una gama de indicadores y la situación en cada caso (véanse también los Capítulos 5 y 6). Las instituciones reciben incentivos para participar en el SISMAP, ya que esto es un requisito para integrar el sistema del Premio Nacional a la Calidad y Reconocimiento a las Prácticas Promisorias.

La implementación del servicio público de carrera se apoya con la formación del personal de GRH dentro de las instituciones (MAP, 2012). Esto podría facilitarse óptimamente con un enfoque equitativo y mejor coordinado. En el corto a mediano plazos parece requerirse más la centralización que la descentralización.

Se alienta a las instituciones a participar mediante el mencionado sistema de premios de calidad, siendo uno de sus criterios la puesta en marcha del sistema de carrera. Como medida de transición, el personal existente puede incorporarse al servicio público de carrera sin entrar a concursos de selección. El proceso de incorporación, diseñado y supervisado por el MAP, se basa en una evaluación que toma en cuenta los antecedentes de buena conducta, evaluaciones de desempeño y capacidad técnica del empleado. Después de 2016, cuando se contempla completar la incorporación del personal existente, la única manera de ingresar al servicio público de carrera será a través de concursos con base en méritos. El sistema de incorporación se ha fortalecido con la inclusión de miembros del público, asociaciones de personal, académicos y otros en las comisiones ad hoc que supervisan el proceso dentro de las instituciones.

La Ley 41-08 brinda un marco de normas comunes que aplican a carreras especiales en relación con selección, movilidad, desarrollo de personal y otros asuntos de GRH. Sin embargo, integrar carreras especiales al nuevo marco respectivo está resultando complejo, ya que éstas tienen su propia legislación anterior a la Ley 41-08. Hay un proceso continuo de análisis y negociación con grupos de carreras especiales. No obstante, se observa un número creciente de clústeres de carreras. Una de las áreas en las que se ha alcanzado el éxito ha sido la educación: la carrera de profesor, que data de la década de 1970, se ha incorporado al nuevo sistema de carrera y se ha puesto en marcha la selección basada en méritos, incluso para directores de escuela. Esto proporciona cimientos sólidos para elevar los estándares profesionales en este campo.

La Ley 41-08 establece las bases para la organización, el funcionamiento y el desarrollo del sistema de carrera profesional al prever subsistemas de GRH relacionados con evaluación del desempeño, retribución y clasificación, selección, desarrollo y formación, así como derechos individuales y colectivos. La ley establece el MAP como el organismo central de GRH, responsable de expedir regulaciones e instrucciones para dar efecto a la ley. Asimismo, establece el Instituto Nacional de Administración Pública (INAP), responsable de la implementación, coordinación, vigilancia y evaluación de los procesos de inducción, educación y formación.

Recuadro 2.4. Sistema dominicano de Monitoreo de la Administración Pública (SISMAP)

Otra herramienta clave de administración pública en la República Dominicana es el SISMAP, también diseñado e implementado con éxito por el MAP. Gracias al SISMAP el MAP puede monitorear y evaluar continuamente la aplicación de la Ley 41-08 en instituciones públicas. El SISMAP utiliza criterios e indicadores del Barometer on Public Service in Central America and the Dominican Republic (Barómetro de la Profesionalización del Empleo Público en Centroamérica y República Dominicana, desarrollado por el Banco Interamericano de Desarrollo). Las instituciones se evalúan trimestralmente de forma transparente y pública por cada indicador y su nivel de cumplimiento es señalado por un sistema tipo tablero de instrumentos con los colores verde, naranja y rojo. La situación de todas las instituciones participantes, así como la de cada una por separado, se publica en línea, junto con evidencia de implementación como apoyo.

El SISMAP permite a los ciudadanos tener acceso a 34 indicadores de administración pública, como calidad, legalidad, selección y evaluación del desempeño basadas en méritos, entre otros. La cobertura del SISMAP abarca a todo el gobierno central y descentralizado. Será lanzada próximamente una nueva versión que incluirá nuevos indicadores y abarcará a todos los ayuntamientos y distritos municipales.

SISMAP includes indicators relating to the following areas: El SISMAP opera indicadores relacionados con las áreas siguientes:

- Planificación de recursos humanos;
- Organización del trabajo;
- Gestión de la dotación de personal;
- Gestión de desempeño;
- Gestión de retribuciones;
- Desarrollo del sistema de carrera;
- Gestión de relaciones de empleados;
- Organización de la función de GRH;
- Gestión de la calidad.

Fuente: Ministerio de Administración Pública de la República Dominicana (MAP), www.map.gob.do.

La implementación del sistema de carrera podría fortalecerse aún más

Al establecer y sostener el servicio público de carrera profesional, será esencial lograr la amplia cobertura fijada como objetivo y garantizar que las reglas sobre incorporación y selección basada en méritos se apliquen con congruencia. Estos procesos aún no parecen estar establecidos de manera uniforme, en particular en organizaciones descentralizadas y autónomas, a juzgar por el pequeño número de concursos de selección que se realizan (véase el Capítulo 3). La experiencia con el establecimiento de sistemas de carrera en otros países sugiere que se necesita una labor de vigilancia para evitar una situación en la que las organizaciones soliciten derogaciones para excluirse de la ley de servicio público, o simplemente no pongan en marcha las disposiciones en forma oportuna (Grindle, 2010).

Se entiende que el gobierno no querría incluir ciertas partes del servicio público en el sistema de carrera: el estatuto simplificado cumple este fin; en los países de la OCDE las empresas públicas y de la economía mixta por lo general no forman parte del servicio civil de carrera, y frecuentemente los gobiernos se reservan el derecho de nombrar a quienes ocuparán puestos de muy alto nivel. Aparte de estos grupos, sería aconsejable que la República Dominicana examine cómo podría ampliarse el alcance del servicio de carrera con el tiempo, con miras a asegurar su continua viabilidad después de 2016.

Si bien las carreras especiales tienen su lugar, conviene evitar su proliferación, ya que ésta inhibe la movilidad y amenaza con distorsionar la estructura de salarios. Según la experiencia de países de la OCDE como Francia y España, los grupos de carreras especiales pueden levantar barreras al ingreso y demandar condiciones de empleo preferenciales. Es preferible priorizar la posibilidad de tener carreras transversales hasta donde sea posible, en especial en un país con un mercado laboral relativamente pequeño.

Es recomendable que el MAP continúe con su estrategia de gestión del cambio que consiste en persuadir a los servidores e instituciones públicos de las ventajas de integrar el sistema de carrera. Sin embargo, también se requiere prestar atención continua al cumplimiento de la Ley 41-08. La capacidad del MAP de supervisar el proceso de incorporación podría fortalecerse asignando personal adicional a esta función, acelerando a la vez el desarrollo de capacidad de la función de RH en organismos operativos. Fortalecer y alimentar adecuadamente el sistema de selección basada en méritos es fundamental para la sostenibilidad del servicio público de carrera y se sugiere atenderlo como asunto de alta prioridad (véase el Capítulo 3).

Recuadro 2.5. Ejemplos de métodos de presentación de informes al Ejecutivo y la Legislatura sobre el estado del servicio público

Australia: La Ley de Servicio Público 1999 estipula que el Comisionado de Servicio Público debe proporcionar al ministro un informe anual para su presentación al Parlamento, el cual incluye un informe sobre el estado del Servicio Público Australiano (APS, por sus siglas en inglés) durante el año. El Informe del Estado del Servicio se basa en varias fuentes de información, incluido un cuestionario enviado a todos los organismos APS que emplean a 20 o más trabajadores conforme a la Ley de Servicio Público y los resultados del cuestionario de empleados APS. El Informe del Estado del Servicio ofrece datos e información sobre los cambios en tendencias de la fuerza de trabajo y su capacidad. También detalla las actividades y prácticas de GRH de los organismos APS.

Canadá: En las últimas dos décadas, el Secretario del Consejo Privado (el servidor público no político de más alto nivel) ha presentado un informe anual sobre el Servicio Público al Primer Ministro, quien posteriormente lo analiza con ambas Casas del Parlamento. El informe cubre los principales temas que afectan al servicio público y avisa sobre los avances en iniciativas clave.

Estados Unidos: Se cuenta con amplios requisitos para informar relacionados con la administración pública federal. Por ejemplo, a la Oficina de Gestión de Personal (OPM, por sus siglas en inglés) se le requiere proporcionar al Congreso un informe anual de desempeño, dando a conocer, entre otras cosas, los avances en los objetivos prioritarios. En su Congressional Budget Justification anual, la OPM muestra en qué forma utiliza — y planifica utilizar — los recursos asignados por el Congreso para lograr su misión. Este informe es preparado por el Congreso y también se pone a disposición del público. La Oficina de Rendición de Cuentas del gobierno estadounidense (GAO, por sus siglas en inglés), encabezada por el Contralor General de Estados Unidos, entrega informes regulares al Congreso sobre una variedad de temas de GRH estratégica.

Fuentes: Australian Public Service Commission, www.apsc.gov.au; Canadian Privy Council Office, www.pco-bcp.gc.ca; United States Office of Personnel Management, www.opm.gov; United States Government Accountability Office, www.gao.gov/about/index.html.

Dado el impacto político de esta reforma, es esencial aislar al sistema de carrera de interferencias políticas. El proceso de implementación se fortalecería con mecanismos de rendición de cuentas para ministros y directivos de alto nivel (véase el Capítulo 4). La transparencia pública que se brinda a través del SISMAP podría reforzarse con la rendición de cuentas política a través de un informe regular al Presidente y al Congreso, como sucede en varios países de la OCDE (véase el Recuadro 2.5). Otra posibilidad digna de consideración es una revisión regular de los avances por parte del Gabinete, tal vez con un requisito para que los ministros rindan cuentas de los avances en las instituciones de las cuales son responsables. A medida que se desarrolle el sistema de gestión de desempeño para instituciones y directivos de alto nivel, convendrá que la aplicación de las disposiciones de la Ley 41-08 forme parte de su evaluación de desempeño.

El proceso de incorporación debe gestionarse con cuidado

Si bien el proceso de evaluación para integrar al personal existente al servicio de carrera es una solución pragmática para resolver la situación de los empleados actuales, es necesario actuar con precaución para evitar crear rigideces que más adelante podrían ocasionar problemas si se incorpora a empleados que no tengan las capacidades adecuadas y cuyos puestos quizá no se necesiten en el futuro. Asimismo, dado el gran número de entidades autónomas, es importante evitar incorporar al servicio civil de carrera a personal de entidades que quizá no sean centrales para la misión del servicio público, pues esto impediría la racionalización de estructuras. Utilizar una maquinaria de revisión gubernamental para dirigir un enfoque más focalizado y vincular el proceso de incorporación con la reestructuración institucional ayudaría a reducir estos riesgos (véase también el Capítulo 6). Esto puede significar que se requiere un calendario de implementación más gradual, de modo de programar tiempo suficiente para el análisis de las necesidades de la fuerza de trabajo. También es importante que las decisiones sobre la incorporación de los empleados existentes al sistema de carrera se asocien con la evaluación de las capacidades requeridas por las instituciones para lograr resultados prioritarios, así como los números y competencias de personal que se necesitarán en años futuros. En el mediano plazo será esencial planificar la fuerza de trabajo para proporcionar esta información. En el corto plazo podría usarse una revisión estratégica de la dotación de personal, sugerida en la sección 2.3, para orientar la toma de decisiones. El servicio público de carrera profesional tendrá una base más sólida si en las etapas formativas se procura evitar el riesgo de terminar con una estructura de capacidades obsoleta o con una fuerza de trabajo con un tamaño y colocación inadecuados.

La calidad y el rigor del proceso de incorporación dependen de la disposición y la capacidad de los directivos y el personal de GRH en las organizaciones para aplicarlo en forma adecuada. Además de las medidas ya en marcha para supervisar el proceso de incorporación dentro de las instituciones, es fundamental el aseguramiento de la calidad por parte del *MAP* para lograr el objetivo de mejorar los *servicios públicos* mediante la implementación del sistema de carrera. Por ejemplo, no queda claro hasta qué grado se están evaluando suficientemente las competencias de los empleados existentes para garantizar que todos los incorporados tengan los conjuntos de capacidades adecuados, en tanto que las fallas reconocidas en relación con las evaluaciones de desempeño plantean cuestionamientos acerca de la validez de este elemento del proceso de incorporación. Hay numerosos casos de excelencia que podrían tomarse como ejemplo de cómo gestionar el proceso de incorporación. Por ejemplo, el Servicio de Impuestos Internos está adoptando un enfoque estratégico a la implementación del servicio de carrera en el contexto de reestructuración y rediseño de sus servicios. Esto podría sentar las bases para que el *MAP* establezca un modelo para la gestión del proceso de incorporación con el fin de difundir un enfoque más estratégico a otras instituciones.

Hay oportunidad de desarrollar la igualdad de género a partir de los logros en este ámbito

El principio de acceso equitativo al empleo en el servicio público de carrera está consagrado en la Ley 41-08 de la República Dominicana. En relación con la igualdad de género, las mujeres están bien representadas en la administración del gobierno central y en puestos de alta dirección en dicho gobierno central. La proporción de mujeres se compara muy favorablemente con la situación prevaleciente en países de la OCDE con un historial excelente de fomento de la diversidad, como Australia, Canadá, Nueva Zelanda y Suecia (véase la Gráfica 2.6). Las mujeres ocupan el 34% de los puestos de alta dirección y casi el 54% de los puestos de gerencia de nivel alto y medio, y representan alrededor de 60% del empleo total del gobierno central.

La experiencia de los países de la OCDE muestra que la legislación de acceso equitativo es más eficaz cuando la sustentan políticas activas de diversidad. En años futuros, el gobierno de la República Dominicana puede ampliar sus buenos logros en igualdad de género con el desarrollo de políticas e instrumentos dirigidos a aumentar el empleo en el servicio de carrera de otros grupos, como personas con diferentes antecedentes sociales, culturales o étnicos y personas con discapacidad.

Gráfica 2.7. Proporción de puestos del gobierno central y puestos de alta dirección ocupados por mujeres en algunos países de la OCDE y la República Dominicana

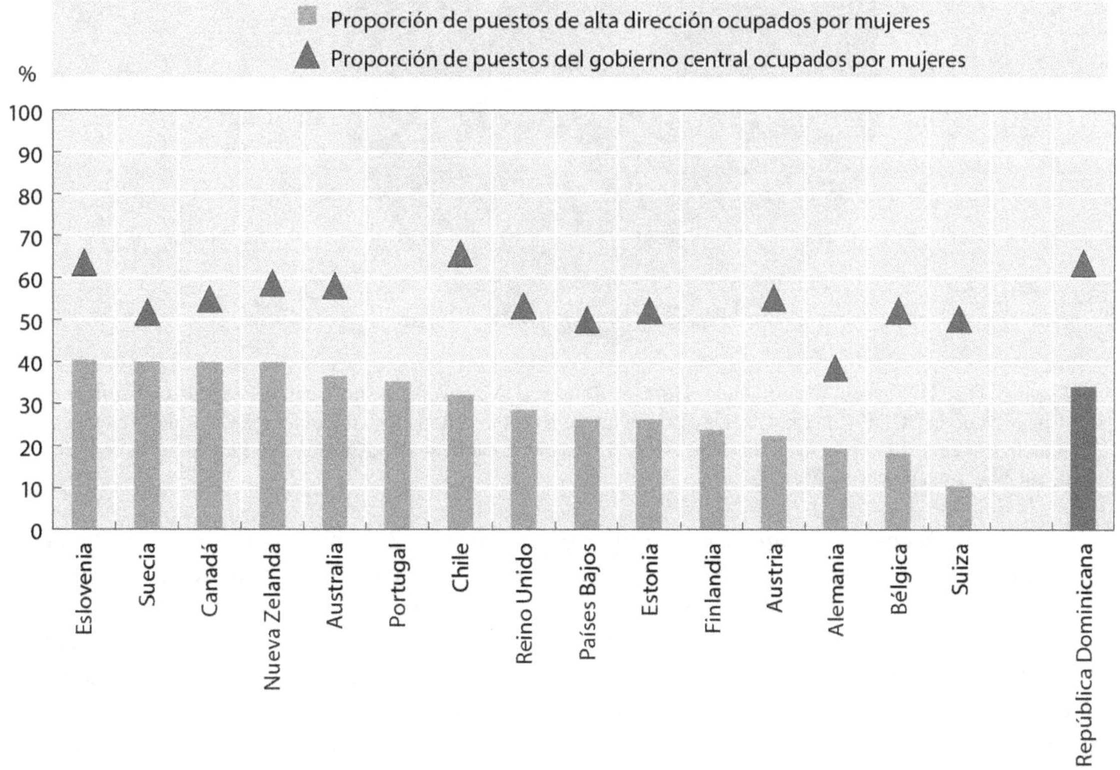

Fuente: OECD Survey on Strategic Human Resource Management in Central/Federal Governments (Encuesta de la OCDE sobre la Gestión Estratégica de Recursos Humanos en Gobiernos Centrales/Federales, actualizada en 2013 con base en datos de 2012). Los datos de la República Dominicana fueron proporcionados por el MAP como respuesta al cuestionario de la OCDE (julio de 2013).

Evitar el crecimiento no planificado de largo plazo de los costos del empleo público

La constante presión sobre los gobiernos para demostrar las ganancias en eficiencia y la relación calidad-precio han contribuido a que en los países de la OCDE se tienda cada vez más a un servicio público más ligero y estratégico. Cerca de tres cuartos de los países de la OCDE que respondieron la "Encuesta 2012 de Consolidación Fiscal de la OCDE" indicaron que planifican recortar salarios o reducir los números de empleados como parte de un programa de reforma. De estos países, 59% están implementando recortes o congelaciones salariales y 28% han optado por reducciones de personal (OCDE, 2012a). Cerca de tres cuartos de los países de la OCDE han iniciado, o se proponen iniciar, reformas que disminuirán el tamaño actual de sus empleados del servicio público en más de la mitad de los organismos y ministerios del gobierno central (véase la Gráfica 2.8).

Gráfica 2.8. Cambios anticipados en los niveles de empleo en más de 50% de los organismos y ministerios

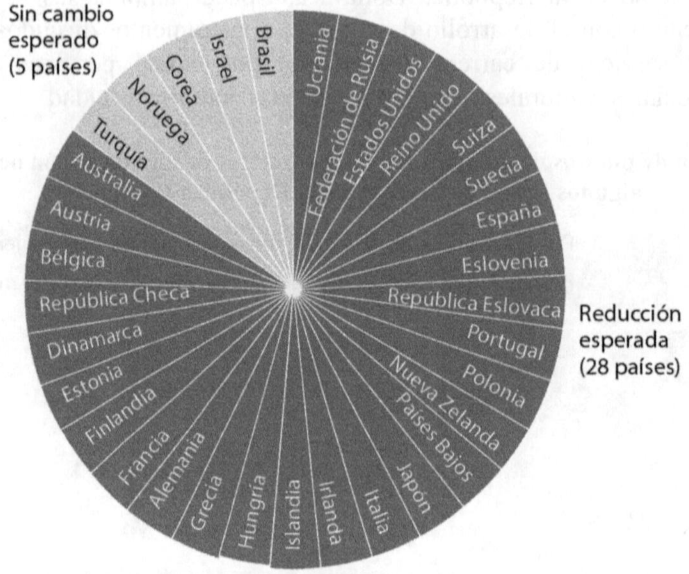

Fuente: OECD Survey on Strategic Human Resource Management in Central/Federal Governments (Encuesta de la OCDE sobre la Gestión Estratégica de Recursos Humanos en Gobiernos Centrales/Federales, actualizada en 2013 con base en datos de 2012). Los datos no aplican para Canadá. No hay datos disponibles para Chile, Luxemburgo y México.

Si el proceso de *rightsizing* o ajuste de tamaño del personal no se gestiona adecuadamente, puede tener consecuencias de largo plazo en la capacidad de la fuerza de trabajo pública para cumplir con las expectativas de los ciudadanos. Por ejemplo, las congelaciones de contrataciones no sólo impactan de inmediato la capacidad del sector público de prestar servicios públicos, sino también afectan la capacidad y agilidad de las organizaciones en el largo plazo, al limitar sus posibilidades de reestructurar y renovar capacidades. En este contexto, la planificación estratégica de la fuerza de trabajo gradualmente se convierte en una prioridad clave y una práctica central de gestión en los países de la OCDE. En tiempos de limitación de recursos, se requiere que los gobiernos demuestren capacidad de planificación de la fuerza de trabajo para afrontar con éxito los retos actuales y futuros de prestación de servicios y para producir ganancias en eficiencia (OCDE, 2013a).

Reto de mejorar los servicios públicos y a la vez controlar los costos de la fuerza de trabajo

La República Dominicana enfrenta el reto, común para muchos países de la OCDE, de intentar mejorar los servicios públicos y a la vez controlar los costos de la fuerza de trabajo. Tener números suficientes de personal calificado en las áreas adecuadas para cumplir con los programas gubernamentales es un asunto de gran importancia. En charlas sostenidas con ministerios del gobierno central surgieron como temas clave la falta de personal y las brechas de competencias. Al mismo tiempo, la fragmentación organizacional del servicio público, el crecimiento no planificado del empleo y la probabilidad de que ocurran desequilibrios importantes en la dotación de personal entre instituciones, ofrecen oportunidades para gestionar las necesidades de colocación de personal en una forma más estratégica y rentable mediante la racionalización de la estructura organizacional del servicio público y la reasignación de puestos. Para aprovechar estas oportunidades, se necesitan herramientas de GRH estratégica como mejor información sobre la fuerza de trabajo, más flexibilidad para asignarla y planificación estratégica de la misma.

Hasta ahora, el principal instrumento a disposición del gobierno para controlar el tamaño y el costo de la fuerza de trabajo ha sido restringir la creación de nuevos puestos en el presupuesto, limitando con ello la contratación. Esta medida parece haber alcanzado un éxito razonable en los ministerios del gobierno central, pero a costa de la flexibilidad institucional, ya que los ministerios tienen poco margen para planificar y gestionar su dotación de personal de acuerdo con sus requerimientos operativos. El hecho de que los números de empleados públicos registrados por las Encuestas Nacionales de Fuerza de Trabajo hayan seguido incrementándose sugiere que en el servicio público general los números no se controlan con mucha eficacia. Dado que una proporción significativa del gasto público corresponde a instituciones autónomas, es probable que dichas instituciones sean responsables de una gran parte del crecimiento no planificado de los números de la nómina pública.

La otra iniciativa clave actualmente en marcha es el programa de reestructuración institucional gestionado por el MAP. Su objetivo es racionalizar la estructura organizacional del servicio público, tanto en el nivel de organizaciones individuales como en el nivel macro en todo este sector para eliminar la duplicación y la superposición de competencias. En la actualidad la revisión se realiza individualmente en las instituciones, y las estructuras tienen que ser aprobadas por el MAP. A manera de apoyo, el MAP desarrolló una metodología de revisión organizacional. Asimismo, el MAP trabaja en la definición de estructuras organizacionales estándar para áreas comunes en todas las organizaciones, como GRH, TIC, planificación y servicios legales. Actualmente la reducción de personal no es un objetivo del programa de reestructuración institucional. El objetivo es mejorar las capacidades del personal mediante la formación y la posible reasignación de empleados para utilizar mejor sus capacidades en vez de prescindir de ellos.

Si bien la participación en el programa de reestructuración institucional es voluntaria, hay incentivos para que las organizaciones participen, ya que deben tener una estructura aprobada para operar un concurso de selección. Esto se relaciona de cerca con el programa gubernamental de modernización de la prestación de servicios públicos por medio del gobierno electrónico y la Iniciativa de Gestión de Calidad. La reestructuración es apoyada por un programa para fomentar la capacidad de gestión del cambio dentro de las organizaciones públicas, aunque éste aún se encuentra en una etapa temprana de desarrollo (véase el Capítulo 6).

Se requiere un enfoque estratégico de gobierno entero a la reestructuración y ajuste de tamaño del personal

Se requiere una perspectiva de gobierno entero sobre el tamaño, la estructura y la asignación de la fuerza de trabajo para alinear mejor la dotación de personal con las prioridades de políticas públicas del gobierno. A medida que se avanza en la implementación del Sistema de Administración de Servidores Públicos (SASP), los encargados de tomar decisiones tendrán a su disposición la información que les permitirá observar la manera en que la estructura y la asignación de personal armonizan con las prioridades gubernamentales, y adoptar una perspectiva de más largo plazo sobre la reconfiguración de dicho personal de modo que corresponda a los cambios en necesidades. Esto posibilitaría el uso de un enfoque más estratégico a la gestión de recursos humanos y un ajuste más rápido de sus costos. Los avances en esta área permitirán al gobierno, con el tiempo, reducir su dependencia de la selección restrictiva, la cual es un instrumento relativamente burdo para gestionar niveles de dotación de personal y dificulta la viabilidad de aportar nuevas capacidades cuando y como se necesite.

El enfoque más promisorio para la República Dominicana en el corto plazo sería emprender una revisión estratégica de la dotación de personal del servicio público con el fin de proporcionar un nivel de referencia para las decisiones relativas a la asignación del presupuesto en este renglón. El objetivo sería identificar oportunidades para reasignar puestos a áreas de prioridad, de acuerdo con la Estrategia Nacional de Desarrollo (END) del gobierno, y para ahorrar en costos de dotación de personal al eliminar duplicaciones y superposiciones. Una reestructuración general de la fuerza de trabajo proporcionaría mayor margen para la contratación esencial en años futuros, orientada a atraer nuevas capacidades. La estructura ocupacional de la fuerza de trabajo del gobierno central sugiere que puede también haber un margen importante para racionalizar las funciones de apoyo técnico y esto ampliaría también las posibilidades de captar capacidades profesionales adicionales. El gobierno podría utilizar los resultados de una revisión estratégica para obtener un mejor control de la evolución de largo plazo de los costos de empleo al establecer un objetivo multianual para el número de empleados públicos. Estos objetivos se han utilizado con éxito en varios países de la OCDE para ajustar adecuadamente el tamaño del servicio público (OCDE, 2011d). Este tipo de enfoque requeriría acuerdos de trabajo bien integrados entre la Presidencia, el MAP, el Ministerio de Hacienda (MH) y el Ministerio de Economía, Planificación y Desarrollo (MEPyD).

Un ejemplo de una revisión estratégica de la dotación de personal es la revisión de los números y programas de gastos de los servicios públicos realizada por el gobierno irlandés en 2009. El proceso fue encabezado por un grupo de expertos externos, apoyados por servidores públicos de alto nivel, y sus conclusiones y recomendaciones, que representaron un insumo para el programa de transformación de los servicios públicos por parte del gobierno, se publicaron (véase el Recuadro 2.6).

Recuadro 2.6. Revisión del Servicio Público y Programas de Gastos del Servicio Público Irlandés

El grupo especial sobre números y gastos del servicio público completó su trabajo en el transcurso de seis meses en 2009. Trabajó con la instrucción de analizar y hacer recomendaciones sobre la reducción de los números de empleados en cada área del Servicio Público en relación con:

- La necesidad de identificar y priorizar áreas y objetivos de resultados particulares.
- El logro de una mayor eficiencia y economía en la prestación de todos los servicios.
- El margen para la racionalización y agilización de la prestación de servicios públicos para beneficio de los consumidores.

Se pidió al grupo que hiciera recomendaciones sobre la reasignación de personal o gastos de recursos entre organizaciones de servicios públicos para cumplir con los objetivos establecidos en el Programa de Gobierno. Se les solicitó también examinar y hacer recomendaciones para una mayor racionalización de los organismos estatales.

La revisión identificó espacios para aumentos importantes de la eficiencia en la dotación de personal y la organización, así como oportunidades para mejorar la prestación de servicios públicos.

Fuente: Government of Ireland (2009), *Report of the Special Group on Public Service Numbers and Expenditure Programmes*, Government Publications Office, Dublin, www.finance.gov.ie/viewdoc.asp?DocID=5861.

Es posible vincular útilmente la revisión estratégica de dotación de personal con el objetivo gubernamental de impulsar el gobierno electrónico y la innovación en la prestación de servicios públicos en términos de alentar a las organizaciones a identificar maneras de ofrecer mejores servicios dentro de las restricciones presupuestarias. La experiencia de Austria en la reforma de su administración financiera es un ejemplo de este tipo de enfoque: 80 oficinas se fusionaron en 41, el número de niveles jerárquicos se redujo a la mitad, los procesos se simplificaron, el trabajo se reorganizó en torno a equipos y se implementaron proyectos de gobierno electrónico (OCDE, 2011a).

Un conjunto más amplio de instrumentos de GRH para facilitar el ajuste de tamaño y la reasignación del personal

Si el gobierno optara por una revisión estratégica de dotación de personal, la experiencia de los países de la OCDE sugiere que este enfoque es más eficaz si se acompaña de instrumentos de GRH para facilitar el ajuste de tamaño y la reasignación del personal (véase el Recuadro 2.7).

Utilizar una combinación de instrumentos de GRH ayuda a evitar las desventajas relacionadas con la dependencia excesiva en un instrumento determinado (OCDE, 2011c). Las estrategias y herramientas de GRH que contribuyen a la flexibilidad en la gestión del tamaño y la asignación de personal incluyen las siguientes:

- Planificación estratégica de la fuerza de trabajo, la cual impulsa a las organizaciones a considerar la mezcla de personas y capacidades que necesitarán en el futuro para planificar sus necesidades de selección y formación;
- Sistemas de selección que ofrezcan flexibilidad en la contratación de personal de todos los niveles (aplicando a la vez enfoques basados en méritos y evitando el peligro de la politización), dirijan capacidades a puestos específicos y aumenten la diversidad;

- Gestión de competencias, la cual ayuda a las organizaciones a planificar sus necesidades relativas a la fuerza de trabajo al definir qué competencias se requieren, evaluar las brechas de competencias en su personal actual y tomar medidas para cerrar brechas mediante la formación y selección;
- Movilidad, que puede ayudar a fomentar una perspectiva de gobierno entero entre el personal, aumentar las competencias individuales y alentar la colaboración entre organizaciones;
- Disposiciones flexibles de empleo que permitan el despliegue de personal y el uso de trabajadores temporales/informales y personal de tiempo parcial en circunstancias apropiadas;
- Políticas de despido que permitan reestructurar y reducir los números de empleados;
- Reentrenamiento para poder redistribuir al personal.

Recuadro 2.7. Políticas y herramientas de GRH en el contexto de revisiones estratégicas

La experiencia de los países de la OCDE respecto a las revisiones estratégicas sugiere que los siguientes aspectos e instrumentos de GRH son importantes para la gestión de ajuste de la fuerza de trabajo, así como los efectos de mediano a largo plazo sobre el desempeño y la capacidad del servicio público:

- Las revisiones estratégicas quizá generen una importante reasignación de personal y cambios de tamaño de la fuerza de trabajo (usualmente reducciones). Por consiguiente, conviene que los aspectos de GRH se traten como parte integral de estas revisiones desde el principio.
- Es importante que la planificación de la fuerza de trabajo se integre a la revisión estratégica y al marco presupuestario de mediano plazo.
- Conviene que las revisiones estratégicas consideren la capacidad del servicio público, incluidos aspectos como liderazgo, habilidades y flexibilidad de la fuerza de trabajo, así como probables necesidades de renovar la fuerza de trabajo de mediano plazo a través de la selección y el desarrollo de personal.
- Se requiere poner en marcha medidas para sostener la movilidad y reasignación del personal si no existen ya, y evaluar el éxito de la reasignación de personal.
- Se sugiere que las revisiones se orienten a evaluar el impacto de las disposiciones de gestión de desempeño en la productividad e identificar oportunidades de mejorarlas.
- Es recomendable prestar atención al efecto de las revisiones en la moral del servicio público y en la retención de personal clave, así como cambiar aspectos de gestión.

Fuente: OCDE (2011a), *Public Servants as Partners for Growth: Toward a Stronger, Leaner and More Equitable Workforce*, OECD Publishing, París, http://dx.doi.org/10.1787/9789264166707-en.

En la República Dominicana se están desarrollando ya varios de estos instrumentos y hay margen para utilizar más de ellos.

El marco de empleo creado por la Ley 41-08 aporta flexibilidad para contratar, despedir y reasignar personal. Cuán bien se traduzca esto en la práctica depende de las disposiciones legislativas respaldadas por políticas e instrumentos de GRH, así como la cultura de gestión. Por ejemplo, si bien en teoría es posible despedir empleados por mala conducta o mal desempeño, parece que, al igual que en muchos países de la OCDE, esto rara vez ocurre.2 De hecho, se trata de una de las tareas más difíciles para definir el mal desempeño y sus causas subyacentes. Además, es posible abusar del uso del mal desempeño como razón de despido por razones políticas.

La ley estipula el despido de empleados excedentes en situaciones de reestructuración organizacional y la movilidad por medio de su reasignación, aunque no queda claro en qué medida se utilizan realmente estas disposiciones. Quizá se requiera tomar en cuenta en el presupuesto las medidas de despido para que las instituciones puedan ponerlas en marcha.

La Ley 41.08 contempla otra forma de flexibilidad de la fuerza de trabajo: un estatuto simplificado de empleo para personal con funciones de servicio general, como mantenimiento, seguridad y producción de bienes y servicios que no son centrales para la administración pública. Este personal no disfruta de la misma seguridad en el empleo de los servidores públicos de carrera. En los países de la OCDE el tipo de trabajo realizado por empleados bajo el estatuto simplificado a menudo se encarga a trabajadores externos. No queda claro cuánto margen pueda haber para contratar externamente algunas de estas funciones en la República Dominicana; sin embargo, esto es algo que podría explorarse dada la necesidad de controlar costos de nómina. Muchos países de la OCDE han aumentado la contratación externa al buscar maneras más eficientes de prestar servicios públicos. La experiencia muestra que esto requiere el desarrollo dentro del gobierno de capacidades para gestionar y supervisar contratos de personal externo y que es necesario analizar en detalle la ecuación costo-beneficio de la contratación externa.

Respecto al uso de personal informal como una forma de flexibilidad de la fuerza de trabajo, el marco de empleo ofrece margen suficiente para emplear a personal de corto plazo con el fin de llenar brechas o reemplazar a servidores públicos de carrera por periodos cortos de tiempo. La República Dominicana afronta el reto de disminuir el uso de personal informal y garantizar que dicha contratación no se utilice como una manera de eludir el requisito de selección basada en méritos. La proporción de personal informal ha tendido a permanecer bastante estable en países de la OCDE y en muchos casos no excede el 10% del empleo total del gobierno central (OCDE, 2008a). Es necesario controlar estrictamente el uso de personal de corto plazo y temporal en la República Dominicana para evitar aumentos no planificados de costos y garantizar que no se debilite el marco de empleo general en servicios públicos.

Margen para aumentar la movilidad

El sistema de selección para el servicio público de carrera puede favorecer la movilidad si se estipula la realización de concursos de selección internos abiertos. Este instrumento de movilidad probablemente no se esté explotando lo suficiente en este momento, ya que parece preferirse efectuar concursos de selección cerrados dentro de las organizaciones como primera opción y sólo recurrir a un concurso interno abierto si el cerrado no aporta un candidato adecuado. Un enfoque que favorecería una mayor movilidad sería asignar mayor prioridad a los concursos internos abiertos que a los cerrados, o reservar una cierta proporción de procesos de selección para concursos internos abiertos. Otro enfoque sería llevar a cabo todos los concursos en forma abierta para candidatos internos y externos, como dicta la norma en los sistemas de empleo basados en el puesto de muchos países de la OCDE.

Según la experiencia de los países miembros de la Organización, los sistemas de retribución fragmentada y clasificación pueden imponer barreras administrativas a la movilidad, y este problema también se presenta en la República Dominicana. Las descripciones de puesto parecen ser específicas para cada organización y no hay un sistema común de clasificación de puestos. Además, las retribuciones varían de una organización a otra, incluso en el caso de trabajos semejantes, aunque este punto se atenderá al implementarse la reforma salarial promulgada como ley en 2013. Eliminar las barreras a la movilidad puede también resultar problemático, lo cual significa que aun cuando no haya barreras, los empleados no están dispuestos a cambiarse a otra organización. Algunos países de la OCDE han resuelto este problema estableciendo programas formales de rotación de empleo y al convertir a la movilidad en uno de los requisitos para el ascenso.

Un primer paso para aumentar la movilidad sería registrar cuánta movilidad entre instituciones hay actualmente. A medida que se incluya información más detallada y completa en el SASP, el MAP podrá evaluar si hay barreras a la movilidad que deban eliminarse. En la actualidad, la Ley 41.08 contiene una definición relativamente estrecha de movilidad como el traslado de servidores públicos de carrera por requisitos del servicio. En el Cuadro 2.3 se muestra que los países miembros de la Unión Europea (UE) tienden a adoptar un enfoque algo más amplio a la movilidad.

Cuadro 2.3. Estudio de movilidad en países de la Unión Europea realizado para la European Public Administration Network (EUPAN), 2011

Tipo de movilidad	Número de países		
	Sí, existe (no excepcional)	Excepcionalmente	No, es imposible
Movilidad horizontal dentro de una organización entre varias unidades (por ejemplo, divisiones de un ministerio)	25	5	0
Movilidad horizontal en la administración pública (por ejemplo, traslado de empleados entre varios ministerios)	21	9	0
Movilidad vertical (por ejemplo, de unidades de menor nivel a un nivel más alto)	22	5	1
Entre la administración pública y otras organizaciones del sector público (por ejemplo, escuelas, empresas públicas, etc.)	7	19	3
Entre organizaciones nacionales e internacionales	16	13	1
Nombramientos temporales en otra unidad o departamento de la organización (por ejemplo, al conformar grupos de tarea o grupos de proyecto)	19	8	3

Fuente: Gajduschek, G. y V. Linder (2011), *Report on the Survey on 'Mobility between the Public and Private Sectors with Special Regards to the Impact of the Financial Crisis'*, estudio encargado por la Presidencia Húngara del Consejo de la Unión Europea, presentado en la 56ª Reunión de los Directores Generales de los Servicios Públicos de los Estados Miembros de la Unión Europea, sesión conjunta con los representantes de TUNED, Hungría, Gödöllő, 24 de junio.

En el largo plazo, una vez logrado el objetivo de incorporación del personal al servicio público de carrera, la República Dominicana podría considerar implementar instrumentos adicionales para facilitar la movilidad. Esto aumentaría la flexibilidad y también ayudaría a crear una identidad más colectiva en todo el servicio público. Varios países de la OCDE han tomado medidas para sostener la mayor movilidad, lo cual puede interesar a la República Dominicana (véase el Recuadro 2.8).

Recuadro 2.8. Medidas para alentar la movilidad en algunos países miembros de la Unión Europea

En **Austria**, se cuenta con la Base de Datos de Carrera, herramienta que facilita la movilidad horizontal entre varios ministerios. Los servidores públicos que deseen asumir nuevas tareas y responsabilidades pueden usar esta "fuente de talentos". Pueden enviar sus perfiles profesionales a la base de datos, especificando el tipo o la clase de empleo que quieran solicitar. La solicitud se maneja en forma completamente anónima. No se requiere proporcionar nombre, fecha de nacimiento, puesto y empleador actuales u otra información que pudiera facilitar la identificación del servidor público. El procedimiento completo opera con un número de código. Los datos de los servidores públicos se guardan durante tres meses, después de los cuales la Bolsa de Trabajo Federal pregunta periódicamente al candidato por correo electrónico si desea alargar el almacenamiento de su información. Todos los departamentos de GRH del empleador pueden seleccionar a nuevos empleados en esta base de datos anónima utilizando su información de acceso obtenida de la Cancillería Federal. Si desean ponerse en contacto con empleados públicos federales registrados, pueden hacerlo mediante la bolsa de trabajo.

En **Francia**, la ley de 2009 confiere nuevos derechos de movilidad a los servidores civiles y al mismo tiempo facilita a las organizaciones públicas la reestructuración de sus recursos humanos según sus necesidades y evolución previstas, con el fin de asegurar la calidad y continuidad de los servicios públicos. La movilidad geográfica y la movilidad ocupacional también se fomentan a través de posibilidades de traslado, recolocación e integración del personal a empleos no relacionados con su puesto previo. Se desarrolló un estatuto de movilidad para fortalecer este proceso a través de nuevas medidas, como incentivos financieros, plataformas de movilidad regional y asesoría sobre movilidad profesional. El estatuto de movilidad establece tres principios básicos relacionados con la movilidad:

- La movilidad no es un fin en sí misma; más bien, corresponde a las necesidades de los empleados y del sector público.
- La movilidad es una oportunidad de enriquecimiento y desarrollo profesional para el empleado y es importante que sea una oportunidad para crear resultados beneficiosos para todos.
- El empleado y el empleador son responsables conjuntos de la movilidad:
  - Los empleados son responsables de su propio desarrollo profesional;
  - El empleador propone oportunidades de desarrollo de carrera;
  - Los directivos alientan y facilitan la movilidad de su personal;
  - Los profesionales de GRH apoyan los proyectos de movilidad.

En **Alemania**, se supone que la administración del futuro enfrentará un cambio más rápido de las tareas públicas, lo cual requerirá movilidad por parte de los empleados para poder cubrir los cambios en necesidades. La regulación permite la movilidad iniciada por el servicio o por los servidores públicos. Los servidores públicos alemanes tienen derecho a i) ser trasladados en la misma administración durante un periodo de transición o a otro puesto durante un periodo más prolongado; ii) ser delegados a otra administración durante un periodo de transición, perteneciendo al mismo empleador o a otro (por ejemplo, de la federación a una región); o iii) ser transferidos durante un periodo más prolongado a una administración perteneciente a otro empleador.

En **España**, la nueva ley de servicio público puso en marcha nuevas regulaciones sobre temas de movilidad. De acuerdo con ella, hay diferentes tipos de movilidad: horizontal y vertical, voluntaria y obligatoria, y basada en género. Estos tipos de movilidad se llevan a cabo mediante "concursos", como la libre designación, movilidad voluntaria a sectores con déficits en recursos humanos, transferencias surgidas del interés del servicio o funciones a otro puesto, o nombramientos de transición.

Fuentes: Gajduschek, G. y V. Linder (2011), *Report on the Survey on 'Mobility between the Public and Private Sectors with Special Regards to the Impact of the Financial Crisis'*, estudio encargado por la Presidencia Húngara del Consejo de la Unión Europea, presentado en la 56ª Reunión de los Directores Generales de los Servicios Públicos de los Estados Miembros de la Unión Europea, sesión conjunta con los representantes de TUNED, Hungría, Gödöllő, 24 de junio; Ministère du Budget, des Comptes Publics, de la Fonction Publique et de la Réforme de l'Etat (2010), *Charte de la mobilité dans la fonction publique de l'Etat*, Bureau de la communication et de la documentation, DGAFP, diciembre, www.fonction-publique.gouv.fr.

Las medidas de despido, jubilación y reubicación facilitan la reestructuración de la fuerza de trabajo

Si bien las disposiciones relativas al despido, como las contenidas en la Ley 41-08, son una herramienta necesaria para resolver situaciones de asignación excesiva de personal, los países de la OCDE también optan por poner en marcha ocasionalmente programas de jubilación voluntaria para facilitar la reestructuración del servicio público (véase el Cuadro 2.4). Tales medidas deberán utilizarse con cuidado para garantizar que estén bien focalizadas, sean rentables y no provoquen la pérdida de empleados talentosos que los directivos preferirían retener (OCDE, 2011b).

Cuadro 2.4. Reestructuración de planes y condiciones de salida

	Posibilidad de despedir a empleados con contratos a plazo abierto cuando un ministerio u organismo desee reestructurar o reducir el número de sus empleados		Existencia de planes regulares para alentar la salida voluntaria con el fin de implementar cambios en la asignación de la fuerza de trabajo	
	Sí, y el empleado recibe una retribución	Sí, pero se requiere que el gobierno proponga por anticipado posibilidades de reubicación	Sí, con retribuciones atractivas por la salida	Sí, con paquetes atractivos de jubilación temprana
Australia	●	○	○	○
Austria	●	●	○	○
Bélgica	○	○	○	○
Canadá	●	●	○	○
Chile	n.a.	n.a.	●	○
República Checa	●	●	○	○
Dinamarca	●	○	○	○
Estonia	●	●	○	○
Finlandia	●	●	○	○
Francia	○	●	●	○
Alemania	○	○	○	●
Grecia	○	●	○	○
Hungría	●	○	○	●
Islandia	●	●	○	○
Irlanda	○	○	●	●
Israel	○	●	●	●
Italia	○	●	○	○
Japón	○	●	○	○
Corea del Sur	○	●	●	○
México	●	○	●	○
Países Bajos	○	●	○	○
Nueva Zelanda	●	○	○	○
Noruega	●	●	●	●
Polonia	●	○	○	○
Portugal	●	○	○	○
República Eslovaca	●	●	○	○
Eslovenia	○	●	○	○
España	○	○	○	○
Suecia	●	○	n.a.	n.a.
Suiza	●	●	○	●
Turquía	○	○	n.a.	n.a.

Cuadro 2.4. Reestructuración de planes y condiciones de salida *(cont.)*

Reino Unido	●	●	●	●
Estados Unidos	●	●	●	●
Brasil	○	○	○	○
República Dominicana	●	●	○	○
Federación Rusa	○	●	○	○
Ucrania	○	●	n.a.	n.a.
Total OCDE	**20**	**22**	**9**	**8**

● Sí
○ No
n.a. No disponible

Notas: No hay datos disponibles para Luxemburgo. **República Checa**: se requiere a la administración proponer otro puesto dentro del mismo organismo de la administración central; **Islandia**: no hay programas formales o centralizados para el número de empleados; **Israel:** Los datos estadísticos para Israel son suministrados por y bajo la responsabilidad de las autoridades israelíes competentes. El uso de estos datos por la OCDE es sin perjuicio del estatuto de los Altos del Golán, Jerusalén Este y los asentamientos israelíes en Cisjordania bajo los términos del derecho internacional. Información sobre los datos correspondientes a Israel: http://dx.doi.org/10.1787/888932315602; **México**: sólo personal sindicalizado y miembros del Servicio Profesional de Carrera tienen derecho a retribución en caso de despido. Los miembros del Servicio Profesional de Carrera (SPC) tienen derecho a ser reubicados con base en las disposiciones del Artículo 40 de la Ley de Servicio Profesional de Carrera; **Portugal**: en el caso de personal contratado después de enero de 2009, ahora es posible aplicar el despido debido a reestructuración y puede otorgárseles una retribución por desempleo dentro del programa de protección social; **Estados Unidos**: despedir a empleados con contratos a plazo abierto en un proceso de reestructuración o reducción del número de empleados implica que los empleados despedidos reciban una retribución y que se requiere que el gobierno proponga anticipadamente posibilidades de reubicación, o ambas opciones. La última es menos común. **República Dominicana**: el MAP dará prioridad al desarrollo de una política de jubilación voluntaria en un futuro próximo.

Fuentes: OECD Survey on Strategic Human Resources Management in Central/Federal Governments (Encuesta de la OCDE sobre Gestión Estratégica de Recursos Humanos en Gobiernos Centrales/Federales), actualizada en 2013 con base en datos de 2012 (información obtenida a partir de respuestas suministradas por los países a las preguntas número 101 y 103). Los datos de la República Dominicana fueron proporcionados por el MAP como respuesta al cuestionario de la OCDE (julio de 2013).

Muchos países de la OCDE utilizan disposiciones de reubicación como apoyo en el ajuste de tamaño y reubicación del personal. La reubicación bien administrada puede ser una manera de retener capacidades útiles, gestionar el cambio y evitar los costos de despido. Es conveniente que la República Dominicana considere desarrollar disposiciones de reubicación para apoyar la reestructuración de la fuerza de trabajo, para lo cual podría analizar los tipos de programas utilizados en algunos países de la OCDE (véase el Recuadro 2.9).

Recuadro 2.9. Ejemplos de disposiciones de reubicación en el servicio público de algunos países de la OCDE

Australia: Se plantean dos opciones a los empleados excedentes: i) terminación del empleo con prestaciones; ii) retención en el empleo por hasta siete o 13 meses, dependiendo de la edad y el tiempo de servicio, mientras se busca la reubicación. En 2008 se estableció un Centro de Transición de Carrera y Apoyo, el cual operó durante dos años dentro del organismo de GRH central para brindar orientación de carrera al personal afectado por operaciones de reestructuración y en 2011 se estableció un registro central de empleados solicitantes de reubicación.

Canadá: Los empleados despedidos tienen derecho a la colocación prioritaria en el servicio público durante un año, sujeto a que cuenten con las calificaciones requeridas. Los empleados excedentes reciben servicios como asesoría de carrera y asistencia en la búsqueda de empleo.

Finlandia: Los servidores públicos despedidos tienen derecho a la colocación prioritaria únicamente dentro de su propio organismo. Sin embargo, los empleados pueden ser transferidos a otro organismo por un plazo determinado con el fin de mejorar sus capacidades. El personal despedido puede participar en cursos de desarrollo y formación organizados por su entidad.

Francia: Desde 2009, la movilidad geográfica y ocupacional en el servicio civil se fomenta consolidando posibilidades de traslado, recolocación e integración del personal a puestos no relacionados con su puesto anterior. Los empleados cuyo puesto se suprime o transforma deben participar en orientación ocupacional, formación y validación de su experiencia de trabajo. Su departamento debe proponer soluciones de recontratación acordes con sus calificaciones y su situación personal de carrera, y las oportunidades de trabajo de tiempo parcial para servidores públicos se han ampliado.

Japón: Un programa de reducción de personal iniciado en 2006 se acompañó de una iniciativa de recontratación. Se estableció una oficina de alto nivel para la recontratación de servidores públicos nacionales. Sus principales funciones incluyen brindar información al personal afectado por la recontratación, asignándolo según las nuevas oportunidades de empleo dentro del servicio público nacional y el gobierno regional, y formando a los trabajadores y directivos de GRH recontratados.

Nueva Zelanda: Se hace hincapié en retener capacidades, experiencia, conocimiento institucional y competencias especializadas, así como en reducir al mínimo el costo de despido. Se ha establecido una fuente de recontratación de servidores públicos despedidos, con el fin de retener y redistribuir talento tanto en la administración pública central como en el servicio público general.

Países Bajos: Un plan de acción para personal desplazado es una parte obligatoria de las reorganizaciones. El principio básico es intentar colocar al personal dentro del sector gubernamental central en un plazo de 18 meses y el personal desplazado está obligado a aceptar un empleo apropiado cuando se le ofrezca. Los candidatos para recontratación publican sus datos en una base de datos de movilidad en el servicio público.

Portugal: Desde 2006 los servidores públicos y el personal con contrato están cubiertos por un régimen de movilidad. A los afectados por la reestructuración organizacional puede ofrecérseles movilidad dentro de su servicio de empleo o colocárseles en una situación de movilidad especial. Los empleados que se encuentran en esta situación se someten a un proceso de recalificación para reforzar sus capacidades, después de lo cual deberán ser reasignados a otro servicio o enviados a un grupo central donde esperarán a ser seleccionados para un nuevo puesto.

Fuente: OCDE (2011a), *Public Servants as Partners for Growth: Toward a Stronger, Leaner and More Equitable Workforce*, OECD Publishing, París, http://dx.doi.org/10.1787/9789264166707-en.

Desarrollo de planificación estratégica de la fuerza de trabajo

La mayoría de los países miembros de la OCDE realizan labores de planificación de la fuerza de trabajo (OCDE, 2013b). En el nivel de las organizaciones individuales, esto permite vincular la GRH con la gestión estratégica de la organización y aumenta la rendición de cuentas administrativa de la GRH. En el nivel del gobierno entero, los marcos para la planificación de la fuerza de trabajo permiten analizar los aspectos de la fuerza de trabajo en general y de GRH, así como el establecimiento de objetivos para todo el gobierno en términos de tamaño, competencias y ubicación del personal en el sector. En el Recuadro 2.10 se describen los principales elementos de la planificación de la fuerza de trabajo.

Recuadro 2.10. Planificación de la fuerza de trabajo: principales elementos

El registro de números de empleados por sí mismo no constituye una planificación de la fuerza de trabajo; más bien, es sólo una faceta de ella. La planificación de la fuerza de trabajo requiere un entendimiento preciso de la composición de la fuerza de trabajo de la administración pública, incluidos capacidades, competencias y números de dotación de personal en los plazos inmediato, mediano y largo, y cómo utilizar al personal de manera rentable para lograr los objetivos del gobierno. En general, los modelos de planificación de la fuerza de trabajo se componen de elementos similares, entre ellos:

- Definición de la dirección estratégica de la organización;
- Exploración de los entornos interno y externo;
- Entendimiento de la fuerza de trabajo actual;
- Evaluación de las necesidades futuras de la fuerza de trabajo;
- Identificación de brechas en los números y capacidades requeridos;
- Desarrollo e implementación de estrategias para cerrar las brechas;
- Vigilancia de la eficacia de las estrategias y realización de los cambios requeridos en ellas (Anderson, 2004; Australian National Audit Office, 2002; Bechet y Maki, 1987; Cotten, 2007; Standards Australia, 2008 en Colley y Price, 2010).

El horizonte temporal para las actividades de planificación podría cubrir el corto plazo, es decir, de cero a dos años; el mediano plazo, de tres a cinco años, y el largo plazo, de seis a 15 años. Sin embargo, en lo que se refiere a la planificación de la fuerza de trabajo, la planificación de largo plazo basada en el sector idealmente se extendería a proyecciones de 30 años (Hall, 2000 en O'Brien-Pallas, L. et al., 2001).

La eficiencia y eficacia de la administración pública y de la prestación de servicios públicos depende en gran medida del uso y despliegue eficaces de sus recursos humanos. La planificación de la fuerza de trabajo puede elevar las actividades de GRH a un campo más estratégico y asegurar su pertinencia al proporcionar una mayor conciencia y control de los números y costos del personal, así como un mejor entendimiento de la mezcla de capacidades requerida para garantizar que las estrategias de GRH se orienten con eficacia (Marchington y Wilkinson, 2002 en Colley y Price, 2010).

Fuentes: Colley y Price (2010), "Where have all the workers gone? Exploring public sector workforce planning", *Australian Journal of Public Administration*, 69(2):202-213; O'Brien-Pallas et al. (2001), *Integrating Workforce Planning, Human Resources and Service Planning*, Workshop on Global Health Workforce Strategy, Annecy, Francia, 9-12 de diciembre de 2000, Organización Mundial de la Salud, Ginebra.

Diversos aspectos apuntan a la importante necesidad de desarrollar la planificación estratégica de la fuerza de trabajo en la República Dominicana:

- Resulta esencial que la evolución de la fuerza de trabajo pública en términos de números de empleados, asignación de personal y competencias se gestione de acuerdo con las prioridades de la Estrategia Nacional de Desarrollo (END).

- Dadas las presiones presupuestarias, es fundamental utilizar lo mejor posible la fuerza de trabajo existente y aprovechar cualquier oportunidad disponible para reestructurarla con el fin de ahorrar.
- El perfil de envejecimiento de la fuerza de trabajo central sugiere la urgente necesidad de analizar sus datos demográficos, planificar jubilaciones y costos de pensiones, y anticipar el impacto en las capacidades y la memoria institucional.
- El perfil ocupacional de la fuerza de trabajo sugiere la necesidad de aumentar la proporción de personal con capacidades profesionales. Esto requiere la identificación de brechas en competencias y una inversión bien focalizada para mejorar estas capacidades en áreas clave.
- El énfasis del gobierno en la innovación y el apalancamiento de las TIC para mejorar la calidad y eficiencia de los servicios públicos sin duda exige nuevos conjuntos de capacidades que tendrán que desarrollarse internamente o adquirirse mediante contrataciones externas, y esto requiere analizar y planificar las capacidades. La experiencia de los países de la OCDE muestra que la innovación en la organización y prestación de servicios públicos puede tener implicaciones de amplio alcance en cuanto a la composición y asignación de la fuerza de trabajo requerida.
- La iniciativa de reestructuración organizacional del gobierno analizada en el capítulo 6 sin duda tendrá que acompañarse de la planificación de la fuerza de trabajo.

Esta planificación no debería convertirse en un proceso burocrático demasiado complejo. Dado el número de iniciativas de reforma que se han emprendido en la República Dominicana, es necesario priorizar las acciones y no intentar hacer todo a la vez. El tipo de revisión estratégica de la dotación de personal ya mencionado ofrecería valiosa información para concentrarse en los temas más urgentes. Otras maneras de asignar prioridades serían comenzar con algunos sectores de alta preponderancia y alentar a las organizaciones a focalizarse en aspectos de la fuerza de trabajo directamente relacionados con el logro de sus resultados estratégicos.

Se requiere que los políticos y directivos de alto nivel estén conscientes de la importancia estratégica de la planificación de la fuerza de trabajo, así como incorporar esta planificación a la estructura del MAP y al interior de las instituciones. Los países de la OCDE han hecho esto organizando foros, seminarios y otros eventos para compartir experiencias y una mejor práctica, desarrollando herramientas y modelos prácticos, formando y evaluando comparativamente sus propias prácticas (OCDE, 2013a). Es recomendable que los directivos de nivel alto y medio desarrollen sus capacidades de planificación de la fuerza de trabajo. Conviene que el MAP desarrolle su propia competencia en esta área y desarrolle herramientas y directrices para que las organizaciones gubernamentales lleven a cabo esta labor de planificación, para lo cual podría responsabilizarse a una unidad del MAP. Es importante vigilar y evaluar sistemáticamente los avances en los planes de la fuerza de trabajo y su contribución a los objetivos programáticos de las instituciones y el gobierno, y el MAP sería el encargado de desarrollar las metodologías respectivas.

Vincular la planificación de la fuerza de trabajo con la planificación estratégica, la elaboración de presupuestos y la gestión del desempeño

Los países de la OCDE han reforzado la eficacia de la planificación de la fuerza de trabajo al (i) vincularla con la planificación estratégica de las organizaciones, incluidos los mecanismos de pronóstico y plan de negocios, elaboración de presupuestos, rendición de cuentas y jerarquización para directivos, así como la GRH estratégica, y (ii) convertirla en parte integral del marco de gestión de desempeño de las organizaciones.

La República Dominicana ha empezado a establecer marcos de planificación estratégica y desempeño organizacional, así como sistemas de gestión con base en resultados en el servicio público, aunque esto aún se encuentra en su etapa inicial. Debido a que no hay una cultura previa de planificación estratégica, los ministerios tienen poca experiencia al respecto. El primer ciclo de planificación empezó en 2012 y tendrá que realizarse una gran labor de desarrollo de capacidad. Se proyecta cambiar en 2014 a presupuestos multianuales para coincidir con el ciclo de planificación estratégica de 36 meses. Sin duda, este marco de planificación, elaboración de presupuestos y desempeño destacará la necesidad de que las instituciones cuenten con una visión más estratégica y de más largo plazo de la evolución de su fuerza de trabajo.

Si bien la planificación se centra principalmente en los ministerios individuales, se están haciendo esfuerzos para cambiar a un enfoque sectorial, el cual armonizaría con los objetivos de la Estrategia Nacional de Desarrollo (END). El Ministerio de Economía, Planificación y Desarrollo, con el apoyo del Banco Mundial, está trabajando con los ministerios de alta importancia, como los de Salud y Educación, para desarrollar indicadores de desempeño multianuales sobre una base sectorial.

El sistema de planificación estratégica en formación aún no incluye planificación de la fuerza de trabajo, aunque hay muchas prácticas promisorias de las cuales partir. El Ministerio de Educación ha iniciado esta planificación, al hacer proyecciones del número de profesores requeridos y utilizarlas para planificar la contratación. El Ministerio de Salud ha desarrollado su primer plan de GRH estratégica y está trabajando con el MAP para definir su estructura antes de emprender la planificación de la fuerza de trabajo. El Ministerio de Salud también trabaja actualmente con consultores internacionales para formar a sus directivos de GRH en la recopilación de datos sobre los empleados como un paso necesario para desarrollar la capacidad de planificación en este ámbito.

A medida que los marcos de planificación estratégica y gestión del desempeño de la República Dominicana se desarrollan, se requerirá vincular a estos procesos la planificación de la fuerza de trabajo, con el fin de priorizar mejor la asignación de personal, de acuerdo con los intereses gubernamentales, y evitar tener que tomar medidas de ajuste ad hoc de corto plazo. Para ser congruente respecto a los recursos financieros y humanos requeridos para lograr los objetivos programáticos del gobierno, la planificación de la fuerza de trabajo deberá también alinearse con el proceso de elaboración de presupuestos. El establecimiento exitoso de estos vínculos esenciales depende de la cooperación eficaz entre el Ministerio de Hacienda (MH), el MAP, el Ministerio de Economía, Planificación y Desarrollo (MEPyD), y los directivos operativos de los ministerios y organismos individuales. Un paso importante en esta dirección ha sido que el MAP asuma la responsabilidad de validar los presupuestos de la fuerza de trabajo de las instituciones públicas. Esto permite al organismo desempeñar una función más estratégica en el futuro. El MAP trabaja con instituciones para establecer por anticipado un panorama de movimientos y necesidades de dotación de personal durante el siguiente año. El reto inmediato consiste en asegurar que todas las instituciones gubernamentales participen en este proceso y llevarlas al mismo nivel de capacidad. Una vez establecido con firmeza, este proceso proporcionará una mejor información sobre las nuevas necesidades de asignación de personal y permitirá una mejor planificación de competencias de selección. Conforme la información sobre la fuerza de trabajo mejore mediante la implementación del SASP, tanto los organismos centrales de gestión como las organizaciones empleadoras estarán en mejor posición para analizar y planificar. Otra medida importante emprendida es el establecimiento de una interfaz entre el SASP y el sistema TIC del Ministerio de Hacienda (MH) para intercambiar datos con más facilidad, así como de una coordinación más cercana entre el MAP y la Dirección General de Presupuesto.

La implementación planificada de presupuestos multianuales, basados en resultados, en la República Dominicana permitiría cambiar del sistema de presupuestos anuales, basados en puestos y en instituciones individuales, a un sistema que asigne el presupuesto de dotación de personal de acuerdo con las prioridades gubernamentales de mediano a largo plazo, particularmente si se adopta un enfoque de elaboración de presupuestos basado en programas. El objetivo podría ser vincular la planificación de la fuerza de trabajo con la elaboración de presupuestos con base en resultados, para así proporcionar un marco más coherente para la gestión estratégica de la fuerza de trabajo. Un ejemplo de este enfoque es el sistema francés de Gestion Prévisionnelle des Effectifs, des Emplois et des Compétences (GPEEC), o de planificación de fuerza de trabajo, empleo y competencias, el cual se implementó junto con el presupuesto con base en desempeño. El GPEEC aporta una metodología común de planificación de la fuerza de trabajo a todo el servicio público, lo cual permite realizar mejores labores de análisis y planificación en el nivel organizacional como una perspectiva de gobierno entero (véase el Recuadro 2.11). Vale la pena observar que la implementación del sistema GPEEC ha constituido un proceso gradual, iniciando con los ministerios del gobierno central y extendiéndose paulatinamente a otras organizaciones. Un marco común de competencias y mejores disposiciones de movilidad han sido acompañantes esenciales del GPEEC.

Recuadro 2.11. *Gestion Prévisionnelle des Effectifs, des Emplois et des Compétences* (GPEEC) o de planificación de fuerza de trabajo, empleo y competencias en el servicio público francés

El *Gestion Prévisionnelle des Effectifs, des Emplois et des Compétences* (GPEEC) o de planificación de fuerza de trabajo, empleo y competencias es un sistema de planificación de la fuerza de trabajo en todo el gobierno, dirigido a armonizar la dotación de personal con las misiones de las organizaciones gubernamentales y hacer a los directivos responsables de la GRH estratégica. El GPEEC analiza el panorama actual de dotación de personal del servicio público por categorías de personal y para organizaciones específicas, y pronostica cómo la fuerza de trabajo necesitará adaptarse para mejorar la eficiencia del servicio público. Al proyectar los requisitos futuros de los empleados se toman en cuenta factores como las brechas de competencias, el perfil demográfico, los recursos disponibles, las oportunidades de selección y la movilidad. El GPEEC se ha convertido en un nivel clave para mejorar la GRH estratégica.

El GPEEC se ha fortalecido con el desarrollo de un catálogo interministerial de competencias y una conferencia anual sobre planificación de la fuerza de trabajo, la cual facilita el diálogo entre el organismo central de GRH y las organizaciones individuales. Los debates se centran en estrategias de planificación de la fuerza de trabajo de largo plazo y prioridades de gestión para el año, mismas que se utilizan para desarrollar una hoja de ruta que establezca los compromisos mutuos sobre esta planificación. También se hace hincapié en compartir buenas prácticas.

Fuente: OCDE (2012c), *OECD Public Governance Reviews: France: An international perspective on the General Review of Public Policies*, OECD Publishing, París, http://dx.doi.org/10.1787/9789264167612-en.

La reestructuración de la fuerza de trabajo aumentará el alcance de la planificación de la fuerza de trabajo

La capacidad de poner en acción los planes de la fuerza de trabajo depende, hasta cierto grado, de cuánto espacio de maniobra tiene un gobierno para contratar nuevos empleados, reducir la fuerza de trabajo y reasignarla en los diferentes sectores, así como cuánta flexibilidad tienen los directivos operativos en relación con la GRH en sus organizaciones. En este momento, el espacio de maniobra en la República Dominicana parece ser muy limitado y se pone énfasis en mantener un estricto control sobre el presupuesto de la fuerza de trabajo más que en la planificación del futuro. Las organizaciones están sujetas a un marco muy estricto de recursos humanos consistente en un número fijo de puestos en cada nivel, lo cual se determina sobre todo por restricciones presupuestarias y no tanto por la planificación de la fuerza de trabajo. Cada puesto nuevo que necesita ocuparse debe tener autorización presupuestaria específica, aunque el continuo crecimiento del número de empleados sugiere que hay maneras de evadir estos controles. No parece haber un sistema de priorización de dotación de recursos humanos de acuerdo con prioridades estratégicas de programa y la mayoría de las organizaciones no hacen planes más allá del ciclo presupuestario anual.

El tipo de revisión estratégica de la dotación de personal mencionado proporcionaría una visión de referencia de la situación actual en la República Dominicana y una base para reestructurar a la fuerza de trabajo de acuerdo con las prioridades gubernamentales. Esto, a su vez, proporcionaría mayor estabilidad en la dotación de personal en áreas clave y aumentaría el alcance para que las organizaciones adoptaran una visión más estratégica y de plazo más largo de sus necesidades de recursos humanos. En el nivel de gobierno entero, una primera medida de la planificación de la fuerza de trabajo podría ser desarrollar varios escenarios diferentes del tamaño y la estructura de la fuerza de trabajo necesaria para lograr los objetivos estratégicos del gobierno y analizar las implicaciones de costos de las diversas opciones. También podrían desarrollarse proyecciones para sectores clave. Ésta es una manera de destacar las áreas problemáticas clave e identificar posibles compensaciones que puedan ayudar a alcanzar la mejor solución dentro de las restricciones financieras. Un enfoque como éste podría, con el tiempo, integrarse al marco de planificación estratégica de la República Dominicana. La base de datos del SASP suministrará al gobierno información de buena calidad para este tipo de análisis y toma de decisiones.

Utilizar la planificación de la fuerza de trabajo para identificar y cerrar brechas de competencias

La planificación eficaz de la fuerza de trabajo requiere concentrarse no sólo en números y costos sino también en el uso de la gestión de competencias y estrategias para atender brechas en este sentido. A medida que la gestión de competencias se desarrolle en la República Dominicana, será un importante insumo para la planificación de la fuerza de trabajo. Es conveniente utilizar este tipo de gestión dentro de las instituciones para identificar y cerrar brechas en las competencias de los empleados mediante la selección y formación. Asimismo, podría utilizarse en el nivel de gobierno entero para identificar y atender la escasez de habilidades que inhibiría la capacidad del gobierno de implementar sus políticas (véase el Capítulo 3).

Dada la prioridad otorgada al gobierno electrónico y la innovación en el servicio público de la República Dominicana, un área específica en la que se recomienda desarrollar la planificación de la fuerza de trabajo es la de las competencias de las tecnologías de información y comunicación (TIC). Las TIC se reconocen como un factor de gran importancia que contribuye a la innovación y el aumento de la productividad. Puesto que hay una considerable demanda de capacidades TIC en todo el mundo, para la República Dominicana será esencial desarrollar las propias, de modo que la escasez de habilidades no obstaculice el logro de los objetivos relacionados con el gobierno electrónico y la *innovación*. Este tema es relevante también para los países de la OCDE y la *República Dominicana* podría tomar en cuenta la experiencia de Australia, país que está desarrollando un plan estratégico TIC para la fuerza de trabajo en todo el gobierno (véase el Recuadro 2.12). El plan es apuntalado por un marco de capacidades TIC basado en un modelo de capacidad TIC internacionalmente reconocido: el Marco de Capacidades para la Era de la Información (SFIA, por sus siglas en inglés; APSC, 2010).

En el largo plazo, un enfoque que podría resultar útil para que la *República Dominicana* refuerce la calidad y la armonización estratégica de la planificación de la fuerza de trabajo es el tipo de revisión de capacidades emprendida en algunos países de la OCDE, como Australia y el Reino Unido. Las revisiones de capacidad realizadas por el servicio público australiano después de un estudio piloto de tres departamentos destacan, entre otras cosas, capacidades que son particularmente importantes para el gobierno, como la *innovación* y el servicio al cliente (véase el Recuadro 2.12).

Recuadro 2.12. Plan estratégico TIC para la fuerza de trabajo de todo el gobierno en el Servicio Público Australiano (SPA)

El proceso de planificación TIC para la fuerza de trabajo sigue los elementos centrales comunes a la mayoría de las metodologías de esta planificación:

1. Identificar necesidades futuras de gestión empresarial y de la fuerza de trabajo respecto al contexto más amplio: Se llevó a cabo un proceso amplio de investigación y consulta con diversos actores de la industria y representantes de organismos gubernamentales, el cual continuará durante toda la iniciativa.

2. Conocer a la fuerza de trabajo actual mediante la recopilación y análisis de información:

- Exploración ambiental de la fuerza de trabajo TIC en Australia y los asuntos que afectan su dotación
- Análisis del suministro de empleados TIC dentro del SPA
- Encuesta a los empleados TIC del SPA para determinar los factores que los motivan a incorporarse, permanecer o salir del empleo en el SPA
- Pronóstico de la demanda de competencias y capacidad de la fuerza de trabajo TIC del SPA (utilizando una encuesta de organismo basada en el marco de capacidades TIC del gobierno entero)
- Identificación de brechas en la fuerza de trabajo TIC.

3. Cerrar la brecha al identificar y atender dificultades de la fuerza de trabajo mediante el desarrollo y priorización de estrategias apropiadas: Proceso consultivo que implicó a empleados TIC y representantes de GRH de 50 organismos. Las estrategias se agruparon en tres temas: tiempo adecuado, lugar adecuado y capacidades adecuadas.

4. Proporcionar una base sólida para una implementación eficaz mediante la planificación de recursos y la aclaración de funciones y responsabilidades: El plan de la fuerza de trabajo se aplica a todos los organismos del SPA, los cuales son responsables de manera individual de la implementación de las estrategias de la fuerza de trabajo y de informar anualmente sobre sus avances.

5. Supervisar y evaluar: La implementación será supervisada por un Consejo constituido por los secretarios y directores del Departamento del Primer Ministro y el Gabinete, el Departamento de Finanzas y Desregulación, el Departamento de Servicios Humanos, el Servicio Australiano de Aduanas y Protección Fronteriza, Geoscience Australia y la Oficina Tributaria Australiana. Una medida primordial del éxito será la reducción del número de contratistas TIC en todo el SPA y el aumento en el número de personal TIC calificado en el SPA. Otras medidas clave serán:

- Una fuerza de trabajo TIC con la competencia y capacidad para requerir que el cumplimiento de las prioridades gubernamentales se confirme con los resultados empresariales de los organismos
- Una fuerza de trabajo TIC que esté mejor posicionada para responder rápidamente al cambio en el nivel de los organismos y del gobierno entero
- Un mejor entendimiento de lo que motiva las decisiones de carrera de los profesionales TIC que generan mejoras en la selección y retención de empleados TIC
- Mejores oportunidades de movilidad para empleados TIC y mayor reconocimiento y transferencia de capacidades TIC en todo el SPA.

Junto con el plan TIC de la fuerza de trabajo se están estudiando nuevas maneras de compartir los escasos recursos TIC entre organismos, como la creación de ejes concentradores de diversos organismos en ubicaciones donde haya oferta de empleados TIC calificados.

Fuente: APSC (Australian Public Service Commission) (2010), *Whole-of-government ICT strategic workforce plan 2010-2013*, Commonwealth of Australia, www.apsc.gov.au/publications-and-media/current-publications/ict-workforce.

Los titulares de los ministerios y otras organizaciones gubernamentales serán responsables de la planificación de la fuerza de trabajo

Para poder incorporar una cultura de planificación de la fuerza de trabajo es necesario que los titulares de los ministerios y otras organizaciones gubernamentales sean responsables de asuntos como analizar las tendencias de la fuerza de trabajo, la planeación de la selección y el cierre de brechas de competencias de acuerdo con sus planes estratégicos y sus objetivos. Por supuesto, para ello se requiere que los directivos tengan autoridad suficiente para seleccionar, reestructurar y formar a la fuerza de trabajo, y así sucesivamente. El marco de desempeño organizacional en proceso de elaboración por el MAP brinda la base para aumentar la responsabilidad de los directivos ya que incluye como criterios de desempeño la GRH estratégica y la reestructuración organizacional. Por consiguiente, el MAP está en buenas condiciones de integrar la planificación de la fuerza de trabajo al marco de desempeño organizacional.

Dado el actual desarrollo de la planificación estratégica en el servicio público de la República Dominicana, éste es el momento ideal para integrar la planificación de la fuerza de trabajo a los documentos de planificación estratégica de los ministerios y otras organizaciones gubernamentales. El ciclo de planificación y elaboración de presupuestos se fortalecería al requerir que las organizaciones evalúen el personal necesario para obtener sus resultados previstos, no sólo en cuanto a número de personal, sino también a la estructura y competencias de su fuerza de trabajo. Esto permitiría al gobierno evaluar mejor la capacidad de implementación del servicio público y hacer compensaciones estratégicas en lo referente a la asignación de personal.

La planificación de la fuerza de trabajo en Corea del Sur y Estados Unidos ilustra la forma en que las organizaciones pueden enfocarla (véase el Recuadro 2.13). En Corea del Sur se cuenta con un ciclo de planificación de este tipo de cinco años, centrado en desarrollar estrategias para cerrar brechas entre los requerimientos de personal actuales y previstos. El sistema de Estados Unidos es un buen ejemplo de la armonización de la planificación de la fuerza de trabajo con la gestión estratégica de las organizaciones, dentro de un marco de rendición de cuentas.

Recuardo 2.13. Revisiones de capacidad en el servicio público australiano

Todos los departamentos y tres grandes organismos de cartera (la Oficina Tributaria Australiana, el Servicio de Aduanas y Protección Fronteriza y la Oficina Australiana de Estadísticas) se someten a revisión. Las revisiones de capacidad se centran en las áreas de liderazgo, estrategia y prestación de servicios. El diseño del modelo permite reflejar las áreas de capacidad que son importantes para las organizaciones del sector público. También destaca las competencias particularmente importantes para el gobierno, por ejemplo, la innovación y el servicio a clientes. Como parte del informe final de cada revisión se asignan clasificaciones a cada uno de los 10 elementos del modelo.

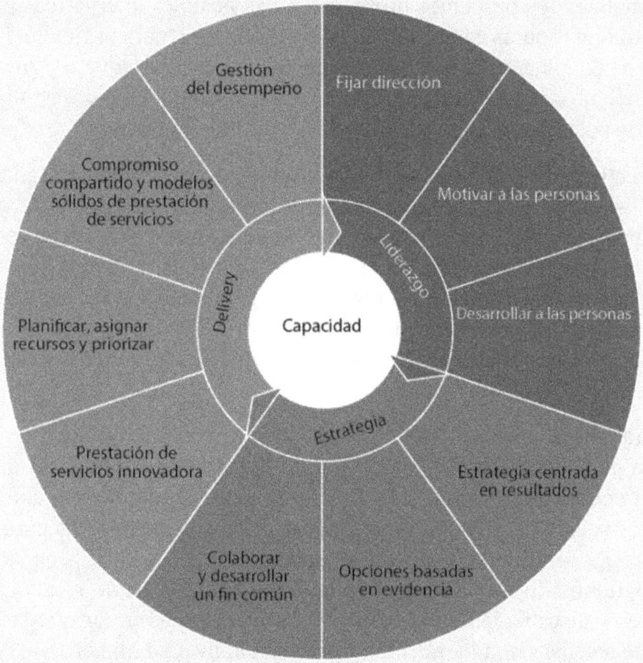

Las revisiones de capacidad se emprenden consultando con los organismos y son realizadas por tres examinadores de alto nivel comprometidos específicamente a proporcionar información independiente y nueva sobre los asuntos de mayor importancia para el servicio público australiano (SPA), con base en los conocimientos y experiencia de los examinadores en funciones de alto nivel de organizaciones de alto desempeño. Dos de los examinadores son externos al SPA y uno es secretario adjunto (SES Band 3) trasladado de otro departamento. Este examinador ofrece una opinión imparcial y experta principalmente respecto a retos, cultura y tendencias del SPA.

Las revisiones duran de 11 a 16 semanas, dependiendo del tamaño y complejidad del organismo. La revisión genera una serie de datos sobre las fortalezas y áreas de desarrollo adicional del organismo. El director del organismo en cuestión empieza a participar desde una etapa temprana, se le mantiene informado de la información que se recabe durante la revisión y se le brinda la oportunidad de responder formalmente a las conclusiones. La respuesta se incorpora al informe de la revisión a su publicación.

Después de la revisión de capacidad, el organismo formaliza un plan detallando en qué forma se atenderán las conclusiones —en lo que se refiere a áreas que requieren desarrollo adicional—, incluyendo qué resultados se esperan y en qué forma se medirá el éxito. El director del organismo y el comisionado de servicio público acuerdan cuáles serán las prioridades y los avances respecto a éstas se informan trimestralmente a la comisión. De 12 a 18 meses después de la revisión inicial se emprende un análisis de funcionamiento para investigar los avances en la atención de las brechas de capacidad y los resultados se toman en cuenta en la evaluación de desempeño posterior.

Fuente: APSC (Australian Public Service Commission) (n.d.), *Capability Review Program*, www.apsc.gov.au/projects/capability-reviews.

Recuadro 2.14. Planificación estratégica de la fuerza de trabajo en Corea del Sur y Estados Unidos

Corea del Sur: En el gobierno coreano, cada ministerio central y organismo establece cada cinco años un plan de la fuerza de trabajo. El proceso comienza con el análisis de la fuerza de trabajo actual: su tamaño, disposición, estructura y composición, así como cambios recientes, prácticas de gestión de personal y nivel de competencia actual. El segundo paso es proyectar lo que se requerirá para los cinco años siguientes: tamaño, composición y competencias de la fuerza de trabajo requeridos para lograr la visión y estrategias de mediano a largo plazo. El tercer paso es estimar la brecha entre el nivel actual y la demanda futura. Si se identifica una brecha considerable, se analizan los probables problemas y las posibles alternativas para cerrarla. El paso final consiste en desarrollar estrategias para reducir la brecha de modo que, para el final del periodo de cinco años, se hayan logrado los objetivos del plan de la fuerza de trabajo, es decir, su tamaño y niveles de competencias. Un plan de este tipo incluye selección (contratación, ascensos y transferencias), desarrollo (educación, aparte de la formación y la tutoría) y disposición (desarrollo de carrera y oferta de trabajo).

Estados Unidos: Los directivos de alto nivel son responsables de implementar la planificación de la fuerza de trabajo como parte de la estrategia de capital humano de su organización. Las estrategias de gestión del capital humano se integran en planes estratégicos, planes de desempeño y presupuestos, y se vinculan con indicadores que identifican cuán bueno es el desempeño de la organización. Las actividades y resultados del sistema se evalúan mediante evidencia documentada de un Plan Estratégico de Capital Humano, que incluye propósitos, objetivos y estrategias del capital humano, un plan de la fuerza de trabajo y medidas y puntos de referencia de desempeño. Se requiere a las organizaciones presentar su Plan estratégico de Capital Humano a la Oficina de Gestión de Personal anualmente.

El plan de la fuerza de trabajo se vincula directamente con los planes estratégico y anual de desempeño de la organización, y se utiliza para tomar decisiones acerca de la estructuración y uso de la fuerza de trabajo. Se identifican y documentan ocupaciones y competencias esenciales para la misión, con lo que se proporciona un nivel de referencia de información para que la organización desarrolle estrategias para seleccionar, desarrollar y retener el talento que necesita para llevar a cabo su programa. Un proceso de pronóstico empresarial identifica probables cambios de la fuerza de trabajo que requieran acción. Se lleva a cabo un análisis de funciones, necesidades de los clientes y distribución de la carga de trabajo para asegurar que la organización disponga de la mezcla y distribución adecuadas de la fuerza de trabajo para apoyar su misión.

Fuentes: Corea del Sur: OCDE (2009), OECD Survey on Competency Management in Government, inédito; Estados Unidos: US Office of Personnel Management (www.opm.gov); presentación de Jonathan Foley, delegado de Estados Unidos, ante la reunión anual del OECD Public Employment and Management (PEM) Working Party, 9-10 de diciembre de 2010.

Reformar el sistema de retribución

Incorporar orden y control al sistema de retribución es parte fundamental de las reformas del servicio público de la República Dominicana. La Ley 41-08 establece la clasificación de empleos, la evaluación del empleo y un sistema de remuneración para el servicio público. A partir de esto se espera que una nueva Ley General de Salarios para el Sector Público 105-13, promulgada en agosto de 2013, entre en vigor en enero de 2014. La ley cubre todo el servicio público, excepto los organismos estatales financieros y comerciales. La ley estipula varios principios básicos para la retribución del servicio público, entre ellos:

- Equidad;
- Eficacia y eficiencia sujetas a los requerimientos de igualdad, mérito e imparcialidad;

- Vinculación con los objetivos estratégicos de las organizaciones y las prioridades de la Estrategia Nacional de Desarrollo (END);
- Congruencia con el contexto macroeconómico y la planificación de GRH;
- Jerarquía salarial: ningún servidor público puede ganar un salario mayor que el establecido para los directivos de las tres ramas de gobierno;
- Racionalidad;
- Equilibrio orientado a garantizar la competencia, motivación y compromiso.

El nuevo sistema de retribución se basará en la estructura de puestos, cada uno de los cuales debe corresponder a un nivel fijo de retribución. El MAP es responsable de diseñar el nuevo sistema de retribución, incluido un sistema de clasificación de puestos y una escala de salarios de referencia. Actualmente el MAP está revisando los manuales de descripción de puestos, de los cuales hay un gran número, puesto que cada institución tiene sus propias descripciones de puesto. Se han emitido regulaciones sobre estructuras organizacionales, salarios y los criterios para el diseño y la clasificación de puestos; asimismo, el MAP ha realizado un trabajo excelente en el desarrollo de un modelo estándar de descripción de puesto, que incluye competencias.

Importantes disposiciones de la nueva ley salarial se relacionan con conflictos de intereses y ética: por ejemplo, se prohíbe a los servidores públicos recibir más de un salario, tener intereses en empresas que suscriban acuerdos o contratos de cualquier tipo con el sector público, lo que significa utilizar su posición para obtener ventajas, beneficios o privilegios, y promover el nepotismo, entre otras cosas.

La reforma salarial se diseñó para atender varios problemas bien reconocidos en el sistema salarial actual. El sistema descentralizado de gestión que se aplicó previamente a la Ley 41-08, en combinación con la falta de una escala salarial de referencia y un sistema de clasificación de puestos, generó una estructura salarial altamente fragmentada. El pago por el mismo trabajo puede variar significativamente de una organización a otra, en particular dentro del sector descentralizado. Algunas instituciones han establecido sus propios sistemas de retribución y bonos, y las prestaciones pueden conformar una gran proporción del salario. La variación es menor en los ministerios del gobierno central, donde el MAP está trabajando en la estandarización de escalas salariales. Esta situación no sólo genera opacidad e inequidad en el sistema salarial, sino que probablemente afectará los costos de empleo ya que, antes de la nueva ley salarial, no había maneras aparentes de controlar lo que las instituciones pagaron a sus empleados. El sistema de gestión de calidad incluye un requerimiento para que las escalas salariales de las instituciones participantes sean certificadas por el MAP y la medida gradualmente aporta mayor congruencia. Conforme a la nueva ley salarial, se requiere que el MAP se coordine con la Dirección General de Presupuesto y la Contraloría General para garantizar el control de las estructuras organizacionales, los puestos y la nómina. El MAP establecerá una escala salarial jerárquica, con un nivel uniforme de salarios para el mismo puesto en todo el servicio público. De igual manera, el MAP desarrollará un sistema de clasificación de tareas.

Ordenar secuencialmente la implementación y desarrollar apoyo para la reforma salarial

La crisis económica actual provoca que muchos países de la OCDE revisen sus sistemas salariales en el sector público. A menudo las reformas salariales tienen muchas implicaciones políticas, lo que requiere la evaluación cuidadosa de en qué hay que hacer hincapié y qué evitar para reducir al mínimo la posibilidad de que surjan problemas y desarrollar apoyo para el nuevo sistema. Los estudios de la OCDE apuntan a cuatro consideraciones clave para los sistemas de retribución eficaces (véase el Recuadro 2.15).

Estas consideraciones destacan la necesidad de un cuidadoso ordenamiento secuencial y de la integración de la reforma salarial en la República Dominicana a otras reformas de GRH y las reformas más amplias de gestión pública. Por ejemplo, la puesta en marcha planificada de presupuestos basados en resultados y gestión del desempeño organizacional puede sugerir que las instituciones deberían tener margen para usar la retribución como una herramienta administrativa. Sin embargo, el problema más urgente es instaurar orden en el sistema salarial y obtener un control firme sobre los costos de retribución, por lo que en el corto a mediano plazos parece requerirse más la centralización que la descentralización. En varios países de la OCDE, la gestión salarial descentralizada ha ocurrido en un contexto de fuertes mecanismos de rendición de cuentas de gestión, sistemas de valores bien establecidos y un control centralizado del presupuesto salarial. En tanto no se establezcan estas condiciones, sería desaconsejable que la República Dominicana descentralizara la retribución.

Recuadro 2.15. Elementos clave de los sistemas de retribución eficaces

El sistema de retribución como una herramienta de gestión. Algunos países, como Australia, Dinamarca, Nueva Zelanda y Suecia, han delegado la responsabilidad de gestión salarial de una oficina central a organismos individuales, lo cual aumenta la responsabilidad de los directivos respecto al desempeño de sus unidades y les permite utilizar el sistema de retribución como herramienta estratégica para el logro de los objetivos del organismo.

Flexibilidad. Los empleados públicos están en proceso de reorganización y reestructuración del trabajo. Los sistemas de retribución tradicionales, que a menudo basan los salarios en puestos más que en capacidades y aumentan todos los salarios a la vez, pueden dificultar estos cambios. Sistemas más flexibles como los de Australia, Nueva Zelanda y el Reino Unido pueden ayudar a los gobiernos a seleccionar y retener empleados con competencias muy demandadas.

Influencia en la conducta. Un propósito de la retribución es influir en la conducta de los empleados. Países como Chile, Finlandia, Alemania y Noruega se proponen utilizar las políticas y prácticas de retribución para alentar a los empleados a aceptar una oferta de empleo, trabajar con diligencia y, para los que muestren mejor desempeño, comprometerse con carreras en el servicio público.

Mejora del desempeño. Cambiar a un nuevo sistema de retribución puede permitir al gobierno concentrarse en el desempeño como una prioridad. Si bien es posible que un sistema salarial relacionado con el desempeño no logre resultados significativos por sí mismo, es un posible y útil complemento de otros elementos de la gestión orientada al desempeño, como en Dinamarca, Finlandia, Corea del Sur y el Reino Unido.

Fuente: OCDE (2012d), *Public Sector Compensation in Times of Austerity*, OECD Publishing, París, http://dx.doi.org/10.1787/9789264177758-en.

La gestión de las reformas salariales por lo general requiere la cuidadosa identificación de ganadores y perdedores. Esto debería ser parte de la planificación del nuevo sistema de pagos. Se requieren estrategias para desarrollar apoyo para la reforma salarial y suelen necesitarse medidas de transición para gestionar cualquier efecto adverso sobre grupos particulares de empleados. Dada la amplia dispersión salarial imperante en la República Dominicana, una manera de desarrollar apoyo para la reforma en este ámbito podría ser reducir las disparidades entre los salarios más altos y los más bajos. En cualquier caso, es importante atender el tema de la dispersión. Por ejemplo, en el contexto de las reformas salariales planificadas en el servicio público del Reino Unido, en 2010 el Primer Ministro y el Canciller encargaron la Revisión Hutton de Salarios Justos en el Sector Público con el objetivo de asegurar equidad en los salarios del sector público en el contexto de las circunstancias económicas actuales. Las condiciones de referencia de la Revisión fueron analizar la escala de las disparidades existentes entre los mejor y los peor pagados en organizaciones del sector público y ofrecer recomendaciones sobre cómo implementar un pago múltiple que garantice que ningún directivo del sector público gane más de 20 veces lo que gana la persona con el salario más bajo de su organización.

La OCDE emprendió en 2011 una evaluación específica de la ley del sistema salarial del sector público de Eslovenia, como parte de una Revisión de Gobernanza Pública más amplia (OCDE, 2012e). La conclusión clave de esta evaluación es que el nuevo sistema salarial esloveno proporcione una base sobre la cual modernizar a través de la reforma incremental. La República Dominicana podría tomar en consideración para su nueva Ley General de Salarios Públicos algunas recomendaciones de la OCDE planteadas para ayudar a evitar fallas en la implementación de la reforma de la ley salarial eslovena, como se describe en el Anexo 1 de esta revisión.

Fomentar un servicio de carrera coherente y movilidad mediante la clasificación de tareas

La tarea más urgente para el MAP es desarrollar una estructura salarial común y decidir respecto a un método de asignación de tareas en ella, según lo requiere la ley salarial general. Un principio clave de organización puede ser integrar tareas a un sistema estándar para fines de clasificación y remuneración. Diferentes países de la OCDE utilizan varios enfoques. Uno relativamente común es la clasificación de tareas, que estructura éstas en grupos ocupacionales organizados en niveles y grados. Se trata de un enfoque relativamente directo, el cual suele ser apoyado por un conjunto de estándares de clasificación de tareas, evitando la necesidad de establecer sistemas complejos de evaluación de tareas. En Australia y Estados Unidos pueden encontrarse ejemplos de este enfoque (véase el Recuadro 2.16). En ambos países se utiliza una sola estructura de clasificación en todo el gobierno, la cual apoya un servicio de carrera unificado y coherente, a la vez que facilita la movilidad.

Recuadro 2.16. Sistemas de clasificación de tareas del servicio público australiano y el gobierno federal de Estados Unidos

Australia: El sistema de clasificación que se aplica a todo el servicio público australiano (SPA) está diseñado para ser flexible y ajustarse a una amplia variedad de tareas SPA en un rango diverso de organismos. Una sola estructura de clasificación SPA crea el sentido de un servicio público unificado y coherente que puede ayudar a apoyar enfoques de gobierno entero. Además, ofrece un mecanismo para mantener el concepto de un SPA integrado, a la vez que brinda a los empleados la oportunidad de contar con una amplia gama de experiencias de trabajo y apoya diversas actividades de GRH.

Las tareas se clasifican en 11 grupos y dos clasificaciones de formación. Puede haber diversas clasificaciones especialistas en cada grupo. En algunos organismos, las clasificaciones especializadas atraen diferentes tasas salariales. Los puestos se clasifican sobre la base del trabajo por desarrollarse utilizando el concepto de Valor del Trabajo y Estándares de Nivel de Trabajo, el cual:

- Describe los requerimientos y expectativas de trabajo que son decisivos para cada nivel de clasificación y los deberes por realizar.
- Distingue entre diferentes requerimientos del nivel de trabajo en incrementos de clasificación.
- Garantiza un trato equitativo para todos los empleados del SPA.
- Aporta una declaración completa de los requerimientos generales, deberes y responsabilidades clave, capacidades y características requeridas, contexto operativo y características de desempeño que encarnan el desempeño eficaz en un nivel de trabajo particular.

Estados Unidos: El sistema de clasificación y salarial Catálogo General (GS, por sus siglas en inglés) cubre a la mayoría de empleados federales civiles de cuello blanco (cerca de un millón y medio en todo el mundo) en puestos profesionales, técnicos, administrativos y de oficina. Los estándares de clasificación GS, calificaciones, estructura salarial y políticas de recursos humanos relacionadas (por ejemplo, políticas generales de dotación de personal y administración salarial) son administrados por la Oficina de Gestión de Personal estadounidense (OPM, por sus siglas en inglés) en todo el gobierno. Cada organismo clasifica sus puestos GS y nombra y paga a sus empleados GS ocupando dichos puestos con base en directrices estatutarias y de la OPM.

El Catálogo General tiene 15 grados, del GS-1 (el más bajo) al GS-15 (el más alto). Los organismos establecen (clasifican) el grado de cada puesto con base en el nivel de dificultad, responsabilidad y calificaciones requerido. Las personas con diploma de bachillerato y sin experiencia adicional por lo regular califican para puestos GS-2; quienes tienen licenciatura, para puestos GS-5, y aquéllas con maestría, para puestos GS-9.

Cada grado cuenta con 10 pasos graduales (del 1 al 10), cada uno equivalente a alrededor de 3% del salario del empleado. Los aumentos de los pasos dentro del grado parten de un nivel aceptable de desempeño y longevidad (periodos de espera de un año en los pasos 1 a 3, dos años en los pasos 4 a 6, y tres años en los pasos 7 a 9). Por lo general se requieren 18 años para avanzar del paso 1 al 10 dentro de un solo grado GS si el empleado permanece exclusivamente en él. Sin embargo, los empleados con calificaciones sobresalientes (o equivalente) de desempeño pueden considerarse para avances adicionales en los pasos por calidad (máximo de uno por año).

Fuentes: Australian Public Service Commission, www.apsc.gov.au; United States Office of Personnel Management (n.d), *General Schedule Classification and Pay*, www.opm.gov/policy-data-oversight/pay-leave/pay-systems/general-schedule.

Una función importante que el organismo central de GRH desempeña en muchos países de la OCDE consiste en supervisar los estándares de clasificación, mantenerlos actualizados y asegurar que se apliquen correctamente en todo el servicio público para evitar el fenómeno conocido como "escalamiento de categorías", el cual ocurre cuando no se controla bien la clasificación de tareas y éstas suben en la estructura de clasificación con el tiempo.

El trabajo del MAP de modificación de descripciones de puesto es un primer paso esencial, ya que se requieren descripciones actualizadas para clasificar los puestos, con el fin de evitar la reproducción de distorsiones en el sistema de clasificación. El MAP ha trabajado con instituciones para actualizar manuales de descripción de puestos en el contexto de la iniciativa de reestructuración institucional y se han desarrollado manuales en instituciones que antes no contaban con ellos.

El objetivo sería, hasta donde fuera posible, desarrollar un conjunto de descripciones de puesto estándares en lugar de los manuales actuales de descripción de puestos específicos para cada institución. Esto apoyará la congruencia en los salarios y la clasificación, y a la vez facilitará la movilidad. El MAP ha avanzado en esta área con el diseño del Manual de Cargos Civiles Clasificados, el cual incluye perfiles de todos los puestos comunes o transversales en el sector público. También se ha desarrollado un manual de instrucción para guiar a las instituciones en la labor de creación, modificación y eliminación de puestos, proceso supervisado por el MAP y la Contraloría General.

El objetivo es reemplazar las descripciones de puesto basadas en antigüedad, experiencia, conocimientos y calificaciones con descripciones que incluyan competencias. El MAP elaboró un manual de competencias y un modelo de perfil de puesto estándar que incluye competencias genéricas vinculadas con las prioridades del gobierno (orientación de servicio, orientación de resultados y orientación de calidad), así como competencias técnicas y conductuales necesarias para las tareas (véase el Recuadro 2.17). Esto aporta una base excelente para desarrollar perfiles de puestos estándar en todo el servicio público. Es importante desarrollar, en la medida de lo posible, perfiles genéricos de puestos para describir tipos similares de cargos en todo el servicio público, ya que esto apoya la gestión del sistema de clasificación de puestos y permite tener movilidad y estructuras de carrera más flexibles. El diseño de perfiles de puestos también sustenta un enfoque integrado de la GRH, puesto que estos perfiles pueden utilizarse para vincular subsistemas de GRH como la selección, gestión de desempeño, formación y retribución (OCDE, 2008b).

Recuadro 2.17. Ejemplo de un perfil de competencias basado en el puesto utilizado en el MAP

<table>
<tr><td colspan="6">MINISTERIO DE ADMINISTRACIÓN PÚBLICA (MAP)
PERFIL INTEGRAL DEL PUESTO</td></tr>
<tr><td colspan="2">Título de puesto:
Analista de Prevencion de Riesgos</td><td colspan="2">Grupo ocupacional:
Profesionales (IV)</td><td colspan="2">Categoría:
Carrera Administrativa General</td></tr>
<tr><td colspan="6">PROPÓSITO GENERAL DEL PUESTO
Realizar labores relacionadas con el análisis, elaboración, seguimiento y ejecución a los planes, programas y proyectos de prevención, reducción de los efectos adversos de fenómenos peligrosos sobre la población, bienes y servicios del ayuntamiento, en el marco de las normas trazadas por los organismos competentes.</td></tr>
<tr><td colspan="6">ACTIVIDADES ESENCIALES
1. Realizar estudios y diagnósticos para los proyectos a ser ejecutados en el municipio relacionando los riesgos existentes y la prevención de los mismos.
2. Identificar los tipos de riesgos a los que está expuesta la comunidad y proponer acciones tendentes a mitigarlos.
3. Participar en la elaboración de documentación sobre riesgos y desastres para fines de educación y capacitación a los munícipes en coordinación con los organismos competentes.
4. Gestionar la implementación del subsistema de salud y riesgos laborales (SISTDP) del Ministerio de Administración Pública (MAP) (esta tarea está enfocada a lo que es riesgo laboral).</td></tr>
<tr><td colspan="6">REQUISTOS DEL PUESTO</td></tr>
<tr><td colspan="2">Educación formal:
Título de licenciatura en una de las carreras de las ciencias sociales o naturales.</td><td colspan="2">Experiencia:
Dos (2) años en labores similares.</td><td colspan="2">Periodo probatorio:
Tres (3) meses</td></tr>
<tr><td colspan="6">COMPETENCIAS TRANSVERSALES:
Orientación a la calidad (1) Orientación al servicio (1) Orientación a resultados (1)</td></tr>
<tr><td colspan="6">COMPETENCIAS POR ACTIVIDAD/PRODUCTOS</td></tr>
<tr><td>Actividad no.</td><td>Productos</td><td>Competencias téchnicas</td><td>Habilidades y destrezas</td><td>Competencias conductuales (1)</td><td>Grado requerido</td></tr>
<tr><td rowspan="2">1.</td><td rowspan="2">Estudios y diagnósticos de proyectos sobre riesgos y prevención elaborados.</td><td rowspan="8">Leyes, disposiciones, reglamentos y normas que le corresponda aplicar.</td><td rowspan="8">Redactar informe téchnico.

Establecer relaciones efectivas de trabajo.</td><td>Orientación al servicio</td><td>(5)</td></tr>
<tr><td>Orientación a resultados</td><td>(5)</td></tr>
<tr><td rowspan="2">2.</td><td rowspan="2">Riesgos identificados y propuestas de mitigación elaborados.</td><td>Orientación a la calidad</td><td>(5)</td></tr>
<tr><td>Organización control de trabajo</td><td>(5)</td></tr>
<tr><td rowspan="2">3.</td><td rowspan="2">Guías y documentos educativos para prevención de riesgos elaborados.</td><td>Solución de problemas</td><td>(5)</td></tr>
<tr><td>Capacidad analítica</td><td>(5)</td></tr>
<tr><td rowspan="2">4.</td><td rowspan="2">SISTDP implementado por la gestión del analista.</td><td>Sentido de urgencia</td><td>(5)</td></tr>
<tr><td></td><td></td></tr>
<tr><td colspan="6">(1) Requeridas para ingreso. (2) Requeridas para ingreso con desarollo complementario en la institución. (3) Desarrollable dentro de la institución.</td></tr>
</table>

Fuente: Ministerio de Administración Pública (MAP), 2013.

Gestionar los aumentos de salarios

El contenido del puesto, seguido por las calificaciones educativas y la experiencia son los factores más importantes al determinar salarios de base en países de la OCDE. En la mayoría de los países de la OCDE el avance en la escala o rango de salarios se determina por la antigüedad, medida generalmente por el número de años de experiencia, aunque en muchos países las reformas salariales han reducido la importancia de los aumentos salariales basados en la antigüedad. Las estructuras salariales para los servidores públicos de alto nivel suelen ser diferentes de las que aplican al resto del servicio público, y a menudo cuentan con un componente mayor de pago por desempeño, en tanto que el sistema salarial por antigüedad suele gestionarse centralmente, incluso en sistemas en los que el resto de la gestión salarial es descentralizado.

Al decidir sobre un método de aumentos de salarios, será importante que la República Dominicana analice el impacto sobre los costos de nómina de diferentes métodos de estos aumentos. Por ejemplo, si bien las escalas salariales fijas con aumentos incrementales basados en la experiencia brindan control y previsibilidad, este enfoque parte de aumentos automáticos de salarios y puede, si hay una baja rotación de personal, impulsar considerablemente hacia arriba los costos de nómina con el tiempo. Asimismo, a menos que se disponga de una buena estructura de carrera con oportunidades de movilidad y ascenso, los empleados pueden terminar atrapados en la parte superior de su escala salarial, situación que tiende a producir descontento y desmotivación. La mayoría de los países de la OCDE han reemplazado la "antigüedad y el aumento salarial automático" por "experiencia y aumento salarial", vinculándolo con revisiones salariales generales periódicas. De hecho, actualmente se considera que el aumento salarial automático infringe el principio de antidiscriminación por edad en casi todos los países de la OCDE.

Aumentar la transparencia y mejorar el control de costos de nómina

Para la República Dominicana convendría considerar una prioridad la implementación de una mayor transparencia en la estructura de remuneración y un mayor control sobre los costos de nómina, mediante la reducción del número de elementos salariales variables. Es necesario revisar los diversos subsidios y prestaciones para evaluar en qué medida son apropiados para el nuevo sistema de retribución. A algunos países de la OCDE les parece útil controlar los costos generales de nómina para adoptar un concepto de retribución total, mediante el cual se incluyan todos los elementos del paquete de retribución en el cálculo de costos de la nómina del sector público. Entre los componentes característicos de la retribución total se encuentran los siguientes:

- Sueldos y salarios;
- Pensiones;
- Bonos e incentivos;
- Tiempo extra;
- Prestaciones de ingresos de jubilación;
- Prestaciones por discapacidad;
- Prestaciones por fallecimiento;
- Pago de tiempo libre;
- Prestaciones adicionales.

Como primer paso, será útil que el MAP intente establecer la retribución total de diferentes grupos de empleados para obtener una imagen completa y coherente de la situación actual. Esto ayudaría a analizar de qué manera se distribuye el presupuesto de nómina actualmente, en qué medida esto refleja las prioridades gubernamentales y dónde hay margen para realizar cambios. Este tipo de análisis puede ser útil para tratar con actores del proceso de reforma, así como para comparar la retribución total dentro del servicio público y con el sector privado.

En el largo plazo es posible aumentar la transparencia y competitividad de la retribución desarrollando una "oferta" más clara de servidores públicos que no sólo se centre en los salarios sino que haga hincapié en otras prestaciones no financieras como pensiones, oportunidades de aprendizaje y oportunidades de desarrollo de carrera. El Marco Estratégico de Recompensas desarrollado por la Oficina de Gestión de Personal de Estados Unidos (véase el Cuadro 2.5) muestra cómo puede desarrollarse, con el tiempo, un nuevo enfoque a la remuneración y las recompensas.

Cuadro 2.5. Marco Estratégico de Recompensas: Oficina de Gestión de Personal de Estados Unidos

Compensación	**Prestaciones**
Salario base	Atención a la salud
Pago variable	Jubilación
Otros pagos	Ahorros
Tiempo libre pagado	Otros seguros
Procesos de apoyo	*Procesos de apoyo*
Aprendizaje y desarrollo	**Entorno de trabajo**
Formación	Equilibrio vida profesional/vida personal
Experiencias de aprendizaje	Liderazgo
Trayectoria de carrera	Cultura de desempeño
Procesos de apoyo	Clima organizacional
	Procesos de apoyo

Fuente: United States Office of Personnel Management (2002), *A White Paper. A Fresh Start for Federal Pay: The Case for Modernization*, abril, OPM, Washington, D.C., www.opm.gov/strategiccomp/whtpaper.pdf.

El proceso de fijación de salarios de la República Dominicana está centralizado en la Presidencia, la cual determina los aumentos salariales cada dos años. La nueva ley salarial dispone una revisión de escalas cada dos años con base en el índice inflacionario. Los salarios no se negocian de manera general, ya que la ley no reconoce a sindicatos en el servicio público y no se contempla la negociación colectiva. En los sectores de la salud y la educación aplican disposiciones especiales, donde la existencia de asociaciones profesionales y sindicatos ha dado paso a la negociación de salarios.

El proceso de fijación de salarios se rige sobre todo por consideraciones relacionadas con el presupuesto. Sin embargo, en el pasado (1997) se utilizaron encuestas salariales orientadas a proporcionar información para ajustes salariales para algunos grupos, incluidos directivos de alto nivel, empleados del sector salud y asistencia social, profesionales del Ministerio de Agricultura y profesores. En el SASP se está estableciendo una base de datos salarial, la cual ya se completó en algunas áreas, incluido el sector salud. Esto permite desarrollar escenarios salariales como base para la fijación de salarios. Asimismo, estadísticas de la fuerza de trabajo nacional proporcionan datos comparativos sobre salarios de los principales grupos ocupacionales en los sectores público y privado.

Con el tiempo, sería conveniente que la República Dominicana modifique su proceso de fijación salarial para permitir al gobierno adoptar un enfoque más estratégico y mejorar el control de los costos de nómina. La mayoría de los países de la OCDE emprenden revisiones salariales anuales para fines de ajuste en este renglón, aunque algunos de ellos, como Alemania, Irlanda y Suecia, utilizan un sistema de revisiones multianuales. Por lo general los criterios de otorgamiento de aumentos de salario se han vuelto más flexibles a medida que los gobiernos han buscado tener más margen de maniobra. Los criterios en diferentes países incluyen factores como: el peso general del salario en el presupuesto (algunos países fijan una asignación general para mantener los aumentos salariales dentro de un límite fijo, asequibilidad, equidad, revisiones comparativas periódicas para evaluar si el salario es suficientemente competitivo con el sector privado y logro de mejoras de productividad). En la mayoría de los países de la OCDE no se utiliza la indización de los salarios a la inflación como un método de ajuste salarial. Donde se emplean comparaciones salariales, es importante tomar en cuenta todos los elementos de retribución y suele haber un descuento sobre los salarios del sector público que refleje ventajas como una mayor seguridad en el empleo y programas de pensión y pago por enfermedad más generosos.

Conviene que el MAP desarrolle su capacidad de análisis de pago para apoyar el proceso de fijación salarial. Esto podría permitir al gobierno fijar una asignación para el aumento salarial general en todo el servicio público. La cantidad presupuestada no tiene necesariamente que asignarse en forma equitativa entre el sector público; el análisis salarial puede detectar la necesidad de aumentos diferenciales en diferentes sector para apoyar estrategias GRH.

En lo referente a la capacidad de atraer y retener personal, se considera que los salarios del servicio público son suficientemente atractivos, con la posible excepción de profesionales de las TIC. No obstante, la evaluación comparativa periódica en el tema salarial con el sector privado sería un insumo valioso en el proceso de fijación de salarios. Si bien la Encuesta Nacional de Fuerza de Trabajo incluye información sobre salarios de los sectores público y privado, presentada por categorías ocupacionales amplias, hay que tener cuidado al interpretarla y es probable que deban desarrollarse comparaciones más detalladas para utilizarse como insumo en la fijación salarial. Es importante incluir todos los elementos de pago, así como elementos no relacionados con éste, como pensiones, permanencia en el empleo y otras ventajas (como el ajuste de tiempo de trabajo), que suelen tender a ser más generosos en el sector público.

Es recomendable que la República Dominicana evite situaciones en las que el salario se determine sobre una base de carrera por carrera o las relatividades de pago entre diferentes grupos se conviertan en un factor en la fijación salarial. Estas situaciones han provocado fragmentación en la fijación de costos y conflictos de relaciones industriales en otros países y han incrementado los costos de nómina. Es preferible un enfoque centralizado, de gobierno entero, a la fijación salarial.

En la mayoría de los países de la OCDE los salarios se negocian y el enfoque más común es la negociación colectiva centralizada. En Grecia y Japón, los ajustes salariales se basan en la recomendación de un organismo examinador independiente, y en Corea del Sur, Polonia y Estados Unidos, dichos ajustes son decididos por el Presidente o Primer Ministro. La negociación colectiva en los países de la OCDE permite a los gobiernos poner sobre la mesa las reformas en el servicio público y hacer compensaciones entre el salario y la reforma. Por ejemplo, los parámetros de negociación de Nueva Zelanda incluyen el desarrollo de capacidad organizacional para lograr resultados y el suministro de incentivos a los empleados para mejorar sus capacidades y desempeño. En Irlanda se han usado acuerdos colectivos para negociar una amplia gama de reformas en el servicio público y cambios en las prácticas laborales.

En el largo plazo, a medida que el sistema de relaciones de empleados madura, el desarrollo de un sistema de negociación salarial aportaría un valioso instrumento adicional para que la República Dominicana vincule los salarios con las mejoras en productividad e impulse objetivos de reforma como desempeño organizacional. También podría establecerse un vínculo mediante mejoras en salarios y condiciones en áreas prioritarias de la Estrategia Nacional de Desarrollo (END), por ejemplo, al hacer que las carreras en el ámbito de la educación resulten más atractivas en términos de salarios y condiciones. Dado que el sistema de relaciones de empleados se encuentra en su etapa inicial, el gobierno tiene oportunidad de tomar la iniciativa de dirigir la evolución a un sistema de negociación salarial más maduro, y así reducir el riesgo de que pueda surgir un sistema de relaciones industriales confrontacional y fragmentado.

Los salarios de los servidores públicos de alto nivel son fijados por decreto presidencial. Los salarios de los viceministros se establecen como porcentaje del salario del ministro. El salario para directores es determinado por el ministerio, con base en criterios vinculados con las características del trabajo. No hay escalas fijas y parece que los salarios de directivos de alto nivel pueden variar considerablemente de una organización a otra, sobre todo en las entidades autónomas. La retribución de los directivos de alto nivel incluye diversas prestaciones. La dispersión salarial, es decir, la diferencia entre el salario más alto y el más bajo, es extremadamente alta en comparación con otros países centroamericanos y latinoamericanos (BID, 2009). Esto sugiere que los salarios de los servidores públicos de alto nivel suelen ser altos en comparación con los de otros empleados. Los salarios de funcionarios de alto nivel serán regulados por la nueva ley salarial promulgada en agosto de 2013 y el MAP se encargará de desarrollar escalas salariales, con base en la complejidad y exposición al riesgo de los puestos.

Si bien es importante fijar la remuneración de los directivos de mandos superiores en un nivel que atraiga y retenga a personas talentosas, y que refleje su nivel de responsabilidad, la retribución en estos puestos puede ser un asunto público delicado, en particular en tiempos de crisis financieras. Como preparación a la implementación del nuevo régimen salarial, sería útil que la República Dominicana aprovechara la nueva publicación de la OCDE titulada "*Government at a Glance for Latin America and the Caribbean (LAC)*" (OECD/IDB, 2014), y comparara también la remuneración total de los directivos de alto nivel en relación con una selección de países de la región.

Importancia de revisar y reestructurar el sistema de pensiones del servicio público

Si bien la revisión no cubrió el sistema de pensiones del servicio público, cabe plantear algunos breves comentarios. La estructura de edad de la fuerza de trabajo del gobierno central sugiere que durante la próxima década habrá un número relativamente grande de jubilaciones, lo cual probablemente ejercerá presión sobre los programas de pensiones. También parece que las pensiones se pagan del presupuesto salarial de las instituciones, al menos en algunas áreas del servicio público, y que esto es problemático ya que las instituciones tal vez no puedan cubrir sus costos de pensiones y tengan que mantener a los pensionados en la nómina como empleados, lo que impedirá nuevas contrataciones.

Las pensiones son una parte necesaria del marco del servicio público de carrera, pese a que en la Ley 41-08 sólo se les menciona en forma breve. Es probable que la República Dominicana necesite revisar y reestructurar el sistema de pensiones del servicio público. Temas que podrían surgir en este contexto son la asequibilidad y financiamiento del sistema de pensiones, el nivel de prestaciones y la edad de jubilación. Al considerar cómo enfocar las reformas en el renglón de las pensiones, la República Dominicana podría tomar en cuenta métodos que se han utilizado en países de la OCDE (véase el Recuadro 2.18).

Recuadro 2.18. Métodos utilizados para reformar los programas de pensiones del servicio público en países de la OCDE

Revisión de las fórmulas para calcular pensiones por vejez. En una gran mayoría de los países de la OCDE los periodos de contribución se han extendido a 40 años. Por lo general las reformas se implementan gradualmente dando preferencia a periodos largos de transición. A menudo la prórroga de los periodos de contribución se han acompañado de recortes en las prestaciones por vejez y las fórmulas de cálculo se han cambiado para armonizarlas con las reglas aplicadas en el sector privado. Como resultado, cada vez más el salario final se reemplaza por el salario promedio, o incluso por ingresos permanentes promedio, con el fin de alentar a las personas a permanecer en el empleo formal.

Aumento de la edad de jubilación. En muchos casos los cambios en la forma de calcular las pensiones se han acompañado de cambios en las reglas de elegibilidad. En la mayoría de los países de la OCDE la edad en que pueden cobrarse las pensiones ha aumentado.

Reducción de derechos compensatorios. En muchos casos las mujeres tienen derecho a prestaciones particulares para compensar su baja participación en el mercado laboral y sus modestos ingresos en comparación con los de los hombres. El objetivo es garantizar que las mujeres de mayor edad tengan un estándar de vida adecuado. Sin embargo, diversos países están reduciendo estas prestaciones, aduciendo que la participación femenina en el mercado laboral ha aumentado.

Limitación de la jubilación temprana. Algunos países han tomado medidas para restringir la elegibilidad y limitar el acceso a prestaciones como las otorgadas por discapacidad o enfermedad en los programas de pensiones debido a incrementos en el número de beneficiarios. Asimismo, en algunos países se desalienta la jubilación temprana de los trabajadores al reducir sus pensiones en un porcentaje proporcional a los años de servicio faltantes.

Incentivos para diferir la jubilación. Como respuesta a los retos planteados por el envejecimiento de la población y el servicio público, muchos países de la OCDE ahora se proponen retener a trabajadores mayores mediante medidas financieras, como bonos. La generosidad de estos instrumentos varía y no siempre permiten una máxima tasa de reemplazo.

Desarrollo de programas financiados y aportaciones por parte de los servidores públicos a sus programas de pensión. En varios países, el Estado parece abstenerse parcialmente de participar en programas obligatorios por medio del desarrollo de programas ocupacionales o planes de pensiones complementarios como una manera de limitar el financiamiento gubernamental de los gastos de pensiones y prestaciones relacionadas, pero también de compensar el nivel a la baja de las pensiones de los trabajadores, sobre todo en el sector público. En algunos países de la OCDE, las altas tasas de reemplazo que los empleados públicos obtienen de su pensión básica no justifican la institución de programas complementarios.

Fuente: OCDE (2010b), *OECD Reviews of Human Resource Management in Government: Brazil 2010*, OECD Publishing, París, http://dx.doi.org/10.1787/9789264082229-en.

Recomendaciones clave

A. Corto plazo (1-2 años)

Es esencial una perspectiva de gobierno entero del tamaño, estructura y asignación de la fuerza laboral para armonizar la dotación de personal con las prioridades gubernamentales. Las medidas que ayudarían a lograrlo incluyen las siguientes:

- Realizar una revisión estratégica de la dotación de personal de servicio público para apoyar un enfoque de gobierno entero a la reestructuración y reducción de la fuerza laboral, así como identificar áreas prioritarias en las que tendría que desarrollarse primero una planificación de la fuerza laboral.
- Utilizar los resultados de una revisión estratégica de dotación de personal para identificar oportunidades de reasignar puestos de acuerdo con las prioridades establecidas en la Estrategia Nacional de Desarrollo (END) y ahorrar.
- Desarrollar medidas focalizadas para elevar la competencia general y el nivel de calificación de la fuerza laboral para apoyar las mejoras en la prestación de servicios, innovación y gobierno electrónico.

Se recomienda seguir mejorando los controles de los números de dotación de personal y costos de nómina. Las medidas que ayudarían a lograrlo incluyen las siguientes:

- Mejorar el control del empleo del personal temporal para asegurar que coincida con las disposiciones de la Ley de Función Pública 41-08.
- Garantizar que todas las instituciones del gobierno central participen en el proceso de validación de los presupuestos de su fuerza laboral por parte del *MAP* y llevar a todas las instituciones al mismo nivel de capacidad a este respecto.

La implementación del sistema de carrera podría fortalecerse más. Las medidas que ayudarían a lograrlo incluyen las siguientes:

- Asignar personal adicional dentro del MAP para supervisar la corrección y calidad procesales del proceso de incorporación de personal al servicio de carrera y acelerar el desarrollo de capacidades de la función de GRH en ministerios y otras instituciones. Es necesario que el MAP supervise rigurosamente la calidad del proceso de incorporación. La implementación del servicio público de carrera podría facilitarse más con un enfoque justo y bien coordinado. En el corto a mediano plazos parece requerirse la centralización más que la descentralización.
- Garantizar que el sistema de carrera se aísle de interferencia política y responsabilizar a ministros y directivos de alto nivel de la implementación de dicho sistema. Esto podría hacerse, por ejemplo, mediante una presentación regular de informes al Presidente y al Congreso, y/o una revisión regular de los avances al nivel del Gabinete, con el requerimiento de que los ministros rindan cuentas de los avances en las instituciones a su cargo.
- Mantener la vigilancia para evitar una situación en la que las organizaciones busquen derogaciones para optar por salir del sistema de carrera, o simplemente no poner en vigor las disposiciones de la Ley 41-08 en forma oportuna.
- Utilizar los resultados de una revisión estratégica de dotación de personal para guiar un enfoque más focalizado a la incorporación de empleados al sistema de carrera y vincular el proceso de incorporación al proceso de reestructuración institucional. Esto

ayudará a evitar incorporar a empleados cuyas competencias o funciones quizá no se requieran en el futuro.

- Identificar áreas de buenas prácticas en la gestión estratégica del proceso de incorporación y difundirlas a otras áreas del servicio público. Esto podría ser apoyado por el establecimiento por parte del MAP de un modelo para la gestión del proceso de incorporación, con el fin de difundir un enfoque más estratégico a otras instituciones.

Podría utilizarse un conjunto más amplio de instrumentos de GRH para facilitar la reducción y reasignación de la fuerza laboral. Las medidas que ayudarían a lograrlo incluyen las siguientes:

- Utilizar más las disposiciones de la Ley 41-08 para permitir la separación de empleados excedentes con el fin de facilitar la reestructuración organizacional. Esto puede requerir asignar financiamiento a instituciones para pagos de despido de personal excedente.
- Sistemas de selección que brinden flexibilidad para contratar personal de todos los niveles (y a la vez aplicar enfoques basados en méritos y evitar el peligro de la politización), focalizar las competencias para puestos específicos y aumentar la diversidad.
- Aumentar las oportunidades de movilidad al realizar más concursos de selección abiertos.
- Desarrollar disposiciones de reorganización para ayudar a reestructurar la fuerza laboral y evaluar si es necesario ampliar las disposiciones sobre duplicación.

Es recomendable planificar la fuerza laboral para apoyar una mejor gestión de costos de la fuerza laboral y su armonización estratégica con las prioridades del gobierno. Las medidas que ayudarían a lograrlo incluyen las siguientes:

- Crear conciencia de la importancia estratégica de la planificación de la fuerza laboral y empezar a desarrollar capacidad entre los directivos y el personal de GRH.
- Como primer paso en esta planificación, desarrollar escenarios del tamaño y la estructura de la fuerza laboral necesarios para cumplir con los objetivos estratégicos del gobierno, y analizar las implicaciones de costo de las diferentes opciones. También podrían desarrollarse proyecciones para sectores clave.
- Desarrollar la competencia del MAP en la planificación de la fuerza laboral y empezar a desarrollar herramientas sencillas y directrices para uso por parte de las organizaciones. Conviene establecer una unidad de planificación en el MAP.

Se requerirá implementar la reforma salarial en forma secuencial y cuidadosa, e integrarla bien a otras reformas de GRH. Las medidas que ayudarían a lograrlo incluyen las siguientes:

- Desarrollar un sistema de clasificación de puestos que apoye la cohesión y la movilidad en el servicio público de carrera.
- En la medida de lo posible, desarrollar descripciones de puesto estándares para reemplazar los manuales de descripción de puestos específicos para cada institución.

- Evaluar lo que puede hacerse para desarrollar apoyo para el nuevo sistema. La planificación del nuevo sistema salarial podría incluir una cuidadosa identificación de ganadores y perdedores, así como el desarrollo de medidas de transición.
- Mantener un control central del sistema salarial en vez de la descentralización en el corto a mediano plazos, para establecer un sistema salarial ordenado y obtener un control firme sobre los costos de retribución.

B. Mediano plazo (3-5 años)

Los enfoques innovadores al empleo público y la GRH estratégica pueden ser una fuente importante de ahorros en costos y ayudar al gobierno de la República Dominicana a atender retos emergentes, como el envejecimiento de la fuerza laboral. Las medidas que ayudarían a lograrlo incluyen las siguientes:

- Seguir gestionando el tamaño y la estructura de la fuerza laboral para evitar un crecimiento de largo plazo no planificado en los costos del empleo público. Esto será fundamental para el éxito del programa gubernamental de reforma del servicio público.
- Desarrollar la capacidad de registrar y analizar los costos de la retribución de los empleados públicos y los costos de producción de los servicios del gobierno.
- Analizar las tendencias demográficas en todo el servicio público para tener una imagen clara de la estructura de edad de la fuerza laboral y desarrollar políticas para atender el envejecimiento de los empleados del gobierno central. Los retos demográficos actuales y futuros de la fuerza laboral pueden ejercer un impacto importante en la capacidad de la administración pública central de modernizar e innovar más debido a la falta de maneras frescas de pensar y nuevas perspectivas.
- Evaluar las oportunidades de contratar externamente ciertas funciones técnicas y de apoyo con el fin de facilitar la reestructuración de la fuerza laboral y un aumento general en los niveles de capacidad y calificaciones.

El servicio público de carrera tendría que continuar institucionalizado. Las medidas que ayudarían a lograrlo incluyen las siguientes:

- Hacer que la aplicación de las disposiciones de la Ley 41-08 forme parte del contrato de desempeño de los directivos de alto nivel al implementar el sistema de gestión del desempeño organizacional.
- Examinar cómo podría ampliarse el alcance del servicio de carrera con el tiempo, para así garantizar su continua viabilidad.
- Priorizar la creación de carreras transversales y evitar la proliferación de carreras especiales que inhibirían la movilidad y aumentarían el riesgo de distorsionar la estructura salarial.

Los instrumentos de GRH para gestionar el tamaño y la asignación de la fuerza laboral tendrían que seguir desarrollándose. Las medidas que ayudarían a lograrlo incluyen las siguientes:

- Desarrollar la planificación de la fuerza de trabajo y vincularla a los sistemas de planificación estratégica y de presupuestos basados en resultados. Es fundamental que los titulares de los ministerios y otras instituciones sean responsables de la planificación de la fuerza laboral al incorporarla al marco de desempeño organizacional.

- Implementar estrategias sectoriales focalizadas, centrarse en asuntos como la planificación de la fuerza laboral para optimizar los niveles de dotación de personal, cerrar brechas de competencias y desarrollar capacidades de GRH.
- Integrar la gestión de competencias a la planificación de la fuerza laboral.
- Desarrollar métodos para registrar la movilidad de los empleados y evaluar las posibles barreras a la movilidad.
- Evaluar la eficacia de las disposiciones de reubicación y continuar mejorando su puesta en práctica.
- Utilizar las competencias para crear un sistema de perfiles de puesto, poniendo énfasis en descripciones genéricas de los puestos en la medida de lo posible, con el fin de apoyar estructuras de carrera flexibles, movilidad y gestión de la clasificación de puestos.

La implementación continua de la reforma salarial podría usarse para ofrecer al gobierno mejores instrumentos de gestión en este ámbito. Las medidas que ayudarían a lograrlo incluyen las siguientes:

- Implementar medidas para reducir la dispersión salarial.
- Desarrollar la capacidad del *MAP* para el análisis salarial con miras a apoyar el proceso de fijación salarial.
- Analizar el impacto de diferentes métodos de aumento salarial en la evolución de los costos de nómina, para establecer un método que brinde una flexibilidad razonable para que el gobierno gestione los costos, y a la vez ofrecer a los empleados una expectativa razonable de aumento salarial con el tiempo.
- Revisar los subsidios y prestaciones con el fin de reducir el número de componentes salariales adicionales.
- Cambiar el método de determinación salarial al implementar un conjunto más amplio de criterios para guiar las decisiones del gobierno respecto a los ajustes salariales.
- Implementar un enfoque centralizado, de gobierno entero, a la fijación salarial para impedir que las relatividades entre los diferentes grupos se conviertan en un problema.

C. Largo plazo (5 años +)

Conviene seguir fortaleciendo la planificación estratégica y la gestión de la fuerza laboral. Las medidas que ayudarían a lograrlo incluyen las siguientes

- Implementar medidas adicionales para alentar la movilidad.
- Continuar mejorando la planificación de la fuerza laboral al nivel de gobierno entero y dentro de las instituciones.
- Poner en marcha revisiones de capacidades de las instituciones como una herramienta para apoyar una mejor planificación de la fuerza laboral e impulsar mejoras en la capacidad de las instituciones.

Es importante que se siga mejorando la gestión del sistema salarial y la fijación salarial, así como revisar y reestructurar el sistema de pensiones del servicio público. Las medidas que ayudarían a lograrlo incluyen las siguientes:

- Desarrollar metodologías de evaluación comparativa como insumo a la fijación salarial.
- Utilizar comparaciones internacionales dentro de la región para informar de la fijación salarial a los servidores públicos de alto nivel.
- Desarrollar un enfoque de retribución total a la gestión salarial. La transparencia y competitividad de la retribución mejorarían al generar una "oferta" más clara para los servidores públicos, centrándose no sólo en la retribución, sino también en prestaciones no financieras como pensiones, oportunidades de aprendizaje y oportunidades de desarrollo de carrera.
- Desarrollar un sistema de negociación de salarios —a medida que el sistema de relaciones con empleados madure— que permita al gobierno utilizar la retribución como un valioso instrumento para vincular el pago con mejoras en productividad y áreas prioritarias (como educación) de la Estrategia Nacional de Desarrollo (END), e impulsar objetivos de reforma como la innovación y el desarrollo organizacionales. Esto podría también ayudar a evitar el surgimiento de un sistema de relaciones industriales confrontacional y fragmentado.
- Desarrollar el sistema de retribución como una herramienta de gestión, para aumentar la flexibilidad, influir en la conducta de los empleados y mejorar el desempeño.
- Revisar y reestructurar el sistema de pensiones del servicio público.

Notas

[1] Presentación del viceministro de Administración Pública (*MAP*) al equipo de revisión de la OCDE, julio de 2013.

[2] Los datos sobre el despido de empleados se suministran en *Estadísticas de la República Dominicana, Presidencia de la República Dominicana, Secretaría de Estado de Administración Pública-SEAP, documento presentado en el XV Foro organizado por el Instituto Centroamericano de Administración Pública (ICAP) y la Dirección General de Servicio Civil (DGSC) de Costa Rica,* 14 al 16 de abril de 2010.

Bibliografía

APSC (Australian Public Service Commission) (2010), *Whole-of-government ICT strategic workforce plan 2010-2013,* Commonwealth of Australia, www.apsc.gov.au/publications-and-media/current-publications/ict-workforce.

APSC (2009), *2009 ICT Statistical Bulletin Right place — Creating an agile and mobile workforce,* Commonwealth of Australia, www.apsc.gov.au/__data/assets/pdf_file/0019/6535/rightplace.pdf.

APSC (n.d.), *Capability Review Program,* http://www.apsc.gov.au/projects/capability-reviews.

Banco Central de la República Dominicana (2013), " Encuesta Nacional de Fuerza de Trabajo realizada anualmente por el Banco Central de la República Dominicana ".

Banco Interamericano de Desarrollo (BID) (2013), *Managing for Development Results in the Dominican Republic,* nota técnica núm. IDB-TN-537, IDB, Washington, D.C.

BID (2009), *La ruta hacia el crecimiento sostenible en la República Dominicana*, IDB, Washington, D.C.

BID (n.d.), *Barometer on Public Service in Central America and the Dominican Republic.*

Colley, L., and R. Price (2010), "Where have all the workers gone? Exploring public sector workforce planning", *Australian Journal of Public Administration,* 69(2):202-213.

Contraloria General de la Republica Dominicana (2013), website data, www.contraloria.gob.do.

ESADE (2012), *Segundo Barómetro de la Profesionalización del Empleo Público en Centroamérica y República Dominicana,* Presentación de los resultados preliminares, Francisco Longo, Instituto de Gobernanza y Dirección Publica.

EUPAN (2013a), *Discussion note on workforce planning as an enabler for change – Responses from EUPAN members*, nota preparada para la presidencia irlandesa de la

Unión Europea, www.eupan.eu/files/repository/20130327185247_Workforce_Planning_-_Discussion_Note.pdf.

Foley, J. (2010), presentación ante la reunión anual del OECD Public Employment and Management (PEM) Working Party, 9-10 de diciembre.

Gajduschek, G. and V. Linder (2011), *Report on the Survey on 'Mobility between the Public and Private Sectors with Special Regards to the Impact of the Financial Crisis'*, estudio solicitado por la presidencia húngara del Consejo de la Unión Europea, presentado en la 56ª Reunión de los Directores Generales de los Servicios Públicos de los Estados Miembros de la Unión Europea – sesión conjunta con los representantes de TUNED, Hungría, Gödöllo", 24 de junio.

Germán, D. (2012), *Avances en la Carrera Administrativa en la República Dominicana*, XVI Foro de la Función Pública del Istmo Centroamericano, Panama y República Dominicana, Panama, July, http://biblioteca.icap.ac.cr/rcap/64/donatila_german.pdf.

Government of Ireland (2009), *Report of the Special Group on Public Service Numbers and Expenditure Programmes*, Government Publications Office, Dublin, www.finance.gov.ie/viewdoc.asp?DocID=5861.

Government of the United Kingdom (2010), *Hutton Review of Fair Pay in the Public Sector*, London.

Grindle, M. (2010), "Constructing, Deconstructing and Reconstructing Career Civil Service Systems in Latin America", Faculty Research Working Paper Series RWP10-025, Escuela Kennedy de Harvard, Escuela de Gobierno John F. Kennedy, Universidad de Harvard,Estados Unidos.

International Labour Organization (ILO), *LABORSTA database*, http://laborsta.ilo.org.

MEPyD (Ministerio de Economía, Planificación y Desarrollo) (2012), *Estudios y Documentos de Base Propuesta Estrategia Nacional De Desarrollo 2010-2030,* Santo Domingo.

Ministère du Budget, des Comptes publics, de la Fonction publique et de la Réforme de l'Etat (2010), *Charte de la mobilité dans la fonction publique de l'Etat*, Bureau de la communication et de la documentation, DGAFP, décembre, www.fonction-publique.gouv.fr.

MAP (n.d.), Manual de Cargos Civiles Clasificados (manual of civil service jobs), Santo Domingo.

O'Brien-Pallas, L., S. Birch, A. Baumann and G. Tomblin-Murphy (2001), *Integrating Workforce Planning, Human Resources and Service Planning*, Workshop on Global Health Workforce Strategy,Annecy, France,9-12 December 2000, World Health Organization, Geneva.

OCDE/IDB (2014), *Government at a Glance: Latin America and the Caribbean 2014: Towards Innovative Public Financial Management*, OECD Publishing, París, http://dx.doi.org/10.1787/9789264209480-en.

OCDE (2013a), "The Government Workforce of the Future: Innovation in Strategic Workforce Planning in OECD Countries", *OECD Working Papers on Public Governance*, núm.21, OECD Publishing, París, http://dx.doi.org/10.1787/5k487727gwvb-en.

OCDE (2013b), Survey on Strategic HRM in Central/Federal Governments (Encuesta de la OCDE sobre Gestión Estratégica de Recursos Humanos en Gobiernos Centrales/Federales, actualizada en 2013 con base en datos de 2012), inédito.

OCDE (2012a), *Restoring Public Finances, 2012 Update*, OECD Publishing, París, http://dx.doi.org/10.1787/9789264179455-en.

OCDE (2012b), *Developing Human Resource Management Strategies to Support Strategic Agility in the Public Sector*, Dirección de Gobernanza Pública y Desarrollo Territorial,Network on Public Employment and Management, GOV/PGC/PEM(2012)2.

OCDE (2012c), *OECD Public Governance Reviews: France: An international perspective on the General Review of Public Policies*, OECD Publishing, París, http://dx.doi.org/10.1787/9789264167612-en.

OCDE (2012d), *Public Sector Compensation in Times of Austerity*, OECD Publishing, París, http://dx.doi.org/10.1787/9789264177758-en.

OCDE (2012e), *Slovenia: Towards a Strategic and Efficient State*, OECD Public Governance Reviews OECD Publishing, París, http://dx.doi.org/10.1787/9789264173262-en.

OCDE (2011a), *Public Servants as Partners for Growth: Toward a Stronger, Leaner and More Equitable Workforce*, OECD Publishing, París, http://dx.doi.org/10.1787/9789264166707-en.

OCDE (2011b), *Trends in Strategic Human Resource Management in Government: Findings from the 2010 Survey on Strategic Human Resources Management in Central/Federal Governments of OECD Countries*, Dirección de Gobernanza Pública y Desarrollo Territorial, GOV/PGC/PEM(2011)2/FINAL.

OCDE (2010), *OECD Reviews of Human Resource Management in Government: Brazil 2010*, OECD Publishing, París, http://dx.doi.org/10.1787/9789264082229-en.

OCDE (2009), "OECD Survey on Competency Management in Government", inédito.

OCDE (2008a), The State of the Public Service, OECD Publishing, París, http://dx.doi.org/10.1787/9789264047990-en.

OCDE (2008b), "Note on Job Profiling", GOV/PGC/PEM(2008)5, documento de trabajo interno.

OCDE (2007), *Ageing and the Public Service: Human Resource Challenges,* OECD Publishing, París, http://dx.doi.org/10.1787/9789264029712-en.

OCDE, *OECD Labour Force Statistics database*.

Presidencia de la República Dominicana, Secretaría de Estado de Administración Pública-SEAP (2010), *Estadísticas de la República Dominicana,* documento presentado en el XV Foro organizado por el Instituto Centroamericano de Administración Pública (ICAP) y la Dirección General de Servicio Civil (DGSC) Costa Rica, 14-16 April.

Regidor-Barboza, H. (2013), "El Barómetro de la Profesionalización del Empleo Público en Centroamérica y República Dominicana", *ICAP-Revista Centroamericana de Administración Pública*, (64):151-158, junio, http://biblioteca.icap.ac.cr/rcap/64/harys_regidor.pdf.

United States Office of Personnel Management (n.d), *General Schedule Classification and Pay,* www.opm.gov/policy-data-oversight/pay-leave/pay-systems/general-schedule.

United States Office of Personnel Management (2002), *A White Paper. A Fresh Start for Federal Pay: The Case for Modernization*, Abril, OPM, Washington, D.C., www.opm.gov/strategiccomp/whtpaper.pdf

Capítulo 3

Invertir en el futuro mediante la adquisición, desarrollo y retención de talento en la administración pública dominicana

En este capítulo se revisa la capacidad y competencias de la fuerza laboral dominicana. En muchos países de la OCDE, la gestión de competencias se ha convertido en un instrumento clave de GRH estratégica y un vehículo para el cambio organizacional y cultural. Contar con empleados con las competencias adecuadas es esencial para que las organizaciones realicen su trabajo en el nivel de calidad requerido y mejoren sus resultados, conservando su viabilidad mediante la innovación y la capacidad de adaptarse en un mundo cambiante. El proceso de selección es un símbolo muy visible de los valores del servicio público. Prácticas firmemente establecidas de selección y contratación basadas en méritos, así como en la equidad, objetividad y transparencia, permiten a los gobiernos inyectar nuevas capacidades a la administración pública y contribuyen a la agilidad de la fuerza laboral, garantizando que al servicio público se le asignen empleados competentes y eficientes. Los programas de formación y desarrollo gestionados centralmente, dirigidos a líderes actuales y potenciales, también están recibiendo un alto grado de atención en los países de la OCDE y se vinculan cada vez más con otros procesos de GRH.

Los datos estadísticos para Israel son suministrados por y bajo la responsabilidad de las autoridades israelíes competentes. El uso de estos datos por la OCDE es sin perjuicio del estatuto de los Altos del Golán, Jerusalén Este y los asentamientos israelíes en Cisjordania bajo los términos del derecho internacional.

Introducción

La adquisición y retención de empleados talentosos y el desarrollo de competencias de la fuerza de trabajo son temas de gran importancia para los empleadores en todo el mundo. Contar con empleados con las competencias adecuadas es esencial para que las organizaciones realicen su labor con la calidad requerida, mejoren sus resultados y mantengan su viabilidad a través de la innovación y la capacidad de adaptarse a un entorno cambiante. Por eso, los empleadores de los sectores público y privado invierten muchos esfuerzos en los procesos de selección y contratación, formación y desarrollo de personal, así como en la retención de sus empleados talentosos.

Las prácticas de selección y contratación deberían permitir a los gobiernos incorporar nuevas capacidades al servicio público y contribuir a la agilidad de su fuerza de trabajo. Los empleadores del sector público tienen que cubrir un interés adicional: garantizar que los empleados públicos se seleccionen con equidad y objetividad, e impedir todo tipo de clientelismo, personal y político. Esto tiene un fin doble: la selección con base en méritos asegura que el servicio público tenga empleados competentes y eficientes, e impide influencias inadecuadas sobre la administración pública y el mal uso de su nómina al contratar a familiares, amigos o asociados. El proceso de selección es un símbolo muy visible de los valores del servicio público, además de un elemento clave de confianza en el gobierno y la administración pública. Todos los países democráticos tienen reglas constitucionales y leyes principales orientadas a proteger el principio de selección basada en méritos para el servicio público. Estas disposiciones son sustentadas por procesos de selección y contratación que garantizan la consideración de méritos, equidad, objetividad y transparencia.

La gestión de competencias se ha convertido en un importante instrumento para desarrollar la capacidad de la fuerza de trabajo. Permite identificar sistemáticamente las brechas de competencias e integrar estrategias de selección, planificación y formación de la fuerza de trabajo. Las competencias también se usan para apuntalar los sistemas de desarrollo de carrera, con un énfasis creciente en la necesidad de que los empleados inviertan en su propio desarrollo y gestionen su carrera. En muchos países de la OCDE se ha implementado la gestión de competencias como una parte estratégica de un proceso más amplio de reforma del servicio público, dirigida a crear una fuerza de trabajo más flexible, adaptable y eficaz. Como tal, ésta puede ser un vehículo para el cambio organizacional y cultural.

Selección, promoción y carreras: importancia de la flexibilidad y la diversidad

En teoría tradicionalmente hay dos modelos básicos para seleccionar personal para el servicio público: uno basado en la carrera y otro basado en puestos. En el primer sistema, los servidores públicos son contratados al inicio de su carrera en el nivel jerárquico más bajo correspondiente a su educación y los puestos de nivel más alto son ocupados por personal ascendido internamente dentro de una estructura de promoción definida. Este tipo de sistema se caracteriza por su fuerte énfasis en el desarrollo de ésta. Ejemplos incluyen Alemania, España, Francia y Japón. En el sistema basado en puestos, los candidatos presentan su solicitud directamente para un puesto específico, la mayoría de los puestos en todos los niveles jerárquicos están abiertos a solicitantes internos y externos, y, si bien hay grados para fines de remuneración, por lo general no se cuenta con un sistema estructurado de promoción profesional. Algunos ejemplos son Australia, Finlandia, Nueva Zelanda, Países Bajos y Suecia. Ambos tipos de sistemas están evolucionando a medida que los *servicios públicos* se proponen lograr una mayor flexibilidad para adquirir nuevas competencias y mayor movilidad interna (véase también el Cuadro 3.1).

Cuadro 3.1. Características principales de los sistemas basados en la carrera y en el puesto: un panorama cambiante

	Sistema basado en la Carrera		Sistema basado en el Puesto	
	Ventaja	**Desventaja**	**Ventaja**	**Desventaja**
Entrada al servicio civil	Equidad y justicia aseguradas por los exámenes de competencia/diplomas. Valores colectivos del gobierno asegurados por cursos similares de inducción para las diferentes categorías de servidores públicos.	Valores jerárquicos débiles: diferentes valores y cultura que dependen del nivel jerárquico de los grupos. Débil evaluación a nivel de entrada en el enfoque por resultados de los candidatos. Débiles valores culturales y colectivos.	Equidad y justicia aseguradas por el proceso competitivo y abierto para cada puesto. Más valores colectivos entre el personal sin importar el nivel jerárquico.	Posible subjetividad en la entrada cuando no hay un proceso de reclutamiento transparente. Débiles valores comúnes en los puestos de entrada.
Promoción	Posibilidades limitadas de un manejo injusto de personal por separación del grado (adquirido con el tiempo en el servicio civil) y el puesto específico.	Falta de transparencia en el nombramiento a los diferentes puestos debido a una débil evaluación del personal.	Equidad y justicia aseguradas por una fuerte evaluación del desempeño del individuo.	Cuando los procesos no son transparentes, hay posibilidades de clientelismo. Más dificultades para los nombramientos interdepartamentales..

Fuente: Presentación del equipo de estudio de la OCDE durante el lanzamiento oficial de este estudio (abril de 2013).

En la práctica no hay tal cosa como un "sistema puro": en realidad, muchos países de la OCDE reflejan de facto una mezcla de estos dos modelos (sistema híbrido), como se muestra en la Gráfica 3.1, la cual muestra el nivel de apertura de los sistemas de selección, incluida su apertura a solicitantes externos al servicio público (véase también el Capítulo 5). Actualmente varios países con un sistema basado en la carrera (como Alemania) permiten la selección en el nivel medio de la carrera, aunque en diferentes grados.

Los gobiernos de los países de la OCDE se interesan cada vez más en fomentar la flexibilidad, la innovación y la capacidad de responder rápidamente al cambio — conocida como agilidad estratégica — en el servicio público, y el sistema de selección es uno de los instrumentos clave de GRH para ello (OCDE, 2012). Cada uno de los tipos de sistemas de selección puede contribuir en formas diferentes a la agilidad en la fuerza de trabajo pública (véase también la Gráfica 5.5 en el Capítulo 5, sobre la correlación entre el sistema de selección y la delegación de la GRH en el gobierno central). Los países con sistemas basados en la carrera quizá tengan más flexibilidad para reasignar a los empleados de acuerdo con los cambios en prioridades, y puedan facilitar la movilidad con mayor diligencia. En los sistemas basados en puestos, los gobiernos pueden contratar con mayor facilidad competencias focalizadas para puestos específicos en todos los niveles, lo cual mejora la concordancia entre los candidatos y los requerimientos del puesto. Asimismo, los sistemas basados en puestos tienen mayor probabilidad de contar con personal con una diversidad de experiencia y mentalidad en todos los niveles, lo cual puede favorecer la agilidad. En general, los sistemas de selección abiertos a candidatos externos en cualquier etapa de su carrera permiten a los gerentes ajustar su fuerza de trabajo con mayor rapidez como respuesta a los cambios en las condiciones. Los países con sistemas de selección más basados en puestos también parecen otorgar mayor autoridad a los ministerios operativos para tomar decisiones de GRH, con lo que generan más flexibilidad (OCDE, 2012). Con los años, algunos países de la OCDE han avanzado hacia la adopción de sistemas más basados en puestos. Por ejemplo, tanto Polonia como Italia lo hicieron recientemente con el fin de aumentar su flexibilidad, en tanto que Irlanda implementó la selección abierta para puestos directivos en su sistema basado en la carrera.

Gráfica 3.1. Tipo de sistema de selección utilizado en el gobierno central

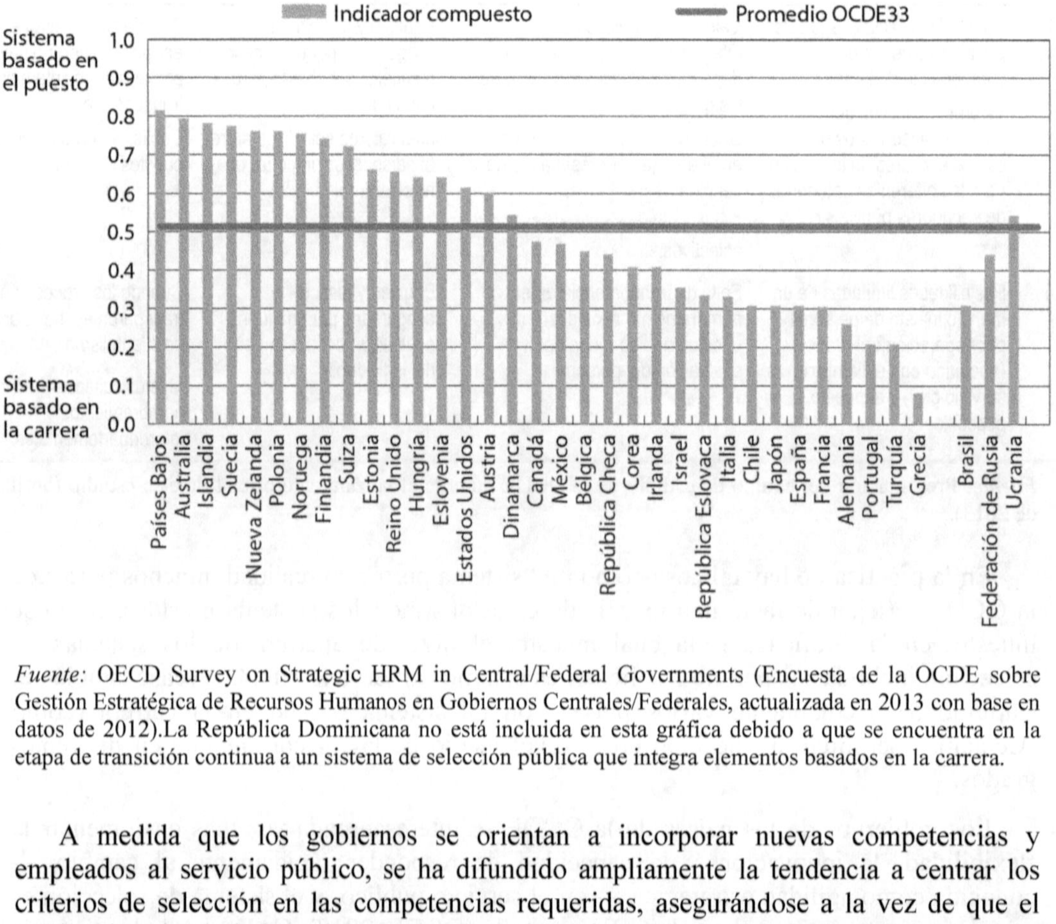

Fuente: OECD Survey on Strategic HRM in Central/Federal Governments (Encuesta de la OCDE sobre Gestión Estratégica de Recursos Humanos en Gobiernos Centrales/Federales, actualizada en 2013 con base en datos de 2012).La República Dominicana no está incluida en esta gráfica debido a que se encuentra en la etapa de transición continua a un sistema de selección pública que integra elementos basados en la carrera.

A medida que los gobiernos se orientan a incorporar nuevas competencias y empleados al servicio público, se ha difundido ampliamente la tendencia a centrar los criterios de selección en las competencias requeridas, asegurándose a la vez de que el mérito siga siendo la base del proceso de reclutamiento. Se ha dejado de definir el mérito sólo, o principalmente, en términos de logros educativos formales; en la selección para el servicio público ahora se usan comúnmente las competencias y tareas pertinentes. Este cambio ha ocurrido con el fin de asegurar que el sistema de selección dé como resultado la contratación de personas con las capacidades adecuadas y de garantizar que no restrinja involuntariamente el campo de posibles candidatos. Como reflejo del impacto de este avance, en la actualidad los empleadores públicos tienden a utilizar diversos métodos de selección: si bien aún se toman en cuenta las calificaciones educativas y continúan utilizándose exámenes formales en las etapas iniciales de los procesos de selección de gran escala y basados en grados, ahora son relativamente comunes métodos de buenas prácticas como tests basados en competencias, entrevistas, centros de evaluación y otros similares.

La diversidad se ha convertido en un aspecto importante de la selección (OCDE, 2011a). Inicialmente se hacía hincapié en oportunidades iguales de empleo y en asegurarse de que no hubiera discriminación por género, edad, grupo étnico u otras características. Ahora el énfasis ha cambiado a un interés más amplio en la diversidad como recurso para los empleadores. Algunos estudios han demostrado que la diversidad se correlaciona positivamente con la innovación y con el desempeño organizacional al atraer diferentes competencias, mentalidades y perspectivas a la fuerza de trabajo (Comisión Europea, 2013; Von Bergen et al., 2005). Asimismo, la diversidad incide en la mejora de la representación de diferentes grupos sociales en el personal público. No se trata sólo de acceso y equidad; la diversidad contribuye a la eficacia en la formulación y cumplimiento de políticas públicas al incluir una gama más amplia de perspectivas sociales.

Un esfuerzo renovado para establecer la selección basada en méritos

El gobierno de la República Dominicana reconoce que crear un servicio público de carrera profesional, seleccionado con base en méritos, resulta esencial para su estrategia de mejora de la calidad de los servicio públicos, y es una de las principales prioridades del gobierno dentro del programa general de modernización de la gestión de recursos humanos (GRH) del servicio público. Esto aporta a la selección basada en méritos un fuerte ímpetu político, el cual ha generado avances significativamente mayores durante los años recientes que los logrados con iniciativas anteriores.

La selección basada en méritos se legisló por primera vez en la Ley 14-91. Sin embargo, su implementación fue difícil. El servicio público de carrera apenas empezó a establecerse en 1999 y la experiencia inicial no fue alentadora debido a la limitación de la influencia política sobre la contratación, ascenso y despido de servidores públicos. La contratación de personal en el marco del sistema general del servicio civil, sin el requerimiento de concursos basados en méritos, siguió siendo el enfoque más común. También continuó la contratación de nominales, es decir, empleados públicos contratados por instituciones sin la aprobación del Presidente y no registrados por la Contraloría General (BID, 2006). Además, en 2004, cerca de 3,000 empleados incorporados al nuevo servicio civil de carrera perdieron su empleo por cambios en el gobierno (BID, 2006). A pesar de estos contratiempos, empezó a establecerse en gran medida la selección basada en méritos, especialmente en ministerios que requerían personal con conocimientos técnicos expertos, por ejemplo, los Ministerios de Trabajo, de Medio Ambiente, y de Economía, Planificación y Desarrollo, así como la Contraloría General y la Dirección General de Impuestos Internos, comenzaron a integrar las calificaciones para hacer el trabajo como la base de contratación, y a recurrir a profesionales de GRH para llevar a cabo el proceso de selección (BID, 2006). La contratación basada en méritos de directores, directores adjuntos y profesores en el sistema educativo fue un logro importante, que sin duda contribuirá a mejorar la calidad del sistema escolar (BID, 2009).

Desde 2008 se ha efectuado un renovado esfuerzo para establecer un proceso firme de selección basada en méritos. Este tipo de selección se consolida y expande en forma constante, en el marco de las disposiciones de la Ley 41-08. La ley cubre a todas las instituciones públicas del gobierno central, servicios descentralizados, entidades autónomas y gobierno local, en tanto que la Ley 14-91 se dedicó únicamente al gobierno central. En 2010 se publicaron procedimientos estándar de selección y contratación, y en 2011 se realizaron los primeros concursos de selección conforme a los nuevos procedimientos. El MAP es responsable de supervisar y controlar cada ejercicio de selección. Para acelerar este proceso, el MAP emite una opinión en cada etapa del proceso en vez de auditarlo ya terminado.

Aún queda por cerrar una brecha importante en la selección basada en méritos

El plan estratégico del *MAP* incluye objetivos específicos de aumentar el número de instituciones que apliquen la selección basada en méritos, y los avances se registran y publican por medio del *SISMAP*. Los datos más recientes disponibles en el *SISMAP* (septiembre de 2013) muestran que, si bien se avanza en forma constante, aún queda una brecha significativa por cerrar: 19 de 296 organizaciones incluidas en el SISMAP obtuvieron una calificación de 90% a 100% en el indicador de Gestión del Empleo, el cual, entre otras cosas, incluye la realización de concursos de selección y la asistencia a cursos de selección y contratación; 26 organizaciones recibieron calificaciones de 80% a 89%, 30 de 50% a 67% y 221, menos de 50%, 158 de las cuales se calificaron con cero. Por consiguiente, parecería que la mayoría de las organizaciones aún no utilizan procedimientos de selección basada en méritos y que se requieren esfuerzos renovados para cerrar la brecha.

El número de puestos que se ocupan con concursos de selección es aún pequeño, y la mayoría de los concursos de selección son competencias internas cerradas de una institución y no abiertas a servidores públicos de otras instituciones o candidatos externos (véase el Cuadro 3.2).

Cuadro 3.2. Número de concursos de selección realizados en 2011-2013

	Número de concursos de selección realizados (y puestos ocupados)				
	Internos cerrados	Internos abiertos	Externos	Curso Concurso *(único y externo)*	Total
2011	13 (23)	12 (22)	9 (19)	1 (100)	35 (164)
2012	25 (25)	16 (14)	16 (20)	1 (10)	58 (69)
2013	18 (25)	13 (14)	11 (20)	n.a.	42 (62)

Fuente: Ministerio de Administración Pública de la República Dominicana (MAP), 2013. Los datos para 2013 cubren sólo el periodo de enero a julio.

Parece haber varias razones para que el número de concursos de selección sea pequeño. Según el MAP, convencer a las instituciones de utilizar la contratación competitiva es el mayor reto. Puede ser también que las organizaciones gubernamentales se estén concentrando en incorporar a personal existente y no a nuevas contrataciones. Hasta ahora, la gran mayoría de las adiciones al servicio público de carrera se han hecho mediante la incorporación de empleados existentes y no mediante concursos de selección (SEAP, 2010). Esto puede deberse en parte a restricciones presupuestarias a la creación de nuevos puestos y en parte a la falta de planificación de la fuerza de trabajo e identificación de nuevos requerimientos de competencias, mismos que pueden impulsar a las organizaciones a realizar nuevas contrataciones. Sin embargo, el número de concursos de selección internos cerrados también es muy pequeño, lo cual sugiere que las organizaciones quizás estén evitando el procedimiento competitivo y llevando a cabo su propia contratación fuera del nuevo marco, sin implicar al MAP. Otra razón para el pequeño número de concursos de selección es que, si bien éstos son organizados por la institución seleccionadora, tienen que ser aprobados y abiertos por el MAP, y esto genera retrasos, ya que el MAP no cuenta con el personal suficiente para llevar a cabo la selección. De igual forma, es posible que las organizaciones atraigan a personal con contratos temporales y simplemente dejen que su participación continúe después de los seis meses estatutarios.

La evaluación comparativa internacional emprendida por el MAP es valiosa, dado que muestra en qué posición se encuentra la República Dominicana en relación con otros países de la región y en dónde radican los principales problemas para establecer la selección basada en méritos. La República Dominicana obtuvo una calificación de 27 de 100 puntos posibles en el criterio de mérito del Barómetro de la Profesionalización del Empleo Público en Centroamérica y República Dominicana de 2012, y fue el cuarto de siete países incluidos en el instrumento (véase la Gráfica 3.2). Este criterio refleja la garantía del profesionalismo en el funcionamiento del servicio público, el grado de protección efectiva de la arbitrariedad y el grado de politización y corrupción. Puesto que los datos para el Barómetro se recabaron para los años 2009 a 2011, cuando apenas iniciaban los nuevos procedimientos de selección, es probable que desde entonces la situación de la República Dominicana haya seguido mejorando.

Gráfica 3.2. Segundo Barómetro de la Profesionalización del Empleo Público en Centroamérica y República Dominicana – Mérito

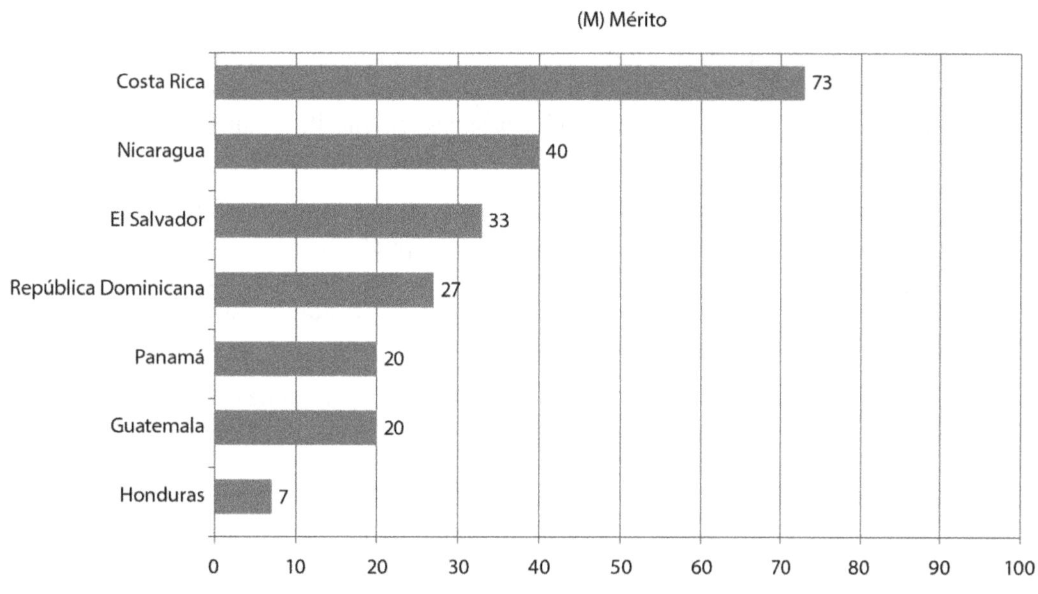

Fuente: ESADE (2012), Segundo Barómetro de la Profesionalización del Empleo Público en Centroamérica y República Dominicana, Presentación de los resultados preliminares, Santo Domingo, República Dominicana, 3 de abril de 2012.

El análisis comparativo muestra que, al establecer la selección basada en méritos en la República Dominicana, se encontraron tres tipos de problemas: problemas técnicos debidos a la falta de personal calificado para organizar la selección; problemas regulatorios debido a que los procedimientos son lentos y burocráticos, y problemas políticos, debido a la resistencia por parte de los políticos a perder el control directo de la contratación de personal. El sistema de selección califica bien en cinco de los criterios latinoamericanos de administración pública: publicación y difusión de vacantes, existencia de un sistema de concurso abierto, transparencia del proceso, gestión técnica de los procedimientos, y confiabilidad y calidad de los instrumentos utilizados para evaluar las competencias de los candidatos. Las áreas donde se cuestiona el sistema incluyen la garantía de la imparcialidad del proceso de selección y la selección del mejor candidato con base en principios de mérito y capacidad. Se consideró que el proceso de selección aún no alcanza el nivel necesario de eficiencia y eficacia (FIIAPP, 2012).

Se requiere un mayor esfuerzo para incorporar y proteger la selección basada en méritos

Si bien se han logrado avances importantes en el diseño e implementación del sistema de selección, estas conclusiones destacan la necesidad de contar con medidas adicionales para establecer con firmeza la selección basada en méritos y garantizar que el proceso se aplique de manera uniforme y apropiada en todo el servicio público. Actualmente, se alienta a los ministerios y otras organizaciones a aplicar este tipo de selección en varias maneras:

- Una estrategia clave es la inclusión de la selección basada en méritos como uno de los criterios para las organizaciones participantes en el Premio Nacional a la Calidad y Reconocimiento a las Prácticas Promisorias. Se considera que el sistema de calidad es un instrumento fundamental para convencer a los usuarios de los servicios públicos y las organizaciones del sector público de que acepten la necesidad de la selección basada en méritos.
- Otra prioridad es la importancia del desarrollo de competencias. El MAP ha iniciado un programa de formación de personal de GRH en ministerios y otras organizaciones en las técnicas de selección y contratación basadas en méritos, aunque los datos del SISMAP indican que el número de organizaciones que lo aprovechan es aún pequeño.
- Como parte de la estrategia de gestión de cambio del gobierno, se estimula y facilita la participación de la sociedad civil y el escrutinio público. A través del SISMAP el público puede constatar qué instituciones seleccionan personal mediante concursos basados en méritos, en tanto que un miembro de la sociedad civil forma parte de cada comité de selección (jurado) para asegurar el apego a la ley.
- El MAP está trabajando con la Contraloría General para organizar, durante 2013, un proceso para acabar con la posibilidad de seleccionar fuera del sistema de concursos basados en méritos para puestos de carrera; esto salvo las estrictas circunstancias prescritas por ley, conforme a las cuales es posible seleccionar a empleados temporales bajo contratos a plazo fijo para ocupar una vacante de carrera por un periodo máximo de seis meses.

La experiencia de los países de América Latina y otras regiones muestra que los esfuerzos para implementar la selección y promoción basadas en méritos necesitan respaldo y reforzamiento políticos sostenidos. El compromiso del Presidente con esta reforma fundamental podría utilizarse para estimular a todos los ministros a asegurarse de que los concursos basados en méritos se usan con constancia en las organizaciones de las cuales son responsables. Esto podría respaldarse con un requerimiento para que los viceministros y directores generales informen cada seis meses sobre el número de empleados contratados y ascendidos, en comparación con el número de concursos realizados; así personalmente rendirían cuentas de la aplicación de los procedimientos establecidos. La creación de un organismo de protección de méritos, analizada a continuación, permitiría colocar a los mecanismos de rendición de cuentas sobre una base institucional permanente.

Una vez que la gestión de desempeño organizacional funcione de manera completa en una institución y se haya firmado un contrato de gestión, uno de los criterios de desempeño sería el uso constante de los procedimientos de selección y promoción estipulados en la Ley 41-08. También es necesario reforzar los mecanismos de control interno. Hasta que el sistema de gestión de desempeño organizacional esté en marcha, el control efectivo por parte de la Contraloría General seguirá siendo una salvaguarda esencial para el sistema de méritos, aunque éste es un proceso de uso intensivo del trabajo.

Para fortalecer el aseguramiento de méritos, es importante que la República Dominicana considere establecer un organismo independiente de protección de mérito con facultades de investigación, auditoría y presentación de informes. Organismos como éstos han resultado muy eficaces en varios países de la OCDE. Esto enviaría una fuerte señal política respecto al compromiso del gobierno con el principio de mérito y aumentaría la confianza en el sistema de selección y ascenso. Hay varios modelos que la República Dominicana podría analizar (véase el Recuadro 3.1): en Canadá, la Public Service Commission (Comisión de Servicios Públicos) es un organismo independiente que rinde cuentas al Parlamento sobre la protección de la integridad de los nombramientos y la supervisión de la imparcialidad política del servicio público federal. El Merit Systems Protection Board (Consejo de Protección de los Sistemas de Mérito) de Estados Unidos es un organismo independiente, de carácter cuasi judicial, perteneciente a la rama Ejecutiva del gobierno estadounidense y que funge como guardián de los sistemas federales de mérito, en tanto que otro organismo Ejecutivo independiente, la Office of Special Counsel (Oficina de Asesoría Especial) tiene facultades de investigación, ejecución y procuración. El atributo común de estos sistemas es su independencia; se ubican por encima de la política, son conformados por personas respetadas y nombradas en forma transparente, reciben el mandato de investigar y están bien equipados para realizar sus funciones. La experiencia muestra que es crucial que estos organismos tengan un fundamento estatutario independiente, que cuenten con suficientes recursos y que estén encabezados por personajes de alto nivel y muy respetados.

En la actualidad la mayoría de los nombramientos para ocupar posiciones directivas se hacen fuera del sistema de selección basada en méritos. Sin embargo, la autoridad estipulada en la Ley 41-08 para asignar puestos por debajo del nivel directivo de más alto nivel como puestos de carrera es una medida promisoria, al igual que la experiencia de nombramientos de directivos basados en méritos en el sector educativo. El gobierno podría aprovechar esto para crear un grupo central de directivos bien capacitados de nivel alto y medio, seleccionados con base en méritos, para ayudar a desarrollar y sostener el liderazgo para sus reformas. En el futuro, una vez que haya tiempo suficiente para la rotación de personal y se hagan nuevos nombramientos, el MAP podría hacer un útil análisis comparativo de la proporción de directivos que se han contratado por méritos en relación con otros países de la región.

Además de estas iniciativas, el gobierno podría contemplar la manera de hacer que la selección para puestos que permanecen fuera del servicio de carrera sea más rigurosa y resistente al nepotismo. Esto ayudaría a elevar la calidad general de las calificaciones de los empleados y apoyaría los objetivos de mejorar la calidad y los resultados en todo el servicio público.

Recuadro 3.1. Organismos de protección de méritos en Canadá y Estados Unidos

Canadá: La Comisión de Servicios Públicos (PSC, por sus siglas en inglés) de Canadá es un organismo independiente responsable de salvaguardar los valores de un servicio público profesional: competencia, apartidismo y representatividad. La PSC protege la integridad de la dotación de personal en el servicio público y la imparcialidad política de los servidores públicos. La PSC puede investigar:

- Nombramientos externos
- Nombramientos internos, si no se delegan a una organización
- Cualquier proceso de nombramiento que implique una posible influencia política o un presunto fraude

La PSC realiza todos los nombramientos externos e internos, aunque la autoridad correspondiente puede delegarse a los servidores públicos de más alto nivel (viceministros). Los viceministros deben respetar las políticas de nombramiento de la PSC al ejercer la autoridad que se les delegó, y la PSC los hace responsables de las decisiones que tomen a este respecto, mediante mecanismos como supervisión, presentación de informes, estudios, auditorías, investigaciones y acciones correctivas. La PSC puede limitar o remover la autoridad delegada a un viceministro. A su vez, el organismo es responsable ante el Parlamento de la integridad del sistema de nombramiento del servicio público.

Estados Unidos: El Consejo de Protección de los Sistemas de Mérito (MSPB, por sus siglas en inglés) es un organismo independiente, de carácter cuasi judicial, en la rama Ejecutiva que opera como guardián de los sistemas federales de mérito. El MSPB está facultado para escuchar y decidir sobre quejas y solicitudes de acciones correctivas o disciplinarias cuando se alegue que un organismo ha incurrido en una práctica de recursos humanos prohibida. El MSPB desempeña sus responsabilidades y facultades estatutarias sobre todo al adjudicar solicitudes individuales de empleados y llevar a cabo estudios de sistemas de méritos. Además, el MSPB revisa las acciones significativas de la Office of Personnel Management (Oficina de Gestión de Personal [OPM]) para evaluar el grado en el cual esas acciones pueden afectar los méritos. La Oficina de Asesoría Especial (OSC, por sus siglas en inglés) es un organismo Ejecutivo independiente que investiga alegatos de prácticas de personal prohibidas, persigue a violadores de las reglas y regulaciones civiles, y ejecuta la legislación pertinente.

Fuentes: Public Service Commission of Canada, www.psc-cfp.gc.ca/index-eng.htm; United States Merit Systems Protection Board, www.mspb.gov/index.htm.

La supervisión, evaluación e información continuas de los avances en la implementación de la selección basada en méritos son esenciales. En este contexto, informar al Presidente y al Congreso reforzaría los mecanismos de escrutinio público y transparencia ya en marcha. Asimismo, es importante que la República Dominicana continúe beneficiándose de la evaluación comparativa internacional como una forma de mejorar el sistema de selección.

El proceso de selección está bien diseñado, pero es necesario aumentar su rapidez y eficiencia

Al diseñar el sistema de selección, la República Dominicana tomó en cuenta buenas prácticas internacionales. Los contactos internacionales incluyeron Brasil, Chile, Corea del Sur, Costa Rica y Estados Unidos. Un logro fundamental es la implementación continua de la selección basada en competencias. El procedimiento de selección estándar incluye la evaluación ponderada de los siguientes factores: calificaciones académicas (15%); para candidatos internos, evaluación de desempeño (30%); para candidatos externos, experiencia laboral y un test de personalidad u otra forma de examen psicométrico (30%); prueba de competencia y conocimientos técnicos (35%); entrevista (20%). En concursos internos también se requiere que los candidatos no hayan tenido sanciones disciplinarias durante el año previo, excluidas faltas menores.

La selección para el servicio de carrera se descentraliza a la institución contratante y el MAP supervisa y controla la selección para la carrera administrativa. El MAP establece las directrices de selección, forma al personal de GRH de los ministerios y otras instituciones para operar el proceso y vigila la aplicación de las directrices. Una vez otorgada la autorización para contratar, la institución encargada de hacerlo solicita la apertura de un concurso y el MAP revisa el anuncio. Las vacantes se publican en los medios impresos y en el sitio web del MAP. Se asigna a un funcionario de este organismo para formar parte del jurado de selección y documentar que el proceso de selección se apegue a todos los requisitos. También se cuenta con un representante de la sociedad civil, cuya función es validar que el proceso se apega a derecho. El MAP aprueba la conformación del jurado de selección y, de ser necesario, brinda asistencia técnica a la institución contratante.

Se permiten tres tipos de concursos de selección basada en méritos: (i) concurso interno cerrado, abierto a servidores públicos de carrera pertenecientes a la institución contratante; (ii) concurso interno abierto a todos los servidores públicos de carrera; (iii) concurso público externo (abierto) a todos los empleados del servicio público (de carrera o no) y candidatos externos. Entre 2011 y 2013, alrededor de 27% de los concursos fueron públicos, 31% fueron internos abiertos y 42%, internos cerrados (véase el Cuadro 3.2). Para los tres tipos de concurso, la ley requiere anuncios en medios tradicionales y electrónicos, internos o externos, para promover la igualdad de oportunidades y llegar al mayor número posible de solicitantes.

El mecanismo de selección de tres etapas se diseñó explícitamente para ofrecer oportunidades de carrera al personal existente dentro del sistema de carrera. Para llenar una vacante, primero hay que realizar un concurso interno cerrado dentro de la institución; de no ocuparse, deberá llevarse a cabo un concurso interno abierto; el concurso externo sólo se efectúa cuando no es posible encontrar a un candidato adecuado mediante un concurso interno. Este enfoque contribuye a alargar considerablemente el ciclo de selección, ya que completarlo toma 69 días en promedio. Asimismo, probablemente resulte caro; ya que se celebra un concurso separado por cada vacante, no hay economías de escala. Organizar concursos grupales para puestos similares ayudaría a reducir la duración del ciclo de selección, pero esto requerirá una mejor planificación por parte de las instituciones contratantes y perfiles comunes de puesto. Hay planes de desarrollar un sistema de selección electrónico, que ciertamente ayudaría a agilizar el proceso (Portal CONCURSA).

Hay un periodo de prueba de hasta seis meses para los nombrados para un nuevo puesto dentro del servicio de carrera, cuya aplicación parece ser razonablemente rigurosa.

Es necesario aumentar la eficiencia del proceso de selección para alentar a las organizaciones a implementarlo. A menos que esto se logre, se corre el riesgo de debilitar a todo el sistema, ya que sus críticos alegarían que es demasiado lento y no proporciona a las organizaciones los conjuntos adecuados de capacidades. La solución adoptada en varios países de la OCDE ha sido establecer una entidad central para organizar y gestionar el proceso de selección. Este enfoque tendría la ventaja de liberar al MAP de la necesidad de implicarse en labores detalladas de procedimiento relacionadas con la selección, al aislar el proceso del riesgo de una influencia inapropiada dentro de organizaciones gubernamentales, y asegurar la congruencia y la calidad en todo el servicio público. Si bien las organizaciones acostumbradas a gestionar su propia selección pueden tener dudas respecto a un enfoque como éste, el uso de un organismo central de selección les ofrecería los beneficios de reducir el tiempo necesario para la selección y proporcionar economías de escala.

La oficina federal de selección de Bélgica (SELOR) y el Public Appointments Board (Consejo de Nombramientos Públicos) de Irlanda pueden fungir como modelos de un organismo de este tipo. Éste podría recibir el mandato formal de gestionar toda la selección para el servicio público de carrera. Una vez que la selección basada en méritos se establezca con firmeza, de ser adecuado podría volver a implementarse una delegación limitada. En Irlanda las organizaciones pueden ser autorizadas para efectuar su propia selección, siempre y cuando cuenten con la capacidad necesaria y con un récord probado de nombramientos basados en méritos. El mérito es protegido en Irlanda por un organismo independiente separado, la Commission for Public Service Appointments (Comisión de Nombramientos en el Servicio Público), la cual establece estándares de selección y contratación que se publican como códigos de práctica, y los salvaguarda mediante la supervisión y auditoría regulares de las actividades de selección y contratación. La combinación del establecimiento de un organismo central con la implementación de un sistema electrónico de selección reduciría considerablemente la intensidad en el trabajo y la burocracia implicadas en la selección, y a la vez ayudaría a garantizar el cumplimiento de los procedimientos requeridos.

Hay dos pasos clave que podrían darse para reducir el tiempo del ciclo de selección. En primer lugar, el requisito de contar con una autorización central para abrir un puesto, utilizado como herramienta para controlar los números de empleados, tiene serias desventajas. Dificulta que las organizaciones operen su propia planificación de fuerza de trabajo y aumenta la duración del ciclo de selección. Este problema podría superarse separando el proceso de control central de la dotación de personal del proceso de planificación de concursos de selección, para que este último pueda organizarse con base en una programación diferente de las autorizaciones para abrir puestos. Además, conviene que el *MAP* revise la manera de aumentar la continuidad de la selección, por ejemplo, mediante su mejor planificación y un mayor agrupamiento de los concursos.

En segundo lugar, el procedimiento de realizar tres tipos diferentes de concursos de selección (interno cerrado, interno abierto y público) de manera secuencial parece innecesariamente laborioso y alarga el proceso. Si bien es comprensible que se desee brindar oportunidades de carrera a los miembros existentes del servicio de carrera, particularmente en los primeros años del sistema respectivo, esto debe ponderarse respecto al tiempo requerido para completar un proceso de selección, el cual puede desalentar a las organizaciones de implementar la selección basada en méritos. El uso de competencias en la selección permitiría a las organizaciones evaluar si se cuenta internamente con las competencias necesarias o si se requiere un concurso de selección externo, con lo que se acortaría el proceso. Sería preferible que las organizaciones tuvieran la flexibilidad para proceder directamente con un concurso público o un concurso interno abierto, cuando se considere necesario, o de realizar un concurso interno y uno externo a la vez.

Recuadro 3.2. Organización y procesos de selección en Bélgica e Irlanda

En **Bélgica**, la oficina federal de selección (SELOR) y la organización contratante acuerdan cuáles serán los criterios de selección, y especifican las competencias y tipos de empleados que la organización desea contratar. La SELOR anuncia la vacante, recibe solicitudes, examina si los solicitantes cubren los requisitos formales, realiza los diferentes tests y exámenes, y elabora una lista clasificada de los solicitantes que aprobaron la selección y, por tanto, son elegibles para un puesto en el servicio público.

Las principales ventajas de la SELOR son su profesionalismo e independencia de las organizaciones contratantes. Se trata de una moderna agencia de selección que utiliza métodos de vanguardia. Ha adquirido facultades en la certificación de competencias y metodología, ha invertido en instalaciones y equipo modernos, y utiliza procesos electrónicos de selección. Recibe financiamiento del presupuesto federal y ha logrado ampliar sus actividades sin aumentarlo.

En **Irlanda**, la selección de servidores públicos titulares en la administración gubernamental es gestionada por el Public Appointment Service (Servicio de Nombramientos Públicos [PAS]). Las pruebas a los candidatos incluyen tests de simulación de puestos, ejercicios estratégicos, exámenes de competencias y, en menor grado, examen de logros. El proceso genera una lista clasificada de candidatos aprobados, a quienes se les ofrece empleo conforme surgen vacantes, con posibilidades limitadas para que el empleador elija entre ellos, o para que los solicitantes elijan a dónde ir.

El PAS también realiza exámenes competitivos para funcionarios de niveles altos del sector gubernamental local, el sector salud (incluidos médicos especialistas, directivos, enfermeros y empleados administrativos), la policía y otros organismos estatales. Asimismo, lleva a cabo búsquedas ejecutivas, con selección personalizada.

Ambos países tienen un marco para la descentralización. En Irlanda, los departamentos y organismos gubernamentales pueden operar su propia selección con autorización de la agencia de protección de mérito, la Commission for Public Service Appointments (Comisión de Nombramientos en el Servicio Público). Es posible que se otorgue una licencia, siempre y cuando se considere que la organización es suficientemente competente y se sujete al Código de Práctica gubernamental para procesos de selección. El PAS brinda asesoría en selección y formación a organizaciones clientes y organismos públicos. En Bélgica, gracias a un sistema similar de otorgamiento de licencias, los departamentos y organismos gubernamentales pueden organizar su propia selección, pero únicamente para personal con contrato.

Fuentes: OCDE (2007), *OECD Reviews of Human Resource Management in Government: Belgium 2007: Brussels-Capital Region, Federal Government, Flemish Government, French Community, Walloon Region*, OECD Publishing, París, http://dx.doi.org/10.1787/9789264038202-en; OECD (2008), *OECD Public Management Reviews: Ireland 2008: Towards an Integrated Public Service*, OECD Publishing, París, http://dx.doi.org/10.1787/9789264043268-en; Government of Ireland (n.d), www.taoiseach.gov.ie/eng/Work_Of_The_Department/Jobs; Government of Ireland (n.d), www.publicjobs.ie.

Margen para ampliar las oportunidades de carrera

Hasta cierto grado, la mezcla de diferentes tipos de concursos se relaciona con equilibrar la oferta de oportunidades de carrera para el personal existente y la adquisición de nuevas competencias. Aumentar la proporción de los concursos públicos es una manera de captar nuevas capacidades, en tanto que los concursos internos más abiertos favorecerían una mayor movilidad entre diferentes organizaciones gubernamentales. Una solución podría ser que el MAP decidiera reservar en el primer caso una proporción de los concursos para candidatos internos, y una proporción para la competencia pública abierta, sin necesidad de llevar a cabo concursos internos previos. Otro enfoque sería ocupar puestos de mandos intermedios con personal interno hasta donde sea posible, para así crear oportunidades de carrera, y a la vez hacer mayor hincapié en la selección externa para adquirir nuevas capacidades técnicas y profesionales. Cualquier cambio planificado debería evaluarse dentro de un contexto de planificación estratégica de la fuerza de trabajo para garantizar que ésta apoye los objetivos generales del gobierno para mejorar los servicios públicos.

Una manera clave de ampliar oportunidades de carrera es mediante los ascensos basados en méritos. Los países de la OCDE aseguran la consideración de méritos y la transparencia en el sistema de asensos al tener un listado claro de las vacantes en todo el gobierno, las cuales se ocupan mediante concursos competitivos, y otras formas de garantía de consideración de méritos. Los factores más importantes para ser ascendido son las calificaciones y el desempeño, aunque los años de experiencia siguen siendo un factor en muchos países (véase el Cuadro 3.3).

En la República Dominicana, los factores que intervienen en el ascenso de grado incluyen formación y desarrollo, antigüedad (tiempo en el puesto), desempeño y competencias (véanse el Cuadro 3.3 y la Gráfica 3.3). El sistema de selección interno con concursos interno cerrado e interno abierto se utiliza para fines de promoción dentro del servicio público de carrera. Los empleados deben participar en un concurso para ingresar a un puesto de grado más alto. Los ascensos a puestos directivos son una excepción, ya que éstos se ocupan por nombramiento discrecional.

Como se reconoce en la República Dominicana, mejorar las oportunidades dentro del servicio público de carrera ayudará a desarrollar el compromiso de los empleados con el mérito y el profesionalismo. Esto puede hacerse en maneras que se relacionan con el énfasis en la gestión de competencias y el desempeño, contribuyendo así a desarrollar las capacidades de la fuerza de trabajo. Las iniciativas para incorporar competencias, diseñar nuevos perfiles de puestos y desarrollar un sistema de clasificación de éstos podrían utilizarse para crear tanta fluidez como sea posible en las carreras. En vez de que cada institución tenga su propio manual de descripción de puestos y sus propios perfiles de puestos, el objetivo sería reducir el número de categorías de puestos al crear categorías interministeriales, como ya se hace con algunas funciones transversales comunes, como GRH y TIC. Esto permitiría contar con carreras interministeriales. La movilidad de los administradores públicos con una buena formación alrededor del servicio público puede difundir nuevos valores y competencias, y así contribuir al cambio cultural que se desea.

Para la carrera administrativa general, el MAP está desarrollando un sistema integrado de carrera basado en méritos que cubre las categorías técnica, profesional y directiva (véase la Gráfica 3.3). El plan es que haya oportunidades para ascender dentro de una categoría ocupacional general a través de la promoción basada en méritos y moverse de una categoría ocupacional a otra. La inclusión de los puestos directivos en este proyecto indica que se tiene la intención de abrir oportunidades a los ascensos basados en méritos a ciertos niveles directivos, aunque no se ha establecido un marco temporal para la implementación de este sistema.

Cuadro 3.3. ¿Cuáles de estos factores son importantes para ser ascendido a un grado diferente o a un nivel jerárquico diferente?

	Alta dirección				Mandos intermedios				Profesional				Personal secretarial				Apoyo técnico			
AUSTRALIA	-	-	-	◆	-	-	-	◆	-	-	-	-	-	-	-	◆	-	-	-	-
AUSTRIA	●	■	▲	-	●	■	▲	-	●	-	▲	-	-	-	▲	-	-	-	▲	-
BÉLGICA	-	-	-	◆	●	■	▲	-	●	■	▲	-	●	■	▲	-	●	■	▲	-
CANADÁ	-	-	▲	◆	-	-	▲	◆	-	-	▲	◆	-	-	▲	◆	-	-	▲	◆
CHILE	-	-	-	-	●	■	▲	-	●	■	▲	-	●	■	▲	-	●	■	▲	-
REPÚBLICA CHECA	-	■	▲	-	-	■	▲	-	●	■	▲	-	●	■	-	-	●	■	-	-
DINAMARCA	●	■	▲	-	●	■	▲	-	-	-	▲	-	-	-	▲	-	-	-	▲	-
ESTONIA	●	■	▲	-	●	■	▲	◆	-	■	▲	◆	-	■	▲	◆	-	-	▲	-
FINLANDIA	-	■	▲	-	-	■	▲	-	-	■	▲	-	-	■	▲	-	-	■	▲	-
FRANCIA	●	■	▲	-	●	■	▲	-	●	■	▲	-	●	-	-	-	●	-	-	-
ALEMANIA	-	■	▲	◆	-	■	▲	◆	-	■	▲	◆	-	■	▲	◆	-	■	▲	◆
GRECIA	●	■	▲	◆	●	■	▲	-	●	■	-	-	●	■	-	-	●	■	-	-
HUNGRÍA	-	-	-	-	●	■	▲	-	●	■	▲	-	●	■	▲	-	-	-	-	-
ISLANDIA	●	-	▲	-	●	-	▲	-	●	-	▲	-	●	-	▲	-	●	-	▲	-
IRLANDA	●	■	▲	◆	●	■	▲	◆	●	■	▲	◆	●	■	-	◆	●	■	▲	◆
ISRAEL	●	■	▲	-	●	■	▲	-	●	■	▲	-	●	■	▲	-	●	■	▲	-
ITALIA	-	■	▲	-	-	■	▲	-	-	■	-	-	-	■	-	-	-	-	▲	-
COREA DEL SUR	-	■	▲	-	●	■	▲	-	●	■	▲	-	●	■	▲	-	●	■	▲	-
MÉXICO	●	■	▲	-	●	■	▲	-	●	■	▲	-	●	■	▲	-	●	■	▲	◆
PAÍSES BAJOS	-	■	▲	◆	-	■	▲	-	-	■	▲	-	-	■	▲	-	-	■	▲	-
NUEVA ZELANDA	-	-	-	◆	-	-	-	-	-	-	-	-	-	-	-	-	-	-	-	-
NORUEGA	-	■	▲	-	-	■	▲	-	●	■	▲	-	●	■	-	-	-	■	-	-
POLONIA	●	■	▲	-	-	■	▲	-	-	■	▲	-	-	■	▲	-	-	-	-	-
PORTUGAL	●	-	▲	◆	●	■	▲	-	-	■	▲	-	-	■	▲	-	-	■	▲	-
REPÚBLICA ESLOVACA	●	-	▲	-	●	-	▲	-	-	-	▲	-	-	-	▲	-	-	-	-	-
ESLOVENIA	-	-	-	-	●	■	-	-	●	■	-	-	●	■	-	-	-	■	-	-
ESPAÑA	●	-	▲	-	●	-	▲	-	●	-	▲	-	●	-	▲	-	●	-	▲	-
SUECIA	-	-	-	◆	-	■	-	-	-	■	▲	-	-	■	▲	-	-	■	▲	-
SUIZA	-	-	▲	◆	-	-	▲	◆	-	-	▲	◆	-	-	▲	-	-	-	▲	-
TURQUÍA	●	■	▲	-	●	■	▲	◆	●	■	▲	-	●	■	▲	-	●	■	▲	-
REINO UNIDO	-	■	-	-	-	■	-	-	-	■	-	-	-	■	-	-	-	■	-	-
ESTADOS UNIDOS	-	-	▲	-	-	-	▲	-	-	-	▲	-	-	-	▲	-	-	-	▲	-
FEDERACIÓN DE RUSIA	●	-	▲	-	●	-	▲	-	●	-	▲	-	●	-	▲	-	●	-	▲	-
UCRANIA	-	-	-	◆	-	-	-	◆	-	-	-	-	-	-	-	-	-	-	-	-
REPÚBLICA DOMINICANA	-	-	-	-	●	■	▲	-	●	■	▲	-	●	■	▲	-	●	■	▲	-
● Años de experiencia	15				20				18				17				14			
■ Evaluaciones de desempeño	19				25				23				22				18			
▲ Calificaciones (pertinencia de la educación)	26				29				28				24				23			
◆ Otros	12				8				5				5				4			

Cuadro 3.3. ¿Cuáles de estos factores son importantes para ser ascendido a un grado diferente o a un nivel jerárquico diferente? *(cont.)*

Notas: No se dispone de información sobre Brasil y Japón. **Australia:** Las vacantes se anuncian y los candidatos hacen su solicitud por escrito y son evaluados con base en méritos relativos. Los ascensos se basan en una evaluación de méritos pertinentes de los candidatos y los factores por considerar no son definidos por la legislación; **Bélgica:** Los directivos de alto nivel no ascienden a un estrato más alto y si la función se vuelve más demandante o estratégica, se pondera de nuevo y se declara abierta a concurso; **Canadá:** Todos los empleados ascendidos a un nivel más alto deben cumplir con los criterios de mérito establecidos para el puesto por ocupar. Los criterios de mérito pueden incluir experiencia, calificación educativa, terminación de programas de formación, certificados ocupacionales, etc. La evaluación de los criterios de mérito puede incluir el uso de evaluaciones de desempeño y verificación de referencias; **Estonia:** Los organismos tienen discrecionalidad para determinar factores adicionales; **Irlanda:** La mayoría de los ascensos se dan por procesos competitivos. El éxito en el concurso y la entrevista son los factores fundamentales en la mayoría de los casos; **Nueva Zelanda:** Los factores dependen de los contratos de empleo y la política individual del organismo; **Portugal:** A partir de 2012, se esperaba que los puestos de alta dirección se llenaran mediante un procedimiento competitivo realizado por un comité especial conocido como Comité de Selección y Contratación para la Administración Pública, por lo que estos puestos ya no se basarán en consideraciones políticas; **Suecia:** Los directivos de alto nivel se contratan en forma temporal y son nombrados por el gobierno; **Ucrania:** No hay reglas estrictas. **República Dominicana:** El ascenso es vertical, el movimiento horizontal se denomina promoción (no se puede pasar de un grupo ocupacional a otro). Los ascensos son por concursos y se puede pasar de un grupo ocupacional a otro.

Fuentes: OECD Survey on Strategic Human Resources Management in Central/Federal Governments (Encuesta de la OCDE sobre Gestión Estratégica de Recursos Humanos en Gobiernos Centrales/Federales; información obtenida de respuestas proporcionadas por los países a la respuesta número 73), actualizada en 2013 con base en datos de 2012. Los datos para la República Dominicana fueron suministrados por el MAP como respuesta al cuestionario de la OCDE (julio de 2013).

La manera de agrupar y organizar los puestos puede ser muy útil para crear oportunidades de movilidad y desarrollo de carrera. Sería conveniente que la República Dominicana analizara la experiencia de Australia, Canadá, España y Francia a este respecto. En Australia, todos los puestos del servicio público están agrupados en una sola estructura de clasificación que aporta la base para la movilidad y ascensos basados en méritos, y son además un instrumento clave para una planificación integrada de la fuerza de trabajo. El servicio público australiano desarrolló recientemente un modelo de familias de puestos que complementa la estructura de clasificación con el fin de ayudar en la planificación de la fuerza de trabajo (véase el Recuadro 3.3). Las familias de puestos pueden ser una valiosa manera de organizar un sistema de carrera más fluido, ya que los grupos de puestos que requieren competencias similares pueden identificarse con más facilidad y pueden destacarse las posibles trayectorias de carrera, tanto horizontales como verticales. En el servicio público canadiense, los puestos se organizan en una estructura ocupacional grupal. En 1999 el número de grupos separados de puestos se redujo de 78 a 29 y, entre otras cosas, esto ha mejorado las oportunidades de movilidad de carrera y desarrollo profesional para los empleados.

Gráfica 3.3. Escalafón de méritos, carrera administrativa dominicana

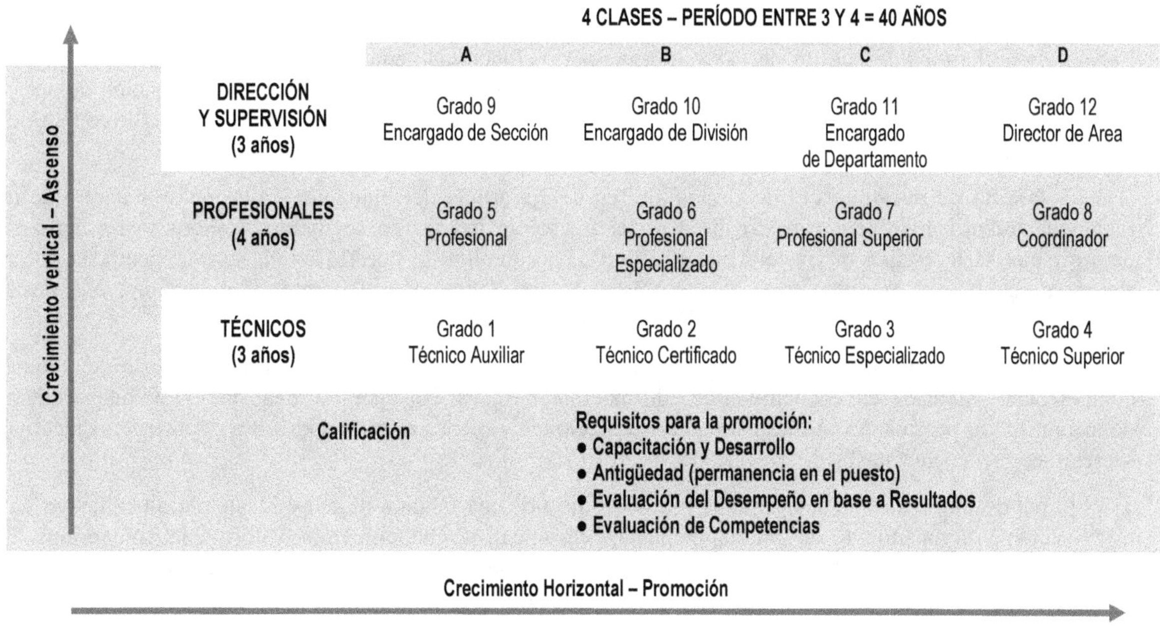

Fuente: MAP (2013).

Modelos como éstos pueden brindar una estructura integradora para tipos de puestos ampliamente diferentes y evitar el riesgo de fragmentación que puede surgir al tener grupos de carreras separados por completo. Este enfoque podría ser pertinente para el sistema de carreras generales y especiales del servicio público de la República Dominicana. Diferentes carreras pueden funcionar bien en un sistema de este tipo, dentro de un marco general común. Por ejemplo, la estructura ocupacional grupal canadiense incluye grupos tan diversos como los de profesores, diplomáticos, especialistas en finanzas y controladores de tráfico aéreo, entre muchos otros. En Australia y Canadá, el organismo central de GRH actúa como "propietario" y guardián de la estructura ocupacional.

Recuadro 3.3. Modelo de Familia de Puestos en el servicio público australiano (APS)

El Modelo de Familia de Puestos del APS agrupa puestos funcionalmente similares que tienen requerimientos relacionados de competencias, tareas y conocimientos. El modelo no es un sistema de clasificación de puestos y es independiente del modelo de valor del trabajo utilizado para la clasificación de puestos. El modelo tiene cuatro niveles:

1) La **familia de puestos** es el nivel más alto en una jerarquía de segmentación de puestos dentro de una fuerza de trabajo. El objetivo es dividir a dicha fuerza de trabajo en segmentos lógicos y prácticos para permitir que se le analice de manera más profunda. Una familia de puestos es un agrupamiento de puestos similares en el nivel más alto que suele consistir de varias funciones laborales. Por ejemplo, una posible familia de puestos podría ser "Administración, instalaciones y bienes raíces".

2) La **función de puestos** es un subgrupo de puestos dentro de una familia de puestos que requiere competencias, capacidades, conocimientos y formación similares. Por ejemplo, una función de puestos dentro de la familia de puestos de "Administración, instalaciones y bienes raíces" podría ser "Asistentes ejecutivos, secretarias y recepcionistas".

3) El **papel de puestos** es un subgrupo de puestos dentro de una función de puestos que permite ahondar en la clarificación y agrupamiento de las competencias, capacidades, conocimientos y formación requeridos. Por ejemplo, un papel de puesto dentro de la función de puestos de "Asistentes ejecutivos, secretarias y recepcionistas" (de la familia de puestos de "Administración, instalaciones y bienes raíces") podría ser "Asistentes personales/ejecutivos".

4) **El título de puestos** es el nombre que se otorga a un puesto y que aporta una descripción significativa de éste. Por lo general los títulos de puestos son específicos para cada organismo y pueden indicar el nivel de clasificación del puesto en cuestión. Por ejemplo, un título de puesto dentro del papel de puesto de "Asistentes personales/ejecutivos" podría ser "Asistente ejecutivo del director general corporativo".

Fuente: Australian Public Service Commission (2011), *Job Family Model*, www.apsc.gov.au/__data/assets/pdf_file/0013/7231/Job-Family-Models.pdf.

Los sistemas utilizados en Francia y España muestran de qué manera los sistemas existentes que no proporcionaron mucho margen para la gestión activa de carreras y movilidad han evolucionado para brindarlo en el caso de la GRH estratégica y aumentar la flexibilidad de carrera para los empleados. La administración pública española cambió de un sistema de empleo basado en un conjunto relativamente cerrado de grupos de puestos (corps) a uno que combina puestos y corps. El puesto es ahora el elemento clave de GRH y se han desarrollado inventarios de puestos con el fin de suministrar un marco común para la selección interna y la movilidad.

En Francia se ha implementado el concepto de ocupación (métier) como la base para gestionar los principales elementos de la carrera con miras a generar una mayor fluidez. Este sistema brinda un marco integrado para varias actividades de GRH estratégica (que incluye la clasificación de puestos, la planificación de la fuerza de trabajo, el desarrollo de carrera, la movilidad y la formación), lo que destaca la utilidad de un marco de competencias para fomentar el desarrollo de carrera y la movilidad. Otra interesante característica del enfoque francés es la de las ferias de trabajo interministeriales, es decir, bases de datos electrónicas de puestos disponibles que utilizan la nomenclatura de puestos común. Éstas constituyen una forma novedosa y relativamente simple de utilizar la tecnología en línea para apoyar el desarrollo de carrera.

Recuadro 3.4. Francia: *Répertoire interministériel des métiers de l'Etat (RIME)* (índice interministerial de puestos en la administración estatal)

Iniciado en 2006, el RIME se orienta a: i) nombrar y cuantificar con la mayor precisión posible los puestos necesarios dentro de un servicio; ii) asegurar la mejor definición posible del perfil de puestos; iii) suministrar un cuadro de competencias de referencia para acompañar la formación y la movilidad; iv) preparar guías de formación; v) guiar la revisión del contenido de concursos de selección y organizar concursos comunes entre varios ministerios, y vi) facilitar el reconocimiento de la experiencia profesional adquirida. El RIME identifica 23 funciones comunes dentro de la administración pública, divididas en las categorías estratégica, operativa y de apoyo. Unidas a estas funciones hay 261 metiers o puestos de referencia. Esto proporciona un lenguaje común para el desarrollo de capacidades de GRH en los ministerios y se considera un elemento clave para garantizar la coherencia ministerial e interministerial en relación con la GRH.

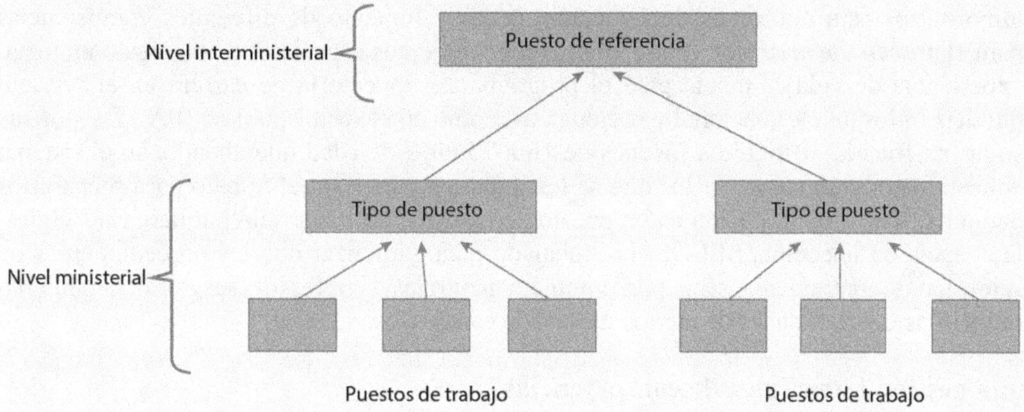

Las herramientas clave del RIME son: i) un diccionario interministerial de competencias, que incluye 21 competencias sociales (savoir-être), 102 competencias técnicas (savoir-faire), y una base de datos de competencias y sus equivalentes; ii) ferias de trabajo interministeriales, es decir, bases de datos electrónicas de puestos disponibles utilizando la nomenclatura RIME, y iii) un equipo de movilidad.

Fuente: Schuffenecker, D. (2011), *Emploi Public et Gestion Prévisionnelle des Ressources Humaines de l'Etat en France: Enjeux et Perspectives*, presentación ante la OECD Public Employment and Management Network (PEM), 7 de noviembre.

Mejorar la oferta de candidatos y fomentar la diversidad

A medida que la economía de la República Dominicana continúe su crecimiento y desarrollo, el servicio público competirá con el sector privado por conseguir candidatos bien calificados para los puestos vacantes. Ahora resulta ya difícil contratar a nuevos empleados en algunas áreas como TIC, control de tráfico aéreo y GRH. El MAP ha adoptado una solución innovadora a la escasez de candidatos adecuados al organizar programas de formación previos a la selección, orientados a preparar a los posibles candidatos para los concursos de selección. Esta iniciativa podría utilizarse más ampliamente en el servicio público para resolver la escasez de capacidades específicas. Como primer paso, sería útil que el MAP trabajara con los ministerios y otras organizaciones para registrar las competencias escasas. Esto ayudaría a focalizar la selección y a desarrollar la planificación de la fuerza de trabajo. El MAP, el INAP y algunas organizaciones del servicio público podrían implementar una iniciativa conjunta para identificar a posibles candidatos y elevar sus competencias a un nivel en el que puedan competir en concursos de selección. Esta iniciativa podría dirigirse al personal existente como una oportunidad de desarrollo de carrera, así como al mercado laboral externo.

Otro enfoque que podría considerarse es establecer vínculos con universidades e instituciones que brinden formación técnica y profesional con el fin de desarrollar un canal directo a posibles candidatos.

Estos tipos de iniciativas pueden tener un valioso elemento de diversidad. Es necesario que el valor de diversidad para mejorar la calidad y eficacia de los servicios públicos se reconozca, destaque e integre a la planificación estratégica de la fuerza de trabajo gubernamental. Sin embargo, según lo indica la experiencia de los países de la OCDE, aumentar la representación de grupos desfavorecidos o socialmente excluidos en la fuerza de trabajo requiere medidas especiales. Por ejemplo, Francia y Nueva Zelanda utilizan diversas medidas, incluido el financiamiento para la formación de grupos minoritarios para concursos de selección, becas y fomento de diferentes competencias para el proceso de selección (por ejemplo, conocimientos especiales de un área o un tema, experiencia de vida). Francia creó el programa de trayectoria de carrera en el servicio público en los niveles nacional y regional, así como en el sector público (PACTE, por sus siglas en francés), dirigido a jóvenes de 16 a 25 años de edad que abandonan el sistema educativo sin graduarse, y a los que se les imparten cursos en el trabajo para prepararlos para una posible contratación en un puesto permanente en el servicio público. En Bélgica, la agencia de selección, SELOR, ha trabajado para garantizar que los procedimientos de selección y contratación sean por completo neutrales y libres de sesgos que pudieran reducir las oportunidades de ciertos grupos de candidatos.

Hacia una gestión estratégica de competencias

Los gobiernos de muchos países de la OCDE utilizan competencias para definir los conocimientos, capacidades y conductas específicos requeridos para un puesto determinado, y para apoyar diversos procesos de GRH. Cada vez más, el uso de competencias ha evolucionado a la gestión estratégica de competencias, la cual se utiliza para vincular actividades clave de GRH, y para centrar las políticas y prácticas respectivas en los valores y objetivos de la organización (OCDE, 2011b).

En muchos países de la OCDE la gestión de competencias se ha implementado como parte de un proceso más amplio de reforma del servicio público orientado a crear una fuerza de trabajo más flexible, adaptable y eficaz (OCDE, 2011b). Los objetivos específicos incluyen:

- Aumentar la flexibilidad y adaptabilidad de la fuerza de trabajo (Australia, Bélgica, Países Bajos)
- Aumentar la eficiencia y eficacia de la gestión de recursos humanos (Australia, Canadá)
- Aportar claridad acerca de las prioridades de desarrollo de los empleados (Dinamarca)
- Superar el modelo burocrático clásico (Francia)
- Fortalecer la competitividad gubernamental (Corea del Sur)
- Ser un vehículo para el cambio organizacional y cultural (Bélgica, Reino Unido)
- Desarrollar la armonización estratégica entre el individuo y la organización (Estados Unidos)

La mayoría de los servicios públicos de la OCDE utilizan un modelo de competencias desarrollado centralmente que les permite trabajar, en forma más sistemática y orientada a objetivos, en la planificación y desarrollo de la capacidad de la fuerza de trabajo. En algunos países se ha desarrollado un modelo general para todo el servicio público; en otros, hay un modelo de competencias separado para servidores públicos de alto nivel, quienes tienden a conformar un grupo objetivo especial para la gestión de competencias en muchos servicios públicos (véase el Cuadro 3.4).

Cuadro 3.4. Modelos de competencias: panorámica del país

	Modelo de competencia	Grupo objetivo
Australia	Marco de valores APS	Todos los servidores públicos australianos
	Modelo de capacidad de recursos humanos	Personal de recursos humanos
	Modelo de capacidad de liderazgo para ejecutivos de alto nivel	Servicio ejecutivo de alto nivel
	Modelo de liderazgo integrado	Todos los servidores públicos australianos
Austria	Modelo de competencias	Servidores civiles de alto nivel
Bélgica	Modelo federal de competencias	Todos los servidores públicos federales belgas
Canadá	Competencias clave de liderazgo	Todos los servidores públicos canadienses
	Canadá tiene también otros varios perfiles de competencias (para todo el gobierno) que se gestionan centralmente y grupos funcionales objetivo en todo su servicio público.	
Dinamarca	Código de excelencia de gobernanza pública	Ejecutivos de alto nivel
Japón	Capacidad estándar para lograr deberes	Puestos gubernamentales estándar acordes con la jerarquía de las organizaciones
Corea	Diccionario de competencias gubernamentales estándar	Todos los servidores públicos coreanos
	Modelo de competencias de gestión junior	Gerentes junior
	Modelo de competencias SPAN	Servicio público de alto nivel
Países Bajos	Modelo de competencias *Algemene Bestuursdienst (ABD)*	Gerentes de alto nivel
Reino Unido	Marco de competencias SPAN	Servicio público de alto nivel
	Competencias profesionales para el gobierno	Todos los servidores públicos británicos
Estados Unidos	Competencias generales para la fuerza laboral federal	Todos los servidores públicos estadounidenses
	Calificaciones ejecutivas principales	Gerentes de alto nivel

Fuente: OCDE (2011a), *Public Servants as Partners for Growth: Toward a Stronger, Leaner and More Equitable Workforce*, OECD Publishing, París, http://dx.doi.org/10.1787/9789264166707-en.

La experiencia muestra que la gestión de competencias puede afrontar varios problemas: los marcos de competencias pueden volverse demasiado estáticos y retrógradas, en vez de orientarse a necesidades futuras y al cambio organizacional; al utilizar competencias para fines de gestión de desempeño, se corre el riesgo de centrarse demasiado en insumos más que en resultados; la implementación puede dificultarse, a menos que se cuente con la participación y el compromiso de los directivos de nivel alto y medio, así como de los empleados; los marcos de competencias pueden volverse demasiado complejos y burocráticos (OCDE, 2011a). La experiencia de los servicios públicos que han estado utilizando competencias durante más tiempo muestra la necesidad de revisar con regularidad los marcos para garantizar que permanezcan actualizados y eficaces.

La gestión de competencias se está desarrollando como elemento central de la GRH estratégica en la República Dominicana

La República Dominicana ha adoptado la gestión de competencias como una de las palancas del cambio en el servicio público. Desde el principio es evidente un enfoque estratégico que considera que las competencias son uno de los cimientos de la GRH. El MAP estableció los cimientos de un marco de competencias y tiene el plan de implementar competencias en diversas áreas de la GRH. El objetivo es utilizar las competencias en los procesos de selección y contratación, promoción y carreras, elaboración de perfiles de puestos, gestión del desempeño y formación.

Se ha asignado alta prioridad al desarrollo de la gestión de competencias. El MAP ha diseñado un modelo de competencias y está desarrollando un manual de competencias que cubre puestos desde el nivel de apoyo administrativo hasta el nivel de director. Se hace hincapié en las principales competencias transversales requeridas para alcanzar los objetivos de servicio, calidad y logro de resultados del gobierno, así como en competencias específicas para apoyar los procesos de selección y contratación, gestión de desempeño y desarrollo del personal. Las competencias de gestión también se han definido bajo cuatro categorías: (i) de autogestión; (ii) interpersonales; (iii) de gestión de personas; (iv) de gestión de recursos.

Las competencias se usan para modificar gradualmente los manuales de descripción de puestos de las organizaciones gubernamentales en el contexto de la iniciativa de reestructuración organizacional. Los requerimientos laborales basados en antigüedad, experiencia, conocimientos y calificaciones, se están reemplazando con un modelo de perfil de puestos basado en competencias. Se ha empezado con el desarrollo de perfiles de puestos genéricos, basados en competencias, para puestos comunes a muchas instituciones, a partir de funciones comunes como GRH y TIC.

La mejora en los métodos de selección y contratación ya demuestra el valor de la gestión de competencias. Con el tiempo, éstas apoyarán una mejor definición de las necesidades de formación y desarrollo, lo cual aumentará la rentabilidad de la inversión en esta área. Las competencias facilitarán la movilidad del personal al hacer perfiles de puestos e identificar competencias comunes. Esto deberá ofrecer a los empleados una visión más clara de los requerimientos para la movilidad y promoción, y los alentará a desarrollar sus propias competencias. Las competencias de gestión serán importantes para desarrollar las capacidades de gestión y liderazgo necesarias para llevar a cabo las reformas gubernamentales. Vincular las competencias con la gestión de desempeño apoyará el desarrollo de las capacidades y conductas necesarias para mejorar el desempeño en el trabajo.

La modificación de sus manuales de trabajo utilizando competencias ayudará a las organizaciones a identificar brechas en este renglón, y alentará la planificación estratégica de la fuerza de trabajo para establecer claros vínculos entre sus resultados planificados y sus necesidades de competencias. En el nivel central, la gestión de competencias apoyará al MAP en el desarrollo de un registro de necesidades de competencias en todo el servicio público, como una base de la planificación estratégica de la fuerza de trabajo.

El MAP está en condiciones de desarrollar la gestión de competencias como una herramienta para la planificación de la fuerza de trabajo y esto será prioritario ya que puede servir como un mecanismo integrador y una palanca para el cambio en otras áreas de GRH. Las competencias pueden ayudar a desarrollar capacidades y conductas de cambio, lograr una mejor armonización entre la selección y las necesidades de las organizaciones gubernamentales, mejorar la focalización de la formación y contribuir a inculcar una cultura de gestión y desempeño. La concentración actual del MAP en la integración de competencias a las descripciones de puestos y la selección debería acompañarse del desarrollo de programas de formación basados en competencias por parte del Instituto Nacional de Administración Pública (INAP) y la vinculación de competencias con la gestión de desempeño.

Se requiere un marco de competencias estándar

La gestión de competencias es más eficaz cuando se organiza alrededor de un marco de competencias estándar, el cual crea conceptos comunes y congruencia. Contar con un marco de este tipo y un diccionario de competencias para puestos en el servicio público permitiría al MAP y las organizaciones gubernamentales trabajar más sistemáticamente en la planificación de la fuerza de trabajo y en una mejor planificación de la selección, la formación y otros aspectos de la GRH. El objetivo podría ser mantener el marco de competencias lo más sencillo posible. Un enfoque que ha resultado valioso para que los países de la OCDE apoyen el cambio cultural en el servicio público es definir un conjunto de competencias centrales que apliquen a todo este servicio. Por lo general los valores del servicio público forman parte de estos marcos genéricos y el MAP ya estableció este elemento en su propio marco de competencias. Las competencias genéricas pueden complementarse con competencias conductuales y técnicas específicas para tipos particulares de tareas, aunque debe evitarse la proliferación de competencias, ya que estos marcos fácilmente pueden resultar demasiado complejos y difíciles de utilizar.

La experiencia de Bélgica en el desarrollo de la gestión de competencias como elemento central de las reformas de servicio público es un ejemplo útil, ya que se le emplea para integrar diferentes procesos de GRH, como planificación de la fuerza de trabajo, selección, gestión de desempeño, remuneración, formación y desarrollo de carrera. Las competencias se implementaron gradualmente, empezando con la selección y formación, pero con un plan estratégico general para la gestión de competencias (véase el Recuadro 3.5).

Recuadro 3.5. Gestión de competencias en el gobierno federal belga

En los servicios públicos belgas, tanto federales como regionales, las competencias son puntos focales de todo proceso de recursos humanos, bien se trate de selección y contratación, gestión de carrera, evaluación del desempeño y retroalimentación de 360 grados, gestión de conocimientos e identificación de funciones fundamentales. La mayor ventaja de este enfoque es que las competencias se vinculan con las necesidades organizacionales — tácticas o estratégicas — y brindan un lenguaje común a todas las partes en los diferentes servicios.

La gestión de competencias ha sido un elemento central desde la implementación en 2000 del Plan Copérnico, para impulsar un enfoque más integrado y estratégico a la GRH. Cambió de manera fundamental los procedimientos de selección y contratación, así como de formación y desarrollo, y puso en marcha la planificación de la fuerza laboral vinculada con los objetivos organizacionales.

El marco de competencias consiste de lo siguiente:

- Cinco competencias clave que reflejan los valores del gobierno federal: orientación a la prestación de servicios, cooperación en equipo, lealtad, orientación a resultados y autodesarrollo.
- Cinco grupos de competencias genéricas consideradas necesarias para todas las funciones: gestión de información; gestión de tareas; gestión de empleados; gestión de relaciones interpersonales, y gestión de cualidades personales.
- Un gran grupo de competencias técnicas específicas para el tipo de trabajo y con una función de apoyo profesional.

Se cuenta con un diccionario de competencias como una herramienta para servicios de recursos humanos, directivos, chefs y empleados. Hay 22 perfiles de competencias estándar, desarrollados alrededor de tres funciones: apoyo, gestión y gestión de proyectos adaptados al nivel del empleado.

La implementación de la gestión de competencias generó algunos cambios importantes al sistema de selección. El énfasis en los exámenes iniciales cambió de poner a prueba los conocimientos a poner a prueba las competencias, y se pusieron en marcha nuevos procedimientos utilizando un organismo profesional de selección. Los directivos operativos y los servicios locales de recursos humanos son responsables de proporcionar una descripción de puesto y un perfil de competencias para cada candidato. Los perfiles estándar, disponibles en línea (www.federalecartografie.be/web/p1.php?z=z&lg=fr) son de gran ayuda.

Proporcionar un marco completo y claro para los directivos es una prioridad continua en la que las competencias apropiadas son clave, ya que determinan el perfil y la remuneración de un directivo. Se utiliza un conjunto de 12 competencias genéricas para seleccionar a directivos de alto nivel, al cual pueden añadirse competencias específicas para el puesto. Las competencias son las siguientes:

- Pensamiento (análisis; flexibilidad e innovación; visión y capacidad de integración)
- Gestión de recursos humanos (coaching, motivación y desarrollo de personal; gestión de equipo)
- Interacción con el medio ambiente (colaboración y desarrollo de redes; orientación a ciudadanos, clientes internos y la sociedad)
- Objetivos (sentido de responsabilidad; logro de objetivos; persuasión y negociación)
- Lealtad e integridad.

Hay un fuerte vínculo entre la gestión de competencias y la evaluación del desempeño, ya que el esquema anual de evaluación incluye un debate sobre las competencias requeridas que conducen a los planes de desarrollo y la formación personales y de equipo. La gestión de los conocimientos se desarrolla alrededor de las competencias, en especial las competencias técnicas que constituyen el núcleo de cada función.

Fuente: OCDE (2007), *OECD Reviews of Human Resource Management in Government: Belgium 2007: Brussels-Capital Region, Federal Government, Flemish Government, French Community, Walloon Region*, OECD Publishing, París, http://dx.doi.org/10.1787/9789264038202-en.

Uso de competencias para reforzar valores centrales

El modelo de competencias podría reforzarse para apoyar los objetivos gubernamentales al añadir otros valores a las competencias centrales de orientación de servicio, orientación de calidad y orientación de resultados. Esto destacaría la importancia de los valores y ayudaría a impulsar las conductas que el gobierno intenta inculcar en todo el servicio público. Como se muestra en el Cuadro 3.5, en varios países de la OCDE los valores se incluyen en las competencias principales.

Cuadro 3.5. Valores del servicio público como parte de las competencias centrales en algunos países de la OCDE

	Competencias
Australia	Profesionalismo y honradez del servicio público
Bélgica	Servicio, lealtad
Canadá	Servicio con integridad y respeto
Dinamarca	Protección de la legitimidad y los valores democráticos del sector público
Corea	Ética para un compromiso organizacional oficial
Países Bajos	Afinidad de los funcionarios públicos de alto nivel con los gerentes del sector público (dedicación, integridad, conciencia política)
Estados Unidos	Talento político, motivación para el servicio público, innovación y creatividad

Fuente: OCDE (2011a), *Public Servants as Partners for Growth: Toward a Stronger, Leaner and More Equitable Workforce*, OECD Publishing, París, http://dx.doi.org/10.1787/9789264166707-en.

Importancia de las competencias de liderazgo

Los directivos en el servicio público de la República Dominicana necesitan tener las competencias adecuadas para dirigir y gestionar el cambio. Añadir competencias de liderazgo a las competencias de gestión ya definidas por el MAP ayudaría a destacar la función del liderazgo de los directivos en el impulso al programa de reforma gubernamental y en la creación de una cultura de liderazgo unida. Si bien es valiosa la participación de directivos de todos los niveles en la dirección del cambio, aquellos de alto nivel son un grupo particularmente importante a este respecto. La mayoría de los niveles altos son un grupo clave para brindar liderazgo estratégico para el programa gubernamental de transformación del servicio público.

En muchos países de la OCDE, como Australia, Bélgica, Canadá, Corea del Sur, Estados Unidos, Nueva Zelanda, el Reino Unido y Suiza, se usan marcos de competencias para los servidores públicos de alto nivel. Por lo general tienen un fuerte aspecto de desarrollo y ayudan a identificar el potencial de liderazgo y enmarcar programas de desarrollo de liderazgo. Aunque los marcos varían, entre los elementos que figuran en todos ellos, en una u otra forma, se encuentran los siguientes:

- Integridad;
- Entrega de resultados;
- Compromiso con otros;
- Creatividad e innovación;
- Visión y pensamiento estratégico.

El Perfil del Éxito en Liderazgo utilizado en el servicio público de Nueva Zelanda muestra cómo puede utilizarse un marco de competencias de liderazgo para impulsar los tipos de conductas que la República Dominicana prioriza para sus servidores públicos (véase la Gráfica 3.4). El perfil se enfoca sobre todo en la entrega de resultados, la creación de una cultura innovadora en el servicio público, el compromiso del personal y otros actores, y la operación con integridad. Se emplea para identificar y desarrollar líderes, con el fin de garantizar que el servicio público cuente con la profundidad de liderazgo requerida ahora y en el futuro.

Gráfica 3.4. Perfil del Éxito en Liderazgo para el servicio público de Nueva Zelanda

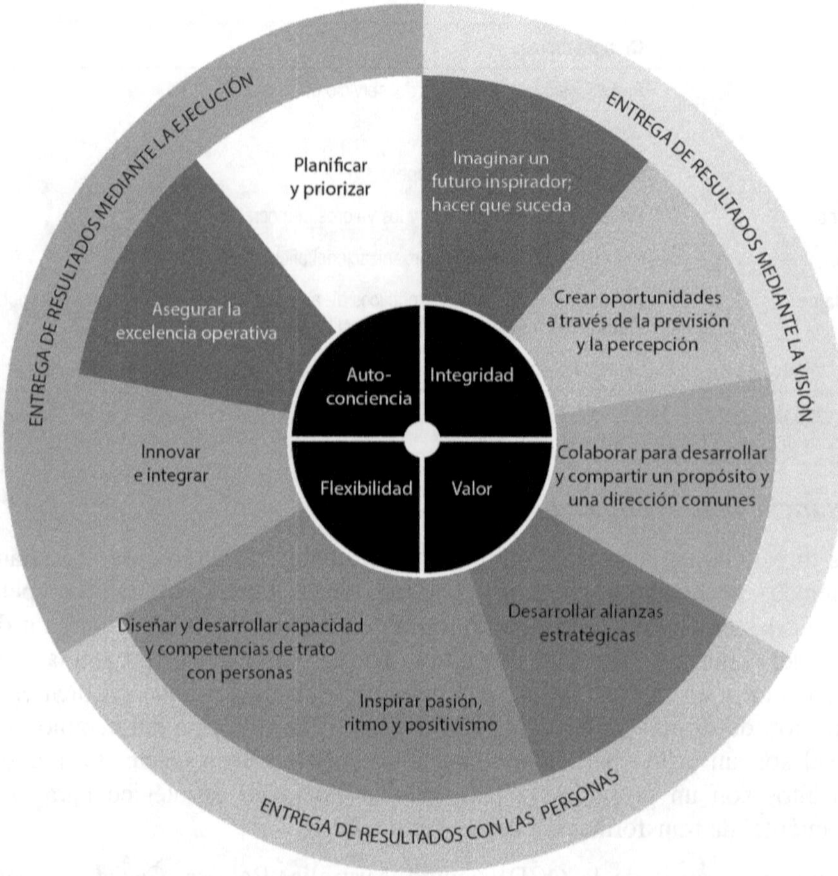

Fuente: New Zealand State Services Commission (2013), "Leadership Success Profile", Abril, www.ssc.govt.nz/sites/all/files/leadership-success-profile-april2013.pdf.

De igual manera, el modelo coreano puede resultar interesante para la República Dominicana, ya que ilustra las diferentes competencias requeridas de los servidores públicos de alto nivel en comparación con las del nivel de director de división (véase el Recuadro 3.6).

Recuadro 3.6. Corea del Sur: Evaluación de competencias para servidores públicos de alto nivel

En 2006, el gobierno coreano implementó un marco de evaluación de competencias para el servicio público de alto nivel. Dicho marco se ha utilizado para nombrar a funcionarios de alto nivel. Con base en su operación exitosa entre estos funcionarios, en el segundo semestre de 2010 el marco se extendió a funcionarios de nivel director de división. La evaluación de competencias ha mejorado la confiabilidad y equidad de la GRH. Además, al reflejarse los resultados de la evaluación de competencias en la formación, mejoró la competitividad general del gobierno.

Las competencias sujetas a evaluación para funcionarios gubernamentales de alto rango incluyen la toma de decisiones estratégica y el compromiso con el cambio, en tanto que en el caso de los directores de división se hace hincapié en la gestión organizacional eficaz y la ejecución eficiente de las políticas públicas. Las competencias se organizan alrededor de tres áreas principales, como se muestra a continuación:

Modelo de competencias para el servicio público de alto nivel

Grupo de competencia	Nombre de competencia	Definición
Pensamiento	Reconocimiento de problemas	Detectar problemas en forma oportuna mediante el análisis de información, y encontrar las causas de raíz mediante el análisis de diversos factores relacionados con los problemas
	Pensamiento estratégico	Establecer la visión y objetivos de largo plazo, y decidir cómo lograrlos a través de la priorización de varias opciones para trabajar en ellos
Trabajo	Orientación del desempeño	Buscar varias maneras de maximizar el rendimiento de un determinado trabajo, y perseguir la eficacia y eficiencia en el proceso de logro de objetivos
	Gestión del cambio	Entender la dirección y las tendencias de los cambios ambientales, y asegurarse de que las personas y las organizaciones se ajusten y respondan a ellos en forma apropiada
Establecimiento de relaciones	Comunicación	Captar el significado exacto al escuchar las opiniones de otros, y expresar la propia opinión en forma clara y eficaz
	Satisfacción del cliente	Considerar a contrapartes relacionadas con el trabajo, como los clientes, y esforzarse por entender sus necesidades y cubrirlas
	Consolidación de ajuste	Identificar intereses en conflicto y tensiones entre los actores, y encontrar soluciones razonables y equilibradas

Modelo de competencias para funcionarios de nivel director de división

Grupo de competencia	Nombre de competencia	Definición
Pensamiento	Planificación de políticas públicas	Identificar problemas actuales mediante el análisis multifacético, revisar la viabilidad de las políticas por desarrollar, y proponer alternativas óptimas
Trabajo	Gestión de desempeño	Fijar objetivos de desempeño acordes con la misión y estrategia de la organización, y revisar o gestionar los procedimientos de trabajo para alcanzar los objetivos
	Gestión organizacional	Elaborar planes de acción para lograr objetivos, conseguir los recursos necesarios, y asignar o sistematizar el trabajo, considerando toda la organización y las relaciones entre departamentos
Establecimiento de relaciones	Comunicación	Captar los significados exactos al escuchar las opiniones de otros, y expresar las opiniones propias en forma clara y eficaz
	Coordinación/integración	Atender conflictos entre varios actores y establecer o mantener relaciones cooperativas de trabajo para lograr objetivos comunes
	Motivación	Alentar y apoyar a los subordinados para que lleven a cabo sus tareas de manera activa y voluntaria como miembros de la misma organización

Fuente: Ministerio de Administración Pública y Seguridad de Corea. República de Corea, *Competency evaluation selects top talents to lead the country into a bright future* (Evaluación de competencias selecciona a los mayores talentos para dirigir al país a un futuro brillante) (folleto).

Es esencial crear un sentido de propiedad de competencias entre los servidores públicos de alto nivel. De ahí la enorme importancia del proceso de desarrollo de un marco de competencias de liderazgo, que, de hacerse bien, es en sí mismo un paso clave para conformar la cultura de liderazgo. Implicar a los propios directivos, así como a otros actores, en la definición de lo que se espera de los líderes es una manera eficaz de crear un sentido de propiedad. Por ejemplo, en el servicio público canadiense, para definir las competencias de liderazgo clave se consultó a una amplia gama de actores, entre ellos directivos, empleados y usuarios de los servicios públicos.

Competencias para el futuro

En un entorno en el que las políticas públicas cambian con rapidez, las competencias no pueden permanecer estáticas. La gestión de competencias ayudará a garantizar que el personal del servicio público de la República Dominicana tenga el rango de capacidades necesarias para alcanzar los objetivos gubernamentales de largo plazo. Dado el enfoque en la innovación y el cambio, es esencial mantenerse concentrados en las competencias que los servidores públicos necesitarán y asegurar la pertinencia continua del modelo de competencias. Los países de la OCDE identifican un grupo de competencias futuras requeridas para un servicio público ágil e innovador. Con base en el Cuadro 3.5, parecen considerarse especialmente importantes ocho competencias, agrupadas en cuatro meta competencias:

- Pensamiento creativo (creatividad e innovación)
- Pensamiento estratégico (visión y orientación futura)
- Flexibilidad (flexibilidad y gestión del cambio)
- Cooperación (trabajo colaborativo entre fronteras y establecimiento de relaciones)

Cuadro 3.6. Competencias futuras para los gobiernos

Australia	Actuación temprana y determinada	Honestidad
	Agilidad	Imparcialidad
	Anticipación	Innovación
	Competencias comerciales	Agilidad intelectual
	Consideración del panorama general	Competencias múltiples
	Creatividad	Enfoque participativo
	Desarrollo de relaciones	Gestión de proyectos
	Diagnóstico temprano de problemas	Excelencia en el servicio público
	Efectividad y eficiencia	Propósito y dirección
	Aceptación del cambio	Liderazgo cualitativo
	Espíritu emprendedor	Renovación
	Establecimiento y mantenimiento de relaciones de trabajo productivas en todos los organismos gubernamentales y más allá de ellos	Manejo de riesgos
		Pensamiento estratégico y creativo
	Establecimiento y gestión de alianzas	Liderazgo estratégico
	Facilitación	Visión
	Equidad	Trabajo transfronterizo
	Flexibilidad	Rapidez al trabajar
	Visión de futuro	Trabajo en conjunto
Bélgica	Reflexión continua sobre las soluciones ofrecidas	Liderazgo basado en resultados
	Cultura de adhesión y lealtad	Orientación a la calidad
	Orientación al cliente	Responsabilidad
	Eficacia	Orientación a resultados
	Etnocomunicación y establecimiento de redes	Autodesarrollo
	Flexibilidad	Orientación al servicio
	Capacidad innovadora y creativa	Transparencia
	Gestión e intercambio de conocimiento	Visión

Cuadro 3.6. Competencias futuras para los gobiernos *(cont.)*

Corea	Gestión del cambio Reconocimiento y entendimiento de problemas	Pensamiento estratégico Visión
Países Bajos	Capacidad para imaginar y desarrollar conexiones a través de fronteras Creación de espacios para la iniciativa y creatividad, incluyendo espacio para experimentos con nuevas ideas Desarrollo de empleados Gestión de la diversidad Facilitación del diálogo con la sociedad Orientación al futuro	Conexiones en un contexto más amplio Hacer el mejor uso de los talentos de empleados y ciudadanos Colaboración en redes Conocimiento profesional sustancial Sensibilidad hacia acontecimientos sociales y políticos Sostenibilidad
Reino Unido	Solicitud Desarrollo de confianza y compromiso auténtico Competencias de campaña Gestión del cambio Mentalidad colaboradora Competencias de comunicación y tecnológicas Inteligencia emocional Espíritu emprendedor Flexibilidad Imaginación Innovación Aprendizaje Escucha	Competencias de comercialización Gestión de personas Gestión de proyectos Gestión de relaciones Búsqueda de opiniones alternativas Competencias sociales e interpersonales Competencias sociológicas y psicológicas Detección y alimentación de talento Compromiso del personal Competencias de sistema y diseño de procesos Trabajo en equipo Liderazgo transformacional Comprensión del usuario final
Estados Unidos	Orientación a resultados	Trabajo colaborador transfronterizo

Fuente: OCDE (2011a), *Public Servants as Partners for Growth: Toward a Stronger, Leaner and More Equitable Workforce*, OECD Publishing, París, http://dx.doi.org/10.1787/9789264166707-en.

La planificación estratégica de la fuerza de trabajo es una de las maneras clave de desarrollar una fuerza de trabajo eficaz con las competencias requeridas para lograr los objetivos actuales y futuros del gobierno. A medida que esta planificación se implemente en la República Dominicana, vincularla con el marco de competencias ayudará a concentrarse en las principales brechas y las necesidades emergentes de competencias.

Necesidad de invertir en formación y desarrollo

En los países de la OCDE hay un énfasis renovado en la formación y desarrollo de empleados públicos. Dos razones importantes para ello son la necesidad de garantizar la capacidad de adaptarse al cambio y el creciente contenido de conocimientos del trabajo. El desarrollo continuo de competencias es parte esencial de la flexibilidad, capacidad para solucionar problemas e innovación que son indispensables para que los gobiernos se anticipen al cambio y resuelvan dilemas cada vez más complejos. Por ejemplo, en Suecia, la formación y el desarrollo se han convertido en parte integral de la estrategia para mejorar la agilidad operativa y la construcción de capacidades. Para apoyar la GRH estratégica y una política de suministro de capacidades de largo plazo, los organismos del gobierno sueco evalúan con regularidad si su personal tiene las competencias necesarias no sólo para cumplir con los resultados esperados hoy, sino también para adaptarse con flexibilidad a los cambios en las necesidades.[1]

El envejecimiento de la fuerza de trabajo del gobierno en los países de la OCDE es otro factor que requiere inversión en formación y desarrollo. Por ejemplo, en Bélgica, donde grandes cantidades de funcionarios de la administración federal se jubilarán en los próximos años, se ha emprendido un proyecto para ayudar a las organizaciones a implementar una estrategia y un proceso para la gestión óptima de talentos que, entre otras cosas, incluye la gestión de conocimientos y la gestión de competencias.[2]

El desarrollo de los empleados se considera como un asunto estratégico para las organizaciones gubernamentales y que debe vincularse con otros instrumentos clave de GRH, como la planificación de la fuerza de trabajo, las competencias, la gestión de desempeño, la gestión de talentos y la gestión del cambio. Cada vez más se toma a la formación y el desarrollo como una parte de la estrategia de capital humano, con énfasis en las necesidades del gobierno entero, así como en las necesidades de las organizaciones individuales. En el gobierno federal de Estados Unidos, el aprendizaje y el desarrollo continuos son parte del enfoque de gestión estratégica de capital humano que se adoptó en 2004 para aumentar la flexibilidad de la fuerza de trabajo y garantizar su armonización con la misión y los objetivos de los organismos gubernamentales.

De acuerdo con estos acontecimientos, ahora muchos países de la OCDE ponen énfasis en la necesidad del aprendizaje continuo, además de la formación inicial que se suministra en la mayoría de los países.[3] En casi todos los países de la OCDE, los empleados reciben entre tres y cinco días de formación por año (véase la Gráfica 3.5). En Corea del Sur, un programa de aprendizaje en el trabajo se orienta a hacer de los organismos gubernamentales organizaciones de aprendizaje, y una iniciativa de "aprendizaje inteligente" se orienta a apoyar la innovación en el gobierno mediante la formación en áreas como solución creativa de problemas, imaginación y convergencia.[4] En muchos países de la OCDE se alienta el aprendizaje más autodirigido por parte de los empleados, apoyado por marcos de competencias y un vínculo con la gestión de desempeño y el avance en la carrera. Los cursos impartidos se complementan con una variedad de otros métodos de aprendizaje, como la formación en el trabajo, el coaching, la tutoría, las asignaciones de trabajo de desarrollo y aprendizaje basado en el equipo. Los avances en aprendizaje electrónico facilitan estos enfoques multifacéticos. En Dinamarca se ha implementado un Sistema de Gestión de Aprendizaje común para impartir aprendizaje electrónico para empleados estatales. En Corea del Sur alrededor de 400,000 servidores públicos utilizan un servicio de aprendizaje electrónico.[5]

Gráfica 3.5. Duración promedio de la formación por año por empleado en países de la OCDE

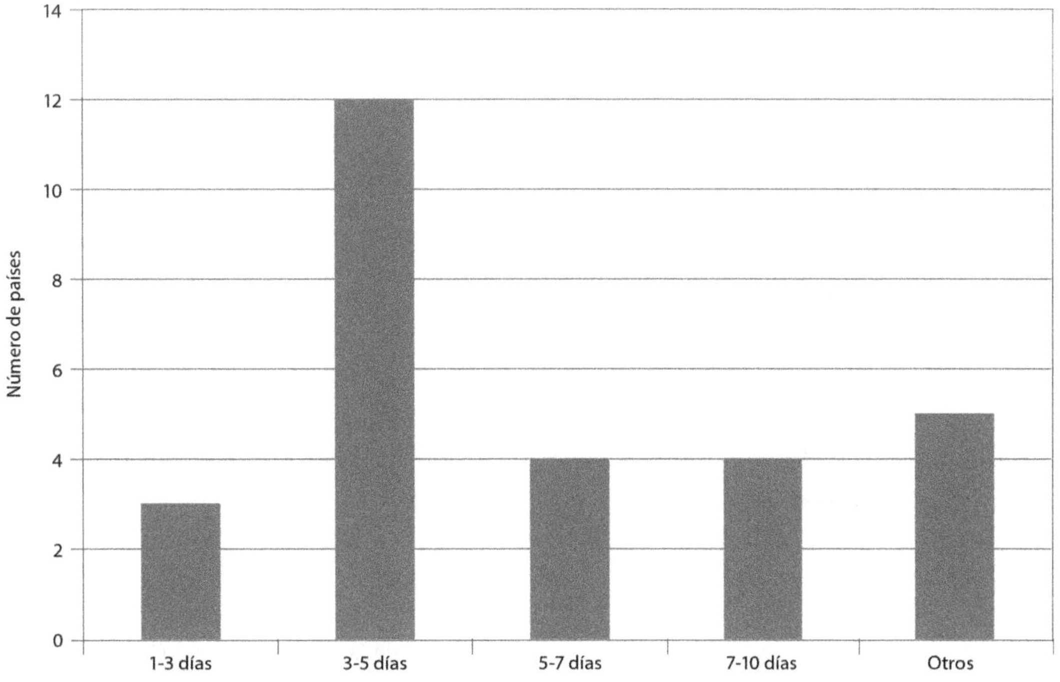

Fuente: OECD Survey on Strategic Human Resources Management in Central/Federal Governments (Encuesta de la OCDE sobre Gestión Estratégica de Recursos Humanos en Gobiernos Centrales/Federales, actualizada en 2013 con base en datos de 2012).

Necesidad de desarrollar capacidades en el servicio público dominicano

La Ley 41-08 asigna al MAP la responsabilidad de identificar las necesidades de desarrollo de capacidades del servicio público y de formular estrategias y políticas de formación. El Instituto Nacional de Administración Pública (INAP), establecido en 1994, es una institución descentralizada del MAP encargada de identificar las necesidades de formación de las organizaciones públicas; de diseñar y proponer políticas, planes y estrategias de educación y formación, y de implementar, coordinar, supervisar y evaluar los procesos de inducción, educación y formación. Las actividades del INAP se dirigen a integrarse con el proceso de reforma y modernización del servicio público, así como apoyarlo (véase el Recuadro 3.7).

Recuadro 3.7. Instituto Nacional de Administración Pública (INAP) – Prioridades estratégicas

Todos los programas de formación ofrecidos por el INAP tienen el objetivo de apoyar el proceso de reforma y modernización del servicio público. Actualmente el INAP prioriza los planes de formación que generan un impacto directo sobre los siguientes aspectos de las reformas del gobierno dominicano:

- Democratización de instituciones
- Transparencia en la gestión
- Eficiencia y eficacia
- Calidad de los servicios públicos
- Ética pública
- Liderazgo administrativo
- Equidad

Las áreas estratégicas de trabajo del INAP incluyen las siguientes:

- Formación de ejecutivos y directivos de alto nivel de la administración pública
- Producción de manuales y material para uso en la formación de servidores públicos
- Estímulo a la investigación y el análisis del estado de la administración pública y los procesos necesarios de reforma y modernización

Fuente: Instituto Nacional de Administración Pública (INAP), www.inap.gov.do.

La Ley 41-08 ordena la educación y formación como una base del desarrollo profesional y la promoción de los servidores públicos, así como del aumento de la capacidad de gestión en el servicio público. La formación de inducción es obligatoria para nuevos empleados. Es impartida por el *INAP* y dura de una a dos semanas. Sin embargo, en la práctica, muchas organizaciones no cumplen con este requisito.[6] Se presume que la evaluación del desempeño de los empleados actuales determinará las necesidades de formación. La duración promedio de la formación por año por empleado es de siete a 10 días, cantidad significativamente mayor que el promedio de la OCDE, que es de tres a cinco días.[7] No obstante, no queda claro en qué medida la formación proporcionada es pertinente para los requerimientos de competencias de las organizaciones de servicio público.

La mayor parte de la formación se descentraliza a ministerios individuales, para ser impartida directamente por ellos o por medio de instituciones académicas públicas o privadas. El INAP imparte algunos programas de formación directamente en sus instalaciones centrales y a través de nueve oficinas provinciales, aunque la escasez de recursos obstaculiza la eficacia de la red provincial. El INAP ofreció 42 cursos en 2011, con énfasis en la formación de inducción, administración pública y varios cursos de diplomado. Junto con el INAP hay instituciones de formación en diferentes sectores de la administración pública, como Salud, Educación, Agricultura, la Procuraduría General de la República y Hacienda, así como unidades de formación en varios ministerios e instituciones. No hay un mecanismo de coordinación entre estas diferentes organizaciones de formación, aunque recientemente se creó un Consejo Académico para este fin.

El INAP ha comenzado a desarrollar programas de aprendizaje virtual y a distancia. Se ha establecido el Centro de Educación a Distancia (CED) y, como parte de la Iniciativa de Gobierno Abierto de la República Dominicana, se creó una escuela virtual sobre transparencia en conjunto con el MAP y con la Procuraduría General de la República. Se ofrecen cursos virtuales sobre una amplia gama de temas relacionados con la ética y la transparencia en el servicio público y un objetivo clave es promover la conducta ética por parte de los servidores públicos a través de la formación.

El INAP puede suscribir acuerdos de cooperación técnica con organismos nacionales, extranjeros e internacionales, públicos o privados, y se hace hincapié en particular en el establecimiento de programas de cooperación con organismos gubernamentales e instituciones de formación de otros países.

La política del INAP es dar prioridad a los planes de formación que se vinculan directamente con las reformas del servicio público gubernamental; democratización de instituciones; transparencia en la gestión; eficiencia y eficacia; calidad de los servicios públicos; ética pública; liderazgo administrativo, y equidad. Sin embargo, los recursos del INAP son inadecuados para responder a la magnitud de estos retos y, por tanto, su capacidad para llevar sus prioridades a la acción es seriamente limitada, aunque sigue fortaleciendo su infraestructura y capacidad en la medida de lo posible.

Por ahora, el INAP se concentra sobre todo en la formación de inducción y en mejorar la base de capacidades de los empleados existentes en áreas clave, incluida la formación de directivos de GRH en instituciones, capacidades TIC y gestión de proyectos. La mayor parte de la formación se concentra en los empleados de los grupos de apoyo secretarial y ocupacional profesional. La formación en gestión aún está muy subdesarrollada y un reto importante para el INAP consiste en alentar a un mayor número de directivos a participar en actividades de formación y desarrollo.

Entre 2004 y 2011, 80,000 servidores públicos en total recibieron formación directamente del INAP, en tanto que el Centro de Educación a Distancia (CED) ha impartido programas de formación a más de 6,000 servidores públicos.[8] No se cuenta con estadísticas sobre los números de funcionarios formados por sus propias instituciones; sin embargo, se planifica desarrollar un sistema de registro electrónico para que las instituciones registren a su personal, lo cual aportaría más información sobre cuánta formación, y de qué tipo, se está impartiendo.

Fortalecer la formación basada en competencias

La formación basada en competencias se encuentra en una etapa temprana. El INAP utiliza los perfiles de puestos desarrollados por el MAP conforme se dispone de ellos, para identificar las competencias pertinentes y se están desarrollando recomendaciones sobre formación con base en estos perfiles. Se empieza a conformar un análisis de las necesidades de formación, dado que el INAP recibe información de las unidades correspondientes de los ministerios y otras organizaciones en relación con sus necesidades de desarrollo de capacidades. Aún no se establece el vínculo entre la formación y la gestión de desempeño en términos de analizar las necesidades de mejora del desempeño y formación remedial en casos de desempeño deficiente.

El plan de la República Dominicana de utilizar competencias para impulsar la formación y desarrollo y centrarse en medidas de formación para apoyar el esfuerzo gubernamental de transformación del servicio público avanza en la dirección correcta. Sin embargo, la importancia estratégica de la formación y desarrollo demanda un mayor esfuerzo en esta área. Mejores servicios públicos requieren empleados con una buena formación y las competencias adecuadas. La formación y el desarrollo son un apoyo esencial para lograr el cambio cultural, así como para ayudar a desarrollar líderes y directivos que puedan implementar y sustentar los pasos necesarios. Si bien en la República Dominicana aún no se cuenta con las herramientas para cuantificar las brechas en competencias y las necesidades de formación, es indudable que se requiere una mejora importante de las capacidades de la fuerza de trabajo.

El modelo de competencias que el MAP está desarrollando suministrará las bases para integrar la formación y desarrollo con otras áreas de GRH. Es conveniente diseñar un marco nacional de formación y desarrollo para fijar prioridades y establecer un plan de estudios central estructurado alrededor de competencias. El marco podría orientarse a instituir la formación y desarrollo del personal como una actividad continua para apoyar la calidad, resultados, innovación y otras prioridades.

Puede formarse un fuerte vínculo con la gestión de desempeño al requerir que los directivos operativos utilicen los resultados de la evaluación de desempeño para identificar brechas de competencias que necesitan cerrarse o competencias que deben fortalecerse. Cada miembro del personal debería tener un plan de desarrollo personal anual basado en esto.

Una vez establecida la planificación de la fuerza de trabajo, sería utilizada por las organizaciones gubernamentales para identificar las brechas de competencias por llenar con la formación y desarrollo, e incorporada a un plan organizacional de formación y desarrollo de mediano plazo. Estos planes podrían organizarse útilmente en el mismo ciclo de tres años del sistema de presupuesto multianual programado. En el nivel del servicio público en su conjunto, la planificación estratégica podría incorporarse a un plan nacional que estipule las prioridades en el desarrollo de competencias.

Es esencial impartir formación en la aplicación de valores centrales

La formación en ética para funcionarios públicos es uno de los instrumentos para desarrollar integridad en las instituciones estatales y garantizar una gobernanza pública de buena calidad (OCDE, 2013). Casi todos los países de la OCDE ofrecen formación en aspectos éticos, con énfasis creciente en el desarrollo de capacidades para resolver dilemas éticos. Para aumentar el reforzamiento de sus programas de formación ética, la República Dominicana podría aprovechar la abundante buena práctica contenida en el reciente estudio de la OCDE Ethics Training for Public Officials (OCDE, 2013a). Sería aconsejable enfocar los recursos de formación en primera instancia en el desarrollo de programas focalizados para servidores públicos en áreas que puedan resultar particularmente expuestas a riesgos éticos. Es importante priorizar la formación para servidores públicos de alto nivel, con el fin de permitirles suministrar el liderazgo necesario en valores, y guiarlos en específico sobre la manera de poner las leyes éticas en acción. A este respecto, la República Dominicana podría tomar en cuenta la iniciativa de formación en ética asumida en Austria (véase el Recuadro 3.8).

Recuadro 3.8. Curso de formación en prevención de la corrupción, cumplimiento e integridad: Austria

El código de conducta austriaco para la prevención de la corrupción (2008) incorpora la responsabilidad explícita para todas las organizaciones participantes de impartir formación en el campo de la integridad y prevención de la corrupción a su personal.

La Academia Administrativa Federal de la Cancillería Federal estableció un curso de formación especial, "Prevención de la corrupción, cumplimiento e integridad", con el fin de fortalecer la integridad en el desempeño de sus deberes en toda la administración pública austriaca, así como permitir a los participantes fijar las medidas necesarias para prevenir la conducta poco ética y la corrupción.

Dos veces al año se realiza un seminario de tres días, el cual incluye conferencias de especialistas de la Cancillería Federal, el Ministerio Federal de Finanzas, la Oficina Federal Anticorrupción y la Corte Federal de Auditoría. El principal grupo objetivo del seminario es el de los directivos, sus adjuntos y el personal a cargo de la gestión de la integridad pero, dependiendo de la disponibilidad, el seminario está abierto para todos los empleados interesados. Dado que el código de conducta austriaco sigue un enfoque integral, el seminario está abierto para personal de todos los niveles de la administración pública (federal, regional y local). El número máximo de participantes es de 20 por seminario.

Los costos del seminario, incluidos las instalaciones y los honorarios del conferencista, son cubiertos por la Academia Administrativa Federal; las organizaciones participantes sólo tienen que pagar los gastos de viaje y alojamiento de sus delegados.

Para asegurar la máxima transmisión de los contenidos del seminario, se solicita a los participantes que presenten con anticipación estudios de caso actuales o problemas (legales) de su entorno profesional, para ser usados en el seminario. De ser necesario, el material del caso puede ser anónimo.

La formación está diseñada para proporcionar a los participantes la información y los hechos necesarios para permitirles reconocer la conducta poco ética, la corrupción y las vulnerabilidades organizacionales e individuales en este campo, así como afrontar correctamente situaciones problemáticas (especialmente dentro de su capacidad como funcionarios de alto nivel). Por consiguiente, el seminario se enfoca en el contenido siguiente:

- Ética, valores y principios administrativos centrados en los objetivos y contenido del código de conducta austriaco para la prevención de la corrupción
- Ley del servicio civil (reglas sobre conflicto de intereses, empleo posterior al servicio público, deberes y obligaciones generales y específicos del personal del servicio público, entre ellos temas como transparencia y acceso a la información)
- Derecho penal (delitos de corrupción punibles conforme al código penal)
- Corrupción y prevención de la corrupción
- Evaluación de riesgo y gestión de riesgo
- Reconocimiento de corrupción – indicadores de corrupción y conducta inapropiada
- Notas al margen y prospectos (por ejemplo, sistemas técnicos de denuncia, regulación sobre cabildeo, clientelismo administrativo)

Se evalúa la eficacia de la formación.

Fuente: OCDE (2013a), *Ethics Training for Public Officials*, OECD, París, www.oecd.org/corruption/acn/library/EthicsTrainingforPublicOfficialsBrochureEN.pdf.

Desarrollo de líderes y directivos

En los países de la OCDE se presta ahora mucha atención al desarrollo del liderazgo. La identificación de posibles líderes se considera importante para asegurar que haya un grupo de oferta de talento para el futuro y más países están implementando programas de formación y desarrollo gestionados centralmente, estructurados alrededor de competencias de liderazgo y dirigidos a líderes actuales y potenciales. Estos programas se han puesto en marcha durante varios años en países con sistemas formales de servicio público de alto nivel, como Australia, Canadá, Estados Unidos, Países Bajos y el Reino Unido. En fecha más reciente, otros países como Bélgica, Corea del Sur y Suiza, entre otros, implementaron programas de formación basada en competencias para directivos y líderes de alto nivel.

Es necesario que los directivos de todos los niveles del servicio público de la República Dominicana tengan las competencias requeridas para dirigir y gestionar el cambio, así como para entregar los resultados deseados por el gobierno. Los países de la OCDE hacen fuertes inversiones en el desarrollo de directivos. Se espera que incluso aquellos de más alto nivel participen en un aprendizaje continuo, por lo regular con programas específicos para ellos. Se pone énfasis no tanto en la formación formal para directivos de alto nivel, sino en asegurar que sus competencias continúen actualizadas mediante métodos de aprendizaje activo y que no haya brechas en sus capacidades de liderazgo y de gestión. Un organismo central, por lo general el organismo de GRH central, suele ser responsable de identificar prioridades, establecer la estrategia general de desarrollo de liderazgo y diseñar el marco de desarrollo. Se espera que las organizaciones gubernamentales individuales y los propios directivos intervengan activamente en el desarrollo de competencias de gestión y liderazgo.

Un enfoque constante para desarrollar líderes y directivos en la República Dominicana se facilitaría con la aplicación de la disposición de la Ley 41-08 que posibilita la inclusión en una carrera directiva de funcionarios de nivel menor al de subsecretario de estado. Esto permitiría establecer un proceso de selección de directivos para ingresar a la carrera con base en valores y competencias, y vincular el avance dentro de la carrera con un programa estructurado de desarrollo de liderazgo y gestión.

Las actividades de desarrollo de liderazgo y gestión tienen más probabilidades de ser eficaces cuando el gobierno de la República Dominicana las define como una alta prioridad, se colocan firmemente en el contexto de reformas del servicio público y se les vincula de cerca con la cultura de la calidad, la innovación y los resultados que el gobierno quiere establecer en todo el servicio público. Dar al INAP el mandato de conformar programas de desarrollo de liderazgo y gestión basados en competencias para este fin aportaría un ímpetu estratégico al aprendizaje del liderazgo y la gestión, y destacaría la importancia de la participación de los directivos. Los programas podrían implementarse gradualmente, para dar tiempo a la obtención del apoyo de éstos. Una manera de conseguir apoyo es hacer selectivos estos programas y elegir como los primeros participantes a los directivos más talentosos. Esto puede transformar a los directivos en embajadores del programa y enviar una señal de que aquéllos que participan son muy apreciados. La República Dominicana podría recurrir al enfoque utilizado por el gobierno belga, el cual está implementado paulatinamente programas focalizados de desarrollo de liderazgo, con énfasis en el compromiso y participación de los directivos. Están en proceso de desarrollo programas separados para mandos intermedios y directivos de alto nivel estratégico (véase el Recuadro 3.9).

Recuadro 3.9. Bélgica: programas de desarrollo de liderazgo Vitruvius e In Vivo

Los programas de desarrollo de liderazgo Vitruvius e In Vivo se orientan a desarrollar las competencias de liderazgo de directivos y futuros directivos en todo el gobierno federal. El objetivo es mejorar la capacidad de las organizaciones públicas mediante el desarrollo de directivos estratégicos clave, quienes contribuirán al establecimiento de la cultura deseada de liderazgo orientado a resultados. Cada organización registra en el programa a los directivos que considera sus piezas clave.

Parte integral de estos programas es el enfoque de aprendizaje inductivo. Cada participante recibe el apoyo de una cartera metodológica, la autorreflexión y el "coaching de colegas", con el fin de facilitar la transmisión del aprendizaje en la vida diaria. El desarrollo directivo es apoyado con el reconocimiento de los puntos positivos, el cual refuerza la motivación y eficacia del aprendizaje. De esta forma, en gran medida el programa es diseñado por los propios participantes.

Los programas se están implementando gradualmente, empezando con el Vitruvius:

- El Vitruvius es un programa de desarrollo de liderazgo para mandos intermedios de organismos del gobierno federal. Cada año se acepta en él a 60 mandos intermedios estratégicos.
- El In Vivo es un programa de liderazgo individual para 100 directivos de alto nivel al año.
- Cada año se brinda apoyo personalizado a tres organizaciones con el fin de ayudarlas en su proceso de transformación de la cultura de liderazgo.

Fuente: Presentación por parte del delegado belga a la *OECD Public Employment and Management (PEM) Network Meeting*, octubre de 2012.

Con el tiempo, estos programas de desarrollo pueden volverse parte de un sistema estructurado para desarrollar las capacidades de liderazgo y gestión en todo el servicio público de la República Dominicana. Dado que sus recursos son limitados, es necesario dirigir bien los programas a las áreas de mayor prioridad. Uno de los elementos que podrían considerarse es el establecimiento de un centro estratégico para el aprendizaje y desarrollo del liderazgo. Esto se ha hecho en el servicio público australiano, el cual completó recientemente una revisión de sus necesidades y prioridades de desarrollo de liderazgo, y amplió su foco de interés para incluir la identificación de las principales brechas y oportunidades en las principales capacidades. Se han identificado varias prioridades con base en tres criterios: (i) el impacto potencial (brecha identificada constantemente en todo el servicio público o posibilidad de un impacto cultural); (ii) urgencia (competencias en todo el servicio público requeridas para el éxito futuro), y (iii) importancia (capacidades que necesitan mantenerse o mejorarse en todo el servicio público). El desarrollo de competencias de liderazgo es fundamental para las reformas continuas del servicio público por parte del gobierno australiano (véase el Recuadro 3.10).

Recuadro 3.10. Desarrollo de competencias estratégicas de liderazgo en el servicio público australiano (APS, por sus siglas en inglés)

En julio de 2010 se creó el *Strategic Centre for Leadership, Learning and Development* (Centro Estratégico para el Liderazgo, Aprendizaje y Desarrollo) para el servicio público australiano, con el fin de atender las necesidades de competencias de liderazgo y otras competencias principales. Uno de los principales entregables es una estrategia anual de desarrollo de competencias de liderazgo y otras competencias principales.

En 2012, la Comisión de Servicio Público de Australia validó y renovó las prioridades y necesidades de desarrollo de liderazgo, y amplió sus objetivos para incluir la identificación de las brechas y oportunidades en las competencias principales. Este trabajo dio como resultado la Estrategia 2012 de Competencias de Liderazgo y Otras Competencias Principales del APS.

Se han identificado cuatro áreas relacionadas con el desarrollo

1) **Competencias básicas.** Se trata de competencias esenciales en el sitio de trabajo que son pertinentes para los empleados en todos los niveles. Estas competencias apuntalan la capacidad de liderazgo, las competencias principales y las competencias de gestión, y son fundamentales para la operación eficaz de una organización. A diferencia de las competencias principales y de gestión, las básicas no son específicas para el sector público, aunque se aplican en forma diferente en diferentes contextos del sector público (desarrollo de políticas, cumplimiento, regulación).

2) **Competencias principales del servicio público.** Conocimientos y competencias específicos del sector público que son esenciales para esta institución y pertinentes para todos los funcionarios.

3) **Competencias de gestión.** Estas competencias se basan en las competencias principales del servicio público y proporcionan las competencias que se requieren a medida que los funcionarios avanzan a puestos con autoridad. El marco identifica las competencias de gestión específicas para el sector público, las cuales sustentan la toma de decisiones sólida y permiten a los directivos de este sector avanzar en los sistemas y procesos del APS.

4) **Competencias de liderazgo.** Se trata de competencias de liderazgo que permiten a los servidores públicos ejercer influencia sobre otras personas y establecer la cultura de nuestros sitios de trabajo. La competencia de liderazgo es "la otra cara de la moneda" que complementa las competencias principales y de gestión. Como se reconoce en el marco, el liderazgo es una práctica más que un puesto y es necesario desarrollar líderes en todos los niveles, aunque el centro de interés inicial es el servicio ejecutivo de alto nivel.

Fuente: Australian Public Service Commission (APSC) (n.d.), *APS Leadership and core skills strategy 2012-13*, www.apsc.gov.au/learn/leadership-and-core-skills.

De igual manera, el Reino Unido revisó recientemente sus requerimientos de competencias de gestión y liderazgo. Una de las brechas identificadas fue en las competencias para gestionar grandes proyectos. Se encontró que, como resultado, un alto porcentaje de los proyectos se encargaban al sector privado. Dada la necesidad de implementar grandes proyectos como parte de la Estrategia Nacional de Desarrollo (END) de la República Dominicana, resultaría interesante analizar la respuesta del Reino Unido a este problema. En 2012 se instauró la Major Projects Leadership Academy (Academia de Liderazgo de Grandes Proyectos [MPLA]), en el marco del Plan de Reforma del Servicio Público, y todos los departamentos gubernamentales acordaron que hacia finales de 2014, los directivos de alto nivel nombrados para dirigir grandes proyectos deberán haber pasado por la MPLA, la cual se opera en conjunto con la Saïd Business School de la Universidad de Oxford (véase el Recuadro 3.11).

Recuadro 3.11. Servicio público en el Reino Unido – Major Projects Leadership Academy [Academia de Liderazgo de Grandes Proyectos (MPLA)]

La Academia de Liderazgo de Grandes Proyectos permite que cada año 100 líderes de proyectos grandes desarrollen sus competencias y capacidades, lo cual significa que el gobierno del Reino Unido está conformando suficientes competencias para dirigir con éxito la cartera de proyectos grandes en todo el gobierno.

Los participantes en la Academia se reúnen para tomar módulos residenciales de tres a cinco días, impartidos en el transcurso de un periodo de 12 meses e intercalados con un demandante programa de preparación y tareas. Al inicio del programa, antes del primer módulo, los participantes completan una evaluación psicométrica y se someten a un proceso de retroinformación de 360 grados. Esta retroinformación ayuda a cada participante a entender sus fortalezas y debilidades individuales, permitiéndoles establecer un plan de desarrollo y entender cómo podrían sostener sus propios niveles de intensidad durante el ciclo de vida del proyecto.

Cada uno de los tres módulos que siguen aporta insumos académicos rigurosos y profundos conocimientos de los miembros de la facultad de Oxford y de practicantes experimentados, con el fin de mezclar la teoría y la práctica en una forma que permita a los participantes reflexionar sobre sus propias maneras de trabajar y desarrollarlas. Fuera del aula, los conceptos clave de la Academia se utilizan en clases magistrales y en la realización de una Revisión de Grandes Proyectos. La revisión no sólo es útil para el proyecto bajo consideración, sino también permite al participante reflexionar acerca de la función de seguridad y transmitir este aprendizaje a su propio trabajo. Al continuar trabajando de tiempo completo en su gran proyecto mientras están en la Academia, los participantes pueden aplicar su aprendizaje directamente al sitio de trabajo y aportar al programa los retos que afrontan. Compartir estos retos con otros servidores públicos de alto nivel de esta manera les brinda una útil vinculación, así como experiencias de aprendizaje, y este aspecto sigue desarrollándose en los "conjuntos de aprendizaje en acción" del programa para conformar una red de personas con experiencias y competencias comunes en los diferentes departamentos.

Al concluir el programa, se evalúa con rigor a todos los participantes. Un comité compuesto por el director de la Academia, el presidente de la MPLA y un secretario permanente del servicio público considera las tareas de los participantes y la evidencia de mejora de sus competencias, capacidades y continuo desarrollo profesional.

Fuente: Universidad de Oxford, Saïd Business School, www.sbs.ox.ac.uk/programmes/execed/custom/our-clients/major-projects-leadership-academy.

Es necesario clarificar las funciones y responsabilidades, y que el INAP se concentre en su función estratégica

Es probable que actualmente se lleven a cabo muchos programas de formación en instituciones individuales de todo el servicio público y que se asignen grandes cantidades de recursos a esta formación dentro de las organizaciones de dicho servicio. El reto consiste en asegurar que los recursos se utilicen con eficiencia, que el nivel de inversión sea óptimo, y que la formación y desarrollo se enfoquen adecuadamente, de acuerdo con las prioridades definidas. Para lograr esto, sería útil realinear en cierta medida las funciones y responsabilidades.

Es recomendable que el INAP se centre en su función estratégica, al crear regulaciones, políticas y un marco nacional de formación y desarrollo para implementar el marco legislativo ya existente. Las políticas podrían incluir elementos como requerimientos mínimos para formación continua para servidores públicos, formación obligatoria en temas como ética, parámetros sobre qué proporción del presupuesto del personal de las organizaciones debería gastarse en formación, responsabilidad de los directivos operativos de desarrollar a su personal y requerimientos de presentación de informes para instituciones.

Si bien conviene que la mayor parte de las actividades de formación y desarrollo sean realizadas por la organización empleadora, el INAP podría ser directamente responsable de garantizar el desarrollo de líderes y directivos, ya que se trata de una prioridad estratégica.

Otra función estratégica para el INAP sería supervisar las tendencias del gobierno entero, identificar necesidades emergentes y establecer estrategias de formación y desarrollo para atender problemas transversales de competencias que afecten a la fuerza de trabajo gubernamental. A este respecto la República Dominicana podría analizar el enfoque seguido en el servicio público del Reino Unido. En abril de 2013 se inició un Plan de Competencias de alto nivel, a cinco años, para atender requerimientos transversales de competencias. El plan identifica brechas en competencias y capacidades, y plantea en qué forma se cerrarán (véase el Recuadro 3.12). El propósito central del plan de desarrollar competencias para dirigir y gestionar el cambio, así como para ampliar el gobierno electrónico, puede resultar particularmente interesante para la República Dominicana. Se ha diseñado un nuevo programa principal de estudios para todo el personal, basado en el marco de competencias del servicio público. El plan está en proceso de implementación mediante una combinación de acciones por parte de los líderes y directivos operativos, los organismos centrales responsables de la gestión y aprendizaje del servicio civil, de los departamentos (ministerios) individuales y de los propios empleados.

El INAP podría desarrollar elementos guía y herramientas para ayudar a las organizaciones a llevar a cabo análisis de necesidades de formación, preparar sus planes de formación y evaluar actividades de formación y desarrollo. No conviene que el instituto efectúe una supervisión detallada, sino que evalúe el avance de las organizaciones en la implementación del marco y brinde apoyo para superar los problemas detectados.

La formación de inducción sería impartida por la organización empleadora, dentro del marco establecido por el INAP, en vez de que éste la imparta directamente. Asimismo, se requiere que las organizaciones implementen formación continua basada en competencias para los empleados actuales. Hay un problema evidente de cumplimiento de la formación de inducción que necesita vigilarse. Podría evitarse un oneroso proceso de supervisión si se desarrolla un sistema electrónico para que los empleados públicos registren sus actividades de formación. El INAP podría utilizar este método no sólo para supervisar el cumplimiento de la formación obligatoria en áreas como inducción y ética, sino también para generar un informe anual sobre las actividades de formación. Con el tiempo, un sistema como éste podría desarrollarse como herramienta para que los empleados mantengan una cartera de aprendizaje en línea y para que los gerentes registren el desarrollo de competencias de su personal.

Recuadro 3.12. Plan de Competencias para el Servicio Público del Reino Unido

Iniciado en abril de 2013, el Plan de Competencias se llama Meeting the Challenge of Change (Afrontar el reto del cambio). Es parte clave del programa de reforma del servicio público del Reino Unido y se basa en un diagnóstico compartido por los ministros, secretarios permanentes (los servidores públicos de más alto nivel) y los jefes de profesión, de las competencias que tienen que desarrollar. El plan identifica cuatro áreas prioritarias donde se requiere mejorar competencias:

- Dirección y gestión del cambio
- Competencias y conductas comerciales
- Cumplimiento de proyectos y programas exitosos
- Rediseño de servicios y entrega digital de éstos

El plan propone un conjunto de acciones coordinadas. En el nivel corporativo de todo el servicio público, los organismos centrales proporcionan las herramientas, la formación y los procesos de gestión que serán utilizados por todos los departamentos. El liderazgo de la iniciativa es asumido por el jefe del servicio público, servidores públicos de alto nivel y directivos operativos. Los departamentos utilizan instrumentos compartidos, como el marco de competencias, y concentran su atención en las cuatro áreas prioritarias. Se espera que los empleados asuman la responsabilidad de su propio desarrollo y avance de carrera, y trabajen con sus directivos operativos para desarrollar sus competencias y mejorar su desempeño.

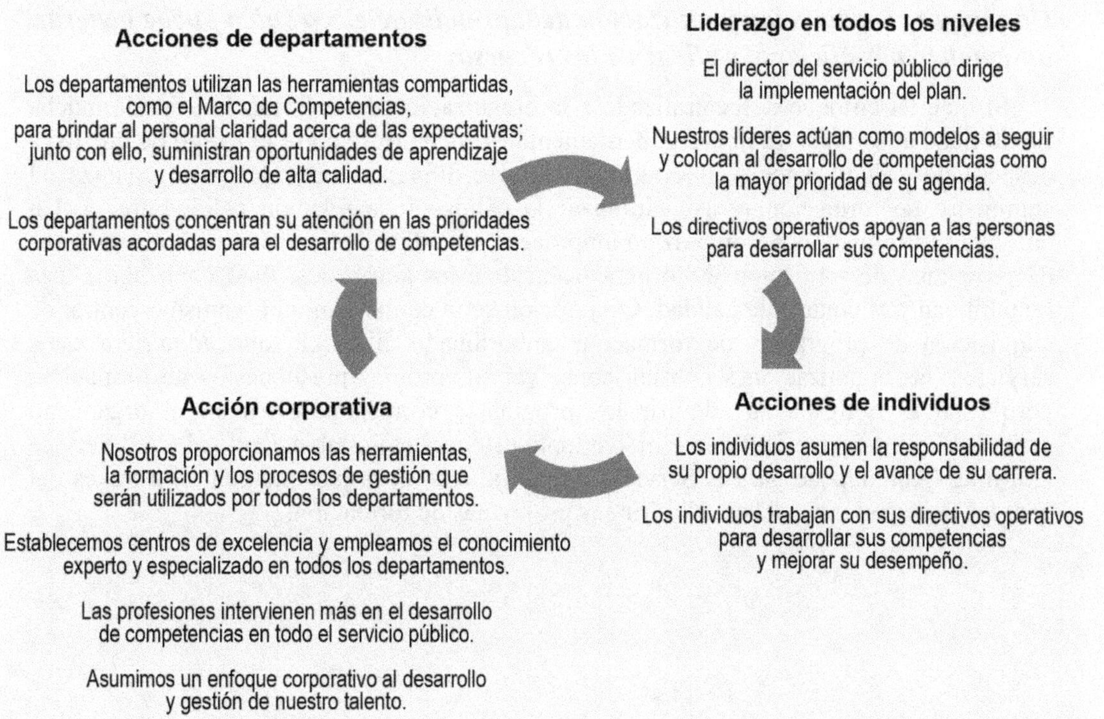

Fuente: United Kingdom Cabinet Office (2013), *Meeting the Challenge of Change: A Capabilities Plan for the Civil Service*, Abril, http://engage.cabinetoffice.gov.uk/capabilities-plan.

Conviene que los directivos rindan cuentas del desarrollo de su personal

Es recomendable que los jefes de los ministerios y organizaciones, así como los directivos operativos, tengan responsabilidades bien definidas en relación con la formación y desarrollo de su personal, y que dichas responsabilidades sean parte de sus objetivos de desempeño. Se requiere que el personal sea responsable de prestar atención a su propio proceso continuo de aprendizaje y desarrollo, siempre y cuando reciban el apoyo de sus directivos y del marco general de formación y desarrollo. Las actividades de este tipo llevadas a cabo por las instituciones podrían guiarse por los objetivos estratégicos de GRH de todo el gobierno, así como por las propias necesidades funcionales de la institución. Es importante requerir a las instituciones que rindan cuentas de sus gastos en formación y desarrollo, y que evalúen el retorno sobre su inversión.

Podría ser útil para la República Dominicana referirse al modelo utilizado por la Oficina Federal de Personal de Suiza, el cual plantea un conjunto triangular de responsabilidades entre la GRH, los directivos operativos y los empleados (véase el Recuadro 3.13). En el contexto de las reformas del servicio público suizo, la responsabilidad primordial se ha transferido de los especialistas de GRH a los directivos operativos, quienes están en mejores condiciones de conocer las necesidades de desarrollo de su personal; asimismo, la identificación de las necesidades de formación se ha vinculado fuertemente con el proceso de gestión de desempeño.

Una mejor coordinación y utilización del aprendizaje electrónico puede generar un empleo más eficiente y eficaz de los recursos

Si bien un enfoque descentralizado a la organización de la formación brinda mucha flexibilidad a las organizaciones gubernamentales, siempre se corre el riesgo de que haya desperdicio y duplicaciones. Podrían considerarse diferentes opciones para organizar el suministro de formación, y así garantizar la calidad y la relación calidad-precio. Un enfoque sería que el INAP organizara un proceso periódico de licitación para proveedores de programas de formación y otorgara licencias a los aprobados. Esto contribuiría a la rentabilidad y el control de calidad. Otra opción sería contar con un organismo central de adquisición de programas de formación, subordinado al INAP, que adquiriera estos servicios; las organizaciones podrían conservar sus propios presupuestos de formación, pero estarían obligadas a adquirir los programas correspondientes en el organismo central. Recientemente el Reino Unido adoptó este modelo estableciendo al Civil Service Learning (Aprendizaje para el Servicio Público) como el organismo central a través del cual los departamentos deben adquirir sus programas de formación.

Recuadro 3.13. Asignación de responsabilidades de desarrollo del personal en la administración federal suiza

El enfoque de la administración federal suiza al desarrollo de personal ha cambiado considerablemente para apoyar el programa de transformación del servicio público gubernamental. Los objetivos estratégicos de la formación y desarrollo del personal son los siguientes:

- Apoyar la concentración de interés en los objetivos futuros y en los retos que afronta la administración federal. El proceso de formación y desarrollo debería armonizarse con la estrategia de GRH del gobierno federal y las necesidades funcionales de las instituciones, fomentar el cambio cultural y contribuir a cubrir las necesidades de competencias actuales y futuras.
- Aumentar la competitividad en el mercado laboral, así como la flexibilidad y movilidad del personal, al desarrollar competencias y alentar el autodesarrollo, de modo que el personal pueda encontrar soluciones innovadoras y asumir nuevas tareas y funciones.
- Mejorar la satisfacción del personal y el atractivo de la administración como empleador, al utilizar las capacidades y el potencial de los empleados, alentar el aprendizaje continuo, y apoyar la diversidad y la igualdad de oportunidades.

La principal responsabilidad de desarrollo de personal reside en los directivos operativos y en el propio personal, en tanto que la GRH desempeña una función de apoyo. La esencia de este proceso son las entrevistas de evaluación de desempeño y la definición de objetivos que tienen lugar entre directivos operativos y su personal.

Fuente: Oficina Federal de Personal de la Confederación Suiza (2003), *Développement du personnel dans l'administration fédérale*, www.epa.admin.ch/themen/ausbildung/00268/index.html?lang=fr.

Recuadro 3.14. Dinamarca: el proyecto CAMPUS

En 2007, el gobierno danés adoptó un enfoque corporativo al aprendizaje mediante el proyecto CAMPUS. Todas las organizaciones públicas son tratadas como parte de una corporación para la adquisición, desarrollo y distribución de las actividades de aprendizaje y desarrollo de competencias. Se implementó un enfoque gradual, que empezó con empleados del gobierno central y paulatinamente amplió el proyecto para cubrir otras partes del sector público. El Ministerio de Hacienda está a cargo de gestionar el proyecto CAMPUS, el cual se divide en dos unidades organizacionales:

- Una Unidad de Sistema de Gestión de Aprendizaje concentrada en establecer una infraestructura digital para el aprendizaje (ubicada en la Agencia para la Gestión Gubernamental).
- Una Unidad de Aprendizaje centrada en productos de aprendizaje, especialmente el aprendizaje electrónico (ubicada en la Autoridad del Empleador Estatal).

El proyecto CAMPUS permite que los organismos de gestión central tengan una panorámica de las actividades y gastos en formación en todo el gobierno, así como la capacidad de medir resultados y el plan para el futuro. Los directivos operativos y las funciones de GRH son capaces de utilizar el CAMPUS como una herramienta para apoyar la competencia estratégica y las entrevistas de evaluación. Para los empleados públicos, el proyecto proporciona acceso a ofertas de aprendizaje y planes de aprendizaje.

El proyecto CAMPUS ha generado ahorros en costos administrativos (adquisición, desarrollo común, gastos de viaje, etc.), así como una mejora en la calidad y cantidad de aprendizaje. En muchos casos el aprendizaje electrónico ahorra tiempo (tiempo de traslado, tiempo en el aula, etc.) y en 2011 este potencial se aumentó con la implementación de aulas virtuales para la enseñanza y reuniones. Asimismo, el CAMPUS permite la optimización de los procesos de trabajo, el intercambio de mejores prácticas y la adopción de metodologías comunes. Se espera la digitalización total (flujo de trabajo, autoservicio, notificaciones, etc.) para ahorrar al gobierno danés un 33% estimado en costos con el tiempo.

El CAMPUS ha representado por lo menos cuatro grandes cambios. En primer lugar, el proyecto representa un cambio de cursos de formación individuales a planes de aprendizaje. Esto se debe a la necesidad de mezclar y situar localmente el aprendizaje electrónico. No se trata necesariamente de un sustituto de cursos existentes, sino de una manera eficaz de utilizar los recursos en forma más eficiente. En segundo lugar, el CAMPUS está cambiando las funciones de GRH de administrador a planificador. El aprendizaje electrónico requiere contemplar y reconsiderar los cursos y programas de aprendizaje existentes, aumentar la colaboración con profesores y consultores, tanto internos como externos, y compartir mejores prácticas, competencias y experiencia. En tercer lugar, el aprendizaje electrónico ha colocado nuevas demandas sobre los cursos tradicionales, ya que requiere cambiar el contenido y las formas didácticas de los cursos tradicionales. Es necesario especificar los puntos de aprendizaje (resultados esperados del aprendiz), puntos de formación (competencias esperadas del aprendiz) y objetivos organizacionales (cómo puede el aprendiz contribuir a los objetivos de la organización). En cuarto lugar, el aprendizaje electrónico ha planteado nuevas demandas a los empleados, como la responsabilidad de adquirir calificaciones en el trabajo (aprendizaje justo a tiempo), de actualizarse (aprendizaje por importancia) y de mantener las calificaciones como en la repetición (aprendizaje por si acaso). Por otro lado, los empleadores necesitan garantizar la accesibilidad al aprendizaje electrónico y cubrir las necesidades y proceso de aprendizaje individual.

Algunas lecciones aprendidas del proyecto CAMPUS son las siguientes:

- Escoger un Sistema de Gestión de Aprendizaje (SGA) amistoso para el usuario – el SGA debe ser de uso fácil e intuitivo, especialmente para los empleados pero también para los directivos, RH y otros con un uso más avanzado del sistema. El SGA debe gestionar cursos, pero también ser capaz de sustentar el intercambio de conocimientos, el aprendizaje justo a tiempo, los centros de conocimientos, las aulas virtuales y las redes sociales. Y, lo que es más importante, debería tener una función de búsqueda por secciones, de modo que cualquier búsqueda presente todas las opciones pertinentes, incluidos cursos, asuntos para debate publicados, vídeos o ayudas de trabajo.

Recuadro 3.14. Dinamarca: el proyecto CAMPUS (*cont.*)

- Las primeras impresiones perduran – puede ser difícil conseguir que los empleados adopten el aprendizaje electrónico. Por tanto, es fundamental que la primera experiencia sea positiva y añada valor más allá de las expectativas. El criterio de éxito real no es el primer curso de aprendizaje electrónico, sino regresar a tomar el segundo.
- Aprendizaje electrónico en forma de cursos o de aprendizaje justo a tiempo – decidir por cada tema si se requiere un curso de formación completo o sólo pequeñas partes de información de cinco a 10 minutos agrupadas por tema, por ejemplo, vídeos o formación para uso específico en ayudas de trabajo. El primero representa un desarrollo de competencias más tradicional, en tanto que el segundo es aprendizaje justo a tiempo, el cual aumenta la competencia del empleado en un breve periodo de tiempo, por ejemplo, como preparación para una reunión.
- Un paso a la vez – la implementación del aprendizaje electrónico demanda un cambio enorme en la cultura de aprendizaje, los flujos de trabajo y los valores, lo cual puede requerir un tiempo considerable. Utilice el poder de la mejor práctica, o simplemente cualquier práctica, porque cada experiencia puede servir de inspiración a los ministerios.

Fuente: "Digitalizing HRM and Competency Development", presentación de Sine Martinussen, líder del proyecto CAMPUS Learning Unit, al *OECD Public Employment and Management (PEM) Working Party*, OECD, París, diciembre de 2008.

Se recomienda que la República Dominicana se asegure de que se pongan en práctica métodos de mejores prácticas de aprendizaje de adultos. La experiencia del INAP en el uso del aprendizaje virtual y el aprendizaje electrónico suministra una base para continuar el desarrollo de métodos en línea, como una manera de ampliar el acceso a la formación y complementar otras formas de aprendizaje. Además de la formación formal, es importante apoyar las actividades basadas en el sitio de trabajo, como la formación continua y las tareas de desarrollo. El proyecto danés CAMPUS muestra la manera de combinar un enfoque al aprendizaje corporativo para todo el gobierno con el uso amplio del aprendizaje electrónico vinculado con competencias. Este enfoque permite tener una panorámica de las actividades y el gasto en formación, y facilita la medición de resultados, ofreciendo a la vez mucha flexibilidad a las organizaciones y el personal. El proyecto también ha generado ahorros en costos, así como una mejora en la calidad y cantidad de actividades de aprendizaje, a la vez que proporciona algunos indicadores útiles para implementar el aprendizaje electrónico (véase el Recuadro 3.14).

Es esencial evaluar los resultados de la formación. Se recomienda que el INAP diseñe un enfoque de evaluación para uso por parte de las organizaciones gubernamentales, con base en técnicas de mejores prácticas y evaluación de multinivel.

Recomendaciones clave

A. Corto plazo (1–2 años)

Se requieren medidas adicionales para establecer con firmeza la selección basada en méritos en todo el servicio público, y aumentar la rapidez y eficacia del sistema de selección. Las medidas que ayudarían a lograrlo incluyen las siguientes:

- Requerir a los ministros que garanticen que la selección basada en méritos se utilice con congruencia en las organizaciones bajo su responsabilidad, para garantizar el respaldo político continuo y fuerte que resulta esencial para el éxito de esta reforma.
- Responsabilizar personalmente a los viceministros y directores generales de aplicar los procedimientos requeridos de selección y promoción, y exigirles que cada seis meses informen del número de empleados contratados y promovidos en las instituciones a su cargo, en comparación con el número de concursos realizados.
- Establecer un organismo independiente de protección de méritos con facultades de investigación, auditoría y presentación de informes.
- Establecer un organismo central de selección para gestionar el proceso de selección para el servicio público de carrera.
- Mejorar la planificación de la selección y llevar a cabo concursos comunes donde sea posible.
- Separar el proceso de control de la dotación de personal central del proceso de planificación de concursos de selección, de modo que éstos puedan organizarse siguiendo un programa diferente de las autorizaciones a puestos abiertos.
- Brindar a las organizaciones la flexibilidad de proceder directamente con un concurso público o un concurso interno abierto si lo consideran necesario.
- Revisar la mezcla de concursos internos y externos en el contexto de la necesidad de atraer nuevas capacidades contra la necesidad de promover la movilidad interna y brindar oportunidades de carrera a los empleados existentes.
- Desarrollar una panorámica de las capacidades que escasean, sobre todo en áreas de alta prioridad, y utilizar más la formación previa a la selección para así ampliar la oferta de candidatos internos y externos.
- Explorar la posibilidad de establecer vínculos con universidades e instituciones que proporcionen formación técnica y profesional, como una manera de desarrollar un canal directo a posibles candidatos a los puestos.

La gestión de competencias es un instrumento clave que podría desarrollarse más. Las medidas que ayudarían a lograrlo incluyen las siguientes:

- Desarrollar un marco de competencias estándar para crear conceptos comunes y permitir la vinculación de competencias con áreas clave de GRH, como planificación, selección, formación y gestión del desempeño de la fuerza de trabajo.
- Hacer que los valores fundamentales del servicio público formen parte del marco de competencias.
- Definir competencias de liderazgo para servidores públicos de alto nivel.
- Identificar competencias que se necesitarán en el futuro para lograr los objetivos gubernamentales de largo plazo.

Se necesita con urgencia desarrollar las capacidades de la fuerza laboral. Las medidas que ayudarían a lograrlo incluyen las siguientes:

- Establecer un marco nacional de formación y desarrollo para fijar prioridades y guiar un esfuerzo de desarrollo de capacidades focalizado.

- Identificar necesidades de formación de capacidades de alta prioridad y establecer un plan de desarrollo a tres años para atenderlas.
- Diseñar un plan de estudios central basado en competencias, que pueda afinarse gradualmente a medida que se desarrolla el marco de competencias.
- Poner en acción al Consejo Académico como el organismo coordinador general.
- Aclarar las funciones y responsabilidades de formación y desarrollo: las instituciones y directivos operativos tendrán la responsabilidad primordial de su propio personal y el *INAP* se centrará en su función estratégica.
- Desarrollar programas de liderazgo y gestión basados en competencias y empezar un proceso sistemático de desarrollo de liderazgo y gestión.
- Desarrollar orientación y herramientas para ayudar a las instituciones a realizar análisis de necesidades de formación, a crear sus planes de formación y a evaluar sus actividades de formación y desarrollo.
- Implementar métodos de evaluación de aprendizaje y formación de mejores prácticas.
- Examinar maneras de mejorar la adquisición de programas de formación.

B. Mediano plazo (3-5 años)

Asegurar el uso congruente de la selección basada en méritos tendría que seguir siendo una alta prioridad. Las medidas que ayudarían a lograrlo incluyen las siguientes:

- Una vez establecido un contrato de desempeño para una institución, uno de los criterios de desempeño podría ser el uso congruente de procedimientos de selección y promoción basados en méritos.
- Continuar desarrollando la capacidad del organismo de protección de méritos y el organismo central de selección, y garantizar que ambos cuenten con los recursos adecuados para llevar a cabo sus funciones.
- Implementar medidas para aumentar la diversidad de la oferta de selección.
- Utilizar las disposiciones de la Ley 41-08 para incluir todos los puestos por debajo de casi todo el nivel directivo más alto en el servicio de carrera, y sujetarlos a la selección basada en méritos.
- Una vez que se cuente con tiempo suficiente para que ocurra la rotación y se hagan nuevos nombramientos, el *MAP* podría evaluar comparativamente y de forma útil la proporción de directivos que se han seleccionado por sus méritos en comparación con otros países de la región.
- Considerar de qué manera la selección para puestos que permanecen fuera del servicio de carrera podría hacerse más rigurosa e inmune al nepotismo, para así ayudar a elevar la calidad general de calificaciones de los empleados y apoyar los objetivos de mejorar la calidad y los resultados en todo el servicio público.
- Llevar a cabo en forma continua la vigilancia, evaluación y presentación de informes de los avances en la implementación de la selección basada en méritos.

Ampliar las oportunidades de carrera ayudará a desarrollar el compromiso de los empleados con los méritos y el profesionalismo. Las medidas que ayudarían a lograrlo incluyen las siguientes:

- Reducir el número de categorías de puestos diferentes al crear categorías de puestos interministeriales en la medida de lo posible.
- Enriquecer el trabajo que se está haciendo en la elaboración de perfiles de puestos basados en competencias para desarrollar un método de organización y agrupamiento de puestos que facilite la flexibilidad, por ejemplo, un modelo de familias de puestos o un conjunto común de puestos de referencia.

Conviene seguir desarrollando la gestión de competencias como un instrumento clave de GRH estratégica. Las medidas que ayudarían a lograrlo incluyen las siguientes:

- Vincular las competencias con la gestión de desempeño y la planificación de la fuerza laboral.
- Integrar las competencias a la selección y desarrollo de directivos.

Se sugiere fortalecer más la formación y el desarrollo y vincularlos con otros procesos de GRH. Las medidas que ayudarían a lograrlo incluyen las siguientes:

- Utilizar la evaluación de desempeño para identificar brechas de competencias y necesidades de formación y desarrollo del personal, y requerir a los directivos que establezcan planes individuales de formación.
- Utilizar la planificación de la fuerza laboral para identificar brechas de competencias y vincularla con los planes de formación dentro de las instituciones, las prioridades de formación y desarrollo para sectores particulares y las estrategias de desarrollo de competencias para el servicio público en su conjunto.
- Transferir la responsabilidad de la formación de inducción a las instituciones dentro de un marco establecido por el *INAP*.
- Ampliar el aprendizaje electrónico utilizando un enfoque corporativo para desarrollar un sistema de gobierno entero.

C. Largo plazo (5 años +)

Es importante que se dé un ímpetu estratégico a las actividades de desarrollo de liderazgo y gestión en la administración pública dominicana, firmemente colocado en el contexto de reformas del servicio público. Las medidas que ayudarían a lograrlo incluyen las siguientes:

- Establecer un centro estratégico para el aprendizaje y desarrollo de liderazgo, preferiblemente por medio del fortalecimiento de la capacidad del INAP (en vez de crear un nuevo organismo). Éste tendría que vincularse estrechamente con la cultura de la calidad, innovación y resultados que el gobierno dominicano quiere lograr en todo el servicio público.

Notas

1. Presentación de la Agencia Sueca para Empleadores Gubernamentales a la OECD Public Employment and Management (PEM) Network, París, octubre de 2012.
2. Presentación de los delegados belgas a la OECD Public Employment and Management (PEM) Network, París, octubre de 2012.
3. Ocho países (Alemania, Bélgica, Grecia, Irlanda, México, República Checa, República Eslovaca y Turquía) ofrecen formación inicial estándar para todos los empleados que ingresan al servicio público, en tanto que en 18 países esta formación sólo es obligatoria para algunos empleados de nuevo ingreso. En tres países (Brasil, España y Ucrania), la mayoría de los empleados son admitidos en una escuela de formación específica después de su contratación.
4. Presentación del delegado coreano a la OECD Public Employment and Management (PEM) Network, París, octubre de 2012.
5. Presentación del delegado coreano a la OECD Public Employment and Management (PEM) Network, París, octubre de 2012.
6. Información proporcionada durante la visita de trabajo de la OCDE a la República Dominicana (julio de 2013).
7. Información proporcionada por la República Dominicana como respuesta a la OECD Survey on Strategic HRM (julio de 2013).
8. Análisis efectuado a nombre del MAP por FIIAPP, Propuesta de Gestión de Recursos Humanos del Servicio Civil de la República Dominicana, julio de 2012.

Bibliografía

Australian Public Service Commission (APSC) (2011), *Job Family Model*, www.apsc.gov.au/__data/assets/pdf_file/0013/7231/Job-Family-Models.pdf.

Australian Public Service Commission (APSC) (n.d.), *APS Leadership and core skills strategy 2012-13*, www.apsc.gov.au/learn/leadership-and-core-skills.

ESADE (2012), *Segundo Barómetro de la Profesionalización del Empleo Público en Centroamérica y República Dominicana*, presentación de los resultados preliminares, Francisco Longo, Instituto de Gobernanza y Dirección Publica, Santo Domingo.

Comisión Europea (2013), *European Public Sector Innovation Scoreboard 2013*, http://ec.europa.eu/enterprise/policies/innovation/files/epsis-2013_en.pdf.

Federal Personnel Office of the Swiss Confederation (2003), *Développement du personnel dans l'administration fédérale*, www.epa.admin.ch/themen/ausbildung/00268/index.html?lang=fr.

FIIAPP (2012), *Propuesta de Gestión de Recursos Humanos del Servicio Civil de la República Dominicana*, (Informe núm. 2), documento interno, Ministerio de Administración Pública de la República Dominicana, Santo Domingo.

Government of Ireland (n.d), www.taoiseach.gov.ie/eng/Work_Of_The_Department/Jobs

Government of Ireland (n.d), www.publicjobs.ie.

Banco Interamericano de Desarrollo (BID) (2009), *La ruta hacia el crecimiento sostenible en la República Dominicana*, IDB, Washington, D.C.

Banco Interamericano de Desarrollo (BID) (2006), *Informe sobre la situación del servicio civil en América Latina,* IDB, Washington, D.C.

Instituto Nacional de Administración Pública (INAP) (n.d), www.inap.gov.do.

Martinussen, S. (2008), "Digitalizing HRM and Competency Development", presentación al *OECD Public Employment and Management (PEM) Working Party*, OECD, París, diciembre.

Ministry of Public Administration and Security (MOPAS) of Korea (n.d.), *Competency evaluation selects top talents to lead the country into a bright future* (brochure).

New Zealand State Services Commission (2013), "Leadership Success Profile", abril, www.ssc.govt.nz/sites/all/files/leadership-success-profile-april2013.pdf.

OCDE (2013a), *Ethics Training for Public Officials*, OECD, París, http://www.oecd.org/corruption/acn/library/EthicsTrainingforPublicOfficialsBrochureEN.pdf.

OCDE (2013b), Survey on Strategic HRM in Central/Federal Governments (Encuesta de la OCDE sobre Gestión Estratégica de Recursos Humanos en Gobiernos Centrales/Federales, actualizada en 2013 con base en datos de 2012), inédito.

OCDE (2012), "Developing Human Resource Management Strategies to Support Strategic Agility in the Public Sector", Dirección de Gobernanza Pública y Desarrollo

Territorial, Network on Public Employment and Management, GOV/PGC/PEM(2012)2.

OCDE (2011a), *Public Servants as Partners for Growth: Toward a Stronger, Leaner and More Equitable Workforce*, OECD Publishing, París, http://dx.doi.org/10.1787/9789264166707-en.

OCDE (2011b), "Trends in Strategic Human Resource Management in Government: Findings from the 2010 Survey on Strategic Human Resources Management in Central/Federal Governments of OECD Countries", Dirección de Gobernanza Pública y Desarrollo Territorial, GOV/PGC/PEM(2011)2/FINAL.

OCDE (2008), *OECD Public Management Reviews: Ireland 2008: Towards an Integrated Public Service*, OECD Publishing, París, http://dx.doi.org/10.1787/9789264043268-en;

OCDE (2007), *OECD Reviews of Human Resource Management in Government: Belgium 2007: Brussels-Capital Region, Federal Government, Flemish Government, French Community, Walloon Region*, OECD Publishing, París, http://dx.doi.org/10.1787/9789264038202-en;

Regidor-Barboza, H. (2013), "El Barómetro de la Profesionalización del Empleo Público en Centroamérica y República Dominicana", *ICAP-Revista Centroamericana de Administración Pública*, 64:151-158, junio, http://biblioteca.icap.ac.cr/rcap/64/harys_regidor.pdf.

Schuffenecker, D. (2011), *Emploi Public et Gestion Prévisionnelle des Ressources Humaines de l'Etat en France: Enjeux et Perspectives*, presentación ante la OECD Public Employment and Management Network (PEM), 7 de noviembre.

SEAP (Secretaría de Estado de Administración Pública, Presidencia de la República Dominicana) (2010), *Estadísticas de República Dominicana*, documento presentado en el XV Foro organizado por el Instituto Centroamericano de Administración Pública (ICAP) y la Dirección General de Servicio Civil (DGSC), Costa Rica.

United Kingdom Cabinet Office (2013), *Meeting the Challenge of Change: A Capabilities Plan for the Civil Service*, April, London, http://engage.cabinetoffice.gov.uk/capabilities-plan.

United States Merit Systems Protection Board (n.d.), www.mspb.gov/index.htm.

University of Oxford, Saïd Business School (n.d.), www.sbs.ox.ac.uk/programmes/execed/custom/our-clients/major-projects-leadership-academy.

Von Bergen, C.W., B. Soper and J. A. Parnell (2005), "Workforce diversity and organisational performance", *Equal Opportunities International*, 24(3/4):1-16.

Vujicic, M., K. Ohiri and S. Sparkes (2009), *Directions in Human Development. Working in Health: Financing and Managing the Public Sector Health Workforce*, Banco Mundial, Washington, D.C.

Capítulo 4

Mejorar la orientación hacia el desempeño y desarrollar el liderazgo para un desempeño más fuerte del sector público en la República Dominicana

Tomando en consideración la experiencia de los países de la OCDE, en este capítulo se analiza el conjunto de impulsores del desempeño del sector público en el entorno dominicano. El capítulo se concentra en estrategias y disposiciones para modernizar la administración pública dominicana, examinando cómo pueden asegurar la conducta ética y conducir la eficiencia, la orientación hacia el desempeño y el logro de resultados en forma equilibrada.

Si bien la idea de mejorar el desempeño de individuos, organizaciones y el servicio público en su conjunto es un objetivo sencillo compartido por todos los gobiernos democráticos, en la práctica es mucho más complicado. Esto hace del desempeño un concepto multifacético.

La gestión de directivos de alto nivel es un elemento fundamental para reforzar la orientación hacia el desempeño de la gobernanza pública. Brindar un liderazgo eficaz desempeña una función decisiva en garantizar el éxito de las reformas y la innovación en el sector público. Las medidas para gestionar la interfaz político-administrativa son clave en lo que se refiere al servicio público de alto nivel.

Los datos estadísticos para Israel son suministrados por y bajo la responsabilidad de las autoridades israelíes competentes. El uso de estos datos por la OCDE es sin perjuicio del estatuto de los Altos del Golán, Jerusalén Este y los asentamientos israelíes en Cisjordania bajo los términos del derecho internacional.

Introducción

Mejorar el desempeño del servicio público es un pilar fundamental de la Estrategia Nacional de Desarrollo (END) de la República Dominicana. El gobierno está comprometido a brindar servicios de mejor calidad, más eficientes y eficaces, a reducir el desperdicio de los recursos públicos y a establecer una cultura orientada a resultados e innovadora.

Si bien la idea de mejorar el desempeño de individuos, organizaciones y el servicio público en su conjunto es un objetivo sencillo compartido por todos los gobiernos democráticos, en la práctica es mucho más complicado. Los servicios públicos no sólo tienen que alcanzar objetivos relacionados con la cantidad, costos, resultados y satisfacción del usuario, sino también cumplir con otros criterios importantes, como legalidad, equidad, debido proceso y confiabilidad. El desempeño de un servidor público no implica únicamente entregar resultados y productos, sino también respeto a la ley, comportamiento ético, responsabilidad pública, neutralidad política y lealtad al gobierno electo en funciones. Esto convierte al desempeño en un concepto multifacético.

Las modalidades de gestión del desempeño en el gobierno tienen que superar dos pruebas fundamentales: primera, debe haber métodos apropiados para asegurar la conducta correcta e impedir la corrupción; segunda, los métodos deben impulsar la eficiencia, orientación hacia el desempeño y logro de resultados. Tradicionalmente, en los países de la OCDE se ha hecho hincapié en el control de insumos, así como el cumplimiento de reglas, procedimientos y estructuras jerárquicas. Con el tiempo, los esfuerzos para mejorar la eficiencia y el desempeño han generado una mayor delegación de autoridad a los gerentes dentro de marcos de gestión de desempeño, y el fortalecimiento de mecanismos de rendición de cuentas. Los países de la OCDE han cambiado a este modelo a distintas velocidades y muchos aún se esfuerzan por encontrar el equilibrio adecuado entre la delegación y la centralización de controles y supervisión.

De igual manera, la República Dominicana afronta el dilema de encontrar el equilibrio adecuado para sus circunstancias particulares. Se requieren mecanismos fuertes y eficaces para eliminar el desperdicio y la corrupción, garantizando la conducta ética. Al mismo tiempo, se requieren mecanismos para impulsar el desempeño y los resultados.

Las políticas de GRH en todos los elementos del ciclo de empleo ejercen impacto sobre el desempeño: modalidades de selección y promoción, salarios y otros incentivos de remuneración, formación, planificación y evaluación de desempeño, medidas de disciplina y terminación del empleo. Lograr una buena coincidencia entre las modalidades de GRH y de gestión financiera es esencial para incentivar el desempeño en el nivel organizacional.

Dado que el desempeño, la innovación y la eficiencia se han convertido en temas decisivos para la gobernanza pública, existe un creciente interés en la gestión de los directivos de alto nivel y su función y capacidades. El desarrollo de capacidades de liderazgo y gestión, así como la implementación de mecanismos de rendición de cuentas y desempeño rigurosos para directivos de alto nivel, han sido fundamentales para la mayor delegación de gestión que ha ocurrido. Se espera que los directivos de alto nivel de los países de la OCDE dirijan las reformas diseñadas para mejorar el desempeño de los servicios públicos.

Las medidas para gestionar la interfaz político-administrativa son clave en lo que se refiere al servicio público de alto nivel. En los países de la OCDE se aprecian varios grados de participación política en nombramientos de servidores públicos de alto nivel y otros asuntos de dotación de personal de alto nivel. Sin embargo, por lo general la influencia política es moderada por otros frenos y contrapesos del sistema para garantizar procesos rigurosos para asignar personal muy competente a los puestos de alto nivel.

Mejorar la orientación hacia el desempeño

Establecer marcos de desempeño que pongan énfasis en la rendición de cuentas en relación con resultados y productos, y brindar a la vez mayor flexibilidad a los directivos para gestionar recursos financieros y humanos, ha sido uno de los mayores avances de las reformas del sector público en los países de la OCDE durante las últimas dos décadas. En la mayoría de los países el proceso ha sido gradual y de largo plazo, ya que implementar marcos sofisticados de gestión de desempeño es un asunto complejo. Los marcos de gestión de desempeño continúan perfeccionándose a medida que los gobiernos aprenden de su propia experiencia y de la de otros países (Halligan, 2007). Los países han tenido que desarrollar su capacidad de planificación estratégica; establecer sistemas de elaboración de presupuestos basados en resultados; poner en marcha marcos de gestión financiera para sustentar una mayor delegación a las instituciones; diseñar marcos de gestión de desempeño organizacional, y desarrollar sistemas de medición, evaluación y auditoría. Con el comienzo de la crisis económica, las organizaciones gubernamentales de los países de la OCDE están, hoy más que nunca, sujetas a herramientas de mejora de desempeño y elaboración de presupuestos, como medidas de dividendos de productividad y de relación calidad-precio.

La gestión de desempeño brinda el vínculo fundamental entre los resultados que se establecen en la planificación y elaboración de presupuestos estratégicas, y la conversión de estos resultados en objetivos para el personal del sector público. Cuando se le conecta con la planificación estratégica, de la fuerza de trabajo y de presupuestos, la gestión de desempeño apoya la implementación eficaz de la agenda gubernamental al armonizar incentivos con objetivos estratégicos, ofrecer una herramienta para la priorización de actividades, y comunicar una visión y objetivos comunes para ayudar a dirigir las acciones del personal. La gestión de desempeño aporta el instrumento mediante el cual puede pedirse al personal del sector público que rinda cuentas de su trabajo en representación del gobierno. El éxito de un sistema de gestión de desempeño completamente integrado depende de tres componentes: i) el vínculo del sistema general de gestión de desempeño con la planificación estratégica y la asignación de presupuesto en los niveles organizacional y del gobierno entero; ii) objetivos y estrategias que se definan y comuniquen con claridad a los empleados, y iii) directivos que puedan evaluar y medir objetivamente el desempeño, así como utilizar esta información en forma adecuada (véase el recuadro 4.1).

Recuadro 4.1. ¿Qué es la gestión de desempeño?

La gestión de desempeño atiende la eficiencia y eficacia de las operaciones, pero también la rendición de cuentas de las acciones emprendidas. La gestión de desempeño se compone de cuatro niveles:

- En el nivel **más alto**, la gestión de desempeño tiene sus raíces en la visión de largo plazo y la estrategia de negocios de la organización, y se concentra en la mejora del impacto, la utilización de recursos y el servicio público.
- En el nivel **estratégico**, la gestión de desempeño se interesa en resultados, como el volumen y valor de la asimilación del servicio, tendencias crecientes de inclusión, y satisfacción del personal y del usuario.
- En el nivel del **programa**, la gestión de desempeño se centra en el resultado deseado de los programas y en lo que se ha logrado.
- En el nivel del **servicio operativo**, la gestión de desempeño tiene que ver con la calidad del proceso, la entrega de servicios y los resultados, pero también con los individuos o equipos de individuos de quienes se espera que entreguen estos resultados.

Fuente: OCDE (2008a), *The State of the Public Service*, OECD Publishing, París, http://dx.doi.org/10.1787/9789264047990-en.

Inculcar la orientación hacia resultados es uno de los objetivos primordiales de las reformas del sector público en proceso de implementación en la República Dominicana. Hay un sistema bien definido para mejorar el desempeño en todo el servicio público mediante un marco de gestión llamado Gestión para Resultados en el Desarrollo (GpRD) y el uso del modelo de calidad e innovación (el Modelo CAF o Marco Común de Evaluación; véase el Capítulo 6). Si bien la implementación de estos instrumentos aún se encuentra en una etapa inicial, se tiene una visión clara de cómo la GRH podría formar parte y vincularse con el marco general de gestión de desempeño. Ahora el reto consiste en difundir el uso de instrumentos relacionados con el desempeño en todo el servicio público y establecer una fuerte cultura de desempeño.

Los procesos de gestión de desempeño son esenciales para la GpRD. La Ley 41-08 establece los principios de gestión de desempeño organizacional e individual, asignando al MAP la responsabilidad de desarrollar el marco de gestión de desempeño (véase el Capítulo 6). Los contratos basados en resultados serán la base de esta gestión: los contratos organizacionales serán acordados por el directivo de una organización pública, el MAP, el Ministerio de Hacienda, y el Ministerio de Economía, Planificación y Desarrollo. Este sistema de contratación está diseñado para vincular los procesos de planificación estratégica, elaboración de presupuestos y gestión de desempeño. Una vez que el sistema de contratos organizacionales esté en operación, los contratos de desempeño individual emanados del contrato organizacional serán suscritos por el directivo y el personal de la organización. Los objetivos de los directivos serán los mismos que los de la institución; en el caso de otros empleados se fijarán objetivos específicos cada año, derivados de los objetivos de la organización.

El marco general de GRH contribuirá a la orientación hacia el desempeño

Las políticas y prácticas de GRH orientadas hacia el desempeño forman parte del marco general de gestión de desempeño organizacional. Los países de la OCDE han rediseñado sus políticas y prácticas de GRH para integrarlas y apoyar el marco general de gestión de desempeño en varias maneras clave:

- Se ha delegado mayor responsabilidad y rendición de cuentas de GRH, en grados variables en diferentes países de la OCDE, a organizaciones y directivos operativos buscando proporcionarles una mayor flexibilidad para adaptar la gestión de sus empleados con miras a lograr resultados; por lo general esto se ha hecho sólo cuando en el nivel organizacional hay marcos para una gestión financiera delegada y fuertes mecanismos de rendición de cuentas. A su vez, la delegación ha destacado la necesidad de desarrollar las competencias de los directivos.
- El uso de la GRH estratégica ha aumentado y dichas estrategias se han vinculado más de cerca con los marcos organizacionales de gestión de desempeño. En casi dos tercios de los países de la OCDE se cuenta con un marco general de rendición de cuentas para directivos, el cual define los principales estándares directivos y los objetivos por los cuales tienen que rendir cuentas. En 17 de 37 países de la OCDE, la GRH está completamente vinculada con la planificación de desempeño y los requerimientos de presentación de informes de las organizaciones gubernamentales, aunque el grado de precisión de objetivos estratégicos de GRH es variable.[1]
- Dentro de estos marcos generales de rendición de cuentas continúa el desarrollo y la mejora de la planificación y la presentación de informes en relación con la GRH. En un número creciente de países de la OCDE, se requiere que los directivos de nivel alto y medio planifiquen e informen sobre varios aspectos de la GRH. Los requerimientos más comunes son planificar e informar sobre cumplimiento de reglas y objetivos generales de GRH en términos de números de personal, costos de remuneración y administración general de personas. Sin embargo, en un número cada vez mayor de países, los directivos de nivel alto y medio son responsables de asuntos como la capacidad de GRH de su organización, la planificación estratégica de la fuerza de trabajo, las estrategias de personal para cerrar brechas de competencias, y la participación en iniciativas del gobierno entero. En 15 países de la OCDE, los objetivos de GRH se incorporan directamente a las evaluaciones de desempeño de los directivos de nivel alto y medio.[2]
- La planificación de la fuerza de trabajo y la gestión de competencias se usan cada vez más para garantizar que las organizaciones gubernamentales tengan una fuerza de trabajo del tamaño adecuado, con las competencias adecuadas para lograr los niveles requeridos de desempeño y resultados.
- El uso de evaluaciones de desempeño para empleados individuales, grupos de trabajo y en el nivel organizacional se ha generalizado con miras a fortalecer los incentivos para mejorar el desempeño. Estas prácticas clarifican los objetivos organizacionales para el personal, de modo que éste comprenda mejor su función dentro de la organización, y, por consiguiente, cómo implementar mejor el cambio y contribuir a objetivos organizacionales estratégicos.
- Se pone cada vez más énfasis en recompensar el buen desempeño y en lidiar con eficacia con el malo. La mayoría de los países de la OCDE recompensan el desempeño al vincularlo de alguna manera con el salario y en muchos países las evaluaciones de

desempeño afectan el avance en la carrera. Se espera que los directivos atiendan el desempeño insatisfactorio y se les proporcionan herramientas GRH para hacerlo.

- Debido a que la creación de una cultura de desempeño requiere nuevas competencias directivas, los países de la OCDE se interesan en gran medida en definir las competencias requeridas, la selección y contratación de directivos, así como el desarrollo y formación de éstos.

El marco de GRH de la República Dominicana para el servicio público de carrera está diseñado para ser un impulsor central del desempeño individual y organizacional. La creación del servicio público de carrera, tanto de la carrera general como de las especiales, suministra el marco para los procesos de selección y promoción basados en méritos que resultan esenciales para crear una cultura de desempeño. Desarrollar la gestión de competencias es fundamental para la estrategia de GRH, puesto que apuntalará los procesos de selección y contratación, promoción, gestión de desempeño y formación, y ya aporta beneficios a medida que se implementa paulatinamente. Los nuevos perfiles de puestos que el MAP ha diseñado y que se echarán a andar en forma gradual en todo el servicio público hacen hincapié en resultados, así como en las competencias conductuales y técnicas requeridas para alcanzarlos.

Una vez instituidos, será necesario establecer vínculos entre las responsabilidades definidas en los perfiles de puestos, los indicadores clave de desempeño para empleados individuales y la evaluación de desempeño. Será también fundamental conectar la formación con las competencias establecidas en los perfiles de puestos y utilizarla con mayor eficacia como instrumento para la mejora del desempeño.

El diseño y la implementación de un nuevo sistema de clasificación de puestos posterior a la reforma salarial de 2013 presentan importantes oportunidades para desarrollar palancas adicionales para la gestión de desempeño. La manera en que los puestos se definen, clasifican y agrupan influye en las estructuras de carrera y promoción, así como en las oportunidades para el aprendizaje en el trabajo. Éstos son elementos que ejercen un fuerte impacto en la motivación y desempeño de los empleados, y en la retención de personas talentosas. Un sistema de clasificación de puestos que permita tanto la movilidad horizontal como la vertical, y una organización flexible del trabajo, puede hacer una considerable contribución a los esfuerzos de la República Dominicana para fortalecer el desempeño y la innovación.

Como se analiza en el Capítulo 2, la planificación de la fuerza de trabajo es un impulsor clave del desempeño organizacional que aún queda por desarrollar.

Es necesario fortalecer la gestión del desempeño individual

La investigación indica que la motivación y el desempeño de los empleados resultan afectados por diversos factores: la calidad del liderazgo y la gestión; valores organizacionales congruentes que se reflejen en las actitudes y conducta de los directivos y su personal; tener un trabajo interesante y que represente un reto; claridad acerca de su función y la manera en que su trabajo contribuye a los objetivos y al éxito de la organización; tener buena formación y contar con las competencias requeridas para el trabajo, y ser reconocidos y recompensados por un buen desempeño (Miller, 2011; Holbeche, 2001).

Por consiguiente, la evaluación de desempeño es simplemente un instrumento entre muchos elementos de la GRH que influyen en el desempeño. No obstante, es un instrumento clave, dado su uso, ampliamente difundido, en la toma de decisiones de GRH en los países de la OCDE. El índice de la Gráfica 4.1 refleja la existencia de una evaluación de desempeño formalizada; el uso de herramientas de evaluación de desempeño, como reuniones con supervisores, frecuencia de reuniones y retroinformación por escrito; los criterios de evaluación de desempeño utilizados, y la importancia de buenas evaluaciones de desempeño para el desarrollo de carrera, la remuneración, la renovación de contratos para el mismo puesto o para permanecer en el mismo puesto, y la renovación de contratos de empleo.

Gráfica 4.1. Grado de uso de evaluaciones de desempeño en decisiones de GRH en el gobierno central/federal

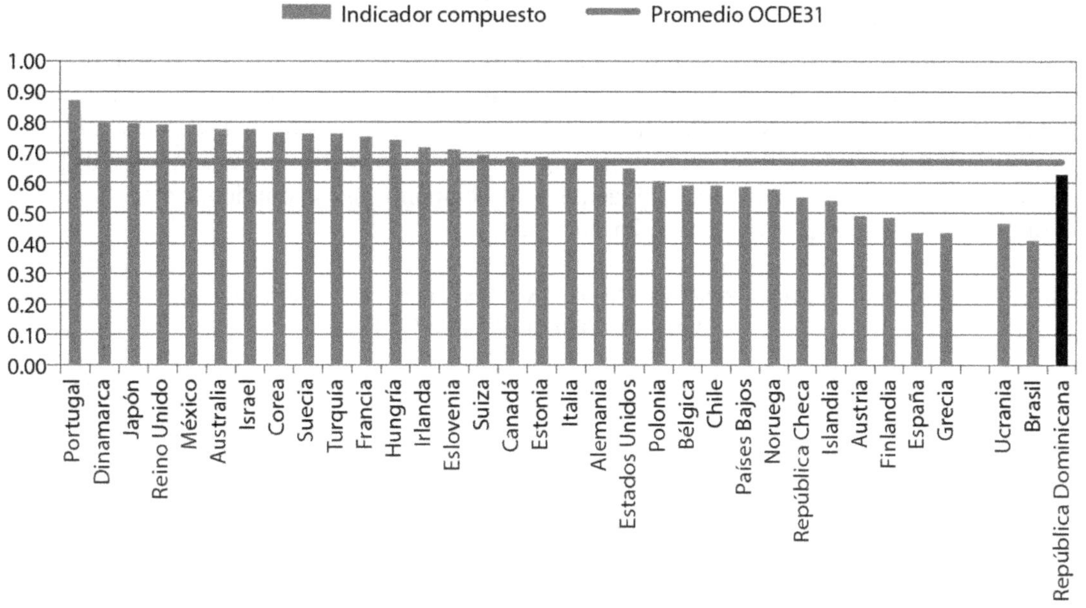

Fuente: OECD Survey on Strategic Human Resources Management in Central/Federal Governments (Encuesta de la OCDE sobre Gestión Estratégica de Recursos Humanos en Gobiernos Centrales/Federales, actualizada en 2013 con base en datos de 2012). Los datos para la República Dominicana fueron suministrados por el MAP en respuesta al cuestionario de la OCDE (julio de 2013).

La evaluación de desempeño es uno de los instrumentos de GRH más descentralizados. La mayoría de los países de la OCDE delega a organizaciones y algunos a unidades o equipos.

En casi todos los países de la OCDE, los empleados sostienen una reunión formal de evaluación de desempeño con su supervisor cada año, con el fin de revisar resultados y planificar los objetivos respectivos para el año siguiente. En algunos países se realiza una reunión a mitad del año. Investigaciones realizadas para la Unión Europea indican que en todo el servicio público se utilizan varias formas diferentes de evaluación, dependiendo de la organización. Dichas formas incluyen evaluaciones de desempeño tradicionales, acuerdos sobre objetivos, contratos orientados hacia el desempeño, autoevaluaciones, retroinformación de 360 grados, puntuaciones equilibradas, evaluaciones de equipo y encuestas a ciudadanos. Sin embargo, los instrumentos más populares son los acuerdos sobre objetivos y la evaluación de desempeño tradicional (EIPA, 2007).

En el gobierno central de los países de la OCDE no se hace un uso amplio de instrumentos como la retroinformación de 360 grados. [3] Sin embargo, en Dinamarca,

Países Bajos y Bélgica, sí se realizan procesos de retroinformación de 360 grados y evaluaciones de colegas, clientes y ciudadanos. En el Reino Unido, la retroinformación de 360 grados se utiliza para evaluar el desempeño de los servidores públicos de alto nivel, junto con otros instrumentos para gran parte del personal de más alto nivel, como resultados de las encuestas al personal y retroinformación departamental (EIPA, 2007).

Desde 2005, en la República Dominicana la evaluación de desempeño para los servidores públicos se ha difundido paulatinamente en el gobierno central. La Ley 41-08 establece la evaluación de desempeño para todas las instituciones públicas comprendidas en el ámbito de aplicación de la ley. El MAP desarrolló las regulaciones para dar efecto a estas disposiciones, en 2012 se expidió una guía para la evaluación de desempeño, y se está formando a los directivos para llevarla a cabo. El MAP mantiene buenas estadísticas de los números de organizaciones que utilizan estas evaluaciones y los números de personal para los cuales se realizan (véase el Cuadro 4.1). Los datos muestran que, si bien hasta 2008 la implementación avanzó a paso lento e irregular, entre 2010 y 2011 el número de empleados sujetos a evaluación de desempeño casi se duplicó. La cantidad de organizaciones que la llevan a cabo ha fluctuado.

Cuadro 4.1. Número de organizaciones que utilizan evaluaciones de desempeño y número de servidores públicos evaluados (2005-2012)

	Número de organizaciones	Número de servidores públicos
2005	86	30 235
2006	60	23 749
2007	55	24 177
2008	61	30 440
2009	72	41 263
2010	80	33 631
2011	108	64 781
2012	95	64 791
2013	115	85 177

Fuente: MAP (2013).

La implementación del sistema de evaluación de desempeño ha sido obstaculizada por su relativa complejidad. Es necesario evaluar a los empleados respecto a 10 dimensiones diferentes, las cuales se diferencian de acuerdo con grupos ocupacionales, utilizando un sistema de calificación del 1 al 100. El sistema ha resultado difícil de usar para los directivos, lo cual ha generado resistencia a su puesta en marcha. La experiencia en los países de la OCDE indica que los intentos de implementar sistemas de clasificación muy formalizados y detallados en organizaciones públicas no han fructificado, puesto que, sin importar cuán complejos o formales puedan ser los criterios, es muy difícil distinguir el desempeño promedio de la mayoría de los empleados que trabajan adecuadamente. Como resultado, se ha pasado a operar sistemas de clasificación menos detallados (OCDE, 2005a). Los estudios de la OCDE señalan que ahora los empleadores públicos se centran en los mismos aspectos que las empresas bien administradas, una combinación de objetivos individuales de desempeño y las competencias relacionadas con el buen desempeño. Esto equilibra con eficacia el análisis del buen o mal desempeño del empleado con un foco de interés futuro en desarrollo personal y avance en la carrera (OCDE, 2012).

Los criterios utilizados para evaluar el desempeño en los países de la OCDE son multifacéticos y pertenecen a cuatro categorías principales (véase el Cuadro 4.2):

- El uso de objetivos de desempeño se ha extendido ampliamente y se centra en la cantidad y calidad de los resultados. Las evaluaciones de desempeño que incluyen diversos elementos como actividades emprendidas, oportunidad de las actividades emprendidas, oportunidad de resultados y logros, calidad de resultados y, con menor frecuencia, rentabilidad de la producción de resultados.
- Las competencias han adquirido cada vez más importancia en las evaluaciones de desempeño, como una manera de alentar a directivos y empleados a concentrarse en las competencias clave requeridas para un desempeño eficaz y las que requieren mejorarse.
- Los valores, la disciplina y los insumos se utilizan ampliamente como indicadores de desempeño, aun cuando también hay un foco de interés en los resultados. Esto refleja la necesidad de equilibrar la orientación a resultados con el interés en la manera en que éstos se generan y la importancia de valores centrales, ética y probidad.
- Las competencias interpersonales han asumido más importancia con la difusión de prácticas de trabajo más flexibles y basadas en equipos, así como la necesidad de que los empleados públicos sean más sensibles a los requerimientos de los ciudadanos y usuarios de los servicios. Este factor también refleja la importancia de las competencias interpersonales de liderazgo y gestión.

Cuadro 4.2. Criterios actuales de desempeño utilizados explícitamente en la mayoría de las organizaciones del gobierno central/federal

Criterios de desempeño	Número de países que los utilizan
Actividades emprendidas	30
Oportunidad de las actividades emprendidas	25
Resultados/logro de objetivos	33
Oportunidad de resultados/ logros	25
Rentabilidad de la producción de resultados	11
Calidad de resultados	28
Mejora de competencias	29
Valores, disciplina e insumos	26
Competencias interpersonales/ de gestión	29

Fuente: OECD Survey on Strategic Human Resources Management in Central/Federal Governments (Encuesta de la OCDE sobre Gestión Estratégica de Recursos Humanos en Gobiernos Centrales/Federales, actualizada en 2013 con base en datos *de 2012).*

La República Dominicana parece estar cambiando a un conjunto más sencillo de criterios de desempeño similares a los utilizados en los países de la OCDE. El nuevo sistema de evaluación de desempeño, en proceso de implementación como parte del sistema de Gestión por Resultados dentro del marco GpRD, medirá el desempeño con base en tres tipos de criterios: (i) logro de resultados en relación con los objetivos de desempeño acordados al inicio del año, los cuales están vinculados con los objetivos de la organización; (ii) competencias, que están relacionadas con cada puesto y se medirán con pruebas estandarizadas; (iii) ética y conducta. Si bien se cuenta con metodologías para evaluar el desempeño en cuanto al logro de resultados y ética y conducta, aún no se completa la metodología para evaluar competencias. Este elemento requiere la definición de las competencias requeridas para cada puesto y el desarrollo de métodos para poner a prueba competencias. Los empleados firmarán un acuerdo de desempeño con su directivo al principio del ciclo de evaluación de desempeño anual y los resultados se analizarán al final del ciclo. El propósito es que las decisiones relativas a necesidades de formación, mecanismos de mejora de desempeño, incentivos y sanciones fluyan a partir de la evaluación. El sistema está diseñado para atender el mal desempeño al hacer que un empleado cuyo desempeño se evalúe como deficiente esté obligado a tomar cursos de formación y a someterse a una nueva evaluación. De no mejorar el desempeño, hay disposición para dar de baja al empleado del sistema de carrera.

El nuevo sistema de evaluación de desempeño se ha probado en forma piloto en siete organizaciones, entre ellas el MAP. Sin embargo, la mayoría han encontrado dificultades para poner en práctica la evaluación basada en resultados, ya que sus planes estratégicos y operativos aún no se habían finalizado. No obstante, el MAP ha establecido acuerdos de desempeño con su propio personal con base en los objetivos y metas de su plan operativo, en tanto que el Instituto de Aviación Civil ha llevado a cabo una primera evaluación con base en resultados.

Como muestra la experiencia de los países de la OCDE, la implementación de la gestión de desempeño para personal de áreas especializadas plantea retos adicionales. El Ministerio de Salud está trabajando con el MAP en el desarrollo de un instrumento de gestión de desempeño para personal médico (Asociación de Enfermeras).

Evitar la implementación de un sistema completo de gestión de desempeño de una sola vez

Según la experiencia de los países de la OCDE, la creación de una cultura de desempeño fuerte toma tiempo y requiere esfuerzos continuos y bien sincronizados en diversos campos, incluidos liderazgo, competencias de gestión, rendición de cuentas, evaluación de desempeño y motivación de personal. Se necesita apoyo político para fomentar un enfoque de gobierno entero, y la rendición de cuentas de desempeño debe armonizarse con la flexibilidad directiva apropiada en la gestión del personal y de los recursos financieros. La mayoría de los países de la OCDE han emprendido el camino de las reformas paulatinas en vez de implementar un sistema de gestión de desempeño organizacional e individual de una sola vez. Al igual que sucede con cualquier reforma importante, uno de los aspectos más difíciles ha sido lograr cambiar la cultura del servicio público y hacer que los directivos operativos consideren como propia la gestión de desempeño.

La idoneidad de los sistemas de planificación, elaboración de presupuestos y gestión tiene gran influencia en el margen de mejora del desempeño mediante la optimización de la GRH. La República Dominicana cuenta con una clara hoja de ruta para desarrollar el marco GpRD y ha analizado bien lo que se requiere para impulsar la implementación. Es importante que esto siga siendo una alta prioridad. Sin embargo, conseguir el pleno funcionamiento de este marco tomará tiempo. La prueba piloto inicial de los contratos de desempeño organizacional sugiere que las organizaciones se esforzarán por implementar un sistema sofisticado como éste en un solo intento, que es necesario establecer vínculos con la planificación y la elaboración de presupuestos, y que tendrá que haber una gran labor de desarrollo de competencias para contar con las competencias de gestión demandadas para poner en práctica el sistema.

Si bien hacer avanzar los objetivos individuales en forma descendente por toda la organización con base en sus objetivos y planes es lo ideal, también exige muchas capacidades de gestión y objetivos organizacionales bien definidos. Dado que la planificación estratégica y operativa aún se encuentra en sus inicios en la mayoría de las organizaciones, no puede esperarse que los directivos lo hagan. Sin embargo, la puesta en marcha de un nuevo sistema de gestión de desempeño individual no debería retrasarse hasta que el sistema de contratos organizacionales funcione plenamente, ya que es esencial generalizar el uso de evaluaciones eficaces de desempeño en todo el servicio público lo más pronto posible. Esto podría hacerse con relativa rapidez al implementar una versión simplificada del nuevo sistema de gestión de desempeño individual, que inicie en el gobierno central y continúe en los servicios descentralizados de éste, y en organismos autónomos clave, como las agencias fiscales y de aduanas.

En un principio, el proceso de gestión de desempeño podría centrarse en fijar objetivos individuales en este ámbito y evaluar el desempeño de los empleados con base en los resultados logrados en relación con los objetivos. Por ahora, incluso en los casos en que las organizaciones aún no hayan implementado la planificación estratégica, podría requerirse a los directivos que estipularan objetivos individuales para su personal en forma simplificada, por ejemplo, mediante el uso de la técnica SMART (por sus siglas en inglés) — es decir, objetivos específicos, mensurables, alcanzables, realistas y en un tiempo determinado —, y la vinculación de dichos objetivos con las responsabilidades clave asentadas en la descripción de puesto del empleado. Los objetivos podrían incluir la demostración de estándares éticos, ya que es importante que esto continúe formando parte de la evaluación de desempeño. El proceso de fijación de objetivos podría apoyarse con la comunicación de los directivos de alto nivel de las organizaciones a su personal de los principales objetivos de la organización, haciendo hincapié en la necesidad de enfocarlos en resultados relacionados con los aspectos de calidad, servicio y ética fundamentales para los esfuerzos de reforma del gobierno. Esta conformación del contexto es una responsabilidad de liderazgo clave que ayuda al personal a comprender en dónde su trabajo encaja en el propósito general de la organización. Este enfoque simplificado generaría aprendizaje por parte de los directivos y empleados acerca de fijación de objetivos, conseguiría aceptación de la planificación y evaluación de desempeño, y alentaría el diálogo sobre el desempeño entre los directivos y el personal, el cual forma parte esencial de la gestión de desempeño eficaz. Las organizaciones que ya cuenten con planes estratégicos u operativos en marcha podrían seguir el ejemplo del MAP en la fijación de objetivos individuales con base en la asignación de los objetivos y metas del plan operativo.

Para permitir la rápida difusión de este enfoque, es recomendable que el MAP abandone el actual sistema de evaluación de desempeño basada en factores, ya que, en cualquier caso, éste no funciona adecuadamente. Más bien, es importante cambiar la dirección del esfuerzo hacia la formación rápida de los directivos operativos y profesionales de GRH en una versión simplificada de la fijación de objetivos y evaluación con el fin de ponerla en marcha en un plazo de dos años. Éste sería un gran adelanto respecto al sistema actual. Lograr la incorporación total de un sistema, incluso si es sencillo, requiere tiempo, por lo que en esta etapa no hay que poner demasiado énfasis en la medición compleja del desempeño. Según la experiencia de los países de la OCDE, es preferible una escala de calificación del desempeño más simple, y es más importante centrarse en el establecimiento de objetivos, la supervisión continua durante todo el año, la buena comunicación entre directivos y empleados, la retroinformación eficaz y el apoyo para mejorar el desempeño.

Evaluar los sistemas de evaluación de desempeño es esencial para descubrir si están bien implementados y producen los resultados deseados en términos de motivación y desempeño de los empleados. Una parte fundamental de la evaluación consiste en investigar la competencia de los directivos en el establecimiento de objetivos de desempeño y en el asesoramiento de sus empleados. Crear una cultura de desempeño toma tiempo y requiere nuevas competencias de gestión. Es necesario dar a los directivos autoridad suficiente y herramientas eficaces para administrar personas, gestionar el desempeño y formarse adecuadamente.

Enfocarse en establecer objetivos de desempeño

La planificación de desempeño es una parte crucial del proceso de gestión de desempeño. Establecer objetivos de desempeño permite a los directivos y al personal planificar éstos de manera conjunta. Es más probable que los empleados apoyen un proceso en el cual participan en la fijación de sus propios objetivos de trabajo y pueden darse cuenta de cómo encajan sus objetivos individuales en la estrategia organizacional general (EIPA, 2007). Las investigaciones indican que el uso de objetivos de desempeño y el estímulo de debates sobre desempeño entre directivos y empleados, junto con la retroinformación sobre fortalezas y debilidades individuales que después se vincula con la planificación del desarrollo, son algunas de las partes más importantes del proceso de gestión de desempeño (OCDE, 2012).

La República Dominicana podría tomar en cuenta la experiencia de otros países como ayuda para evitar algunos problemas que suelen encontrarse al establecer objetivos de desempeño (véase el Recuadro 4.2). Es más probable que estos objetivos sean aceptados por los empleados y los motiven si son acordados en conjunto con el directivo, y se entienden bien. También es necesario que los directivos apoyen a su personal en el logro de los objetivos de desempeño, al asegurarse de que cuenten con los recursos y sistemas de trabajo necesarios, al formarlos y resolver los problemas que les presenten. Se necesita tiempo para que los directivos aprendan cómo determinar los objetivos y los negocien con su personal, y el apoyo y la formación continuos son esenciales. Por ejemplo, en una evaluación del servicio público del Reino Unido — que tiene larga experiencia en gestión del desempeño — se concluyó que demasiados directivos fijaban objetivos de mala calidad o no fijaban objetivos en una etapa suficientemente temprana en el año; por otra parte, en una evaluación realizada en Irlanda, se encontró que los directivos no proporcionaban al personal suficiente retroinformación sobre su desempeño (EIPA, 2007). Se requiere algo de flexibilidad en el sistema de fijación de objetivos para tomar en cuenta las prioridades cambiantes con el tiempo y para impedir que el sistema llegue a ser demasiado rígido. Esto a menudo se construye realizando una revisión semestral.

Recuadro 4.2. Retos encontrados al establecer objetivos de desempeño en algunos países de la Unión Europea

Los principales retos encontrados incluyeron, en orden de importancia:

1. Las tareas y obligaciones cambian con rapidez
2. La carga de trabajo es demasiado alta
3. No se tiene experiencia en la fijación de objetivos
4. La cultura se basa en el principio de jerarquía
5. Hay influencia política continua en el trabajo
6. No hay motivación de ambos lados
7. No hay formación en fijación de objetivos
8. alta confianza entre directivos y empleados

Fuente: EIPA (2007), *Performance Assessment in the Public Services of the EU Member States*, estudio preparado para la 48ª reunión de directores generales del servicio público de los estados miembros de la Unión Europea, European Institute of Public Administration, Maastricht, Países Bajos.

Si bien es esencial que directivos y empleados inviertan tiempo y esfuerzo en la planificación y evaluación de desempeño, el sistema no debería ser burocrático ni generar una carga indebida de trabajo. El propósito es tener una herramienta que los directivos operativos utilicen porque les ayuda a administrar a su personal con eficacia y a obtener resultados. La experiencia de la República Dominicana en el desarrollo de herramientas de GRH en línea y basadas en la red la coloca en buena posición para desarrollar un sistema electrónico de evaluación de desempeño. Hungría tiene experiencia positiva en el uso de sistemas con base en la red (véase el Recuadro 4.3).

Recuadro 4.3. Hungría: Disminuir la carga de trabajo y la burocracia en la evaluación de desempeño

En el servicio público de Hungría se implementó un sistema de evaluación de desempeño con base en la red, con el fin de aumentar la transparencia y facilidad de uso, ahorrar tiempo del directivo y beneficiarse de un proceso más rápido sin papeleo. La evaluación anual y semestral con fijación de objetivos requiere cerca de una hora y media por subordinado al año. La preparación de las evaluaciones (reunir información sobre desempeño, medir objetivos numéricos) toma alrededor de una hora extra por persona.

Fuente: EIPA (2007), *Performance Assessment in the Public Services of the EU Member States*, estudio preparado para la 48ª reunión de directores generales del servicio público de los Estados miembros de la Unión Europea, European Institute of Public Administration, Maastricht, Países Bajos.

Un sistema electrónico tiene también la ventaja de facilitar la recopilación de datos sobre la tasa de finalización de las evaluaciones de desempeño, y la distribución de calificaciones de desempeño para destacar aspectos como la inflación de calificaciones. Con el tiempo, el sistema podría utilizarse para mantener objetivos comunes de desempeño que el gobierno pueda desear que todas las organizaciones incluyan en las evaluaciones, así como para dar seguimiento a aspectos como el establecimiento de un plan de formación surgido de la evaluación de desempeño y los planes de mejora de éste.

La evaluación de competencias no tiene que ser demasiado compleja

El enfoque a la integración de competencias en el sistema de gestión de desempeño individual de la República Dominicana es un buen ejemplo de implementación gradual. El MAP está empezando con poner a prueba las competencias en sus propias evaluaciones de desempeño, de modo que pueda después ayudar a otras organizaciones. También se realizan pruebas piloto en los Ministerios de Industria y Comercio, el Ministerio de Economía, Planificación y Desarrollo (MEPyD), además el Instituto de Aviación Civil, el Fondo para el Desarrollo del Transporte Terrestre, la Oficina Nacional de Propiedad Industrial y la Oficina Nacional de Estadística.

Una vez desarrollado por completo el diccionario de competencias para el servicio público de carrera de la República Dominicana y concluidos los nuevos perfiles de puestos por parte de las organizaciones, podrán añadirse competencias al sistema de gestión de desempeño. Para utilizar competencias con el fin de alentar las conductas requeridas y la adquisición de las competencias pertinentes, es fundamental poner a prueba a fondo su validez antes de utilizarlas en la gestión de desempeño. Según la experiencia de los países de la OCDE, es necesario revisar las competencias con regularidad para asegurar su continua pertinencia. Si bien el añadirlas a la evaluación de desempeño impulsará un necesario enfoque en las capacidades y conductas, será necesario tener cuidado para garantizar que el logro de resultados siga siendo el interés principal de las evaluaciones de desempeño. Por ejemplo, en Bélgica, al incluir inicialmente las competencias en las evaluaciones de desempeño, se prestó atención insuficiente a los resultados (OCDE, 2007). Sin embargo con el nuevo sistema de evaluación ahora el foco de interés son el desempeño y los resultados (Decreto Real, 24 de septiembre de 2013).

Se corre el riesgo de que al intentar utilizar competencias para fines de evaluación de desempeño se invierta mucho tiempo y esfuerzo en el desarrollo de maneras complicadas de medir competencias que resulten difíciles de usar para los directivos. Al mismo tiempo, es importante que los juicios sean tan objetivos como sea posible. Un enfoque que suele usarse es simplemente definir conductas eficaces e ineficaces. Por lo común, estas definiciones se diferencian para empleados de diferentes niveles. El enfoque se utiliza en el servicio público del Reino Unido, donde el marco de competencias contiene 10 competencias agrupadas en tres grupos estratégicos. Las conductas requeridas para cada competencia se diferencian en cinco niveles, desde el personal de apoyo hasta los directivos de más alto nivel. Usualmente se evalúa al personal en alrededor de seis competencias, identificadas, junto con su directivo inmediato, como esenciales para su función. Como se muestra en el ejemplo del Recuadro 4.4, en una guía de competencias para uso por parte de directivos y empleados se proporcionan descripciones sencillas de conductas eficaces e ineficaces. Si bien las descripciones son breves, resultan altamente específicas, y se basan en conductas y acciones observables.

Al definir los estándares de competencias es fundamental implicar a los directivos y al personar, para así garantizar la validez y establecer aceptación entre los empleados. Esto puede hacerse, por ejemplo, mediante técnicas como grupos de control, revisión crítica de incidentes y entrevistas de eventos conductuales.

Recuadro 4.4. Ejemplo de descripciones de competencias utilizadas en la gestión de desempeño y otros procesos de GRH del servicio público: Reino Unido

Cada conjunto de descripciones de competencias se acompaña con una declaración general de lo que es la eficacia. El ejemplo aquí presentado cubre la competencia titulada Gestionar un servicio de calidad, e incluye sólo dos de los seis niveles para los cuales se definen las competencias.

Gestionar un servicio de calidad

La eficacia en esta área tiene que ver con organizarse para cumplir con los objetivos de servicio y esforzarse por mejorar su calidad, tomando en cuenta diversas necesidades y requerimientos de los clientes. Las personas eficaces planifican, organizan y gestionan su tiempo y actividades para prestar un servicio eficiente y de alta calidad, aplican enfoques de gestión de programa y proyecto para apoyar la prestación de servicios. En los niveles altos, se trata de crear un entorno apropiado para brindar excelencia operativa y crear los modelos de cumplimiento más apropiados y rentables para los servicios públicos.

Nivel 6 (Director general y director)

Conducta eficaz Las personas eficaces probablemente:	**Conducta ineficaz** Las personas menos eficaces probablemente
Se aseguran de integrar a la operación del departamento un entendimiento profundo y en evolución de la amplia gama de requerimientos del cliente	Permiten al departamento operar con sólo un entendimiento superficial de los requerimientos del cliente o usuario final
Determinan e impulsan los resultados del servicio al cliente en un nivel estratégico amplio y trabajan en todo el gobierno para prestar el servicio de mejor calidad a los clientes	Prestan poca atención a la definición de requerimientos del cliente en la fijación de prioridades estratégicas
Se aseguran de que todas las partes de la cadena de entrega entiendan por completo los resultados requeridos por el cliente y expresan el impacto del mal servicio en la reputación del departamento a todos los interesados	No plantean con suficiente claridad las necesidades del cliente a los compañeros de entrega y pierden de vista qué compañero es responsable de la entrega
Crean una cultura de trabajo con y mediante compañeros de entrega, con el fin de lograr resultados, establecer y negociar niveles de servicio y asuntos por cumplir	No prestan atención suficiente a la gestión de las expectativas y resultados de los clientes en los niveles más altos
Definen e integran estructuras, sistemas y recursos claros requeridos en todo el departamento para fomentar la prestación de servicios eficiente.	Establecen prioridades y estrategias irrealistas o confusas en el nivel más alto, lo cual genera ineficiencias en la prestación de servicios

Nivel 2 (director ejecutivo o equivalente)

Conducta eficaz Las personas eficaces probablemente:	**Conducta ineficaz** Las personas menos eficaces probablemente
Explican con claridad a los clientes qué puede hacerse	Ofrecen a los clientes y compañeros de entrega una imagen irrealista de lo que es posible o se centran en lo que no puede hacerse
Trabajan en equipo para fijar prioridades, crear planes claros y gestionar todo el trabajo para cubrir las necesidades del cliente y el negocio	Siempre dependen de otros para concentrarse y planificar su trabajo
Se aseguran de que se mantengan los niveles de servicio – recalcan los riesgos o preocupaciones para cubrir los requerimientos de los clientes	Se enfocan en problemas inmediatos de prestación de servicios y descuidan la calidad general o las necesidades del cliente o del usuario final
Mantienen plenamente informados de los planes y posibilidades a los equipos internos, clientes y socios de entrega	Suministran actualizaciones poco frecuentes, poco claras o insuficientes a quienes necesitan la información
Promueven la adhesión a políticas, procedimientos, regulaciones y leyes pertinentes, incluidos los temas de igualdad y diversidad, así como salud y seguridad	Prestan poca atención a destacar y explicar las razones del cumplimiento
Identifican problemas o debilidades comunes en las políticas o procedimientos que afecten el servicio y superarlos	Muestran falta de deseo de mejorar la calidad del servicio

Fuente: Reino Unido, *Civil Service Competency Framework 2012-2017*, www.vmd.defra.gov.uk/pdf/vacancies/CompetenceFramework.pdf.

En el caso de las competencias técnicas, a menudo se utilizan calificaciones estándar para evaluar si los empleados cumplieron con los estándares requeridos. Por ejemplo, en el servicio público del Reino Unido, el marco de Competencias Profesionales para el Gobierno fija los estándares para competencias técnicas y requisitos profesionales específicos para el puesto. El marco define tanto los requerimientos de nivel de ingreso como de desarrollo profesional, con el fin de cumplir con los estándares de competencias necesarios. El marco se vincula con un plan de estudios y recursos de aprendizaje comunes para apoyar al personal en el desarrollo de sus competencias hasta el estándar necesario; además, anualmente se requiere terminar un aprendizaje continuo específico. Estos enfoques evitan tener que recurrir a medidas complicadas de competencias al enfocarse en la culminación del aprendizaje necesario y la adquisición de las calificaciones pertinentes. Tienen la ventaja de vincular las competencias y el aprendizaje por medio del sistema de evaluación del desempeño, y fortalecer el enfoque en el desarrollo de competencias.

Resolver la inflación de calificaciones de desempeño

La vigilancia y medición del desempeño — especialmente las evaluaciones de conducta del personal — es un proceso difícil. Un problema persistente en la gestión de desempeño es la inflación de las calificaciones respectivas. Esto es también problemático para la República Dominicana. De nuevo, el MAP lleva buenas estadísticas al respecto, que muestran que la mayoría de los empleados reciben calificaciones de excelente o muy bueno.

Se espera que el nuevo sistema de evaluación de desempeño con base en resultados que se ha planificado reduzca este problema. La experiencia de los países de la OCDE muestra que hay varios pasos que la República Dominicana podría considerar para reducir el problema de inflación de calificaciones al asegurarse de que los empleados sepan qué desempeño se espera de ellos y confíen en que éste se calificará equitativamente (véase el Recuadro 4.5).

Vincular la evaluación de desempeño con las consecuencias

Para que la gestión de desempeño sea significativa, debería tener consecuencias, aunque el proceso de fijación de objetivos es en sí mismo un estímulo para mejorar el rendimiento. El sistema de desempeño planificado en la República Dominicana prevé consecuencias en términos de incentivos y sanciones para organizaciones e individuos, aunque estos elementos aún se encuentran en la etapa de diseño. En lo que respecta a los resultados de las evaluaciones de desempeño individual, las consecuencias se establecen mediante vínculos con otros subsistemas de GRH. Algunos de ellos ya existen; se utilizan evaluaciones de desempeño en el proceso de incorporación del personal al servicio público de carrera y en el proceso interno de selección y promoción. Otros vínculos pueden establecerse en forma gradual.

Un vínculo clave que debería conformarse en el corto plazo es con el aprendizaje. El sistema de evaluación del desempeño puede contribuir a mejorar éste al integrarse al aprendizaje focalizado para cerrar brechas de desempeño. Esto podría hacerse sobre una base individual y para grupos de empleados en los que se identifiquen brechas comunes. Cuando el marco de competencias se implemente y vincule con la evaluación de desempeño, esto proporcionará una manera más estructurada de identificar brechas y necesidades de aprendizaje. Sin embargo, mientras tanto, los directivos operativos deberían utilizar el proceso de gestión de desempeño para trabajar con su personal en la identificación de brechas obvias que impiden a los empleados ser totalmente eficaces, y es importante establecer objetivos de aprendizaje para completarse durante el ciclo posterior de desempeño.

Recuadro 4.5. Pasos para superar el problema de inflación de calificaciones de desempeño

- Proporcionar programas adecuados de formación en el uso del sistema de gestión de desempeño para directivos, supervisores y empleados. Todos deberían comprender el proceso de igual manera. La experiencia muestra que es beneficioso requerir sesiones ocasionales de actualización.
- Enfocarse en criterios de desempeño que sean específicos para el puesto, verificables y adecuados para llegar a un acuerdo sobre la calificación de desempeño. Por lo general el uso de objetivos de desempeño satisface este requisito.
- Incluir competencias específicas para una ocupación y puesto o nivel de carrera, con el fin de facilitar los debates entre supervisor y empleado.
- Evitar sistemas de calificación de desempeño complejos y difíciles de entender para los empleados. Evitar escalas de tres niveles que tienden a desalentar a los directivos de escoger el nivel medio.
- Implicar a los directivos y empleados en forma significativa en la identificación y definición de los criterios de desempeño. Esto quizá no justifique más las calificaciones, pero la experiencia confirma que contribuye a la confianza compartida en la equidad del proceso de calificación.
- Una auditoría anual de experiencia brinda una base para identificar y atender problemas, en particular evidencia de sesgos o discriminación. El procedimiento puede también servir para confirmar que se informó a los empleados de expectativas de desempeño al principio del periodo de desempeño.
- Requerir a los directivos que justifiquen las calificaciones ante un comité de vigilancia o revisión de colegas eleva el nivel de sinceridad y la congruencia de calificaciones en toda la organización. Estos debates ayudan también a los directivos a entender la norma para las expectativas de desempeño.

Fuente: OCDE (2012), "Rewarding Performance in the Public Sector: Performance-related Pay in OECD Countries", Dirección de Gobernanza Pública y Desarrollo Territorial, Network on Public Employment and Management, GOV/PGC/PEM(2012)3.

Las evaluaciones de desempeño deberán seguir usándose como un insumo para la promoción. Sin embargo, el desempeño en el trabajo actual no es una guía confiable para el desempeño en una función de más alto nivel y mayor complejidad. Hay que tomar en cuenta las diferentes competencias que pueden requerirse en un nivel más alto, sobre todo en caso de un ascenso de una función profesional a una directiva.

El desarrollo de carrera es un poderoso incentivo para el desempeño que puede ampliarse. Es conveniente utilizar la implementación de perfiles de puestos basados en competencias y el diseño de un sistema de clasificación de puestos para obtener la mayor flexibilidad posible en el diseño del puesto y el agrupamiento de éstos, con el fin de facilitar el desarrollo de carrera mediante la movilidad y la promoción horizontales. Abrir puestos directivos a la promoción interna es otra manera importante de crear incentivos, aunque es necesario equilibrarla con requerimientos para traer talento de fuentes externas al servicio público.

El desarrollo de carrera no tiene por qué limitarse a la movilidad y la promoción. Los empleados con un buen desempeño pueden ser recompensados en otras maneras que les brinden oportunidades de ampliar su experiencia y desarrollar nuevas competencias. Esto puede hacerse informalmente al alentar a los directivos a dar a estos buenos ejecutores tareas que representen un reto o a apoyarles en el desarrollo de nuevas competencias por medio de la formación. En el largo plazo podrían considerarse más programas formales de asignación de carrera, a medida que se establezca el nuevo sistema de gestión de desempeño, particularmente como una manera de acelerar el desarrollo de los buenos ejecutores que demuestren potencial de progresar a funciones directivas de más alto nivel.

Se necesita un sistema eficaz para superar el mal desempeño

Un sistema eficaz para gestionar el mal desempeño es parte integral de cualquier sistema de gestión de desempeño. Los directivos operativos requieren tener acceso a instrumentos para identificar las causas específicas del mal desempeño e intentar mejorarlo. Es necesario también que los directivos sepan que en caso de que persista el mal desempeño, deberá sancionarse a los empleados; de otra manera, hay pocos incentivos para que los directivos intenten lidiar con los malos ejecutores.

Como parte de su estrategia de gestión de desempeño, la República Dominicana tendría que desarrollar un sistema formal para gestionar el mal desempeño. Puesto que éste es un tema presente en todos los sistemas de gestión de desempeño, hay amplia experiencia en los países de la OCDE en la cual puede basarse. Por lo general la gestión del mal desempeño implica tres pasos clave: (i) identificar las causas; (ii) poner en marcha un plan de mejora del desempeño con medidas específicas diseñadas para atender las causas; (iii) emprender acción disciplinaria si el desempeño no mejora. Se espera que los directivos operativos encabecen este proceso, con el apoyo del personal de GRH. Lo anterior requiere formar a los directivos y especialistas de GRH en técnicas para mejorar el mal desempeño.

El mal desempeño puede deberse a cualquiera de varios factores. Tal vez los empleados no posean las competencias para realizar bien su trabajo o tal vez su puesto no sea adecuado para sus competencias. Tal vez se trate de un caso de conducta inapropiada, resistencia al cambio, falta de motivación o sencillamente pereza. Otras causas pueden incluir mala administración, problemas personales o familiares, problemas de salud, etc. Las acciones emprendidas para mejorar el desempeño tienen que atender las causas específicas. El sistema utilizado en el servicio público irlandés ilustra los elementos clave de un sistema para gestionar el mal desempeño (véase el Recuadro 4.6).

Los directivos de alto nivel tienen un papel clave en el desarrollo de la orientación hacia el desempeño

Los directivos de alto nivel son fundamentales en la creación de una cultura de excelencia y alto desempeño en el servicio público. Como reflejo de ello, 22 países de la OCDE indican que ponen mayor énfasis en la gestión del desempeño de los funcionarios de alto nivel. El desempeño de éstos depende de muchos más factores que el sistema de evaluación del desempeño. Tres instrumentos principales se utilizan para activar el desarrollo (Ketelaar, Manning y Turkisch, 2007):

- Seleccionar a los directivos adecuados en primer lugar es una precondición absoluta para el desempeño posterior. Esto no excluye cualquier implicación política en el nombramiento, pero sí requiere que el proceso de nombramiento esté bien diseñado y bien gestionado para garantizar que se nombre a personas muy competentes para ocupar puestos directivos de alto nivel.

Recuadro 4.6. Gestión del mal desempeño en el servicio público irlandés

Se suministran directrices centrales sobre la gestión del mal desempeño, el cual se define como el incumplimiento continuo de objetivos específicos y realistas. Cinco son los pasos básicos del sistema y todos están plenamente documentados.

- Identificar el mal desempeño mediante el sistema de gestión y desarrollo de desempeño, utilizando el perfil de la función del empleado.
- Identificar las razones o causas del mal desempeño mediante la reunión de revisión de desempeño.
- Decidir y acordar sobre las acciones requeridas en la reunión de revisión del desempeño, utilizando el Plan de Acción de Mejora del Desempeño.
- Dotar de recursos para la acción.
- Vigilar y proporcionar retroinformación.

Si el empleado se niega a reconocer el mal desempeño o se rehúsa a comprometerse con el sistema, su conducta se documenta y GRH emprende una acción inmediata.

El Plan de Acción de Mejora del Desempeño especifica por escrito lo siguiente:

- Las áreas (es decir, Tareas Clave para el Perfil de la Función) donde se han logrado avances insatisfactorios.
- El avance que se requiere lograr durante el periodo del Plan de Acción.
- Los marcos de tiempo que aplicarán para avanzar.
- Las medidas de apoyo que se pondrán en marcha, cuándo y por quién (incluidas medidas de desarrollo como coaching, autoaprendizaje, formación formal y, en casos de dificultades personales o internas, cualquier otra medida de apoyo que se proporcionará, con marcos de tiempo).
- Los intervalos en los que se revisará el progreso durante la vigencia del Plan de Acción.
- La fecha en la que se revisará y evaluará el avance general logrado en el Plan de Acción.
- La declaración de que, en caso de no lograrse un avance satisfactorio en el marco de tiempo especificado, se considerará invocar al Código Disciplinario.

El Plan de Acción de Mejora del Desempeño es firmado y fechado por el directivo que lleva a cabo la reunión y el empleado.

Si un directivo ha hecho esfuerzos concertados para resolver el mal desempeño y el empleado no ha mejorado su desempeño llegando a un estándar satisfactorio, el directivo podrá legítimamente emprender acciones disciplinarias, usando el código disciplinario del servicio público.

Fuente: Department of Public Expenditure and Reform (2011), *Guidelines for Managing Underperformance in the Civil Service*, mayo, www.per.gov.ie.

- Retener a los buenos directivos mediante una compensación, términos y condiciones adecuados es un impulsor significativo del desempeño. Muchos países de la OCDE organizan términos y condiciones particulares de empleo para los directivos de alto nivel al contar con disposiciones directivas separadas para este grupo de funcionarios. La promoción y el reconocimiento de sus colegas y del público pueden ser tan importantes como las recompensas financieras, o ejercer más influencia que éstas, en la retención de empleados talentosos. Las oportunidades de promoción y una perspectiva de carrera pueden ser especialmente significativas para retener a los mandos intermedios talentosos que puedan avanzar para ocupar puestos de alto nivel en el futuro.

- Muchos países de la OCDE tienen medidas de gestión de desempeño diferentes y más demandantes para los funcionarios de alto nivel. Varios países como Bélgica, Dinamarca, Finlandia y Nueva Zelanda, entre otros, usan varios tipos de contratos de desempeño para servidores públicos de alto nivel. Dada la complejidad de los vínculos entre los objetivos de desempeño individual y el organizacional general, es importante que los servidores públicos de alto nivel puedan observar con claridad los vínculos entre sus objetivos y los objetivos de desempeño de más alto nivel. La experiencia en los países de la OCDE sugiere que, en el caso de los servidores públicos de alto nivel individuales, la claridad en las expectativas de desempeño y la oportunidad regular para sostener un diálogo con el ministro o secretario general acerca de los obstáculos encontrados o avances logrados, son ingredientes esenciales para activar el desempeño.

El sistema de selección y gestión de directivos de alto nivel de la República Dominicana brinda al gobierno gran flexibilidad para llenar puestos de alto nivel e influir en el desempeño y conducta de cada directivo. Sin embargo, no se cuenta con un sistema estructurado para administrarlos como grupo o para desarrollar una cultura de responsabilidad corporativa compartida de encabezar el desempeño. Las competencias no figuran en la selección o promoción de directivos de alto nivel, no hay una formación sistemática en gestión y la mayoría de estos directivos no están sujetos aún a evaluaciones de desempeño. No obstante, el sistema de contratos de desempeño organizacional e individual que actualmente se encuentra en las etapas piloto iniciales señala un cambio fundamental en la cultura de desempeño.

Es esencial enviar una señal clara a los empleados de que existe un genuino compromiso desde la cabeza hasta los niveles inferiores para crear una cultura de rendición de cuentas y desempeño. A menos que se vea a los directivos de alto nivel concentrarse en mejorar el desempeño, es poco probable que otros empleados se comprometan con ella. Si bien los directivos de alto nivel no son parte del sistema de carrera, deberían sujetarse a la gestión de desempeño. Una vez implementado el sistema de contratación de desempeño planificado, se presume que los directivos de alto nivel firmarán un acuerdo o contrato de desempeño y se someterán a las evaluaciones correspondientes. Mientras tanto, estos directivos podrían incluirse en un sistema simplificado de evaluación del desempeño. Fijar objetivos de desempeño para directivos de alto nivel proporcionaría liderazgo para el resto de la organización y concentraría la atención de los directivos en los resultados, ayudando con ello a establecer el sistema de planificación organizacional.

Recuadro 4.7. Código para la Excelencia de Directores Ejecutivos en el Estado danés, autoridades regionales y locales

Entre 2003 y 2005, alrededor de 450 directores ejecutivos en el Estado danés, y las autoridades regionales y locales participaron en un debate sobre las condiciones, estrategias y competencias más importantes para directores ejecutivos en un sector público moderno. Esto generó el Código para la Excelencia de Directores Ejecutivos de Dinamarca, el cual:

- Define las tareas más importantes de un director ejecutivo
- Contiene un marco compartido de referencia para directivos ejecutivos entre todos los niveles del sector público
- Centra más la atención de los directores ejecutivos individuales en sus propias funciones, estilo directivo y conducta
- Brinda a los directores ejecutivos individuales la oportunidad de reflexionar periódicamente acerca de sus propias prácticas de gestión en relación con los resultados de la organización
- Proporciona material para el diálogo en el nivel superior de la organización individual del sector público

El Código para la Excelencia de Directores Ejecutivos consiste en nueve recomendaciones relativas a la función, conducta y estrategias del director ejecutivo:

- Clarificar su espacio de gestión con el líder político
- Asumir responsabilidad por asegurarse de que los objetivos políticos se implementen en toda la organización
- Crear una organización con capacidad de respuesta y de influencia sobre su entorno
- Crear una organización que actúe como parte de un sector público integrado
- Requerir que la organización se enfoque en resultados y efectos
- Tener visión y trabajar estratégicamente para mejorar la manera en que su organización cumple con su cometido
- Ejercer su derecho y obligación de dirigir a la organización
- Actuar con integridad personal y profesional
- Proteger la legitimidad y valores democráticos del sector público

Tomando en cuenta las recomendaciones del Código, se desarrolló un método de autoevaluación para ayudar al director ejecutivo individual a reflexionar sus propias prácticas de gestión.

Fuente: Forum for Top Executive Management (2005), *Public Governance – Code for Chief Executive Excellence,* Mayo, Copenhagen, www.publicgovernance.dk/resources/File/FFOT_piece_UK.pdf.

En el nivel directivo superior los objetivos tienen que tomar en cuenta la naturaleza de mediano plazo de muchos objetivos de desempeño, aunque es útil fijar puntos de referencia anuales. Dado que el sistema de gestión de desempeño dominicano es operativo, la fijación de objetivos puede hacerse más sofisticada y desarrollar más los vínculos con la planificación, la elaboración de presupuestos e iniciativas clave como la de gestión de calidad, la reestructuración institucional y de GRH. Una preocupación de los países de la OCDE que es muy pertinente para la situación de la República Dominicana es hacer que los servidores públicos de alto nivel se centren no sólo en brindar asesoría política a los ministros, sino también en mejorar la capacidad y desempeño de sus organizaciones, de modo que la implementación de las políticas públicas resulte más eficaz (Kettl, Pollitt y Svara, 2004). Por ejemplo, el gobierno canadiense coloca la implementación como la principal de las responsabilidades de los directivos de alto nivel; Dinamarca ha desarrollado un código para la excelencia de los directores ejecutivos, y el Reino Unido pone un renovado énfasis en la implementación. Una interesante característica del enfoque danés ha sido la participación de los directivos de alto nivel en la definición de la excelencia directiva (véase el Recuadro 4.7).

En Nueva Zelanda, el logro de resultados y el desarrollo de la capacidad de la organización forman una parte clave de la evaluación de desempeño para directores ejecutivos de organismos gubernamentales. El sistema neozelandés demuestra cómo pueden usarse diversos instrumentos para medir el desempeño y vincularlo con otras iniciativas importantes de mejora de gestión (véase el Recuadro 4.8).

Recuadro 4.8. Nueva Zelanda: Evaluar el desempeño de directores ejecutivos de organismos gubernamentales para mejorar la prestación de servicios

El *New Zealand State Services Commissioner* (Comisionado de servicios estatales de Nueva Zelanda [SSC]) revisa el desempeño de cada director ejecutivo (DE) en términos de logro de resultados e inversión en la capacidad de sus organizaciones. También se brinda orientación sobre la dirección futura al atender prioridades gubernamentales, y sobre el desarrollo de la organización del DE. El desempeño general del DE se analiza con el ministro responsable.

El SSC requiere que los directores ejecutivos aporten evidencia de los resultados que están logrando para los neozelandeses. Utiliza varias herramientas para medir y entender cuán bueno es el desempeño de los organismos, entre ellas el programa Benchmarking Administrative and Support Services, el Performance Improvement Framework, que es una revisión de la aptitud de un organismo para lograr sus fines hoy y en el futuro, y los BPS results, que consisten en 10 resultados que el gobierno ha fijado como objetivos por lograr por parte del sector público en un periodo de cinco años. Evaluar el desempeño ayuda al SSC a brindar asesoría sobre la manera de mejorar áreas como la rentabilidad y la prestación de servicios.

Fuente: New Zealand State Services Commission, www.ssc.govt.nz/performance.

Desarrollar el compromiso de los empleados para apoyar el desempeño y la innovación

Hay un creciente interés en el impacto del compromiso de los empleados en el sitio de trabajo sobre el desempeño y la innovación. La investigación muestra que este compromiso puede respaldar los objetivos de los empleadores para elevar los niveles de desempeño en el trabajo, así como aumentar la calidad de vida de los empleados en el trabajo; un mayor compromiso se ha relacionado con una motivación más fuerte de los empleados en cuanto al compromiso con las tareas y con la organización en general (Eurofound, 2013).

En años recientes, los sitios de trabajo en los sectores público y privado de muchos países han adoptado prácticas de compromiso y participación de los empleados, por ejemplo: programas para tomar en cuenta las opiniones y sugerencias de los empleados; grupos de solución de problemas; programas de mejora continua; acuerdos de alianzas informales en los que los empleados y sus representantes trabajan con la dirección en la mejora del desempeño organizacional, y acuerdos de alianzas más formales basados en acuerdos entre los empleados, sindicatos y la dirección (National Centre for Partnership and Performance - NCPP, 2005). Las siguientes son las conclusiones clave obtenidas de la investigación sobre estas prácticas (NCPP, 2005):

- El compromiso de los empleados se relaciona con la adopción más amplia y exitosa de nuevas prácticas de trabajo
- Cuanto mayor sea el número de formas de compromiso de los empleados en una organización, mayor será el número de nuevas prácticas de trabajo adoptadas
- Uno de los beneficios más importantes del compromiso y participación de los empleados es ayudar a crear un clima de confianza en el sitio de trabajo al permitir un contacto más cercano entre la dirección y el personal.

Los niveles más altos de compromiso en el sitio de trabajo por parte de directivos y empleados también parecen aumentar la probabilidad de que haya innovación en el sector público. Un proyecto piloto de investigación realizado recientemente por la Comisión Europea sobre la innovación en el sector público concluyó que el compromiso de directivos y empleados propicia innovaciones de proceso en el sector público. La presencia de barreras internas a la innovación —por ejemplo, falta de apoyo directivo, resistencia del personal o cultura de aversión al riesgo— no sólo ejerce un efecto negativo sobre la innovación, sino también sobre la eficacia del sector público en general. Las ideas del personal, la dirección y los clientes son las principales fuentes de información utilizadas en el desarrollo de innovaciones (Comisión Europea, 2013). El vínculo con la innovación parece operar en parte mediante una fuerte asociación entre el nivel de compromiso de los empleados y las oportunidades de aprendizaje informal y formal en el trabajo; las organizaciones con un alto compromiso tienen más probabilidad de brindar oportunidades de aprendizaje a sus empleados (Eurofound, 2013).

Desarrollar métodos de participación y compromiso de los empleados en el sitio de trabajo puede hacer una importante contribución a la motivación de los empleados, el fomento de la calidad e innovación, y la gestión de cambio general en el servicio público de la República Dominicana. Hay margen para partir de los avances logrados hasta la fecha en el establecimiento del sistema de relaciones del personal, con el fin de desarrollar otros métodos de compromiso de los empleados. Las siguientes son tres maneras generales en que pueden lograrse niveles más altos de compromiso de los empleados (NCPP, 2005):

- Comunicación en el sitio de trabajo – proporcionar a los empleados información acerca de una amplia gama de asuntos, consultarles sobre el cambio y brindarles la oportunidad de aportar ideas.
- Participación de los empleados en la manera de organizar y realizar el trabajo —en equipos, grupos de solución de problemas, grupos de proyecto, círculos de calidad, programas de mejora continua y otros—, y mediante el uso de prácticas de GRH como la gestión de desempeño y revisiones del desarrollo.
- Acuerdos tipo alianzas, informales o formales, en los que los empleados y sus representantes trabajan con la dirección para lograr el cambio y mejorar el desempeño de la organización.

Estas prácticas de compromiso parecen fructificar más cuando se les implementa de una manera sistémica que las vincule con prácticas de GRH para desarrollar competencias, recompensar la contribución y fortalecer la lealtad y la confianza, como se ilustra en la Gráfica 4.2.

La investigación llevada a cabo en países de la Unión Europea muestra que las prácticas de compromiso de los empleados se desarrollan más en los países nórdicos (Dinamarca, Finlandia y Suecia), así como en Estonia, Letonia y Lituania. Las organizaciones con una fuerte capacidad de GRH y una cultura organizacional interesada en el desarrollo del personal son particularmente propicias para un mayor compromiso de los empleados. También se ha observado que el suministro de canales de diálogo institucionalizados entre empleadores y empleados mediante procedimientos de consulta y relaciones con sindicatos es un apoyo importante para un compromiso eficaz de los empleados (Eurofound, 2013).

Gráfica 4.2. Coordinación del compromiso de los empleados y las prácticas de GRH

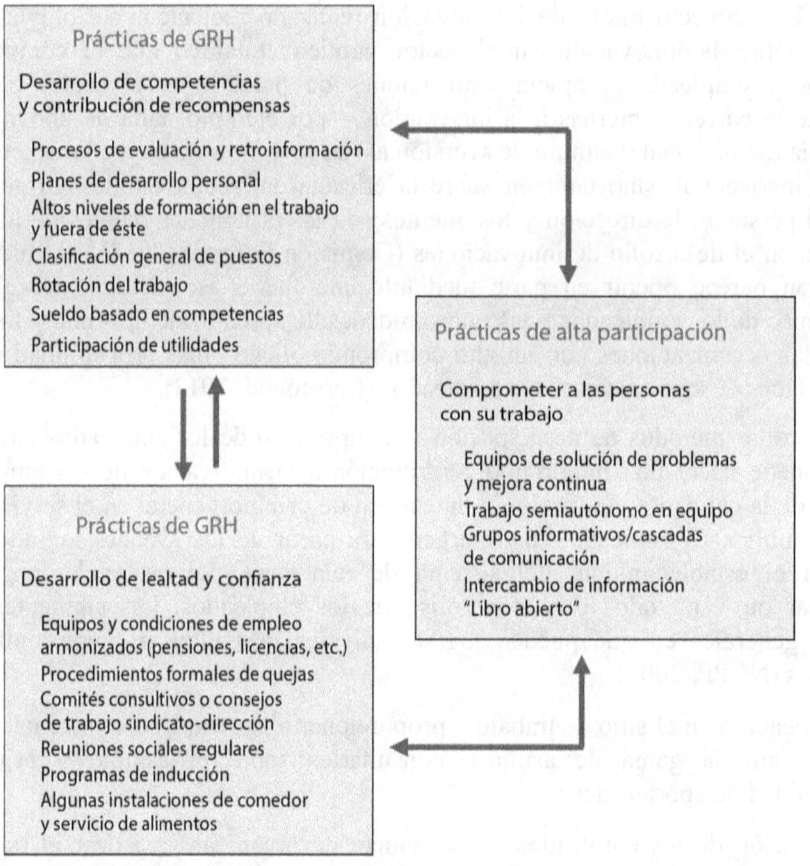

Fuente: Thompson, M. (2004), "Building wealth through relationships: The role of internal and external relationships in the knowledge-intensive firm", presentación al Forum on the Workplace of the Future, Dublin, April [published in NCPP (2005), *Working to our Advantage, A National Workplace Strategy*, National Centre for Partnership and Performance, Dublin].

Implementar la remuneración basada en desempeño no tendría que ser una prioridad

El que la remuneración basada en desempeño (RBD) tenga un impacto positivo sobre la motivación y la actuación del personal depende en gran medida de la calidad de los objetivos de desempeño y de cuán bien se lleve a cabo el proceso de evaluación de éste. Antes de implementar la RBD es esencial contar con ciertas condiciones, como transparencia, mecanismos claros de promoción basada en mérito y confianza de los directivos y mandos intermedios (OCDE, 2005a). Las políticas de remuneración basada en desempeño son contraproducentes en un marco de gestión inadecuado, y en tales situaciones podrían aumentar los problemas relacionados con la confianza e incluso generar corrupción y clientelismo. La RBD requiere una cultura de servicio público madura y bien establecida, así como un entorno político y de políticas públicas estable.

En la mayoría de los países de la OCDE se utiliza alguna forma de remuneración basada en desempeño (véase la Gráfica 4.3). Hay una gama de programas de RBD, incluidos bonos únicos, aumentos salariales consolidados y recompensas de equipo. En algunos países los aumentos salariales se vinculan con el desempeño. La máxima proporción del salario básico que la remuneración relacionada con el desempeño puede representar cambia de un país a otro, y puede haber variaciones entre empleados de diferentes grados o de una organización a otra si la fijación de la remuneración está descentralizada. En cerca de un tercio de los países de la OCDE, la parte de la remuneración que se relaciona con el desempeño es más alta para los servidores públicos de alto nivel (OCDE, 2012).

Gráfica 4.3. Grado del uso de la remuneración basada en desempeño en el gobierno central

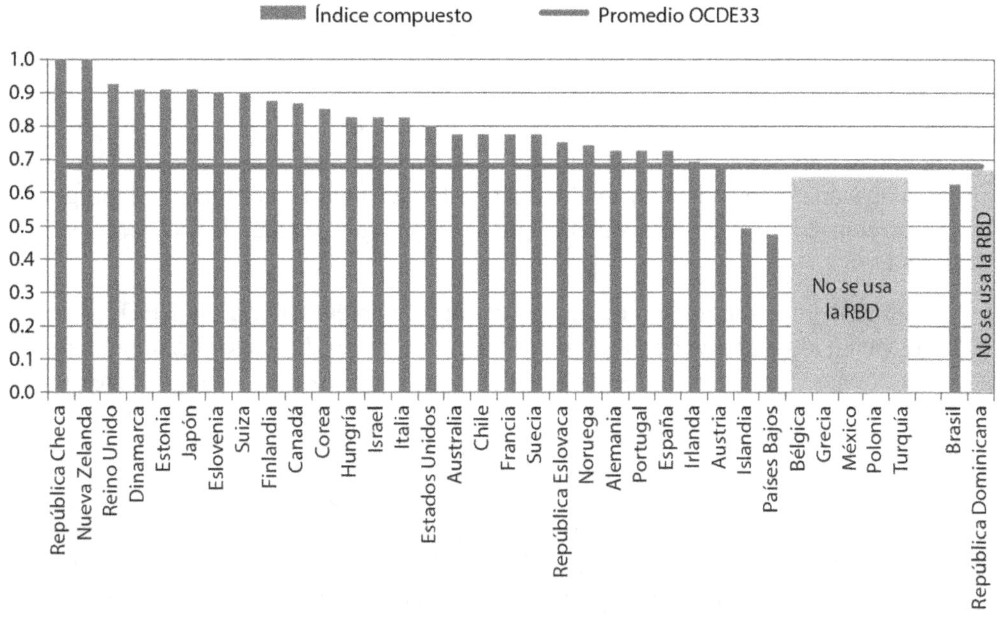

Fuente: OECD Survey on Strategic Human Resources Management in Central/Federal Governments (Encuesta de la OCDE sobre Gestión Estratégica de Recursos Humanos en Gobiernos Centrales/Federales, actualizada en 2013 con base en datos de 2012). Los datos de la República Dominicana fueron suministrados por el MAP en respuesta al cuestionario de la OCDE (julio de 2013).

La implementación de la RBD puede ser un proceso largo. Según la experiencia de los países de la OCDE, pueden requerirse de ocho a 10 años para lograr una cobertura total. En Dinamarca, la implementación comenzó en 1997 y terminó en 2005. En Finlandia, se invirtieron años de preparación en el diseño e implementación de un sistema de RBD y el marco de evaluación de desempeño relacionado, y la implementación se realizó gradualmente durante un periodo de 15 años. Finlandia atribuye la relativamente positiva aceptación de los empleados de un nuevo sistema de remuneración basada en desempeño al tiempo que se dedicó a establecer el sistema de evaluación de éste antes de vincularlo con la remuneración, a explicar el nuevo sistema a los empleados y a atender sus inquietudes (EIPA, 2007).

Los programas de remuneración basada en desempeño eficaces requieren, entre otras cosas, un fuerte compromiso con la gestión de desempeño, algo que aún no se establece del todo en la República Dominicana. El gobierno, con inteligencia, decidió dedicar tiempo a establecer bien el sistema de gestión del desempeño y el nuevo sistema salarial antes de vincular el desempeño y la remuneración. Esto dará tiempo para solventar cualquier problema con el proceso de evaluación del desempeño y desarrollar confianza en el sistema de gestión del mismo. La transición a la RBD es uno de los cambios organizacionales más delicados que un empleador puede emprender y vale la pena destacar la importancia de obtener la aceptación de los empleados (OCDE, 2012). La experiencia de los países de la OCDE muestra que el cuidado en la preparación de la implementación de la RBD rinde frutos en el largo plazo.

La remuneración basada en desempeño debe implementarse gradualmente durante un periodo de tiempo, a medida que la cultura de gestión del desempeño se fortalezca. Un posible enfoque podría ser realizarla paulatinamente de organización en organización, empezando con aquellas que demuestren eficacia en la gestión del desempeño, y vinculándola con los contratos de desempeño planificados para directivos de alto nivel. Otra manera de graduarla podría ser comenzar con áreas de alta prioridad en las que el gobierno quiera ver mejora en los resultados y utilizar la remuneración por desempeño para ayudar a impulsar la focalización en productos y resultados. Sería esencial lograr el compromiso de la dirección de las organizaciones con el diseño de cualquier programa de remuneración de este tipo. Un enfoque como éste requeriría diseñar con cuidado incentivos para el desempeño y evaluación de los resultados, conforme los programas de remuneración basada en desempeño puedan generar resultados no anticipados con facilidad.

Cuando llegue el momento de considerar la implementación de la RBD, la República Dominicana podrá aprovechar la experiencia de los países de la OCDE, aunque no hay un sistema "mejor" en general. Tal vez una de las enseñanzas más importantes es que la RBD debería usarse, ante todo, como un estímulo y una palanca para la puesta en marcha del cambio organizacional y de gestión más amplio, y no principalmente como herramienta motivacional (véase el Recuadro 4.9).

Es esencial evaluar con regularidad la eficacia de los programas de remuneración basada en desempeño. En los países de la OCDE se ha aprendido mucho por experiencia y por la revisión de programas, y la República Dominicana podría beneficiarse de este aprendizaje (OCDE, 2005a; 2005b; 2012i). Una reciente revisión de la experiencia en el Reino Unido resume algunos de los temas que pueden surgir comúnmente (véase el Recuadro 4.10).

Recuadro 4.9. Enseñanzas de la Remuneración Basada en Desempeño (RBD) en el servicio público de países de la OCDE

- **El diseño de la RBD tiene que tomar en cuenta el entorno cultural de cada organización y país.** La RBD no debería implementarse en detrimento del salario base, ya que éste tiene el impacto más decisivo como incentivo. Por otra parte, las recompensas por desempeño no deben limitarse demasiado y sí ubicarse muy por encima del nivel de la inflación. El equilibrio de la RBD individual y de equipo es un aspecto clave del diseño. Los sistemas de RBD para equipos y unidades pueden implementarse de manera que provoque menos trastornos y parece generar resultados más positivos que la RBD estrictamente individualizada.
- **El proceso de evaluación del desempeño es el núcleo de todo el sistema.** En última instancia, el éxito de la RBD se basa más en la calidad del proceso de medición del desempeño que en el nivel de remuneración.
- **Es necesario anticipar la presencia de problemas de implementación.** Esto implica sobre todo: coordinarse con el personal y los sindicatos para la puesta en marcha de la RBD, preparar la dirección operativa y de más alto nivel; anticipar el presupuesto y los costos vinculados con la RBD e identificar maneras de financiarla, y prever en forma adecuada el tiempo y el trabajo implicados en la puesta en marcha y supervisión del sistema.
- **La remuneración basada en desempeño se acompaña de la delegación de la GRH.** Es más fácil expresar los objetivos individuales de los empleados y los de la organización de manera significativa si la dirección local tiene un determinado grado de autonomía para adaptar el programa a sus necesidades.
- **No hay que subestimar la importancia y el impacto de la RBD.** La RBD es de importancia secundaria como herramienta de gestión para mejorar la motivación. Por consiguiente, la evidencia apunta a la necesidad de un enfoque amplio para mejorar la gestión de desempeño en comparación con una restringida preocupación por la remuneración relacionada con el desempeño.
- **La RBD debería aplicarse en un entorno que mantenga y apoye una relación de trabajo basada en la confianza.** La RBD requiere una cultura de servicio público madura y bien establecida, y un entorno político y de políticas públicas estable.
- **La RBD debería utilizarse, más que nada, como estímulo y palanca para la implementación del cambio organizacional y de gestión más amplio**, y no sólo como una herramienta motivacional para el personal. Los objetivos del sistema de RBD deben fijarse de acuerdo con ello.

Fuente: OCDE (2005b), "Paying for Performance: Policies for Government Employees", *OECD Policy Briefs*, mayo, www.oecd.org/publications/Policybriefs.

Recuadro 4.10. Reino Unido: Enseñanzas de la experiencia con la remuneración basada en desempeño (*Hutton Review*)

En 2010 el Primer Ministro y el Canciller encargaron la *Hutton Review of Fair Pay in the Public Sector* (Revisión Hutton de remuneración equitativa en el sector público), con el objeto de asegurar la equidad en la remuneración del sector público en el contexto de las circunstancias económicas actuales. Las conclusiones relacionadas con el uso de la remuneración basada en desempeño incluyeron las siguientes:

- El desempeño se mide mejor en términos de resultados con el tiempo y no en comparación con colegas, bien sea en el nivel organizacional o individual.
- Las medidas estrictamente cuantificables pueden presentar riesgos, especialmente cuando se utilizan para clasificar a personas y organizaciones con gran detalle. La elección de las medidas de desempeño puede afectar los resultados. Sin embargo, las medidas objetivas pueden ser una manera poderosa de dirigir una conversación en la que los empleados tengan que rendir cuentas de su desempeño. Las evaluaciones de juicio más afinadas pueden incluir revisiones de 360 grados y de actores interesados. Cuando se requiera, debería pasarse de los objetivos específicos al uso de criterios de éxito más generales, como evaluaciones comparativas y puntos de referencia, que son más difíciles de manipular.
- La evaluación de desempeño es la columna vertebral de todo el sistema y sin ella las decisiones sobre remuneración se vuelven arbitrarias. Debería asignarse una alta prioridad a la consulta con los empleados, así como a la comunicación sencilla y regular, de modo que se reconozcan diferentes metas y los objetivos sean transparentes.
- En la medida de lo posible, los indicadores de desempeño deberían basarse en fuentes de información alternativas, independientes y a prueba de manipulación. La distribución de recompensas debería ser controlada y coordinada por comités independientes. Estas tareas se facilitaron con los adelantos en la tecnología que permiten recopilar y procesar la información rápidamente.
- Los sistemas de calificación deberían evitar clasificaciones forzadas, ya que esto puede crear división entre los empleados. De ser necesario utilizar sistemas de clasificación, tendría que hacerse más con el fin de verificar la distribución que como una proporción rígida.
- Los objetivos deberían ser relativamente estables con el tiempo y, en la medida de lo posible, protegerse de la interferencia política. Por su parte, las evaluaciones de desempeño tendrán que implicar la definición de medidas de éxito a mediano plazo y asignarles un peso considerable. En parte esto puede hacerse al requerir que la elección de medidas de desempeño a corto plazo se correlacione, en lo empírico y lo teórico, con resultados positivos a largo plazo.

Fuente: HM Treasury (2011), *Hutton Review of Fair Pay in the Public Sector: Final Report*, March, London, http://webarchive.nationalarchives.gov.uk/20130129110402/http://www.hm-treasury.gov.uk/d/hutton_fairpay_review.pdf.

Administración de la dirección de alto nivel

Hay una amplia variedad de formas de administrar a los niveles altos de dirección del servicio público en los países de la OCDE, que reflejan contextos históricos, políticos y sociales nacionales específicos. Sin embargo, al igual que el desempeño, la innovación y la eficiencia se han convertido en temas fundamentales para la gobernanza pública, ya que cada vez hay más interés en la administración de los directivos de alto nivel, y su función y capacidades.

En los países de la OCDE se han debatido o promulgado varios elementos comunes en las reformas (véase el Recuadro 4.11). El principal de ellos es el tema de la calidad de la dirección de alto nivel, su capacidad de liderazgo, sus competencias y su contribución a reformas dirigidas a mejorar el desempeño de los servicios públicos. En consecuencia, en muchos países se ha cambiado la manera de seleccionar a los directivos de alto nivel, haciendo más hincapié en las capacidades, la transparencia y una mayor competencia entre ellos. El desarrollo de gestión también recibe mucha más atención, con medidas orientadas específicamente a los directivos de alto nivel. En muchos países se tiene cada vez más interés en garantizar que haya una reserva de talento que pueda aportar líderes futuros. Hay una fuerte focalización en el desempeño de los directivos de alto nivel, reflejada en el uso de la evaluación de desempeño de recompensas, así como de medidas para identificar y cerrar brechas de competencias. Algunos países han instaurado nombramientos a plazo fijo para funcionarios públicos de alto nivel, con miras a respaldar una mayor orientación al desempeño y a obtener flexibilidad para ocupar estos puestos.

Recuadro 4.11. Tendencias generales en la administración de directivos de alto nivel en países de la OCDE y de la Unión Europea

Por lo general un sistema de servicio público basado en la carrera selecciona personal al principio de su carrera y, a partir de entonces, la promoción es administrada por la organización. En este tipo de sistema se invierten muchos recursos en la selección y desarrollo de servidores públicos, con el fin de prepararlos para los niveles ejecutivos más altos.

En un sistema de servicio público basado en puestos, los candidatos a puestos ejecutivos altos particulares son seleccionados en el servicio público general y en el sector privado, lo que ofrece una gran reserva de posibles candidatos. Una subcategoría del sistema basado en puestos es el sistema de servicio público basado en departamentos cuando no se cuenta con un sistema de carrera bien desarrollado para el gobierno entero. Los nombramientos tienden a hacerse sobre la base de antigüedad y mérito dentro del ámbito del departamento en cuestión.

Esta tipología implica diferentes grados de centralización de los procesos de selección y nombramiento. Si bien muy pocos países operan sistemas que coincidan perfectamente con alguno de los anteriores, es posible establecer el sistema más parecido al de cualquier país determinado. Esto tiene valor práctico al comparar reformas de gestión del servicio público de alto nivel en diferentes países, ya que la importancia y el entendimiento de las reformas a menudo dependen del punto de partida definido por los tipos. Cada uno de los dos sistemas fija incentivos completamente diferentes para las personas y, por consiguiente, tiende a propiciar características culturales diferentes.

En muchos países hay una tendencia general a concentrarse en desarrollar competencias de gestión. Si bien la gestión de desempeño ya es el centro de las reformas en todos los países, cada vez más se complementa con un enfoque en el liderazgo y en la gestión del cambio, así como en la GRH. Hasta un grado variable, los países tienen responsabilidades de gestión descentralizadas, acompañadas por mecanismos para asegurar la rendición de cuentas individual de los ejecutivos de alto nivel.

Los sistemas basados en la carrera con una tradición de procesos centralizados de selección, promoción y formación están poniendo en marchas reformas como concursos externos para puestos abiertos, gestión ministerial por objetivos y programas de formación permanente. Por ejemplo, en Bélgica, Chipre, Hungría, Irlanda, Portugal, Rumania, España, Italia y Malta, se han establecido procedimientos especiales de selección para directivos de alto nivel, con mandatos a plazo fijo para los puestos (Bélgica, Malta) y la selección de candidatos externos para algunos puestos de alto nivel (Austria, Bélgica, Chipre, Corea del Sur, España, Irlanda, Italia, Portugal y Rumania).

Recuadro 4.11. Tendencias generales en la administración de directivos de alto nivel en países de la OCDE y de la Unión Europea *(cont.)*

Los sistemas basados en puestos con un gran grado de gestión descentralizada de nombramientos, promoción y formación implementan cada vez más orientación central para nombramientos, reservas de talento y bases de datos interministeriales de servidores públicos de alto nivel existentes y potenciales. Por ejemplo, el gobierno holandés inició un programa de talento para atraer a graduados de alta calidad al servicio público, con la perspectiva de convertirse en directivos en el futuro.

La selección ha sido objeto de mucha atención con el fin de garantizar, por medio de grupos o comités de selección, organismos de supervisión, una agencia organizadora central o la participación de personas externas al servicio público, que el proceso se base en méritos y sea independiente. La mayoría de los Estados miembros de la Unión Europea tienen algún tipo de organismo o comité de selección o asesoría sobre los mejores candidatos para puestos de alto nivel en el servicio público, de modo que se asegure la neutralidad e independencia políticas del proceso de selección de estos funcionarios. La duración del nombramiento de los servidores públicos de alto nivel varía: la mayoría tienen un nombramiento permanente como servidor público, pero uno a plazo fijo para un puesto específico, o incluso dentro del grupo de puestos de servicio público de alto nivel. En algunos sistemas basados en la carrera, algunas veces se implementan contratos privados para que personas ajenas al servicio público ocupen puestos de gestión de alto nivel: sin embargo, éstas nunca se convierten en servidores públicos con este procedimiento (España, Francia).

La gestión de competencias de los directivos de alto nivel ha recibido cada vez más atención. La mitad de los Estados miembros de la Unión Europea tienen un perfil de competencias centrales para sus servidores públicos de alto nivel, el cual se usa en el proceso de selección y para fines de formación.

Notas: (1) La información del presente documento en relación con "Chipre" se refiere a la parte sur de la Isla. No existe una autoridad que represente en conjunto a las comunidades turco y greco chipriotas de la Isla. Turquía reconoce a la República Turca del Norte de Chipre (RTNC). Mientras no haya una solución duradera y equitativa en el marco de las Naciones Unidas, Turquía mantendrá su postura frente al "tema de Chipre".

(2) Todos los miembros de las Naciones Unidas, con excepción de Turquía, reconocen a la República de Chipre. La información contenida en el presente documento se refiere a la zona sobre la cual el Gobierno de la República de Chipre tiene control efectivo.

Fuentes: OCDE (2003), "Managing Senior Management: Senior Civil Service Reform in OECD Countries", GOV/PUMA(2003)17; EIPA (2008), *Top Public Managers in Europe: Management and Working Conditions of the Senior Civil Servants in European Union Member States*, estudio encargado por la Presidencia Francesa de la Unión Europea, *Etudes et perspectives*, European Institute for Public Administration, Maastricht, Países Bajos.

Debido a sus funciones estratégicas en el gobierno, hay una mayor tendencia en los países de la OCDE a agrupar a los servidores públicos de alto nivel por separado, y administrarlos conforme a diferentes políticas de GRH (véase la Gráfica 4.4). En la mayoría de los países de la Unión Europea y en la Comisión Europea existe un grupo reconocido de servidores públicos de alto nivel. Muchos de ellos tienen algunas condiciones especiales para este grupo de funcionarios (EIPA, 2008). La administración de directivos de alto nivel a menudo incluye reglas especiales para la selección (más centralizada, más abierta a personas externas, muy concentrada en las competencias y experiencia, identificación temprana de programas de gestión de talento), mayor énfasis en la gestión de su desempeño, uso de remuneración basada en desempeño y énfasis en el desarrollo de competencias mediante programas especiales de formación, desarrollo y socialización.

Gráfica 4.4. Uso de prácticas separadas de GRH para servidores públicos de alto nivel en el gobierno central

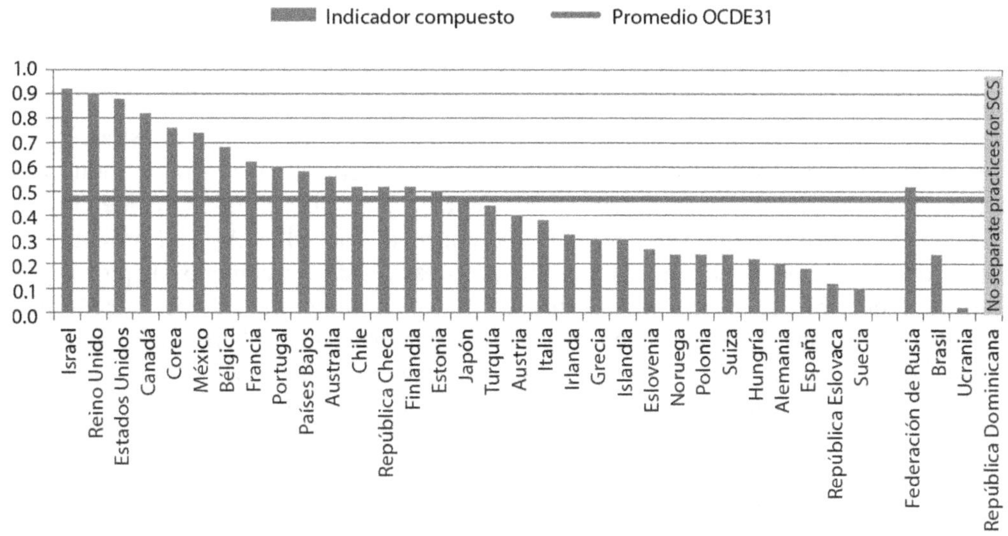

Fuente: OECD Survey on Strategic Human Resources Management in Central/Federal Governments (Encuesta de la OCDE sobre Gestión Estratégica de Recursos Humanos en Gobiernos Centrales/Federales, actualizada en 2013 con base en datos de 2012). Los datos para la República Dominicana fueron suministrados por el MAP en respuesta al cuestionario de la OCDE (julio de 2013).

En la República Dominicana no hay un grupo específico considerado como de alta dirección del servicio público; por consiguiente, no se gestiona a los directivos como grupo. Hay seis niveles de puestos directivos: viceministro, director general, director de área, director de departamento, director de división y director de sección. Los títulos para directivos de alto nivel parecen estar estandarizados en todo el gobierno, en tanto que los títulos de los mandos intermedios varían de una institución a otra. El panorama respecto al número de directivos y su proporción en comparación con el número total de empleados públicos varía dependiendo de dónde se tome la información. De acuerdo con los datos en poder de la Contraloría General, en 2012 había 8,381 directivos de alto nivel en la nómina del gobierno central, y 38,133 mandos intermedios, en comparación con el total de 292,000 empleados. Esto sugiere que los directivos de alto nivel conforman menos de 3% del número total de empleados, y los directivos de alto nivel y mandos intermedios en conjunto conforman alrededor de 16% del total. No se dispone de datos sobre el número de directivos en los servicios gubernamentales descentralizados y entidades autónomas. La información sobre directivos se está mejorando a medida que se incluye a las organizaciones en el sistema SASP y, aunque parcial, brinda una imagen distinta. Para las 102 instituciones del gobierno central incluidas en el SASP a mediados de 2013, había 534 directivos de alto nivel (viceministros, directores generales y subdirectores), y 13,193 mandos intermedios, de un total de 230,000 empleados. Esto sugiere que los directivos de alto nivel equivalen a sólo 0.2% del número total de empleados y que los directivos de alto nivel y los mandos intermedios en conjunto conforman 6% del total.

Un componente clave del programa de reorganización institucional coordinado actualmente por el MAP es la racionalización del número de puestos y niveles directivos, y el logro de un mayor grado de congruencia entre instituciones. Clarificar el número de miembros de las filas de directivos y el número de directivos será un importante paso para la gestión de directivos.

Las reformas del servicio público requieren nuevas competencias directivas y de liderazgo

Las reformas al servicio público en proceso de implementación en la República Dominicana requieren nuevas competencias de gestión y liderazgo. Crear las condiciones para un liderazgo y gestión eficaces tendría que ser parte integral de la estrategia de reforma del gobierno. Varias iniciativas ya emprendidas contribuyen a un enfoque más fuerte en la necesidad de las capacidades de liderazgo y gestión: la Iniciativa de Gestión de Calidad, el monitoreo que ya se lleva a cabo por medio del SISMAP y el programa de reestructuración institucional. El sistema de contratación de desempeño en proceso de desarrollo requerirá que los principales directivos firmen un contrato de desempeño para su organización y suscriban estos contratos con su personal. Sin embargo, la preparación para la implementación de este sistema requerirá un gran esfuerzo de desarrollo de liderazgo y gestión. El MAP empieza a trabajar en competencias de gestión y a explorar opciones para acercar la gestión de los directivos de alto nivel a los criterios de servicio público de América Latina. El Instituto Nacional de Administración Pública, INAP, ha desarrollado algunos cursos de formación para directivos de alto nivel, pero esta formación no es obligatoria y hasta ahora la aceptación ha sido baja. Estas iniciativas pueden aprovecharse para asegurar que la voluntad política de mejorar los servicios públicos reciba el respaldo de una capacidad adecuada de gestión y liderazgo en los niveles de directivos y mandos intermedios del servicio público.

El MAP trabaja con la Fundación Internacional y para Iberoamérica de Administración y Políticas Públicas (FIIAPP), institución pública española para la cooperación internacional, con el fin de analizar el sistema de gestión de alto nivel del servicio público en comparación con los criterios del modelo latinoamericano (véase el Recuadro 4.12). Se está considerando diseñar un régimen de contratación y remoción para estos puestos, así como formalizar los derechos y obligaciones de los funcionarios y definir las disposiciones en caso de conflicto de intereses y otros aspectos vinculados con la transparencia.

En la actualidad, las medidas para la gestión de grupos de directivos de alto nivel en la República Dominicana no cumplen con los criterios mencionados (FIIAPP, 2012). Por supuesto, esto no implica que quienes ocupan los puestos de gestión de alto nivel no sean profesionales y capaces. Sin embargo, sí significa que la República Dominicana carece de los sistemas e instrumentos que existen en la mayoría de los países de la OCDE para asegurar estándares de gestión constantemente altos, fortalecer capacidades de gestión y liderazgo, y crear perspectivas interinstitucionales y de gobierno entero entre gerentes de alto nivel.

Un enfoque más estructurado a la gestión de directivos de alto nivel como grupo permitiría al gobierno fortalecer las capacidades de gestión y liderazgo. Al llevar a cabo reformas al servicio público, los países de la OCDE han observado que es necesario no sólo reforzar estas capacidades dentro de las instituciones individuales, sino también desarrollar liderazgo colectivo y una perspectiva de gobierno entero entre directivos de alto nivel. Formas estructuradas de administrar a los servidores públicos de alto nivel como grupo pueden suministrar un marco para que estos funcionarios se conecten con líderes políticos bajo nuevos términos, más como grupo corporativo que ofrece liderazgo corporativo en asuntos decisivos. Por ejemplo, en Países Bajos la creación del Servicio Público de Alto Nivel ha aportado un contexto para el liderazgo político y el liderazgo del servicio público, con miras a redefinir la alianza político-administrativa alrededor del tema de renovación del gobierno nacional. En el Reino Unido, uno de los principales objetivos de establecer el grupo de alto nivel fue desarrollar un liderazgo corporativo para iniciativas clave, para mejorar los servicios públicos y encontrar soluciones para asuntos transversales.

Recuadro 4.12. Criterios para la organización y gestión del servicio público de alto nivel, de acuerdo con el modelo de servicio público de América Latina

- Nombramiento de un nivel de gestión ejecutiva superior, subordinado al nivel político, cuya función es dirigir y gestionar con el fin de implementar políticas públicas y producir servicios públicos.
- Existencia de disposiciones institucionales para la delegación de autoridad a directivos de alto nivel, sistemas eficaces de control y rendición de cuentas, recompensas y sanciones vinculadas con el nivel de responsabilidad, y un conjunto de valores comunes centrados en la gestión racional de recursos y la creación de un mayor valor público mediante el uso apropiado de recursos.
- Definición clara de qué puestos se incluyen en el grupo de gestión de alto nivel.
- Sin importar si el grupo de gestión de alto nivel es administrado como parte del servicio público en general o conforme a disposiciones específicas, es necesario regular los siguientes aspectos:
  - Requerimientos de calificaciones que definen las competencias precisas necesarias;
  - Reglas respecto al acceso a puestos que garantizan el profesionalismo mediante el uso de criterios relacionados con la capacidad y el mérito ;
  - Reglas respecto a la evaluación de desempeño y la rendición de cuentas ;
  - Reglas respecto a la titularidad con base en resultados de gestión ;
  - Incentivos para alentar la buena gobernanza.

Fuente: FIIAPP (2012), *El Modelo de Recursos Humanos en las Administraciones Públicas. Situación Actual del Modelo de Gestión de los Subsistemas de Recursos Humanos en la República Dominicana. Modelo Iberoamericano de Función Pública. Modelos Comparados*, presentación al Ministerio de Administración Pública (MAP) de la República Dominicana, julio.

En Chile, se creó el sistema de gestión profesional *Sistema de Alta Dirección Pública (ADP)*, con base en la distinción entre los puestos de más alto nivel, los cuales se ocupan por nombramiento directo del gobierno, y otros puestos de gestión de alto nivel que se administran como parte del sistema *ADP*. Los puestos de mandos intermedios se administran como parte de la carrera normal de servicio público. Aspectos notables de la reforma chilena han sido la participación de los actores en el diseño del nuevo sistema y un enfoque gradual a la implementación (véase el Recuadro 4.13).

Recuadro 4.13. El sistema de gestión de alto nivel de Chile

En 2003, el gobierno chileno, con el acuerdo de todos los actores políticos (partidos políticos de oposición, organizaciones no gubernamentales y sociedad civil), creó el Sistema de Alta Dirección Pública (ADP), un sistema central de servicio público de alto nivel. El objetivo del ADP era establecer una gestión profesional de alto nivel. Después de la reforma, hay tres grupos distintos:

- Los puestos de más alto nivel son ocupados por nombramiento directo del gobierno (709 puestos de 214,755 en el gobierno central)
- El ADP, para el cual la selección se basa en concursos públicos (1,058 puestos en el gobierno central). Hay dos niveles dentro del ADP: alrededor de 1% en el primer nivel jerárquico (jefes de servicio, directores generales) y el resto en el segundo nivel jerárquico (directores regionales, jefes de división)
- Puestos de mandos intermedios (2,362 puestos en el gobierno central) en el tercer nivel jerárquico, el cual forma parte del servicio público de carrera.

El sistema ADP se ha implementado gradualmente al seleccionar con un concurso abierto siempre que haya una vacante y ampliarlo con el tiempo a grupos adicionales. Por ejemplo, se ha expandido para incluir 3,600 directores municipales de educación, 391 jefes de la comunidad educativa y 2,800 nuevos puestos de gestión de alto nivel en los municipios.

Los aspectos clave del ADP son los siguientes:

- Selección competitiva basada en mérito profesional
- Perfil basado en competencias que son evaluadas por consultores expertos
- Plazo de tres años de servicio, renovable para dos periodos posteriores
- Derecho a indemnización por remoción
- Evaluación conforme a acuerdos de gestión de desempeño
- Puede ser despedido por el Presidente por mal desempeño o por falta de confianza

La mayor parte del proceso de selección para el ADP se contrata externamente con organismos de selección especializados. La Dirección Nacional de Servicio Civil (DNSC) es responsable de administrar el ADP. Sin embargo, el Consejo de Alta Dirección Pública está a cargo de garantizar la transparencia, la confidencialidad y la falta de discriminación del proceso de selección. Es presidido por el director de la DNSC y tiene cuatro miembros propuestos por el Presidente de Chile y aprobados por el Senado. El proceso de selección, que toma alrededor de cuatro meses, comienza con la publicación de la vacante en los medios. Una empresa especializada contratada por el Consejo analiza los currículos de los diferentes candidatos y prepara una lista de candidatos preseleccionados para el Consejo o para un comité de selección (bajo la supervisión del Consejo). Competencia profesional, integridad y probidad son algunos de los criterios utilizados en el proceso de selección. Posteriormente, el Consejo o el comité selecciona a los mejores candidatos para ser entrevistados y prepara una lista de candidatos preseleccionados final para la autoridad competente y el nombramiento final.

El sistema ADP se basó en experiencia internacional. En particular, la experiencia de países de la OCDE como Australia y Nueva Zelanda influyó fuertemente en el modelo chileno. El sistema es considerado uno de los principales logros de la modernización de la administración pública de Chile. Un efecto ha sido la reducción del número de nombramientos políticos en el gobierno central, que actualmente representan sólo 0.3% de la fuerza de trabajo pública total. También se afirma que la presencia de mujeres en puestos de alto nivel ha aumentado bajo este sistema. Ahora ocupan 32% de los puestos, en comparación con 15% en el sector privado chileno.

Fuente: Costa, R. and M. Waissbluth (2007), *Tres Años del Sistema de Alta Dirección Pública en Chile: Balance y Perspectivas*, trabajo presentado para debate en *Libertad y Desarrollo Consortium*, Santiago, Chile.

Maneras clave en las que se fortalece el liderazgo de alto nivel incluyen procesos rigurosos de selección, perfiles de competencias para directivos de alto nivel y disposiciones de gestión de desempeño que incorporan responsabilidades corporativas transversales, así como objetivos de gestión organizacional. La movilidad es un importante elemento de la manera en la que se administra el grupo de gestión de alto nivel en varios países de la OCDE. Si bien por lo general la movilidad es voluntaria, se considera que es parte necesaria del desarrollo de los directivos y a menudo se alienta al convertir a la experiencia variada en diferentes partes del servicio público en un factor para seleccionar a gerentes para puestos de alto nivel. Los programas de formación y desarrollo también tienen un objetivo doble: asegurar que los directivos de alto nivel posean las competencias necesarias y socializarlos con un conjunto de valores compartidos que ayudan a desarrollar cohesión grupal. En sistemas de servicio público de alto nivel más formales tiende a haber mucho establecimiento de redes gestionado para desarrollar fuertes vínculos interdepartamentales y aumentar la cohesión.

Dado que se espera que la mayoría de los servidores públicos de más alto nivel de la República Dominicana, los viceministros y directores generales, dirijan y gestionen, y a la vez asesoren al ministro, sería beneficioso desarrollar un perfil estándar de competencias para estos puestos, así como para otros puestos de gestión. Como se analizó en el Capítulo 3, usar perfiles de competencias para guiar la selección y contratación de directivos fortalece el mérito y la transparencia, y aporta mayor certidumbre y congruencia al proceso. Muchos países de la OCDE han descubierto la utilidad de distinguir las competencias requeridas de los servidores públicos que ocupan puestos de liderazgo de nivel alto de los requeridos de los mandos intermedios, aunque seguramente habrá superposiciones.

Para utilizar las competencias en el nombramiento de los directivos de alto nivel en la República Dominicana, será necesario desarrollar una manera de evaluar candidatos, con miras a asesorar al Presidente de la República sobre su idoneidad. Esto requiere un proceso estandarizado de selección y contratación que pone énfasis en la competencia. Esto puede asegurarse por varios medios como: grupos o comités de selección, organismos supervisores, una institución organizacional central o la participación de personas externas en los procedimientos. Un enfoque podría ser que el MAP o un organismo asesor especial evalúe las calificaciones de los candidatos o nominados y las confirme, o elabore una lista de candidatos preseleccionados cuando haya varios. El gobierno podría también considerar anunciar los nombramientos de alto nivel clave o utilizar los servicios de agencias profesionales de selección cuando se considere necesario para buscar competencias particulares. En algunos países, el mérito y la transparencia en los nombramientos de alto nivel son supervisados por organismos independientes, como la Public Service Commission (Comisión de Servicio Público) en Australia y Nueva Zelanda. En Irlanda, un Top Level Appointments Committee (Comité de Nombramientos de Alto Nivel), con miembros provenientes en su mayoría del sector privado, evalúa candidatos para los puestos de más alto nivel y hace recomendaciones al gobierno (véase el Recuadro 4.14). En el Reino Unido, el Senior Civil Service Group (Grupo de Servicio Público de Alto Nivel) de la Cabinet Office es responsable de las promociones y desarrollo de carrera, en tanto que los Civil Service Commissioners (Comisionados del Servicio Público) garantizan nombramientos basados en méritos.

Sería útil ofrecer a los directivos de alto nivel de la República Dominicana oportunidades para reunirse con regularidad en seminarios, cursos de formación y varios eventos colectivos. Esto ayudaría a desarrollar cohesión entre ellos, fortalecer valores compartidos e intercambiar ideas. La disposición a contribuir como parte de un grupo de liderazgo corporativo tendría que ser uno de los valores que guíen la selección, la renovación en el puesto y la promoción de los altos directivos.

La formación y desarrollo de los directivos con base en competencias son esenciales para construir la capacidad de liderazgo y gestión. Una vez que se definan los perfiles de competencias para los directivos del servicio público de la República Dominicana, es importante que se utilicen para apoyar un esfuerzo focalizado de desarrollo de gestión. Esto no debería restringirse a los mandos intermedios. En los países de la OCDE, no se da por hecho que la labor de desarrollo necesariamente termina cuando un directivo llega a un puesto de alto nivel. Los marcos de competencias se utilizan para identificar necesidades de desarrollo y aprendizaje continuos, y los directivos de alto nivel son responsables de su participación en las actividades respectivas. En los países de la OCDE los enfoques al desarrollo de servidores públicos de alto nivel se revisan con regularidad para asegurar el mantenimiento de su eficacia.

Recuadro 4.14. Comité de Nombramientos de Alto Nivel de Irlanda

El Comité de Nombramientos de Alto Nivel de Irlanda (Top Level Appointments Committee [TLAC]) tiene como fin asegurar la objetividad al llenar puestos de alto nivel, mejorar la calidad de los altos directivos, abrir puestos del más alto nivel a concurso y alentar los concursos y la movilidad interdepartamentales. Los nombramientos de más alto nivel (secretario general) son hechos por el gobierno a partir de una lista de candidatos preseleccionados suministrada por el TLAC y tienen un plazo fijo máximo de siete años. Los nombramientos para el siguiente nivel más alto, secretario adjunto, también se hacen por medio del TLAC. Todos los otros puestos directivos se llenan mediante el proceso de selección del servicio público.

Después de la reforma en 2011 de la composición del TLAC, su presidente y la mayoría de sus miembros son ajenos al sector público. Los miembros externos, que tienen competencias específicas en gestión y recursos humanos, son nombrados por el ministro responsable del servicio público. El objetivo es garantizar el acceso a la gama más amplia posible de talento para llenar puestos del servicio público de alto nivel. Además de transformar la estructura del TLAC, se están implementando nuevos enfoques para atraer candidatos externos a estos puestos altos, entre ellos, el uso ocasional de agencias de caza de talentos. Todas las vacantes de alto nivel se publican.

El TLAC está compuesto por los siguientes miembros:

- Secretario general, Departamento de Gasto Público y Reforma
- Secretario general ante el gobierno
- Dos servidores públicos de alto nivel nombrados por plazos de tres años
- Cinco miembros externos al servicio público nombrados por plazos de tres años, uno de los cuales sería el presidente

Fuentes: Top Level Appointments Committee (2011), "Procedures and Practices of the Top Level Appointments Committee", Dublin, http://hr.per.gov.ie/files/2011/12/here.pdf; Department of Public Expenditure and Reform, www://per.gov.ie.

A medida que se incrementa la estructuración de la administración de directivos, conviene trabajar en la creación de una reserva de posibles directivos futuros y brindarles oportunidades de desarrollo. Un marco de competencias que incluye las de liderazgo y gestión aporta una base para identificar el potencial. Establecer un marco para la identificación y organización del desarrollo de posibles directivos es una función estratégica que el MAP podría asumir con el tiempo. Es recomendable que el INAP se encargue de implementar programas de desarrollo de gestión bien estructurados. Australia, Canadá y el Reino Unido ofrecen interesantes ejemplos de sistemas proactivos para identificar y desarrollar directivos potenciales, con un fuerte enfoque en el aumento de las competencias de los mandos intermedios. En el Recuadro 4.15 se describe el sistema canadiense.

Recuadro 4.15. Identificación del potencial de mandos intermedios en el sector público canadiense

El *Assessment Centre for the Identification of Middle Management Potential* (Centro de Evaluación para la Identificación del Potencial de Mandos Intermedios: IMMP, por sus siglas en inglés) tiene como fin fomentar el desarrollo profesional de quienes aspiran a ocupar puestos de mandos intermedios o aumentar las competencias de los mandos intermedios del servicio público federal.

El IMMP ofrece a los participantes la oportunidad de:

- Evaluar objetivamente sus fuerzas y necesidades de desarrollo relacionadas con las competencias de liderazgo clave
- Aumentar su entendimiento de su potencial de gestión
- Fomentar el desarrollo de su carrera.

El IMMP ofrece a las organizaciones:

- Una rigurosa herramienta de evaluación, diseñada para identificar a personas con potencial de desarrollo como mandos intermedios
- Una manera equitativa y objetiva de seleccionar personas con alto potencial para ingresar a un programa de desarrollo
- Una manera probada de detectar las necesidades de desarrollo en el nivel de mandos intermedios de la organización.

Después de la evaluación, los participantes reciben un informe con sus resultados y descripciones de su desempeño, de acuerdo con indicadores de conducta y competencias. Todos los participantes reciben retroinformación individual.

Fuente: Public Service Commission of Canada (n.d.), http://www.psc-cfp.gc.ca/sas-sde/index-eng.htm.

El cambio a una manera más estructurada de administrar a los directivos de alto nivel en la República Dominicana requerirá de un organismo central que asuma una función de coordinación. En los países de la OCDE, esta función suele ser desempeñada por una unidad especial dentro del organismo central de GRH. Se trata de una función que el MAP podría desarrollar gradualmente, a partir de la definición del perfil de competencias de los directivos de alto nivel. Al respecto, puede resultar útil la experiencia de Países Bajos. Cuando se estableció el grupo directivo de alto nivel, se empleó un enfoque gradual que dio tiempo a los directivos de adaptarse a él, y al organismo central de GRH de desarrollar su propia capacidad. Irlanda también recurrió a un enfoque incremental desde el establecimiento en 2011 de un grupo de servidores públicos de alto nivel, para promover un servicio público más integrado y fortalecer su capacidad de liderazgo y alta dirección. Las medidas iniciales incluyeron la formación de redes entre directivos de alto nivel y un programa intensivo de desarrollo de liderazgo.

Cuadro 4.3. En la práctica ¿quién tiene influencia significativa sobre el nombramiento, promoción y remoción de directivos de alto nivel?

	Nivel 1	Nivel 2	Niveles 3-6
AUSTRALIA	◍	N.A.	▲
AUSTRIA	◭	◭	▲
BÉLGICA	◍	◍ ○	◍ ○
CANADÁ	●	○	■
CHILE	● ◍ ◭	◍ ○ ■ ◭	◍ ○ ■
REPÚBLICA CHECA	●	●	◍
DINAMARCA	●	○	○ ■
ESTONIA	◍ ▩ □	◍ ○ □ ◭	◍ ○ ◭
FINLANDIA	● ◍ ○	◍ ○ ▩	◍ ○ ■ ▩
FRANCIA	● ◍ ○	● ◍	● ◍ ○ □ ▲
ALEMANIA	◍ ○ ■ ▲	◍ ○ ■ ▲	◍ ○ ■ ▲
GRECIA	◭	◭	◭
HUNGRÍA	● ◍	◍ ○	◍ ○
ISLANDIA	◍ ○	◍ ○	N.A.
IRLANDA	◍	◭	◭
ISRAEL	◍	○ ▲ ◭	○ ▲ ◭
ITALIA	◍	◍ ▩ ◭	▲ ◭
JAPÓN	◍	◍	◍
COREA DEL SUR	●	◍ ○	◍ ○
MÉXICO	◍	◍	N.A.
PAÍSES BAJOS	◍ □ ◭	◍ ○ ■ □ ▲ ◭	○ ■ □
NUEVA ZELANDA	● ▩	◭	○ ■
NORUEGA	◍ ▩	○ ■ ▩	■
POLONIA	◍ ○	○	○
PORTUGAL	● ◍	◍	N.A.
REPÚBLICA ESLOVACA	◍ ▩ △	◍ ■ △	◍ ■ △
ESLOVENIA	◍ ◭	▲	N.A.
ESPAÑA	● ◍ ■ ▩	● ◍ ■ ▩	● ◍ ■ ▩
SUECIA	◍	○	○
SUIZA	◍ ○ ▩	N.A.	N.A.
TURQUÍA	● ◍	● ◍	● ◍
REINO UNIDO	○ ■	N.A.	N.A.
ESTADOS UNIDOS	○ ■	N.A.	N.A.
BRASIL	● ◍	○ ■	○ ■
FEDERACIÓN DE RUSIA	●	●	◍ ○ ■
UCRANIA	● ◍ ▩	● ◍ ▩	◍
● Presidente/Primer Ministro	15	6	3
◍ Ministro	26	18	15
○ Jefe de ministerio	8	16	16
■ Otros puestos en ministerio	4	7	12
▩ Otros miembros del Gabinete	7	5	2
□ Departamento central de GRH	2	2	2
▲ Departamento o Ministerio de GRH	1	4	6
◭ Organismo independiente	5	9	5
△ Legislatura	1	1	1

Fuente: OECD Survey on Strategic Human Resources Management in Central/Federal Governments (Encuesta de la OCDE sobre Gestión Estratégica de Recursos Humanos en Gobiernos Centrales/Federales, actualizada en 2013 con base en datos de 2012).

Clarificar la interfaz político-administrativa

Un aspecto clave es la relación de los directivos de alto nivel con el nivel político y el grado de compromiso político en su nombramiento, remoción y administración. Como puede observarse en el Cuadro 4.3, el método más común en los países de la OCDE es que los ministros participen en relación con los directivos de más alto nivel y también, en muchos países, en relación con los directivos en el segundo nivel más alto. Los jefes de ministerios a menudo participan en lo relacionado con directivos hasta el segundo nivel más alto, pero menos comúnmente con los del nivel más alto. La participación del Presidente o el Primer Ministro es relativamente común en lo referente a los directivos de más alto nivel, pero mucho menos para los otros niveles de directivos. Tal vez el aspecto más destacado sea que en muchos países varios actores participan en nombramientos, promociones y remociones de alto nivel. Debe hacerse hincapié en que en los países de la OCDE el compromiso político se combina con medidas para asegurar el mérito y la transparencia en los nombramientos de alto nivel.

El grado de rotación de servidores públicos de alto nivel cuando hay un cambio de gobierno es otro indicador de cómo se maneja la interfaz político-administrativa en diferentes países (véase el Cuadro 4.4). En la mayoría de los países de la OCDE, al cambiar un gobierno se tiende a reemplazar a las personas directamente responsables de asesorar a los ministros. Pocos o ninguno de los servidores públicos de más alto nivel cambian en 20 de 33 países de la OCDE, en tanto que todos o la mayoría cambian en 13 países. Hay mucha menor rotación en puestos por debajo del nivel más alto. Las medidas oscilan entre países en un lado del espectro, en los cuales los servidores públicos de alto nivel se aíslan completamente de los cambios en el gobierno (Australia, Austria, Canadá, Dinamarca, Estonia, Finlandia, Irlanda, Japón, Noruega, Nueva Zelanda, el Reino Unido, Suecia), y aquellos en el otro extremo, en los cuales la interfaz político-administrativa es más porosa (Chile, Hungría, México, Portugal, República Checa, República Eslovaca, Turquía). La República Dominicana tiene una tasa relativamente alta de rotación en los niveles altos.

Cuadro 4.4. Rotación de servidores públicos de alto nivel al cambiar el gobierno (2010)

Total OCDE	Asesores a los líderes del ministerio	Nivel 1 (el más alto)	Nivel 2	Nivel 3	Nivel 4	Nivel 5	Nivel 6 (el más bajo)
Sí, todos	15	5	3	0	0	0	0
Sí, muchos	7	8	6	3	1	1	0
Sí, pocos	1	8	5	4	3	1	1
Ninguno	4	12	19	26	29	29	26
República Dominicana	**Sí, todos**	**Sí, todos**	**Sí, todos**	**pocos Sí**	**pocos Sí**	**pocos Sí**	**n.a.**

Fuentes: OECD Survey on Strategic Human Resources Management in Central/Federal Governments (Encuesta de la OCDE sobre Gestión Estratégica de Recursos Humanos, actualizada en 2013 con base en datos de 2012). Los datos para la República Dominicana fueron suministrados por el MAP en respuesta al cuestionario de la OCDE (julio de 2013).

La función desempeñada por los gabinetes políticos es importante para entender el panorama completo de las disposiciones de alta dirección. Los gabinetes políticas consisten de asesores nombrados de acuerdo con criterios políticos, otros asociados cercanos a los ministros y otros miembros del Ejecutivo político. Son nombrados a voluntad, normalmente también pueden ser despedidos a voluntad, y dejan su cargo cuando el gobierno o incluso su director político deja el suyo. Algunos practicantes cuestionan la existencia de estos gabinetes, en tanto que otros alegan que son esenciales para evitar la politización de la alta dirección del servicio público.

Algunos ejemplos ilustran la amplia variedad de arreglos de este tipo en los países de la OCDE. En Dinamarca, se espera que los altos directivos puedan suministrar asesoría política a sus ministros. Suecia y Bélgica tienen gabinetes políticos; en Suecia son relativamente pequeños (de cinco a diez asesores por ministro) y no pueden dar órdenes a servidores públicos, en tanto que en Bélgica son mucho más grandes y han asumido las funciones directivas de más alto nivel. Irlanda tiene un sistema de asesores políticos a los ministros, externos al servicio civil de alto nivel y que dejan su cargo a la salida del ministro. Estados Unidos tiene directivos de alto nivel nombrados por razones políticas, lo cual limita la necesidad de gabinetes políticos; el Senado estadounidense decide qué puestos están abiertos para nombramientos políticos.

La gestión de la interfaz político-administrativa aún está en evolución en la República Dominicana, de una situación en la que era altamente porosa — con influencia política sobre toda la dotación de empleados públicos — a otra en la que la distinción entre los servidores públicos profesionales y los que tienen nombramientos discrecionales es cada vez más clara. El establecimiento del servicio público de carrera, así como su consolidación y expansión en el marco de la Ley 41-08, tiene el propósito de aislar a los funcionarios de carrera de influencias políticas sobre su nombramiento, remoción y administración. Sin embargo, si el objetivo es reducir aún más el grado de politización, esto no será suficiente ya que la mayoría de los puestos directivos permanecen fuera del servicio de carrera.

Respecto a la dotación de personal para puestos directivos, la Ley 41-08 estipula que estos puestos están sujetos a un sistema de libre nombramiento y remoción. Todos los puestos directivos se incluyen en este sistema, desde el nivel más alto hasta el nivel directivo más bajo. En algunas instituciones descentralizadas hay leyes particulares que permiten a la alta dirección de la institución recomendar candidatos a nombramiento, que después son nombrados por el Presidente de la República. Los servidores públicos de carrera nombrados para un puesto directivo son trasladados temporalmente de su puesto de carrera y pueden regresar a éste cuando el plazo del nombramiento termina. El tiempo de servicio en un puesto libremente nombrado cuenta para fines de antigüedad en el servicio público de carrera. No queda claro qué proporción de los nombramientos a puestos directivos se hace desde el interior del servicio público de carrera y qué proporción, desde fuera del servicio público.

Se prevé contar con asesores especiales a funcionarios de alto nivel, quienes están sujetos a libre nombramiento y remoción. La creación de estos puestos es aprobada de manera individual por el MAP, sujeto a la disponibilidad del presupuesto necesario. Los empleados personales de los funcionarios de alto nivel, como secretarias y asistentes, son nombrados como puestos de confianza y están sujetos a libre nombramiento y remoción.

El sistema de libre nombramiento y remoción brinda al gobierno completa flexibilidad para llenar puestos directivos, pero dista mucho de ser transparente, ya que no se dan a conocer el proceso de nombramientos y los criterios en los que se basan. También parece haber mucha flexibilidad respecto a los salarios de los directivos, ya que no hay un nivel salarial fijo correspondiente a puestos o niveles directivos particulares. Sin embargo, aparentemente no todos los directivos cambian sistemáticamente al cambiar el gobierno. De acuerdo con la información proporcionada por el MAP (véase el Cuadro 4.4), si bien todos los funcionarios en los dos niveles directivos más altos (viceministros y directores generales) son sustituidos, hay mucha más continuidad en los puestos directivos debajo de estos niveles.

La creación del servicio público de carrera ofrece una oportunidad de establecer una línea más clara entre el nivel político y la administración pública en lo que respecta a puestos directivos. El hecho de que la Ley 41-08 faculte al Presidente de la República para incluir puestos directivos por debajo de los más altos en el servicio de carrera ofrece al gobierno la oportunidad de crear una reserva de mandos intermedios profesionales. Esto reforzaría la continuidad del estrato de mandos intermedios y apoyaría un enfoque bien estructurado a la selección, contratación, formación y gestión de desempeño de este grupo clave, organizado alrededor de competencias. Incorporar a los directivos al servicio de carrera podría vincularse con el proceso de reestructuración institucional, con miras a asegurar el rigor. La República Dominicana puede partir de los cambios que ya han ocurrido en algunos ministerios clave. Como ya se mencionó, la experiencia con la selección basada en méritos de directores y directores adjuntos de escuelas ha sido positiva. A solicitud del ministro de Salud, actualmente el MAP realiza un proyecto piloto para diseñar un perfil para el puesto de director de hospital. Estos avances reflejan los cambios en requerimientos y la creciente importancia de las capacidades de gestión para implementar las reformas gubernamentales.

Los mandos intermedios tendrían que intervenir con fuerza en el impulso de la calidad, la innovación y la orientación hacia el desempeño, ya que son quienes administran las actividades cotidianas del servicio público. Gestionar a los mandos intermedios como parte del sistema de carrera proporcionaría el marco necesario para desarrollar capacidad en sus filas. Cuanto más pronto pueda ponerse en práctica una definición congruente de los puestos de mandos intermedios, con el fin de incluirlos en el sistema de carrera, mejor. Como principio general, el objetivo debería ser que los puestos de carrera sean la regla más que la excepción en estos niveles medios. Este enfoque permitiría al MAP definir los perfiles de competencias de los puestos de mandos intermedios y poner en marcha métodos de selección basados en méritos y competitivos. Por consiguiente, el INAP estaría en condiciones de elaborar programas de inducción, formación y desarrollo para mejorar las competencias de los mandos intermedios. Una ventaja adicional sería la creación de oportunidades estructuradas y transparentes para los funcionarios de carrera de ser promovidos a puestos de mandos intermedios, con lo que se fortalecería el sistema general de carrera.

Fortalecer la transparencia y el control de calidad en los nombramientos

La posibilidad de nombrar a personas que no sean funcionarios públicos titulares para puestos directivos de alto nivel es valiosa y conviene mantenerla. Asimismo, conviene que haya oportunidades confiables de que los servidores públicos titulares sean promovidos a puestos de alto nivel. El sistema de empleo basado en puestos de la República Dominicana tiene la ventaja de permitir que se hagan nombramientos para puestos de alto nivel partiendo de una amplia reserva que comprenda a todos los servidores públicos calificados para solicitarlos, así como a candidatos del sector privado con experiencia pertinente. Es posible preservar la influencia del gobierno sobre los nombramientos de alto nivel, y al mismo tiempo fortalecer la transparencia en los nombramientos y asegurar la calidad respecto a las competencias de los funcionarios de alto nivel.

Recuadro 4.16. Nombramientos para puestos directivos de alto nivel en el servicio público federal de Estados Unidos

Estados Unidos tiene una institucionalización relativamente alta, pero al mismo tiempo, un compromiso político más abierto. Sus métodos se caracterizan por el control presidencial sobre las funciones ejecutivas, combinado con una vigilancia activa por parte del Senado. El número de designados por razones políticas es relativamente grande, pero al mismo tiempo hay medidas especiales que ayudan a mantener un equilibrio adecuado entre la sensibilidad política y la competencia neutral.

Después de cada elección presidencial, el Congreso publica una lista de puestos en las ramas Legislativa y Ejecutiva del gobierno federal que pueden estar sujetos a nombramientos no competitivos. La presente lista contiene 7,996 puestos en todo el país, 1,141 de los cuales requieren que el Senado apruebe el nombramiento del Presidente. Por consiguiente, generalmente los méritos de estos candidatos se examinan con gran minuciosidad, aunque no haya un concurso formal.

Entre los puestos que requieren aprobación del Senado se encuentran los de secretarios de los 15 gabinetes, secretarios adjuntos, subsecretarios, secretarios asistentes y asesores generales de esos organismos, así como algunos en los organismos independientes, no regulatorios de la rama Ejecutiva y regulatorios.

El Senior Executive Service (Servicio Ejecutivo de Alto Nivel [SES]) es un sistema de personal que cubre los puestos de gestión, supervisión y políticas públicas de alto nivel de la mayoría de los organismos federales. El SES incluye la mayoría de los puestos del servicio público arriba de un cierto grado. Actualmente, hay 8,328 puestos SES autorizados por la Office of Personnel Management (Oficina de Gestión de Personal [OPM]). Cerca de la mitad de los puestos SES se reservan para servidores públicos. La razón principal es que se considera que garantizar la imparcialidad requiere que llenarlos con empleados de carrera. Los puestos SES restantes pueden ocuparse por candidatos designados de carrera o por otras personas.

Los nombramientos de carrera se hacen mediante un proceso competitivo que incluye la publicación de anuncios, calificación y clasificación de candidatos elegibles, aprobación por parte del organismo de las calificaciones profesionales del candidato seleccionado, y revisión y aprobación posteriores, por parte del comité de revisión de calificaciones del SES, de las calificaciones ejecutivas y directivas del candidato propuesto. Un candidato designado trabaja durante un periodo de prueba de un año. Al terminarlo, adquiere derechos de titularidad y sólo podrá ser removido del SES por causa justificada o por mal desempeño.

Hay reglas especiales orientadas a proteger a los candidatos de carrera asignados de un clientelismo impropio. No es posible realizar una evaluación del desempeño de un candidato asignado de carrera dentro de los 120 días posteriores al comienzo de una nueva Administración presidencial. Tampoco se le podrá reasignar involuntariamente dentro de los 120 días posteriores al nombramiento de un nuevo jefe de organismo, ni trasladársele involuntariamente a otro organismo.

Fuente: OCDE (2010), *OECD Reviews of Human Resource Management in Government: Brazil 2010, Federal Government*, OECD Publishing, París, http://dx.doi.org/10.1787/9789264082229-en.

Es esencial contar con directivos de alto nivel que aporten no sólo excelentes competencias de gestión y competencia profesional, sino también liderazgo para el cambio y la innovación. Los países de la OCDE hacen esto en varias formas y será importante que la República Dominicana desarrolle un sistema que cubra sus necesidades, y a la vez aumente la visibilidad de la interfaz político-administrativa. La República Dominicana podría analizar diversos modelos a este respecto, incluido el chileno, descrito en el Recuadro 4.13. Otro modelo interesante sería el utilizado en Estados Unidos, el cual combina un grado significativo de compromiso político en el nombramiento de directivos con fuertes mecanismos para asegurar la competencia de los candidatos. El número de personas designadas por razones políticas es relativamente grande, pero hay un proceso de nombramiento estructurado, con pesos y contrapesos para garantizar la transparencia (véase el Recuadro 4.16).

Otro sistema que ofrece un alto grado de flexibilidad es el sistema holandés ABD (véase el Recuadro 4.17). Hay un grupo de directivos de alto nivel titulares seleccionados por concurso abierto para el servicio general y que en principio pueden ocupar cualquier puesto directivo de alto nivel. El nombramiento para un puesto específico se hace a voluntad del gobierno y por un periodo limitado, al final del cual el directivo puede ser ratificado en el mismo puesto o nombrado para uno nuevo.

Recuadro 4.17. Sistema directivo de alto nivel en Países Bajos

En Países Bajos, una reforma del servicio público de alto nivel, realizada en 2000, estableció el Algemene Bestuursdienst (ABD), compuesto por los cinco niveles más altos (secretario general, director general, director, jefes de departamento y formuladores de políticas públicas) de la Administración del gobierno nacional holandés. Los tres niveles de más alto nivel se llaman Grupo de Alta Dirección (GAD). En junio de 2008 había 780 personas en el ABD, 65 de ellas en el GAD.

El sistema es administrado por una oficina central, el Bureau Algemene Bestuursdienst (BABD), dentro del Ministerio del Interior, donde se ubica el organismo central de GRH. Desempeña una función primordial en la selección, desarrollo de carrera, formación y movilidad para promoción para el grupo ABD. Todos los puestos ABD están abiertos a candidatos internos y externos. La selección está centralizada y todos los nombramientos se hacen para puestos específicos. Las vacantes ABD se publican en el sitio web del BABD. Los candidatos son evaluados por este último organismo, el cual es responsable de la selección preliminar. El BABD presenta una lista de candidatos preseleccionados, de tres a cinco personas, a la autoridad encargada de los nombramientos, la cual toma la decisión final.

Los nombramientos a puestos GAD tienen un plazo de cinco años, el cual puede prolongarse dos veces por un periodo de un año. Otros empleados ABD no tienen plazos límites, pero, según las estadísticas, permanecen en sus puestos un promedio de cuatro años. Un empleado ABD puede ser trasladado temporalmente a otro departamento por hasta dos años. Hay un programa especial establecido por el BABD para desarrollar liderazgo en los niveles más altos de la Administración gubernamental nacional. El BABD también opera un programa de candidatos ABD.

Cada ministerio cuenta con sólo un asesor político, quien se ocupa sobre todo de las relaciones parlamentarias.

Fuente: Ministerio holandés del Interior y Relaciones del Reino, 2010.

Los nombramientos a plazo fijo para directivos de alto nivel se usan en varios países de la OCDE como una manera de promover la flexibilidad para los gobiernos y, a la vez, aislar a los servidores públicos de alto nivel de la influencia política directa (véase el Cuadro 4.5). También se requiere contar con mecanismos para remover a directivos de alto nivel que hayan demostrado ser incapaces para el servicio.

Cuadro 4.5. Ejemplos de nombramientos a plazo fijo de directivos de alto nivel en algunos países de la OCDE

Bélgica	Los directivos reciben un mandato temporal de seis años, el cual es otorgado por el ministro o por el presidente del departamento. Sólo el presidente de la Cancillería y Servicios de Apoyo recibe un mandato que expira automáticamente al final de la legislatura..
Italia	Los directivos (de primer y segundo niveles) tienen un contrato a plazo fijo. Al final de éste, el directivo puede ser nombrado para otro puesto, también en una administración diferente.
Países Bajos	La reforma de julio de 2000 del estatus general de los servidores públicos cambió el perfil completo del Servicio Civil de Alto Nivel (SCAN), entre otras cosas al reforzar la distinción entre el Grupo de Alta Dirección (GAD) y otros miembros del SCAN. Si bien todos los miembros reciben un nombramiento permanente, la asignación a una función particular se hace por un plazo fijo; los miembros del GAD son nombrados por el gabinete con plazos a cinco años, con la posibilidad de prolongar este periodo dos veces durante un año cada vez, después de lo cual deben ser transferidos. El servicio de gobierno general nombra a otros miembros del SCAN a puestos durante un periodo de tres a siete años sin traslado obligatorio.
Nueva Zelanda	Los directores ejecutivos (DE) de los ministerios son nombrados por el Comisionado de Servicios Estatales, a menudo con la ayuda de consultores externos en selección, después de la publicación de las vacantes. Los DE son contratados por cinco años o menos, periodo renovable a un máximo de ocho años. No se garantiza la continuidad de la carrera de los directores ejecutivos cuando dejan su cargo o su contrato se da por terminado o no se renueva.
Noruega	El SCAN tiene empleados con contrato y algunos cuentan con contratos a plazo fijo.
Reino Unido	Los directores de organismos son contratados por un plazo fijo de cinco años.

Fuente: OCDE (2008), *The State of the Public Service*, OECD Publishing, París, http://dx.doi.org/10.1787/9789264047990-en.

Es muy probable que los cambios en la manera de organizar y administrar al servicio público de alto nivel sean extremadamente delicados, ya que inciden directamente en la relación entre el Ejecutivo y los directivos de alto nivel. Sin embargo, la gestión centralizada de los nombramientos de alto nivel dentro de la Presidencia coloca al gobierno de la República Dominicana en una posición fuerte para instituir cambios que introduzcan procesos más formales y basados en competencias para la selección, desarrollo y gestión de directivos de alto nivel. Cualquier cambio de este tipo requerirá un claro sentido de pertenencia y apoyo políticos en el nivel más alto. El interés principal del gobierno en la calidad y sus planes para implementar la contratación de desempeño le brindan una fuerte justificación para poner en marcha medidas que fortalezcan la capacidad de gestión de alto nivel.

Es posible que los ministros y directivos de alto nivel no se sientan en absoluto entusiasmados ante la restricción de su control sobre los nombramientos de mandos intermedios. Será necesario convencerlos de que las apremiantes demandas de mejores servicios públicos hacen imperativo el desarrollo de competencias de gestión en los mandos intermedios y que esto requiere que la promoción y nombramientos a puestos directivos se vuelvan más selectivos y se basen más en méritos. De nuevo, en este caso el gobierno tiene la oportunidad de utilizar las reformas de desempeño y presupuestos para lograr cambios en la administración de directivos, al hacer que una mayor flexibilidad directiva para los ministerios dependa de la implementación de reformas relacionadas con el nombramiento y administración de los mandos intermedios.

Recomendaciones clave

A. Corto plazo (1–2 años)

Conviene fortalecer la gestión del desempeño individual. Las medidas que ayudarían a lograrlo incluyen las siguientes:

- Adoptar un enfoque gradual a la implementación de la gestión de desempeño en lugar de intentar establecer un sistema demasiado complejo de una sola vez.
- Implementar una versión simplificada del nuevo sistema de gestión de desempeño individual que se ha planificado, con un fuerte foco en mejorar la calidad de la fijación de objetivos.
- Abandonar el sistema actual de evaluación del desempeño, que no funciona adecuadamente, de manera que pueda implementarse con rapidez un nuevo sistema simplificado, empezando con el gobierno central y organismos autónomos clave.
- Incluir a directivos de todos los niveles en la gestión de desempeño individual para que haya un liderazgo modelado y descendente.
- Poner en marcha un programa acelerado de formación para directivos operativos y profesionales de GRH en fijación de objetivos y evaluación del desempeño.
- Desarrollar un sistema de gestión de desempeño en línea para reducir la carga de trabajo y la burocracia.
- Tomar medidas para atender el problema de la inflación de calificaciones de desempeño.
- Vincular las evaluaciones de desempeño con la identificación del aprendizaje necesario para cerrar brechas de desempeño.
- Implementar un sistema para atender el mal desempeño.

Las reformas del servicio público requieren nuevas competencias directivas y de liderazgo. Las medidas que ayudarían a lograrlo incluyen las siguientes:

- Aclarar la afiliación de categorías directivas y el número de directivos de cada nivel.
- De manera gradual, dar efecto a las disposiciones de la Ley 41-08, que permite al Presidente incluir puestos directivos debajo del nivel de viceministro en el servicio público de carrera. El objetivo podría ser crear una masa crítica de directivos que sean servidores públicos de carrera con una reducción adicional del grado de politización. Esto podría vincularse con el proceso de reestructuración institucional.
- Diseñar un marco de competencias de liderazgo que apuntale la selección, desarrollo y gestión de los directivos.
- Poner en marcha procesos de selección más rigurosos y basados en méritos, apoyados por asesoría profesional.
- Fortalecer la transparencia y el aseguramiento de la calidad en nombramientos de alto nivel y a la vez preservar la influencia gubernamental.
- Implementar la formación para directivos en áreas clave, como gestión del cambio, gestión del desempeño y liderazgo.

- Desarrollar apoyo para cambios en la forma en que el servicio público de alto nivel se organiza y gestiona.

B. Mediano plazo (3-5 años)

Las medidas que podrían tomarse para fortalecer más la gestión del desempeño incluyen las siguientes:

- Integrar las competencias al sistema de gestión de desempeño individual una vez que se validen e incluyan en los perfiles de puestos, y a la vez evitar un enfoque excesivamente complicado a la evaluación de competencias.
- Garantizar que el logro de objetivos siga siendo el interés central de la evaluación del desempeño.
- Vincular, de manera gradual, el desempeño individual con la gestión de desempeño organizacional, alentando las oportunidades de aprendizaje.
- Evaluar y continuar mejorando el sistema de gestión de desempeño individual.
- Utilizar el desarrollo de carrera como un incentivo, mediante mejores estructuras de movilidad y promoción, así como alentando a los directivos a brindar a los buenos ejecutores oportunidades de desarrollar nuevas competencias y capacidades con tareas en el sitio de trabajo.
- Hacer que el desarrollo de la capacidad de sus organizaciones sea parte de los objetivos de desempeño de los directivos de alto nivel.
- Desarrollar métodos de compromiso de los empleados para apoyar el desempeño y la innovación.

Las medidas que podrían tomarse para seguir desarrollando la capacidad de gestión y liderazgo incluyen las siguientes:

- Lograr que la dirección de los funcionarios de alto nivel coincida con el modelo de servicio público latinoamericano.
- Desarrollar sistemas e instrumentos para garantizar estándares altos y constantes de gestión y liderazgo.
- Desarrollar el liderazgo colectivo y una perspectiva de gobierno entero entre los directivos de alto nivel.
- Establecer un organismo independiente para asesorar respecto a nombramientos de alto nivel.
- Establecer un proceso estructurado de desarrollo de liderazgo y gestión.

C. Largo plazo (5 años +)

Las medidas que podrían tomarse para ayudar a que la gestión de desempeño avance al siguiente nivel incluyen éstas:

- Considerar establecer un programa formal de carrera como una manera de acelerar el desarrollo de los buenos ejecutores.
- Evaluar si las organizaciones están preparadas para la remuneración relacionada con el desempeño. La implementación de esta remuneración no tendría que ser prioritaria.

Notas

1. OECD Survey on Strategic Human Resource Management in Central/Federal Governments of OECD countries (Encuesta de la OCDE sobre Gestión Estratégica de Recursos Humanos en Gobiernos Centrales/Federales de los países de la OCDE, actualizada en 2013 con base en datos de 2012).

2. OECD Survey on Strategic Human Resource Management in Central/Federal Governments of OECD countries (Encuesta de la OCDE sobre Gestión Estratégica de Recursos Humanos en Gobiernos Centrales/Federales de los países de la OCDE, actualizada en 2013 con base en datos de 2012).

3. OECD Survey on Strategic Human Resource Management in Central/Federal Governments of OECD countries (Encuesta de la OCDE sobre Gestión Estratégica de Recursos Humanos en Gobiernos Centrales/Federales de los países de la OCDE, actualizada en 2013 con base en datos de 2012).

Bibliografía

Comisión Europea (2013), *European Public Sector Innovation Scoreboard 2013,* http://ec.europa.eu/enterprise/policies/innovation/files/epsis-2013_en.pdf.

Department of Public Expenditure and Reform (2011), *Guidelines for Managing Underperformance in the Civil Service*, mayo, Dublin, www.per.gov.ie.

EIPA (2008), *Top Public Managers in Europe: Management and Working Conditions of the Senior Civil Servants in European Union Member States*, estudio solicitado por la presidencia francesa de la Unión Europea, *Etudes et perspectives*, European Institute for Public Administration (EIPA), Maastricht, Países Bajos.

EIPA (2007), *Performance Assessment in the Public Services of the EU Member States*, estudio para la 48ª Reunión de los Directores Generales de los Servicios Públicos de los Estados Miembros de la Unión Europea, European Institute of Public Administration, Maastricht, Países Bajos.

ESADE (2012), *Segundo Barómetro de la Profesionalización del Empleo Público en Centroamérica y República Dominicana*, presentación de los resultados preliminares, Francisco Longo, Instituto de Gobernanza y Dirección Publica, Santo Domingo.

Eurofound (2013), *Work organisation and employee involvement in Europe*, Publications Office of the European Union, Luxemburgo, www.eurofound.europa.eu/publications/htmlfiles/ef1330.htm.

FIIAPP (2012), *El Modelo de Recursos Humanos en las Administraciones Públicas. Situación Actual del Modelo de Gestión de los Subsistemas de Recursos Humanos en La República Dominicana. Modelo Iberoamericano de Función Pública. Modelos Comparados*, presentación al Ministerio de Administración Pública (MAP) de la República Dominicana, Santo Domingo.

Forum for Top Executive Management (2005), *Public Governance – Code for Chief Executive Excellence,* May, Copenhagen, www.publicgovernance.dk/?siteid=672&menu_start=672.

Halligan, J. (2007), *Reform Design and Performance and Australia and New Zealand*, in Christensen, T. and P. Laegrid (eds.), *Transcending New Public Management: The Transformation of Public Sector Reforms*, Ashgate Publishing Ltd., Hampshire, United Kingdom, and Ashgate Publishing Co., Burlington, Vermont, Estados Unidos.

HM Treasury (2011), *Hutton Review of Fair Pay in the Public Sector: Final Report*, March, London, http://webarchive.nationalarchives.gov.uk/20130129110402/http://www.hm-treasury.gov.uk/d/hutton_fairpay_review.pdf.

Holbeche, L. (2001), *Aligning Human Resources and Businesses Strategy*, Butterworth-Heinemann, Oxford, Reinos Unidos.

Ketelaar, A., N. Manning and E. Turkisch (2007), "Performance-based Arrangements for Senior Civil Servants: OECD and other Country Experiences", *OECD Working Papers on Public Governance*, 2007/5, OECD Publishing, París.

Kettl, D.F., C. Pollitt and J.H. Svara (2004), *Towards a Danish Concept of Public Governance: An International Perspective Report to the Danish Forum for Top Executive Management*, www.publicgovernance.dk/docs/0408260903.pdf.

Miller, J. (2011), *Sustainable Organisation Performance: What really makes the difference*, Chartered Institute of Personnel and Development, Londres.

NCPP (National Centre for Partnership and Performance) (2005), *Working to our Advantage: A National Workplace Strategy,* National Centre for Partnership and Performance, Dublin.

New Zealand State Services Commission (n.d), www.ssc.govt.nz/performance.

OCDE (2013), Survey on Strategic HRM in Central/Federal Governments (Encuesta de la OCDE sobre Gestión Estratégica de Recursos Humanos en Gobiernos Centrales/Federales, actualizada en 2013 con base en datos de 2012), inédito.

OCDE (2012), "Rewarding Performance in the Public Sector: Performance-related Pay in OECD Countries", Dirección de Gobernanza Pública y Desarrollo Territorial,Network on Public Employment and Management, GOV/PGC/PEM(2012)3.

OCDE (2011), "Trends in Strategic Human Resource Management in Government: Findings from the 2010 Survey on Strategic Human Resources Management in Central/Federal Governments of OECD Countries", Dirección de Gobernanza Pública y Desarrollo Territorial, GOV/PGC/PEM(2011)2/FINAL.

OCDE (2010), *OECD Reviews of Human Resource Management in Government: Brazil 2010, Federal Government*, OECD Publishing, París, http://dx.doi.org/10.1787/9789264082229-en.

OCDE (2008), *The State of the Public Service*, OECD Publishing, París, http://dx.doi.org/10.1787/9789264047990-en.

OCDE (2007), *OECD Reviews of Human Resource Management in Government: Belgium 2007*, OECD Publishing, París, http://dx.doi.org/10.1787/9789264038202-en.

OCDE (2005a), *Performance-related Pay Policies for Government Employees*, OECD Publishing, París, http://dx.doi.org/10.1787/9789264007550-en.

OCDE (2005b), "Paying for Performance: Policies for Government Employees", *OECD Policy Briefs*, May, www.oecd.org/publications/Policybriefs.

OCDE (2003), "Managing Senior Management: Senior Civil Service Reform in OECD Countries", GOV/PUMA(2003)17.

Public Service Commission of Canada (n.d.), http://www.psc-cfp.gc.ca/sas-sde/index-eng.htm.

Regidor-Barboza, H. (2013), "El Barómetro de la Profesionalización del Empleo Público en Centroamérica y República Dominicana", *ICAP-Revista Centroamericana de Administración Pública*, 64:151-158, junio, http://biblioteca.icap.ac.cr/rcap/64/harys_regidor.pdf.

Thompson, M. (2004), "Building wealth through relationships: The role of internal and external relationships in the knowledge-intensive firm", presentación al Forum on the Workplace of the Future, Dublin, April [published in NCPP (2005), *Working to our Advantage, A National Workplace Strategy*, National Centre for Partnership and Performance, Dublin].

Top Level Appointments Committee (2011), "Procedures and Practices of the Top Level Appointments Committee", Dublin, http://hr.per.gov.ie/files/2011/12/here.pdf.

United Kingdom (date), *Civil Service Competency Framework 2012-2017*, Londres, www.vmd.defra.gov.uk/pdf/vacancies/CompetenceFramework.pdf.

Capítulo 5

Fortalecer las reformas de GRH en la administración pública dominicana para obtener resultados más innovadores y tangibles

En este capítulo se analizan los elementos clave que influyen en el éxito de las reformas actuales y futuras de la administración y el servicio público dominicanos.

La experiencia de los países de la OCDE apunta a varias condiciones normativas y estructurales para el diseño e implementación exitosos del empleo público y las reformas de GRH estratégica en el servicio público, ofreciendo incentivos para que el personal genere resultados innovadores y tangibles en la prestación de servicios, protegiendo a la vez los principios esenciales basados en méritos de un sistema de servicio público profesional.

Se presta atención a los tres aspectos siguientes en particular: incorporar e institucionalizar valores fundamentales para fomentar la gestión basada en valores; crear y adaptar la capacidad y autoridad del organismo central de GRH, con el fin de empoderarlo para dirigir y garantizar la implementación de reformas de GRH estratégica, y hacer que las reformas de GRH sean congruentes con los objetivos gubernamentales generales y otras prioridades de reforma del sector público, especialmente en las áreas de elaboración de presupuestos y gestión organizacional estratégica.

Introducción

La experiencia de los países de la OCDE apunta a varias condiciones normativas y estructurales que influyen en el diseño e implementación exitosos del empleo público y las reformas de GRH en el servicio público, ofreciendo incentivos para que el personal genere innovaciones tangibles en la prestación de servicios.

En primer lugar, es necesario que las reformas se basen con solidez en valores del servicio público claros y congruentes, aceptados por todos. Los valores fundamentales deben preservarse, fortalecerse e integrarse a la nueva legislación de servicio público y a los instrumentos de GRH. La legislación del servicio civil y del servicio público en general, así como las prácticas de GRH, deben garantizar la continuidad sin crear una rigidez indebida. Los marcos legislativo y de políticas públicas deben permitir una gestión estratégica e innovadora de recursos humanos y a la vez proteger los principios esenciales de un sistema profesional de servicio civil.

En segundo lugar, el diseño e implementación de las reformas de GRH requieren desarrollar la capacidad del departamento central de GRH y dotarle de la autoridad necesaria para llevar a cabo las reformas. La división de responsabilidades de GRH entre el departamento central de GRH y las instituciones probablemente cambie a medida que se implementen las reformas, y es necesario planificar y prepararse para estos cambios.

En tercer lugar, las reformas de GRH tienen que ser congruentes con otras reformas del servicio público, especialmente en las áreas de elaboración de presupuestos y gestión organizacional estratégica. Suministrar liderazgo eficaz es decisivo y los altos directivos del servicio público tienen una función clave en el aseguramiento del éxito de las reformas y la innovación en el sector público.

Incorporar valores fundamentales y fomentar la gestión basada en valores

Los valores mostrados con la conducta de los funcionarios públicos y con la manera en que se organiza y opera el servicio público son parte importante de la gobernanza pública. Identificar los valores fundamentales es un primer paso esencial en la creación de una cultura en la que los funcionarios y la sociedad tengan un entendimiento común de la conducta esperada de los titulares de cargos públicos (OCDE, 2000). Por tal razón, los valores fundamentales tienden a consagrarse en constituciones o en la legislación que sirve como marco para el servicio público, y a protegerse con leyes, regulaciones y sanciones administrativas. En los países de la OCDE los valores suelen también sustentarse con códigos de conducta para los servidores públicos y titulares de cargos públicos, los cuales se incorporan cada vez más al marco legal.

En los países de la OCDE, los valores fundamentales incluyen los tradicionales, como integridad, imparcialidad, legalidad, probidad y mérito, así como otros más recientes, como servicio al ciudadano, orientación hacia el desempeño, diversidad y eficiencia (véase la gráfica 5.1). Usualmente los gobiernos se han sentido capaces de promover nuevos valores, como la focalización en el desempeño y en el ciudadano —los cuales requieren una reducción de los controles—, cuando se considera que los valores tradicionales se han incorporado sólidamente a la cultura de las organizaciones.

Según la experiencia de los países de la OCDE, cuando hay un alto riesgo de conflicto de intereses, se requiere prestar una atención más rigurosa a la puesta en vigor de los valores fundamentales para grupos específicos de servidores públicos que trabajan en áreas delicadas. Esto incluye funciones principales del Estado, como son la justicia, las administraciones fiscal y de aduanas, así como la policía y la defensa nacional. También son comunes las directrices específicas para gestionar la interfaz político-administrativa (OCDE, 2000).

Gráfica 5.1. Valores fundamentales del servicio público mencionados con frecuencia (2000, 2009)

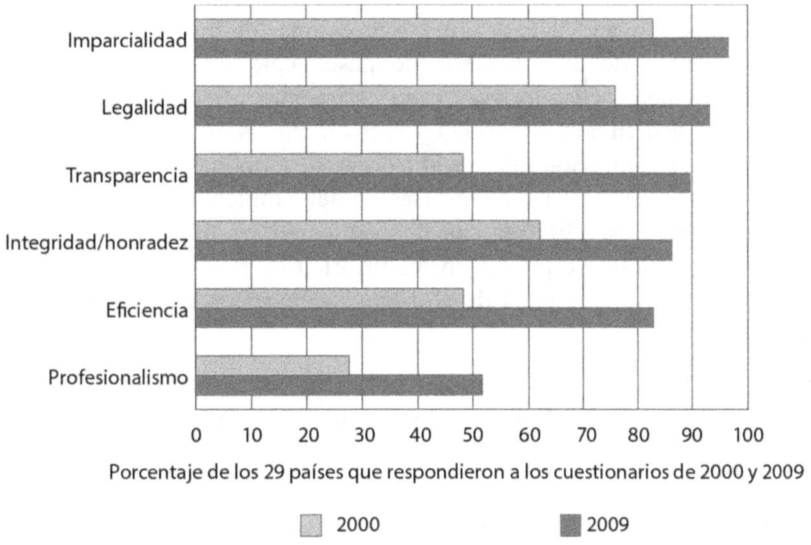

Fuente: OCDE (2009a), *Government at a Glance 2009*, OECD Publishing, París, http://dx.doi.org/10.1787/9789264075061-en.

Los valores fundamentales del servicio público en los países de la OCDE se institucionalizan a través de programas de empleo y de GRH. Por ejemplo, los métodos de selección de servidores públicos mediante concursos abiertos y basados en méritos están diseñados para garantizar la eliminación del nepotismo y el clientelismo. Tradicionalmente se ha considerado que las disposiciones y la protección de la titularidad contra la remoción arbitraria protegen la independencia y neutralidad de los servidores públicos y aseguran la continuidad. Las medidas de disciplina tienen como fin mantener la probidad y legalidad. La inducción y formación ayudan a infundir valores fundamentales. En varios países de la OCDE, a medida que los gobiernos se han esforzado por aumentar su eficiencia y flexibilidad, los marcos de empleo del servicio público se han acercado a aquéllos de la legislación laboral general, con el fin de aportar mayor flexibilidad a la gestión de los funcionarios públicos. Sin embargo, se procura asegurar que los valores fundamentales no sufran mella en el proceso de reforma. Al mismo tiempo, se han implementado nuevas maneras de infundirlos y sostenerlos, por ejemplo, mediante los valores señalados por los códigos de conducta, gestión de competencias, gestión de desempeño y sistemas de servicio público de alto nivel.

Promover la gestión basada en valores

La gestión basada en valores se usa para mantener los valores fundamentales y se espera que los niveles altos del servicio público ejerzan un fuerte liderazgo en este contexto. Muchos países de la OCDE usan los códigos de conducta que establecen los valores fundamentales y los estándares de conducta esperados como instrumento para fomentar la gestión basada en valores en el servicio público. Estos códigos se promueven activamente por medio de la formación, materiales de orientación, sitios web y varias formas de comunicación interna para asegurar que los servidores públicos individuales y las organizaciones los tengan presente y sepan cómo ponerlos en marcha. Por lo regular los códigos se revisan para garantizar su continua pertinencia y su eficacia. Por ejemplo, en Corea del Sur, en mayo de 2003 entró en vigor un nuevo código de conducta para el servicio público; Nueva Zelanda instituyó en 2007 un nuevo conjunto de Estándares de Integridad y Conducta para los empleados de los servicios estatales, y en 2008 Austria implementó un código de conducta.

En muchos países de la OCDE se brindan programas de formación en ética y medidas anticorrupción como parte de una serie de pasos para aumentar la integridad. Esto funciona más eficazmente cuando hay un requerimiento oficial o legislativo de que los servidores públicos actúen con integridad y reciban cursos de formación al respecto. Por ejemplo, en España la formación relativa al Código de Conducta es un derecho para todos los servidores públicos (Ley del Estatuto Básico del Empleado Público; OCDE, 2013a). Cuando el presupuesto para programas de formación es limitado, resulta importante priorizar los grupos objetivo e incluir en los prioritarios a todos los servidores públicos nuevos, a los funcionarios públicos de alto nivel en puestos de gestión y a aquéllos en áreas de riesgo.

Los países de la OCDE han prestado particular atención a impedir conflictos de intereses y a la revelación de faltas; por su parte, la Organización ha desarrollado un conjunto de directrices para gestionar el conflicto de intereses en el servicio público, con el fin de ayudar a los gobiernos a revisar los arreglos existentes de conformidad con las buenas prácticas en los países miembros (OCDE, 2007). Las disposiciones sobre conflictos de intereses suelen regularse por medio de la legislación primaria, y los principios fundamentales y las reglas básicas se incluyen en leyes relativas al servicio público, o, en algunos países, en la Constitución.

Una gran mayoría de los países de la OCDE han puesto en marcha medidas orientadas a funcionarios que ocupan puestos particularmente susceptibles a corrupción, por ejemplo, los de adquisiciones y contrataciones públicas, administración tributaria y de aduanas, jueces y servidores públicos de alto nivel, entre otros (véase la gráfica 5.2). Por ejemplo, en Finlandia la Ley de los Servidores Públicos (1997) requiere que los funcionarios de más alto nivel declaren sus intereses privados; en Nueva Zelanda, la Oficina de Auditoría desarrolló lineamientos específicos de buenas prácticas para adquisiciones por parte de departamentos gubernamentales, establecimiento de estándares para la identificación y gestión de conflictos de intereses. En Francia y Alemania se cuenta con políticas específicas relativas a la transparencia financiera de funciones públicos en puestos de alto nivel (OCDE, 2007). En Bélgica hay un conjunto especial de obligaciones y reglas de divulgación de beneficios para políticos y altos funcionarios bajo el control de la Corte de Auditoría (https://www.ccrek.be/FR/MandatsPatrimoine.html).

Revelar las faltas en el servicio público es una preocupación clave en los países de la OCDE (véase la gráfica 5.3). En la mayoría de ellos se han implementado medidas que obligan a los funcionarios a informar sobre conducta poco ética o procedimientos para facilitar estos informes.

Gráfica 5.2. Desarrollar una política específica de conflicto de intereses para categorías particulares de funcionarios

¿Qué categorías de funcionarios públicos están cubiertas por políticas específicas de conflicto de intereses?

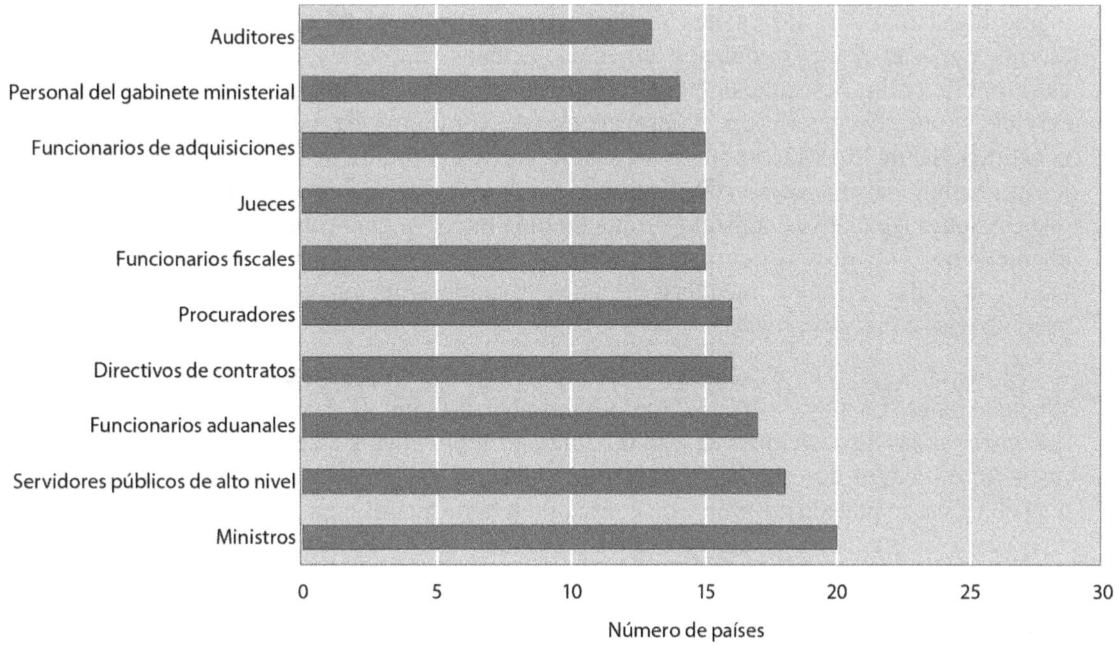

Fuente: OCDE (2007), *OECD Guidelines for Managing Conflict of Interest in the Public Service: Report on Implementation*, OECD, París, http://www.oecd.org/gov/ethics/39691164.pdf.

Gráfica 5.3. Países que ofrecen protección para denunciantes (2000, 2009)

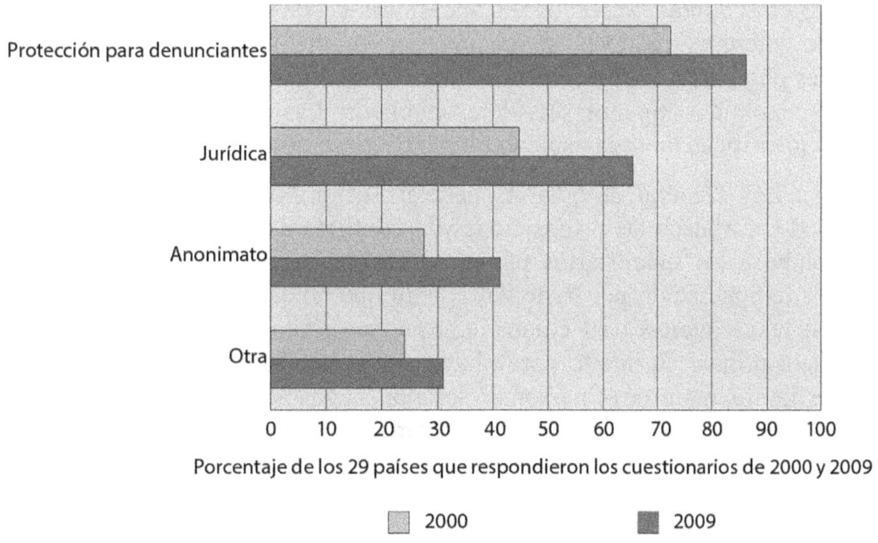

Fuente: OCDE (2009a), *Government at a Glance 2009*, OECD Publishing, París, http://dx.doi.org/10.1787/9789264075061-en.

El marco legislativo de la República Dominicana se ha fortalecido

Después de obtener sólo resultados mixtos con las leyes anteriores, con la Ley núm. 41-08 de Función Pública de 2008 y la enmienda constitucional de 2010 se fortaleció el marco legislativo para los valores fundamentales. La Ley 41-08 establece estos valores: mérito, igualdad de oportunidades, equidad, permanencia de los servidores públicos de carrera, eficiencia, desempeño, ética, transparencia, legalidad, honestidad, imparcialidad, servicio, eficiencia y eficacia, y prevención de conflictos de intereses. La enmienda constitucional de 2010 incorpora, por primera vez, un conjunto de artículos que estipulan los principios básicos del servicio público, incluidos sus valores fundamentales. Estas disposiciones legislativas constituyen una medida decisiva para romper con el sistema de clientelismo y nepotismo que caracterizaba al servicio público en el pasado, así como para consolidar más las medidas de ética y anticorrupción provenientes de leyes promulgadas en fechas previas.

El marco legislativo es reforzado por varias leyes diseñadas para aplicar los valores fundamentales. La Ley 41-08 incluye un régimen disciplinario para servidores públicos que infrinjan las disposiciones de este instrumento sobre ética y disciplina. La Ley 120-01 instituyó el código de ética para servidores públicos, incluida la prohibición de ocupar más de un cargo pagado a la vez y de contratar en la misma oficina pública a parientes del jefe de la institución o cualquier funcionario con poder de toma de decisión. Estas disposiciones están contenidas en la enmienda constitucional de 2010.

La Constitución incluye restricciones sobre conflicto de intereses para el Jefe de Estado, el Vicepresidente, los senadores, diputados, congresistas, ministros, miembros de la Procuraduría General de la República, y servidores públicos en general. De conformidad con la Ley 41-08, los funcionarios pueden enfrentar sanciones disciplinarias y penales por violación de las disposiciones de conflicto de intereses, sanciones que incluyen suspensión de su cargo y remoción. El Artículo 14 de la Ley de Contratación Pública de Bienes, Obras, Servicios y Concesiones (2006) establece disposiciones sobre conflicto de intereses relativas a funcionarios públicos que desempeñen tareas de adquisiciones públicas. La Ley 82-79 establece la declaración de bienes por parte de los funcionarios, incluidos algunos servidores públicos. Las leyes relativas a conflicto de intereses no identifican un organismo explícito de ejecución (Banco Mundial, 2013).

La nueva Ley General de Salarios para el Sector Público 105-13, promulgada en agosto de 2013, fortalece las disposiciones de conflicto de intereses y ética. De manera expresa prohíbe a los funcionarios participar en una serie de prácticas faltas de ética, como recibir remuneración por parte del Estado que no sea por su propio trabajo; tener dos puestos; tener intereses en compañías que suscriben acuerdos o contratos con el sector público; utilizar su puesto para obtener ventajas, beneficios o privilegios para sí mismos, sus familiares u otras personas; solicitar pagos adicionales por desempeñar los deberes y responsabilidades de su puesto, y promover el nepotismo, entre otras cosas.

La institucionalización de los valores fundamentales está en marcha

Las medidas emprendidas por el gobierno para institucionalizar los valores fundamentales del servicio público demuestran que está al tanto de la necesidad de desarrollar y reforzar las disposiciones legislativas mediante una gama de iniciativas. La Ley de Función Pública (Ley 41-08) marca un hito en la incorporación de los valores fundamentales mediante el establecimiento del sistema de servicio civil profesional basado en méritos, apoyado por políticas de GRH apropiadas. Se invirtió mucho esfuerzo en suministrar una base sólida para esta legislación al involucrar a la sociedad civil en su formulación. El proyecto de la Ley de Función Pública se debatió ampliamente, con el objetivo de dar a todos los actores un sentido de compromiso y adhesión.

Ahora, la República Dominicana afronta un reto clave, el de impulsar la aplicación de la Ley 41-08, lo cual es sumamente importante para institucionalizar los valores de mérito, neutralidad y continuidad. Otra manera importante de incorporar los valores fundamentales es mediante la formación. Estos valores se incluyen en la inducción que se imparte a los servidores públicos durante su periodo de prueba. Los programas de formación continua también contienen elementos relacionados con la ética, la transparencia y el servicio proporcionados a los usuarios o ciudadanos.

La Ley 41-08 incluye cláusulas diseñadas para respaldar los valores fundamentales al brindar a los empleados públicos ciertas protecciones judiciales. Los funcionarios tienen derecho a apelar al Tribunal Administrativo si consideran que se ha infringido alguno de los derechos establecidos en la ley. Esto protege contra el despido o sanción arbitrarios, lo cual es importante para garantizar que los funcionarios puedan llevar a cabo sus tareas en forma honesta e imparcial sin temor de represalias. La ley contiene también disposiciones posteriores al empleo. Además, se requiere que los servidores públicos informen de conductas poco éticas o criminales y otras actividades que puedan perjudicar al Estado, la sociedad o el organismo en el cual trabajan. Sin embargo, no queda claro qué medidas de protección se ofrecen, de haberlas, al servidor público que levante una denuncia. Más aún, el hecho de que los altos directivos puedan ser despedidos a voluntad probablemente inhiba el informe de mala conducta de su parte, a menos que haya una señal muy fuerte y constante por parte del nivel político de que se espera que los directivos encabecen la cultura de probidad en el servicio público.

Se están realizando reformas al marco de empleo del servicio público y las políticas de GRH dentro del contexto de esfuerzos más amplios para combatir la corrupción. La Iniciativa Participativa Anti-Corrupción (IPAC) era dirigida por un comité organizativo de alto nivel, conformado por actores clave del gobierno, la empresa privada y la sociedad civil. El fin era identificar brechas en la administración pública y proponer acciones concretas para la Presidencia. Medidas de gran relevancia emprendidas por el Presidente después de la iniciativa IPAC incluyen el establecimiento de una sola cuenta de tesorería en los ministerios, un portal que permite a los ciudadanos tener acceso a información sobre el presupuesto y las finanzas gubernamentales, y la modernización de la Agencia Nacional de Contratación Pública.

La transparencia es muy importante para asegurar la aplicación de los valores fundamentales y hacer un fuerte compromiso con la sociedad civil de llevar a cabo reformas en el servicio público. Se han emprendido varias iniciativas interesantes y promisorias para garantizar la transparencia. Una es el Sistema de Monitoreo de la Administración Pública (SISMAP), ilustrado en los capítulos 2, 5 y 6, el cual permite al MAP evaluar continuamente la aplicación de la Ley 41-08. El SISMAP utiliza criterios e indicadores del Barómetro de Profesionalización del Empleo Público en Centroamérica y República Dominicana (desarrollado por el Banco Interamericano de Desarrollo) para supervisar la aplicación de la Ley 41-08 en instituciones públicas. El SISMAP permite a los ciudadanos tener acceso a 34 indicadores de administración pública, incluidos aspectos como calidad, legalidad, selección basada en méritos y gestión del desempeño, entre otros. La cobertura del SISMAP abarca a todo el gobierno central y descentralizado. Será lanzada próximamente una nueva versión que incluirá nuevos indicadores y abarcará a todos los ayuntamientos y distritos municipales.

La República Dominicana participa en evaluaciones comparativas internacionales con otros países de América Latina y el Caribe, bajo los auspicios conjuntos de la Agencia Española de Cooperación Internacional para el Desarrollo (AECI D) y el Sistema de la Integración Centroamericana (SICA). Esta iniciativa permite a la República Dominicana evaluar comparativamente los avances en varios indicadores de desarrollo de la administración pública, incluidos el mérito y la eficiencia.

Los valores de calidad y servicio a ciudadanos, que son objetivos primordiales de la reforma del servicio público, se están institucionalizando a través de la implementación gradual del Marco Común de Evaluación y el Premio Nacional a la Calidad y Reconocimiento a las Prácticas Promisorias, instituciones que brindan estímulos para desarrollar la cultura de calidad requerida y para aplicar las disposiciones de GRH que forman parte del premio de calidad (véase el capítulo 6).

Los valores de eficiencia y desempeño se institucionalizan actualmente mediante el sistema de planificación estratégica y gestión basada en resultados, que se encuentra en sus primeras etapas de implementación; al mismo tiempo, se trabaja en fortalecer la gestión del desempeño, concentrándose en resultados y productos. El modificado sistema de gestión del desempeño también se orienta a fortalecer la integridad al incluir el respeto del código de ética como un factor de la evaluación de desempeño.

Tensiones entre valores

La República Dominicana intenta inculcar una amplia gana de valores al mismo tiempo. Si bien la Ley 41-08 refleja los valores fundamentales considerados esenciales —probidad, legalidad, continuidad, imparcialidad y mérito—, las reformas del servicio público ponen al mismo tiempo énfasis en los valores de orientación al ciudadano, desempeño y eficiencia. Inevitablemente habrá tensiones entre las políticas de GRH necesarias para sostener estos diferentes valores. Es esencial estabilizar y fortalecer valores fundamentales como probidad, integridad, mérito y continuidad por medio de fuertes regulaciones y supervisión en áreas como selección, promoción, disciplina y ética. Se requerirá tiempo para que estos valores fundamentales se incorporen en forma completa a la cultura del servicio público. La reciente experiencia de países de la OCDE como México y Chile, así como otros países de América Latina, América Central y el Caribe, muestra que es difícil erradicar el clientelismo en la dotación de personal en el servicio público, incluso cuando se cuenta con leyes que mandan la selección basada en mérito (Grindle, 2010). De manera similar, también ha resultado difícil eliminar la corrupción en los cargos públicos.

Según la experiencia de los países de la OCDE, el énfasis en valores nuevos, como desempeño, eficiencia y servicio al ciudadano, exige un régimen de gestión financiera y de GRH más flexible y descentralizado, que brinde mayor margen para la toma de decisiones discrecional por parte de los directivos del sector público. La puesta en marcha de un régimen como éste ha sido un proceso de larga duración en la mayoría de los países de la OCDE, y se ha hecho en un contexto en el que los valores fundamentales como la probidad, legalidad y el mérito han estado establecidos por largo tiempo y se han incorporado con firmeza.

En la República Dominicana se corre el riesgo de que intentar poner en marcha tantos valores diferentes al mismo tiempo provoque confusión en los servidores públicos y que ninguno de los valores se establezca con fuerza. Un enfoque más mesurado podría generar resultados más sostenibles, lo cual significa escoger con cuidado qué valores se destacan en diferentes etapas del proceso de reforma. Por ejemplo, mejorar la calidad, eficiencia y desempeño requerirá, primero que nada, que el servicio público tenga funcionarios seleccionados por méritos, y que la probidad y legalidad se establezcan con solidez. Los valores de rendición de cuentas y transparencia públicas son prerrequisitos esenciales para un régimen más flexible de gestión orientada hacia el desempeño.

Colocar a los valores a la vanguardia de las reformas

Dominicana para clarificar y establecer valores fundamentales en el servicio público. Varias medidas aportarían apoyo adicional a las que ya están en proceso de implementación. Las funciones del servicio público dentro del sistema general del gobierno, así como sus valores y códigos de ética, son fuertemente influenciados por los valores demostrados por otras ramas gubernamentales. Por consiguiente, se recomienda un enfoque de gobierno entero a los valores. El ejemplo dado por los políticos es particularmente importante. En este contexto, la República Dominicana podría encontrar interesante el ejemplo de Irlanda, donde la nueva Standards in Public Office Act (2001; Ley de Estándares para Cargos Públicos) cubrió a ministros, miembros del Parlamento y servidores públicos, requiriendo que se elaboraran códigos de conducta para cada uno de estos grupos. En Canadá, en 2012 entró en vigor el nuevo Values and Ethics Code for the Public Sector (Código de Valores y Ética para el Sector Público), el cual cubre a una población mucho más amplia de servidores públicos. El código anterior se aplicaba sólo a organizaciones de la administración pública central, en tanto que el nuevo se aplica a todo el sector público, incluidos empleadores, consejos, organismos, comisiones y corporaciones de la Corona por separado.

Los valores para todas las ramas de gobierno tendrían que ponerse más a la vanguardia de las reformas, para protegerse del riesgo de que las nuevas políticas y procesos de GRH se implementen sin un cambio real y sostenible en los valores subyacentes. A este respecto, la República Dominicana podría tomar en cuenta el enfoque utilizado en Francia: se dio a los valores un sitio prominente en el proceso de reforma del servicio público y se tomaron medidas concretas para traerlos a la palestra en la gestión y funcionamiento del servicio público. Si bien el enfoque francés incluye medidas que ya se han emprendido en la República Dominicana —valores como uno de los criterios de la evaluación de desempeño de los servidores públicos, e integrados a su formación inicial —, abarca medidas adicionales, como asignar a los ministros y altos directivos públicos la responsabilidad explícita de fomentar valores, iniciativas para difundir y llevar los valores a la acción, y evaluación y supervisión regulares de la efectiva aplicación de los valores (véase el recuadro 5.1).

Fortalecer el marco de ética

Según indica la experiencia de los países de la OCDE, se requiere un enfoque multifacético para poner en marcha los valores fundamentales. Los Principios de la OCDE sobre Conducta Ética en el Servicio Público brindan orientación al respecto (véase el recuadro 5.2).

Recuadro 5.1. Clarificar, difundir y llevar a la acción valores en el servicio público: Francia

Una de las seis orientaciones estratégicas para la reforma del servicio público francés es llevar a la acción sus valores. Para formalizarlos y renovarlos se han tomado tres medidas:

1. Establecer estatutos de valores en el servicio público.
2. Implementar un plan de acción para garantizar la efectiva aplicación de los valores:
   - Asignar a ministros y altos directivos el objetivo de fomentar la aplicación de los estatutos de valores por parte de todos los servidores públicos bajo su responsabilidad.
   - Asignar a un servidor público experimentado en cada ministerio la responsabilidad de asesorar sobre valores.
   - Integrar los valores a la formación inicial de los funcionarios públicos.
   - Incluir a los valores como uno de los criterios de la evaluación de desempeño de cada servidor público.
   - Publicar los estatutos de valores y ponerlo a consideración de los usuarios del servicio público por todos los medios posibles.
3. Establecer una Comisión Nacional de Valores en el Servicio Público, con cuatro funciones principales:
   - Estimular la formación de una red de asesores en valores en los ministerios.
   - Asesorar sobre asuntos relacionados con valores y su aplicación en la práctica.
   - Asegurarse de que los valores mantengan su pertinencia y actualización.
   - Desarrollar indicadores para evaluar y supervisar la efectiva aplicación de valores.

Fuente: OCDE (2010b), *OECD Reviews of Human Resource Management in Government: Brazil 2010, Federal Government*, OECD Publishing, París, http://dx.doi.org/10.1787/9789264082229-en.

La República Dominicana tiene una hoja de ruta para fortalecer su marco de ética con base en las medidas identificadas por la Iniciativa Participativa Anti-Corrupción (IPAC) y el plan de acción para implementar medidas relacionadas con la Convención Interamericana contra la Corrupción (CICC; República Dominicana, 2010). Asimismo, el marco de gestión de integridad de la OCDE puede aportar orientación útil en el desarrollo de un conjunto completo de instrumentos, procesos y estructuras para fortalecer el marco de ética (véase el cuadro 5.1).

Recuadro 5.2. Principios de la OCDE sobre Conducta Ética en el Servicio Público

1. Los estándares éticos para el servicio público deben ser claros (los servidores públicos y los funcionarios políticos deberían saber en dónde radican los límites de la conducta aceptable). Los códigos de conducta cumplen este fin.

2. Los estándares éticos deben reflejarse en el marco legal (las leyes y regulaciones brindan el marco para orientación, investigación, acción disciplinaria y procuración).

3. Debería contarse con orientación ética (la socialización facilita la conciencia ética, pero es necesario implementar mecanismos de consulta interna y orientación continua para ayudar a los servidores públicos (y los políticos) a aplicar estándares éticos.

4. Los servidores públicos deberían conocer sus derechos y obligaciones.

5. E l compromiso político debería reforzar la conducta ética de los servidores públicos.

6. E l proceso de toma de decisiones debería ser transparente y abierto a escrutinio (esto también señala la función de la legislatura y los medios de comunicación).

7. Debería haber orientación clara para la interacción entre los sectores público y privado.

8. Los directivos deberían demostrar y fomentar la conducta ética (al ofrecer incentivos apropiados, condiciones de trabajo adecuadas y evaluaciones de desempeño eficaces).

9. Las políticas, procedimientos y prácticas de gestión deberían fomentar la conducta ética.

10. Las condiciones del servicio público y la GRH deberían promover la conducta ética (esto se relaciona, entre otras cosas, con los procesos de selección, promoción y remuneración adecuada).

11. Debería contarse con mecanismos adecuados de rendición de cuentas dentro del servicio público (internos, así como rendición de cuentas ante el público).

12. Debería haber procedimientos y sanciones apropiados para solucionar la conducta poco ética.

Fuente: OCDE (1998), "Principles for Managing Ethics in the Public Service: OECD Recommendation", *PUMA Policy Briefs* núm. 4, OECD Public Management Service, OCDE, mayo de 1998, www.oecd.org/gov/ethics/1899138.pdf.

Cuadro 5.1. Marco de gestión de integridad: Tres pilares y dos niveles

	Instrumentos	Procesos	Estructuras
Medidas principales	Códigos, reglas, orientación, formación y asesoría sobre integridad, revelación de conflicto de intereses, etc.	Proceso general continuo de desarrollo de integridad, procesos continuos de desarrollo para instrumentos individuales, proyectos individuales para implementar o cambiar instrumentos, etc.	Actor de integridad, dirección
Medidas complementarias	Integridad como criterio en la selección y promoción de personal, aspectos de integridad de los procedimientos de adquisiciones públicas y gestión de contratos, incluida la integridad en la herramienta de evaluación de calidad, etc.	Procesos en gestión de personal, adquisiciones públicas y gestión de contratos, gestión financiera, etcétera.	Gestión de personal, gestión de contratos, gestión

Fuente: OCDE (2009b), "Towards a Sound Integrity Framework: Instruments, Processes, Structures and Conditions for Implementation", Global Forum on Public Governance, 4-5 de mayo de 2009, Desarrollo de Gobernanza Pública y Desarrollo Territorial , Comité de Gobernanza Pública, GOV/PGC/GF(2009)1.

Tomar medidas más fuertes para aplicar la legislación relativa a la ética es de particular importancia y a este respecto los países de la OCDE ofrecen numerosos ejemplos que serían útiles (OCDE, 2000). Las leyes sobre ética en los países de la OCDE brindan un fuerte marco de cumplimiento, incluidas disposiciones para la investigación y la denuncia. Casi todos los países de la Organización penalizan las formas activas y pasivas de corrupción de los funcionarios públicos, y un número cada vez mayor de ellos también castigan los intentos de corrupción, así como las infracciones a valores fundamentales del servicio público, como imparcialidad en la toma de decisiones y sostenimiento de la confianza pública (OCDE, 2000).

Es primordial supervisar las leyes sobre ética. Si bien los directivos de los servicios públicos tienen la responsabilidad primaria de iniciar la investigación de la supuesta falta de ética, la mayoría de los países de la OCDE utilizan instituciones externas para investigar y perseguir esta conducta. El enfoque más común es crear un organismo externo de investigación con jurisdicción sobre todo el servicio público (OCDE, 2000). Por ejemplo, en Irlanda, donde la legislación modificada en 2001 estableció la Standards in Public Office Commission (Comisión de Estándares para el Servicio Público [SIPO]), un organismo independiente con amplios poderes supervisa la aplicación de la legislación sobre ética y estándares, e investiga posibles incumplimientos. Las facultades de la SIPO se extienden a ministros, miembros del Parlamento y servidores públicos. Sería conveniente que la República Dominicana considere crear un organismo como éste.

Dentro del ámbito de GRH, pueden enviarse fuertes señales acerca de la institucionalización de los valores fundamentales, al hacer un mejor uso de los instrumentos disponibles para lidiar con los delitos: de 2008 a 2009, menos de 1% de los funcionarios separados de sus cargos fueron despedidos por falta de ética (SEAP, 2010). Esto sugiere que es necesario mejorar la detección de faltas y aplicar sanciones con mayor eficacia. Otra área importante en la que tendrían que enviarse señales es el proceso de incorporación de empleados al servicio público de carrera. Aunque la ética es un elemento por incorporar al proceso de evaluación, no queda claro que el proceso de incorporación se esté utilizando al máximo para erradicar la corrupción.

Es necesario complementar las medidas “duras” para ejecutar las leyes sobre ética con medidas “suaves” para elevar el grado de conocimiento de los valores fundamentales y formar a los servidores públicos en su aplicación. En este contexto, la República Dominicana podría conjuntar su iniciativa de gobierno electrónico y de valores al utilizar las herramientas interactivas en línea e Internet para fomentar los valores fundamentales, así como utilizar instrumentos de comunicación más tradicionales. Muchos países de la OCDE tienen códigos de conducta que establecen reglas generales para el autogobierno por parte de todos los funcionarios públicos. En el recuadro 5.3 se muestran los elementos de un código genérico de conducta. Estas reglas generales a menudo se complementan con códigos más específicos relacionados con una alta calificación y puestos específicos de alto riesgo. Un código de conducta para el servicio público sería un vehículo ideal para una campaña activa de comunicación sobre los valores en este servicio en la República Dominicana, que implique tanto a funcionarios públicos como a ciudadanos. Esto enviaría una fuerte señal acerca de la primacía de los valores en las reformas del servicio público de la República Dominicana. Los códigos de conducta se basan en la legislación para proporcionar descripciones más detalladas de los estándares esperados de los servidores públicos. Un primer paso que se recomienda sería desarrollar códigos específicos de conducta para funcionarios públicos que trabajen en áreas especialmente delicadas como la fiscal, aduanas e impuestos sobre consumo, contratación pública y puestos de alta dirección. Es importante prestar particular atención a aclarar la forma de equilibrar valores tradicionales como probidad e imparcialidad con valores nuevos como desempeño y calidad.

Recuadro 5.3. Qué puede incluir un código genérico de conducta para funcionarios públicos

Atención del interés público. Se espera que los funcionarios públicos mantengan y fortalezcan la confianza de los ciudadanos en las instituciones públicas, al demostrar los estándares más altos de competencia, eficiencia y eficacia profesionales, defender la Constitución y las leyes, y procurar el bien público en todo momento.

Transparencia y rendición de cuentas. Se espera que los funcionarios públicos utilicen los poderes y recursos para el bien público, de acuerdo con la ley y las políticas gubernamentales. Deberán estar preparados para rendir cuentas por las decisiones que tomen, y justificar sus decisiones y acciones oficiales ante una autoridad pertinente, o en público, según lo dicten las circunstancias.

Integridad. Se espera que los funcionarios públicos tomen decisiones y actúen sin tomar en cuenta sus intereses privados. Al ser este servicio un fondo público, el uso inapropiado de un puesto en él para beneficio privado se considera una seria infracción de la integridad profesional.

Legitimidad. Se requiere que los funcionarios públicos administren las leyes y políticas gubernamentales, y ejerzan una legítima autoridad administrativa bajo delegación. Ese poder y autoridad debería ejercerse imparcialmente, sin temor o favorecimiento, para su fin público apropiado, según lo determine la legislatura o la organización del funcionario de acuerdo con las circunstancias.

Equidad. Es importante que los funcionarios públicos tomen decisiones oficiales y emprendan acciones en forma justa y equitativa, sin verse afectados por sesgos o prejuicios personales, tomando en cuenta sólo los méritos del asunto y respetando los derechos de los ciudadanos afectados.

Sensibilidad. Como representantes y empleados del gobierno electo, se requiere que los funcionarios públicos atiendan los intereses y necesidades del gobierno, las organizaciones públicas, otros servidores públicos y ciudadanos en forma oportuna y con el debido cuidado, respeto y cortesía.

Eficiencia y eficacia. Se requiere que los funcionarios públicos obtengan la mejor rentabilidad del gasto de fondos públicos y utilicen con eficiencia los bienes invertidos en la administración pública o a través de ésta, y eviten el desperdicio y la exageración en el uso de recursos en programas públicos y actividades oficiales.

Fuente: OCDE, Dirección de Gobernanza Pública y Desarrollo Territorial, "Procurement Toolbox: Code of Conduct for Procurement Practitioners", www.oecd.org/governance/procurement/toolbox/codeofconductforprocurementpractitioners.htm.

Se requiere que el MAP asuma la responsabilidad de desarrollar el marco general de ética para el servicio público y de evaluar su implementación

Es importante contar con un organismo u oficina pública responsable de desarrollar el marco general de ética para el servicio público y la evaluación de resultados. En los países de la OCDE esta función es desempeñada por el organismo central de GRH o por las oficinas anticorrupción o de ética. En la República Dominicana, las responsabilidades actuales del MAP sugieren que se encuentra en buenas condiciones para asumir esta función. Si se crea un organismo independiente para investigar posibles infracciones de ética, será necesario establecer con claridad las responsabilidades respectivas de éste y del

MAP. El INAP tendría que seguir siendo responsable de coordinar la prestación de servicios de formación. Es recomendable complementar la clara formulación de responsabilidades del MAP y el INAP este respecto con la adecuada coordinación con otras instituciones que puedan brindar formación en ética en los niveles central y local.

Como sucede en otras áreas de la reforma del servicio público, se corre el riesgo de que los esfuerzos para fortalecer los valores y la ética resulten debilitados por la escasez de recursos. La República Dominicana tendrá que hacer elecciones difíciles sobre la asignación de recursos limitados entre diferentes iniciativas de reforma. Dada la importancia fundamental de los valores y la ética en el establecimiento de los cimientos necesarios para construir y sostener otras reformas, se recomienda firmemente que las iniciativas de ética se financien en forma prioritaria, asignando fondos específicos para implementar la iniciativa IPAC, las medidas relacionadas con la CICC, la redacción de un nuevo Código de Conducta y la formación en ética.

La presentación regular de informes sobre los avances en las iniciativas sobre ética ayuda a mantener el centro de interés en la implementación. Además de la presentación de informes que ahora se hace en el contexto de iniciativas internacionales anticorrupción, se fortalecería la rendición de cuentas con un informe anual al Ejecutivo y la legislatura, sobre los avances en las medidas de ética y anticorrupción en el servicio público.

Variaciones significativas en la capacidad de GRH y la división de responsabilidades

El mandato y las tareas de las instituciones centrales de GRH varían en los distintos países de la OCDE (véase el cuadro 5.2). Sin embargo, en general, son responsables de diseñar y supervisar la aplicación y fomento de políticas fundamentales para una GRH profesional, así como de dejar la implementación en manos de las funciones y directivos operativos de los ministerios. Por lo común, el organismo central de GRH no centraliza todas las decisiones y procesos; suele operar dentro de un marco de responsabilidades de GRH descentralizadas a los directivos de toda la administración, brindándoles asesoría y apoyo en sus decisiones, así como poniendo en marcha sistemas compartidos. Sin embargo, el grado de descentralización de GRH varía considerablemente entre los países de la OCDE. Un organismo de GRH fuerte y central permite una delegación más eficaz de ciertos aspectos de GRH a ministerios operativos y a otras instituciones (OCDE, 2012a).

Entre las responsabilidades fundamentales características del organismo central de GRH en países de la OCDE se encuentran las siguientes:

- Planeación estratégica de la fuerza de trabajo en el gobierno entero
- Diseño, fomento y aplicación de sistemas compartidos, como clasificación de puestos, gestión de competencias, gestión de carrera y evaluaciones de desempeño
- Supervisión y fomento de valores y ética del servicio público
- Formación en todos los elementos del servicio
- Selección y retención
- Gestión del servicio público de alto nivel

Las responsabilidades pueden también incluir elementos de la GRH relacionados con el presupuesto, aunque a menudo éstos se asignan al Ministerio de Hacienda e incluirían fijación de salarios, representación del gobierno como empleador en la negociación central cubriendo algunos o todos los grupos de usuarios de presupuesto, y fijación de los parámetros para la negociación descentralizada, bien sea de manera unilateral o mediante un contrato colectivo central. Si se comparten de esta forma las responsabilidades de GRH, es muy importante establecer una coordinación cercana y eficaz entre el Ministerio de Hacienda y el organismo central de GRH.

Cuadro 5.2. Responsabilidades del organismo central de GRH en países de la OCDE

Responsabilidad	Número de países en los que el organismo central de GRH se encarga de esta responsabilidad
Brindar liderazgo y orientación sobre GRH en general	33
Suministrar asesoría sobre el marco legal	28
Estandarizar la selección y definir los perfiles de competencias	21
Diseñar una estrategia de GRH	19
Diseñar el sistema salarial	19
Promover la diversidad en todo el servicio público	19
Transmitir los valores del servicio público	18
Definir los niveles salariales y beneficios de todo el servicio público	18
Brindar programas de formación	16
Coordinar y supervisar la implementación de la política o estrategia de GRH	15
GRH real en el nivel gubernamental central/nacional/federal	13
Definir y controlar la nómina	13
Gestionar los planes de jubilación y pensiones	13

Fuente: OECD Survey on Strategic Human Resource Management in Central/Federal Governments (Encuesta de la OCDE sobre Gestión Estratégica de Recursos Humanos en Gobiernos Centrales/Federales, actualizada en 2013 con base en datos de 2012).

La experiencia más promisoria de los países de la OCDE sugiere que los organismos centrales de GRH son más eficaces cuando:

- Actúan conforme a un marco de gestión que suministra el escenario en el que se fortalecerán y evolucionarán las políticas y prácticas de GRH. Las bases legales de la política de GRH le da al organismo central de GRH un claro mandato para sus actividades.
- Tienen un plan que les permite actuar de manera estratégica para lograr los objetivos del gobierno y evaluar en qué medida alcanzan el éxito. Su sensibilidad política depende en parte de esto.
- Asumen una función de coordinación, supervisión y habilitación de la implementación de las políticas de GRH, al suministrar directrices, apoyo técnico y retroinformación. La función de supervisión del centro no necesariamente se orienta a la operación, puede depender de la supervisión y medición estratégicas de resultados y riesgos.
- Cuentan con recursos financieros y humanos adecuados para reforzar la GRH en el servicio público. Los organismos centrales de GRH deberían ser capaces de preparar la reforma del servicio público o controlar la implementación de la ley respectiva.
- Ejercen una función de liderazgo en el desarrollo de propuestas de reforma del servicio público, gestionan la preparación de leyes de reforma y establecen estándares homogéneos de GRH, sin interferir demasiado en la función tradicional de otros ministerios, sobre todo el de Hacienda.

- No se encargan de proteger los derechos de los servidores públicos. Además de las cortes y tribunales industriales, la mayoría de las cortes de los países de la OCDE tienen organismos especiales independientes, como la Merit System Protection Board (Comisión de Protección del Sistema de Mérito) de Estados Unidos y el Public Service Commissioner (Comisionado para el Servicio Público) de Australia y el Reino Unido (OCDE, 2010a).

En los países de la OCDE se ha tendido a delegar responsabilidades de GRH a los ministerios y otras instituciones, para aumentar la flexibilidad de gestión al cambiar el organismo central de GRH a una función de gestión más estratégica y menos detallada. Sin embargo, es importante hacer notar que el alcance y el ritmo de la delegación varía de un país a otro, y el proceso ha ocurrido en sistemas con un servicio público maduro en el que los valores fundamentales están bien incorporados y operan con sistemas sólidos de rendición de cuentas. La experiencia en los países de la OCDE muestra que la delegación eficaz de la autoridad de GRH tiene que acompañarse de:

- El fortalecimiento de la capacidad del organismo central de GRH para supervisar la implementación de la política de GRH
- Sistemas eficaces para exigir cuentas a los directivos de su manejo de autoridad delegada
- Capacidad y competencia de gestión adecuadas en ministerios y otras instituciones

Continuar desarrollando la autoridad y capacidad del MAP

El Ministerio de Administración Pública (MAP), creado en 2008 por la Ley de Función Pública 41-08, es el organismo central responsable de la administración pública, el empleo público y la GRH de la República Dominicana. El ascenso del organismo de GRH anterior al estatus de ministerio señala la importancia que la Presidencia dominicana asigna a las reformas estratégicas de GRH en el contexto del programa de reforma del sector público nacional general.

El MAP tiene responsabilidades de amplio alcance como Ministerio de Administración Pública: además de encargarse de la aplicación de todas las disposiciones de la Ley 41-08, es responsable de la reestructuración institucional, la gestión de desempeño organizacional, la iniciativa de calidad de la administración pública y la gestión del cambio, el gobierno electrónico y la innovación, la prestación del servicio público, así como de apoyar a los municipios en el desarrollo de su GRH (entre otras cosas). La estructura y los recursos del MAP aún están en desarrollo. La limitación de recursos significa que ha tenido que adoptarse un enfoque gradual a la dotación personal y que muchas unidades aún no funcionan (véase el capítulo 6).

Se ha dado prioridad a dotar de personal a dos áreas clave: la dirección responsable de los sistemas de carrera, la cual administra la incorporación de personal a las carreras de servicio público mandadas por la Ley 41-08, y la dirección responsable de las TIC, que se ocupa de implementar el Sistema de Administración de Servidores Públicos (SASP) y el Sistema de Monitoreo de la Administración Pública (SISMAP). Actualmente el MAP tiene 271 empleados.[1] De acuerdo con el organigrama más reciente (septiembre de 2012), ilustrado en el capítulo 6, casi 15% del personal del MAP formaba parte de la Dirección de Sistemas de Carrera y 26%, de la dirección de TIC. El resto está concentrado sobre todo en las divisiones encargadas de la GRH del servicio público, así como del diagnóstico y diseño organizacionales.

El MAP ha logrado mucho en su corta existencia. Se ha establecido su organización y se está fortaleciendo su capacidad. El desarrollo de competencias internas es uno de los cuatro ejes estratégicos del MAP para el periodo 2012-2016. Los funcionarios de alto nivel del MAP son competentes y están comprometidos. Sin embargo, el MAP padece de escasez de personal de GRH bien calificado y sus recursos son pocos dado el alcance de sus responsabilidades y los difíciles retos que se espera que cumpla (para implementar las disposiciones de la Ley 41-08 dentro del plazo fijado por el gobierno). En consecuencia, la capacidad del MAP de implementar reformas (de GRH) no es tan fuerte como podría serlo. El plan estratégico del MAP contiene algunas medidas diseñadas para atender estas debilidades, incluida la formación basada en competencias para aumentar el número de empleados de GRH calificados, la formación de candidatos en GRH para prepararlos para los exámenes de selección, y la optimización de sus recursos financieros. Asimismo, el MAP es muy activo en términos de cooperación internacional, lo cual, le ha permitido aprovechar recursos y conocimientos expertos adicionales.

El MAP necesita ser facultado políticamente para lograr los objetivos de reforma del servicio público deseados. Implementar reformas como la selección basada en méritos y el sistema de carrera civil es políticamente delicado y en otros países se han vivido muchas experiencias negativas como resultado de la excesiva debilidad del organismo central de GRH (véase el cuadro 2.4). El nombramiento de un ministro de Administración Pública fuerte y activo en la República Dominicana (el ministro Ventura Camejo) es señal de un empoderamiento político, al igual que la experiencia en el sector de salud, donde el propio Presidente ha encargado al MAP instituir reformas de GRH para obtener mejores resultados. Es esencial sostener el apoyo político para la reforma, particularmente en términos de insistir en el compromiso colectivo de los ministros y los altos directivos gubernamentales con la implementación de las reformas.

El MAP necesita urgentemente recursos adicionales que le permitan asegurar la implementación de la Ley de Función Pública 41-08. Sin los recursos adecuados se corre un fuerte riesgo de que el MAP no pueda cumplir sus objetivos esperados y que las reformas fallen debido a que el organismo central de GRH no cuenta con recursos suficientes en relación con los objetivos que le han sido asignados. El Plan Estratégico del MAP debería utilizarse como la base de un plan de dotación de recursos multianual, de modo que pueda prevenirse con qué recursos se contará para implementar las reformas.

Sin embargo, los recursos actuales del MAP podrían utilizarse mejor (véase el capítulo 6). Las áreas donde sería aconsejable hacer mayor hincapié incluyen los marcos de gobernanza y rendición de cuentas de GRH para instituciones y directivos, el diseño de reformas de GRH y la planificación estratégica de la fuerza de trabajo. También puede haber áreas en las que el MAP podría, con el tiempo, deshacerse de responsabilidades. Por ejemplo, es importante que su función de desarrollo del sistema de relaciones laborales no lo implique en el manejo de casos individuales o en la protección de derechos de los servidores públicos.

Las áreas donde es importante que el MAP desarrolle su capacidad organizacional con la mayor rapidez posible incluyen las siguientes:

- Planificación de la fuerza de trabajo
- Impulso de la implementación de reformas de GRH
- Valores y ética
- Diseño de políticas de HRM y creación de marcos para apoyar la aplicación constante de políticas
- Clasificación de puestos
- Relaciones salariales e industriales

Se facilitaría el enfoque en estas áreas clave al convertirlas en la base de un método más estratégico de organización del MAP. Con el tiempo, y dependiendo de la forma en que evolucione la gestión del servicio público de alto nivel, sería deseable que el MAP desarrollara también su función en relación con la gestión del servicio público de alto nivel (véase el capítulo 4).

Si bien la organización del MAP tiene que responder a las necesidades específicas de la situación imperante en la República Dominicana, algunos ejemplos de organización estratégica de organismos centrales de GRH en los países de la OCDE pueden proporcionar un punto de referencia de gran utilidad (véase el recuadro 5.4).

Recuadro 5.4. Organización del organismo central de GRH en los servicios públicos de Canadá e Irlanda

Canadá – Office of the Chief Human Resources Officer (Oficina del Director en Jefe de Recursos Humanos)

La Oficina del Director en Jefe de Recursos Humanos está organizada en cuatro áreas:

- Remuneración y Relaciones Laborales (RRL). Gestión de relaciones entre la fuerza de trabajo y la administración y operaciones de remuneración: dirige la negociación colectiva para la administración pública central, supervisa la administración salarial, desarrolla e interpreta las políticas administrativas de todo el gobierno, y brinda asesoría y apoyo a departamentos y organismos en asuntos de relaciones laborales. La RRL apoya también al Comité de Hacienda en su función de asegurar la administración de gastos fiscalmente responsable, al determinar la remuneración para la administración pública central (excepto para el grupo ejecutivo), las Fuerzas Armadas canadienses y la Policía Montada Real de Canadá. La Rama apoya también a otros empleadores del servicio público federal en la obtención de sus mandatos de negociación por parte del Comité de Hacienda.
- Políticas Ejecutivas y Gestión de Talento. Suministra las herramientas y apoya la necesidad de los jefes adjuntos de administrar y desarrollar a miembros del grupo ejecutivo. El sector tiene cuatro áreas de responsabilidad (Políticas de Gestión Ejecutiva, Desarrollo de Liderazgo, Gestión de Talento Ejecutivo y el Interchange Canada Program o Programa de Intercambio de Canadá).
- Gobernanza, Planificación y Políticas Públicas: amplios marcos y estándares de políticas públicas, supervisión y presentación de informes sobre la gestión de personas, mejora de políticas y procesos, supervisión del desempeño departamental.
- Pensiones y Beneficios en el servicio público.

Recuadro 5.4. Organización del organismo central de GRH en los servicios públicos de Canadá e Irlanda *(cont.)*

Irlanda – Department of Public Expenditure and Reform (Departamento de Reforma y Gastos Públicos)

Las responsabilidades de GRH del Departamento se dividen en tres áreas organizacionales principales:

- Reforma y Prestación de Servicios Públicos: impulsar la reforma general del servicio público, presentar informes sobre los planes integrados para todos los departamentos y organismos importantes, programa de revisión organizacional, comunicaciones y política de servicios compartidos.
- Desarrollo e implementación de políticas de GRH en el servicio público: planificación de la fuerza de trabajo, incluidas políticas de selección, promoción, movilidad, traslado, reubicación y descentralización, gestión del desempeño, servicio público de alto nivel, políticas de igualdad y diversidad y establecimiento del Servicio Compartido de GRH del Servicio Público.
- Remuneración y Relaciones Industriales en el servicio público.

Fuentes: Treasury Board of Canada Secretariat www.tbs-sct.gc.ca/chro-dprh/index-eng.asp; Irish Department of Public Expenditure and Reform http://per.gov.ie/organization-chart.

Equilibrar el control y la flexibilidad de la GRH

De acuerdo con las disposiciones establecidas en la Ley 41-08, en la República Dominicana la GRH parece estar bastante centralizada en comparación con lo que ocurre en los países de la OCDE (véase la gráfica 5.4). Se trata de una estrategia deliberada adoptada para impulsar las reformas estratégicas de GRH requeridas. Antes de la promulgación de la Ley 41-08 y la creación del MAP, el régimen de GRH estaba muy descentralizado, particularmente en los servicios públicos descentralizados y en las instituciones autónomas. Dado que el régimen establecido por la Ley 41-08 aún se encuentra en proceso de implementación, en realidad el sistema de GRH no está tan centralizado como sugieren las disposiciones formales. Parecería que las instituciones, particularmente los servicios descentralizados y las instituciones autónomas, tienen gran discrecionalidad sobre sus prácticas de GRH. Por ejemplo, el proceso de incorporación de personal al servicio público de carrera está descentralizado y se gestiona dentro de cada organización, con la supervisión del MAP. La selección también se administra de acuerdo con un modelo descentralizado, regulado y supervisado por el MAP. En ambas áreas, parece que el MAP aún está trabajando en el establecimiento pleno de su autoridad para garantizar la aplicación congruente de las reglas.

El MAP es responsable de implementar el servicio público de carrera; establecer el control sobre las estructuras de las organizaciones de servicio público y los números de empleados públicos; fijar estándares y regulaciones mínimos de GRH; diseñar e implementar marcos para la GRH en todas las áreas clave como selección, competencias, gestión del desempeño, salarios y clasificación y relaciones laborales, así como resolución de conflictos laborales. El MAP está implementando un conjunto de regulaciones complementarias para poner en marcha las disposiciones de la Ley 41-08 en las áreas de relaciones laborales, estructuras organizacionales, política salarial, evaluaciones de desempeño individual, selección y contratación. Si bien el MAP desempeña una función de coordinación y supervisión en la implementación de políticas de GRH, una buena parte de su trabajo parece ser bastante operativa: por ejemplo, se le requiere que expida un buen número de autorizaciones, que supervise de cerca áreas como la selección y la gestión del desempeño; además, se encarga de proteger los derechos de los servidores públicos mediante el sistema de relaciones de empleados.

Gráfica 5.4. Delegación de la Gestión de Recursos Humanos (GRH)

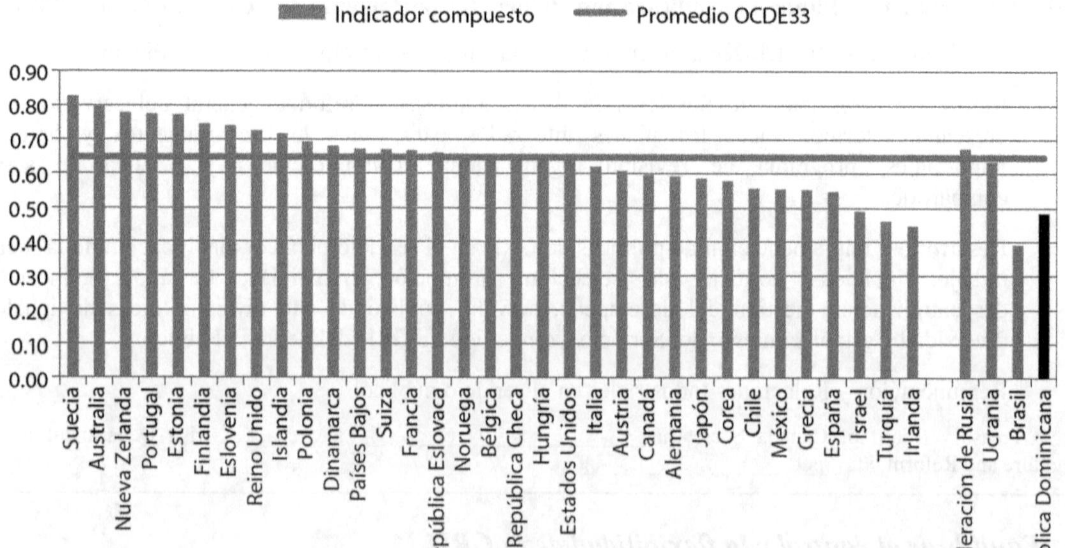

Fuente: OECD Survey on Strategic Human Resource Management in Central/Federal Governments (Encuesta de la OCDE sobre Gestión Estratégica de Recursos Humanos en Gobiernos Centrales/Federales, actualizada en 2013 con base en datos de 2012). Los datos de la República Dominicana fueron suministrados por el MAP en respuesta al cuestionario de la OCDE (julio de 2013).

Las oficinas de GRH en los ministerios y otras organizaciones del servicio público son responsables de supervisar la aplicación de políticas de GRH y de vincularse con el MAP. Organizan la selección, la incorporación del personal actual al servicio público de carrera y la evaluación de desempeño; se encargan de la administración de personal, y manejan asuntos de relaciones laborales. En la medida en que fue posible hacer un diagnóstico, la capacidad de GRH de los ministerios operativos es variable y, en general, bastante débil.

Uno de los principales retos que el MAP afronta es el de encontrar el equilibrio adecuado entre el control y autoridad centralizados sobre la GRH, y la delegación de funciones de GRH a instituciones. Por ahora, el MAP, correctamente, pone énfasis en la necesidad de establecer estándares y regulaciones, y de asegurar su aplicación congruente en todas las instituciones del servicio público. En algunas áreas clave, como la incorporación de personal al servicio público de carrera, el establecimiento de un proceso de selección basada en méritos y la prevención de contrataciones no autorizadas, el MAP necesita tener más voz y voto —y no lo contrario— en la definición de las reglas y en el aseguramiento de su aplicación, hasta que estos sistemas de GRH se establezcan plenamente. Eliminar la mala gestión y la corrupción requiere vigilancia continua por parte de los organismos administrativos centrales. Sin embargo, en una situación donde los recursos son limitados, el MAP tiene que hacer algunas concesiones entre comprometerse a llevar a cabo un control y supervisión detallados, y desarrollar su capacidad para dirigir los avances estratégicos de GRH que son esenciales para el programa gubernamental de reforma del servicio público. Además, las organizaciones de servicios públicos necesitan contar con flexibilidad suficiente para administrar sus recursos humanos de acuerdo con sus objetivos de negocios en un momento en el que se espera que mejoren su desempeño, implementen la gestión de calidad y se comprometan con la innovación.

As Como se ilustra en la gráfica 5.5, muchos países de la OCDE cambiaron o están cambiando a un sistema de selección basada en el puesto para tener mayor flexibilidad en las competencias necesarias para la prestación de servicios públicos. De hecho, hay una correlación positiva clara entre los sistemas basados en el puesto y el nivel de delegación de GRH. Por ejemplo, en Australia, Nueva Zelanda y Suecia, las autoridades operativas tienen más flexibilidad para determinar a quién contratan y las condiciones de empleo correspondientes. Sin embargo, hay excepciones: por ejemplo, tanto Países Bajos como Japón otorgan a los ministerios y directivos operativos niveles similares de autoridad en la toma de decisiones de GRH, aun cuando Países Bajos utiliza un sistema de selección basada en el puesto, y Japón uno basado en la carrera.

Gráfica 5.5. Correlación entre el sistema de selección y la delegación de GRH en el gobierno central (países de la OCDE y países clave asociados)

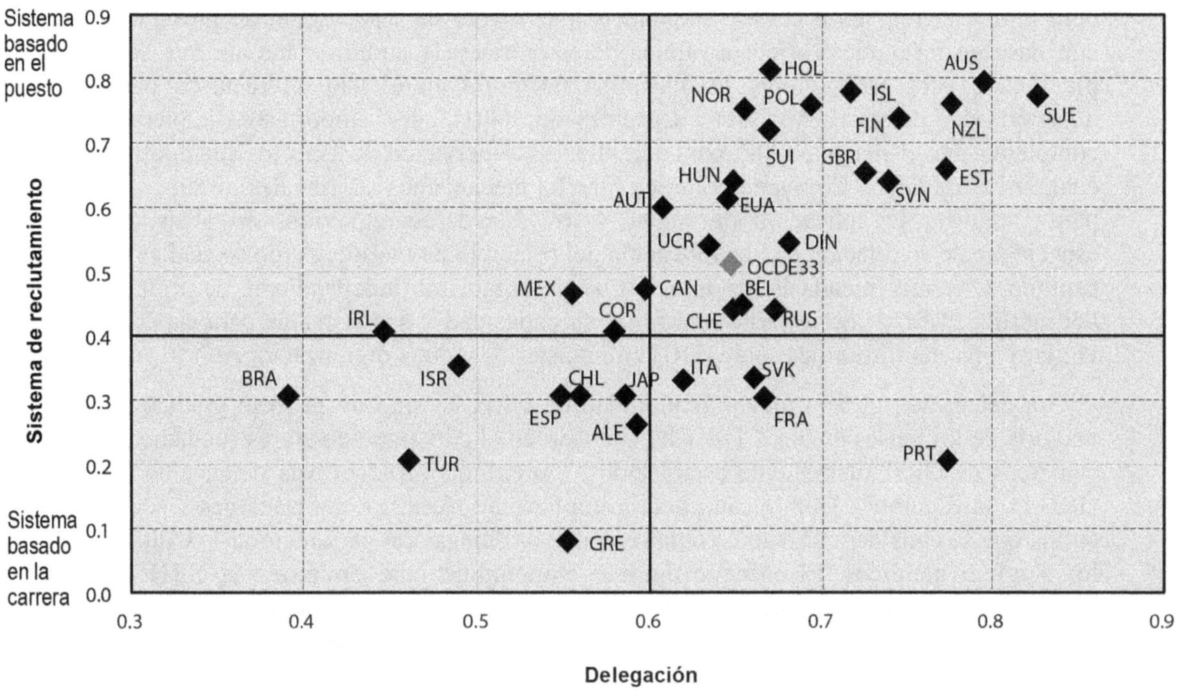

Fuente: Presentación del equipo de estudio de la OCDE durante el lanzamiento oficial de este estudio (abril de 2013), con base en datos de 2012.

En cualquier caso, en la República Dominicana la delegación de GRH no tendría que ser prioritaria por ahora, pero sí formar parte de los planes de largo plazo. Como parte de su planificación estratégica, el MAP debería establecer una hoja de ruta para la delegación gradual de ciertas funciones de GRH a ministerios y otras instituciones del servicio público, sujeto a ciertas condiciones. Esto crearía un incentivo para que las organizaciones las cumplieran. Las condiciones esenciales mínimas para las organizaciones incluirían las siguientes:

- Las prácticas de GRH de la organización cumplen plenamente con la legislación del servicio público pertinente
- Los altos directivos de la organización demuestran un liderazgo práctico en los valores fundamentales del servicio público mediante, por ejemplo, tasas reducidas de corrupción en la organización, selección y promoción basadas en méritos y altos estándares de gestión del desempeño
- Se ha verificado que la estructura organizacional y el estatus de empleo del personal cumplen con las condiciones requeridas
- Se ha implementado el marco para la gestión del desempeño organizacional, e incluye fuertes líneas de rendición de cuentas para ministros y altos directivos respecto a estándares y prácticas de GRH
- Hay capacidad adecuada de GRH por parte de los directivos operativos y los profesionales de GRH.

También hay prerrequisitos esenciales en el centro. La evaluación de riesgos y el establecimiento de mecanismos de gestión de riesgos podrían ser parte de los preparativos para la delegación. Es necesario implementar el marco de elaboración de presupuestos con base en resultados, la cuenta única de tesorería y la auditoría interna que se han planificado para proporcionar la disciplina necesaria en el uso de recursos para la dotación de personal y otros aspectos de GRH. Es importante implementar completamente el sistema SASP para garantizar la supervisión de aspectos cuantitativos y cualitativos de GRH. Conviene poner en marcha mecanismos adicionales de supervisión para garantizar la aplicación de reglas y los estándares requeridos en áreas clave, especialmente en relación con la aplicación del principio de mérito. Como se analiza en el capítulo 3, se recomienda la instauración de un organismo independiente de protección del mérito. El MAP necesitaría desarrollar su capacidad y sus sistemas para supervisar, vigilar y presentar informes sobre GRH en ministerios y otras organizaciones.

La delegación de una mayor flexibilidad de GRH ha sido un proceso gradual en la mayoría de los países de la OCDE y ha ocurrido en el contexto de valores fundamentales y marcos de GRH fuertemente establecidos. Un enfoque gradual a la delegación de la GRH en la República Dominicana podría implicar priorizar a organizaciones y sectores en los que se considera deseable contar con mayor delegación para mejorar la calidad de los servicios públicos. El enfoque dirigido emprendido para optimizar la GRH en el sector de salud podría utilizarse en la creación de las condiciones para transferir mayor control al Ministerio de Salud, y esto podría servir como un modelo para otros sectores.

Cualquiera que sea el enfoque que se elija, es importante que el MAP identifique las áreas de GRH donde se considera esencial ejercer un estricto control central para establecer el servicio público de carrera, y las áreas donde es deseable un régimen más flexible y podría ser beneficiosa alguna variación en los arreglos de una organización a otra. La República Dominicana podría tomar en cuenta el enfoque a la delegación utilizado en los países de la OCDE, que tienden a no delegar ciertos aspectos de GRH. La mayoría de los países mantienen el control sobre la gestión del sistema salarial, aunque en muchos se delegan, dentro de límites legales y presupuestarios establecidos, la gestión de la parte variable de los salarios y las decisiones sobre los números y tipos de puestos en las organizaciones. Asimismo, los organismos centrales de GRH tienden a intervenir estrechamente en la clasificación de puestos. Los procesos de selección y despido están ampliamente descentralizados, pero esto sucede dentro de un conjunto de reglas fuertemente establecido y un sistema de mérito que está protegido mediante varios tipos de mecanismos de supervisión. La evaluación de desempeño y las condiciones de trabajo también están ampliamente descentralizadas.

Continuar desarrollando la GRH estratégica

La GRH estratégica examina el grado en el cual los organismos centrales de GRH utilizan evaluaciones de desempeño, revisiones de capacidad y otras herramientas para participar en la planificación estratégica de la fuerza de trabajo y fomentarla. El índice presentado en la gráfica 5.6 analiza comparativamente a los países de acuerdo con varios factores, como la existencia de un marco general de rendición de cuentas para directivos de nivel alto y medio que incorpore componentes estratégicos de GRH; el uso de objetivos de GRH en la evaluación de desempeño de directivos de nivel alto y medio; evaluaciones del desempeño de ministerios y departamentos en términos de respeto de las buenas prácticas de GRH, y el uso de planificación de la fuerza de trabajo (OCDE, 2011a). Hay una gran variación entre los países de la OCDE en lo que se refiere a la utilización de dichas prácticas de la GRH estratégica.

Gráfica 5.6. Utilización de prácticas de la GRH estratégica en el gobierno central

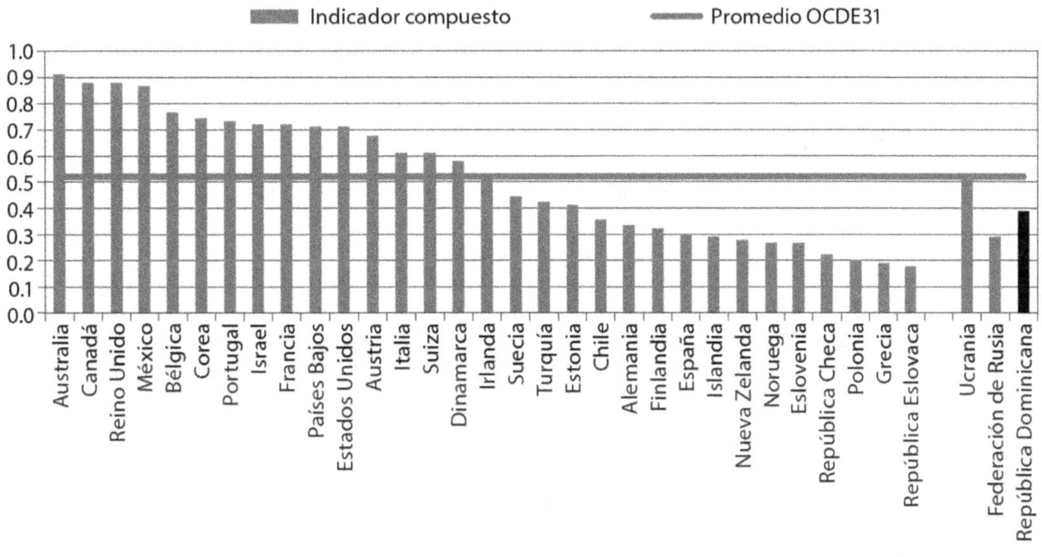

Nota: Al interpretar los resultados del indicador compuesto, es importante considerar que en algunos países de la OCDE las responsabilidades de las prácticas de la GRH estratégica se delegan a los niveles del MAP, departamento u organismo, los cuales no se reflejan en este índice.

Fuente: OECD Survey on Strategic Human Resource Management in Central/Federal Governments (Encuesta de la OCDE sobre Gestión Estratégica de Recursos Humanos en Gobiernos Centrales/Federales, actualizada en 2013 con base en datos de 2012). Los datos de la República Dominicana fueron suministrados por el MAP en respuesta al cuestionario de la OCDE (julio de 2013).

Aun cuando la GRH estratégica se encuentra en una etapa inicial, el MAP ha adoptado una orientación estratégica hacia las reformas de GRH. El segundo plan estratégico del MAP, que cubre el periodo 2012-2016, define su visión y su misión, y organiza la reforma alrededor de cuatro ejes estratégicos (véase el recuadro 5.5).

Recuadro 5.5. Objetivos estratégicos del MAP (2012-2016)

1. Crear un servicio público profesional

- Consolidar y ampliar la selección y contratación basadas en mérito
- Implementar la evaluación de desempeño
- Incorporar al personal a la carrera administrativa y carreras especiales
- Reformar el sistema salarial y de clasificación
- Desarrollar el sistema de relaciones laborales

2. Reformar las estructuras organizacionales

- Racionalizar las estructuras organizacionales de los ministerios y otras organizaciones públicas
- Modernizar los servicios públicos utilizando la gestión de calidad y las TIC
- Gestionar el cambio

3. Gestionar el desempeño organizacional y la calidad

- Implementar un sistema de gestión del desempeño organizacional
- Implementar un sistema de gestión de calidad
- Premio Nacional a la Calidad y Reconocimiento a las Prácticas Promisorias

4. Desarrollar las competencias internas del MAP

- Fortalecer los sistemas de gestión, incluidos la planificación estratégica, los sistemas de control, los diagnósticos y la racionalización organizacional
- Reforzar la imagen y presencia institucionales del MAP, particularmente mediante la comunicación, los sistemas de información en línea y la implementación del sistema SASP en todo el servicio público
- Fortalecer el sistema de gestión de calidad del MAP
- Alentar la cooperación internacional
- Optimizar los recursos financieros del MAP
- Desarrollar las competencias del personal del MAP
- Desarrollar la función de inspección del MAP

Fuente: MAP (2013).

En contraste con el avance en el establecimiento de una orientación estratégica de GRH en el centro del gobierno, la GRH estratégica no parece haberse instituido en todo el servicio público. La impresión obtenida es que los ministerios operativos tienden a enfocarse en la dotación de personal a corto plazo y que los directivos operativos, así como los departamentos de GRH, carecen de capacidad de GRH estratégica. Aparentemente, en la mayoría de los ministerios operativos no se realizan labores de planificación de la selección, gestión de competencias ni planificación de la fuerza de trabajo. Dada las restricciones al servicio público experimentadas en los últimos años y al estricto control sobre el número de puestos, es comprensible que los ministerios operativos parezcan ser reactivos y concentrarse en el problema de corto plazo de garantizar la aprobación de los puestos durante la ronda presupuestaria anual.

Durante la semana de investigación realizada por el equipo de la OCDE en julio de 2013 no fue posible evaluar la situación imperante en los servicios descentralizados e instituciones autónomas. Sin embargo, parece que la GRH estratégica se está arraigando en por lo menos algunos sectores clave, en particular el sector de salud. El Ministerio de Salud ha identificado la mejora de la GRH como una de sus prioridades estratégicas clave y, con asistencia técnica externa y los actores interesados, trabaja en el desarrollo de la GRH estratégica, incluida la planificación de la fuerza de trabajo. Como parte de esta iniciativa, los directivos de GRH del ministerio participan en programas de formación.

Para crear las condiciones requeridas para la GRH dentro de los ministerios y otras instituciones, habrá que tomar medidas fundamentales como estabilizar los niveles de dotación de personal, implementar el servicio público de carrera y continuar desarrollando herramientas clave como planificación de la fuerza de trabajo, gestión de competencias y gestión del desempeño.

Acelerar la formación de profesionales de GRH

El MAP no cuenta con un número suficiente de profesionales de GRH con un buen nivel de formación. Si bien este aspecto se aborda en el Plan Estratégico de la institución, es aconsejable elaborar un plan de acción más rápido para desarrollar los conocimientos expertos necesarios. Además de construir capacidades generales de GRH, es necesario que el MAP desarrolle su base de capacidades en varias áreas especializadas, como planificación de la fuerza de trabajo, diseño de políticas de GRH y remuneración. Asimismo, se requiere que en los ministerios y otras organizaciones de servicio público se forme a profesionales de GRH.

Conviene analizar las opciones para financiar y organizar un programa acelerado de desarrollo de habilidades de GRH. Por ejemplo, ¿sería posible aprovechar los conocimientos del sector privado o de empresas estatales? ¿Qué función puede desempeñar el Instituto Nacional de Administración Pública (INAP)? ¿Es viable establecer una iniciativa conjunta de formación entre el MAP, el INAP y algunas instituciones clave del servicio público de la República Dominicana para desarrollar competencias en paralelo? ¿Podrían establecerse alianzas para la formación en GRH con una universidad prestigiosa de la República Dominicana? ¿Es una opción utilizar a consultores internacionales para realizar la formación, como se ha hecho en el Ministerio de Salud? ¿Podría establecerse un programa de formación en alianza con una institución especializada o un organismo central de GRH en la región o en un país de la OCDE? ¿Hay posibilidades de establecer un programa de préstamos de expertos en GRH de otros países para ayudar a desarrollar capacidades? Éstas son sólo algunas de las opciones que podrían explorarse.

Según la experiencia de los países de la OCDE, el desarrollo de las competencias de los expertos en GRH se facilita al contar con un perfil de competencias para estos profesionales. El perfil contiene definiciones de las competencias y estándares esperados, y también puede utilizarse para gestionar el desempeño. Un ejemplo de un marco de este tipo es el de Estándares Profesionales de GRH utilizado en el organismo central de GRH para el servicio público del Reino Unido (véase el cuadro 5.3).

Cuadro 5.3. Estándares Profesionales de GRH (Cabinet Office, Reino Unido)

Áreas clave	Estándares profesionales	Resultado de desempeño eficaz
Conocer la organización	Comprende a la organización y la mejor manera en que la GRH puede contribuir a su éxito	- Comprende y comunica las prioridades de la organización, y brinda apoyo a los directivos operativos para lograrlas - Armoniza la política y los servicios de GRH con la misión de la organización Utiliza la información sobre recursos humanos para ayudar en la toma de decisiones en la operación Demuestra cómo las prácticas de GRH y la gestión eficaz de personas ayudan
Demostrar conocimiento experto en GRH	Comprende y lleva a cabo prácticas de GRH adecuadas para la organización que generan su éxito.	- Presta servicios de GRH en forma profesional, responsable, accesible y rentable - Utiliza la información para documentar las decisiones sobre GRH y realizar mejoras en esta área - Participa, capacita y reta a los directivos operativos a administrar a su personal con eficacia - Actualiza y desarrolla el conocimiento profesional continuamente - Garantiza la confidencialidad y practica la GRH según los estándares éticos más altos
Actuar como agente de cambio	Posibilitar el cambio organizacional	- Se comunica con eficacia para ayudar a que el cambio suceda - Demuestra una actitud positiva ante el cambio - Utiliza técnicas de cambio y gestión de proyectos para desarrollar y cumplir planes de GRH
Credibilidad personal	Demostrar personalmente los valores de la organización, desarrollar confianza con los aliados en la organización y contribuir proactivamente al éxito organizacional	Escucha, cuestiona y se comunica en forma influyente y motivadora - Presenta información clara y concisa en respuesta a cuestionamientos - Entrega resultados a tiempo y dentro de los estándares acordados - Refuerza los valores de la organización y las conductas deseadas mediante el ejemplo - Demuestra un historial probado de servicio a clientes, cumplimiento y capacidad

Fuente: Cabinet Office (2009), *HRM Professional Standards Handbook*, Reino Unido.

Función clave de los directivos operativos de alto nivel en el desarrollo de la GRH en sus organizaciones

A menos que los directivos de alto nivel impulsen la implementación de nuevas políticas y prácticas de GRH, es poco probable que éstas se establezcan adecuadamente en el servicio público. Estos directivos tendrían que participar más en el desarrollo de la GRH en sus organizaciones, lo cual tendría que ser una de sus responsabilidades clave. Puesto que no parece haber una cultura que dicte que los directivos operativos asuman la responsabilidad de la GRH, es probable que involucrarlos y desarrollar su capacidad requiera un gran esfuerzo. Dentro del sistema actual de nombramientos de la alta dirección, los instrumentos para afectar su conducta son bastante limitados; la palanca más evidente para cambiar la conducta de los directivos en el corto plazo consiste en que el Presidente de la República y los ministros fijen expectativas claras y específicas respecto a cómo aquéllos aportarán liderazgo en valores fundamentales del servicio público e impulsarán las reformas de GRH. En el mediano a largo plazos, un enfoque más formal y estructurado a la gestión de los altos directivos - analizado en el capítulo 4 - aportaría una gama más amplia de métodos para desarrollar el liderazgo de alto nivel esencial para fortalecer las reformas de GRH.

Recuadro 5.6. Marco de Rendición de Cuentas de Gestión (MAF) canadiense – Componente de Administración de Personas

En el contexto de un mayor énfasis en la gestión de resultados y desempeño, así como una mayor delegación de funciones directivas a los departamentos, el gobierno de Canadá desarrolló un Marco de Rendición de Cuentas de Gestión (MAF, por sus siglas en inglés) para garantizar la rendición de cuentas departamental por los resultados de gestión, incluidos los recursos humanos. El MAF se estructuró alrededor de 10 elementos clave (véase el diagrama que colectivamente definen lo que es la "gestión" y establece las expectativas de buena gestión de un departamento u organismo. Fija indicadores y medidas claros que pueden utilizarse para medir el desempeño con el tiempo, con el fin de ayudar a directivos, viceministros y organismos centrales a evaluar el progreso y a fortalecer la rendición de cuentas de los resultados de gestión.

El MAF se propone:

- Clarificar las expectativas de gestión de los subdirectores y sustentar el diálogo continuo sobre prioridades de gestión con su equipo ejecutivo y la Secretaría de la Junta del Tesoro
- Ofrecer una amplia perspectiva del estado de los retos y las prácticas de gestión en el gobierno federal
- Identificar las tendencias que operan en todo el gobierno y los temas generales, para ayudar a los subdirectores a fijar prioridades y resolver problemas

Todos los departamentos federales importantes y un tercio de organismos pequeños se evalúan anualmente, lo cual representa de 45 a 50 organizaciones cada año. Las organizaciones más pequeñas se evalúan en un ciclo de tres años, utilizando un enfoque más focalizado para reducir la carga del ejercicio sobre ellas (las organizaciones pequeñas tienen entre 1,540 y 499 empleados y un presupuesto anual de por lo menos $300 millones de dólares).

Recuadro 5.6. Marco de Rendición de Cuentas de Gestión (MAF) canadiense – Componente de Administración de Personas *(cont.)*

Las evaluaciones son llevadas a cabo cada año por el organismo de gestión central, la Secretaría de la Junta del Tesoro (TBS, por sus siglas en inglés). Las organizaciones aportan a la Junta evidencia por cada una de las Áreas de Gestión en las que se les evalúa. La TBS utiliza la información proporcionada por las organizaciones para preparar las evaluaciones, las cuales se comparten a la mitad del ciclo con los departamentos y organismos para su análisis, y al final del ciclo con el subdirector. Los resultados de las evaluaciones MAF también se usan como insumo del Programa de Gestión del Desempeño para Subdirectores.

En 2012-2013, el componente de Administración de Personas del MAF incluyó los elementos siguientes:

- Participación y compromiso de los empleados
- Liderazgo ejecutivo
- Diversidad y empleo
- Aprendizaje de los empleados
- Gestión del desempeño y talento
- Eficacia de la planificación de la fuerza de trabajo y la carga de trabajo
- Dotación de personal
- Idiomas oficiales
- Contexto organizacional

Fuentes: Treasury Board of Canada Secretariat, www.tbs-sct.gc.ca; OECD (2010b), *OECD Reviews of Human Resource Management in Government: Brazil 2010, Federal Government*, OECD Publishing, París, http://dx.doi.org/10.1787/9789264082229-en.

El sistema de gestión del desempeño organizacional para el servicio público, planificado para implementarse en la República Dominicana en los próximos años, con contratos de desempeño para directivos de alto nivel, ofrece la posibilidad de fijar objetivos para una buena GRH y para aumentar la rendición de cuentas de éstos. Probablemente el proyecto sea de largo plazo, pero es importante que la GRH se integre desde el principio al marco de desempeño. La República Dominicana tiene una base excelente de la cual partir mediante el conjunto exhaustivo de indicadores de GRH incluidos ya en el SISMAP. El Marco de Rendición de Cuentas de Gestión (MAF, por sus siglas en inglés) utilizado en el servicio público federal canadiense ofrece un ejemplo de la manera de integrar la GRH, aunque no se recomienda que la República Dominicana adopte una estructura tan compleja desde el principio (véase el recuadro 5.6). La Administración de Personas es uno de los 10 elementos que el MAF utiliza para evaluar anualmente a departamentos y organismos. Las medidas empleadas varían dependiendo de qué áreas de la administración de personas se considera que requieren mayor énfasis, con base en análisis estratégicos de la fuerza de trabajo. Los resultados de las evaluaciones MAF se publican, se utilizan para brindar retroinformación a directivos de alto nivel, y constituyen la base para los planes de acción de mejora de la gestión (incluida la GRH) como preparación para la ronda subsiguiente de evaluaciones (OCDE, 2010a).

Difundir buenas prácticas de GRH

La difusión de buenas prácticas de GRH es parte importante del desarrollo de competencias. Una buena iniciativa del MAP es la organización de un sistema de premios internos de calidad en su ministerio (Premio Interno a la Calidad y Reconocimiento a las Prácticas Promisorias —comparable con el Premio Nacional —, el cual incluye GRH y otras dimensiones de administración pública. Esto podría proporcionar un modelo para crear un premio interministerial de GRH específico para reconocer y alentar el intercambio de buenas prácticas en esta área. Seminarios y conferencias regulares para compartir experiencias y buenas prácticas son una manera útil de estimular el intercambio de ideas dentro de la comunidad de GRH del servicio público. Crear una red de directivos de GRH es otra forma de desarrollar una comunidad de practicantes que pueda influir en la difusión de buenas prácticas y el establecimiento de vínculos entre el MAP y las oficinas de GRH de los ministerios y otras instituciones.

Aprovechar el impresionante avance logrado en herramientas electrónicas y avanzar hacia servicios compartidos (shared services)

El MAP (Dirección de Tecnología de la Información) ha logrado enormes avances en el desarrollo de sistemas electrónicos de información sobre administración pública —SASP y SISMAP— y, por consiguiente, está en condiciones de aprovechar las TIC para consolidar los resultados logrados hasta ahora. Un mayor desarrollo de la funcionalidad del SASP permitiría al MAP agilizar parte de su trabajo, en particular en áreas como la selección y la gestión del desempeño, en las que podría ejercer una supervisión más eficiente a través de sistemas electrónicos de flujo de trabajo. Desarrollar un sistema electrónico de selección para el servicio público sería una gran ventaja, tanto en lo que se refiere a garantizar el cumplimiento de los procesos requeridos como a la eficiencia. Estos avances tendrían que considerarse prioritarios una vez completada la tarea básica de integrar al SASP toda la información sobre empleo y nóminas para el servicio público central y los servicios descentralizados de los ministerios.

Puesto que muchos de los subsistemas de GRH aún están en proceso de implementación y los ministerios no han invertido grandes cantidades en sus propios sistemas de información de GRH, la República Dominicana tiene la oportunidad de cambiar directamente a usar servicios de GRH compartidos (un sistema integrado de información de GRH utilizado en todas las organizaciones de la administración pública central).

El programa que ya se ha puesto en marcha para estandarizar las estructuras organizacionales en el área de GRH y otras áreas transversales ofrece una base promisoria para desarrollar servicios compartidos. Las áreas más comunes en las que pueden implementarse servicios compartidos en los países de la OCDE incluyen nóminas, pensiones y administración de personal. La experiencia reciente en varios países de la OCDE, incluidos Dinamarca, Finlandia, Países Bajos (véase el recuadro 5.7) y el Reino Unido, indica que los servicios compartidos de GRH y otras áreas pueden generar ahorros considerables en el costo total de los servicios de apoyo (OCDE, 2010a).

Recuadro 5.7. Centros de Servicios Compartidos (Shared Service Centres)

Los centros de servicios compartidos se definen como unidades gubernamentales que ofrecen servicios de apoyo a más de un solo ministerio (incluidos sus organismos) o subsector de gobierno, por ejemplo, el gobierno central, fondos de seguridad social y gobierno local. Los centros de servicios compartidos brindan una amplia variedad de servicios, como finanzas (por ejemplo, servicios de contabilidad y pago); GRH (por ejemplo, salarios, pensiones y formación); TIC (por ejemplo, desarrollo, intranet, portales para todo el gobierno; contratación pública, y oficinas e instalaciones).

Los centros de servicios compartidos permiten a las organizaciones reducir costos por medio de la concentración, la estandarización de procesos y las economías de escala. Los ahorros logrados al compartir servicios de apoyo varían entre los países, pero en promedio oscilan entre 5% y 20% de los gastos operativos. Los servicios compartidos pueden también impulsar las mejoras en la calidad de los servicios mediante la estandarización, así como una mejor información sobre coordinación y gestión.

Varios países de la OCDE han implementado ya centros de servicios compartidos, como Austria, Bélgica, Canadá, Dinamarca, Finlandia, Noruega, Países Bajos, el Reino Unido y Suecia. Cada país ha utilizado un enfoque diferente al desarrollo y organización de sus centros. Algunos han optado por uno descendente, ordenando el uso de servicios compartidos por parte de los ministerios operativos (como en Dinamarca), mientras otros adoptaron uno voluntario (por ejemplo, Suecia), o han estimulado a los ministerios y organismos operativos a utilizar servicios compartidos mediante recortes presupuestarios temporales para apoyar los servicios, como en Finlandia y Países Bajos.

P-Direkt: Países Bajos

Países Bajos instituyó en fechas recientes el P-Direkt, un centro de servicios compartidos para la gestión de recursos humanos (GRH). El centro reemplaza al sistema anterior —en el que cada ministerio operativo tenía su propio sistema de GRH—, incorporando en un solo centro servicios de administración salarial y de GRH (como registro de personal, información sobre gestión y análisis de recursos humanos) para todo el gobierno.

P-Direkt se inició en 2004, aunque el trabajo se suspendió después de un año, debido a problemas y cuellos de botella que surgieron. Las importantes enseñanzas del proceso y los retos subyacentes ayudaron a conformar el nuevo enfoque. Se prestó más atención a la gestión del cambio y la transformación, con un sistema basado en fortalezas organizacionales existentes. También incluye aspectos clave como diseño, desarrollo y una implementación gradual en estrecha colaboración con los distintos ministerios. Otros elementos fundamentales para un centro exitoso de servicios compartidos de GRH son la gobernanza para establecer responsabilidades claras desde el principio, la inversión en alianzas y la estandarización de los procesos desde el arranque.

En primera instancia el P-Direkt se implementó en sólo cinco ministerios, el último de los cuales se adhirió en 2011. Ahora, el centro ofrece servicios de GRH a todo el gobierno central, lo que incluye a más de 120,000 servidores públicos en 10 ministerios operativos. Brinda a cada uno de sus usuarios finales un portal de autoservicio y centro de contacto en línea.

El ahorro logrado por el P-Direkt de 50% de los costos fue posible gracias a la reducción de requerimientos de dotación de personal y de requerimientos de TIC. Además, le ha otorgado al gobierno mayor flexibilidad para apoyar la reorganización.

Fuentes: OCDE (2010a), *Value for Money in Government: Public Administration after "New Public Management"*, OECD Publishing, París, http://dx.doi.org/10.1787/9789264086449-en; ; información suministrada por el Ministerio del Interior y Relaciones del Reino (2011) holandés.

Más concretamente, los servicios compartidos pueden aportar un enfoque integrado de "solución total" más eficiente y eficaz, reorganización, capacidad de repetición y previsibilidad del proceso (niveles más altos de calidad del servicio, costos más transparentes); reducir la duplicación y complejidad, generando información de gestión más congruente (disminuyendo aún más los costos y fortaleciendo la confiabilidad);

mejorar el uso de recursos escasos y a menudo caros, liberando tiempo para dedicarlo a asuntos estratégicos, y desarrollar economías de escala para inversión en infraestructura técnica y de comunicaciones.

Hablando en términos generales, cuanto mayor sea la fragmentación de un sistema — es decir, cuanto menor sea el número de actores—, mayor será la necesidad de compartir servicios administrativos, de modo que estos organismos más pequeños puedan aprovechar los beneficios relacionados con la aglomeración o la prestación de servicios virtual. Si bien quizá no siempre sea deseable o posible una iniciativa dirigida desde el centro, los estándares, herramientas, marcos y directrices comunes pueden proporcionar una plataforma para la colaboración de muchos aliados y ayudar a superar barreras técnicas a la cooperación.

No obstante, los servicios compartidos no garantizan una mayor eficiencia por sí solos: de no implementarse correctamente, pueden conducir a grandes fracasos, con lo que se debilitará seriamente los beneficios esperados de la transformación. Antes de arrancar los servicios compartidos es muy importante tener claros y evaluar las precondiciones, pros y contras, beneficios y peligros específicos de diferentes niveles de consolidación de recursos TIC en el propio entorno de la administración pública (véase el recuadro 5.7 sobre el caso holandés y las enseñanzas obtenidas).

Lograr mayor eficiencia mediante servicios compartidos requerirá, por ejemplo, no sólo mejor información sobre los costos de referencia de servicios (incluido el costo total de su prestación) y un acuerdo de nivel de servicio transparente y responsable, sino también un sistema de gestión del cambio basado en las fortalezas organizacionales existentes y en mecanismos de gobernanza sólidos, incentivos y controles apropiados para asegurar que los costos de prestación de los servicios se mantengan por debajo del costo de referencia de prestación de los mismos en los organismos gubernamentales correspondientes. En términos de instrumentos, se requiere un plan de acción para identificar una hoja de ruta con la priorización del desarrollo de ciertos servicios conjuntos e integrados de gobierno electrónico, mismos que exigen un amplio espectro de actores que trabajen juntos en formas nuevas e innovadoras para compartir datos, recursos y sistemas.

Interesantemente, hay cierta indicación de que los servicios compartidos desarrollados en forma más ascendente (es decir, un enfoque facilitador o laissez-faire) de hecho generan mayor participación y cooperación en el nivel de agencias que los impuestos en forma descendente (OCDE, 2010a).El reto es encontrar un equilibrio óptimo entre los requisitos de una red de buen funcionamiento y rentable, y la necesidad de conservar suficiente empoderamiento y rendición de cuentas (de los directores de organismos) en cuanto a la reingeniería de negocios y el desarrollo de servicios.

Eficacia de los acuerdos de reforma de la implementación del cambio

La reforma del servicio público ha sido un proceso continuo de largo plazo en la mayoría de los países de la OCDE. Etapas sucesivas de reforma han permitido a los países aprender de su experiencia propia y la de otros países. Al mismo tiempo, cada situación de reforma tiene sus propias características que dan forma a las prioridades y estrategias de implementación. En la medida en que la experiencia de los países de la OCDE puede aportar enseñanzas generales, destacan tres temas en particular:

- Las reformas de GRH no se limitan a mejorar la gestión del servicio público, aunque esto es sumamente importante. Las políticas y prácticas de GRH envían señales significativas acerca de los valores del servicio público, y es importante que se basen en una clara visión de cómo el gobierno debería funcionar para cumplir las expectativas de los ciudadanos y los retos que surjan. Las reformas estratégicas de GRH tendrían que ser conformadas por el centro del gobierno en el contexto de una visión general de la manera en que contribuirán al logro de objetivos y prioridades de largo plazo de los servicios públicos.

- A signar una secuencia a las reformas es importante, y las reformas de GRH tienen que integrarse apropiadamente con otras iniciativas de reforma del sector público. Por ejemplo, las reformas de presupuestos y el marco general de gestión pueden ser prerrequisitos importantes para que ciertas reformas de GRH funcionen, en particular las dirigidas al desempeño de organizaciones e individuos. A la inversa, las reformas de GRH pueden ser decisivas para la implementación de otras reformas; por ejemplo, para poner en marcha las iniciativas del gobierno electrónico puede ser esencial contar con nuevas prácticas de trabajo, en tanto que los cambios en las prácticas de GRH pueden aportar incentivos para que el personal implemente innovaciones en la prestación de servicios.
- Es difícil instituir y sostener reformas a gran escala de cualquier tipo. Las reformas de GRH implican un cambio considerable en la cultura organizacional del servicio público, el cual puede requerir mucho tiempo para afianzarse por completo. Las reformas rara vez se completan dentro del periodo de mandato de un gobierno, por lo que su sostenimiento requiere estrategias a largo plazo. Las organizaciones de servicios públicos son grandes y complejas, y tienen múltiples actores con intereses en conflicto; asimismo, las nuevas leyes de empleo y políticas de GRH en este sector no necesariamente se traducen en un cambio real y sostenible en el nivel organizacional, y es fácil que las reformas se desvíen o se pongan en marcha en forma superficial.

Las estrategias de reforma requieren tomar en cuenta estos temas. Las decisiones sobre cuál es la mejor manera de llevarla a cabo tendrían que basarse en una evaluación realista de la capacidad de convertir las aspiraciones y planes de reforma en acciones factibles de implementarse. Es esencial identificar los posibles obstáculos y riesgos para la implementación y la sostenibilidad, y elaborar estrategias para atenderlos. Evaluar cuán bueno es el avance de las reformas es crucial para la sostenibilidad; la evaluación y la presentación de informes son fundamentales para evitar el retroceso de las reformas, y las estrategias de implementación, o incluso el diseño de las reformas, quizá tengan que modificarse si no se obtienen los resultados planificados.

Como se ilustra en el capítulo 1, la experiencia de los países de la OCDE muestra que es útil enfocar el proceso de reforma en términos de cinco etapas interconectadas, cada una con sus propios requerimientos y retos: planificación, diálogo, adopción, implementación y sostenibilidad (OCDE, 2011b). Actualmente la República Dominicana se encuentra en la etapa de implementación.

Las reformas de GRH son parte de la estrategia general de reforma del sector público

Las reformas de GRH en la República Dominicana son parte de una estrategia general de reforma del sector público, lo cual es una gran ventaja. Este enfoque aporta un fuerte potencial para integrar las reformas de GRH con otras reformas durante las etapas de planificación e implementación, lo cual aumenta las oportunidades de tener éxito, ya que las reformas se refuerzan mutuamente. Las reformas de GRH se consideran instrumentales para lograr los objetivos gubernamentales de contar con servicios públicos de mejor calidad, más eficientes y sensibles, y se están poniendo en marcha en paralelo con reformas en varias áreas, como las de elaboración de presupuestos, gestión del desempeño organizacional, gestión de calidad, gobierno electrónico y reestructuración organizacional del servicio público.

Las reformas tienen un fuerte ímpetu político desde el centro del gobierno, mismo que ha demostrado su capacidad para lograr la promulgación de la legislación requerida; en ocasiones el Presidente ha intervenido personalmente para impulsarlas. El apoyo de los ciudadanos al respecto se consiguió mediante el proceso de consulta pública organizado durante el desarrollo de las propuestas legislativas para crear el servicio público profesional. Los miembros de la sociedad civil participan en el proceso de evaluación para incorporar al personal en el servicio público de carrera, y la ciudadanía puede vigilar los avances de las reformas a través del SISMAP. Se está generando presión interna de pares para poner en marcha las reformas por medio de los premios a la calidad (Premio Nacional a la Calidad, Premio Interno a la Calidad) y los indicadores publicados en el SISMAP. Todo esto demuestra el aprecio de la importancia de la gestión del cambio y el desarrollo de apoyo a las reformas.

El proceso de reforma ha sido apoyado por la disposición de la República Dominicana a acudir a otros países, organizaciones y expertos internacionales, para obtener ejemplos de mejores prácticas, aprendizaje de pares, asesoría y orientación. El MAP ha entrado en contacto con países del Caribe, América Latina y otras partes del mundo, como Corea del Sur y Francia, y es miembro activo de foros internacionales de la región. También hay un fuerte compromiso de la República Dominicana con organizaciones internacionales, incluidos el Banco Interamericano de Desarrollo (BID), el Banco Mundial, la Unión Europea y la OCDE. El gobierno de la República Dominicana no ha dudado en solicitar la ayuda de expertos internacionales en su análisis de problemas y posibles soluciones.

Esta política de amplia participación ha demostrado ser beneficiosa para desarrollar un conjunto coordinado de reformas de GRH estratégica. Están en proceso de desarrollo varios subsistemas fundamentales de GRH a la vez: marco de empleo para el servicio público profesional de carrera, selección basada en mérito, competencias, gestión del desempeño, un nuevo sistema salarial y de calificación, estructuras de carrera, formación y relaciones laborales. Se han puesto en marcha la mayoría de los cambios legislativos necesarios, lo cual es un logro importante que indica la capacidad del gobierno de lograr el apoyo necesario a las reformas por parte del Congreso. En áreas como selección y gestión del desempeño, así como competencias, se han diseñado, o están en proceso de desarrollo, políticas y herramientas de GRH para poner en marcha los cambios legales. En otras áreas como remuneración y clasificación del trabajo, la legislación de reforma requerida acaba de promulgarse y aún está por diseñarse las políticas e instrumentos de GRH que la apoyarán.

En el contexto de su plan estratégico para 2012-2016, el MAP estableció un programa de implementación en cinco áreas clave que en conjunto se orientan a profesionalizar el servicio público:

- Selección basada en méritos
- Evaluación de desempeño
- Incorporación del personal a la carrera administrativa y carreras especiales

- Establecimiento de un nuevo sistema salarial y un sistema de clasificación de puestos
- Desarrollo del sistema de relaciones laborales

Elementos faltantes en la estrategia de reforma

Si bien el diseño de las reformas de GRH de la República Dominicana es bastante completo, faltan dos elementos clave:

- Primero, los sistemas de GRH actualmente en desarrollo por parte del MAP no incluyen la planificación estratégica de la fuerza de trabajo, la cual será esencial para asegurar la armonización de las competencias, números y asignación de la fuerza de trabajo con los objetivos del gobierno para el desarrollo de los servicios públicos.
- Segundo, en la actualidad hay poco interés concentrado en desarrollar el liderazgo del servicio público. Según la experiencia de los países de la OC DE, el liderazgo eficaz es esencial para implementar las reformas. Los altos directivos son un grupo esencial para llevar a cabo las reformas y se ha invertido mucho esfuerzo en desarrollar líderes con disponibilidad y capacidad para poner en práctica y sostener los cambios necesarios en GRH y otros campos relacionados.

La falta de estos dos elementos decisivos en las reformas de GRH de la República Dominicana debilita su coherencia general y puede crear riesgos en lo que respecta a su implementación.

Otra área en la que aparentemente no se está poniendo suficiente énfasis es la formación. Las reformas del servicio público inevitablemente implican cambios en las habilidades y conductas del personal. Por tal razón los países de la OCDE han tenido que hacer gran hincapié en la formación y desarrollo del personal en todos los niveles — empleados operativos, empleados profesionales y técnicos, directivos de nivel alto y medio— como parte del diseño e implementación de sus reformas. En la República Dominicana, la Ley 41-08 asigna la responsabilidad de formación de los servidores públicos al Instituto Nacional de Administración Pública (INAP). Sin embargo, esta institución es relativamente joven y el nivel de recursos suministrado para formación no parece equivaler a la magnitud de las reformas.

Gestión de riesgos

Todas las reformas enfrentan obstáculos. Como parte de la implementación de la reforma será importante que la República Dominicana identifique posibles riesgos en esta etapa y desarrolle estrategias para superarlos. Si bien los riesgos por afrontar serán específicos para el país, la reciente experiencia de México en el establecimiento de un servicio público profesional de carrera puede brindar algunos ejemplos útiles de posibles riesgos y maneras de evitar fallas durante la etapa de implementación de las reformas. En México, una evaluación de la estrategia de implementación del servicio público profesional de carrera identificó varios asuntos por atender: insuficiente armonización de la reforma de GRH con los objetivos estratégicos del gobierno, un marco temporal demasiado corto para la implementación, ordenamiento secuencial de las reformas, insuficiente capacidad de implementación y desplazamiento de la reforma del servicio público en la agenda política por otros temas (véase el recuadro 5.8). Esta evaluación permitió a las autoridades mexicanas renovar su estrategia de implementación.

Un reto importante que afecta la implementación exitosa de las reformas de GRH de la República Dominicana es que la creación de un sistema de servicio público de carrera basado en mérito cuestiona una tradición profundamente arraigada de clientelismo en el empleo público. Como se muestra en el cuadro 5.4, es especialmente necesario estar alerta ante los esfuerzos por debilitar la implementación del servicio público de carrera.

Recuadro 5.8. Evaluación de la implementación del Servicio Profesional de Carrera en México

El estudio OECD Public Governance Review of Mexico (2011c) permitió a las autoridades mexicanas identificar varias razones por las que la implementación del Servicio Profesional de Carrera (SPC) no había progresado como se esperaba:

- La implementación del SPC no armonizaba lo suficiente con los objetivos estratégicos del gobierno, por lo que se percibía que el SPC no estaba fuertemente vinculado con el logro de los objetivos del programa gubernamental. Como resultado, era difícil sostener el apoyo político.
- A medida que la reforma del SPC avanzaba en la agenda política, las restricciones presupuestarias significaban que era difícil sostener la dotación necesaria de recursos para la reforma.
- Las prácticas de GRH no eran suficientemente congruentes con los valores fundamentales contenidos en la ley que estableció el SPC.
- La Secretaría de la Función Pública, responsable del desarrollo del SPC, no logró ejercer la autoridad suficiente sobre las secretarías y organismos operativos, a las cuales se les concedió flexibilidad para hacer las cosas a su manera.
- El ritmo de implementación planificado era demasiado ambicioso; se esperaba que el sistema estuviera plenamente en operación tan sólo tres años después de la publicación de la ley que lo ponía en vigor.
- El tiempo y el esfuerzo dedicados a consultar a expertos y a actores clave en las etapas de diseño y pre-implementación fueron insuficientes.
- Se intentó arrancar demasiados subsistemas de GRH a la vez y algunos que se requerían para el funcionamiento del SPC no se pusieron en marcha a tiempo, incluidos la planificación de la fuerza de trabajo, gestión del desempeño y selección. Algunas herramientas clave de GRH necesarias para el funcionamiento del SPC, como la elaboración de perfiles de puestos y competencias, no se implementaron y pusieron a prueba en forma adecuada.

Las medidas propuestas para atender estos problemas incluyeron las siguientes:

- Reforzar los valores fundamentales e integrarlos de manera explícita al funcionamiento del servicio público. Asegurar que las prácticas de GRH cumplan con los valores fundamentales, especialmente en áreas clave como la selección basada en méritos, la protección contra despido arbitrario, el uso de disposiciones disciplinarias para mantener la probidad y legalidad, la revelación de infracciones y la socialización profesional de los servidores públicos.
- Armonizar el SPC con los objetivos estratégicos del gobierno al definir la visión de corto, mediano y largo plazos para el SPC en términos de su contribución a las metas generales del gobierno.
- Implicar a organizaciones de la sociedad civil, servidores públicos, sindicatos y otros grupos en la definición del propósito del SPC, y manifestar sus expectativas respecto a cómo contribuirá éste al desarrollo de la sociedad.
- Un enfoque más gradual a la implementación, desarrollo de una estrategia de gestión del cambio y desarrollo de la adhesión a la reforma.

Fuente: OCDE (2011c), *Towards More Effective and Dynamic Public Management in Mexico*, OECD Public Governance Reviews, OECD Publishing, París, http://dx.doi.org/10.1787/9789264116238-en.

Cuadro 5.4. Mecanismos que obstruyen la implementación de los sistemas de servicio público en América Latina

Mecanismo de resistencia	Definición
Abstención	Resistirse a incorporarse a un nuevo régimen de servicio público en el nivel de organismo o servicio
Desaparición	Legislar la desaparición de un organismo o comisión encargados de gestionar un sistema de servicio público
Hambruna	Reducir el presupuesto del organismo de implementación para impedir su función; cancelar oportunidades para concursos de selección
Reivindicación	Descentralizar las decisiones de personal al nivel de ministerio u organismo para frustrar la instauración de reglas para todo el sistema
Redefinición	Legislar una cobertura reducida del sistema de servicio público
Reingeniería	Inventar medios para contratar a funcionarios públicos fuera de las regulaciones de un sistema de servicio público

Fuente: Grindle, M. (2010), "Constructing, Deconstructing and Reconstructing Career Civil Service Systems in Latin America", Faculty Research Working Paper Series RWP10-025, Escuela Kennedy de Harvard, Escuela de Gobierno John F. Kennedy, Universidad de Harvard,Estados Unidos.

Estas experiencias de cómo pueden debilitarse las reformas apuntan a la necesidad de identificar los riesgos para la implementación y poner en marcha estrategias explícitas para atenderlos. El enfoque a la implementación en la República Dominicana, el cual tiene los siguientes aspectos clave, cuenta con ventajas pero también desventajas:

- Calendario de implementación rápida. El plan estratégico del MAP fija ambiciosos objetivos ambiciosos anuales para completar hacia 2016 la implementación de los cinco elementos de las reformas, y completar en su mayor parte la implementación en el gobierno central y los servicios descentralizados para finales de 2014.
- Enfoque de gobierno entero. Las reformas de GRH tienen como fin extenderse a los ministerios del gobierno central, servicios descentralizados y el nivel de gobierno local.
- Enfoque descendente con la supervisión central del MAP.

La ventaja de un calendario de implementación rápida es que el proceso coincide con el ciclo político, manteniendo la promesa de completar el programa de reforma dentro del mandato del gobierno actual. Ya que el cambio de gobierno tiende a plantear riesgos para la continuidad de las reformas, es comprensible que el gobierno desee terminar su programa de reforma antes de las siguientes elecciones. La desventaja es que un calendario de implementación rápida significa que se pide a las organizaciones del servicio público que absorban una gran cantidad de cambio dentro de un periodo de tiempo relativamente corto en muchas áreas diferentes, incluidas GRH, elaboración de presupuestos, gestión de calidad, reestructuración organizacional y desempeño organizacional. Hay un riesgo real de sobrecarga de reforma si se intenta hacer demasiado a la vez. Es cuestionable si el MAP y las organizaciones del servicio público tienen capacidad suficiente para poner en marcha un gran programa de reforma dentro del plazo planificado.

Si bien un enfoque de gobierno entero tiene la ventaja de crear un sistema unificado de servicio público en toda la administración gubernamental, se trata de una tarea de gran envergadura. Los países de la OCDE han tendido a concentrarse en una reforma del gobierno central antes de atender el gobierno local. Aunque la República Dominicana planifica un enfoque secuencial, que inicie con los ministerios del gobierno central, es posible que aun así resulte ser demasiado para lograr en un corto espacio de tiempo, por lo que la implementación sería superficial y fragmentada. Un enfoque más sostenible podría ser concentrarse en un fuerte esfuerzo de implementación en los ministerios del gobierno central y los servicios descentralizados más importantes, antes de proceder con la puesta en marcha en el nivel municipal. Esto daría tiempo para el asentamiento y evaluación de las reformas en estas áreas, la identificación de brechas y el desarrollo de capacidad del MAP.

En la República Dominicana se ha impulsado con fuerza la reforma desde el centro del gobierno y los organismos centrales de gestión. Esto ha sido esencial para arrancar estos procesos. Sin embargo, el centro por sí solo no puede garantizar la implementación y sostenibilidad de las reformas. La decisión de implementar organización por organización bajo la supervisión del MAP permite que éste trabaje por persuasión y presión de pares. El riesgo que este enfoque implica es que, aunque algunas organizaciones pueden implementarlo bien, otras pueden simplemente abstenerse o poner el proceso en marcha en forma parcial. Las organizaciones del servicio público de la República Dominicana tradicionalmente han disfrutado de mucha autonomía en la gestión de personal y es posible que se resistan a instaurar reglas y procesos establecidos por un organismo central de GRH. Éste es un problema reconocido para la implementación de la reforma (DFID, 2013). Tendrá que hacerse un mayor esfuerzo para conseguir que las instituciones apoyen las reformas y una manera clave es concentrarse en el liderazgo de las reformas por parte de los altos directivos, como se analizó en el capítulo 4.

Identificar y gestionar tensiones estratégicas

Para hacer avanzar las reformas de GRH es necesario atender algunas tensiones estratégicas clave. Sacar a la luz estas tensiones e implicar a los actores fundamentales en el análisis de la manera de lidiar con ellas brinda la oportunidad de participar en un proceso administrado de solución de problemas y conseguir apoyo para las soluciones, en lugar de permitir que las tensiones saboteen la implementación. Es recomendable que el MAP asuma una posición activa para identificar las tensiones estratégicas que afectan la implementación de las reformas y organizar un enfoque de solución de problemas. Inevitablemente, las decisiones sobre cómo gestionar estas tensiones implicarán elecciones políticas por parte del gobierno. Los siguientes temas merecen atención particular:

- Las restricciones presupuestarias para el servicio público son una realidad en la República Dominicana, al igual que en muchos países de la OCDE. Con recursos limitados para la implementación, tendrán que tomarse decisiones acerca de las prioridades de la reforma.
- Contar con números adecuados de personal con las calificaciones adecuadas en las ubicaciones adecuadas es un reto importante y continuo para las organizaciones de servicio público. Esto probablemente requerirá hacer concesiones en la asignación de puestos para áreas prioritarias del servicio público, con el fin de permitir la selección y reubicación del personal. Se necesitará poner en marcha instrumentos de GRH que podrían usarse para documentar la toma de decisiones acerca de concesiones, como revisiones estratégicas de dotación de personal y planificación de la fuerza de trabajo, y esto puede implicar algún reordenamiento de las prioridades de implementación.
- El nuevo régimen de GRH en proceso de instauración significa que las organizaciones operativas perderán parte de la flexibilidad que han tenido para administrar sus asuntos de personal. Como parte del diseño e implementación de las reformas de GRH, es

necesario reconocer y resolver la tensión entre implementar reformas de GRH esenciales, que requieren controles más estrictos en algunas áreas clave como la selección y los salarios, y brindar a las organizaciones la flexibilidad necesaria para lograr los objetivos del gobierno.

- Se requiere equilibrar desde el centro una estrategia de impulso a la reforma para poder avanzar rápidamente en el desarrollo de la adhesión a las reformas dentro de las organizaciones de servicio público, con el fin de asegurar su implementación y sostenibilidad eficaces. Hasta ahora, el enfoque utilizado ha sido principalmente descendente. Es esencial crear adhesión a las reformas entre los directivos y el personal de las organizaciones del servicio público, y al mismo tiempo mantener un ímpetu suficiente desde el centro para evitar perder impulso.
- Es necesario desarrollar liderazgo para la reforma entre los directivos del servicio público. Esto puede tener implicaciones en la manera de seleccionarlos y formarlos, y es probable que se convierta en un asunto delicado en términos de la gestión de la interfaz político-administrativa.
- La legislación salarial que se promulgó en agosto de 2013 brinda instrumentos para atender las distorsiones e ineficiencias en la manera de asignar el presupuesto salarial, de modo que el gobierno pueda hacer el mejor uso de los recursos salariales disponibles. Implementar esta legislación implica un control mucho más estrecho por parte del centro, en contraste con la flexibilidad de la que actualmente gozan las organizaciones operativas. Es importante reconocer que las reformas salariales tienden a producir ganadores y perdedores, y que una parte esencial del proceso de implementación será identificar las fuentes probables de oposición y conseguir apoyo para la reforma sin debilitar la integridad general de las nuevas medidas salariales.
- Aumentar las capacidades de la fuerza de trabajo requerirá un mayor esfuerzo en términos de formación, con énfasis en el desarrollo de competencias en los sectores de alta prioridad. Esto probablemente entrañe hacer concesiones con otras reformas para contar con los recursos extra para la formación. El incremento de capacidades también puede implicar algunas concesiones delicadas entre seleccionar nuevos empleados para renovar las capacidades de la fuerza de trabajo e incorporar al personal actual al sistema de carrera.

Reformas secuenciales y un enfoque más gradual a la implementación

Para implementarlas con éxito, es muy importante que las reformas sean secuenciales. Esto requiere una evaluación cuidadosa de qué medidas tienen que ponerse en práctica primero para suministrar la base para reformas adicionales. La decisión de la República Dominicana de concentrarse primero en crear el sistema de servicio público profesional basado en méritos es un buen ejemplo de una secuencia cuidadosa, ya que brindará el contexto para otras reformas de GRH. Sin embargo, se corre el peligro de hacer demasiado de una sola vez al intentar instaurar tantos subsistemas de GRH en paralelo en todo el servicio público. Dadas las limitaciones sobre la capacidad del MAP y la débil capacidad de GRH dentro de las organizaciones de servicio público, es posible que al fin y al cabo resulten más eficaces un enfoque más gradual a la reforma y una perspectiva de más largo plazo.

Podría considerarse utilizar un enfoque más gradual a la implementación y algún reordenamiento de prioridades:

- Dos prioridades fundamentales en las cuales se han concentrado muchos países de la OCDE con el fin de crear las condiciones propicias para el éxito de las reformas de GRH son fortalecer los valores fundamentales del servicio público y desarrollar capacidad de liderazgo. El cambio positivo en estas áreas proporciona la base necesaria para lograr reformas sostenibles. Atender las fallas en la ética, la corrupción y el mal desempeño en el servicio público de la República Dominicana enviará señales fuertes respecto a los valores, el liderazgo y la voluntad de reformar. La función de liderazgo del servicio público de alto nivel es un elemento faltante en la estrategia de reforma que es necesario atender en una etapa temprana.
- Si, como parece probable, hay un déficit importante de capacidades en las principales partes del servicio público, esto debe resolverse en los inicios del proceso de reforma. No puede esperarse que las organizaciones implementen sistemas de GRH sofisticados, a menos que cuenten con un plan de dotación de personal razonablemente adecuado. Esto sugiere que la reestructuración del personal, la planificación de la fuerza de trabajo, las competencias, la actualización del sistema de descripciones de puestos y la formación deben atenderse como prioridades urgentes, lo cual puede implicar reducir la velocidad en el caso de otras reformas.
- Si bien el objetivo de largo plazo podría ser lograr la aplicación generalizada de políticas y procesos de GRH, en el corto plazo sería preferible un enfoque sectorial a la implementación, con miras a utilizar mejor los recursos de implementación disponibles para crear una masa crítica que ayude a sostener las reformas. El enfoque en las áreas del servicio público que apoyan a las funciones fundamentales del Estado, como la recaudación fiscal, la justicia y la formulación de políticas, y en servicios clave como educación y salud, podría aprovechar las iniciativas ya emprendidas en algunos de estos campos.
- Otra manera de graduar las reformas que tendría que usarse más es ponerlas a prueba en algunas áreas del servicio público antes de proceder a implementarlas por completo. Esto permite identificar y allanar los problemas en una etapa temprana. Hay que identificar a las organizaciones con la mejor capacidad interna para implementar reformas como aliadas en la puesta a prueba de las reformas y utilizar su experiencia para difundir las buenas prácticas y apoyar la instauración en otras organizaciones. Esto puede ayudar a crear adhesión a las reformas.

El diseño de las reformas no tiene que ser demasiado complejo

Dado el nivel actual de capacidad de GRH, es posible que el diseño de las reformas sea demasiado complejo en algunas áreas. Por ejemplo, puede resultar demasiado ambicioso implementar un marco bastante sofisticado de gestión del desempeño en los niveles organizacional e individual en un momento en que las instituciones apenas están aprendiendo a participar en la planificación y se cuenta con poca experiencia en la gestión eficaz del desempeño. Instituir sistemas de gestión del desempeño plantea grandes retos y se han requerido años para implementar un marco como éste en los países de la OCDE, con mucho ensayo y error en el proceso.

Un método más viable podría ser optar por la mayor sencillez posible en el diseño de los sistemas de GRH y otros sistemas de gestión, concentrándose por ahora en elementos esenciales para establecer el servicio público de carrera. Siempre pueden añadirse elementos adicionales más tarde, a medida que aumenta la capacidad de implementar reformas.

Es necesario fortalecer el liderazgo para la reforma

Los directivos de nivel alto y medio desempeñarán una función clave en el proceso de reforma, bien sea como líderes de la reforma o, si no se consigue su participación, como elementos reacios a su implementación. Actualmente los directivos no parecen considerarse como líderes de las reformas de GRH. Además, el hecho de que en la República Dominicana estos directivos no se administren como un grupo específico, significa que no se presta atención a la creación de un sentido de cohesión entre los directivos, lo que les alentaría a contemplarse como un grupo líder de las reformas.

Los países de la OCDE han puesto mucho énfasis en desarrollar liderazgo para las reformas del servicio público, lo que incluye lo siguiente (OCDE, 2010b):

- **Desarrollar estrategias exhaustivas:** Países como el Reino Unido y Noruega han establecido estrategias sistemáticas para el desarrollo de liderazgo. Por ejemplo, el gobierno del Reino Unido utiliza un modelo de desarrollo de liderazgo, en tanto que el gobierno noruego ha renovado su plan estratégico de liderazgo en el servicio público, para reflejar mayor interés en el cambio del sector público.
- **Crear instituciones para desarrollar liderazgo:** En algunos países, como Suecia y Estados Unidos, los gobiernos han establecido instituciones especiales para identificar y desarrollar líderes futuros del sector público. En Suecia se creó el Consejo Nacional para Calidad y Desarrollo, con el objetivo principal de identificar a líderes potenciales.
- **Vincular la formación de gestión existente con el desarrollo de liderazgo:** Muchos países han expandido sus programas actuales de desarrollo de gestión para abarcar el desarrollo de liderazgo. También se han emprendido programas especiales, como en el caso de la iniciativa de liderazgo Finwin en Finlandia.

La República Dominicana podría analizar la reciente experiencia de Chile, Finlandia y Noruega en el desarrollo de liderazgo para la reforma (véase el recuadro 5.9). Chile priorizó el desarrollo de competencias y nuevos métodos de selección para el servicio público de alto nivel y le dio seguimiento con el programa Chile Gestiona para mejorar la calidad de gestión en los organismos que conforman el sector público central. En Finlandia, el programa Finwin se concentró en crear una comprensión y visión comunes entre los servidores públicos de alto nivel y los representantes de empleados. En Noruega, los principios y el marco para el liderazgo en el servicio civil han recibido un renovado énfasis y se han utilizado como la base para el desarrollo de liderazgo.

Es necesario que los directivos de alto nivel participen y sean responsables de implementar reformas de GRH y otras reformas del servicio público. Un primer paso para desarrollar liderazgo para la reforma podría ser identificar a los directivos que podrían fungir como agentes de cambio e involucrarlos en programas piloto de implementación de las reformas de GRH. Otra posibilidad para generar la adhesión a las reformas es crear un foro consultivo para directivos de alto nivel, presidido por el MAP. Sin embargo, se requiere una inversión de largo plazo en el desarrollo de liderazgo para las reformas del servicio público, la cual se facilitaría al establecer un sistema de gestión para altos funcionarios, competencias de liderazgo y el programa de desarrollo respectivo.

Relaciones con actores

Dado el amplio alcance de las reformas de GRH, hay muchos actores implicados, desde la sociedad civil y los usuarios de los servicios públicos, hasta políticos, servidores públicos y organismos representantes de empleados. El éxito del gobierno en la promulgación de la legislación de reforma del servicio público demuestra una capacidad de gestión de los actores que será esencial sostener con el fin de apoyar la implementación de las reformas. La República Dominicana recibió la calificación más alta en la evaluación comparativa de países centroamericanos contra el *Barómetro de la Profesionalización del Empleo Público en Centroamérica y República Dominicana* (véase la gráfica 5.7), lo que indica capacidad para asegurar la armonización de las expectativas e intereses de los diferentes actores, para aumentar la adhesión a las reformas y para reducir el conflicto mediante mecanismos para la participación de actores internos y externos.

Durante la planificación de las reformas y la etapa legislativa ha habido mucho interés en los actores políticos y la sociedad civil, y será necesario conservar el apoyo de estos grupos. No obstante, ahora, para que la implementación fructifique, se requiere un esfuerzo continuo para obtener el apoyo de actores internos. Los grupos clave en este contexto se compondrán de los ministros, directivos del servicio público y su personal. En algunos sectores, como educación y salud, las asociaciones profesionales y los sindicatos son actores importantes.

El MAP tendrá que evaluar los intereses y posturas probables de estos diferentes grupos de actores en relación con las reformas de GRH, y desarrollar estrategias para conseguir su apoyo, o en algunos casos neutralizar la oposición. Reconocer que en las reformas de este tipo seguramente habrá ganadores y perdedores es un elemento importante de la gestión de actores. Será necesario persuadir a los actores internos clave de las ventajas de las nuevas políticas de GRH, y posiblemente atender con medidas de transición la situación de quienes se consideran como perdedores. Esto puede ser importante en particular en lo que se refiere a la reforma salarial.

Los directivos son actores importantes, ya que tienen que poner en marcha las reformas. Si bien comunicarse con ellos es esencial, también habrá que involucrarlos en varias formas. Implicarlos en las decisiones sobre cómo implementar las políticas de GRH, en las pruebas piloto de esta implementación y en la solución de problemas surgidos en esta etapa, es por lo general una manera eficaz de obtener su apoyo y generar su adhesión a las reformas. Es importante que el MAP encuentre maneras de trabajar directamente con directivos en puestos clave en vez de depender únicamente de contactos a través de las unidades de GRH.

Recuadro 5.9. Liderazgo para la reforma: estrategias en algunos países de la OCDE

Chile: El establecimiento del proceso de Alta Dirección Pública (ADP), el cual ha avanzado de manera gradual desde 2003, fue una de las reformas clave de GRH, dirigida a garantizar que el servicio público de alto nivel contara con ejecutivos calificados con capacidades administrativas probadas para cumplir los objetivos gubernamentales de mejorar la calidad de los servicios públicos. El mérito y las competencias profesionales son la base para la selección de los servidores públicos de alto nivel, en tanto que el Presidente y los ministros se encargan de los nombramientos y remociones.

La iniciativa ChileGestiona, emprendida por el Presidente en 2011, se orienta a implicar directamente a altos funcionarios en la mejora de la administración de personas en el gobierno central. Esta iniciativa asigna a los funcionarios de más alto nivel, los subsecretarios, la responsabilidad de optimizar la GRH en tres áreas clave: a) mejores prácticas de indicadores de administración de personas (ausentismo y trabajo extra, b) implementación de una política de administración de personas, y c) apoyo al mejor uso de los acuerdos de evaluación de desempeño de la ADP. La Dirección Nacional del Servicio Público, el organismo central de GRH, es responsable de brindar orientación y asesoría a los subsecretarios, así como de garantizar que áreas clave como la gestión de desempeño dispongan de las herramientas de GRH apropiadas.

Finlandia: La iniciativa de liderazgo Finwin se enfocó en crear un entendimiento y visión comunes en los 150 ministerios y organismos de varias ramas administrativas, con operaciones muy independientes. Se indicaba con esto que todos los esfuerzos debían apuntar a un objetivo común. El programa, dirigido a servidores públicos de alto nivel y a representantes de los empleados, comenzó en junio de 2007 y terminó en mayo de 2008, con la participación de cerca de 1,200 personas. Constaba de seminarios que servían como foros de debate sobre temas como bienestar laboral, innovaciones sociales, funciones del sector estatal y reforma de la administración regional. Otros foros incluyeron cafés de aprendizaje y talleres que complementaron los debates sostenidos en los seminarios. Finwin se concentró en formar a altos directivos para gestionar el cambio. Su objetivo era proporcionarles una visión común y la comunicación y competencias de liderazgo necesarias para enfrentar un entorno cambiante. El programa facilitaba el diálogo horizontal. Los altos directivos de diferentes ministerios y organismos tuvieron la oportunidad de analizar hacia dónde se dirigían, qué querían del futuro, dónde se encontrarían en 10 años y el nivel deseado de calidad. Los seminarios les permitieron compartir experiencias y temores respecto al futuro y los retos que enfrentarían.

Noruega: En 2008, el gobierno noruego puso en marcha un marco de Liderazgo en el Servicio Público de Noruega. Su objetivo era establecer los principios de liderazgo en el servicio público y proporcionar las bases para un renovado énfasis en el desarrollo de liderazgo. El marco se utiliza para la formación de liderazgo y la selección e inducción de nuevos líderes. Se destaca la responsabilidad de los directivos de contribuir a las reformas. El marco asigna responsabilidad particular a los líderes del servicio público de proteger los valores fundamentales de la administración pública y actuar como administradores de los bienes y recursos de la comunidad.

Fuentes: OCDE (2012b), "Major HRM developments in OECD countries during 2011-2012", document distributed at the Public Employment and Management Network meeting, OECD, 22-23 de octubre de 2012, inédito; OCDE (2010b), *OECD Reviews of Human Resource Management in Government: Brazil 2010, Federal Government*, OECD Publishing, París, http://dx.doi.org/10.1787/9789264082229-en.; Ministerio de Administración y Reforma del Gobierno (2008) noruego, *Leadership in Norway's Civil Service*, Norwegian Government Administration Services Distribution Services, número de publicación P-0946 E.

Gráfica 5.7. Capacidad para integrar los intereses de los actores

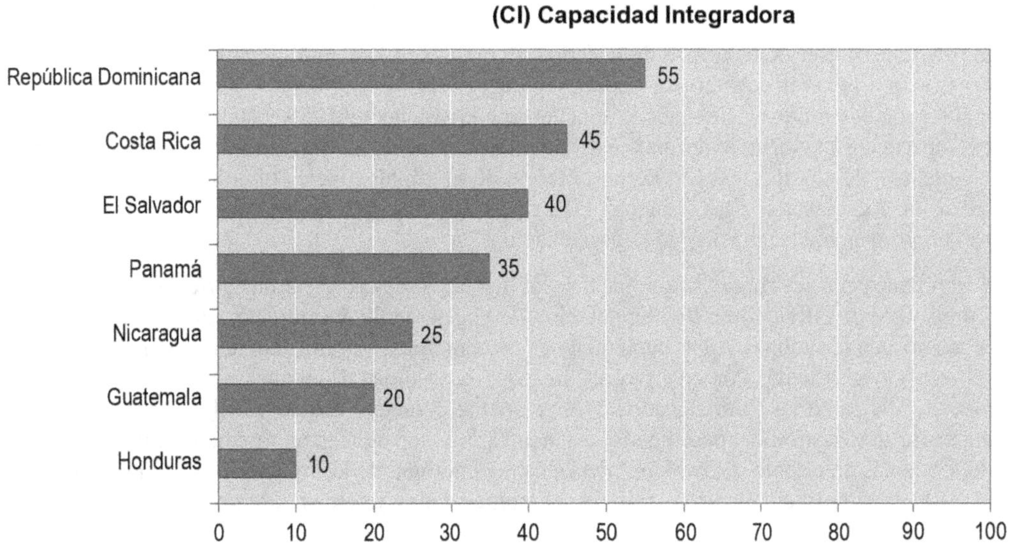

Fuente: ESADE (2012), *Segundo Barómetro de la Profesionalización del Empleo Público en Centroamérica y República Dominicana*, Presentación de los resultados preliminares, Francisco Longo, Instituto de Gobernanza y Dirección Publica.

También es necesario que se considere a los empleados como actores y encontrar formas adecuadas para consultarlos y hacerlos participar. Ya que el sistema de relaciones con empleados del servicio público aún se encuentra en una etapa de desarrollo muy temprana, aún no funciona como un medio para comprometer al personal con las reformas. Un cambio sostenible requerirá abrir canales para la participación del personal, pero esto tomará tiempo pues no es parte establecida de la cultura del servicio público en la República Dominicana. Las asociaciones de personal que se han creado en las organizaciones de servicio público ofrecen un canal promisorio para desarrollar el compromiso del personal con las reformas. Si bien las alianzas aún están en formación, puede haber oportunidad de crear un enfoque colaborativo para implementar el cambio en el nivel del sitio de trabajo, implicando a los directivos y el personal. Este tipo de enfoque se ha utilizado con éxito en algunas organizaciones del servicio público de Irlanda, cuya alianza en el sitio de trabajo ha contribuido a la implementación de las reformas (véase el recuadro 5.10). Cabe señalar que en el contexto irlandés el enfoque de alianzas complementó el sistema de relaciones industriales del servicio público, y los sindicatos participaron en la alianza social.

Si bien la legislación del servicio público de la República Dominicana no reconoce a los sindicatos, éstos operan en algunas partes de dicho servicio, incluidos los sectores de salud y educación. Por consiguiente, es necesario tomarlos en cuenta como actores en las reformas, y encontrar maneras de trabajar constructivamente con ellos. A medida que el sistema de relaciones con los empleados se desarrolla, es probable que los servidores públicos presionen para obtener mayores derechos de representación, y el gobierno necesitará prepararse para ello con el fin de evitar avances no planificados que pudieran generar dificultades en la gestión de relaciones de los empleados.

Recuadro 5.10. Enfoques de alianzas para el cambio en el servicio público irlandés

En las organizaciones de servicio público de Irlanda se ha utilizado una amplia variedad de enfoques de alianzas. Dentro de un marco general de alianzas sociales para el servicio público, se alentó a las organizaciones a desarrollar sus propios enfoques, diseñados de acuerdo con sus necesidades y circunstancias individuales. Por ejemplo, el Department of Social and Family Affairs (Departamento de Asuntos Sociales y Familiares), el cual cuenta con muchas oficinas locales, adoptó un enfoque de múltiples niveles para implicar al personal de todos los estratos de la organización y se fomentó la creación de comités de alianzas locales con el objetivo de incorporar el proceso en todas las áreas de la organización.

Los temas abordados por los organismos encargados de las alianzas variaron entre las organizaciones, pero solían incluir asuntos de GRH, como implementación de la gestión de desempeño, formación y organización del trabajo, así como contribuciones a las declaraciones de estrategia organizacional, comunicaciones internas y mejoras del servicio al cliente. Por ejemplo, en un caso de estudio de alianzas de la Office of the Revenue Commissioners (Oficina de los Comisionados de Ingresos) se concluyó que se abordaban los temas siguientes: el sistema de desarrollo y gestión del desempeño, estándares internos de atención a clientes, premios al desempeño excepcional, prácticas de trabajo, formación, avances en tecnología de la información, declaración de estrategia, política de GRH, estatutos del lugar de trabajo, comunicaciones internas, economía informal y aspectos del acuerdo de alianzas sociales.

Las características de los enfoques de alianza eficaces en el contexto irlandés incluyeron las siguientes:

- La alianza se vinculaba visiblemente con la agenda de modernización y otros procesos de cambio organizacional
- Se consideraron importantes temas estratégicos y operativos, y se buscó la participación de personas y representantes pertinentes
- Se puso fuerte énfasis en mejorar el desempeño organizacional
- Se enfocó en resultados más que en procesos o estructuras
- La formación de alianzas dentro de las organizaciones en el nivel local generó un aumento en la innovación
- Compromiso visible de los directivos y representantes de sindicatos
- Se utilizaron mecanismos para asegurar las aportaciones de otros empleados y directivos
- Se hizo uso de procesos de solución conjunta de problemas
- Se explicó a directivos, empleados y sus representantes la razón de las decisiones
- Se dio un seguimiento visible por parte de los directivos y el organismo encargado de la alianza participó en la supervisión de la implementación eficaz.

Fuentes: National Centre for Partnership and Performance (2003), *Towards a New Generation of Partnership: Change and Modernisation in the Civil Service*, National Centre for Partnership and Performance, Dublín, disponible en línea en http://files.nesc.ie/ncpp_archive/reports/NCPP_2003_tangop_full_report.pdf; National Centre for Partnership and Performance (2004), Civil Service Modernisation Using a Partnership Approach, disponible en línea en http://files.nesc.ie/ncpp_archive/reports/NCPP_2004_csm_full_report.pdf.

Sostener las reformas por medio de la evaluación y la presentación de informes

Sostener el impulso de las reformas depende en parte de medir los avances hacia los objetivos. Los países de la OCDE, que usan la evaluación y la presentación de informes como sus principales herramientas para sostener las reformas, han concluido que tanto la evaluación interna como la externa son importantes. En la República Dominicana el SISMAP supervisa los avances, lo que incluye indicadores de la planificación de GRH, organización del trabajo, gestión del empleo, gestión del desempeño, gestión de la remuneración, gestión del desarrollo, gestión de relaciones humanas y sociales, organización de la función de GRH, así como indicadores de la gestión de la calidad. Consultores y donantes internacionales han llevado a cabo evaluaciones externas.

Es importante que la República Dominicana siga desarrollando su sistema de evaluación. Además de vigilar los avances en comparación con los indicadores incluidos en el SISMAP, se requieren informes regulares sobre el progreso, los cuales se utilizarían para destacar áreas problemáticas, identificar obstáculos y sugerir soluciones. Un objetivo de largo plazo podría ser reforzar la evaluación interna al vincularla con el sistema de gestión orientada a resultados que se ha planificado implementar, como se ha hecho en varios países de la OCDE (Wollmann, 2003).

Conviene desarrollar más la evaluación externa, ya que ésta ha demostrado ser una herramienta eficaz en los países de la OCDE. En Suecia, el Parlamento puede crear comisiones para evaluar e informar sobre aspectos de las reformas del servicio público, en tanto que en Canadá y Estados Unidos se incluyen requisitos de evaluación en la legislación sobre reforma del servicio público (Wollmann, 2003). En varios países, como Canadá, Estados Unidos, Países Bajos y Suecia, entre otros, los organismos auditores han adoptado una función de evaluación. La presentación pública de informes sobre los resultados de las evaluaciones es una manera de mantener el centro de interés en las reformas.

El enfoque canadiense es muy completo y contiene varios elementos que la República Dominicana podría tomar en cuenta al desarrollar sus propios procedimientos de evaluación. La legislación del servicio público requiere que se lleve a cabo una revisión cada cinco años para asegurar su implementación adecuada. Estas revisiones permiten al Parlamento valorar el impacto de la legislación y, de ser necesario, realizar modificaciones o mejoras. La revisión legislativa es un componente clave del proceso de supervisión y rendición de cuentas de la GRH. Este tipo de revisión sería un instrumento valioso para que la República Dominicana sopesara los avances de la instauración de la Ley 41-08.

Además, se exige al auditor general de Canadá que cada cinco años presente un informe al Parlamento para determinar si los organismos centrales de GRH y los departamentos y organismos operativos seleccionados han puesto en marcha los requerimientos de la Ley de Modernización del Servicio Público, 2003 (PSMA, por sus siglas en inglés). En el largo plazo podría considerarse desarrollar la función de la Contraloría General en esta forma, aunque la implementación total del sistema de control interno tendría que seguir siendo la prioridad en el corto a mediano plazos. Los organismos centrales de GRH, la Secretaría de la Junta del Tesoro y la Comisión de Servicios Públicos presentan un informe individual anual al Parlamento sobre sus responsabilidades de GRH, incluida la implementación de la PSMA. Por último, la Oficina del Consejo Privado, es decir, del secretario del Gabinete, asesor del Primer Ministro y responsable del liderazgo del servicio público, presenta un informe anual al Primer Ministro sobre el estado del servicio público. Este informe se vincula con el trabajo del Comité Asesor del Primer Ministro sobre el Servicio Público (véase el recuadro 5.11).

En algunos países se han formado organizaciones independientes y permanentes para garantizar el sostenimiento con el tiempo del liderazgo de una reforma. Casos de estudio comparativos del desempeño de estas organizaciones destacan algunas de las características que parecen necesarias para garantizar su capacidad de ayudar a mantener las reformas (véase el recuadro 5.12).

Recuadro 5.11. Canadá: Informe de los avances de la Modernización del Servicio Público

El Comité Asesor del Primer Ministro sobre el Servicio Público, el cual está conformado por expertos independientes, hace recomendaciones para áreas relativas a la modernización del servicio público de Canadá, y el secretario del Consejo Privado analiza los avances generales en sus informes anuales al Primer Ministro. Los dos informes están muy relacionados. El informe del Comité Asesor del Primer Ministro se estructura alrededor de cuatro áreas generales identificadas para modernización:

1. Planificación: Aporta un claro entendimiento de qué competencias y conocimientos se requieren para cumplir con los objetivos de negocios del departamento, ahora y en el futuro. Considera que la planificación de negocios y la planificación de recursos humanos tienen que ir de la mano. Sin esto, la selección y el desarrollo del personal serán en gran medida personalizados y de corto plazo.

2. Selección: Para contar con la capacidad de largo plazo de servir a los canadienses con excelencia, es indispensable seleccionar al mejor talento posible para el servicio público. La selección se concentra en reemplazar a los jubilados y responder a las crecientes demandas de áreas como seguridad y salud. El enfoque es la contratación directa por parte de los departamentos, especialmente de personas recién graduadas de educación postsecundaria, para puestos indeterminados.

3. Desarrollo de empleados: El desarrollo de servidores públicos como líderes, directivos, profesionales y empleados con facultades es fundamental para una institución de alto desempeño. Este desarrollo ocurre en el contexto de una cuidadosa atención a la evaluación de desempeño y la gestión de talento.

4. Infraestructura de apoyo: La corrección de fallas en las herramientas y los sistemas requiere mejorar el gobierno de la GRH, simplificar la presentación de informes y asegurarse de que los elementos básicos de áreas como dotación de personal y sistemas de información funcionen mucho mejor. El informe del Comité establece los compromisos específicos acordados para el año anterior después de la consulta con la comunidad de viceministros (jefes de ministerios), así como los avances y resultados por cada compromiso.

Fuente: Gobierno de Canadá, Privy Council Office, www.pco-bcp.gc.ca/index.asp?lang=eng.

Recuadro 5.12. Características relacionadas con el éxito de organizaciones independientes y permanentes en el sostenimiento de reformas

Primera, una organización impulsora de reformas tiene que conectarse estrechamente con el líder político. Un estudio de caso coreano muestra que las reformas impulsadas por organizaciones vinculadas con la Oficina Presidencial avanzan mejor que las controladas por ministerios operativos e incluso por el Primer Ministro. En Francia, la Revisión General de Políticas Públicas (RGPP, por sus siglas en inglés) es supervisada por la Secretaría General de Gobierno (SGDN), oficina considerada como la cabeza de toda la administración pública y directamente dependiente del Primer Ministro (quien es nombrado por el Presidente de la República).

Segunda, la organización encargada de apoyar la reforma debe tener calidad permanente. En Corea del Sur, la única organización de este tipo que no era permanente no consiguió llevar a cabo la implementación. En Bélgica, el Departamento de GRH y Organización, de carácter transversal, garantiza la Reforma Copérnico.

Recuadro 5.12. Características relacionadas con el éxito de organizaciones independientes y permanentes en el sostenimiento de reformas *(cont.)*

Tercera, el mandato de la organización directora de la reforma debe ser una sola reforma. Aquí entra en juego una concesión. Por un lado, esta organización debe tener bajo su control a la mayoría de las palancas necesarias para la implementación real de la reforma. Por ejemplo, la SDGN francesa, encargada del diseño del conjunto completo de administraciones centrales y de todos sus procedimientos, es precisamente la institución capaz de gestionar todas las variables que es necesario cambiar para implementar de hecho la RGPP. Por otro lado, las organizaciones a cargo de tareas múltiples, bien sea otras reformas o la simple gestión cotidiana de las operaciones de la burocracia pública, pueden no concentrar su atención en la gestión de la reforma. Esto no necesariamente significa que una organización deba ser responsable de reformar una herramienta de gestión pública. Una organización debería ser responsable de administrar e implementar una reforma amplia que utiliza muchas variables (por ejemplo, categorías de puestos, gestión del desempeño, liderazgo, etc.) para lograr sus metas.

Cuarta, la organización que dirija la reforma debería organizarse en equipos flexibles con responsabilidades no demasiado restringidas, para aumentar al máximo la flexibilidad organizacional. Obviamente, las instituciones burocráticas no están bien adaptadas a la gestión del cambio, razón por la cual, en algunos casos, organizaciones totalmente nuevas y específicas pueden lograr un éxito considerable en la implementación de reformas. Si bien en un inicio pueden carecer de poder debido a su juventud, pueden conseguir diseñar y poner en marcha la reforma si llevan a cabo una labor rápida de organización, ya que están diseñadas para la reforma y no se distraen con objetivos, deberes y restricciones organizacionales alternativos.

Quinta, la organización que dirija la reforma debería poder implicar no sólo a servidores públicos, sino también a personas de otros sectores de la economía y la sociedad.

Fuente: Estudio comparativo llevado a cabo por la OCDE y el Centro Coreano de Políticas, 2008, publicado en OCDE (2010b), *OECD Reviews of Human Resource Management in Government: Brazil 2010, Federal Government* (2010b), OECD Publishing, París, http://dx.doi.org/10.1787/9789264082229-en.

Recomendaciones clave

A. Corto plazo (1-2 años)

Es esencial seguir incorporando e institucionalizando los valores fundamentales, y promover la gestión basada en valores. Las medidas que ayudarían a lograrlo incluyen las siguientes:

- Fortalecer las regulaciones y supervisión en áreas como selección, promoción, disciplina y ética.
- Escoger con cuidado qué valores se destacan en diferentes etapas del proceso de reforma. Mejorar la calidad, eficiencia y desempeño requerirá, primero y antes que nada, que el servicio público tenga funcionarios seleccionados por méritos, y que la probidad y legalidad se establezcan con solidez. Los valores de rendición de cuentas pública y transparencia son requisitos esenciales de un régimen de gestión orientado al desempeño más flexible.
- Reforzar los valores fundamentales a través de un enfoque de gobierno entero. Estándares consolidados de conducta y ética que cubran a todos los titulares de cargos públicos fortalecerían las medidas ya en vigor.
- Responsabilizar explícitamente a los ministros y servidores públicos de alto nivel de promover los valores.

- Financiar iniciativas de ética como cuestión prioritaria, asignando financiamiento específico para implementar la "Iniciativa Participativa Anti-Corrupción" (IPAC), las medidas relacionadas con la "Convención Interamericana contra la Corrupción" (CICC), la elaboración de códigos de conducta y formación ética.
- Implementar medidas identificadas por la IPAC y el plan de acción asociado con la CICC.
- Fortalecer el marco de aplicación y cumplimiento (incluidas las disposiciones para la investigación y la denuncia), y establecer un organismo independiente para investigar y perseguir esta conducta en un cargo público.
- Hacer un uso más activo de los instrumentos de GRH disponibles para resolver las faltas de ética y conducta por parte de servidores públicos.
- Desarrollar un código de conducta para funcionarios públicos, respaldado por medidas de formación y conocimiento, incluidas herramientas en línea.
- Desarrollar códigos de conducta específicos para puestos de alto riesgo.
- Asignar al MAP la responsabilidad general de desarrollar el marco de ética y evaluar su implementación.
- Clarificar las responsabilidades respectivas del INAP y las instituciones que puedan ofrecer formación ética en los niveles central y local, fomentando una coordinación eficaz de actividades de formación.
- Garantizar que el elemento ético del proceso de incorporación de empleados al servicio público de carrera sea muy riguroso en su aplicación y se utilice plenamente para cortar de raíz la corrupción.

La capacidad y autoridad del MAP tendría que seguir desarrollándose para permitirle dirigir y garantizar la implementación de las reformas de GRH. Las medidas que ayudarían a lograrlo incluyen las siguientes:

- Sostener el apoyo político para la reforma, en particular en términos de insistir en el compromiso colectivo de los ministros gubernamentales y los directivos de alto nivel con la implementación de las reformas.
- Desarrollar rápidamente la capacidad organizacional del MAP en las áreas que impulsan la implementación de las reformas: planificación de la fuerza laboral, valores y ética, diseño de políticas de GRH y la creación de marcos para apoyar la congruencia en la aplicación de políticas, la clasificación de puestos, los salarios y las relaciones industriales.
- Reforzar la capacidad del MAP para definir las reglas y garantizar su aplicación en áreas clave, como la incorporación del personal al servicio público de carrera, la selección basada en méritos y la prevención de la contratación no autorizada, hasta el establecimiento pleno de estos sistemas de GRH.
- Desarrollar un perfil de competencias para profesionales de GRH.
- Una formación y selección más rápidas de profesionales de GRH bien capacitados para el MAP, con el fin de ampliar las capacidades de GRH generales y especializadas. Se sugiere examinar las opciones de financiamiento y organización de un programa de desarrollo acelerado de capacidades, tanto en el MAP como en las instituciones, así

como formar a profesionales de GRH y a directivos operativos asignando prioridad a áreas clave como selección, gestión de desempeño y disciplina.

- Difundir buenas prácticas de GRH, a partir de la experiencia positiva de compartir prácticas buenas y promisorias de gestión de calidad.

Conocer los posibles riesgos de la implementación y saber cómo anticipar los posibles impactos negativos es parte importante del proceso de reforma. Las medidas que ayudarían a lograrlo incluyen las siguientes:

- Identificar oportunamente los riesgos para la implementación y poner en marcha estrategias explícitas para atenderlos con eficacia.
- Estar alerta a los esfuerzos que debilitan la implementación del servicio público de carrera, por ejemplo, al abandonar o negar recursos a las iniciativas.
- Evitar la excesiva carga de la reforma al intentar hacer demasiado de una sola vez.
- Reforzar las medidas para generar apoyo para las reformas en las instituciones.

Hay varias tensiones estratégicas clave que tendrán que atenderse al avanzar en las reformas de GRH. Las medidas que ayudarían a lograrlo incluyen las siguientes:

- Sacar a la luz tensiones estratégicas e implicar a los actores clave en la discusión sobre cómo tratarlas para tener la oportunidad de participar en un proceso gestionado de solución de problemas y generar apoyo para las soluciones, en vez de permitir que las tensiones debiliten la implementación.
- El MAP podría asumir una posición activa en la identificación de tensiones estratégicas que afectan la implementación de reformas y organizar un enfoque de solución de problemas.

El ordenamiento secuencial de las reformas es muy importante para el éxito en la implementación. Esto requiere una evaluación cuidadosa de qué medidas tienen que ponerse en práctica primero, para aportar la base para reformas adicionales de GRH, y es probable que implique cierto reordenamiento de las prioridades de reforma. Las medidas que ayudarían a lograrlo incluyen las siguientes:

- Concentrarse en un fuerte esfuerzo de implementación en los ministerios del gobierno central y los servicios descentralizados más importantes. En el corto plazo tal vez sea preferible un enfoque sectorial a la implementación, para utilizar mejor los recursos disponibles, creando una masa crítica que pueda ayudar a sostener las reformas. Centrarse en las áreas de servicio público que apoyan las funciones centrales del Estado, como recaudación de impuestos, justicia y elaboración de políticas, así como en servicios clave, como educación y salud, podría partir de iniciativas ya emprendidas en algunas de estas áreas.
- Dar una mayor prioridad a la creación de las condiciones necesarias para reformas sostenibles al fortalecer los valores fundamentales del servicio público; atender las fallas éticas, la corrupción y el mal desempeño, y desarrollar capacidad de liderazgo.
- Tomar medidas inmediatas para garantizar que las instituciones tengan una dotación de personal y capacidades adecuadas al asignar mayor prioridad a la reestructuración y planificación de la fuerza laboral, la gestión de competencias, la formación y actualización de descripciones de puesto.

- Poner a prueba piloto las reformas en algunas áreas del servicio público antes de proceder a su implementación plena. Esto permite identificar y solventar los problemas en una etapa temprana.
- Evitar un diseño demasiado complejo de las reformas y concentrarse por el momento en elementos que son esenciales para establecer el servicio público de carrera. Siempre es posible añadir después elementos adicionales, a medida que la capacidad de implementar reformas aumenta.

Es necesario fortalecer el liderazgo para la reforma. Las medidas que ayudarían a lograrlo incluyen las siguientes:

- Que el Presidente y los ministros fijen expectativas claras y específicas para que los directivos de alto nivel actúen con liderazgo para impulsar las reformas de GRH en sus instituciones.
- Implicar a los directivos en las decisiones sobre cómo implementar las políticas de GRH es por lo general una manera eficaz de obtener su apoyo y generar su adhesión a las reformas. El MAP debería encontrar formas de interactuar directamente con los funcionarios que ocupan puestos clave en vez de depender únicamente de contactos por medio de sus unidades de GRH.
- Crear un foro consultivo para directivos de alto nivel, presidido por el MAP, con el fin de desarrollar la adhesión a las reformas.
- Identificar a los directivos que podrían ser agentes de cambio e implicarlos en programas piloto para la implementación de las reformas de GRH.
- Medidas sistemáticas de desarrollo de competencias de liderazgo y liderazgo, como se establece en el capítulo 3.

Se requiere un esfuerzo continuo para obtener el apoyo de actores internos. Las medidas que ayudarían a lograrlo incluyen las siguientes:

- Identificar grupos de actores clave, evaluar sus intereses y probables posiciones y desarrollar estrategias focalizadas para garantizar su apoyo, o en algunos casos, neutralizar la oposición.
- Seguir creando asociaciones de personal como un canal para desarrollar la participación de éste en las reformas y alentar un enfoque colaborativo para implementar el cambio en el nivel del sitio de trabajo, implicando a los directivos y empleados.

Es necesario que las reformas se sostengan con evaluación y presentación de informes. Las medidas que ayudarían a lograrlo incluyen las siguientes:

- Informes regulares de los avances en la implementación, que deberán usarse para destacar áreas problemáticas, identificar obstáculos y sugerir soluciones.
- Prever una revisión legislativa de los avances en la implementación de la Ley 41-08.

B. Mediano plazo (3-5 años)

Seguir fortaleciendo el marco de ética. Las medidas que ayudarían a lograrlo incluyen las siguientes:

- Adoptar un enfoque multifacético para poner en vigor los valores fundamentales, de conformidad con los Principios de la OCDE sobre Conducta Ética en el Servicio Público.
- Continuar las iniciativas para difundir y poner en acción los valores.
- Evaluar y supervisar la aplicación eficaz de valores y ética, con una presentación anual de informes al Ejecutivo y la Legislatura.

Es probable que la división de responsabilidades entre el MAP y las instituciones cambie a medida que se implementen las reformas; es necesario planificar y prepararse para estos cambios con bastante anticipación. Las medidas que ayudarían a lograrlo incluyen las siguientes:

- Como parte de la planificación estratégica del MAP, establecer una hoja de ruta para la delegación gradual de ciertas funciones de GRH a los ministerios y otras instituciones del servicio público, sujeta a análisis de riesgo y a ciertas condiciones.
- Identificar áreas de GRH donde se considera esencial ejercer un estricto control central para establecer el servicio público de carrera, y las áreas donde es deseable un régimen más flexible. Podría ser beneficiosa alguna variación en los arreglos de una organización a otra.
- Crear las condiciones para la GRH estratégica dentro de las instituciones al estabilizar los niveles de dotación de personal, implementar el servicio público de carrera y desarrollar herramientas clave como planificación de la fuerza laboral, gestión de competencias y gestión del desempeño.
- Priorizar a organizaciones y sectores en los que se considera deseable contar con una mayor delegación para mejorar la calidad de los servicios públicos e identificar buenas prácticas que podrían servir como un modelo para otros sectores.
- Desarrollar desde el principio responsabilidades de GRH de directivos de alto nivel en los marcos de gestión del desempeño organizacional e individual.
- Utilizar las reformas de gestión financiera como incentivo para que las instituciones implementen las reformas de GRH.
- Seguir desarrollando e implementando herramientas de administración pública y GRH en línea, con un cambio a servicios compartidos. No obstante, los servicios compartidos no garantizan una mayor eficiencia por sí solos: de no implementarse correctamente, pueden conducir a grandes fracasos, con lo que se debilitará seriamente los beneficios esperados de la transformación.

El cambio sostenido requerirá una mayor apertura de canales para la participación del personal. Las medidas que ayudarían a lograrlo incluyen las siguientes:

- Prepararse para posibles presiones por parte de servidores públicos para obtener mayores derechos de representación, con el fin de evitar avances no planificados que pudieran generar dificultades en la gestión de relaciones de los empleados.

Conviene seguir desarrollando la vigilancia y evaluación de las reformas. Las medidas que ayudarían a lograrlo incluyen las siguientes:

- Requerir al MAP que presente al Presidente y al Congreso un informe anual sobre el estado del servicio público y la implementación de la Ley 41-08.

- Vigilar y evaluar de manera continua la integración de reformas relacionadas con la GRH, la gestión financiera y la gestión de desempeño.
- Desarrollar mecanismos externos de evaluación de las reformas.

C. Largo plazo (5 años +)

Es importante prestar una atención prolongada al desarrollo de las relaciones de empleados y mejorar la gestión de desempeño, el control interno y la evaluación de las reformas del sector público. Las medidas que ayudarían a lograrlo incluyen las siguientes:

- Continuar la delegación gradual de ciertas funciones de GRH a las instituciones con el fin de brindar flexibilidad para mejorar el desempeño. Esto podría vincularse con la implementación de la gestión financiera y la gestión de desempeño organizacional, con mecanismos eficaces de supervisión y control en el centro.
- Reforzar la evaluación interna al vincularla con el sistema de gestión orientada a resultados. Desarrollar la función de la Contraloría General como un órgano de auditoría, responsable de informar periódicamente sobre los aspectos de rentabilidad y control de las reformas del servicio público.
- Seguir desarrollando las relaciones de empleados a través de un enfoque de alianzas.

Nota

[1] Número de empleados de la Contraloría General de la República Dominicana, julio de 2013, www.contraloria.gob.do/webcontraloria/index.html.

Bibliografía

Agencia Española de Cooperación Internacional para el Desarrollo (AECID) y el Sistema de la Integración Centroamericana (SICA) (2012), *Informe Barómetro de la profesionalización del empleo público en Centroamérica y República Dominicana,* www.aecid.es/es.

Auditor General of Canada (2010), *Report of the Auditor General of Canada to the House of Commons. Chapter 2, Modernizing Human Resource Management*, Office of the Auditor General of Canada, Ottawa, www.oag-bvg.gc.ca.

Banco Interamericano de Desarrollo (BID) (n.d.), *Barometer on Public Service in Central America and the Dominican Republic.*

Banco Mundial (2013), *Public Accountability Mechanisms Initiative*, Monitoring and Oversight website, www.agidata.org/pam/ProfileIndicator.aspx?c=58&i=3301.

Cabinet Office (2009), *HRM Professional Standards Handbook*, London.

DFID (2013), *Summary Report of the Public Sector Governance Reform Evaluation,* informe preparado por DFID – UK Department for International Development, Irish Aid, Sida –la agencia sueca de ayuda en colaboración con la OECD DAC Network on Governance,www.gov.uk/government/uploads/system/ uploads/attachment_data/file/199777/Public-sector-gov-reform-eval-summary.pdf.

Dominican Republic (2010), *Plan de acción para la implementación de las recomendaciones formuladas al Estado Dominicano por el Comité de Expertos del Mecanismo de Seguimiento de la Convención Interamericana Contra La Corrupción (MESICIC) sobre los temas de la Primera y Segunda Rondas*, Abril, Santo Domingo.

ESADE (2012), *Segundo Barómetro de la Profesionalización del Empleo Público en Centroamérica y República Dominicana*, presentación de los resultados preliminares, Francisco Longo, Instituto de Gobernanza y Dirección Pública.

EUPAN (2013), *Discussion note on sustainable reform within public administration – Responses from EUPAN members*, nota preparada para la presidencia irlandesa de la Unión Europea, www.eupan.eu/files/repository/20130327182412_Reform_Delivery_-_Discussion_Note.pdf.

Government of Canada, Privy Council Office, www.pco-bcp.gc.ca/index.asp?lang=eng.

Grindle, M. (2010), Constructing, Deconstructing and Reconstructing Career Civil Service Systems in Latin America, Faculty Research Working Paper Series RWP10-025, Escuela Kennedy de Harvard, Escuela de Gobierno John F. Kennedy, Universidad de Harvard,Estados Unidos.

Irish Department of Public Expenditure and Reform (n.d), http://per.gov.ie/organization-chart.

National Centre for Partnership and Performance (NCPP) (2005), *Working to our Advantage: A National Workplace Strategy,* NCPP, Dublin.

NCPP (2004), *Civil Service Modernisation: Using a Partnership Approach*, NCPP, Dublin, http://files.nesc.ie/ncpp_archive/reports/NCPP_2004_csm_full_report.pdf.

NCPP (2003), *Towards a New Generation of Partnership: Change and Modernisation in the Civil Service*, NCPP, Dublin, http://files.nesc.ie/ncpp_archive/reports/NCPP_2003_tangop_full_report.pdf.

Norwegian Ministry of Government Administration and Reform (2008), *Leadership in Norway's Civil Service*, Norwegian Government Administration Services Distribution Services, Publication Number P-0946 E, Oslo.

OCDE (2013a), *Ethics Training for Public Officials*, OECD, París, http://www.oecd.org/corruption/acn/library/EthicsTrainingforPublicOfficialsBrochureEN.pdf.

OCDE (2013b), Survey on Strategic HRM in Central/Federal Governments (Encuesta de la OCDE sobre Gestión Estratégica de Recursos Humanos en Gobiernos Centrales/Federales, actualizada en 2013 con base en datos de 2012), inédito.

OCDE (2012a), "Developing Human Resource Management Strategies to Support Strategic Agility in the Public Sector", Dirección de Gobernanza Pública y Desarrollo Territorial, Network on Public Employment and Management, GOV/PGC/PEM(2012)2.

OCDE (2012b), "Major HRM developments in OECD countries during 2011-2012", document distributed at the Public Employment and Management Network meeting, OECD, 22-23 de octubre, inédito.

OCDE (2011a), "Trends in Strategic Human Resource Management in Government: Findings from the 2010 Survey on Strategic Human Resources Management in Central/Federal Governments of OECD Countries", Dirección de Gobernanza Pública y Desarrollo Territorial, GOV/PGC/PEM(2011)2/FINAL.

OCDE (2011b), *Government at a Glance 2011,* OECD Publishing, París, http://dx.doi.org/10.1787/gov_glance-2011-en.

OCDE (2011c), *Towards More Effective and Dynamic Public Management in Mexico,* OECD Public Governance Reviews, OECD Publishing, París, http://dx.doi.org/10.1787/9789264116238-en.

OCDE (2010a), *Value for Money in Government: Public Administration after "New Public Management"*, OECD Publishing, París, http://dx.doi.org/10.1787/9789264086449-en.

OCDE (2010b), *OECD Reviews of Human Resource Management in Government: Brazil 2010, Federal Government*, OECD Publishing, París, http://dx.doi.org/10.1787/9789264082229-en.

OCDE (2009a), *Government at a Glance 2009,* OECD Publishing, París, http://dx.doi.org/10.1787/9789264075061-en.

OCDE (2009b), "Towards a Sound Integrity Framework: Instruments, Processes, Structures and Conditions for Implementation Global Forum on Public Governance 4-5 de mayo, Dirección de Gobernanza Pública y Desarrollo Territorial, Comité de Gobernanza Pública, GOV/PGC/GF(2009)1.

OCDE (2007), *OECD Guidelines for Managing Conflict of Interest in the Public Service: Report on Implementation*, OECD, París, www.oecd.org/gov/ethics/39691164.pdf.

OCDE (2000), *Trust in Government: Ethics Measures in OECD Countries*, OECD Publishing, París, http://dx.doi.org/10.1787/9789264187986-en.

OCDE (1998), "Principles for Managing Ethics in the Public Service: OECD Recommendation", *PUMA Policy Briefs* núm. 4, Public Management Service, OECD, mayo, www.oecd.org/gov/ethics/1899138.pdf.

OCDE, Dirección de Gobernanza Pública y Desarrollo Territorial, "Procurement Toolbox: Code of Conduct for Procurement Practitioners", http://www.oecd.org/governance/procurement/toolbox/codeofconductforprocurementpractitioners.htmwww.oecd.org/gov/ethics/oecdlegalinstrumentsoncorruptionprevention.htm.

Regidor-Barboza, H. (2013), "El Barómetro de la Profesionalización del Empleo Público en Centroamérica y República Dominicana", *ICAP-Revista Centroamericana de Administración Pública,* 64:151-158, junio, http://biblioteca.icap.ac.cr/rcap/64/harys_regidor.pdf.

SEAP (Secretaría de Estado de Administración Pública, Presidencia de la República Dominicana) (2010), *Estadísticas de República Dominicana*, documento presentado en el XV Foro organizado por el Instituto Centroamericano de Administración Pública (ICAP) y la Dirección General de Servicio Civil (DGSC).

Treasury Board of Canada Secretariat (n.d), www.tbs-sct.gc.ca/chro-dprh/index-eng.asp.

Wollmann, H. (2003), "Public sector reform and evaluation: Approaches and practice in international perspective" in H. Wollmann (ed.), *Evaluation in Public Sector Reform. Concepts and Practice in International Perspective*, Edward Elgar, Cheltenham/Northampton, United Kingdom.

Chapter 6

Enfoques innovadores complementarios para una administración pública eficiente y eficaz que genere una mejor prestación de servicios en la República Dominicana

En este capítulo final se examina, tanto desde una perspectiva sistémica como instrumental, maneras innovadoras pragmáticas de superar los principales cuellos de botella institucionales, organizacionales y regulatorios en la administración pública dominicana, derivados de los capítulos anteriores, ilustrando enfoques complementarios y prácticas de la OCDE para obtener mejores resultados internos y externos y, al final, una mejor prestación de servicios. Las barreras identificadas pueden obstaculizar seriamente la implementación de reformas del sector público y soluciones de prestación de servicios, limitando los beneficios que pueden obtenerse de las mejoras de desempeño en áreas prioritarias como el empleo público y la GRH estratégica.

Se presentan varias opciones para aprovechar al máximo los medios públicos disponibles, atendiendo la brecha entre recursos, demandas y expectativas de los ciudadanos respecto al sector público. En el capítulo también se tratan algunos otros enfoques importantes para la consideración de una prestación innovadora de servicios públicos, como modalidades participativas pragmáticas, incluidas alianzas con los ciudadanos y la sociedad civil, suministro de servicios rurales e instrumentos de gobierno móvil.

Introducción

La complejidad del aparato del sector público requiere que se implementen sistemas de frenos y contrapesos que propicien la apertura y transparencia, así como mecanismos de control para reducir el riesgo de corrupción y acaparamiento. Igualmente, se necesita coordinación para, con la contribución de diferentes organismos, lograr los objetivos estratégicos del Estado, y armonizar los recursos, compromisos e implementación con el fin de alcanzar los resultados esperados.

La respuesta no es necesariamente tener "más Estado" sino un "mejor Estado", al centrarse en lo que el Estado hace mejor (su tarea principal), y en desarrollar confianza y un crecimiento económico sostenible, apoyado por un marco regulatorio eficiente. Aprovechar los recursos públicos al máximo es crucial: bien se trate de la gestión de programas públicos o del uso de recursos privados para fines públicos, contar con una administración pública eficiente y efectiva es fundamental para que los Estados cumplan con sus objetivos.

Como se vio en los capítulos anteriores, la administración pública dominicana enfrenta importantes retos institucionales y presupuestarios, con una clara brecha entre los recursos, demandas y expectativas de la ciudadanía respecto al sector público, y las capacidades actuales para responder a ellos adecuadamente. No obstante, es posible utilizar los recursos públicos disponibles con mayor eficiencia. Por ser un Estado pequeño con recursos limitados, la República Dominicana necesita aprovecharlos al máximo, asegurándose de que su uso rinda el retorno más eficiente y eficaz.

En este panorama es fundamental procurar que el proceso de reforma sea congruente, continuo y pragmático, que incorpore y fortalezca los aspectos esenciales antes de absorber novedades y modalidades de gestión pública que respondan a modas administrativas. De manera similar, es importante que el avance en la reforma del sector público ayude a generar más recursos de la sociedad civil, rompiendo el círculo vicioso que ha atrapado a los países latinoamericanos y caribeños pequeños en particular.

Esto recrudece la necesidad de recurrir a enfoques innovadores y soluciones pragmáticas a problemas complejos. Sin embargo, sólo una estrategia incluyente y de largo plazo ayudará a identificar las principales prioridades correctas y a comprometerse con una agenda ambiciosa, y realista a la vez, de corto y mediano plazos, perseverando el tiempo suficiente para generar beneficios cuantitativos y cualitativos tanto en términos de gobernanza pública interna como de prestación de servicios externa.

A medida que la naturaleza de los servicios públicos cambia en los países miembros y asociados de la OCDE, la brecha entre lo que los ciudadanos y usuarios de los servicios esperan, y lo que experimentan al recibirlos, adquiere mayor visibilidad. Igualmente notorio es un nivel bajo y a la baja de confianza y satisfacción con muchos servicios públicos. El éxito o fracaso de las políticas públicas no se relaciona sólo con el desempeño del gobierno correspondiente, sino también con las actitudes hacia el Estado, con la manera en que los ciudadanos perciben la capacidad de éste para resolver problemas y las expectativas respectivas de los ciudadanos, así como con el impacto de las políticas públicas en las condiciones de vida de las personas (véase el cuadro 6.1). La forma en la que el Estado presta servicios afecta directamente las percepciones de igualdad ante la ley o, en otras palabras, la capacidad de la democracia de entregar bienes políticos. Los gobiernos que han proporcionado bienes políticos han logrado importantes mejoras en la percepción de la democracia (Latinobarómetro, 2011).

Gráfica 6.1. Percepciones y expectativas ciudadanas

	Región ALC	República Dominicana
El Estado puede resolver todos o casi todos los problemas	53.4%	66.1%
El Estado está bien equipado para realizar sus tareas	74.3%	83.5%
Las políticas públicas mejoran las condiciones de vida (mucho o hasta cierto grado)	39.3%	28.0%
Nivel de satisfacción con hospitales públicos (muy satisfecho/satisfecho)	50.8%	49.0%
Confianza en la administración pública (alta o escasa)	36.4%	32.8%

Fuente: Latinobarómetro (2011), www.latinobarometro.org.

La República Dominicana inició un proceso que puede generar innovación en la administración de su sector público con la creación de un marco legislativo, al emprender una combinación de reformas que se proponen suministrar la base para la transformación institucional. Desde 2001, se han implementado en el país por lo menos 13 nuevas leyes, y un número similar de nuevas regulaciones, que podrían ejercer un efecto directo en la calidad del gasto público. El nuevo marco legislativo modernizó las reglas relativas a la mayoría de las herramientas clave de gestión del desempeño, como contabilidad, elaboración de presupuestos, gestión financiera, auditoría interna y externa, planificación, contratación pública, inversión pública y sistemas de servicio público (BID, 2013). Actualmente está en marcha el proceso para implementar estas reglas en la República Dominicana. Si bien se ha avanzado en los últimos años, la mayoría de los componentes del sistema aún no operan plenamente, lo cual impide que el país logre las mejoras esperadas.

En este capítulo final se analizarán, desde una perspectiva sistémica e instrumental, maneras pragmáticas de superar los principales cuellos de botella institucionales, organizacionales y regulatorios derivados de los capítulos anteriores, ilustrando enfoques y prácticas innovadores complementarios que generen una mejor prestación de servicios más allá del actual interés central dominicano en instrumentos de gobierno electrónico. Las barreras identificadas pueden obstaculizar seriamente la implementación de reformas del sector público y las soluciones de prestación de servicios, limitando los beneficios que pueden obtenerse de mejoras de desempeño en áreas prioritarias como el empleo público y la GRH estratégica.

En este capítulo también se abordan otros importantes enfoques para considerar la prestación innovadora de servicios públicos, como modalidades participativas pragmáticas, incluidas alianzas con los ciudadanos y la sociedad civil, suministro de servicios rurales e instrumentos de gobierno móvil.

Ampliar y profundizar el alcance innovador del sector público dominicano en forma focalizada

Como se ilustró en el capítulo 1, la innovación es importante pues permite que los gobiernos y las organizaciones del sector público sean más eficientes y eficaces en el uso de recursos y se orienten más a la calidad en la prestación de servicios. Como tal, la innovación es clave para el progreso socioeconómico, la productividad, el desarrollo sostenible, la gobernanza y la administración pública sólidas.

El Ministerio de Administración Pública dominicano (MAP, Dirección de Tecnología de la Información) —con el apoyo de la Oficina Presidencial de Tecnologías de la Información y Comunicación (OPTIC)— ha logrado impresionantes avances en el desarrollo de sistemas de información y herramientas electrónicas focalizadas (SASP y SISMAP) para llevar un registro de datos del empleo público y GRH, supervisar indicadores de administración pública y comunicar tendencias, resultados y retos con mayor transparencia. Como se recomienda en los capítulos 2 y 5, esto tendría que continuarse, explotarse plenamente y llevarse al siguiente nivel (modelaje de planificación estratégica y un centro de servicios compartidos de GRH).

Sin embargo, el alcance de la innovación y el potencial subyacente para la administración pública dominicana podrían abarcar más que su actual e importante énfasis en soluciones de gobierno electrónico. Esta ampliación podría generar considerables sinergias y aumentar significativamente los beneficios tangibles dentro del empleo público y la GRH, como un facilitador de innovación para otras áreas relacionadas de políticas del sector público dominicano y viceversa; al final, esto produciría una mejor prestación de servicios a ciudadanos y empresas.

Las reformas estratégicas de GRH se consideran como instrumentales para lograr los objetivos gubernamentales de mejor calidad, mayor eficiencia y sensibilidad de los servicios públicos, y se atienden en paralelo con reformas en varias áreas, entre ellas, elaboración de presupuestos, gestión del desempeño organizacional, gestión de calidad, gobierno electrónico y reestructuración organizacional de la administración pública.

Cuadro 6.2. Ejemplos de iniciativas de política para promover activamente enfoques innovadores en el sector público

Incentivos políticos	- Brindar apoyo del liderazgo de alto nivel
Incentivos económicos y aspectos financieros	- Suministro de financiamiento para la innovación - Incentivos para prácticas innovadoras - Vínculos con herramientas de elaboración de presupuestos y de desempeño - Vínculo con incentivos de GRH e individuales
Capacidad de liderazgo estratégico	- Estrategias para apoyar la innovación en el sector público - Organizaciones innovadoras especializadas del sector público
Enfoque gubernamental único a la innovación	- Coordinación para superar la fragmentación y aprovechar las economías de escala - Trabajo de equipo interdisciplinario
Empleo público y gestión estratégica de recursos humanos (GRH)	- Fomento de un cambio cultural y trabajo con el personal en su dinámica - Implicaciones para la flexibilidad y el desarrollo de competencias del personal - Salario basado en desempeño - Difusión y facilitación del aprendizaje, y gestión de conocimientos
Aspectos regulatorios	- Reducir la burocracia en el gobierno para liberar las fuerzas innovadoras
Gobierno abierto e incluyente	- Alianza con ciudadanos (cf. hoja de ruta para la implementación exitosa de coproducción)
Gobierno electrónico y TIC	- Fortalecimiento de la agilidad del gobierno electrónico - Asignación de tiempo y recursos
Comunicación	- Comunicación y facilitación de la aceptación de alternativas y modos innovadores de cumplimiento por parte de usuarios y grupos de control
Gestión de riesgos	- Identificación y gestión de riesgos en una forma que no obstaculice la innovación(mentalidad)

Fuente: OCDE (2011a), "Innovation in Public Service Delivery: Context, solutions and challenges", Dirección de Gobernanza Pública y Desarrollo Territorial, GOV/PGC(2011)4/REV1.

La ordenación secuencial también es importante y se requiere que las reformas (del empleo público y la GRH) estén bien integradas con otras iniciativas de reforma del sector público. Por ejemplo, reformar la elaboración de presupuestos y el marco de gestión general puede ser un importante prerrequisito para el funcionamiento de ciertas reformas estratégicas de GRH, en particular las que se orientan al desempeño de organizaciones e individuos. A la inversa, las reformas de GRH pueden ser fundamentales para la implementación de otras reformas; por ejemplo, es posible que para la implementación de iniciativas de gobierno electrónico resulten esenciales nuevas prácticas de trabajo, en tanto que los cambios a las prácticas de GRH pueden ofrecer incentivos para que el personal implemente innovaciones en la prestación de servicios.

Las reformas al empleo público y la GRH claramente dependen de las reformas en otras áreas. Una evaluación reciente de reformas de gobernanza del sector público en algunos países, señala la importancia de utilizar reformas de gestión financiera como incentivo para que las reformas de GRH y las de gestión de desempeño organizacional que las apoyen asuman una perspectiva de largo plazo (DFID, 2013). Ambos enfoques están a prueba en la República Dominicana y será importante supervisar con cuidado la integración de reformas en estas diferentes esferas interdependientes. Esta integración podría ser una de las áreas en las que se enfoque la evaluación de la implementación. Esto requeriría repensar los enfoques tradicionales a la administración pública y la prestación de servicios —que parten del supuesto de que las herramientas de gestión pública individuales pueden operar en forma aislada—, para cambiar a una visión integral más realista basada en la comprensión de que los enfoques innovadores, la eficiencia y la eficacia, dependerían y requieren que estas herramientas se armonicen y trabajen en conjunto para ofrecer mejores resultados, internos y externos.

Aumentar la capacidad institucional y organizacional para implementar las reformas

La estructura del gobierno, incluida la división de responsabilidades en forma vertical en todos los niveles gubernamentales y horizontal entre ministerios, así como el uso de organismos de varios tipos, son decisivos para el funcionamiento de una administración pública moderna y un factor clave que subyace a la capacidad organizacional del gobierno de implementar con éxito las reformas como un motor para la renovación.

Hay bastante margen para aumentar la productividad de la administración pública de la República Dominicana al colocar a los empleados dentro de una estructura organizacional que aumente al máximo el uso de su tiempo y capacidades. Para que esto ocurra se requerirán cambios en los sistemas y estructuras gubernamentales (maquinaria del gobierno). Si bien los cambios profundos a la maquinaria del gobierno rebasan el alcance de este estudio, no es posible ignorar su importancia, ya que la fragmentación institucional sin una reorganización adecuada obstaculiza la implementación de reformas y limita los beneficios que puedan obtenerse de mejoras en áreas clave de políticas públicas, como el empleo público y la GRH estratégica. La inclusión del fortalecimiento institucional en las responsabilidades del Ministerio de Administración Pública (MAP) indica que la República Dominicana reconoce este hecho. La iniciativa de fortalecimiento organizacional del gobierno se dirige a mejorar el diseño de organizaciones y reorganizar las estructuras organizacionales para prestar mejores servicios públicos. El fortalecimiento institucional es apoyado por un programa para fomentar la capacidad de gestión del cambio dentro de las organizaciones públicas, aunque esto aún se encuentra en una etapa temprana de desarrollo. Si bien el enfoque general ya genera valiosos resultados, se reforzaría si se acompañara de una revisión transversal de funciones, estructuras y números de empleados. Esto será esencial para un mejor control de los números y costos de la fuerza de trabajo pública.

También están en proceso de fortalecimiento los controles de auditoría interna. La Contraloría General ha avanzado en la definición de las principales metodologías para el sistema interno de control, pero se ve obstaculizada por la escasez de recursos y el proceso de establecimiento de unidades de control interno en todas las instituciones públicas aún se encuentra en una etapa preliminar (BID, 2013). Es necesario asignar recursos suficientes a la Contraloría General para permitir que cumpla con la programación de implementación para el establecimiento de unidades de control interno en todas las instituciones públicas.

Se están creando incentivos para implementar reformas clave mediante una combinación de importantes instrumentos y promisorias iniciativas desarrolladas y dirigidas por el MAP, estableciendo normas y expectativas (internas y externas) y suministrando *herramientas de cumplimiento*. La calidad y la *mejor prestación de servicios* para ciudadanos, que son los principales objetivos de la reforma del servicio público, se están institucionalizando en la administración pública dominicana mediante la implementación gradual del Sistema de Gestión de Calidad (modelo CAF), exitosos premios a la calidad (Premio Nacional a la Calidad y Reconocimiento a las Prácticas Promisorias, Premio Interno a la Calidad), los indicadores publicados en el SISMAP y los acuerdos de calidad en el servicio con los ciudadanos (Cartas Compromiso al Ciudadano); con esto se estimula a las instituciones a desarrollar e incorporar la necesaria cultura de calidad, para mejorar continuamente y aplicar las disposiciones (GRH) que forman parte del Premio Nacional a la Calidad. Todo esto demuestra el aprecio de la importancia de la Gestión del Cambio y el desarrollo de apoyo a las reformas que generan servicios cualitativamente mejores para ciudadanos y empresas, y al final, una mayor satisfacción del cliente. De hecho, en el MAP se está estableciendo una unidad de gestión del cambio para apoyar la implementación del empleo público, la GRH estratégica y otras reformas organizacionales.

La *gestión de la calidad* es un instrumento eficaz que actualmente produce resultados. Sin embargo, es importante desarrollar la *gestión del cambio* tan rápido como sea posible.

La República Dominicana podría tomar en cuenta lo aprendido en países de la OCDE al considerar la mejor manera de enfocar los cambios en la maquinaria del gobierno en el corto, mediano y largo plazos. La experiencia apunta a la importancia de una planificación y recursos adecuados, un enfoque de gobierno entero, la aceptación de los altos funcionarios públicos y la administración eficaz de los aspectos de GRH de los cambios estructurales, para atender también con eficacia aspectos de capacidad (véase el recuadro 6.1).

Los países de la OC DE promueven un enfoque de gobierno entero en varias maneras(OCDE, 2010a):

- La ronda presupuestaria se utiliza para tomar decisiones acerca de la relativa importancia de los programas del gobierno con base en las elecciones de política que éste haga. Las decisiones de asignación de personal deben ser posteriores a estas elecciones, no guiarlas. El uso de presupuestos multianuales, basados en resultados, ha facilitado un enfoque más estratégico a los ahorros presupuestarios.
- Muchos países de la OCDE recurren a varios tipos de revisiones de programas, revisiones estratégicas y revisiones de gastos para identificar oportunidades de alcanzar

eficiencia y ahorrar; por ejemplo, Australia, Canadá, Estados Unidos, Francia, Países Bajos y el Reino Unido instituyen revisiones regulares para vigilar la productividad y detectar oportunidades de reestructuración de las actividades gubernamentales. Algunos países utilizan revisiones ad hoc para identificar oportunidades de reestructuración y ahorros, como el Special Group on Public Service Numbers and Expenditure Programmes (Grupo Especial sobre Números y Programas de Gastos del Servicio Público) de Irlanda en 2009. A menudo estas revisiones ad hoc son realizadas por un experto independiente de prestigio.

- Varios países de la OCDE (por ejemplo, Australia, Dinamarca, Finlandia, Nueva Zelanda y Suecia) utilizan recortes automáticos de productividad o dividendos de eficiencia que implican la reducción automática del presupuesto operativo de organizaciones cada año, bajo el supuesto de que pueden aumentar su productividad. Sin embargo, es importante hacer notar que todos estos países tienen una GRH estratégica bien desarrollada y sistemas fuertes de rendición de cuentas de gestión que les permitan suministrar a las organizaciones un buen grado de flexibilidad para administrar sus recursos.

Recuadro 6.1. Lista de verificación para cambios en la maquinaria del gobierno

Los aprendizajes de Australia y el Reino Unido al hacer cambios en la maquinaria del gobierno incluyen los siguientes:

- Programar tiempo suficiente para emprender cambios
- Asegurarse de que se hayan planificado adecuadamente los cambios
- Establecer directrices claras
- Suministrar el presupuesto adecuado para apoyar la realización de cambios
- Centralizar el apoyo administrativo y de GRH para los cambios
- Asegurar la aceptación del liderazgo de alto nivel
- Utilizar un enfoque de gobierno entero
- Garantizar la comunicación abierta y constructiva con el personal
- Gestionar con eficacia a los empleados implicados en los cambios
- Tomar en cuenta la gestión de registros
- Confirmar que se ha establecido el entorno legal necesario para apoyar los cambios
- Actualizar la información sobre resultados y desempeño
- Revisar los arreglos de gestión financiera para asegurar la retención de conocimientos corporativos
- Establecer estructuras claras de rendición de cuentas para las medidas posteriores a los cambios

Fuentes: Basado en Commonwealth of Australia (2007), *Implementing Machinery of Government Changes – A Good Practice Guide*, Attorney-General's Department, Canberra; White, A. y P. Dunleavy (2010), *Making and Breaking Whitehall Departments: a guide to machinery of government changes*, Institute for Government, LSE Public Policy Group, Londres.

El enfoque empleado en Nueva Zelanda ofrece un ejemplo específico de la importante función que el organismo central de GRH puede desempeñar en la mejora de la maquinaria del gobierno (OCDE, 2012a). La Comisión de Servicios Estatales tiene facultades para revisar la maquinaria del gobierno en todas las áreas del mismo, entre ellas:

- Asignación de funciones a y entre departamentos y otros organismos;
- Conveniencia o necesidad de crear nuevos departamentos y otros organismos;
- Fusión o eliminación de departamentos y otros organismos existentes;
- Coordinación de las actividades de departamentos y otros organismos.

Si el MAP lleva a cabo estas revisiones, la República Dominicana podría incorporar los análisis derivados a su toma de decisiones respecto a posibles cambios en la maquinaria del gobierno. A partir del uso de revisiones funcionales, es posible utilizar el proceso de presupuesto para la reasignación estratégica y la reingeniería de funciones del sector público.

Las revisiones de programas pueden servir como un mecanismo orientado a terminar, fusionar o reasignar funciones. La implementación de una elaboración de presupuestos de programas (no demasiado compleja) puede ayudar a que la transferencia del financiamiento y los productos y resultados de desempeño sea más transparente, y facilitar los cambios a la maquinaria del gobierno. Sin embargo, es necesario evitar sobrecargar la elaboración de presupuestos de programas con información sobre desempeño que no intervenga en el proceso presupuestario, lo cual perjudicaría la transparencia en vez de aumentarla.

Atender la fragmentación, duplicación y proliferación institucional para alcanzar una administración pública más coherente, responsable, transparente y rentable

El sector público de la República Dominicana consiste de ministerios del gobierno central, organizaciones bajo el control directo de ministerios, servicios descentralizados del gobierno central, municipios, instituciones autónomas, empresas estatales y sociedades de la economía mixta.

Como se mencionó en el capítulo 2, la organización de la administración pública dominicana se caracteriza claramente por la fragmentación institucional, lo cual dificulta el establecimiento de un control presupuestario y financiero eficaz, problemas que las ambiciosas reformas presupuestarias y de GRH que la República Dominicana está implementando pretenden superar. En muchos casos la fragmentación ha aumentado por la proliferación de instituciones con gran autonomía administrativa (BID, 2009).

Hay problemas bien identificados de superposición institucional, coordinación inadecuada y jerarquía poco clara de responsabilidades que la República Dominicana se ha propuesto atender por medio de su amplia estrategia de reforma del sector público (Ministerio de Economía, Planificación y Desarrollo, 2012). Más concretamente, la ventaja de contar con un solo registro de empleados en el sistema SASP, previamente analizado, es ya evidente en términos de la capacidad para identificar la duplicación de funciones (hasta la fecha se han detectado cerca de 6 000 duplicaciones de funciones, lo que brinda oportunidades de reflexión).

La gráfica 6.1. relaciona el tamaño de la burocracia con su calidad. Para medir la calidad, se combinan los índices de méritos y capacidad funcional con un índice de eficiencia en un índice agregado del servicio público. La medida de tamaño es el porcentaje de la población total empleada en el sector público. El resultado destaca el hecho de que la cantidad y la calidad apenas se correlacionan (0.26), dado que entre los países con burocracias disfuncionales, algunos son grandes y otros, pequeños.

Gráfica 6.1. Tamaño de burocracia vs. calidad del servicio público en la región ALC

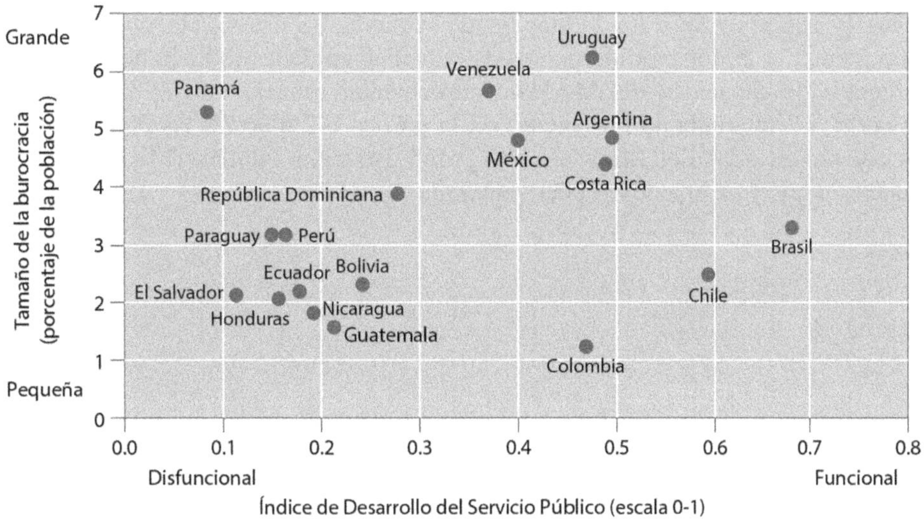

Nota: El tamaño de la burocracia representa el tamaño del empleo público como porcentaje de la población. El Índice de Desarrollo del Servicio Público es una combinación de índices de mérito, eficiencia y capacidad.

Fuente: BID (2006), *The Politics of Policies: Economic and Social Progress in Latin America*, Centro David Rockefeller de Estudios Latinoamericanos, Universidad de Harvard, Estados Unidos.

Las entrevistas realizadas en la República Dominicana durante la semana de investigación de la OCDE, realizada en julio de 2013, subrayan la importante necesidad de atender los siguientes y persistentes retos en todo el sector público dominicano:

- La percepción de que se han establecido demasiados organismos, unidades, servicios (descentralizados), instituciones (autónomas) y agencias dentro de su administración pública, sin una adecuada reorganización, y de que se están planificando demasiados para el futuro, lo cual genera preocupación por la duplicación y continua proliferación.
- La falta de claridad en los criterios actuales para establecer nuevos organismos, agencias, instituciones, unidades y servicios (descentralizados), y su valor añadido.
- La debilidad de la legislación existente, la cual provoca que algunas instituciones y organismos autónomos desempeñen tareas que podrían razonablemente ser reincorporadas a la cartera ministerial y emprendidas por organismos ubicados dentro de los ministerios, con implicaciones positivas para los costos.

Esto genera un método caro de organización estatal que inevitablemente implica duplicación de funciones y esfuerzos, falta de claridad en la rendición de cuentas y uso ineficiente de recursos públicos, y que puede obstruir seriamente el fortalecimiento focalizado de los organismos existentes o el establecimiento selectivo de nuevos organismos e instituciones tan necesarios para ayudar al logro de objetivos gubernamentales prioritarios (como la creación de un organismo independiente de protección de méritos y un organismo central de selección, recomendada en el capítulo 3, o mejoras relacionadas con otras áreas clave de reforma del sector público). Una proliferación no controlada puede causar una merma importante en los recursos disponibles, con lo que se perjudicaría más la imagen y credibilidad del sector público, riesgo que la República Dominicana no puede darse el lujo de correr.

Más específicamente, la estructura organizacional del MAP es compleja y sus recursos, aún en desarrollo, están dispersos en muchos departamentos y unidades pequeñas (y superpuestas). La limitación de recursos ha provocado que se adopte un enfoque gradual a la dotación de personal y muchas unidades todavía no funcionen. En consecuencia, la capacidad del MAP de implementar reformas no es tan fuerte como podría serlo. El organigrama presentado en la gráfica 6.2 muestra las diversas unidades actuales y proyectadas del Ministerio de Administración Pública (MAP) dominicano, destacadas en gris y en blanco, respectivamente.

Gráfica 6.2. Organigrama del MAP (septiembre de 2012)

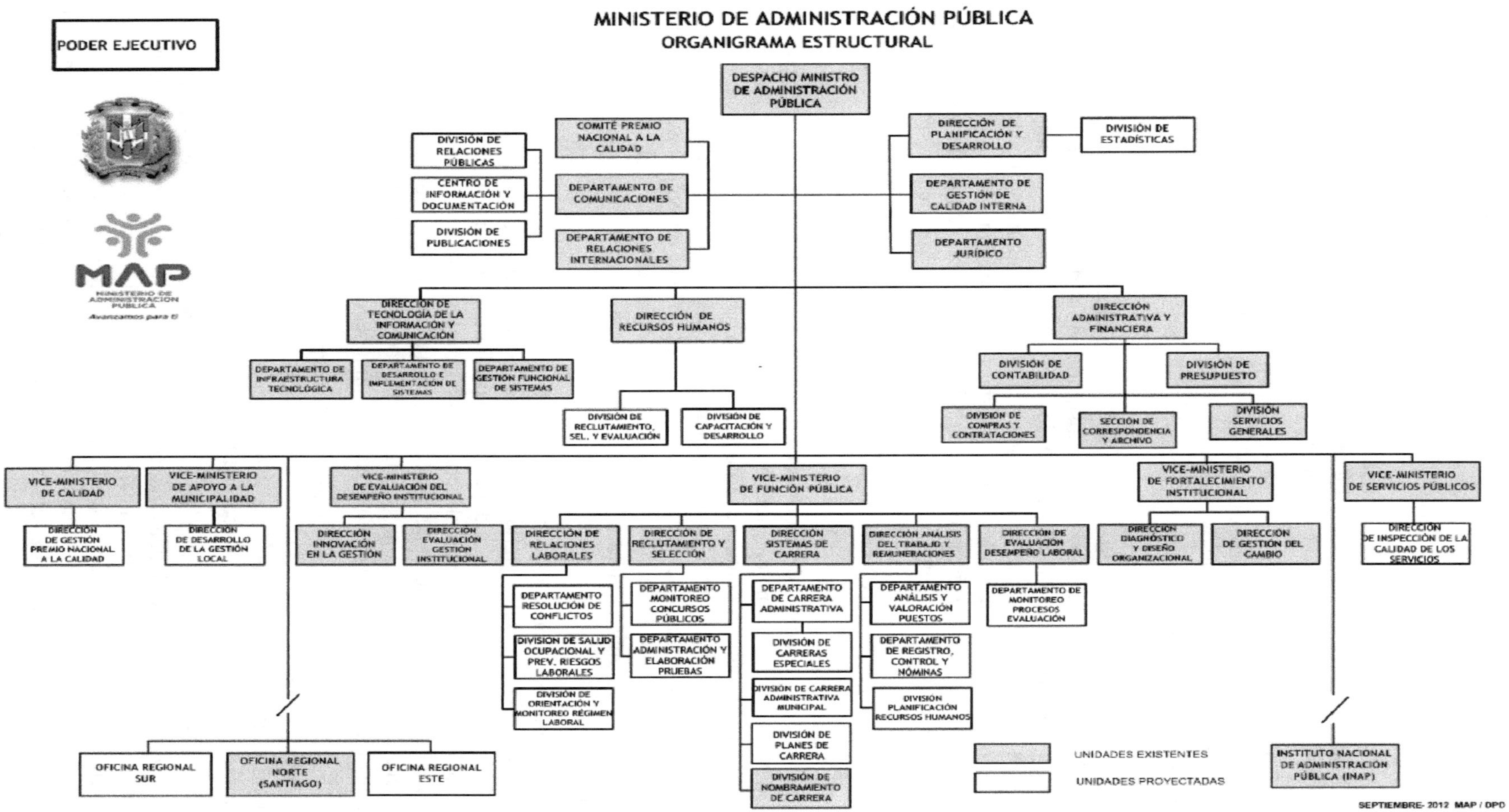

Fuente: MAP (2013).

El MAP ha conseguido mucho en su corto tiempo de existencia, al asumir responsabilidades de amplio alcance como Ministerio de Administración Pública: además de estar a cargo de implementar todas las ambiciosas disposiciones contenidas en la Ley 41-08, es responsable de (cumplir difíciles objetivos en) la reestructuración institucional, la gestión del desempeño organizacional, la iniciativa de calidad y gestión del cambio de la administración pública, el gobierno electrónico y la innovación, la prestación de servicios públicos y el apoyo a municipios en el desarrollo de su GRH (entre otras cosas).

Si bien es indudable que el MAP necesita con urgencia medios adicionales para garantizar la implementación exitosa y oportuna de la Ley de Función Pública 41-08, y de las reformas clave, los recursos existentes del MAP podrían utilizarse mejor si se cambia a una estructura organizacional más sencilla que gire alrededor de áreas estratégicas más que de funciones.

Algunas áreas donde sería aconsejable concentrarse más son marcos de gobernanza de GRH y rendición de cuentas para instituciones y directivos, diseño de reformas de GRH, y planificación estratégica de la fuerza de trabajo. Es importante examinar opciones para consolidar la organización del MAP. Se requiere fusionar a unidades muy pequeñas con otras unidades (superpuestas), con el fin de crear más capacidad. Asimismo, puede haber áreas en las que el MAP podría, con el tiempo, deshacerse de responsabilidades (por ejemplo, es importante que su función de desarrollo del sistema de relaciones laborales no implique que el ministerio trate casos individuales o se encargue de proteger los derechos de servidores públicos).

El Plan Estratégico del MAP tendría que usarse como base de un plan de gestión multianual de recursos, de modo que puedan preverse los recursos organizacionales disponibles para la implementación de las reformas. De manera más general, la administración pública dominicana podría considerar clarificar y fortalecer los criterios y procesos utilizados para decidir establecer instituciones (autónomas), agencias, organismos, unidades y servicios (descentralizados). Un enfoque basado en evidencias determinaría si, por ejemplo, crear una institución autónoma o una agencia sería más eficiente que asignar la tarea al ministerio, para así cumplir mejor con las obligaciones definidas en la ley.

La República Dominicana podría también considerar emprender un examen detallado de la función de valor agregado de sus nuevas unidades y agencias, actuales y planificadas. Una evaluación independiente profunda permitiría al gobierno determinar si, por ejemplo, una agencia cumple con el mandato estipulado en su ley de creación y el valor añadido que proporciona. Además, sería una oportunidad de examinar si una agencia se ha convertido en un organismo de facto dentro de un ministerio, más que en una institución autónoma o en un organismo independiente.

Una revisión ayudaría a identificar el margen para lograr eficiencia, por ejemplo, mediante fusiones de agencias, reabsorción por parte del ministerio matriz o redistribución de ciertas funciones administrativas (por ejemplo, GRH, TIC, nómina, etc.) al ministerio, o como servicios compartidos en varias agencias.

Como segundo paso, la República Dominicana podría también considerar añadir en el mediano y largo plazos algunas cláusulas en las leyes de creación de agencias sentando las bases para revisar las funciones, el desempeño y el valor añadido de éstas, con el fin de permitir una supervisión y evaluación más regulares de la idoneidad o necesidad continuas de las tareas por desarrollar por parte de una agencia (independiente). Por ejemplo, Nueva Zelanda utiliza cláusulas de terminación y revisión. La ley de creación de una nueva entidad puede incluir bien sea una cláusula de terminación, que estipule que la institución dejará de existir después de una fecha determinada, o una cláusula de revisión, que requiera que la institución se sujete a una revisión formal en cierta fecha. Esto puede generar revisiones innecesarias o inoportunas, sobre todo si se plantea que las funciones de la institución serán continuas. Para evitarlo, Nueva Zelanda ha integrado a la legislación que establece nuevas instituciones un poder general para el ministro responsable que permite la revisión del desempeño de una institución individual (OCDE, 2002).

Es importante comprender las enseñanzas obtenidas de otros países, y la OCDE ha recopilado una lista de enseñanzas para creadores de agencias (véase el recuadro 6.3). Sin embargo, en última instancia, es el país en cuestión quien debe decidir "qué hacer, cuándo y cómo".

A partir de las entrevistas realizadas y la información disponible, parece que no hay medidas de gobernanza y gestión internas establecidas en forma completa y clara, es decir, orientación sobre la relación de gestión entre la agencia y su ministerio fundador. En gran medida esto se ha dejado a la ley de creación pertinente para agencias individuales o, con mayor frecuencia, se desarrolla de forma ad hoc entre el ministerio y la agencia.

Como es natural, en una administración pequeña suele desearse evitar crear reglas demasiado onerosas. Sin embargo, siempre es necesario un cierto nivel de constancia.

En términos generales, hay algunas agencias para las cuales las líneas de responsabilidad y rendición de cuentas con su ministerio matriz o fundador son bastante claras. En otros casos, se ha especulado que las agencias podrían ser creadas por el personal para obtener ganancias de tipo más personal (por ejemplo, generar oportunidades para tener salarios más altos al cambiar las funciones ministeriales a agencias que pueden regular su propio sistema salarial).

La República Dominicana podría beneficiarse en gran medida de una mayor transparencia en las medidas de gobernanza, presentación de informes, supervisión y evaluación que tendrían que aplicarse a todos los organismos, unidades, instituciones (autónomas), agencias y servicios (descentralizados). Lograr una mayor claridad a través de, por ejemplo, un modelo o un manual de orientación, ayudaría a los ministerios y agencias a trabajar de acuerdo con sus funciones estatutarias, También suministraría un mecanismo mediante el cual se detecte a tiempo la divergencia o ampliación de la misión por parte de una agencia respecto a sus responsabilidades establecidas, y se emprendan las acciones correctivas oportunamente.

Recuadro 6.2. Criterios alternativos para el establecimiento de agencias: ejemplos de países de la OCDE

Los países de la OCDE establecen agencias con distintos fines. Por ejemplo, en Irlanda y el Reino Unido, las agencias han brindado una manera eficaz de subcontratar o contratar externamente el trabajo de la administración central, con lo que se reduce al mínimo su nivel de rendición de cuentas en el área funcional pertinente. En otros países de la OCDE, como Suecia, la administración pública central ha delegado en gran medida la responsabilidad de prestación de servicios e implementación a agencias. Un documento inédito preparado por la Comisión de Servicio Público australiana en 2003 suministró ejemplos de ocasiones en que puede ser adecuado trabajar con agencias ejecutivas (Smullen, 2010). Los ejemplos presentados incluían los siguientes:

- Cuando el contexto de administración nacional o departamental está preparado para ello;
- Cuando las funciones de la agencia cruzan las líneas de cartera, por lo que resulta inadecuado ubicarla en un departamento de cartera;
- Cuando es conveniente separar funciones sustanciales de prestación de servicios para que un departamento de políticas públicas pueda concentrarse en su tarea principal.

Las experiencias de Suecia y el Reino Unido sugieren que se cuenta con poca evidencia clara de que las agencias hayan ahorrado recursos económicos del gobierno y los contribuyentes, mejorado el desempeño o reducido el tamaño del gobierno (Moynihan, 2006). Puede ser difícil medir el desempeño en agencias, donde es posible que las justificaciones de una mayor eficiencia funcionen en ambas maneras. En el Reino Unido, la eficiencia se citó como un impulsor clave de la división del servicio público en agencias de 1988 en adelante, y una justificación clave de la fusión de principios de la década de 2000 (Moynihan, 2006). Esto dificulta desarrollar criterios con los cuales evaluar o determinar adecuadamente los beneficios de eficiencia relacionados con el establecimiento de agencias. Por consiguiente, tal vez en lugar de concentrarse en el desempeño, sería mejor hacer hincapié en los otros criterios, como la distancia de influencias políticas.

Durante mucho tiempo la administración pública alemana ha creado agencias con el fin de contar con expertos y científicos para enriquecer la formulación de políticas, más que como un medio para mejorar la eficiencia o ahorrar. Estos objetivos dobles —eficiencia y ahorro— se han considerado como respuesta al movimiento de modernización administrativa, pero esto en gran medida ha generado la fusión de autoridades existentes y no el establecimiento de nuevas.

En una evaluación del modelo de agencia realizada en 1998 en Países Bajos se concluyó que era necesario fortalecer los requisitos para establecer agencias. Por consiguiente, para este fin se aplican, además de las leyes, procedimientos que definen los requisitos que una posible agencia debe cumplir para obtener el estatus formal como tal. El grado en que esto sucede lo determina el Consejo de Ministros, con base en la asesoría de un equipo supervisor de privatización compuesto por expertos del Ministerio de Finanzas y del Ministerio del Interior y Relaciones del Reino. En 2001, se integraron al procedimiento para convertirse en agencia 12 condiciones y un periodo de prueba (Smullen, 2010). Junto con ello se aumentó la función del Ministerio de Finanzas de supervisión del proceso de creación de agencias.

Fuentes: OCDE (2012a), *Slovenia: Towards a Strategic and Efficient State*, OECD Public Governance Reviews, OECD Publishing, París, http://dx.doi.org/10.1787/9789264173262-en; Moynihan, D.P. (2006), "Ambiguity in policy lessons: the agencification experience", Public Administration, 84(4): 1 029-1 050.; Smullen, A. (2010), Translating Agency Reform: Rhetoric and Culture in Comparative Perspective, Public Sector Organisations Series, Palgrave Macmillan.

Recuadro 6.3. Enseñanzas de la OCDE para creadores de agencias

La evidencia relativa a la buena gestión pública sugiere que los gobiernos trabajan major cuando sus organizaciones tienen misiones claras, fuerte apoyo del centro, liderazgo visionario, motivación para el trabajo y profesionalismo de su personal, así como directivos con autoridad para "lograr que se haga el trabajo". Algunas veces las agencias son la forma institucional apropiada para suministrar estas condiciones. Sin embargo, hay algunos cuestionamientos que los gobiernos deberían considerar al contemplar la creación de nuevas agencias:

- **Tener claro por qué hacer el cambio** – y por qué será mejor que la situación actual. Ser claro en particular respecto a los motivos: si su objetivo primordial no es una mejor gobernanza, es poco probable que las reglas formales resulten eficaces.
- **Preguntar qué implica una propuesta de cambio específica para la calidad del gobierno** en el sector público central y qué tiene que hacerse para mejorar la gestión pública general (gestión financiera, prácticas de empleo público, gestión del desempeño), así como —o en vez de— intentar evitar el problema delimitando funciones particulares en agencias. En esencia, suponga que los enclaves no durarán y, en el mejor de los casos, son un recurso temporal cuando los problemas reales radican en otra parte.
- **Comprender el entorno y los riesgos que pueda presentar a una nueva agencia.** ¿Dónde se encuentran los enemigos del cambio? ¿Quién gana poder y quién lo pierde? Analice si las fuerzas burocráticas poderosas dentro del sector público, como los actuales ministerios operativos o ministerios de finanzas, se oponen en forma significativa. El personal de las organizaciones existentes y sus sindicatos, así como los directivos, pueden resistirse al cambio. Es posible que fuera del servicio público haya grupos de actores poderosos, políticos, empresas y mafias cuyos intereses resultarían afectados negativamente. ¿Cómo reaccionarán?
- Del otro lado de la moneda, **considere quién está apoyando el cambio** (¿el Presidente? ¿Ministros influyentes del Gabinete?) y si seguirán apoyando y defendiendo a la organización si las cosas salen mal.
- **Seguir principios de buena gobernanza:** generalmente lo que es adecuado en los departamentos gubernamentales para proteger los intereses básicos del Estado es apropiado para las agencias. Hay listas de verificación para este fin.
- **Preguntarse si la misión de una agencia realmente requiere que se constituya como institución legal separada**, con su propio consejo y ley rectora, o si su objetivo se cumplirá igualmente con un grado menor de autonomía, tal vez operando bajo un ministerio matriz.
- **Asegurar que en los ministerios centrales haya incentivos y capacidades para gestionar las nuevas relaciones**; que los políticos y legisladores tengan claros sus poderes y responsabilidades de establecimiento de políticas y supervisión, y que, en las propias agencias, se cuente con las capacidades de gestión necesarias para "aprender a ser libres".
- **Esperar el "Efecto Hawthorne"** (modificación de la conducta de un sujeto por el solo hecho de saber que se le está estudiando) – una primera explosión de entusiasmo y motivación por la misión de la nueva organización, tal vez un líder carismático con un fuerte apoyo de un poderoso político, seguidos de un reagrupamiento de las fuerzas de oposición y el resurgimiento de viejos hábitos y culturas de desempeño. ¿Cómo se incorporará la mejora para que sobreviva más allá de la etapa inicial?

Fuente: Laking, R. (2005), "Agencies: their benefits and risks", *OECD Journal on Budgeting*, 4(4), OECD Publishing, París, http://dx.doi.org/10.1787/budget-v4-art19-en.

Desarrollar un enfoque flexible de gobierno entero a la prestación de servicios públicos y fortalecer la función central del MAP

La administración pública central dominicana requiere un enfoque continuo que incorpore el objetivo de incrementar la eficiencia y eficacia de su operación, y a la vez asegure la capacidad de cambio; asimismo, tendrá que emprender las tareas requeridas para lograr estos objetivos. Es muy necesario contar con una perspectiva más "holística" de la prestación de servicios, abandonando aquélla impulsada por la postura de un nivel gubernamental o interés específicos y centrándose más bien en la eficiencia integral del sector público, así como en el servicio eficaz a la ciudadanía y el ámbito empresarial. Esto no puede dejarse a silos corporativos individuales dentro de la administración pública central, sino que requiere el impulso desde el centro hacia todo el sistema de dicha administración.

Este enfoque sustentaría el logro de resultados de planificación estratégica, tema analizado en el capítulo 2, y garantizaría que se contara con el número adecuado de personas con las capacidades adecuadas en las áreas adecuadas de la administración pública para operar con eficacia los objetivos gubernamentales. El desarrollo de un enfoque como éste idealmente correspondería a la administración pública como guardián de la continuidad, para garantizar la estabilidad en distintos ciclos electorales y tener la longevidad requerida para presenciar la materialización de esta transformación.

Es importante que una visión de gobierno entero para la administración pública se acompañe de una estrategia sólida orientada a su logro, la cual tendría que demostrar los resultados que la administración pública se propone obtener y los pasos (con plazos) que se darán para ello. La Ahead of the Game – Blueprint for the Reform of Australian Government Administration (A la Vanguardia, Proyecto para la Reforma de la Administración del Gobierno Australiano) de Australia (Commonwealth of Australia, 2010) es un ejemplo de una visionaria agencia de reforma con un plan de implementación. Este documento detalla una visión para el servicio público australiano y destaca diversas reformas que se emprenderán para lograrla. Cada reforma incluye el resultado deseado y detalla un conjunto de recomendaciones para su logro con acciones prioritarias correspondientes, un calendario para su implementación y el departamento o agencia que se ha identificado como responsable de dirigir la implementación (OCDE, 2012a).

Desarrollar e incorporar un enfoque de gobierno entero en la administración pública requiere liderazgo por parte del centro. El MAP podría fortalecer y ampliar su función como autoridad central en el corto y mediano plazos, ya que la implementación de reformas complejas y delicadas como el nuevo sistema salarial del sector público requerirá una función central (del empleador público) con un cometido considerablemente ajustado.

El patrón de empleo público analizado en el capítulo 2 refleja que en la República Dominicana opera un sistema de administración pública altamente centralizado, en el que el gobierno central se encarga de prestar la mayoría de los servicios públicos, bien sea directamente o a través de sus servicios descentralizados (del gobierno central en muchos casos).

Esta imagen de la organización de la administración pública destaca aún más la importancia de racionalizar y reestructurar la maquinaria del gobierno. No se recomienda que se deleguen responsabilidades adicionales al gobierno local en el corto plazo, ya que esto plantearía el riesgo de debilitar reformas que requieren un impulso sostenido por parte del centro del gobierno. Sin embargo, las mejoras en los servicios públicos demandarán un gran esfuerzo para mejorar la capacidad de los servicios descentralizados.

La flexibilidad en la adaptación de las estructuras organizacionales a las necesidades en proceso de cambio podría aumentarse al abandonar la actual y rígida práctica de establecer la estructura de las instituciones en la ley. El diseño organizacional tendría que ser un tema de rendición de cuentas de gestión, controlado por medio del marco de desempeño, y no un asunto prescrito con anterioridad. La función del MAP de supervisión y aprobación de la reestructuración institucional requerida tendría que significar que se tiene un control adecuado sin necesidad de legislar.

Las disposiciones para la prestación de servicios en la República Dominicana también se definen por ley. Esto dificulta al MAP y a otros actores ser innovadores al buscar maneras de brindar servicios más eficientes y eficaces a la ciudadanía. Por consiguiente, es necesario considerar ajustarse al marco legal ya que, en la situación actual, las instituciones y unidades no tienen facultades para reorganizar las disposiciones de prestación de servicios, aunque se trate de aumentar la eficiencia o eficacia de los resultados de éstos a los ciudadanos. Podría delegarse al MAP la función y responsabilidad general de uniformar la política de prestación de servicios al nivel de administración central, lo cual facilitaría la toma de decisiones coherente y brindaría mejores servicios públicos. Sin embargo, ello requeriría que se ofreciera el financiamiento adecuado y un personal debidamente calificado.

La capacidad de la administración pública dominicana en los niveles central y local para llevar a cabo sus objetivos de prestación de servicios actualmente se ve debilitada por la falta de recursos y de coordinación. Esto se debe, en parte, a insuficientes vínculos entre los ministerios como autoridades de formulación de políticas públicas y los organismos locales con responsabilidad parcial de implementación.

La brecha entre el deseo de brindar buenos servicios públicos y la capacidad para hacerlo también puede reducirse al eliminar barreras prácticas para que diferentes partes de la administración pública trabajen en conjunto. La fragmentación de los enfoques y la falta de modelos básicos para procesos comunes, toma de decisiones y acuerdos de cooperación contribuyen a estas barreras, al igual que las diferencias sectoriales y de nivel de gobierno en lo que se refiere a métodos de trabajo. Se requiere un entorno facilitador más fuerte y coherente que suministre una plataforma común para la colaboración entre todas las instituciones estatales y locales, y entre municipios.

Actualmente, cada ministerio sectorial tiene su propia porción de responsabilidad de servicios administrativos y la estructura institucional con silos corporativos entre los organismos del nivel central los fragmenta aún más. Asimismo, los débiles mecanismos de coordinación de la administración pública dominicana, tanto horizontales como verticales, impiden a los organismos nacionales y locales trabajar juntos en la prestación de servicios centrados en la ciudadanía. Una mejor coordinación de los servicios administrativos, incluida la gestión de proyectos y programas, permitiría focalizar mejor los escasos recursos, reducir las duplicaciones y permitir que se compartan costos de desarrollo de herramientas de administración.

Parte de la coordinación central de servicios administrativos tiene lugar en el nivel estatal, particularmente por parte del MAP y los ministerios operativos pertinentes. Sin embargo, estos esfuerzos son insuficientes en dos maneras. En el nivel estatal, el mandato para coordinar servicios administrativos se lleva a cabo de forma técnica y estrecha. Esto no permite tener suficientes vínculos entre el trabajo individual sobre conjuntos de servicios administrativos y el fomento de la eficiencia y la eficacia generales en la prestación de servicios públicos. En los niveles local y municipal, si bien el enfoque práctico tendría que ser más amplio, los recursos y capacidades no bastan para cumplir el mandato, lo cual limita seriamente la eficacia de cualquier acción emprendida en esta área.

Para superar esta debilidad de coordinación, se requiere un liderazgo más fuerte que aporte una perspectiva estratégica y orientada a resultados a las actividades de servicio administrativo, identifique vínculos y sinergias en todas las diferentes áreas de servicio administrativo y asegure la capacidad de entregar beneficios reales (véase el recuadro 6.4).

Recuadro 6.4. Procesos comunes de negocios y modelos referenciales

Los "procesos comunes de negocios" (PCN) son una de varias estrategias que los países de la OCDE emplean para organizar funciones y servicios públicos alrededor de las necesidades de los usuarios más que de estructuras gubernamentales. Una vez identificados, los PCN pueden coordinarse en diversas formas por parte de las organizaciones que utilicen los PCN. Uno de éstos es el "modelo referencial" (proceso estandarizado comúnmente acordado que suministra directrices, estándares y otros). Las propias organizaciones involucradas ejecutan los procesos de acuerdo con el modelo.

En Alemania, el Centro de Competencias para los Procesos de Gestión de Flujo de Trabajo y Organización (centro de competencias especializado en procesos empresariales) prepara modelos referenciales para procesos de negocios que son comunes a muchas organizaciones. Éstas pueden emplear los modelos para organizar sus propios procesos de negocios. Debido a su facilidad de uso, es mucho más probable que las organizaciones adopten este tipo de solución.

Fuente: OCDE (2005), *E-Government for Better Government*, OECD Publishing, París, http://dx.doi.org/10.1787/9789264018341-en.

Los países de la OCDE atienden el reto de desarrollar y gestionar servicios administrativos en diferentes formas. En algunos casos (como Finlandia, Dinamarca, Irlanda y Países Bajos), la responsabilidad de la prestación de servicios públicos continúa en manos de ministerios sectoriales y municipios, en tanto que los servicios administrativos se coordinan desde el centro. Esto permite hacer una reserva de recursos y conocimientos expertos, y a la vez aporta marcos comunes y herramientas para la cooperación horizontal y vertical.

Independientemente del modelo utilizado, es fundamental: a) establecer y comunicar con claridad la responsabilidad formal y *de facto*; b) trazar y comunicar líneas de rendición de cuentas adecuadamente; c) que los "clientes" sepan a quién acudir para recibir el servicio, y a quién alabar o con quién quejarse cuando se suscita un problema.

La República Dominicana podría reforzar su entorno propicio para la mejora de la prestación de servicios al consolidar más las responsabilidades de servicio administrativo, actualmente diseminadas en el MAP, los ministerios operativos y las instituciones locales. En el corto plazo, esto significaría una mayor coordinación para armonizar plataformas y prácticas, lo cual allanaría el camino para una mayor co-ubicación de los servicios administrativos. Además, implica desarrollar y sostener la capacidad de coordinación, incluso a través de incentivos más fuertes y rendición de cuentas para el trabajo horizontal, la formación para una mayor profesionalización, el apoyo a comunidades de práctica y gestión de calidad.

En el mediano y largo plazos pueden tomarse decisiones sobre la forma organizacional más apropiada para la prestación de servicios públicos en la República Dominicana. Esto requeriría una revisión funcional del gobierno, con un análisis de rentabilidad de largo plazo de las nuevas maneras de prestación de servicios públicos. La República Dominicana podría considerar un enfoque en el que todas las actividades de servicio administrativo se consoliden en un ministerio (el MAP).

De hecho, la República Dominicana podría emprender una revisión específica de la relación calidad-precio del actual modelo de prestación de servicios públicos para evaluar su eficiencia y eficacia operativas, incluidos los cambios institucionales requeridos para aumentar la eficiencia de los servicios públicos dentro del marco de una demanda cambiante (en particular en los sectores de salud y educación). En cualquier caso, es importante consultar a los ciudadanos, empresas, instituciones locales y unidades al principio del proceso, para comprender mejor los intereses y necesidades de estos grupos antes de emprender cualquier cambio o reestructuración. También sería fundamental contar con una estrategia de comunicación para obtener la aceptación y apoyo de la comunidad a las reformas sostenibles.

Emprender un enfoque gradual a un sistema de gestión del desempeño organizacional plenamente integrado

En las últimas dos décadas, la mayoría de los países de la OCDE han implementado reformas para modernizar su administración pública con el objetivo de incrementar la eficiencia y calidad en la prestación de servicios. Un elemento fundamental de estas reformas ha sido la puesta en marcha de la gestión orientada al desempeño de organizaciones del sector público.

Se trata de un proceso gradual y a largo plazo, que ha implicado aprender al actuar en la mayoría de los países, ya que incorporar estructuras de gestión del desempeño (sofisticadas) es un tema bastante complejo. La mayoría de los países de la OCDE han optado por realizar reformas graduales en vez de intentar implementar un sistema de gestión del desempeño organizacional e individual completo de una sola vez. Esto les ha permitido generar la experiencia y competencia para seguir adelante, aunque el reto es mantener el impulso para la reforma, de modo que el aprendizaje obtenido en las primeras etapas se incorpore a las siguientes.

En lo que se refiere a los presupuestos por resultados, se recomiendan de manera especial enfoques básicos prudentes y específicos para países de ingresos medios con fallas importantes en los procesos de gestión financiera pública. Los países que tradicionalmente impulsaron la innovación en estas áreas no han encontrado una práctica viable y exitosa de gestión del desempeño y en parte regresan a prácticas que han intentado implementar en el pasado.

Si bien puede resultar tentador para los países de ingresos medios presionar para adoptar en algún momento un marco completo de productos y resultados, el cambio entraña algunos riesgos evidentes. Un cambio de orientación como éste sólo es posible una vez que los directivos han tenido una experiencia adecuada en el perfeccionamiento de la definición de programas y sus objetivos, y desarrollan sobre esta base un sistema completo de medición del desempeño. Este último suele no llevarse a cabo en los países de ingresos medios, pero al mismo tiempo se reconoce como una medida crucial para la puesta en marcha exitosa de un sistema de gestión y presupuesto basados en desempeño. Esto requiere resolver varios temas implicados en, primero, definir con claridad cómo medir el "desempeño"; segundo, superar una serie de aspectos técnicos de diseño y uso de medidas de ese "desempeño", y tercero, hacer que la información sobre desempeño sea pertinente para las decisiones sobre asignación de recursos, es decir, el establecimiento de un sistema de gestión del desempeño.

Inculcar la orientación hacia resultados es uno de los objetivos primordiales de las reformas del sector público en proceso de implementación en la República Dominicana. El país ha emprendido una combinación de ambiciosas reformas que se proponen suministrar la base para la transformación institucional, invirtiendo en los instrumentos necesarios para fortalecer la capacidad de gestión del cambio. Hay un sistema bien definido para la mejora del desempeño en toda la administración pública mediante un marco de gestión llamado Gestión para Resultados en el Desarrollo (GpRD) y el uso del modelo CAF de calidad e innovación (véase el recuadro 6.5).

Recuadro 6.5. Implementación del modelo CAF en la administración pública dominicana

Un avance importante y promisorio encabezado por el MAP es la implementación gradual del modelo de calidad CAF (Common Assessment Framework o Marco Común de Evaluación) de la Comisión Europea, instrumento de evaluación organizacional obligatorio en la administración pública dominicana desde 2010.

Al poner en marcha este modelo como una herramienta sistémica e integral, las instituciones públicas dominicanas se evalúan anualmente al utilizar un conjunto estándar de criterios establecidos orientados hacia resultados, identificar fortalezas y debilidades, y comprometerse en una cooperación cercana con el MAP con planes de mejora organizacional, de GRH y orientación al servicio, para servir mejor a los clientes internos y externos. También se han establecido comités institucionales de calidad, para ayudar a coordinar la implementación de esfuerzos de gestión de calidad horizontal y armonizar mejor las actividades de las organizaciones públicas con su misión fundamental y sus objetivos clave.

Los diferentes resultados llevan a varias buenas prácticas, las cuales se fomentan activamente en toda la administración pública dominicana con el fin de fomentar su difusión e incorporación en otras instituciones (Aprendizaje Comparativo y Premio Nacional a la Calidad).

Para varias instituciones públicas dominicanas la implementación gradual del modelo CAF es particularmente útil en términos de planificación, para ayudar a organizar la información basada en evidencias, por la atención explícita que se presta a la innovación del proceso y la importancia de una mayor transparencia, así como por la presión constructiva para mejorar la prestación de servicios públicos y el vínculo con acuerdos de calidad en el servicio obligatorios con ciudadanos como instrumentos para una mayor satisfacción del cliente (Cartas Compromiso al Ciudadano).

Nota: Servidores públicos capacitados en el Modelo CAF: 7700; Comités de calidad que han sido constituidos: 205; Instituciones que en algún momento realizaron la autoevaluación con el Modelo CAF: 165; Instituciones capacitadas en la metodología de Carta Compromiso: 149; Cartas Compromiso aprobadas: 19 (CEI -RD, Dirección General de Compras y Contrataciones, Hospital Juan Bosch, Hospital Marcelino Vélez, Hospital Ney Arias Lora, Instituto Tecnológico de las Américas, Ministerio de Administración Pública (MAP), Oficina Nacional de la Propiedad Industrial, Oficina Técnica de transporte Terrestre, PRO MESE-CA L, Seguro Nacional de Salud, Superintendencia de Pensiones (SIPEN), Superintendencia de Salud y Riesgos Laborales (SISALRIL), Tesorería de la Seguridad Social, CAPGEFI , Dirección General de Pasaportes, Acuario Nacional, Cámara de Cuentas, IDAC).

Fuente: Entrevistas realizadas durante la semana de investigación de la OCDE en julio de 2013 y www.map.gob.do.

La República Dominicana tiene una clara hoja de ruta para desarrollar el marco GpRD y un buen análisis de lo que se requiere hacer para impulsar la implementación. Esto debería seguir siendo una alta prioridad. Sin embargo, lograr que este marco funcione por completo definitivamente tomará un tiempo, por lo que es mejor no esforzarse por un sistema demasiado complejo. Debe reconocerse que la combinación de reformas y esfuerzos emprendidos por el país representa un gran paso hacia la modernización, transparencia y eficiencia del sector público, pero no hay atajos para la transformación institucional. Avanzar hacia una administración pública orientada al desempeño requerirá más tiempo que un periodo gubernamental. De hecho, el proceso aún es joven en términos de gestión financiera y, por consiguiente, todavía no se vislumbran resultados tangibles.

La Gestión para Resultados en el Desarrollo (GpRD) es un marco completo y sofisticado consistente en cinco pilares con profunda interrelación (BID, 2013):

- Planificación estratégica;
- Presupuestos basados en resultados;
- Gestión financiera;
- Gestión de programas y proyectos;
- Supervisión y evaluación.

Aparte del MAP, las principales instituciones dominicanas implicadas en el marco GpRD son las siguientes: Ministerio de Economía, Planificación y Desarrollo (MEPyD), institución a cargo de los sistemas de planificación e inversión pública; el Ministerio de Hacienda (MH), a cargo de la elaboración de presupuestos, contabilidad y sistemas de gestión financiera; la Contraloría General de la República y la Cámara de Cuentas, encargadas de auditorías internas y externas, respectivamente.

El fundamento legal de este marco se puso en marcha desde 2001, con la promulgación de nuevas leyes y la modernización de reglas que cubren los sistemas de contabilidad, elaboración de presupuestos, gestión financiera, auditoría interna y externa, planificación, contratación pública, inversión pública y servicio público. Sin embargo, la implementación es un proceso de largo plazo que aún se encuentra en sus inicios. En su supervisión, el Banco Interamericano de Desarrollo (BID) encontró que la mayoría de los avances se han logrado en los dos primeros pilares del marco: se ha establecido el plan estratégico nacional, se está implementando la elaboración de presupuestos de mediano plazo, y las organizaciones trabajan en el desarrollo de sus planes estratégicos y presupuestos iniciales. Aún quedan por desarrollar otros elementos del marco (BID, 2013).

Si bien la manifestación e institucionalización de un plan ambicioso de esta naturaleza tomará tiempo, es posible que en el corto y mediano plazos se observen mejoras sustanciales adicionales en planificación, elaboración de presupuestos, supervisión y evaluación.

La implementación del GpRD requiere considerables innovaciones en la gestión del sector público, lo que implica un esfuerzo coordinado sostenido por parte de todos los actores institucionales en el mediano y largo plazos, que a menudo trasciende varios periodos de gobierno. Esto facilitará la creación de mecanismos de integración y cooperación necesarios para superar las tradicionales fricciones, falta de coordinación de presupuestos y planificación tan comunes en los países ALC.

Estas innovaciones podrían requerir también modificaciones adicionales de los sistemas de gestión pública y del marco legal o institucional, la búsqueda de consenso entre las diversas funciones estatales, la armonización de los diferentes componentes del ciclo de gestión, y nuevas estructuras organizacionales que fomenten la coordinación y el trabajo en equipo en vez de la competencia y el esfuerzo individual (BID, 2013).

Ahora el reto consiste en poner en práctica todas las medidas exigidas por la nueva legislación y generar los procedimientos, métodos y sistemas requeridos para los pilares GpRD restantes, estableciendo una fuerte cultura del desempeño. A este respecto es importante que los actores clave de la reforma institucional tomen en cuenta el ciclo de gestión en su conjunto.

Gráfica 6.3. Desarrollo de los pilares de GpRD en la República Dominicana y la región ALC

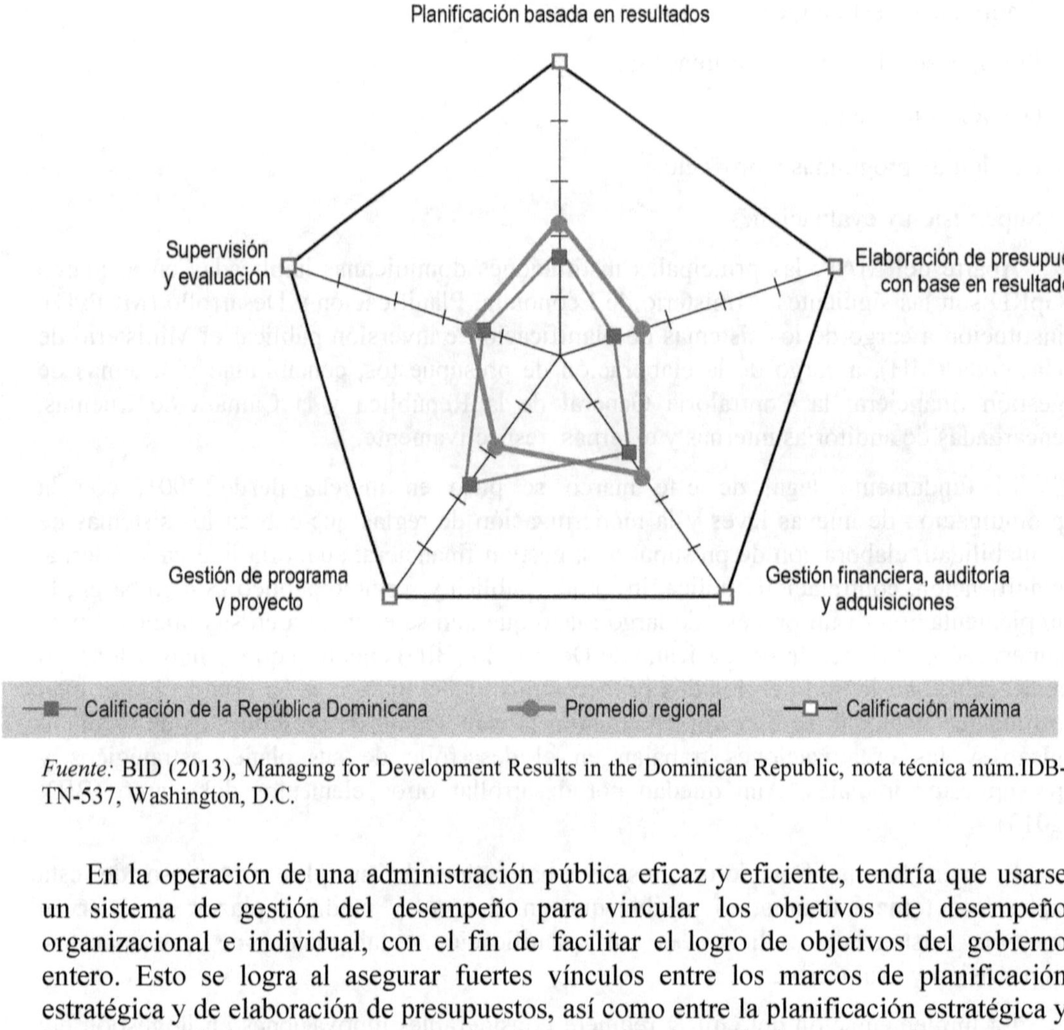

Fuente: BID (2013), Managing for Development Results in the Dominican Republic, nota técnica núm.IDB-TN-537, Washington, D.C.

En la operación de una administración pública eficaz y eficiente, tendría que usarse un sistema de gestión del desempeño para vincular los objetivos de desempeño organizacional e individual, con el fin de facilitar el logro de objetivos del gobierno entero. Esto se logra al asegurar fuertes vínculos entre los marcos de planificación estratégica y de elaboración de presupuestos, así como entre la planificación estratégica y la gestión del desempeño organizacional e individual, es decir, marcos integrados de planificación estratégica, elaboración de presupuestos y GRH. Vínculos firmes entre los marcos de planificación estratégica, elaboración de presupuestos y desempeño permiten relacionar el gasto gubernamental con el logro de resultados de políticas, y forzar la priorización de objetivos cuando se afronta la limitación de recursos.

No es posible prever necesidades futuras si la planificación se hace en forma casuística. Sin una clara comprensión de dónde se gastan los recursos financieros públicos y en qué cantidad, es muy difícil para los gobiernos priorizar políticas y programas, y dirigir su implementación (OCDE, 2012b). Esto también implica promover el uso de herramientas de gestión que ayuden a planificar más allá del ciclo anual de presupuesto para distribución de recursos a lo largo de los años, como los presupuestos multianuales y la contabilidad de ejercicio.

Vincular el desempeño individual con el desempeño organizacional es esencial en el largo plazo, pero resulta una tarea de grandes dimensiones. Muchos países de la OCDE han necesitado años para desarrollar por completo este vínculo y sistemas totalmente integrados del tipo planificado en la República Dominicana aún no se incorporan del todo en todos los países de la OCDE. La mayoría de los países desarrollaron sus sistemas de desempeño organizacional e individual en paralelo y los vincularon en una etapa posterior. Ya que los sistemas de planificación y gestión financiera están en operación y se resuelven los inevitables problemas de medición y supervisión del desempeño organizacional, se establece el vínculo con el desempeño individual. Al hacerlo, surgen problemas comunes, como que los objetivos de desempeño son demasiado difusos o demasiado numerosos, o que los objetivos individuales no se relacionan directamente con los objetivos organizacionales (EIPA, 2007).

El establecimiento fructífero de los mencionados vínculos decisivos en la República Dominicana depende de una cooperación eficaz entre el MAP, el Ministerio de Hacienda (MH), el Ministerio de Economía, Planificación y Desarrollo (MEPyD), ministerios individuales y agencias. A medida que se desarrolle el marco de desempeño de la República Dominicana, es posible que avance más la fijación de objetivos y se refuercen más los vínculos con la planificación, elaboración de presupuestos e iniciativas clave como la GRH, la gestión de calidad y la reestructuración institucional.

Si bien la implementación y uso de instrumentos relacionados con el desempeño aún se encuentran en una etapa inicial, hay una clara perspectiva de cómo la GRH debería vincularse y establecerse dentro del marco general de gestión de desempeño (véase también el capítulo 4).

Como primer paso (después de la creación del Reglamento para la implementación del Sistema EDI de Evaluación del Desempeño Institucional mediante el Decreto núm. 273-13 del 13 de septiembre de 2013) el MAP diseñó el contrato de desempeño organizacional y estableció un procedimiento de evaluación (basado en el modelo CAF) para valorar si una organización está preparada para implementar el sistema de contratación del desempeño. El MAP desarrolló también una guía para la implementación del Sistema EDI (Guía para la Implementación de la Evaluación del Desempeño Institucional). La evaluación del desempeño organizacional se valorará con base en siete conjuntos de criterios: (i) planeación estratégica de la gestión; (ii) satisfacción de los ciudadanos con los productos o servicios de una organización; (iii) aplicación de los subsistemas de GRH establecidos por la Ley 41-08, con el fin de profesionalizar al servicio público; (iv) iniciativa de reestructuración institucional; (v) implementación de la gestión de calidad; (vi) gestión de los recursos; y (vii) transparencia en la gestión. También se dispone una evaluación especial del desempeño de una organización en las áreas de gestión de programas y gestión financiera. La responsabilidad de supervisar y evaluar los contratos de desempeño organizacional se divide entre el Ministerio de Hacienda (MH), el Ministerio de Economía, Planificación y Desarrollo (MEPyD), y el MAP. El Ministerio de Hacienda (MH) se encarga de supervisar la ejecución del presupuesto; el Ministerio de Economía, Planificación y Desarrollo (MEPyD), de garantizar los vínculos entre los objetivos del contrato y el plan estratégico de la organización, así como del vínculo entre el plan estratégico y la Estrategia Nacional de

Desarrollo (END); el MAP realiza la supervisión del desempeño durante la ejecución del contrato, utilizando los indicadores de desempeño institucional (BID, 2013).

Los resultados de las evaluaciones de desempeño organizacional se utilizarán para mejorar el desempeño. A las evaluaciones se les dará seguimiento con un plan de mejora del desempeño organizacional (Guía para la Elaboración e Implementación del Plan de Mejora Institucional). Los contratos de desempeño establecen incentivos y sanciones, aunque éstos aún no se han definido del todo. Una autoridad interinstitucional compuesta por el MAP, el Ministerio de Hacienda (MH) y el Ministerio de Economía, Planificación y Desarrollo (MEPyD) es responsable de definir las sanciones e incentivos (BID, 2013). Los resultados de los indicadores de desempeño se ponen a disposición del público gracias al SISMAP por medio de informes de clasificación organizacional publicados por el MAP en los medios nacionales (véase a continuación).

En 2008 se inició en forma piloto la implementación de la contratación de desempeño organizacional, firmándose contratos con el Ministerio de Salud Pública y Asistencia Social, y el Ministerio de Educación. La prueba piloto no ha fructificado porque las metodologías de planificación estratégica, elaboración de presupuestos basados en resultados, supervisión y evaluación aún no se han instaurado, y es probable que se requiera ampliar la prueba (BID, 2013).

En el caso de ministerios de alta importancia (como Salud y Educación), el Ministerio de Economía, Planificación y Desarrollo (MEPyD) creó indicadores de desempeño e inició programas para identificar resultados de acuerdo con cada uno de ellos. En el Ministerio de Salud, las regiones suscriben acuerdos de desempeño con la institución coordinadora del ministerio y se evalúan conforme a indicadores establecidos.

El Sistema de Monitoreo de la Administración Pública (SISMAP) es una herramienta innovadora desarrollada por el MAP como sistema de supervisión de la administración pública, que vigila el desempeño y nivel de cumplimiento de las instituciones públicas con la implementación de la Ley 41-08 en forma transparente y pública (véanse también los capítulos 2 y 5). Los ciudadanos y la sociedad civil pueden consultar al SISMAP en línea para observar el tablero de clasificación de colores diferenciados publicado cada trimestre y el avance basado en evidencias logrado por cada institución pública en un rango de 34 indicadores de administración pública y calidad. Se alienta a las instituciones a participar en el SISMAP pues se trata de una parte esencial del Sistema de Evaluación del Desempeño Institucional (EDI) y también de un requisito para participar en el Premio Nacional a la Calidad y Reconocimiento a las Prácticas Promisorias. La cobertura del SISMAP abarca a todo el gobierno central y descentralizado. Será lanzada próximamente una nueva versión que incluirá nuevos indicadores y abarcará a todos los ayuntamientos y distritos municipales.

La transparencia pública suministrada a través del SISMAP podría reforzarse con la rendición política de cuentas mediante un informe regular presentado al Presidente y el Congreso, como sucede en varios países de la OC DE. Otra posibilidad por considerar es una revisión regular de los avances por parte del Gabinete, tal vez con el requerimiento a los ministros de rendir cuentas del progreso en las instituciones de las cuales son responsables. A medida que se desarrolla el sistema de gestión de desempeño para instituciones y altos directivos, es importante integrar a su evaluación de desempeño la aplicación de las disposiciones de la Ley 41-08.

No obstante, la modernización e implementación de las reformas no sólo tiene que ver con organizaciones, sistemas y procesos

Se trata también de las personas y de una cultura propicia. El liderazgo eficaz e inspirador en todos los niveles (aún más en tiempos difíciles), el desarrollo de prioridades organizacionales para guiar el cambio y la implementación de la reforma, claros incentivos (financieros o basados en el reconocimiento) para las personas y organizaciones, margen para experimentación y cierto grado de aceptación de riesgos en vez de aversión, atención a visiones del personal de primera línea, y aprendizaje constante de lo que se está haciendo en la organización y en otras partes, son ingredientes importantes de la modernización evolucionaria en el sector y los servicios públicos.

La capacidad y disponibilidad de los mandos intermedios para apoyar e implementar reformas suele determinar su éxito. Por otro lado, los altos directivos desempeñan una función fundamental en la creación de una estructura organizacional que aliente enfoques innovadores y la agilidad, al recompensar la toma de riesgos y propiciar el desarrollo de nuevas habilidades.

Un reto complejo e importante para el MAP y la Presidencia es desarrollar en forma horizontal e incorporar en forma vertical una *mentalidad y cultura profesional* compartidas, y a la vez orientadas a la obtención de resultados, en el sector público dominicano. Asimismo, asegurarse de que iniciativas loables y exitosas del MAP (como los premios de calidad nacional e interno, el Premio Nacional a la Calidad y Reconocimiento a las Prácticas Promisorias y el Premio Interno a la Calidad, seguidos por seminarios de evaluación comparativa, importantes instrumentos como la implementación gradual del modelo CAF y las Cartas Compromiso al Ciudadano, así como la fuerte inversión por parte del MAP en el establecimiento de alianzas internacionales dentro y fuera de la región) al final estimulen una profunda sensación de la necesidad y un compromiso perdurable con el cambio, lo que generará beneficios tangibles y sostenibles para los ciudadanos, empresas y sociedad civil dominicanos. Estos esfuerzos tendrán que apuntalarse con arreglos financieros transparentes, liderazgo de los altos directivos de todo el gobierno y recompensas para aquéllos que dirijan con el ejemplo, impulsen la innovación y brinden apoyo al personal al afrontar éxitos y fallas en los proyectos.

Recuadro 6.6. Premio Nacional a la Calidad y Reconocimiento a las Prácticas Promisorias

Los premios nacionales a la calidad son un medio eficaz utilizado por varios países miembros de la OCDE y asociados a la Organización para fomentar el cambio en la cultura organizacional de las instituciones públicas y una mejor prestación de servicios mediante la difusión de mejores prácticas nacionales y locales, propiciando la innovación en la administración pública y en otros sectores.

El Ministerio de Administración Pública (MAP) dominicano coordina y organiza un exitoso evento anual de calidad internacional con duración de una semana (Semana de la Calidad), durante el cual se imparte una conferencia de alto perfil sobre buenas y promisorias prácticas en la administración pública dominicana, donde todos los organismos estatales presentan prácticas ejemplares y el Presidente o Vicepresidente de la República Dominicana otorgan premios. El jurado combina representantes de los sectores público y privado, la sociedad civil y la academia. El objetivo principal de la conferencia anual —vinculado con un premio nacional a la calidad iniciado en 2005— es reconocer, estimular e intercambiar prácticas de calidad para lograr mejores servicios públicos para ciudadanos y empresas. Se trata también de un fuerte incentivo para que las instituciones públicas se evalúen sistemáticamente (aplicando el modelo CAF) y participen en el SISMAP.

Otro valioso instrumento desarrollado por el MAP son los seminarios de benchlearning, en los que el ganador del premio nacional y los ganadores en la categoría de prácticas promisorias comparten sus conocimientos, experiencia y aprendizajes obtenidos con el resto de la administración pública dominicana. El seminario de evaluación comparativa más reciente contó también con la participación de representantes del sector privado.

Se ha planificado fusionar en el futuro cercano los premios nacionales existentes de los sectores público y privado en un solo evento y premio nacional a la calidad anual.

Fuente: MAP (2013).

Liberar recursos para una mejor prestación de servicios mediante la reforma regulatoria en el interior del gobierno

En un entorno de políticas complejo y dinámico, en particular en el clima financiero, económico y fiscal actual, los gobiernos deben tener la capacidad de responder rápidamente. La eficiencia y la eficacia requieren capacidad por parte de la administración pública (tanto en el nivel político como en el oficial) para utilizar y asignar mejor los recursos disponibles —humanos y fiscales— para cubrir las necesidades existentes y probables. Idealmente, los gobiernos deberían también buscar oportunidades e identificar áreas en las que puedan lograrse mayores eficiencias para generar ganancias en productividad y ahorros que después puedan reasignarse a temas emergentes de políticas y dirigirse a reducir la deuda o el déficit. Todo ello implica un nivel de flexibilidad de la maquinaria del gobierno que no se sustenta en ambientes excesivamente regulados y sistemas rígidos basados en reglas. Una excesiva dependencia en regulaciones puede crear rigideces que dificulten la flexibilidad en las respuestas de políticas y de prestación de servicios públicos.

Si bien no fue posible obtener una perspectiva profunda sobre esta perspectiva durante la semana de investigación de la OCDE en julio de 2013, resulta claro que la flexibilidad en la administración pública dominicana —al igual que en otros países de América Latina y el Caribe— se ve profundamente obstaculizada por una cultura y un sistema excesivamente basados en reglas y en el respeto de los derechos, lo cual se complica aún más por el contexto constitucional y un proceso seguido para desarrollar una nueva legislación o mantener la existente.

En el escenario dominicano podría aumentarse la flexibilidad para adaptar las estructuras organizacionales a las cambiantes necesidades al abandonar la actual y rígida práctica de establecer *ex ante* en la legislación la estructura de las instituciones. Las disposiciones de prestación de servicios en la República Dominicana también se definen por ley.

Esto provoca una tendencia a regular en exceso y a tener leyes y procesos de implementación demasiado prescriptivos en vez de establecer más poderes discrecionales. Este apego a leyes detalladas es parte integral de la formulación de políticas públicas en la República Dominicana, lo cual evita la flexibilidad en la implementación del cambio, desalienta la innovación, debilita la capacidad de prestar servicios públicos a ciudadanos y empresas con mayor eficiencia y eficacia.

En muchos casos, el exceso de reglas existentes puede entorpecer seriamente la adopción de prácticas innovadoras, tanto en el sector público como en el privado. La reestructuración y simplificación de las regulaciones y la reducción de la carga administrativa pueden aumentar la eficiencia y productividad de las organizaciones del sector público y disminuir sus costos (OCDE, 2010b). El gran número de regulaciones y formalidades administrativas acumuladas con el tiempo requiere una revisión y actualización regulares para eliminar materiales obsoletos o ineficientes (como revisiones *ad hoc* de revocación de regulaciones que cubren sectores específicos y mecanismos de terminación para la revisión o cancelación automáticas de regulaciones después de una fecha determinada; véase el recuadro 6.7).

Recuadro 6.7. Enfoques alternativos a revisiones regulatorias

La experiencia internacional ilustra varios enfoques a las revisiones regulatorias:

- **Desechar y construir:** Esto comprende una revisión exhaustiva y reconstrucción de regímenes regulatorios completos, la priorización de sectores específicos y la consideración de interacciones de múltiples regulaciones. La metodología tiene varias ventajas, entre ellas una visibilidad de beneficios más rápida, mayor conciencia de las partes afectadas de la necesidad de adaptarse, menor oportunidad para que intereses creados bloqueen el cambio y un perfil político más alto que beneficie a las reformas. Sin embargo, hay desventajas también: el método puede ser costoso y consumir mucho tiempo si se le usa para una revisión exhaustiva, razón por la que quizá no sea tan viable cuando los recursos y conocimientos expertos sean limitados.
- **Revisiones generalizadas:** Se trata de políticas que instruyen a organismos regulatorios para revisar toda la estructura de sus marcos regulatorios en comparación con criterios generales, como necesidad y eficiencia. Este tipo de revisión tiene un amplio alcance, por ejemplo, estudiar la reserva completa de regulaciones con impactos de negocios. Una variable de este tipo de revisiones es la "guillotina", la cual anula las regulaciones que no se registran antes de una fecha determinada. Sin embargo, estas revisiones resultan debilitadas por las exenciones, que pueden excluir regulaciones particularmente onerosas, y pueden experimentar falta de priorización, un enfoque fragmentado y faltas de profundidad y rigor.

Recuadro 6.7. Enfoques alternativos a revisiones regulatorias

(cont.)

- **Cláusulas de expiración y revisión automática:** Esta técnica consiste en establecer una fecha automática de expiración para nuevas leyes y regulaciones a su adopción. Las regulaciones sujetas a expiración sólo pueden prorrogarse si se implementan de nuevo mediante procedimientos estándar de elaboración de leyes. Este tipo de revisiones reduce la edad promedio de la estructura regulatoria y garantiza la reforma periódica de la reserva regulatoria. Sus desventajas incluyen la reducción de la previsibilidad del entorno regulatorio. Más aún, la expiración no afecta la reserva existente de regulaciones ya que se centra únicamente en medidas individuales y no cuestiona áreas completas de regulación que necesiten revisarse.
- **Procesos de mandato o revisión automática:** Este método consiste en revisiones sistemáticas de regulaciones existentes. Las reglas se agrupan según su antigüedad y se revisan progresivamente contra criterios de calidad, lo cual a su vez hace que la reserva regulatoria gradualmente se conforme a estas normas. A diferencia de la expiración, las regulaciones prevalecen a menos que se emprendan acciones para eliminarlas. La obvia desventaja es que, puesto que se requiere acción positiva, los intereses creados tienen más capacidad de defender el statu quo.
- **Procesos de variación o equivalencia de pruebas de desempeño:** Esta técnica permite a las empresas aplicar métodos de cumplimiento de menor costo, siempre que sean tan eficaces como una regulación existente. Combina la lógica de la regulación basada en el desempeño con la capacidad para mejorar las capacidades innovadoras de la empresa, con el fin de encontrar procesos más eficientes.

Fuente: Adaptado de OCDE (2002), *Regulatory Policies in OECD Countries. From Interventionism to Regulatory Governance*, OECD Publishing, París, http://dx.doi.org/10.1787/9789264177437-en.

En muchos países miembros y asociados de la OCDE se han emprendido programas para reducir las cargas regulatoria y administrativa (burocracia) para las empresas y ciudadanos. Asimismo, varios gobiernos han empezado a considerar más explícitamente la reducción de estas cargas en el interior de las administraciones públicas, con el fin de mejorar la eficiencia y la calidad de regulaciones internas para reducir costos y liberar recursos para una mejor prestación de servicios públicos.

Regulación menos superflua y mejor dentro del gobierno para crear un entorno que apoye la innovación

La "Regulación Dentro del Gobierno" (RDG) se refiere a las regulaciones impuestas por el Estado a sus propios administradores y proveedores de servicios públicos (bien sea el gobierno central, organismos gubernamentales o proveedores locales de servicios gubernamentales). Sobra aclarar que la RDG se necesita para controlar la discrecionalidad de los servidores públicos, fijar estándares básicos y prevenir la corrupción. Pero si la reserva existente de RDG es tan vasta que las normas se duplican e incluso se contradicen, pueden surgir confusiones e inacción por parte de los servidores públicos. Cumplir la regulación llega a ser agobiante para las organizaciones del sector público y las regulaciones excesivas pueden inhibir la creatividad, reprimir los procedimientos de trabajo cuando lo que se necesita es flexibilidad y provocar pérdida de bienestar neto (OCDE, 2008).

Las restricciones fiscales pueden impedir la asignación de mayores recursos a la burocracia, por lo que es más recomendable mejorar la eficiencia y eficacia de las regulaciones impuestas a los administradores y proveedores de servicios públicos. El uso eficaz del gobierno electrónico es cada vez más importante como herramienta para reducir los costos y cargas de regulación para las empresas y la ciudadanía, así como dentro del gobierno. Asimismo, los servicios de gobierno electrónico a menudo requieren que los gobiernos estandaricen los procesos e información internos para integrar funciones administrativas en todo el sector público. Sin embargo, algunos países tienen restricciones legales o regulatorias que les impiden compartir información para la integración de servicios, lo que puede obstaculizar el desarrollo de servicios innovadores (OCDE, 2012d).

Recuadro 6.8. Un gobierno más eficiente y eficaz gracias a programas de reforma regulatoria

En **Canadá** se han puesto en marcha varias iniciativas para revisar regulaciones internas con el fin ya mencionado, pero dos de las más importantes son la "Renovación del Conjunto de Políticas Públicas" y la "Iniciativa de Red de Reglas" (emprendida en 2007). De manera más general, Canadá ha establecido una política para revisar regulaciones cada cinco años. El Comité del Tesoro canadiense fija reglas e impone estándares y expectativas de gestión a los departamentos para asegurar que el gobierno se administre bien, y el asto sea eficaz y eficiente. Las reglas se han desarrollado gradualmente para convertirse con el tiempo en una red compleja de políticas, requisitos de presentación de informes, procesos y sistemas que es necesario modernizar y agilizar.

La estrategia de "Renovación del Conjunto de Políticas Públicas" pretende garantizar que los instrumentos de política tengan mecanismos claros de rendición de cuentas y que sólo se incluyan los requisitos fundamentales, beneficiándose de un enfoque de gestión de riesgos bien integrado al diseño de políticas (sistema en el que las políticas son proporcionales a los problemas que atienden). Esto se orienta a establecer un marco de acción para funcionarios públicos que sea menos prescriptivo y deje margen para la toma de riesgos informada y la innovación.

El objetivo de la "Iniciativa de Red de Reglas" es mejorar la eficiencia y eficacia de los programas gubernamentales, al eliminar reglas internas poco claras, duplicadas e ineficaces, agilizar la presentación de informes, y modernizar los procesos y sistemas administrativos. Al establecer un régimen de gestión enfocado en resultados, basado en principios y sensible al riesgo para servir mejor a los canadienses, puede garantizarse que se cuenta con los instrumentos correctos, dando a los departamentos y agencias más control sobre sus decisiones, de modo que las actividades de supervisión de la Secretaría del Comité del Tesoro pueda concentrarse en programas y proyectos más complejos y con riesgos más altos. De esta manera el gobierno puede ser más innovador y operar con mayor creatividad para lograr resultados, y a la vez continuar protegiendo la rendición de cuentas y el dinero de los contribuyentes. Para lograr avances sostenidos al trabajar con la "Red de Reglas" se requiere tanto acciones inmediatas como soluciones de largo plazo.

Otro ejemplo es el de **Países Bajos**, con una larga tradición de ambiciosos programas sucesivos de reforma regulatoria para empresas (coordinados por los Ministerios de Finanzas y Asuntos Económicos), seguidos por programas más recientes para ciudadanos, orientados a mejorar la eficiencia regulatoria dentro del gobierno (coordinados por el Ministerio del Interior). La mayoría de las iniciativas se vinculan con objetivos cuantitativos para todo el gobierno (como una reducción neta de 25%) y se supervisan mediante una sofisticada mezcla de indicadores cuantitativos y cualitativos que se han aumentado gradualmente para cubrir el alcance nacional de reforma regulatoria, más profundo y amplio. Las cargas administrativas se miden y cuantifican usando el Modelo Estándar de Costos (MEC) holandés, complementado con instrumentos y técnicas cualitativos que captan las percepciones y elementos irritantes al cumplir con las regulaciones. Esto genera paquetes concretos de simplificación que contienen muchas propuestas específicas de reducción en todas las áreas prioritarias, mejorando a la vez la calidad general de los objetivos de políticas públicas y, por tanto, el cumplimiento de las regulaciones (soluciones ganar-ganar).

Recuadro 6.8. Un gobierno más eficiente y eficaz gracias a programas de reforma regulatoria

(cont.)

Las herramientas como la gestión de riesgos ayudan a diseñar y poner en marcha regulaciones proporcionales a los riesgos incurridos. Los avances se supervisan mediante cartas regulares del Gabinete al Parlamento, encuestas, un comité nacional de vigilancia y comités asesores mixtos (ministerios e interesados).

Uno de los programas holandeses más recientes (Interbestuurlijke Lasten) se orienta a cargas regulatorias intergubernamentales, más específicamente a cargas entre el nivel central y local de gobierno. En este caso los objetivos concretos incluyen reducir la cantidad de información que debe registrarse, desarrollar una sola auditoría, estandarizar definiciones, reducir el número de subsidios delimitados a propósitos especiales al gobierno local, y agilizar el sistema de beneficios.

Parte del programa holandés coordinado por el Ministerio del Interior atiende la regulación dentro de la administración para profesionales que trabajan en servicios públicos como hospitales y escuelas. El objetivo es liberar tiempo dedicado a la administración para poder mejorar los servicios a los ciudadanos. Uno de los muchos fines específicos es reducir los "requisitos de registro" para profesores y policías. Con base en varios perfiles de profesionales y en cooperación con ellos, suelen seleccionarse cinco principales cargas administrativas por perfil para ser centro especial de atención por parte del programa, y beneficiarse también de comités especiales (ministerios y organismos profesionales implicados).

Fuentes: Treasury Board Secretariat of Canada (www.tbs-sct.gc.ca); Ministerio del Interior y Relaciones del Reino (www.minbzk.nl) holandés.

Si la República Dominicana decide iniciar y poner en marcha un programa o iniciativa para mejorar la eficiencia del marco regulatorio nacional, podría considerar algunos elementos de los enfoques y experiencias de México, Colombia, Canadá, Países Bajos, Dinamarca y Australia. Los instrumentos elegidos, los conocimientos adquiridos y los aprendizajes (internacionales) obtenidos al resolver los requisitos regulatorios redundantes dentro del gobierno que afectan la prestación de servicios públicos, podrían emplearse para desarrollar, en el corto y mediano plazos, iniciativas bien coordinadas para identificar y simplificar una selección de regulaciones (de alto impacto) existentes, relacionadas con áreas y sectores prioritarios, reduciendo las cargas administrativas más sustanciales, desproporcionadas, irritantes e innecesarias impuestas a ciudadanos y empresas que colaboran cercanamente con ellos.

En 2008, el gobierno danés decidió iniciar un ambicioso Programa para la "Mejor Regulación Dentro del Gobierno" (RDG), como parte de su "Reforma de Calidad" nacional (Kvalitetsreformen). El principal objetivo del Programa RDG es crear un sector público más eficaz al reducir la cantidad de tiempo dedicada al papeleo y la administración, y otorgar a la administración local más autonomía y margen de discrecionalidad profesional. En el recuadro 6.9 se describen la metodología y resultados del programa.

Los esfuerzos daneses en pro de una mejor regulación dentro del gobierno muestran la importancia de contar con la opinión del sector público por medio de la inclusión. Más específicamente, el enfoque ascendente utilizado, y el amplio sentido de adhesión a la iniciativa, han dado pie al éxito en la implementación.

Con el uso de "instrumentos de exploración" se identificaron problemas regulatorios específicos al implicar a directivos y empleados locales por medio de entrevistas y grupos de control. De manera similar, el uso del "derecho a cuestionar" también contribuyó con ideas importantes para cambios regulatorios. Por último, el uso de encuestas de ciudadanos puede ayudar a ilustrar la necesidad de reforma de un área regulatoria particular, ya que brinda a la ciudadanía la oportunidad de expresar su insatisfacción con las partes del sector público que les parecen burocráticas.

El enfoque ascendente a la reforma no sólo ofrece a funcionarios del gobierno central valiosa información sobre las realidades experimentadas por las instituciones locales, sino que garantiza que los actores pertinentes tengan una sensación de adhesión a un proyecto particular. Como consecuencia, la inclusión en la preparación de políticas públicas se convierte en un elemento clave para una mejor implementación.

Desde 2009 México ha emprendido iniciativas de amplio alcance para propiciar un gobierno más eficiente y eficaz, con miras a facilitar la vida de los ciudadanos, aumentar la competitividad, y facilitar el desarrollo económico y social del país. La estrategia subyacente del Programa Especial de Mejora de la Gestión y el Programa de Reforma Regulatoria Base Cero en particular se propone combatir la parálisis generada por la regulación excesiva, eliminar disposiciones opacas o que crean costos innecesarios para el gobierno y los ciudadanos, erradicar las prácticas corruptas y disminuir los costos de administración pública, con el fin de utilizar mejor los recursos para áreas prioritarias.

Mediante la eliminación de reglas duplicadas y superpuestas, y el establecimiento de un claro y único marco regulatorio interno, el enfoque mexicano busca reducir al mínimo el uso de recursos para actividades gubernamentales internas pero, al mismo tiempo, aumentar la calidad de bienes y servicios públicos, así como la eficacia de los organismos de la Administración Pública Federal (OCDE, 2011c).

La primera etapa de la reforma regulatoria mexicana empezó con la creación de un inventario de todas las reglas gubernamentales en vigor. A partir de este inventario, todos los departamentos del gobierno federal identificaron normas y procesos duplicados, costos excesivos y procedimientos burocráticos que generan costos innecesarios para los ciudadanos. Con la ayuda del inventario, la Secretaría de la Función Pública identificó dos tareas principales requeridas para lograr los objetivos gubernamentales:

- Estandarización de procesos administrativos mediante la publicación de nueve *Manuales Administrativos de Aplicación General* (por ejemplo, recursos humanos y financieros, transparencia, tecnologías de la información, control) y eliminación de reglas previas para suministrar bienes y servicios de calidad a los ciudadanos y revocar todas las reglas innecesarias (Guillotina de Regulaciones Administrativas).
- Facilitación de procedimientos y servicios gubernamentales para servir mejor a los ciudadanos y revocación de todos los injustificados (Guillotina de Regulaciones Sustantivas).

Las iniciativas de desregulación y mejor regulación se completaron con la eliminación, fusión o simplificación de más de 9,181 reglas, estándares, leyes o programas debido a deficiencias, contradicciones, duplicación o exceso de regulación.

El Estado colombiano adoptó recientemente un modelo para la calidad total en la gestión pública, el cual establece la norma técnica respectiva. Estos esfuerzos han ayudado a desregular y simplificar procedimientos dentro del gobierno siguiendo el principio de eficacia administrativa. También han conducido al diseño de estrategias de alto impacto, como el reconocimiento por parte del gobierno nacional de buenas prácticas para eliminar formalidades y procedimientos internos, así como al desarrollo de planes anuales de eficiencia administrativa (OCDE, 2013c).

Recuadro 6.9. Mejor Regulación Dentro del Gobierno (RDG): Dinamarca

El programa danés para la "Mejor Regulación Dentro del Gobierno" se basa en una metodología sistemática que consiste en tres métodos interrelacionados: las "exploraciones" y el "derecho a cuestionar" implican al personal de primera línea, directivos e instituciones en el desarrollo de propuestas específicas. El "mapeo y medición" proporciona información sobre el tiempo dedicado a tareas administrativas por parte del personal de primera línea y su percepción de estas tareas. Por consiguiente, los tres métodos suministran la base necesaria para formular propuestas de reforma para la toma de decisiones políticas. La gráfica siguiente ilustra la metodología y la manera en que se interrelacionan los tres métodos.

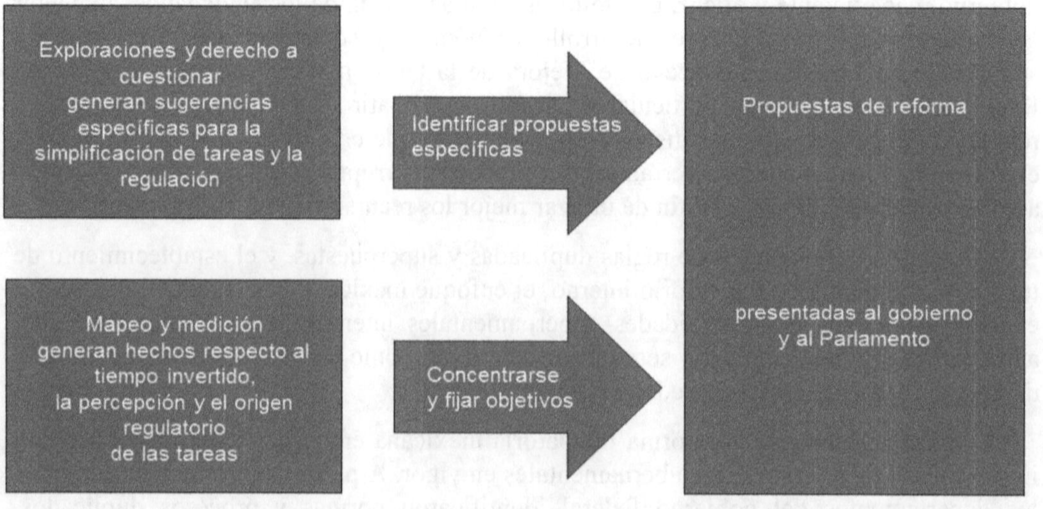

El enfoque adoptado es amplio, ya que no se limita a la regulación y las reglas legales, sino que incluye también la interacción entre reglas legales, flujos de trabajo, maneras de organización, sistemas TIC y prácticas de presentación de informes. Asimismo, es amplio porque se basa en compromisos y acuerdos recíprocos entre el gobierno central y los municipios.

El primer resultado del programa fue una propuesta exhaustiva de reforma presentada en 2009 al Parlamento danés. La propuesta consiste en 105 propuestas específicas que eliminan requisitos regulatorios equivalentes a €120 millones, relativos a ocho áreas centrales de bienestar en municipios y regiones, por ejemplo, escuelas públicas, hogares de ancianos, centros de atención diurna y hospitales. En enero de 2010 se presentó una propuesta de reforma relativa a los trabajos internos de las instituciones del gobierno central, centrada en gestión presupuestaria y financiera, recursos humanos y administración de propiedades.

Fuente: Ministerio de Finanzas danés, http://uk.fm.dk.

El informe *Reducing Red Tape in the Australian Public Service* ("Reducir la burocracia en el servicio público australiano") requiere que las agencias planifiquen revisiones periódicas. El documento recomienda que los requisitos internos se revisen por lo menos cada tres a cinco años, y los requisitos del gobierno entero, por lo menos cada cinco a 10 años (Departamento de Finanzas y Administración de Australia, 2007). De hecho, la "Lista de verificación para la reducción de la burocracia interna" establece lo siguiente:

- Desarrollar un programa de revisión de requisitos internos y del gobierno entero.
- Reevaluar con regularidad y, cuando sea necesario, actualizar el programa de revisión.
- Revisar los requisitos internos cada tres a cinco años.
- Revisar los requisitos del gobierno entero cada cinco a 10 años.
- Revisar los requisitos del gobierno entero que no se analizaron adecuadamente después del primer año de implementación.
- Identificar posibles revisiones de requisitos específicos del gobierno entero para consulta con el Grupo de Subsecretarios sobre Burocracia, sujeto a acuerdo con los secretarios de cartera.
- Garantizar que los requisitos sujetos a cláusulas de expiración se revisen con bastante anticipación a la fecha de expiración.

Una importante enseñanza internacional obtenida es que la reforma regulatoria no se logra con una política que se implemente de una sola vez; más bien, es resultado de un proceso de mejora continua y una evaluación sistemática de las regulaciones existentes y nuevas. Con base en la experiencia holandesa, tanto las revisiones sistémicas que evalúan objetivos más amplios de políticas, como las revisiones temáticas o sectoriales más específicas, pueden ser muy útiles; en gran medida, depende de la etapa de la política, los tiempos, y los niveles de madurez y capacidad del programa nacional de reforma regulatoria. Las revisiones regulatorias tendrían que realizarse en forma periódica, lo cual permite aprovechar reformas emprendidas con anterioridad, y garantizar la protección de intereses públicos mediante intervenciones gubernamentales eficaces y eficientes. Mantener una reserva ligera y actualizada de regulaciones reducirá al mínimo el riesgo de permitir que crezca de nuevo, con la consecuente pérdida de eficiencia y aumento de las cargas administrativas correspondientes.

De regulaciones más eficaces y eficientes se desprende un mayor cumplimiento de las políticas. No sólo menos papeleo y más beneficios macroeconómicos (como crecimiento del PIB y la productividad laboral), sino también mejor atención a la salud y educación, un entorno de trabajo más seguro, mejor inspección, mejores estadísticas, y así sucesivamente.

Dado el contexto de la República Dominicana, en el cual puede dedicarse largo tiempo a debatir y aprobar las reformas legislativas, sería más pragmático, en primera instancia, establecer una política regulatoria por medio de un documento presidencial. Sin embargo, en el mediano a largo plazos, sería mejor elevar el estatus de la política al de ley primaria e incorporarla al marco legislativo.

En México la política sobre mejores regulaciones está contenida en la Ley Federal de Procedimiento Administrativo, cuyos principales elementos son el establecimiento de la COFEMER (Comisión Federal de Mejora Regulatoria, Federal Commission for Better Regulation) como el órgano de vigilancia, las responsabilidad de los ministerios operativos y reguladores como parte de la política de mejora regulatoria, y el uso de herramientas para la calidad regulatoria. Por su parte, la política regulatoria de Canadá está contenida en una Directiva de Gabinete que presenta los requisitos del proceso regulatorio y los pasos para el análisis regulatorio (OCDE, 2013c).

La República Dominicana podría considerar establecer en el corto plazo una unidad de reforma regulatoria de alto perfil (preferiblemente dentro de la Presidencia) responsable de fomentar la eficiencia y la calidad regulatorias, dirigir políticas de reforma regulatoria focalizadas y su implementación en toda la administración pública dominicana. Si bien los ministerios individuales tendrían que seguir siendo responsables de sus áreas de competencia regulatoria, la experiencia de los países miembros y asociados de la OCDE muestra que se requieren mecanismos de coordinación y supervisión regulatoria para asegurar la gestión regulatoria uniforme y el desarrollo eficaz de las políticas para una Mejor Regulación.

Es importante que la República Dominicana adopte en el corto plazo y en el nivel gubernamental más alto, un enfoque claro, exhaustivo y de gobierno entero a la política de reforma regulatoria y su calidad. Debería integrar los diversos planes y esfuerzos de reforma, describir los principios en los que se basan, y fijar objetivos, responsabilidades y un marco para la implementación.

Se recomienda a la República Dominicana elegir la reserva (la regulación existente) como "punto de entrada" para los esfuerzos de reforma regulatoria, fijando criterios completos para seleccionar las regulaciones existentes que se revisarán. Conviene seleccionar sólo un número limitado de regulaciones para ser revisadas cada año, con base en criterios claros, prioridades establecidas y complementadas con la percepción del "sentido de urgencia". El mecanismo de revisión tendrá que dar más importancia al análisis económico de lo que se hace ahora. Debería considerar si los beneficios de la regulación superan sus costos regulatorios. Es importante evaluar las posibles alternativas a la regulación si con la revisión se concluye que una regulación determinada no consigue sus objetivos.

En el corto y mediano plazos es importante concentrarse en identificar, revisar y simplificar las regulaciones de alto impacto (el principio de Pareto) en estrecha colaboración con actores, así como atender, mediante un programa focalizado y bien coordinado, las cargas administrativas más sustanciales, desproporcionadas, irritantes e innecesarias dentro del gobierno, que afectan la prestación de servicios públicos en sectores cruciales como salud y educación. Lo mismo ocurre con las cargas redundantes impuestas a los negocios y PyMEs, que obstaculizan el crecimiento económico y la competitividad.

En primer lugar, hay que prestar atención a los asuntos que dan paso a mejoras y beneficios políticos visibles. Se trata de oportunidades fáciles tangibles y de ganancias rápidas más que de problemas demasiado delicados con intereses poderosos.

Por ejemplo, una ventanilla única puede ser un importante vehículo de ahorro interno y externo para la reestructuración, modernización y optimización de procesos administrativos y de servicios, que aumenta también su facilidad de acceso a la ciudadanía y las empresas. Las ventanillas únicas son un solo punto de contacto con la administración pública, en el cual se pone a disposición de los ciudadanos y empresas los requisitos de información para una cierta actividad gubernamental o servicio público, o donde los ciudadanos y las empresas pueden realizar ciertas transacciones con la administración pública (OCDE, 2013c).

En una situación perfecta, hay sólo una "ventanilla única" para acceder a todos los servicios públicos. En cualquier caso, definitivamente es necesario evitar la proliferación de estas "ventanillas únicas", sin importar el contexto económico, social e institucional nacional.

Una ventanilla única para empresas nuevas es un logro concreto y a menudo un escalón hacia reformas regulatorias mayores (como en el caso del portal mexicano www.tuempresa.gob.mx). En Croacia se emprendió una revisión regulatoria aprovechando otras reformas para mejorar la calidad regulatoria, como la implementación de la ventanilla única www.hitro.hr (OCDE, 2010c).

Es recomendable que la República Dominicana mantenga las menos visibles, más complejas pero necesarias reformas regulatorias hasta la siguiente etapa más madura (mediano a largo plazos). Esto se aplica, por ejemplo, a atender todo el flujo de nuevas regulaciones con exhaustivos instrumentos ex ante (análisis de impacto regulatorio o AIRs), a ayudar a prevenir que surjan nuevas e innecesarias cargas regulatorias al captar las consecuencias completas (beneficios y costos) de los proyectos de regulaciones. Más bien, una "exploración rápida" podría ser la opción viable para el corto plazo, con el fin de experimentar y obtener cierta experiencia antes de avanzar a AIR s más completos y sofisticados. También debe considerarse el uso eficaz de disposiciones de expiración o revisión en nuevas regulaciones.

Enfoques participativos pragmáticos para mejores políticas y una prestación de servicios públicos más innovadora

Si bien analizar sectores específicos de la República Dominicana rebasa el alcance de este estudio, en términos generales es recomendable enfocarse en innovar la prestación de servicios en algunas áreas clave para el desarrollo económico y social del país mediante políticas y acciones participativas focalizadas, en vez de intentar atender todo al mismo tiempo.

Los servicios públicos representan una gran parte de los gastos gubernamentales en los países de la OC DE. Los servicios de alto y buen desempeño son valiosos, tanto por los beneficios directos que generan para individuos como por la función importante que desempeñan en el apoyo al estatus competitivo de regiones o mecanismos nacionales, ayudando a determinar el bienestar de un país y su capacidad para atraer recursos humanos e inversiones.

Los gobiernos son actores clave en el suministro de la mayoría de los servicios fundamentales y básicos de los que la gente depende, pero afrontan retos y presiones crecientes en el diseño de una eficaz prestación de servicios públicos, lo que impulsa a los países a considerar más y más estrategias y soluciones innovadoras.

Estos retos van en aumento en las siguientes formas: el número de servicios públicos esenciales aumenta, la mezcla de servicios deseados por la gente se diversifica y la capacidad fiscal de los gobiernos se restringe más. Debido a que los servicios son una parte tan esencial de la economía y la calidad de vida de los ciudadanos, es importante que los gobiernos se aseguren de que ciudadanos y empresas tengan acceso a una mezcla adecuada de servicios en forma eficiente y equitativa. Si bien el gasto público en sectores públicos clave ha aumentado, aún hay grandes inequidades en el acceso y uso de los servicios públicos (por ejemplo, en el sector de atención a la salud).

Recuadro 6.10. Principios para buenos servicios públicos

- Respetar la individualidad de los ciudadanos
- Comunicarse en forma clara y abierta
- Asegurarse de las claras expectativas de los ciudadanos
- Mostrar humildad acerca de su función y poder como empleado público
- Asegurarse de corregir los errores
- Hacer del profesionalismo la base para el buen servicio
- Asegurar la coherencia en el servicio público
- Desarrollar e innovar la prestación de servicios
- Gastar recursos públicos con cuidado

Fuente: Ministerio de Finanzas danés, http://uk.fm.dk.

La escala de los retos demográficos, geográficos y fiscales que los servicios públicos afrontan influye en la naturaleza de su demanda y oferta en el corto y mediano plazos, lo cual requiere un nuevo pensamiento, nuevas prácticas y mayor capacidad política y sensibilidad de las administraciones públicas. Las realidades territoriales tendrían que considerarse seriamente, ajustando los servicios públicos a las necesidades locales, en vez de optar por una fácil solución "universal". Sin duda, las nuevas tecnologías desempeñan una función importante en los enfoques innovadores a la prestación de servicios; no obstante, el primer factor decisivo en la mejora integral de los servicios es el reconocimiento de que en efecto hay un problema y el trabajo comprometido para identificar e implementar de manera conjunta soluciones viables para ciudadanos y la sociedad civil.

Si bien hay ejemplos de soluciones específicas a problemas particulares de prestación de servicios, la complejidad de los servicios públicos y los diferentes contextos nacionales implican que no hay una sola ruta o un mejor enfoque. Dependiendo de las necesidades del país, la forma y función de los métodos innovadores de prestación de servicios podrían oscilar entre el desarrollo de nuevas formas y disposiciones organizacionales (incluidas asociaciones con otros niveles de gobierno y otros sectores para mejorar la prestación de programas y servicios), y los tipos de servicios prestados, así como quién los presta. Necesidades que impulsan el interés de un país en la prestación de servicios innovadora podrían incluir: un suministro más rentable y sensible a los ciudadanos; cambios en la cultura y las prácticas de gestión de la organización de modo que ésta se desempeñe con más eficacia, y el otorgamiento de mayor autoridad a los directivos, acercando así la toma de decisiones al punto de entrega en las comunidades atendidas (OCDE, 2013a; OCDE, 2010d).

Las reducciones de costo son importantes, pero requieren equilibrarse con implicaciones relacionadas con la calidad y los resultados deseados, y no concentrarse sólo en impactos de corto plazo. La relación costo-calidad debería implicar: 1) calidad e idoneidad del servicio para el individuo; 2) implicaciones a largo plazo o costos totales de vida; 3) resultados más amplios para la sociedad y el Estado.

La calidad y facilidad de acceso de los servicios podría mejorarse al trabajar con actores internos y externos con el fin de comprender mejor las necesidades de los usuarios, colaborar con mayor eficacia, recibir retroinformación sobre servicios públicos e involucrar a nuevos aliados en la prestación de servicios para obtener una perspectiva más centrada en los ciudadanos. En los países miembros y asociados de la OCDE han surgido enfoques que resultan eficaces y exitosos por poner a los ciudadanos como el foco principal de interés de la prestación de servicios.

Recuadro 6.11. Desarrollo de estándares profesionales para la participación ciudadana: la experiencia de Países Bajos

En Países Bajos se han tomado medidas importantes para formular y evaluar un estándar profesional para la participación ciudadana. El profesionalismo y las técnicas personalizadas crean un proceso continuo de implementación, recopilación de conocimientos, evaluación y ajuste. El objetivo no es alcanzar la "perfección" en la participación ciudadana, sino establecer estándares profesionales para estos procesos, estándares dinámicos, que nunca "terminan" y exigen atención constante.

En 2006, el gobierno de Países Bajos comenzó un cambio que implicaba reorganizar, profesionalizar y medir la participación ciudadana. El propósito era aumentar la eficacia de la participación, apoyar la buena toma de decisiones y mejorar la confianza en el proceso. La profesionalización consiste en un código de conducta con "principios de buena consulta" y una organización interdepartamental (Inspraakpunt) que puede apoyar a los funcionarios públicos. Este apoyo se ofrece mediante una plataforma para el intercambio de conocimientos y una evaluación comparativa regular de la calidad y eficacia de la participación ciudadana. El código establece lo siguiente:

- Determinar quién tiene la responsabilidad final y comprometer a esta persona u organización con el proceso.
- Desarrollar con anticipación un plan para el proceso y publicarlo. La transparencia de las reglas del juego hace que el proceso sea transparente para todos y ofrece claridad acerca de las expectativas.
- Conocer y movilizar a todos los actores. Cada cuestionamiento exige un grupo objetivo específico y plantea demandas específicas para la selección y contratación de participantes.
- Organizar el conocimiento. Aprender de otros y abrir el conocimiento a otros. Evaluar cada proceso de participación.
- Ser un interlocutor confiable.
- Comunicarse con claridad, en el momento adecuado y con información actualizada.
- Tener claridad respecto a diferentes funciones, así como a las futuras acciones y resultados esperados.
- Rendir cuentas por las acciones. Una retroinformación apropiada de resultados y decisiones muestra respeto hacia la aportación de los involucrados.
- No consultar sólo por consultar. No implicar a los ciudadanos para legitimar la decisión. La consulta sólo tiene sentido si puede contribuir a la calidad de la toma de decisiones.

Recuadro 6.11. Desarrollo de estándares profesionales para la participación ciudadana: la experiencia de Países Bajos *(cont.)*

En 2008, el gobierno de Países Bajos realizó una evaluación empírica del impacto del profesionalismo en la participación ciudadana. Se basó en 36 ejemplos de la misma y los resultados mostraron lo siguiente:

- Cuanto más se cumplan los estándares de profesionalismo, más altas serán las puntuaciones de efectos subjetivos y objetivos. Esto ocurre en particular cuando las precondiciones son favorables. Si las opciones de políticas son limitadas, o el compromiso del nivel político es bajo, el efecto del profesionalismo es considerablemente menor. La buena comunicación provoca un mayor impacto. Los participantes se sienten más satisfechos con el proceso y los resultados si hay una comunicación clara acerca de la influencia de los participantes, y si los resultados se demuestran con claridad. El apoyo de la comunidad a la decisión que finalmente se tome será mayor en términos generales.
- Si los líderes de proyecto se aseguran de que el proceso esté hecho a la medida del problema en cuestión, todos los involucrados estarán más satisfechos con los resultados. El apoyo de la sociedad a las soluciones será mayor, según el grado en el que el proceso sea *ad hoc*.
- Entre todas las precondiciones destaca particularmente el compromiso político. Por lo general el impacto es mayor en procesos en los que los políticos responsables apoyan la participación ciudadana. Esto también aplica si estos políticos son accesibles a los participantes durante el proceso y operan como una unidad ante el mundo exterior.

Fuente: van der Wal, H., I. Pröpper y J. de Jong (2009), "Developing Professional Standards for Citizen Engagement, the Netherlands", en OCDE (2009), *OECD Studies on Public Engagement: Focus on Citizens*, OEC D Publishing, París, http://dx.doi.org/10.1787/9789264048874-en.

Hay múltiples asuntos para los cuales el gobierno —con todo su poder tributario, autoridad y organismos expertos— carece de recursos, legitimidad o conocimientos para lograr los fines acordados. Por ejemplo, la salud pública no es producto sólo de médicos, medicamentos y acceso a los servicios de salud, sino también de elecciones informadas y responsables hechas por individuos. La educación eficaz de los niños no sólo depende de buenas instalaciones escolares y profesores competentes, sino también de padres de familia atentos y estudiantes comprometidos. En barrios dominados por la delincuencia, mantener las calles seguras depende de los muchos esfuerzos coordinados, no sólo de la policía y de varios servicios urbanos, sino también de los propios residentes.

La participación ciudadana —incluidas organizaciones de la sociedad civil, empresas y ONGs— es un medio eficaz con el cual los gobiernos pueden obtener apoyo y adhesión para sus decisiones, reales o planificadas. Los ciudadanos también pueden aportar ideas innovadoras para solucionar problemas de políticas o prestar servicios públicos. La participación pública sistemática pero pragmática no sólo es deseable, sino que es una condición de la gobernanza eficaz: tiene sentido tanto en términos de eficacia y eficiencia, como de reconstrucción de confianza mediante la mejora de relaciones con los diversos interesados y grupos objetivo.

Otras innovaciones se concentran en un mejor acceso a la información y una mayor transparencia de ésta, de modo que los ciudadanos puedan comparar servicios, tomar decisiones informadas y exigir cuentas al gobierno. Otra perspectiva es la de la innovación centrada en el usuario mediante la reorganización y personalización de los canales de prestación de servicios. Para ser eficaz, la prestación de servicios innovadora requiere también programas de gobernanza local flexibles y adaptables, cultivar entornos que faciliten la formación de reservas de conocimientos, simplificar la toma de decisiones y comprometer más a las comunidades locales al integrar sus puntos de vista y expectativas del diseño de políticas a la implementación y la evaluación.

Recuadro 6.12. Prácticas de participación en Estonia

La Oficina de Gobierno de Estonia publicó una guía para la participación (Las Buenas Prácticas de Participación) en su sitio web www.valitsus.ee/en/government/engagementpractices, la cual brinda directrices sobre cómo participar, a quien comprometer y los principios de la participación. La guía, que no está legislada ni es obligatoria, se aplica a organismos administrativos para la preparación de documentos estratégicos, definidos como: proyectos de ley y sus enmiendas, o regulaciones y directivas del Gobierno de la República, decretos de ministros y legislación de instituciones de la Unión Europea, así como otros documentos estratégicos; documentos, conceptos, políticas, planes de desarrollo y programas importantes para el desarrollo del país; educación y procedimientos para prestar servicios públicos, y convenciones y acuerdos internacionales, así como los documentos elaborados dentro de su marco y que influyen en la sociedad. La Oficina de Gobierno de Estonia define los principios para una buena participación como sigue:

- Claridad de los objetivos de participación – declarar con brevedad y claridad la tarea inicial, el resultado esperado y el efecto proyectado de las consultas y resoluciones.
- Compromiso de las partes – determinar las partes a quienes se consultará en el campo determinado y tomar en cuenta sus deseos, necesidades y características singulares.
- Participación en las etapas iniciales – con fines de consulta y participación, implicar a las partes en la preparación del proyecto lo más pronto posible y continuar la participación durante todo el proceso.
- Plan detallado de participación – diseñar un plan de participación lo más detallado posible.
- Comunicación eficaz – garantizar que el público, los grupos interesados y los posibles afectados por el documento estratégico estén informados.
- Resumen provisional del proceso de participación – compilar un resumen provisional del proceso de participación, corregir los aspectos particulares del proceso e informar a las partes de dicho resumen.
- Anuncio de los resultados – informar a las partes comprometidas de los resultados de la participación.
- Evaluación de la participación y los resultados – evaluar la participación y la aplicabilidad de sus resultados.

Fuente: Oficina de Gobierno (2010), www.valitsus.ee/en/government/engagement-practices, República de Estonia, Tallinn.

Fomentar confianza y credibilidad mediante la comunicación sistemática es el fundamento para una formulación de políticas abierta e incluyente (véase también el Anexo 2). En principio, la confianza es entre "ciudadanos y gobierno". Muchos gobiernos participan demasiado en relaciones públicas y no lo suficiente en la comunicación real. Un gobierno confiable es aquel que no pretende ser mejor de lo que es, pero que cumple con los productos y servicios prometidos, y al mismo tiempo es abierto y transparente respecto a lo que no es posible y por qué no lo es.

En la República Dominicana una iniciativa muy promisoria la conforman las llamadas Cartas Compromiso al Ciudadano, acuerdos obligatorios con los ciudadanos sobre calidad en el servicio desarrollados por el MAP como instrumentos para ayudar al éxito en la implementación del modelo CAF, cuyo punto de referencia clave es la satisfacción del cliente. Los objetivos de estos acuerdos son obtener resultados más tangibles para los ciudadanos, y mejorar los procesos de prestación de servicios al aumentar la participación y la influencia ciudadanas en los productos. Gracias a este instrumento, los ciudadanos saben lo que pueden esperar de un servicio público particular (qué, cómo y para cuándo), lo que les permite exigir cuentas a la institución pública responsable de la calidad del resultado entregado.

Recuadro 6.13. Fomentar la mejora en el acceso a la información y la transparencia en Brasil

Brasil ha invertido visiblemente en maneras innovadoras de promover la transparencia, aumentar la participación ciudadana, alentar el gasto público responsable e impedir la corrupción. En 2004, la Oficina del Contralor General de Brasil (OCG) creó un portal de acceso abierto con información detallada sobre el gasto federal, ahora vinculado con el Observatorio del Gasto Público (OGP) establecido en 2008.

La información del portal se actualiza cada día o cada mes. El gobierno requiere a los estados y municipios grandes que mantengan sus propios sitios web de transparencia y a partir de mayo de 2013 el requisito se aplica también a municipios pequeños. Un grupo dirigido por ciudadanos, llamado Cuentas Abiertas, suministra a los medios formación sobre cómo utilizar el portal.

El Portal Transparencia de Brasil (www.transparencia.gov.br) puede funcionar con costos de mantenimiento relativamente bajos y ha generado una cultura de transparencia en el país, captando atención internacional. Varios países (incluidos Costa Rica, Kenia, Montenegro y Paraguay) están explorando programas similares y han solicitado la asesoría de Brasil. Además, el portal no es la única medida del avance hacia la transparencia gubernamental en Brasil. En 2009 se presentó al Congreso una ley de libertad de información —para garantizar que la transparencia se convierta en la norma en los gobiernos locales, estatales y federales por igual—, la cual se aprobó en 2011 y entró en vigor en mayo de 2012, otorgando a los ciudadanos legitimidad para hacer valer en la corte el derecho a la información.

Otros países también buscan aumentar su transparencia: 55 de ellos se han adherido ya a la Alianza para el Gobierno Abierto (AGA), iniciada durante la Asamblea General de la ONU de 2011 y originalmente copresidida por Brasil y Estados Unidos. Cada país miembro debe presentar en público un plan de acción detallado en el que se describa de qué manera aumentará la transparencia gubernamental.

Fuentes: OCDE (2012c), *OECD Integrity Review of Brazil: Managing Risks for a Cleaner Public Service*, OECD Public Governance Reviews, OECD Publishing, París, http://dx.doi.org/10.1787/9789264119321-en; McKinsey and Company (2012), www.mckinsey.com/insights/public_sector/innovation_in_government_brazil.

Hasta ahora, la iniciativa del MAP ha dado pie a la creación de 19 acuerdos de calidad en el servicio con un uso creciente de encuestas periódicas, el vínculo de 164 servicios públicos con criterios establecidos y 12 instituciones públicas que se comprometieron con un sistema de quejas y sugerencias, y que pueden generar medidas de compensación en caso de una prestación de servicios inadecuada.

Recuadro 6.14. Formulación de políticas abierta e incluyente en Austria

En 2002, el Ministerio Federal Austriaco de Agricultura y Silvicultura, Medio Ambiente y Gestión del Agua estableció el "Grupo Estratégico Austriaco para la Participación Pública". Esta fuerza de tarea interdisciplinaria contaba con alrededor de 20 miembros provenientes de la administración pública, organizaciones no gubernamentales, consultores y académicos. El grupo publicó hojas de trabajo prácticas sobre varios temas, como las precondiciones y criterios de calidad para la participación pública, los beneficios para diferentes actores, y los límites y obstáculos para procesos de participación pública. Como parte de sus esfuerzos para aumentar los estándares profesionales y desarrollar capacidad entre los practicantes de la participación pública, el grupo organizó conferencias y talleres regulares, así como reuniones con grupos objetivo clave (por ejemplo, encargados de toma de decisiones políticas, representantes empresariales). En 2005, el grupo publicó su primer "Manual sobre Participación Pública". Estos recursos están disponibles gratuitamente en el sitio web del grupo, el cual contiene también útiles vínculos y una selección de material en inglés.

Fuente: Austrian Federal Ministry of Agriculture, Forestry, Environment and Water Management (n.d.), www.partizipation.at/index.php?english.

Como surgió en algunas entrevistas sostenidas durante la visita de trabajo de la OCDE en julio de 2013, en la República Dominicana funcionan algunos grupos de usuarios, organizaciones de la sociedad civil y organizaciones no gubernamentales u ONGs (como Participación Ciudadana) con estructura y algunas capacidades, conocimientos comparativos y competencias para reunir información, formular sus opiniones y expresar sus intereses principales. Sin embargo, en el entorno dominicano las asociaciones de empleadores y las organizaciones de la sociedad civil suelen ser pequeñas y débiles, con capacidad limitada para participar más y para conectarse sistemáticamente con programas e iniciativas gubernamentales. Esto significa que hay margen para un desarrollo de competencias más organizado y sólido para la sociedad civil, organizaciones no gubernamentales y asociaciones, para apoyar su compromiso con el gobierno y la administración pública.

Alianzas con los ciudadanos y la sociedad civil para una prestación de servicios innovadora

Los gobiernos consideran cada vez más la aportación ciudadana como una fuente de innovación en la prestación de servicios, implicando a los usuarios desde el suministro de información (por ejemplo, sitios web gubernamentales con participación del público) y la consulta (por ejemplo, solicitud de puntos de vista de los ciudadanos o retroinformación de usuarios de servicios) hasta la participación (por ejemplo, contribución a decisiones sobre recursos y políticas mediante redes en línea o reuniones comunitarias).

Según un estudio reciente realizado por la OCDE (OCDE, 2011d), el compromiso de los ciudadanos individuales y las organizaciones de la sociedad civil como aliados en la prestación de servicios públicos puede generar una mayor satisfacción del usuario y posibles reducciones de costos. Han surgido nuevas formas de alianzas con ciudadanos, usuarios y ONGs (también conocidas como coproducción), que aumentan el desempeño y la sensibilidad en el servicio público sin elevar los costos. Países menos avanzados de la región ALC han sido pioneros en la adopción de enfoques colaborativos a la prestación de servicios, lo que en gran medida se debe a la falta de un servicio civil profesionalizado y de infraestructuras de prestación de servicios. La mayoría de los ejemplos disponibles de servicios coproducidos se relacionan con mejoras graduales más que con cambios radicales para transformar los servicios, lo que implica un nivel menor de riesgo.

La coproducción del usuario y la comunidad de servicios públicos se refiere a la cooperación entre los proveedores de servicio profesional (en cualquier sector) y los usuarios de servicios u otros miembros de la comunidad, mediante el establecimiento de relaciones regulares de largo plazo, en las que todas las partes contribuyan. Estas prácticas aportan recursos adicionales y nuevos enfoques de usuarios, redes sociales, familiares y amigos, ofreciendo un poderoso instrumento para ayudar a individuos y comunidades a coproducir como participantes soluciones innovadoras a problemas complejos. La coproducción de servicios es un término genérico, que incluye una gama de términos más específicos, como codiseño, cocreación, coprestación, cogestión, codecisión o co-evaluación, todos los cuales reflejan las diferentes etapas de participación ciudadana y los diferentes tipos de aportación. La coproducción aún se encuentra en etapas tempranas en muchos campos de la prestación de servicios públicos nacional, aunque varios programas (piloto) realizados muestran resultados promisorios en áreas clave como salud, educación y protección social.

La coproducción puede ser una puerta de entrada a nuevas oportunidades, pero también plantea importantes retos que los gobiernos tienen que afrontar cuando implican a los ciudadanos en la prestación de servicios (por ejemplo, probidad y rendición de cuentas, competencias y culturas organizacionales). Comprometer a ciudadanos y al tercer sector como aliados en la producción y entrega de servicios es un paso para el cambio en la relación de poder entre los profesionales de servicios y los usuarios. Esto cuestiona los valores y prácticas organizacionales existentes en el sector público, con implicaciones para la rendición de cuentas. Es importante que no se perciba que al establecer alianzas con ciudadanos el gobierno renuncia a sus responsabilidades, sino que mantiene una función clara y estable de "guardián" del interés público, desarrollando nuevos tipos de relaciones de gobernanza que reconocen cómo los usuarios y comunidades desempeñan una función directa en la prestación de servicios. Adaptar al personal del sector público a nuevas funciones profesionales, como asesores en servicios más que como productores, requiere el desarrollo de nuevos conocimientos y capacidades.

Los enfoques de coproducción muestran mayor potencial de brindar una mejor relación calidad-costo y satisfacción del usuario en servicios personales como la atención a la salud. Un elemento clave de varios modelos de coproducción de salud es disminuir la dependencia de expertos por parte del usuario y, de esta manera, reducir los costos del servicio. En esencia, se trata de modelos en los cuales algunos de los servicios antes proporcionados por profesionales ahora son controlados por usuarios. Los usuarios reciben apoyo y formación para adquirir conocimientos acerca de condiciones particulares, gestionar su propia atención sobre una base diaria, y reducir la cantidad de intervención de expertos requerida. Por consiguiente, la naturaleza del servicio profesional empieza a cambiar, para ser utilizado en funciones más especializadas o complejas, y para respaldar el apoyo dirigido por el usuario. Esto puede liberar recursos, bien sea para bajar los niveles de gasto público o para transferir recursos a otras prioridades. Estos enfoques comparten el énfasis en la previsión, lo cual reduce la necesidad de servicios caros (como admisión a hospitales por urgencias o visitas ambulatorias).

Recuadro 6.15. Algunos beneficios de gestionar el cambio en el servicio público mediante alianzas

- Mejor desempeño organizacional
- Mejores comunicaciones dentro de la organización
- Mayor compromiso de los empleados
- Mejor entorno de trabajo y mayor motivación del personal
- Mayor compromiso y participación del personal
- Mayor uso del trabajo en equipo
- Reconfiguración de actitudes para el cambio
- Mayor conciencia de los objetivos organizacionales
- Entendimiento compartido de objetivos comunes
- Mayor concentración en los clientes
- Mayor capacidad de solución de problemas
- Mejores decisiones informadas
- Entorno más constructivo y cooperativo
- Más mecanismos de representación de los empleados
- Función sindical ampliada y más estratégica
- Aumento en el diálogo, la consulta y el intercambio de información
- Estilo directivo más participativo
- Mejores relaciones entre el personal y la dirección

Fuente: NCPP (National Centre for Partnership and Performance) (2004), *Civil Service Modernisation: Using a Partnership Approach*, NCPP, Dublin, http://files.nesc.ie/ncpp_archive/reports/NCPP_2004_csm_full_report.pdf.

Algunos programas muestran el poder del apoyo de pares y las contribuciones individuales para la entrega de servicios apropiados que de otra manera no podrían prestarse. Este modelo de coproducción involucra relaciones sólidas y continuas. Los costos son mínimos, principalmente de formación y apoyo de profesionales, y los beneficios incluyen el aumento de la motivación y la solución de problemas, según el tipo de tutoría (OCDE, 2011b).

La OCDE ha investigado los factores que aumentan la coproducción en los diversos países miembros y asociados; los factores más comúnmente mencionados para alianzas exitosas son el compromiso y liderazgo de alto nivel; la disposición y capacidad de compromiso del gobierno, y la claridad de la estrategia y los objetivos (véase la gráfica 6.4). Estos factores son característicos de las etapas iniciales de cambio y reflejan las posiciones de los países en un continuo de cambio. También reflejan un fuerte compromiso con el establecimiento de relaciones con usuarios y ciudadanos. La investigación de la OCDE identifica también ejemplos de cambio radical (la mayoría de los cuales son de carácter experimental) y el cambio integrado, que es más gradual (OCDE, 2011b).

Recuadro 6.16. Educación participativa: Chile

Para reducir el número de deserciones escolares y mitigar los problemas sociales relacionados (incluidos la delincuencia y el mayor consumo de drogas), las autoridades locales de Punta Arenas se propusieron crear un sistema educativo participativo. En este modelo, los estudiantes trabajan con sus profesores para decir cómo avanzarán en sus estudios y para aprender métodos de compromiso cívico y participación comunitaria. Las aulas son también espacios públicos participativos en los que se alienta a los estudiantes a ser flexibles y a concentrarse en su desarrollo como personas dentro de una comunidad mayor.

Los beneficios de este programa han sido claros, ya que un alto número de beneficiarios se han graduado y han ingresado con éxito a la fuerza laboral. El programa no sólo ofrece una solución concreta y multidisciplinaria al problema del ausentismo académico, sino también crea lazos emocionales entre los educadores y los jóvenes. Por consiguiente, se trata de un modelo de efecto aditivo, el cual se está incorporando, y la educación es coproducida con los estudiantes que no han alcanzado el éxito dentro de un modelo de entrega tradicional. Su éxito ha sido reconocido con un premio nacional.

Fuente: Government Innovators Network, Harvard Kennedy School, Ash Center for Democratic Governance and Innovation, www.innovations.harvard.edu/awards.

Gráfica 6.4. Factores que aumentan la coproducción de servicios públicos con ciudadanos y la sociedad civil

Como porcentaje de los casos reportados por países en todas las categorías de servicio

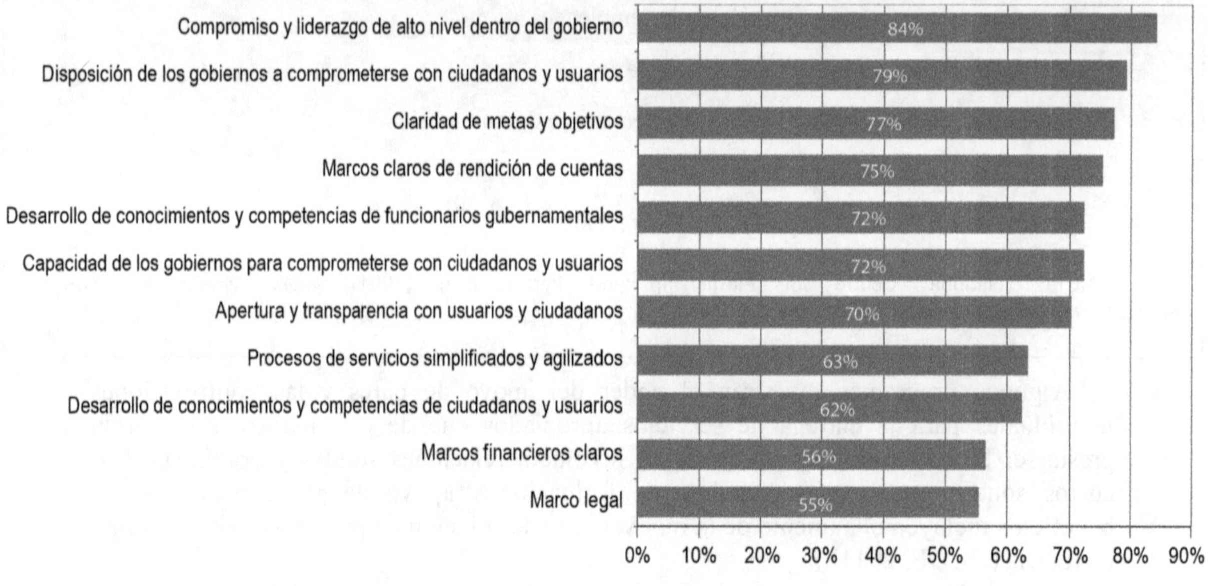

Fuente: OCDE (2010e), "OECD Survey on Innovation in Public Services", unpublished; 22 países de la OCDE, Brasil, Egipto, Rusia y Ucrania respondieron el cuestionario.

Los factores de éxito pueden variar de acuerdo con el tipo de servicio y la naturaleza del cambio implicados en las alianzas, aunque los siguientes aspectos clave parecen ser especialmente pertinentes para el entorno dominicano, considerando las entrevistas realizadas y los análisis de los capítulos anteriores: enfoque integral y colaboración entre todos los departamentos y sectores del gobierno; sinergia (trabajo hacia objetivos comunes); reglas claras desde el principio; se requiere identificación durante todo el proyecto; llegar a la población objetivo; disposición a comprometerse con ciudadanos, usuarios y ONGs nacionales como Participación Ciudadana (comunicación); accesibilidad (por ejemplo, de aplicaciones electrónicas); compromiso para tomar en cuenta las sugerencias de usuarios y ciudadanos desde el principio y durante todo el proceso.

Igualmente importante es identificar con rapidez los obstáculos y anticipar riesgos como parte de la gestión de una innovación y un cambio exitosos. Los factores que en el contexto dominicano representan riesgos o posibles barreras para formar alianzas eficaces y eficientes con ciudadanos y la sociedad civil orientadas a una mejor prestación de servicios incluyen los siguientes aspectos:

- Conocimientos y competencias: es posible que ni el gobierno ni los ciudadanos o usuarios tengan todas las competencias necesarias para coproducir. Esto podría generar incapacidad para contribuir con eficacia a los procesos de diseño y prestación de servicios, con el aumento correspondiente en costos.
- Recursos: puede requerirse recursos adicionales para financiar las iniciativas de coproducción por lo menos en sus primeros pasos.
- Cultura organizacional y resistencia al cambio: los modelos de coproducción pueden cuestionar los valores y prácticas organizacionales existentes en el gobierno. Por ejemplo, en la coproducción de servicio social, los profesionales tienen que convertirse en facilitadores y proveedores de apoyo a los usuarios para tomar decisiones y hacer elecciones, en vez de expertos que hacen aportaciones de servicio prescritas. Estos cambios transforman las relaciones de poder entre profesionales y usuarios y generan una fluidez de funciones que pueden resultar difíciles para los profesionales tradicionales y provocar su resistencia.
- Confianza: es posible que los ciudadanos y usuarios no estén dispuestos a comprometerse y participar, sobre todo si los nuevos enfoques sólo se relacionan con reducción de costos. Asimismo, se corre el riesgo de que los ciudadanos reaccionen con escepticismo si las alianzas no cumplen con los cambios esperados.
- Equidad e inclusión: es posible que las personas implicadas en la coproducción no representen a los ciudadanos en su conjunto, que se excluya a las personas más representativas y que haya "captación de interés" por parte de grupos particulares.
- Probidad: podría haber riesgo de fraudes y negligencia profesional, especialmente en contextos en los que los presupuestos se delegan directamente a los usuarios.
- Coordinación y colaboración entre niveles de gobierno central y local: la falta de estos importantes mecanismos institucionales —aunada a impedimentos financieros para respaldar la innovación del servicio generada por la coproducción— puede presentar barreras para el uso de estos planes.

La encuesta de la OCDE sobre innovación en los servicios públicos muestra que la escasez de recursos (40%), la falta de evidencia de los posibles beneficios de la coproducción (40%), y la falta de conocimientos y capacidades profesionales (40%) son las barreras más frecuentes a las alianzas con ciudadanos y la sociedad civil (grafica 6.5).

Gráfica 6.5. Factores que representan barreras a la coproducción de servicios públicos con ciudadanos y la sociedad civil

Como porcentaje de los casos reportados por países en todas las categorías de servicios

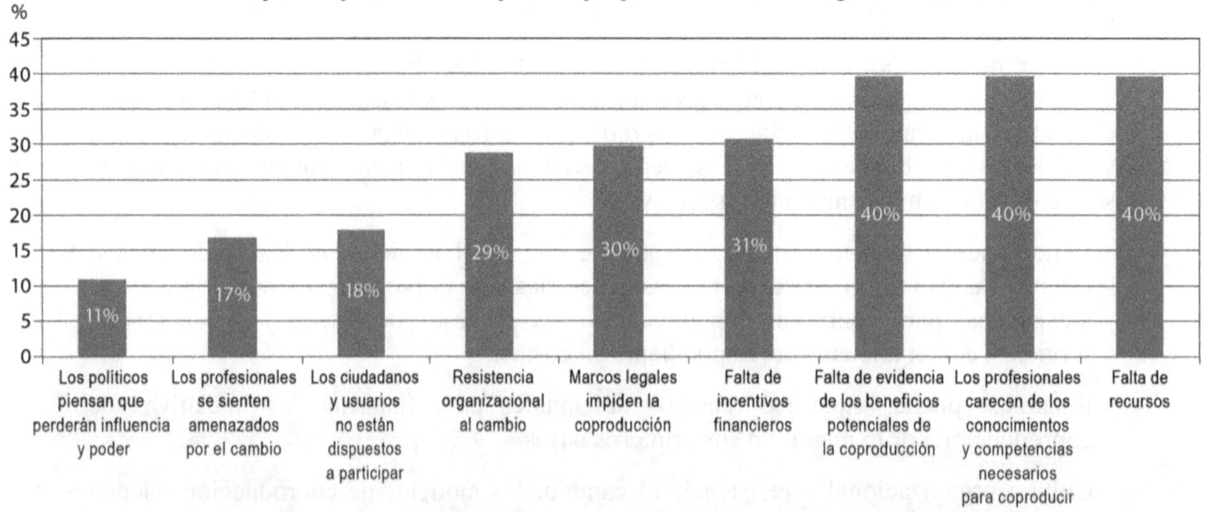

Fuente: OCDE (2010e), "OECD Survey on Innovation in Public Services", unpublished; 22 países de la OCDE, Brasil, Egipto, Rusia y Ucrania respondieron el cuestionario.

Sobra decir que los riesgos y barreras son mayores en el caso de modalidades de coproducción más radicales. Esto sucede, por ejemplo, en el servicio social, donde suele haber un cambio en las relaciones de poder, reducción del control profesional y delegación del control sobre presupuestos a los usuarios. Para otras áreas de servicio, es probable que el cambio sea de menor escala e implique menos riesgo (OCDE, 2011b).

En cualquier proceso de cambio hay que abordar el tema de los costos, tanto sobre los posibles recursos adicionales para desarrollar e implementar el cambio, como sobre los impactos esperados de éste. La limitación de recursos puede implicar crear mandatos sin fondos, e impedir alianzas eficaces.

De acuerdo con los resultados de la encuesta exploratoria de la OCDE sobre coproducción de servicios públicos (OCDE, 2010e), los siguientes factores de costos surgen como los recursos más comúnmente requeridos: formación del personal para nuevas funciones e infraestructura para brindar el servicio (véase la gráfica 6.6). En lo que se refiere a servicios específicos, los costos más comunes se relacionan con sistemas nuevos, por ejemplo, para presupuesto o supervisión del servicio en salud, y para cambios en la fuerza de trabajo y consulta en educación, protección social, orden público y seguridad.

Gráfica 6.6. Costos de coproducción

Porcentaje de casos reportados por países en todas las categorías de servicios

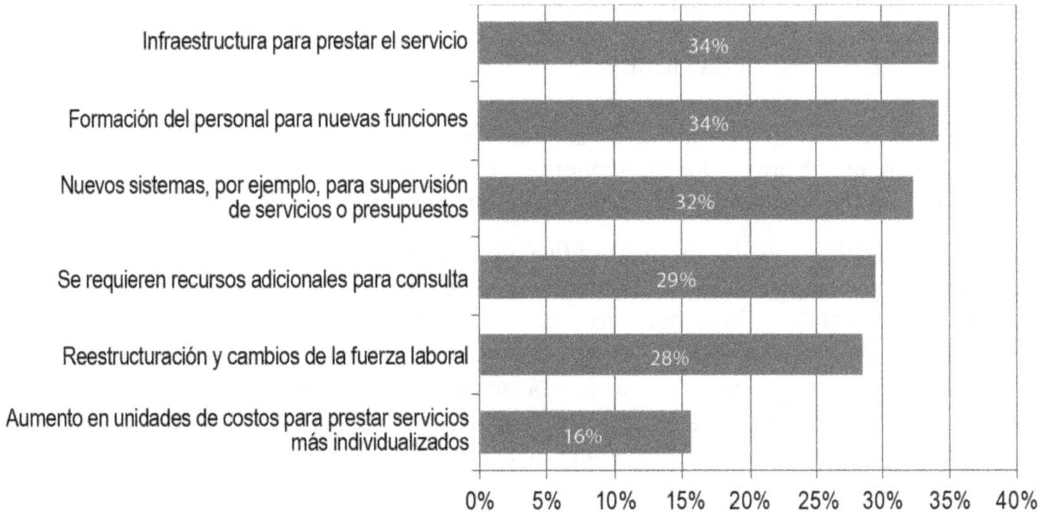

Fuente: OCDE (2010e), "OECD Survey on Innovation in Public Services", unpublished; 22 países de la OCDE, Brasil, Egipto, Rusia y Ucrania respondieron el cuestionario.

Prestación de servicios rurales para reducir la pobreza y desigualdad al mejorar las condiciones de acceso para los ciudadanos

El impacto en la vida de los ciudadanos de los bienes y servicios públicos básicos como educación, atención a la salud y justicia depende considerablemente del grado en el cual los posibles destinatarios puedan tener acceso a ellos y consumirlos (especialmente los grupos de ingresos bajos u otros grupos vulnerables). La accesibilidad de los servicios públicos puede considerarse un criterio de desempeño para los gobiernos, que refleja sus capacidades para reconocer con precisión la diversidad y naturaleza de diferentes necesidades, crear y adaptar los canales de entrega y comunicación de acuerdo con ellas, y garantizar la equidad y la justicia en la entrega y distribución.

Las barreras al acceso pueden ser de distinta naturaleza, entre ellas: distancia geográfica, instalaciones inadecuadas para los usuarios que requieren arreglos especiales, número insuficiente de canales de entrega (Internet, teléfono, contacto personal, etc.), información insuficiente o uso de un lenguaje complejo, horario de trabajo inconveniente o excesivas cargas administrativas. Estas barreras pueden reducir la conciencia de elegibilidad y la existencia de servicios o desalentar a posibles beneficiarios. La asequibilidad, o los costos económicos de adquirir un bien o servicio relativo al ingreso, puede ser otra barrera importante. La accesibilidad financiera no sólo puede marcar la diferencia entre si se consumirá un bien o servicio, sino también ejercer impacto en la confianza de los ciudadanos en la justicia de las instituciones públicas (OCDE, 2010f).

Si bien resulta difícil para los gobiernos prestar servicios adicionales en contextos urbanos (debido a demandas competitivas de fondos escasos), prestarlos en regiones rurales plantea mayores retos (incluidos incentivos por lo general más débiles para la intervención de proveedores privados y problemas para adaptar las tecnologías modernas a la realidad rural). No obstante, hay varios ejemplos de mecanismos de entrega en países miembros y asociados de la OCDE que prestan servicios de buena calidad en regiones y zonas rurales. Un factor importante que los respalda es la disposición a considerar una nueva metodología o enfoque, en vez de sólo copiar y usar la manera en que los servicios se prestan en un contexto urbano. En muchas zonas rurales, sobre todo las más lejanas, simplemente no se cuenta con ciertos servicios, o éstos tienen un costo mayor o una calidad más baja que en ubicaciones urbanas. Los servicios por prestar en zonas rurales a menudo se identifican individualmente sin pensar en cómo encajan en el patrón de servicios ya disponible. Por tanto, es necesario adaptar la prestación de servicios para ajustarla mejor a las circunstancias de la situación rural, lo cual puede implicar encontrar un tipo diferente de proveedor de servicios y una tecnología diferente para prestarlos, o incluso desarrollar un nuevo servicio que genere un resultado similar (OCDE, 2010f).

Las estrategias focalizadas de política de prestación de servicios son clave para responder a la complejidad e incertidumbre, así como a la cambiante naturaleza de la oferta y la demanda y los impulsores de los servicios rurales. Es necesario que las políticas públicas tengan sentido en el corto y largo plazos, lo cual significa políticas focalizadas con las que no sólo se deberá comprender las preferencias y necesidades actuales del usuario, sino también pensar en el futuro. Esto puede aumentar el desarrollo de políticas y ayudar en el diseño de mejores servicios en zonas rurales, optimizando las decisiones tomadas en el presente y revelando nuevas proveedor directo o al influir en las decisiones de prestación de servicios de empresas privadas y el sector voluntario. Su función debería adaptarse de acuerdo con ello, a los cambios institucionales y de gobernanza necesarios para el futuro de los contextos rurales.

En las zonas rurales con menos opciones de proveedores de servicios, los gobiernos tienen que buscar aliados para la prestación de servicios públicos. Es menos probable que empresas propiedad de inversionistas participen en la prestación de servicios rurales, por lo que esta función generalmente corresponderá al gobierno o al sector voluntario. Los gobiernos deben cambiar del estilo de "mando y control" a uno que acepte "alianzas", "nuevas maneras de apoyar la creación de alianzas" y las relaciones entre los actores públicos (central/regional/local), privados y no gubernamentales. En particular se requiere que los gobiernos desarrollen la capacidad de anticipar y experimentar; reducir las fricciones, gestionar el riesgo y emprender acciones preventivas; garantizar la distribución equitativa de los beneficios de innovaciones y progresos; establecer el intercambio equitativo de riesgos para mitigar éstos para los ciudadanos, en especial los más vulnerables, y desarrollar resistencia en los ciudadanos para que puedan resolver problemas y retos.

Hay margen para un uso más amplio de herramientas de gestión pública, como métodos de codiseño y coprestación en estrategias rurales de prestación de servicios públicos, formando alianzas —cuando sea viable— con organizaciones cuya cultura facilite la toma de riesgos y la experimentación necesarias para desarrollar soluciones innovadoras. El codiseño y la coentrega ofrecen una manera interesante y útil de pensar en la reorganización de los servicios públicos existentes, y la creación y posterior prestación de nuevos servicios. La principal idea que apoya esta opción es que los servicios deberían producirse con la aportación de los usuarios y no ser simplemente proporcionados a éstos por el gobierno. Un aspecto importante es trabajar desde el principio con las comunidades en la identificación de prioridades y en lo que es realista lograr. Un punto de arranque para políticas públicas mejor adaptadas es detectar las necesidades y preferencias de los usuarios, y compartir información pertinente con los actores y formuladores de políticas apropiados. A menudo los habitantes de zonas rurales están dispuestos a participar en debates sobre políticas locales, compartiendo objetivos comunes. Cuando los usuarios de los servicios participan en el diseño de los tipos de servicios y la manera de prestarlos, hay mejores oportunidades de brindar a los habitantes de estas zonas los servicios que quieren en una forma en que quieran recibirlos. En consecuencia, tal vez sea más fácil llegar a un acuerdo sobre la manera en que se prestarán los servicios que en sociedades urbanas más complejas. Por ejemplo, la co-entrega en áreas rurales puede utilizarse para lograr objetivos sociales (por ejemplo, atención comunitaria a ciertas categorías de personas).

> "Los habitantes de zonas rurales son más resistentes, saben cómo arreglar y reparar, aportan soluciones prácticas y útiles en un mundo en el que no pueden darse el lujo de recurrir a soluciones más exóticas." (2010, Richard Wakeford, Presidente del Grupo de Trabajo de la OCDE sobre Política de Desarrollo Territorial en Zonas Rurales)

Algunas de las entrevistas realizadas ilustraron que un enfoque como éste podría ser útil para las zonas rurales dominicanas, donde los mecanismos tradicionales de prestación de servicios serían demasiado caros o menos eficaces. Dado que la prestación de servicios en situaciones rurales es, hasta cierto grado, un asunto de nichos y no un proceso de producción en masa, es muy importante tomar en cuenta al usuario final en todas las etapas (pero especialmente en las iniciales).

La República Dominicana podría beneficiarse fuertemente en el corto, mediano y largo plazos de los conocimientos y la experiencia de varios países miembros y asociados de la OCDE que han diseñado o iniciado el desarrollo de grandes programas para combatir la pobreza y la desigualdad, los cuales combinan mecanismos de apoyo al ingreso familiar con iniciativas para aumentar el desarrollo socioeconómico a través del fomento de una mejor calidad y acceso a los servicios públicos básicos. El acceso a servicios en especie como agua, educación, salud y atención infantil es de vital importancia para apoyar los recursos de familias de ingresos bajos, permitir a los padres de familia trabajar y a los niños invertir en su capital humano.

Algunos enfoques innovadores a la prestación de servicios se centran en acercar el servicio al usuario al mejorar las condiciones de acceso. Su uso se ha extendido a diferentes zonas y sectores como parte de estrategias para aumentar la calidad y el acceso a los servicios públicos, especialmente en el nivel local.

Los centros de servicios múltiples físicos —que implican un enfoque centrado en el usuario que ofrece servicios múltiples en una misma ubicación física o co-ubicación (ventanillas únicas físicas)— son un mecanismo de prestación cada vez más común. La principal ventaja de la co-ubicación es el ahorro en costos si se agrupan los costos operativos básicos (economías de alcance), que pueden incluir: energía, seguridad y gastos administrativos, los cuales a menudo pueden reducirse considerablemente mediante la coubicación. La otra ventaja importante es que los usuarios, que incurren en costos de traslado, pueden combinar éstos, con lo que ahorran tiempo y dinero (OCDE, 2010f).

Recuadro 6.17. Resultados del taller de iniciativa de la OCDE/ALC "Combatir la pobreza mediante una mejor calidad de los servicios públicos", México, junio 2-4, 2009

El objetivo del taller mencionado fue intercambiar buenas prácticas y recomendaciones de políticas sobre cómo mejorar la calidad y el acceso a los servicios públicos para aliviar la pobreza, lograr una mayor inclusión social y reducir las desigualdades. La participación de la región fue amplia (Argentina, Costa Rica, El Salvador, Nicaragua, Panamá y Perú) y por la OCDE participaron Australia, Chile, España, Estados Unidos, México y el Reino Unido. La actividad, dirigida a crear una red de formuladores de políticas públicas de los países ALC y de la OCDE implicados y comprometidos con la mejora de los servicios públicos como parte de sus estrategias nacionales de desarrollo. Varios casos de estudio destacaron la función clave de la prestación de servicios de agua en el alivio de la pobreza.

En México se desarrolló el programa Estrategia 100x100, con el fin de fomentar la mejora de los servicios públicos en las tres áreas identificadas en el Índice de Desarrollo Humano (IDH): educación, salud e ingresos. Junto con estas áreas, se han promovido servicios de infraestructura. El programa también se desarrolló en el nivel federal para mejorar las competencias de GRH y capacidades humanas en los 125 municipios más bajos en términos del IDH. Una de las políticas de mayor éxito en la mejora de aspectos de salud fue el suministro de agua, lo cual ha ejercido un enorme efecto en la mitigación de enfermedades gastrointestinales.

La ONU desarrolló un marco para la prestación de servicios públicos eficaz mediante la descentralización, implícitamente orientado a los países ALC. Sugiere la prestación pública de ocho servicios calificados como "básicos" por su contribución a la dignidad humana, así como a la mejora de la calidad de vida y el fomento de un crecimiento económico sostenible. Los ocho servicios básicos son agua y saneamiento, tratamiento de desechos, energía, transporte, comunicaciones, educación, salud y seguridad pública. La prestación pública de estos servicios tiene que considerar el largo periodo necesario para materializar la inversión en el caso de los servicios de agua y saneamiento, tratamiento de residuos, energía, transporte y comunicaciones.

Los comentarios a la conclusión del taller confirmaron la necesidad de un enfoque de subsidio en efectivo y en especie para aliviar la pobreza. Para hacerlo de mejor manera, es necesario operar sobre una base territorial, ya que en el taller se detectó que las zonas rurales y urbanas difieren en términos de problemas enfrentados y mejores soluciones. Además, se requiere atender los problemas de coordinación que surgen de la interacción de diferentes niveles de gobierno. En muchas presentaciones del taller se mencionó la necesidad de un enfoque sistémico al alivio de la pobreza y se expresó la demanda de una descentralización eficaz.

Fuente: OCDE (2010f), *OECD Rural Policy Reviews: Strategies to Improve Rural Service Delivery*, OECD Publishing, París, http://dx.doi.org/10.1787/9789264083967-en.

El enfoque de fusión toma servicios que en un sentido son sustitutos y los combina en una sola institución más viable.

Una opción de prestación alternativa, centrada en el ciudadano, es proporcionar servicios a los usuarios en una forma que pueda reducir costos o bien, atraer más usuarios. De hecho, en sitios donde la demanda de servicios esté muy dispersa, puede ser más eficiente reorganizar la manera de prestarlos. Por ejemplo, adoptar *enfoques de prestación de servicios móviles y de divulgación*, como bibliotecas móviles que lleven servicios de biblioteca a comunidades demasiado pequeñas para tener una biblioteca física, o clínicas móviles que brinden atención médica y servicios dentales básicos a zonas lejanas o de difícil acceso.

Recuadro 6.18. Centros de servicios múltiples (ventanillas únicas físicas)

En muchos países, la brecha en la prestación de servicios públicos rurales se está cerrando con ventanillas únicas (VU). Como modelos innovadores de prestación de servicios, las VU operan como centros de información y brindan acceso a diversos programas desde un punto centralizado. El resultado fue reducir los costos de los proveedores y aumentar el acceso a servicios esenciales a habitantes rurales. La VU puede asumir varias formas: i) puede ser un centro de transacción con una sola ventanilla, lo cual facilita la solicitud de una multitud de servicios desde un punto de acceso, o ii) puede ser una ubicación física que abarca más que la sola solicitud y presta el servicio completo en el sitio. En esta última forma, los tipos de servicios ofrecidos por la VU son mucho más completos e incluyen desde educación, atención a menores, información gubernamental, referencias y asesoría, atención a la salud y a ancianos, servicios de apoyo social (rehabilitación, apoyo de vivienda), hasta actividades culturales y recreativas. Impulsados en gran medida por las necesidades y la participación de la comunidad, se espera que estos centros de servicio de "usos múltiples" sigan creciendo en las zonas rurales, ya que permiten a los gobiernos prestar servicios rurales sobre la base de la rentabilidad.

No obstante, hay ciertos problemas relacionados con las VU en las zonas rurales. Primero, diferentes culturas administrativas en un espacio pueden provocar conflictos de operación y gestión. Segundo, hay restricciones para el desarrollo de servicios y las diferentes actividades que pueden ofrecerse debido a la estructura elegida (es decir, edificio escolar con acceso limitado) o las diferentes necesidades de los proveedores de servicios. Tercero, las comunidades rurales por lo regular tienen dificultades para conseguir financiamiento, lo cual da pie a cuestionamientos acerca de la viabilidad de largo plazo de la VU dadas las limitaciones financieras.

En la panorámica presentada a continuación se presenta un resumen de las ventajas y desventajas de la VU para usuarios y proveedores, según la experiencia escocesa.

Ventajas y desventajas de las ventanillas únicas en Escocia

Ventajas

USUARIOS
- Servicios más accesibles a los usuarios con mayor flexibilidad y mejores instalaciones
- Más cercanía y mejor acceso para todos, incluidos usuarios de menores ingresos
- Ahorra tiempo, costo y traslados
- Mejora la confianza de la comunidad

PROVEEDORES
- Permite la prestación de servicios local
- Crea un entorno de trabajo colaborativo
- Posibilita una mejor calidad de los servicios
- Es rentable

Desventajas

USUARIOS
- Ubicación centralizada con acceso algunas veces restringido
- Ubicación inconveniente, es decir, estructura escolar pero actividades no escolares
- Las instalaciones comunes reducen la privacidad

PROVEEDORES
- Tecnología "subpar"
- Dificultad para mantener al personal
- Sin espacio dedicado
- Menos contacto directo con el cliente

Fuente: Adaptado de Bryan et al. (2007), Critical Factors in the Success of One Stop Shops as a Model of Service Delivery within Rural Locations, Scottish Executive, Edinburgh, United Kingdom.

Recuadro 6.19. Ejemplos de prestación innovadora de servicios rurales

Mejorar la gestión y suministro de agua: El Proyecto São Francisco (Brasil)

En Brasil, los gobiernos, instituciones públicas, la sociedad civil y organizaciones del sector privado han creado una alianza para encontrar soluciones que mejoren el suministro de agua en la región noreste del país. El Proyecto São Francisco es una iniciativa en el nivel nacional orientada a integrar a São Francisco a las cuencas de la región noreste de Brasil para suministrar agua potable a 12 millones de personas en los estados de Pernambuco, Paraíba, Ceará y Rio Grande do Norte hacia 2025.

Las organizaciones de la sociedad civil participan en programas sociales y ambientales que forman parte del proyecto. Codeciden sobre asuntos sociales, como la reubicación de familias afectadas, o coparticipan en la vigilancia del bienestar y la satisfacción de los ciudadanos durante y después de la ejecución del proyecto. En un principio la población rural directamente afectada por el proyecto mostró resistencia al cambio; sin embargo, el proceso de coproducción facilitó el debate y la definición de sus prioridades.

Como resultado, los ciudadanos interesados en el proyecto tienen acceso a servicios de salud y educación, a infraestructura de saneamiento y asistencia técnica para desarrollar cultivos de regadío en sus tierras. Las condiciones de vida de las familias afectadas han mejorado debido a la reubicación. En comunidades nativas se está trabajando en el desarrollo de la industria artesanal para elevar el ingreso de las familias. El efecto del proyecto es la modificación de las estructuras laborales en la región, lo que permite el desarrollo social y económico de las comunidades involucradas.

Centros de Operación Rural (Australia)

En varios países de la OC DE operan variantes de las ventanillas únicas (VU). Por ejemplo, el Programa de Centros de Operación Rural (COR) de Australia ayuda a las pequeñas comunidades rurales a establecer centros autofinanciados y de operación local que implementan nuevos servicios, o bien, ponen en marcha de nuevo servicios que ya no estaban disponibles. Desde su arranque en 1999, se han aprobado más de 200 COR para recibir ayuda de conformidad con el programa. Puesto que un consultor de campo del programa COR ayuda en el estudio inicial de consulta y viabilidad de la comunidad, el programa considera con bastante anticipación las necesidades de la comunidad y se adapta a ellas. Por consiguiente, el COR no compite con otros servicios planificados, y usualmente incluye: servicios financieros, acceso al servicio postal y de telecomunicaciones, servicios gubernamentales federales, estatales y locales, seguros y contribuciones, servicios secretariales y de impresión. Estos centros emplean desde un empleado de tiempo parcial a cuatro empleados de tiempo completo. El financiamiento del gobierno central cubre los costos de capital de establecimiento de un COR y subsidia los costos durante la etapa inicial de operación, de ser necesario. Los COR se han integrado al nuevo y modernizado Programa de Alianzas Regionales del gobierno australiano.

Diversificación Económica del Oeste (Canadá)

En Canadá, la "Diversificación Económica del Oeste" (WD, por sus siglas en inglés) se dirige a estimular el crecimiento económico al suministrar un programa de formación para llenar brechas de competencias específicas en la economía rural, y alentar la participación de habitantes de zonas rurales sin representación. Para superar el problema de la cercanía, la WD trabajó con aliados en las provincias para contar con dos remolques que funcionan como laboratorios móviles y prestar formación en el sitio según se necesite (por ejemplo, servicio técnico de automóviles, carpintería, electricidad, maquinaria, instalación de tubería, plomería, soldadura). El programa llega a un estimado de 100 estudiantes por año. También apoya un Entrepreneurship Learning Centre (Centro de Aprendizaje Empresarial) en Alberta, red de conferencias en vídeo que suministra información empresarial y oportunidades de formación interactiva. Desde su implementación en 2004, este programa ha servido a más de 14,000 propietarios de pequeños negocios y empresarios.

Recuadro 6.19. Ejemplos de prestación innovadora de servicios rurales *(cont.)*

Oficinas de Servicio al Ciudadano (Finlandia)

El equivalente finlandés de las ventanillas únicas (VU) son las Oficinas de Servicio al Ciudadano, las cuales permiten la prestación de servicios (bien sea públicos, privados, sin fines de lucro o mixtos) desde una sola ubicación. El objetivo es ofrecer a los ciudadanos un solo centro para servicios adecuados para gestionarse en conjunto, es decir, el tribunal de distrito municipal, la administración fiscal y laboral, el Instituto Nacional de Pensiones, y otros servicios de autoridades regionales y locales. Los servicios prestados incluyen recepción y entrega de documentos e información públicos, asesoría relativa a la institución de procedimientos y procesamiento de asuntos, y apoyo en el uso de servicios electrónicos. El objetivo es asegurar, mediante servicios conjuntos orientados al cliente y el uso eficiente de la tecnología de la información, una red de servicios suficiente y de alta calidad, el aumento de la productividad de la red del servicio local y la reducción de costos de prestación.

Neto sobre Ruedas (Portugal)

En Portugal, el proyecto Neto sobre Ruedas utiliza furgonetas equipadas con pequeñas computadoras portátiles para brindar acceso a Internet, oportunidades de formación profesional y acceso mejorado a servicios públicos electrónicos a zonas aisladas y escasamente pobladas. Neto sobre Ruedas es un proyecto comunitario innovador que sirve a cinco municipios de la región de Entre Douro e Vouga en Portugal. Implica a varios aliados, como empresas, instituciones sociales y culturales, instituciones educativas en diferentes niveles, y los gobiernos regional y nacional. Es financiado por el Programa Operacional Sociedade do Conhecimento (POSConhecimento), con fondos provenientes del presupuesto estatal y la Unión Europea. En dos furgonetas adaptadas y energéticamente autónomas, proporcionan a los usuarios 15 pequeñas computadoras portátiles conectadas a la red por vía móvil o satelital. Neto sobre Ruedas ofrece servicios de Internet y brinda a usuarios y zonas no tradicionales acceso a las TIC y a la red. Han proporcionado también formación en competencias TIC básicas a usuarios menos tradicionales, mejorando la empleabilidad de la población. Hasta la fecha, han brindado servicio a más de 26,954 usuarios, otorgado más de 860 diplomas en competencias TIC básicas, asistido a 1,176 eventos, visitado a 312 instituciones, atendido a más de 225 participantes en sus talleres digitales e impartido más de 267 cursos.

Fuentes: OCDE (2011a), "Innovation in Public Service Delivery: Context, solutions and challenges", Dirección de Gobernanza Pública y Desarrollo Territorial, GOV/PGC(2011)4/REV1; OCDE (2010f), *OECD Rural Policy Reviews: Strategies to Improve Rural Service Delivery*, OECD Publishing, París, http://dx.doi.org/10.1787/9789264083967-en; Australian Department of Transport and Regional Services; and information provided by the Brazilian Ministry of National Integration.

Desarrollo de capacidad para implementar alianzas con ciudadanos y la sociedad civil, con miras a una mejor prestación de servicios

Al igual que ocurre en cualquier proceso de cambio, el desarrollo de coproducción requiere una adecuada planificación y organización estratégica en una gama de áreas de servicio, con una función importante para la sociedad civil y el tercer sector. Las entrevistas llevadas a cabo y el análisis de la información disponible indican que enfoques estratégicos y focalizados podrían ser beneficiosos para la República Dominicana en su planificación de la manera en que podría utilizarse la coproducción para lograr un cambio positivo en áreas clave de servicio público, en términos de mejoras tangibles de los resultados a un menor costo.

Un enfoque estratégico comienza con la identificación de los retos donde el impacto del cambio sería mayor, como salud, educación y atención social. Junto con esto, pueden incluirse cambios más graduales en otras áreas complementarias, para hacer mejoras incrementales importantes, especialmente con base en ejemplos de servicios comunitarios que utilizan las nuevas tecnologías para llegar a una gama más amplia de usuarios en forma más económica que los servicios más tradicionales.

Un enfoque mixto como éste reduce tanto los costos como los riesgos de lograr el cambio. Muchos proyectos con ambiciones de transformación se encuentran en su etapa inicial y será importante supervisar sus avances y evaluar sus impactos, aprendiendo qué es lo que funciona y lo que no funciona. Por ejemplo, áreas clave de servicio como salud y protección social usualmente se benefician más de la coproducción cuando el objetivo es lograr cambios más radicales.

En cualquier caso, las alianzas exitosas requieren un cambio en la cultura organizacional. El personal necesita valorar a los usuarios como contribuyentes, creando las condiciones necesarias para que puedan coproducir. Además de nuevas tecnologías, las alianzas pueden también requerir la intervención y cambios pertinentes en el sistema público y las estructuras de poder que incluirían y mantendrían este tema en un sitio importante de la agenda política. El cuadro 6.3 podría ayudar a la República Dominicana a identificar un camino para diseñar programas eficaces de coproducción para una mejor prestación de servicios públicos.

La mezcla de elementos y su relativa importancia depende en gran medida de la naturaleza y nivel del cambio deseado. Por ejemplo, un cambio radical en la atención social requerirá un gran cambio en las actitudes profesionales, un considerable financiamiento inicial, sólidos sistemas de vigilancia, aportaciones de usuarios en todas las etapas, una fuerte gestión de riesgos con nuevos sistemas financieros y un fuerte liderazgo para persuadir y gestionar la resistencia al cambio. Sin embargo, la mejora de un parque local, por ejemplo, puede lograrse con recursos existentes y requerirá menos cambios en actitudes y cultura; implicará menos riesgo, pero requerirá buenas competencias de comunicación para recibir de buen grado las aportaciones del público.

El instrumento del *gobierno móvil* en particular —la adopción de tecnologías móviles para apoyar y mejorar el desempeño gubernamental, y fomentar una sociedad más conectada - puede utilizarse para complementar otros instrumentos de gobierno electrónico, como servicios en línea, que ayuden a mejorar la prestación de servicios con un enfoque integrado. La rápida aceptación de las tecnologías móviles —incluso en las zonas remotas de países con ingresos bajos—, aunada al surgimiento de muchas aplicaciones y servicios móviles innovadores, ha aumentado radicalmente el potencial de las TIC de desempeñar una función constructiva de apoyo a la buena gobernanza omnipresente, así como de combatir la pobreza y atender las necesidades sociales y económicas de los ciudadanos. De hecho, los servicios móviles ponen algunas de las nuevas tecnologías a disposición incluso de los grupos de más bajos ingresos.

Al empoderar a los ciudadanos, el gobierno móvil está mejorando la calidad de vida de muchas personas antes excluidas del mundo digital, con lo que se aumenta la rendición de cuentas y la transparencia del gobierno ante un mayor número de ciudadanos. Específicamente, las tecnologías móviles permiten un acceso conveniente, rápido y de bajo costo a la información y los servicios públicos. Ejemplos incluyen considerables avances en educación y servicios innovadores de salud. Los ciudadanos de zonas rurales y aisladas pueden, por ejemplo, recibir una mejor ayuda de salud móvil, notificaciones y alertas de emergencias médicas. Las tecnologías móviles también facilitan las transacciones financieras (por ejemplo, proceso de transferencias de efectivo, depósitos y retiros, créditos de nómina, remesas y actividades bancarias similares) y permiten la entrega de contenidos educativos a estudiantes que normalmente tendrían un acceso limitado a la educación pública. Sin embargo, ya que aún hay límites a la capacidad del gobierno móvil de llegar a ciertos segmentos de la población, es importante que los gobiernos eviten aplicar el uso de canales móviles para no ampliar la brecha digital, y brindar acceso a nuevas tecnologías sólo a quienes están dispuestos a utilizarlas. Los funcionarios gubernamentales que examinan el entorno del gobierno móvil, de cambios rápidos, deberían empezar el proceso de planificación preguntando "por qué" antes de preguntar "cómo" (OCDE/ITU, 2011).

Cuadro 6.3. Factores clave para la implementación exitosa de alianzas con ciudadanos y la sociedad civil

Actitudes y cultura	- Valoración de los usuarios/ciudadanos y apertura a su contribución
	- Flexibilidad, disposición para pensar en forma diferente y experimentar
	- Creatividad para generar una amplia gama de opciones entre las cuales elegir
	- Búsqueda fuera de su propia organización
	- Preparación para compartir capacidades y delegar poder
	- Formación de profesionales y usuarios/ciudadanos para desarrollar nuevas competencias y actitudes
Sistemas y procesos	- Enfoque sistémico y perspectiva integral de la prestación de servicios
	- Apalancamiento de nuevas tecnologías, gobierno electrónico y gobierno móvil
	- Mejora de procesos (trazar un mapa de los caminos y vínculos existentes y vislumbrar nuevos)
	- Supervisión de los sistemas para dar seguimiento a impactos, evaluaciones
Colaboración y alianzas	- Aportación de ciudadanos y usuarios en todas las etapas
	- Participación de los sectores privado o voluntario
	- Empoderamiento de comunidades, ciudadanos y personal
	- Nuevas competencias y maneras de trabajar
Gestión y liderazgo	- Apoyo de liderazgo desde la alta dirección
	- Mayores recompensas a individuos innovadores
	- Gestión de riesgos
	- Pruebas piloto para evaluación, aumento proporcional del éxito
Aprendizaje y comunicación	- Aprendizaje obtenido de otras personas y evaluación comparativa con ellas
	- Uso de pruebas piloto y evaluación sistemática de lo que ha funcionado y lo que no ha funcionado
	- Difusión de prácticas exitosas
Recursos	- Obtención de recursos de ciudadanos, comunidades y otras organizaciones
	- Siembra de recursos fundamentales para innovaciones de alto impacto
	- Recopilación de ideas de personas de todos los niveles de la organización

Fuente: OCDE (2011b), *Together for Better Public Services: Partnering with Citizens and Civil Society*, OECD Public Governance Reviews, OECD Publishing, París, http://dx.doi.org/10.1787/9789264118843-en.

Para apoyar procesos de negocios más eficientes en el sector público actualmente se emplean tecnologías móviles más sofisticadas, mediante comunicación en tiempo real y acceso rápido a información, así como empleados públicos más ágiles y móviles. Esto es un impulsor clave de la exploración de modelos de alianzas público-privadas que permitan a los gobiernos entender lo que es posible y adecuado, y al sector privado comprender mejor las necesidades del sector público y ofrecer soluciones pertinentes. El

Anexo 3 ofrece una guía compacta para entender mejor las recientes tendencias y retos relacionados con el gobierno móvil, así como para aprovechar las nuevas oportunidades disponibles de prestar mejores servicios a ciudadanos y empresas.

Recuadro 6.20. Gobierno móvil: beneficios para los gobiernos

Las tecnologías móviles ofrecen a los gobiernos importantes oportunidades de lograr una mayor optimización de costos, mejor coordinación de comunicaciones e información, prestación de servicios ampliados y grandes avances hacia la igualdad digital.

- **Mayor alcance:** Las tecnologías móviles amplían el acceso a grupos a menudo difíciles de alcanzar, como los ancianos, personas con discapacidad y habitantes de zonas rurales.
- **Movilidad y ubicuidad**: Los ciudadanos tienen acceso a información y servicios gubernamentales en cualquier momento y cualquier lugar usando redes inalámbricas mediante aparatos móviles e inalámbricos. Los empleados del gobierno pueden trabajar utilizando el mismo tipo exacto de aparatos, independientemente de la distancia, el tiempo, el lugar y las diversas condiciones naturales, pertinentes en especial para la seguridad pública y la gestión de urgencias.
- **Servicios más personalizados** (Prestación de servicios gubernamentales basados en la ubicación): dado que los teléfonos móviles suelen ser personales, la posibilidad de detectar la ubicación física exacta de una persona asegura que los gobiernos puedan prestar servicios directamente a cada una de ellas. Esto podría acelerar la reforma de estructuras organizacionales gubernamentales para simplificarlas y hacerlas más horizontales.
- **Rentabilidad**: El gobierno móvil arroja los siguientes resultados de ahorro en costos: procesos agilizados; acceso compartido y coordinado a información; mapeo integrado, y procesos electrónicos, comunicaciones y transacciones. El empoderamiento de los trabajadores de campo y las interacciones entre organismos pueden reducir los requisitos y costos de tiempo, traslado y dotación de personal, así como eliminar el ingreso de datos duplicados. Equipos de trabajo móviles con aparatos móviles pueden aumentar la disponibilidad de unidades.
- **Flujo de información más rápido:** Los procesos en tiempo real y basados en la ubicación generan datos y comunicaciones rápidas y fácilmente accesibles, información congruente, gestión sensible de casos e intercambios de información eficientes. La información y las acciones pueden coordinarse en cualquier ubicación y con otros organismos, mejorando la colaboración entre autoridades gubernamentales.
- **Mejor gestión:** La tecnología móvil puede ayudar a funcionarios gubernamentales a gestionar mejor los recursos financieros y humanos asignados. Las oficinas satélite o rurales pueden comunicar las necesidades y situaciones a medida que ocurran. Una información actual y precisa mejora la toma de decisiones y capacidad de respuesta basadas en conocimientos.
- **Mayor democracia:** Los funcionarios públicos pueden mantenerse actualizados respecto a la opinión pública y las prioridades de un grupo mayor de ciudadanos. La ampliación del alcance también amplía la rendición de cuentas y transparencia gubernamentales para más ciudadanos y permite una mayor participación ciudadana en el desarrollo de políticas y la toma democrática de decisiones.

Fuente: OCDE/International Telecommunication Union (2011), *M-government: Mobile Technologies for Responsive Governments and Connected Societies*, OECD Publishing, París, http://dx.doi.org/10.1787/9789264118706-en.

La lista de verificaciones de acciones presentada en la gráfica 6.7 destaca un conjunto de preguntas que podrían utilizarse para guiar los esfuerzos dominicanos para planificar y organizar un proceso innovador de prestación de servicios públicos mediante el uso de alianzas.

Gráfica 6.7. Lista de verificación para alianzas

Fuente: OCDE (2011b), *Together for Better Public Services: Partnering with Citizens and Civil Society*, OECD Public Governance Reviews, OECD Publishing, París, http://dx.doi.org/10.1787/9789264118843-en.

Las áreas de servicio público como salud y educación de la República Dominicana, donde el proceso de cambio recién inició, ofrecen al gobierno oportunidades de demostrar impactos de corto, mediano y largo plazos y desarrollar algún tipo de "caso de negocios". Todos los enfoques estratégicos a las alianzas parten de aprendizajes mutuos en el sector público, la reconsideración de maneras tradicionales de hacer las cosas, el ensayo o experimentación, la supervisión y evaluación de modalidades de coproducción en forma sistémica, y el aumento de prácticas que aporten los resultados deseados (OCDE, 2011b). Sobra decir que el tema del financiamiento inicial o semilla es un ejemplo de una condición importante por cubrir si la República Dominicana desea utilizar alianzas para avanzar, en el largo plazo, de la mejora gradual a la transformación focalizada de servicios. Por ejemplo, en la mejora tangible de la atención social o a la salud, es necesario que el personal tenga apoyo para desarrollar nuevas competencias y asumir nuevas funciones, que los usuarios reciban respaldo mediante las TIC y que se establezcan nuevos sistemas para asignar y supervisar recursos financieros.

Conseguir la implementación de la innovación y la reforma en el contexto dominicano: "Lo primero es lo primero"

Como se mencionó al inicio de este capítulo, la administración pública dominicana enfrenta retos importantes, con una clara brecha entre los recursos financieros y humanos disponibles, las demandas y expectativas de los ciudadanos respecto al sector público, y las capacidades actuales para responder adecuadamente a ellas. Al mismo tiempo, hay mucho margen para un uso más eficiente de los recursos públicos disponibles en el corto, mediano y largo plazos.

En un contexto como éste es decisivo garantizar cierta congruencia, continuidad y pragmatismo en el proceso de reforma, integrando y fortaleciendo lo que es esencial antes de absorber novedades y modalidades de administración pública modernas (modas administrativas). De manera similar, es importante que los avances en la reforma del sector público ayuden a generar más recursos de la sociedad civil, rompiendo el círculo vicioso que ha atrapado a los países de América Latina y el Caribe más pequeños.

En esta revisión, la Ley de Función Pública 41-08 en particular —por la cual se estableció el MAP como un organismo rector de la administración pública y el servicio civil con autoridad técnica y responsabilidad política— sobresale como un paso importante hacia el desarrollo de un servicio público profesional, moderno e innovador, capaz de responder con eficiencia y eficacia a las necesidades de los ciudadanos. En agosto de 2013 —después de muchos años de debates—, el Congreso por fin aprobó la ley complementaria de los salarios públicos generales, Ley General de Salarios para el Sector Público 105-13, lo cual es un avance promisorio. No obstante, existen algunas dificultades innegables para la implementación de políticas y para una primera evaluación de la Ley 41-08.

Uno de los temas que con regularidad se mencionan en el debate sobre la administración pública es el mérito relativo de las reformas exhaustivas rápidas, llamadas big bangs o "grandes explosiones", y aquellas más graduales. Un argumento a favor de las reformas big bang es que la resistencia que provocan puede superarse utilizando ventanas de oportunidad y agrupando diversos cambios en un solo paquete político. Sin embargo, los argumentos a favor de la reforma gradual incluyen que facilita el diálogo y el desarrollo de competencias, y permite tener retroinformación de las medidas previas de reforma, con lo que se reduce el riesgo de fracasar. La elección entre estos dos enfoques es cuestión de criterio político.

En ciertas reformas, como la modernización del sistema salarial de su sector público, parece que la República Dominicana no puede y no debería esperar reunir la energía política necesaria para implementar una big bang. Dado el escenario contextual dominicano en términos socioeconómicos y culturales, la OCDE recomienda que cualquier reforma nueva o posterior del sector público sea gradual y progresiva. Esto también se debe a que es necesario reconstruir la confianza con el personal y asociaciones, la cual resultó muy cuestionada y parcialmente erosionada durante las negociaciones de la Ley General de Salarios para el Sector Público.

Una estrategia gradual permite a un país elegir sus próximos pasos y, por consiguiente, seguir con cuidado un sendero de cambio evolucionario y visible. Esto fomenta la capacidad de aprender de las experiencias de pasos anteriores y basarse en ellas, y de programar las medidas de reforma para aumentar al máximo sus oportunidades de alcanzar el éxito. Al mismo tiempo, hay un riesgo intrínseco de perder de vista el objetivo fundamental y avanzar en la dirección posible, no la deseable. Por consiguiente, la estrategia gradual tendría que partir de una visión política clara y sólida de lo que la República Dominicana desea lograr en el corto, mediano y largo plazos. Esta estrategia se documentaría y comunicaría al personal del sector público y a actores clave, para ayudar a ofrecer una imagen nítida de los objetivos de reforma y su implementación.

La experiencia de la OCDE ofrece un conjunto amplio de recomendaciones para impulsar y facilitar la reforma sostenible del sector público. Lograr saber cómo implementar la reforma nunca es fácil, en particular porque nunca se recomienda simplemente copiar y trasplantar sin modificaciones el enfoque de reforma que funciona en alguna otra parte: no obstante las semejanzas, las circunstancias y condiciones de la reforma nunca son las mismas. Al final, la condición más importante del éxito es que quienes implementen la reforma tengan un sentido de adhesión a ella; la creatividad y perseverancia de los reformadores son esenciales, y su motivación se debe a que se sienten responsables y comprometidos. Esto requiere que gestionen la reforma en una forma que armonice sus propios valores, cultura y prácticas nacionales y administrativos.

Tomando en cuenta su propio contexto nacional y los desafíos únicos que impactan la capacidad de impulsar la reforma, la República Dominicana podría considerar algunas enseñanzas obtenidas de países miembros y asociados de la OCDE:

- **Establecer prioridades claras y focalizadas, pero no demasiadas.** "Elegir tus batallas". La ambiciosa Estrategia Nacional de Desarrollo 2010-2030 (END), ilustrada en el capítulo 1, contiene muchos principios amplios pero no siempre establece objetivos específicos definidos con claridad, y casi todos los puntos generales de acción se clasifican como de igual importancia. Lo mismo ocurre con varias perspectivas ministeriales. El alcance, la dimensión y complejidad de la administración pública a menudo impiden que los países se percaten de lo que es esencial para el éxito y lo que es irrelevante, lo que se relaciona con algo y lo que es trivial, así como cuáles son los posibles obstáculos y oportunidades. Con frecuencia las reformas tienen muchas dimensiones que son complementarias y compiten a la vez, con diferentes grados de prioridad pero siempre con limitados recursos para usarse de la manera más eficiente posible. La reforma de la administración pública no debería ser una prioridad por sí sola, pero sí se vincula con el logro de los objetivos gubernamentales ("las razones de negocios para la reforma"). En el escenario dominicano parece faltar una comprensión completa de estos vínculos, lo cual puede estar contribuyendo también al ritmo de la reforma de la administración pública. La agenda de reforma de administración pública general en la República Dominicana podría sobrecargarse con la falta de una guía estratégica y operativa clara. Las situaciones inciertas perjudican las relaciones de los interesados y envían señales mixtas a los ciudadanos, para quienes el camino de la reforma suele ser completamente falto de claridad y opaco. En términos de la prestación de servicios públicos —aunque el análisis de sectores específicos de la República Dominicana rebasa el alcance de este estudio—, es recomendable concentrarse en innovar servicios en algunas áreas clave para el desarrollo económico y social del país (como educación, salud, impuestos y aduanas, infraestructura, electricidad, logística y turismo) mediante políticas focalizadas y acciones visibles, en vez de intentar atender todo al mismo tiempo.

- **Desarrollar un camino de cambio integrado, sistemático, gradual, progresivo y visible al ordenar secuencialmente.** "Qué hacer primero, qué después y por qué". Es importante que el gobierno dominicano cree una hoja de ruta clara apuntalada por un camino pragmático de cambio y un calendario realista de reformas. No es posible empezar todo a la vez. No obstante, es esencial contar con una estrategia ambiciosa y exhaustiva desde el principio, para no poner en peligro reformas futuras, pero ordenando los cambios reales en forma gradual. La mayoría de los países miembros y asociados de la OCDE han emprendido el camino de reformas graduales bien integradas, en vez de intentar implementar un sistema completo de gestión del desempeño organizacional e individual de una sola vez, dedicando tiempo al desarrollo de competencias en el centro y dentro de las instituciones. Esto les ha permitido generar la experiencia y competencia para seguir adelante, aunque el reto es mantener el impulso de la reforma, de modo que lo aprendido en las primeras etapas sustente las siguientes (ordenamiento secuencial). La clave es encontrar las oportunidades adecuadas para hacer que las cosas sucedan (como quejas de ciudadanos y empresas, acuerdos internacionales o presiones exógenas). Las estrategias de implementación de reformas, la integración de reformas en diferentes esferas interdependientes y su ordenamiento secuencial necesitan diseñarse y supervisarse con cuidado, tomando en cuenta la capacidad de ponerlas en marcha y sostenerlas. La integración de las reformas tendría que ser una de las áreas en las que la evaluación de la implementación debe concentrarse.

- **Identificar con claridad desde el principio a los "ganadores" y "perdedores" de una reforma.** Se requieren estrategias de gestión del cambio para atender a los muchos actores implicados en las reformas y desarrollar un sentido de aceptación y adhesión. Es importante tener una buena mezcla de enfoques descendentes y ascendentes para lograr reformas más legítimas, coherentes y sostenibles. Se requiere movilizar continuamente a los beneficiarios de la reforma y comprometer a los oponentes en forma sistemática. De hecho, la oposición puede representar una oportunidad de mejorar el diseño de la reforma. Idealmente, los oponentes a una reforma se convertirían en partidarios. Es necesario reconocer desde el principio a los "perdedores" de la reforma y tomar en cuenta sus pérdidas. Esto podría hacerse mediante un incentivo financiero o una mayor autonomía en ciertos campos de políticas. También puede implicar mejorar la comunicación de beneficios generales (para la sociedad, etc.) que son reales, pero difusos. Un enfoque como éste requiere tanto el diálogo con los actores y el análisis claro orientado a identificar probables resultados, como los costos y beneficios (gestión de apoyo y oposición).

- **Seguimiento y mantenimiento de la flexibilidad en la implementación.** La administración pública no es estática en absoluto. La capacidad de reformar implica la capacidad para emprender una reforma, para dar seguimiento a su implementación y suministrar evaluaciones regulares. Esto requiere mecanismos de evaluación, medición del desempeño y retroinformación. A menudo, el objetivo de la reforma es un proceso en evolución, como ocurre con la descentralización: no se trata de un resultado de políticas en sí mismo, sino de una herramienta de gobernanza para mejorar resultados, como la prestación de servicios cuando una administración pública nacional está lista para ello. Por consiguiente, el sistema tiene que seguir siendo dinámico y flexible para permitir la evolución y el ajuste pragmático apropiados.

- **Enfocar la comunicación transparente en resultados, beneficios y costos visibles de la reforma.** Por lo general los ciudadanos no están muy interesados en la reforma de la administración pública, a menos, por supuesto, que impacte servicios de los que dependen en gran medida, como salud, educación y asistencia social. La confianza y el apoyo para reformas sostenibles tienen que ganarse o recuperarse mediante el compromiso pragmático con el público y los actores en diferentes niveles, indicaciones y evidencias claras de mejora, sobre todo en la prestación de servicios públicos y la competitividad económica. Es fundamental ser abierto y transparente con los actores respecto a lo que se necesita para lograr la reforma, dedicando tiempo suficiente para que se ajusten. Los formuladores de políticas de América Latina y el Caribe deben prestar atención particular a la naturaleza de las concesiones entre los costos de corto plazo de superar los retos y los beneficios de largo plazo de la reforma del sector público. La comunicación tendría que centrarse en resultados y aprendizajes positivos, pero ser franca respecto a los costos necesarios —que pueden ser inevitables en el corto plazo para generar ganancias tangibles en el mediano y largo plazos—, además de ser igualmente abierta al principio en relación con las demandas que no pueden cumplirse y por qué. Esto con el fin de evitar cualquier daño a la credibilidad de la reforma (gestión de expectativas).

- **Explotar ventanas de oportunidad.** Las crisis financieras y económicas globales y nacionales constituyen un ejemplo. Si bien revelaron debilidades en los sistemas de gobernanza, proporcionan una invaluable oportunidad de intentar nuevos métodos de operación y acelerar el cambio.

- **Por último, pero no menos importante: apreciar el liderazgo fuerte e inspirador.** Prácticamente todas las evaluaciones de reformas de la administración pública confirman la importancia vital de contar con un liderazgo eficaz e inspirador en todos los niveles, aún más en tiempos difíciles. La capacidad y disposición de los mandos intermedios de apoyar e implementar reformas a menudo determina su éxito. Por otro lado, los altos directivos desempeñan una función decisiva en la creación de una estructura organizacional que aliente la innovación y la agilidad, al recompensar la toma de riesgos y fomentar el desarrollo de nuevas habilidades. Muchos también señalan la necesidad de contar con cohesión gubernamental en apoyo de la reforma: si el gobierno no está unido alrededor de una propuesta de reforma, enviará mensajes mixtos y sus oponentes explotarán sus divisiones, lo cual usualmente provoca la derrota.

Dado que la República Dominicana ha puesto en marcha ambiciosos programas para modernizar y profesionalizar a su administración pública y su servicio civil, será fundamental que el desarrollo de una hoja de ruta clara y pragmática de la reforma se acompañe de un plan realista de implementación, y que esto se comunique con oportunidad y transparencia al personal del sector público, actores y ciudadanos. Mejorar la eficiencia, eficacia y flexibilidad de la administración pública requerirá asumir en algún momento una visión y un enfoque de gobierno entero a las actividades gubernamentales. Cuando los organismos del sector público hayan llegado al límite de la eficiencia que pueden lograr dentro de sus propios límites organizacionales, un enfoque interministerial puede ayudar a crear eficiencias adicionales para el gobierno en su conjunto.

Recomendaciones clave

A. Corto plazo (1-2 años)

La estructura del gobierno es fundamental para el funcionamiento de una administración pública moderna y un factor clave subyacente a la capacidad institucional, organizacional y de desempeño para implementar con éxito las reformas del sector público como un motor para la renovación y una mejor prestación del servicio centrado en el ciudadano. De manera similar, es importante que los avances en la reforma del sector público ayuden a generar más recursos de la sociedad civil, rompiendo el círculo vicioso que ha atrapado a los países latinoamericanos y caribeños pequeños. Las medidas que ayudarían a lograrlo incluyen las siguientes:

- Garantizar cierta congruencia, continuidad y pragmatismo en el proceso de reforma, integrando y fortaleciendo lo que es esencial antes de absorber novedades y modalidades de administración pública modernas. Esto podría complementarse con el desarrollo horizontal y la incorporación vertical de una mentalidad y cultura profesional compartidas, duraderas, y a la vez orientadas a la obtención de resultados, en el sector público dominicano.
- Fijar prioridades claras y focalizadas, pero no demasiadas; desarrollar un camino de cambio integrado, sistemático, gradual y visible al ordenar secuencialmente; identificar con claridad desde el principio a los "ganadores" y "perdedores" de una reforma *(gestión de apoyo y oposición)*; dar seguimiento y mantenimiento de cierta flexibilidad en la implementación; enfocar la comunicación transparente en resultados, beneficios y costos *(gestión de expectativas)*; explotar ventanas de oportunidad, y la importancia de apreciar el liderazgo fuerte e inspirador.
- Ampliar el *alcance innovador* y el potencial subyacente de la administración pública dominicana más allá de su actual e importante foco en soluciones de gobierno electrónico. Una visión más amplia y bien integrada podría generar considerables sinergias y aumentar significativamente los beneficios tangibles dentro del empleo público y la GRH, como un *facilitador de innovación* para otras áreas relacionadas de políticas del sector público dominicano y viceversa; al final esto produciría una mejor prestación de servicios a ciudadanos y empresas.
- Atender la fragmentación, duplicación y proliferación institucionales para alcanzar una administración pública más coherente, responsable, transparente y rentable, que preste mejores servicios, mejorando así la imagen y credibilidad del sector público.
- Una revisión profunda e independiente de la "maquinaria del gobierno" y la evaluación de la administración pública dominicana para identificar oportunidades viables de racionalización y reorganización, aumentando los beneficios que pueden lograrse al mejorar áreas de políticas clave, como el empleo público y la GRH estratégica, alentando una asignación más eficiente de los recursos humanos disponibles y un mejor control de los costos de nómina.
- Una revisión específica de la relación calidad-precio del actual modelo dominicano de prestación de servicios públicos para evaluar su eficiencia y eficacia operativas, incluidos los cambios institucionales requeridos para aumentar la eficiencia de los servicios públicos dentro del marco de una demanda cambiante (en particular en los sectores de salud y educación). Esto podría apoyarse con un proceso sólido de consulta y una estrategia de comunicación.

- La gestión del cambio tendría que desarrollarse tan rápido como sea posible para apoyar con eficacia los programas de reestructuración institucional y los instrumentos promisorios de gestión de la calidad. Estos esfuerzos se apuntalarían con arreglos financieros transparentes, liderazgo de los altos directivos de todo el gobierno y recompensas para aquéllos que dirijan con el ejemplo, impulsen la innovación y brinden apoyo al personal al afrontar éxitos y fallas en los proyectos.
- Utilizar un enfoque basado en evidencias para aclarar y fortalecer la función de valor añadido y los criterios de toma de decisiones para establecer los organismos, agencias, instituciones, unidades (autónomas) y servicios (descentralizados), existentes y nuevos planificados.
- Hacer un mejor uso de los recursos existentes del MAP al cambiar a una estructura más sencilla que gire alrededor de áreas estratégicas más que de funciones. Es recomendable examinar las opciones para consolidar la organización del MAP. Podrían fusionarse unidades muy pequeñas con otras unidades (superpuestas), con el fin de crear más capacidad.
- Podría utilizarse el Plan Estratégico del MAP como base de un plan de gestión multianual de recursos, de modo que puedan preverse los recursos organizacionales disponibles para la implementación de las reformas.
- Fortalecer la función central del MAP, empezando el desarrollo de un enfoque bien coordinado y flexible de gobierno entero a la prestación de servicios públicos, apuntalada por una estrategia sólida orientada a su logro. No se recomienda delegar responsabilidades adicionales al gobierno local en el corto plazo, ya que esto plantearía el riesgo de debilitar reformas que requieren un impulso sostenido por parte del centro del gobierno. Sin embargo, las mejoras tangibles en los servicios públicos demandarán un gran esfuerzo para mejorar la capacidad de los servicios descentralizados.
- Reforzar su entorno propicio para la mejora de la prestación de servicios al consolidar más las responsabilidades del servicio administrativo, actualmente diseminadas en el MAP, los ministerios operativos y las instituciones locales. En el corto plazo, esto significaría una mayor coordinación para armonizar plataformas y prácticas, focalizar mejor los escasos recursos, reducir las duplicaciones y permitir que se compartan costos de desarrollo de herramientas de administración. Esto allanaría el camino para una mayor co-ubicación de los servicios administrativos.
- Además, desarrollar y sostener la capacidad de coordinación, incluso a través de incentivos más fuertes y rendición de cuentas para el trabajo horizontal, la formación para una mayor profesionalización, el apoyo a comunidades de práctica y gestión de calidad.
- Asumir un enfoque gradual a la implementación de un sistema de gestión del desempeño organizacional plenamente integrado (pero no demasiado complejo), en vez de intentar establecer un sistema muy sofisticado de una sola vez. Establecer una cultura fuerte de desempeño y cambiar a una administración pública orientada al desempeño requerirá más tiempo que un periodo gubernamental.
- Implementar una elaboración de presupuestos de programas (no demasiado compleja) para ayudar a que la transferencia del financiamiento y los productos y resultados de desempeño sea más transparente, y facilitar los cambios a la maquinaria del gobierno.

- La transparencia pública suministrada a través del SISMAP podría reforzarse con la rendición política de cuentas mediante un informe regular presentado al Presidente y el Congreso, como sucede en varios países de la OCDE. Otra posibilidad por considerar es una revisión regular de los avances por parte del Gabinete, tal vez con el requerimiento a los ministros de rendir cuentas del progreso en las instituciones de las cuales son responsables. A medida que se desarrolla el sistema de gestión del desempeño para instituciones y altos directivos, es importante integrar a su evaluación de desempeño la aplicación de las disposiciones de la Ley 41-08.
- En términos generales, es recomendable enfocarse en innovar la prestación de servicios en algunas áreas clave para el desarrollo económico y social del país mediante políticas y acciones participativas focalizadas, en vez de intentar atender todo al mismo tiempo. Las áreas de servicio público como salud y educación, donde se ha iniciado el proceso de cambio en la República Dominicana, ofrecen al gobierno oportunidades de demostrar impactos de corto, mediano y largo plazos, y desarrollar algún tipo de "caso de negocios".
- Mejorar la calidad y acceso a los servicios públicos básicos mediante enfoques participativos pragmáticos y estratégicos focalizados, al trabajar con actores internos y externos para comprender mejor las necesidades de los usuarios, reconstruir la confianza recurriendo a la comunicación sistemática y abierta, colaborar de manera más eficaz, recibir retroalimentación sobre servicios públicos e involucrar a nuevos aliados en la prestación de servicios para una perspectiva más centrada en el ciudadano.
- Utilizar el instrumento de gobierno móvil en particular —la adopción de tecnologías móviles para apoyar y mejorar el desempeño gubernamental, y fomentar una sociedad más conectada— para complementar otros instrumentos de gobierno electrónico, como servicios en línea, que ayuden a mejorar la prestación de servicios con un enfoque integrado.

La reforma regulatoria en el interior del gobierno puede ayudar a liberar importantes recursos para brindar mejores respuestas de prestación de servicios públicos a ciudadanos y empresas, logrando que las organizaciones del sector público excesivamente reguladas y rígidas, basadas en reglas, sean menos onerosas, más eficientes, productivas y flexibles para implementar el cambio y las prácticas innovadoras. Las medidas que ayudarían a lograrlo incluyen las siguientes:

- Adoptar en el nivel gubernamental más alto, un enfoque claro, exhaustivo y de gobierno entero a la política de reforma regulatoria y su calidad. Éste debería integrar los diversos planes y esfuerzos de reforma, describir los principios en los que se basan, y fijar objetivos, responsabilidades, así como un marco para la implementación.
- Dado el contexto de la República Dominicana, en el cual puede dedicarse largo tiempo a debatir y aprobar las reformas legislativas, podría ser más pragmático, en primera instancia, establecer una política regulatoria por medio de un documento presidencial.
- Considerar el establecimiento de una unidad de coordinación y supervisión de reforma regulatoria de alto perfil (preferiblemente dentro de la Presidencia) responsable de fomentar la eficiencia y la calidad regulatorias en toda la administración pública dominicana, garantizando una gestión regulatoria uniforme y un desarrollo e implementación eficaces de las políticas focalizadas de reforma regulatoria por parte de los ministerios individuales.

- Empezar por prestar atención primero a los asuntos que dan paso a mejoras y beneficios políticos visibles dentro de un marco de tiempo razonable (oportunidades fáciles tangibles y ganancias rápidas).
- Elegir la reserva (la regulación existente) como "punto de entrada" para los esfuerzos de reforma regulatoria, fijando criterios completos y claros para seleccionar una cantidad limitada de regulaciones prioritarias existentes que se revisarán cada año, con base en análisis económicos y complementados con la percepción del "sentido de urgencia".
- Una "exploración rápida" podría ser la opción viable para experimentar y obtener cierta experiencia en los diversos efectos sobre la nueva regulación, antes de avanzar a análisis de impacto regulatorio (AIRs) más completos y sofisticados.

B. Mediano plazo (3-5 años)

La República Dominicana podría beneficiarse en gran medida de un enfoque focalizado sostenido para superar las principales barreras institucionales, organizacionales, de desempeño y regulatorias identificadas en su administración pública. Estos cuellos de botella pueden obstaculizar seriamente la implementación de las reformas del sector público y las soluciones innovadoras de prestación de servicios, limitando los beneficios que pueden lograrse de las mejoras de desempeño en áreas prioritarias como el empleo público y la GRH estratégica. Las medidas que ayudarían a lograrlo incluyen las siguientes:

- Seguir reduciendo la fragmentación institucional mediante la implementación de los resultados de una revisión de la "maquinaria de gobierno".
- Suministrar los recursos necesarios para permitir a la Contraloría General la plena implementación del sistema de unidades de control interno en las instituciones públicas.
- Considerar añadir en el mediano y largo plazos algunas cláusulas en las leyes de creación de agencias sentando las bases para revisar las funciones, el desempeño y el valor añadido de éstas, con el fin de permitir una supervisión y evaluación más regulares de la idoneidad o necesidad continuas de las tareas por desarrollar por parte de una agencia (independiente).
- Seguir fortaleciendo y ampliando la función del MAP como autoridad central, ya que la implementación de reformas complejas y delicadas como el nuevo sistema salarial del sector público requerirá una función central (del empleador público) con un cometido considerablemente ajustado.
- Incorporar una perspectiva más "holística" de la prestación de servicios, abandonando aquélla impulsada por la postura de un nivel gubernamental o interés específicos y centrándose más bien en la eficiencia integral del sector público, así como en el servicio eficaz a la ciudadanía y el ámbito empresarial.
- Para superar esta debilidad de coordinación, se requiere un liderazgo más fuerte que aporte una perspectiva estratégica y orientada a resultados a las actividades de servicio administrativo, identifique vínculos y sinergias en todas las diferentes áreas del servicio administrativo y asegure la capacidad de entregar beneficios reales.
- Podría delegarse al MAP la función y responsabilidad general de uniformar la política de prestación de servicios al nivel de administración central, lo cual facilitaría la toma de decisiones coherente y brindaría mejores servicios públicos. Sin embargo, ello

requeriría que se ofreciera el financiamiento adecuado y un personal debidamente calificado.

- Vincular los resultados de una revisión estratégica de la dotación de personal para el gobierno electrónico y otras iniciativas de innovación, para alentar a las organizaciones a identificar maneras de prestar servicios públicos con mayor eficiencia y eficacia.
- La flexibilidad en la adaptación de las estructuras organizacionales a las necesidades en proceso de cambio podría aumentarse en el entorno dominicano al abandonar la actual y rígida práctica de establecer ex ante la estructura de las instituciones y las disposiciones de prestación de servicios en la ley. Al final esto podría ayudar al MAP y a otros actores implicados a ser más innovadores al buscar maneras de brindar servicios públicos con mayor eficiencia y eficacia.
- El diseño organizacional tendría que ser un tema de rendición de cuentas de gestión, controlado por medio del marco de desempeño, y no un asunto prescrito con anterioridad. La función del MAP de supervisión y aprobación de la reestructuración institucional requerida habría de significar que se tiene un control adecuado sin necesidad de legislar.
- La implementación de un sistema de gestión del desempeño organizacional plenamente integrado requiere innovaciones considerables en la gestión del sector público, lo que implica un esfuerzo coordinado y sostenido de todos los actores institucionales en el mediano y largo plazos, que a menudo trasciende varios periodos de gobierno.
- Esto facilitará la creación de mecanismos de integración y cooperación necesarios para superar las tradicionales fricciones, falta de coordinación de presupuestos y planificación tan comunes en los países ALC. A este respecto es importante que los actores clave de la reforma institucional tomen en cuenta el ciclo de gestión en su conjunto.
- El tema del financiamiento inicial o semilla es un ejemplo de una condición importante por cubrir si la República Dominicana desea utilizar alianzas pragmáticas con ciudadanos y la sociedad civil para avanzar, en el largo plazo, de la mejora gradual a la transformación focalizada de la prestación de servicios y la innovación.
- Un uso más amplio de herramientas de gestión pública, como métodos de codiseño y coprestación en estrategias rurales de prestación de servicios públicos, formando alianzas —cuando sea viable— con organizaciones cuya cultura facilite la experimentación necesaria para desarrollar soluciones innovadoras. Un enfoque como éste podría ser útil para las zonas rurales dominicanas, donde los mecanismos tradicionales de prestación de servicios serían demasiado caros o menos eficaces, lo que ofrece una manera interesante y útil de pensar en reorganizar los servicios públicos existentes y/o crear y después suministrar nuevos.

La reforma regulatoria no se logra con una política que se implemente de una sola vez; más bien, es resultado de un proceso de mejora continua y una evaluación sistemática de las regulaciones existentes y nuevas. De regulaciones más eficaces y eficientes se desprende un mayor cumplimiento de las políticas. Las medidas que ayudarían a lograrlo incluyen las siguientes:

- Elevar el estatus de una política regulatoria al de ley primaria e incorporarla al marco legislativo en el mediano a largo plazos.

- Concentrarse en identificar, revisar y simplificar las regulaciones de alto impacto (el principio de Pareto) en estrecha colaboración con actores, así como atender, mediante un programa o iniciativa focalizados y bien coordinados, las cargas administrativas más sustanciales, desproporcionadas, irritantes e innecesarias dentro del gobierno, que afectan la prestación de servicios públicos en sectores económicos y sociales cruciales.
- Mantener las menos visibles, más complejas pero necesarias reformas regulatorias hasta la siguiente etapa más madura (mediano a largo plazos). Esto se aplica, por ejemplo, a atender todo el flujo de nuevas regulaciones con exhaustivos instrumentos ex ante (análisis de impacto regulatorio o AIRs), a ayudar a prevenir que surjan nuevas e innecesarias cargas regulatorias al captar las consecuencias completas (beneficios y costos) de los proyectos de regulaciones.
- Tendría que considerarse también el uso eficaz de cláusulas de terminación o revisión en las nuevas regulaciones.

C. Largo plazo (5 años +)

Sólo una estrategia incluyente y de largo plazo ayudará a identificar las principales prioridades correctas y a comprometerse con una agenda ambiciosa, y realista a la vez, de corto y mediano plazos, perseverando el tiempo suficiente para generar beneficios cuantitativos y cualitativos tangibles tanto en términos de gobernanza pública interna como de prestación de servicios externa. Las medidas que ayudarían a lograrlo incluyen las siguientes:

- Identificar áreas en las que el MAP podría, con el tiempo, deshacerse de responsabilidades (por ejemplo, es importante que su función de desarrollo del sistema de relaciones laborales no implique que el ministerio trate casos individuales o se encargue de proteger los derechos de servidores públicos).
- Tomar la decisión en el mediano a largo plazos sobre la forma organizacional más apropiada para la prestación de servicios públicos en la República Dominicana. Esto requeriría una revisión funcional del gobierno, con un análisis de rentabilidad de largo plazo de las nuevas maneras de prestación de servicios públicos. La República Dominicana podría considerar un enfoque en el que todas las actividades de servicio administrativo se consoliden en un ministerio (el MAP).
- Seguir aplicando el sistema de gestión del desempeño organizacional.
- Vincular la planificación estratégica con los sistemas de presupuestos basados en resultados y los sistemas de gestión del desempeño organizacional a medida que éstos se implementan. Vínculos firmes entre los marcos de planificación estratégica, elaboración de presupuestos y desempeño permiten relacionar el gasto gubernamental con el logro de resultados de políticas, y forzar la priorización de objetivos cuando se afronta la limitación de recursos.
- Vincular la gestión de desempeño individual con la gestión del desempeño organizacional, asumiendo un enfoque gradual a la implementación que abrirá oportunidades de aprendizaje. A medida que se desarrolle el marco de desempeño de la República Dominicana, es posible que avance más la fijación de objetivos y se refuercen más los vínculos con la planificación, elaboración de presupuestos e iniciativas clave como la GRH, la gestión de calidad y la reestructuración institucional.
- El establecimiento fructífero de los mencionados vínculos decisivos en la República Dominicana depende de una cooperación eficaz entre el MAP, el Ministerio de

Hacienda (MH), el Ministerio de Economía, Planificación y Desarrollo (MEPyD), ministerios individuales y agencias.

- Seguir desarrollando capacidad para implementar alianzas con ciudadanos y la sociedad civil, con miras a una mejor prestación de servicios. Para ser eficaz, la prestación de servicios innovadora requiere también programas de gobernanza local flexibles y adaptables, cultivar entornos que faciliten la formación de reservas de conocimientos, simplificar la toma de decisiones y comprometer más a las comunidades locales al integrar sus puntos de vista y expectativas del diseño de políticas a la implementación y la evaluación.

Bibliografía

Attali & Associés (2010), *Informe de la Comisión Internacional sobre el Desarrollo Estratégico de la República Dominicana: 2010-2020*, Santo Domingo, Dominican Republic.

Australian Department of Finance and Administration (2007), *Reducing Red Tape in the Australian Public Service*, Canberra.

Austrian Federal Ministry of Agriculture, Forestry, Environment and Water Management (n.d.), http://www.partizipation.at/index.php?english.

Banco Interamericano de Desarrollo (BID) (2013), *Managing for Development Results in the Dominican Republic*, nota técnica núm. IDB-TN-537, IDB, Washington, D.C.

BID (2009), *La ruta hacia el crecimiento sostenible en la República Dominicana*, IDB, Washington, D.C.

BID (2006), *The Politics of Policies: Economic and Social Progress in Latin America*, Centro David Rockefeller de Estudios Latinoamericanos, Universidad de Harvard. Estados Unidos.

Borins, S. (2001), *The Challenge of Innovating in Government*, The PricewaterhouseCoopers Endowment for the Business of Government.

Bryan, A., J. Bryden, H. Kirsty, F. Rennie, and L. Young-Smith (2007), *Critical Factors in the Success of One Stop Shops as a Model of Service Delivery within Rural Locations*, Scottish Executive, Edinburgh, United Kingdom.

Comisión Europea (2013), *European Public Sector Innovation Scoreboard 2013,* http://ec.europa.eu/enterprise/policies/innovation/files/epsis-2013_en.pdf.

Commonwealth of Australia (2010), *Ahead of the Game – Blueprint for the Reform of Australian Government Administration*, Canberra.

Commonwealth of Australia (2007), *Implementing Machinery of Government Changes – A Good Practice Guide*, Attorney-General's Department, Canberra.

DFID (2013), *Summary Report of the Public Sector Governance Reform Evaluation*, informe preparado por DFID – UK Department for International Development, Irish Aid, Sida – la agencia sueca de ayuda en colaboración con la OECD DAC Network on Governance, London, www.gov.uk/government/uploads/system/uploads/attachment_data/file/199777/Public-sector-gov-reform-eval-summary.pdf.

EIPA (2007), *Performance Assessment in the Public Services of the EU Member States*, estudio para la 48ª Reunión de los Directores Generales de los Servicios Públicos de los Estados Miembros de la Unión Europea, European Institute of Public Administration, Maastricht, Países Bajos.

ESADE (2012), *Segundo Barómetro de la Profesionalización del Empleo Público en Centroamérica y República Dominicana*, presentación de los resultados preliminares, Francisco Longo, Instituto de Gobernanza y Dirección Publica.

Focus Consultancy (2010), *Diversity and Innovation, A Business Opportunity for All*, publicación financiada por el European Community Programme for Employment and Social Solidarity (2007-2013), www.iegd.org/pdf/Task%203%20-%20Innovation.pdf.

Government Innovators Network (n.d), Harvard Kennedy School, Ash Center for Democratic Governance and Innovation, www.innovations.harvard.edu/awards.

Government Office (2010), "The Good Engagement Practices", Republic of Estonia, Tallinn, www.valitsus.ee/en/government/engagement-practices.

Grindle, M. (2010), "Constructing, Deconstructing and Reconstructing Career Civil Service Systems in Latin America", Faculty Research Working Paper Series RWP10-025, Escuela Kennedy de Harvard, Escuela de Gobierno John F. Kennedy, Universidad de Harvard,Estados Unidos.

Hausmann, R., C., A. Hidalgo, J. A. Jiménez, R. Lawrence, E. Levy-Yeyati, L. Pritchett, C. Sabel, and D. Schydlowsky (2012), *Reporte Harvard. Construyendo un mejor futuro para la República Dominicana: Herramientas para el desarrollo, Informe Elaborado por el Centro de Desarrollo Internacional de la Universidad de Harvard a Solicitud del Ministerio de Economía, Planificación y Desarrollo de la República Dominicana*, Working Papers, Centro de Desarrollo Internacional de la Universidad de Harvard, Santo Domingo, República Dominicana.

Laking, R. (2005), "Agencies: their benefits and risks", *OECD Journal on Budgeting*, 4(4), OECD Publishing, París, http://dx.doi.org/10.1787/budget-v4-art19-en.

Latinobarómetro (2011), www.latinobarometro.org.

McKinsey and Company (2012), www.mckinsey.com/insights/public_sector/innovation_in_government_brazil.

MEPyD (Ministerio de Economía, Planificación y Desarrollo) (2012), *Estudios* y *Documentos de Base Propuesta Estrategia Nacional De Desarrollo 2010-2030,* Santo Domingo.

Ministerio de Administración Pública (2012), *Estrategias para Desarrollar la Calidad en los Servicios Públicos en República Dominicana*, Presidencia de la República Dominicana, Santo Domingo, Febrero, www.map.gob.do.

Moynihan, D.P. (2006), "Ambiguity in policy lessons: the agencification experience", Public Administration, 84(4): 1 029-1 050.

NCPP (National Centre for Partnership and Performance) (2004), *Civil Service Modernisation: Using a Partnership Approach*, NCPP, Dublin, http://files.nesc.ie/ncpp_archive/reports/NCPP_2004_csm_full_report.pdf.

OCDE (2013a), "Observatory of Public Sector Innovation: Identifying policy levers to promote innovation", Dirección de Gobernanza Pública y Desarrollo Territorial, GOV/PGC(2013)15.

OCDE (2013b), *Government at a Glance 2013*, OECD Publishing, París, http://dx.doi.org/10.1787/gov_glance-2013-en.

OCDE (2013c), *Regulatory Policy in Colombia: Going beyond Administrative Simplification*, OECD Publishing, París, http://dx.doi.org/10.1787/9789264201941-en.

OCDE (2012a), *Slovenia: Towards a Strategic and Efficient State*, OECD Public Governance Reviews, OECD Publishing, París, http://dx.doi.org/10.1787/9789264173262-en.

OCDE (2012b), *Promoting Inclusive Growth: Challenges and Policies*, OECD Publishing, París, http://dx.doi.org/10.1787/9789264168305-en.

OCDE (2012c), *OECD Integrity Review of Brazil: Managing Risks for a Cleaner Public Service*, OECD Public Governance Reviews, OECD Publishing, París, http://dx.doi.org/10.1787/9789264119321-en.

OCDE (2012d), "Framework Paper on Regulatory Innovation: How innovation in the design and delivery of regulatory services can promote and support innovation in the economy", Dirección de Gobernanza Pública y Desarrollo Territorial, GOV/RPC/RD(2012)4.

OCDE (2011a), "Innovation in Public Service Delivery: Context, solutions and challenges", Dirección de Gobernanza Pública y Desarrollo Territorial, GOV/PGC(2011)4/REV1.

OCDE (2011b), *Together for Better Public Services: Partnering with Citizens and Civil Society*, OECD Public Governance Reviews, OECD Publishing, París, http://dx.doi.org/10.1787/9789264118843-en.

OCDE (2011c), "Reviews of Regulation: Lessons from International Experience", Dirección de Gobernanza Pública y Desarrollo Territorial, GOV/RPC(2011)2.

OCDE (2011d), *Together for Better Public Services: Partnering with Citizens and Civil Society*, OECD Public Governance Reviews, OECD Publishing, París, http://dx.doi.org/10.1787/9789264118843-en.

OCDE (2010a), *Value for Money in Government: Public Administration after "New Public Management"*, OECD Publishing, París, http://dx.doi.org/10.1787/9789264086449-en.

OCDE (2010b), "Strengthening the Institutional Setting for Regulatory Reform: the experience from OECD countries", Dirección de Gobernanza Pública y Desarrollo Territorial, GOV/RPC(2010)5/FINAL.

OCDE (2010c), "Regulatory Policy and the Road to Sustainable Growth", Dirección de Gobernanza Pública y Desarrollo Territorial, GOV/RPC(2010)16/FINAL.

OCDE (2010d), *OECD Public Governance Reviews Finland: Working Together to Sustain Success*, OECD Publishing, París, http://dx.doi.org/10.1787/9789264086081-en.

OCDE (2010e), "OECD Survey on Innovation in Public Services", inédito.

OCDE (2010f), *OECD Rural Policy Reviews: Strategies to Improve Rural Service Delivery*, OECD Publishing, París, http://dx.doi.org/10.1787/9789264083967-en.

OCDE (2009), *OECD Studies on Public Engagement: Focus on Citizens*, OECD Publishing, París, http://dx.doi.org/10.1787/9789264048874-en.

OCDE (2008), "Regulation inside Government", GOV/PGC/REG (2009)/15.

OCDE (2005), *E-Government for Better Government*, OECD Publishing, París, http://dx.doi.org/10.1787/9789264018341-en.

OCDE (2002), *Regulatory Policies in OECD Countries: From Interventionism to Regulatory Governance*, OECD Publishing, París, http://dx.doi.org/10.1787/9789264177437-en.

OCDE/International Telecommunication Union (2011), *M-government: Mobile Technologies for Responsive Governments and Connected Societies*, OECD Publishing, París, http://dx.doi.org/10.1787/9789264118706-en.

Presidencia de la República Dominicana, Ministerio de Administración Pública (2012),Estrategias para Desarrollar la Calidad en los Servicios Públicos en República Dominicana, Santo Domingo, febrero de 2012, www.map.gob.do

Regidor-Barboza, H. (2013), "El Barómetro de la Profesionalización del Empleo Público en Centroamérica y República Dominicana", *ICAP-Revista Centroamericana de Administración Pública*, (64):151-158, junio, http://biblioteca.icap.ac.cr/rcap/64/harys_regidor.pdf.

SEAP (Secretaría de Estado de Administración Pública, Presidencia de la República Dominicana) (2010), *Desafíos de Innovación de la Función Pública Dominicana*, documento presentado en el XV Foro organizado por el Instituto Centroamericano de Administración Pública (ICAP) y la Dirección General de Servicio Civil (DGSC), Costa Rica.

Smullen, A. (2010), Translating Agency Reform: Rhetoric and Culture in Comparative

Perspective, Public Sector Organisations Series, Palgrave Macmillan. Van der Wal, H., I. Pröpper and J. de Jong (2009), "Developing Professional Standards for Citizen Engagement, the Netherlands" in OECD (2009), *OECD Studies on Public Engagement: Focus on Citizens*, OECD Publishing, París.

White, A. and P.Dunleavy (2010), *Making and Breaking Whitehall Departments: a guide to machinery of government changes*, Institute for Government, LSE Public Policy Group, Londres.

Bibliografía general

Agencia Española de Cooperación Internacional para el Desarrollo (AECID) y el Sistema de la Integración Centroamericana (SICA) (2012), *Informe Barómetro de la profesionalización del empleo público en Centroamérica y República Dominicana,* www.aecid.es/es.

APSC (Australian Public Service Commission) (2010), *Whole-of-government ICT strategic workforce plan 2010-2013,* Commonwealth of Australia, www.apsc.gov.au/publications-and-media/current-publications/ict-workforce.

APSC (2009), *2009 ICT Statistical Bulletin Right place — Creating an agile and mobile workforce,* Commonwealth of Australia, www.apsc.gov.au/__data/assets/pdf_file/0019/6535/rightplace.pdf.

Attali & Associés (2010), *Informe de la Comisión Internacional sobre el Desarrollo Estratégico de la República Dominicana: 2010-2020*, Santo Domingo.

Auditor General of Canada (2010), *Report of the Auditor General of Canada to the House of Commons. Chapter 2, Modernizing Human Resource Management*, Office of the Auditor General of Canada, Ottawa, www.oag-bvg.gc.ca.

BID (Inter-American Development Bank) (2013), *Managing for Development Results in the Dominican Republic,* nota técnica núm. IDB-TN-537, IDB, Washington, D.C.

BID (2009), *La ruta hacia el crecimiento sostenible en la República Dominicana*, IDB, Washington, D.C.

BID (2006a), *The Politics of Policies: Economic and Social Progress in Latin America*, Centro David Rockefeller de Estudios Latinoamericanos, Universidad de Harvard. Estados Unidos.

BID (2006b), *Informe sobre la situación del servicio civil en América Latina,* IDB, Washington, D.C.

Borins, S. (2001), *The Challenge of Innovating in Government*, The PricewaterhouseCoopers Endowment for the Business of Government.

Bryan, A., J. Bryden, H. Kirsty, F. Rennie, and L. Young-Smith (2007), *Critical Factors in the Success of One Stop Shops as a Model of Service delivery within Rural Locations*, Scottish Executive.

Comisión Europea (2013), *European Public Sector Innovation Scoreboard 2013,* http://ec.europa.eu/enterprise/policies/innovation/files/epsis-2013_en.pdf.

DFID (2013), *Summary Report of the Public Sector Governance Reform Evaluation*, informe preparado por DFID – UK Department for International Development, Irish Aid, Sida – la agencia sueca de ayuda en colaboración con la OECD DAC Network on Governance, London, www.gov.uk/government/uploads/system/uploads/attachment_data/file/199777/Public-sector-gov-reform-eval-summary.pdf.

Easton, D. (1965), *A Framework for Political Analysis,* Prentice-Hall, Inc., Englewood Cliffs, New Jersey, United States.

EIPA (2008), *Top Public Managers in Europe: Management and Working Conditions of the Senior Civil Servants in European Union Member States*, estudio solicitado por la presidencia francesa de la Unión Europea, *Etudes et perspectives*, European Institute for Public Administration (EIPA), Maastricht, Países Bajos.

EIPA (2007), *Performance Assessment in the Public Services of the EU Member States*, estudio para la 48ª Reunión de los Directores Generales de los Servicios Públicos de los Estados Miembros de la Unión Europea, European Institute of Public Administration, Maastricht, Países Bajos.

ESADE (2012), *Segundo Barómetro de la Profesionalización del Empleo Público en Centroamérica y República Dominicana*, presentación de los resultados preliminares, Francisco Longo, Instituto de Gobernanza y Dirección Publica.

EUPAN (2013), *Discussion note on workforce planning as an enabler for change – Responses from EUPAN members*, nota preparada para la presidencia irlandesa de la Unión Europea, www.eupan.eu/files/repository/20130327185247_Workforce_Planning_-_Discussion_Note.pdf.

Eurofound (2013), *Work organisation and employee involvement in Europe*, Publications Office of the European Union, Luxemburgo, www.eurofound.europa.eu/publications/htmlfiles/ef1330.htm.

Farazmand, A. (2004), "Innovation in Strategic Human Resource Management: Building Capacity in the Age of Globalization", *Public Organization Review: A Global Journal*, 4:3-24, Kluwer Academic Publishers, Países Bajos.

FIIAPP (2012a), *Propuesta de Gestión de Recursos Humanos del Servicio Civil de la República Dominicana*, (Informe núm. 2), documento interno, Ministerio de Administración Pública de la República Dominicana, Santo Domingo.

FIIAPP (2012b), *El Modelo de Recursos Humanos en las Administraciones Públicas. Situación Actual del Modelo de Gestión de los Subsistemas de Recursos Humanos en La República Dominicana. Modelo Iberoamericano de Función Pública. Modelos Comparados*, presentación al Ministerio de Administración Pública (MAP) de la República Dominicana, Santo Domingo.

Focus Consultancy (2010), *Diversity and Innovation, A Business Opportunity for All*, publicación financiada por el European Community Programme for Employment and Social Solidarity (2007-2013), www.iegd.org/pdf/Task%203%20-%20Innovation.pdf.

Gajduschek, G. and V. Linder (2011), *Report on the Survey on 'Mobility between the Public and Private Sectors with Special Regards to the Impact of the Financial Crisis'*, estudio solicitado por la presidencia húngara del Consejo de la Unión Europea, presentado en la 56ª Reunión de los Directores Generales de los Servicios Públicos de los Estados Miembros de la Unión Europea – sesión conjunta con los representantes de TUNED, Hungría, Gödöllo", 24 de junio.

Germán, D. (2012), *Avances en la Carrera Administrativa en la República Dominicana*, XVI Foro de la Función Pública del Istmo Centroamericano, Panama y República Dominicana, Panama, July, http://biblioteca.icap.ac.cr/rcap/64/donatila_german.pdf.

Grindle, M. (2010), "Constructing, Deconstructing and Reconstructing Career Civil Service Systems in Latin America", Faculty Research Working Paper Series RWP10-025, Escuela Kennedy de Harvard, Escuela de Gobierno John F. Kennedy, Universidad de Harvard,Estados Unidos.

Halligan, J. (2007), *Reform Design and Performance and Australia and New Zealand*, in Christensen, T. and P. Laegrid (eds.), *Transcending New Public Management: The Transformation of Public Sector Reforms*, Ashgate Publishing Ltd., Hampshire, United Kingdom, and Ashgate Publishing Co., Burlington, Vermont, Estados Unidos.

Hausmann, R., C., A. Hidalgo, J.A. Jiménez, R. Lawrence, E. Levy-Yeyati, L. Pritchett, C. Sabel and D. Schydlowsky (2012), *Reporte Harvard. Construyendo un mejor futuro para la República Dominicana: Herramientas para el desarrollo, Informe Elaborado por el Centro de Desarrollo Internacional de la Universidad de Harvard a Solicitud del Ministerio de Economía, Planificación y Desarrollo de la República Dominicana*, Working Papers, Centro de Desarrollo Internacional de la Universidad de Harvard, Santo Domingo.

Holbeche, L. (2001), *Aligning Human Resources and Businesses Strategy*, Butterworth-Heinemann, Oxford, Reinos Unidos.

Ketelaar, A., N. Manning and E. Turkisch (2007), "Performance-based Arrangements for Senior Civil Servants: OECD and other Country Experiences", *OECD Working Papers on Public Governance*, 2007/5, OECD Publishing, París.

Kettl, D. F., C. Pollitt and J.H. Svara (2004), *Towards a Danish Concept of Public Governance: An International Perspective Report to the Danish Forum for Top Executive Management*, www.publicgovernance.dk/docs/0408260903.pdf.

Klingner, D.E., and V. Pallavicini Campos (2002), "Building Public HRM Capacity in Latin America and the Caribbean: what works and what doesn't", *Public Organization Review: A Global Journal*, 2:349-364, Kluwer Academic Publishers, Países Bajos.

Laking, R. (2005), "Agencies: their benefits and risks", *OECD Journal on Budgeting*, 4(4), OECD Publishing, París, http://dx.doi.org/10.1787/budget-v4-art19-en.

McKinsey and Company (2012), www.mckinsey.com/insights/public_sector/innovation_in_government_brazil.

Miller, J. (2011), *Sustainable Organisation Performance: What really makes the difference*, Chartered Institute of Personnel and Development, Londres.

Ministère du Budget, des Comptes publics, de la Fonction publique et de la Réforme de l'Etat (2010), *Charte de la mobilité dans la fonction publique de l'Etat*, Bureau de la communication et de la documentation, www.fonction-publique.gouv.fr.

Ministerio de Economía, Planificación y Desarrollo (2012), *Estudios* y *Documentos de Base Propuesta Estrategia Nacional De Desarrollo 2010-2030,* Santo Domingo.

National Centre for Partnership and Performance (NCPP) (2005), *Working to our Advantage: A National Workplace Strategy,* National Centre for Partnership and Performance, Dublin.

OCDE (2013a), *Fiscal Policy for Development in the Dominican Republic: Making Development Happen*, núm.2, OECD Publishing, París, www.oecd.org/countries/dominicanrepublic/Fiscal%20policy%20for%20development%20in%20the%20Dominican%20Republic.E-Book.pdf.

OCDE (2013b), "Observatory of Public Sector Innovation: Identifying policy levers to promote innovation", Dirección de Gobernanza Pública y Desarrollo Territorial, GOV/PGC(2013)15.

OCDE (2013c), *Government at a Glance 2013,* OECD Publishing, París, http://dx.doi.org/10.1787/gov_glance-2013-en.

OCDE (2013d), "The Government Workforce of the Future: Innovation in Strategic Workforce Planning in OECD Countries", *OECD Working Papers on Public Governance*, núm.21, OECD Publishing, París, http://dx.doi.org/10.1787/5k487727gwvb-en.

OCDE (2013e), *Ethics Training for Public Officials*, OECD, París, http://www.oecd.org/corruption/acn/library/EthicsTrainingforPublicOfficialsBrochureEN.pdf.

OCDE (2013f), *Regulatory Policy in Colombia: Going beyond Administrative Simplification*, OECD Publishing, París, http://dx.doi.org/10.1787/9789264201941-en.

OCDE (2012a), *Capital Markets in the Dominican Republic: Tapping the Potential for Development*, Development Centre Studies, OECD Publishing, París, http://dx.doi.org/10.1787/9789264177628-en.

OCDE (2012b), *Promoting Inclusive Growth: Challenges and Policies*, OECD Publishing, París, http://dx.doi.org/10.1787/9789264168305-en.

OCDE (2012c), *OECD Integrity Review of Brazil: Managing Risks for a Cleaner Public Service*, OECD Public Governance Reviews, OECD Publishing, París, http://dx.doi.org/10.1787/9789264119321-en.

OCDE (2012d), *Restoring Public Finances, 2012 Update*, OECD Publishing, París, http://dx.doi.org/10.1787/9789264179455-en.

OCDE (2012e), "Developing Human Resource Management Strategies to Support Strategic Agility in the Public Sector", Dirección de Gobernanza Pública y Desarrollo Territorial, Network on Public Employment and Management, GOV/PGC/PEM(2012)2.

OCDE (2012f), *OECD Public Governance Reviews: France: An international perspective on the General Review of Public Policies*, OECD Publishing, París, http://dx.doi.org/10.1787/9789264167612-en.

OCDE (2012g), *Public Sector Compensation in Times of Austerity*, OECD Publishing, París, http://dx.doi.org/10.1787/9789264177758-en.

OCDE (2012h), *Slovenia: Towards a Strategic and Efficient State*, OECD Public Governance Reviews, OECD Publishing, París, http://dx.doi.org/10.1787/9789264173262-en.

OCDE (2012i), "Rewarding performance in the public sector: Performance-related pay in OECD countries", Dirección de Gobernanza Pública y Desarrollo Territorial, Network on Public Employment and Management, GOV/PGC/PEM(2012)3.

OCDE (2012j), "Framework Paper on Regulatory Innovation: How innovation in the design and delivery of regulatory services can promote and support innovation in the economy", Dirección de Gobernanza Pública y Desarrollo Territorial, GOV/RPC/RD(2012)4.

OCDE (2011a), "Innovation in Public Service Delivery: Context, solutions and challenges", Dirección de Gobernanza Pública y Desarrollo Territorial, GOV/PGC(2011)4/REV1.

OCDE (2011b), *Together for Better Public Services: Partnering with Citizens and Civil Society*, OECD Public Governance Reviews, OECD Publishing, París, http://dx.doi.org/10.1787/9789264118843-en.

OCDE (2011c), *Public Servants as Partners for Growth: Toward a Stronger, Leaner and More Equitable Workforce*, OECD Publishing, París, http://dx.doi.org/10.1787/9789264166707-en.

OCDE (2011d), "Trends in Strategic Human Resource Management in Government: Findings from the 2010 Survey on Strategic Human Resources Management in Central/Federal Governments of OECD Countries", Dirección de Gobernanza Pública y Desarrollo Territorial, GOV/PGC/PEM(2011)2/FINAL.

OCDE (2011e), *Government at a Glance 2011,* OECD Publishing, París, http://dx.doi.org/10.1787/gov_glance-2011-en.

OCDE (2011f), *Towards More Efficient and Dynamic Public Management in Mexico,* OECD Public Governance Reviews, OECD Publishing, París, http://dx.doi.org/10.1787/9789264116238-en.

OCDE (2011g), "Reviews of Regulation: Lessons from International Experience", Dirección de Gobernanza Pública y Desarrollo Territorial, GOV/RPC(2011)2.

OCDE (2010a), *Value for Money in Government: Public Administration after "New Public Management"*, OECD Publishing, París, http://dx.doi.org/10.1787/9789264086449-en.

OCDE (2010b), *OECD Reviews of Human Resource Management in Government: Brazil 2010*, OECD Publishing, París, http://dx.doi.org/10.1787/9789264082229-en.

OCDE (2010c), "Strengthening the Institutional Setting for Regulatory Reform: the experience from OECD countries", Dirección de Gobernanza Pública y Desarrollo Territorial, GOV/RPC(2010)5/FINAL.

OCDE (2010d), "Regulatory Policy and the Road to Sustainable Growth", Dirección de Gobernanza Pública y Desarrollo Territorial, GOV/RPC(2010)16/FINAL.

OCDE (2010e), *OECD Public Governance Reviews Finland: Working Together to Sustain Success*, OECD Publishing, París, http://dx.doi.org/10.1787/9789264086081-en.

OCDE (2010f), *OECD Rural Policy Reviews: Strategies to Improve Rural Service Delivery*, OECD Publishing, París, http://dx.doi.org/10.1787/9789264083967-en.

OCDE (2009a), *Government at a Glance 2009,* OECD Publishing, París, http://dx.doi.org/10.1787/9789264075061-en.

OCDE (2009b), "Towards a Sound Integrity Framework: Instruments, Processes, Structures and Conditions for Implementation Global Forum on Public Governance 4-5 de mayo, Dirección de Gobernanza Pública y Desarrollo Territorial, Comité de Gobernanza Pública, GOV/PGC/GF(2009)1.

OCDE (2009c), *Focus on Citizens, OECD Studies on Public Engagement,* OECD Publishing, París, http://dx.doi.org/10.1787/9789264048874-en.

OCDE (2008a), *The State of the Public Service*, OECD Publishing, París, http://dx.doi.org/10.1787/9789264047990-en.

OCDE (2008b), "Note on Job Profiling", GOV/PGC/PEM(2008)5, documento de trabajo interno.

OCDE (2008c), OECD Public Management Reviews: *Ireland 2008: Towards an Integrated Public Service*, OECD Publishing, París, http://dx.doi.org/10.1787/9789264043268-en.

OCDE (2008d), "Regulation inside Government", GOV/PGC/REG(2009)/15.

OCDE (2007a), *Ageing and the Public Service: Human Resource Challenges*, OECD Publishing, París, http://dx.doi.org/10.1787/9789264029712-en.

OCDE (2007b), *OECD Reviews of Human Resource Management in Government: Belgium 2007: Brussels-Capital Region, Federal Government, Flemish Government, French Community*, Walloon Region, OECD Publishing, París, http://dx.doi.org/10.1787/9789264038202-en.

OCDE (2007c), *OECD Guidelines for Conflict of Interest in the Public Service: Report on Implementation*, OECD, París, http://www.oecd.org/gov/ethics/39691164.pdf.

OCDE (2005a), *Performance-related Pay Policies for Government Employees*, OECD Publishing, París, http://dx.doi.org/10.1787/9789264007550-en.

OCDE (2005b), "Paying for Performance: Policies for Government Employees", *OECD Policy Brief*, mayo, www.oecd.org/publications/Policybriefs.

OCDE (2005c), *E-Government for Better Government*, OECD Publishing, París, http://dx.doi.org/10.1787/9789264018341-en.

OCDE (2003), "Managing senior management: senior civil service reform in OECD countries", GOV/PUMA(2003)17.

OCDE (2002), *Regulatory Policies in OECD Countries:From Interventionism to Regulatory Governance*, OECD Publishing, París, http://dx.doi.org/10.1787/9789264177437-en.

OCDE (2000), *Trust in Government. Ethics Measures in OECD Countries*, OECD Publishing, París, http://dx.doi.org/10.1787/9789264187986-en.

OCDE (1998), "Principles for Managing Ethics in the Public Service", *PUMA Policy Briefs* No. 4, Public Management Service, OECD, mayo, www.oecd.org/gov/ethics/1899138.pdf.

OCDE/ECLAC (2011), *Latin American Economic Outlook 2012: Transforming the State for Development*, OECD Publishing, París, http://dx.doi.org/10.1787/leo-2012-en.

OCDE/International Telecommunication Union (2011), *M-government: Mobile Technologies for Responsive Governments and Connected Societies*, OECD Publishing, París, http://dx.doi.org/10.1787/9789264118706-en.

OCDE (2013), Survey on Strategic HRM in Central/Federal Governments (Encuesta de la OCDE sobre Gestión Estratégica de Recursos Humanos en Gobiernos Centrales/Federales, actualizada en 2013 con base en datos de 2012), inédito.

Presidencia de la República Dominicana, Ministerio de Administración Pública (2012), *Estrategias para Desarrollar la Calidad en los Servicios Públicos en República Dominicana*, Santo Domingo, febrero, www.map.gob.do.

Presidencia de la República Dominicana, Secretaría de Estado de Administración Pública-SEAP (2010a), *Desafíos de Innovación de la Función Pública Dominicana*, documento presentado en el XV Foro organizado por el Instituto Centroamericano de Administración Pública (ICAP) y la Dirección General de Servicio Civil (DGSC), Costa Rica.

Presidencia de la República Dominicana, Secretaría de Estado de Administración Pública-SEAP (2010b), *Estadísticas de República Dominicana*, documento presentado en el XV Foro organizado por el Instituto Centroamericano de Administración Pública (ICAP) y la Dirección General de Servicio Civil (DGSC), Costa Rica.

Regidor-Barboza, H. (2013), "El Barómetro de la Profesionalización del Empleo Público en Centroamérica y República Dominicana", *ICAP-Revista Centroamericana de Administración Pública*, (64):151-158, junio, http://biblioteca.icap.ac.cr/rcap/64/harys_regidor.pdf.

República Dominicana (2010), *Plan de acción para la implementación de las recomendaciones formuladas al Estado Dominicano por el Comité de Expertos del Mecanismo de Seguimiento de la Convención Interamericana Contra La Corrupción (MESICIC) sobre los temas de la Primera y Segunda Rondas*, Santo Domingo, Abril.

Von Bergen, C.W., B. Soper and J.A. Parnell (2005), "Workforce diversity and organisational performance", *Equal Opportunities International*, 24(3/4):1-16.

Vujicic, M., K. Ohiri and S. Sparkes (2009), *Directions in Human Development. Working in Health: Financing and Managing the Public Sector Health Workforce*, World Bank, Washington, D.C.

Wollmann, H. (2003), "Public sector reform and evaluation. Approaches and practice in international perspective", in H. Wollmann (ed.), *Evaluation in Public Sector Reform. Concepts and Practice in International Perspective*, Edward Elgar, Cheltenham/Northampton, Reinos Unidos.

World Bank (2013), *Public Accountability Mechanisms Initiative*, Monitoring and Oversight website, www.agidata.org/pam/ProfileIndicator.aspx?c=58&i=3301.

World Bank (2010), *GET Brief: Improving Performance*, February, Banco Mundial, Washington, D.C.

World Economic Forum (2013), Global Competitiveness Report 2013-2014, WEF, www.weforum.org/reports/global-competitiveness-report-2013-2014.

Anexo 1:

Reforma de salarios públicos eslovena

Estudio de la OCDE del Sistema Salarial del Sector Público Esloveno

Mensajes pertinentes clave

- El sistema salarial del sector público requiere importantes reformas adicionales para reforzar una GRH vanguardista, apoyar una administración pública orientada al desempeño y fortalecer las capacidades para una gobernanza pública eficaz.
- Estas reformas tendrían que ser prioritarias para el gobierno esloveno, el cual requiere contar con facultades suficientes para gestionar (y, de ser necesario, reducir) el gasto salarial público como parte de las políticas fiscales activas de apoyo a la sostenibilidad fiscal.
- No debería permitirse que las reformas adicionales debiliten el control central necesario para la coherencia y transparencia, o reactiven las debilidades que caracterizaron al sistema anterior.
- Para que las reformas sean eficaces, es necesario prestar atención urgente a aspectos más amplios de gobernanza pública: reforma del sistema de referéndum, remoción de los elementos corporativistas que perduran en la legislación y desarrollo de una relación actualizada con los sindicatos.
- Se requiere establecer las reformas en el marco de una estrategia de GRH acordada, coherente y completa, que se vincule con los procesos de gestión de presupuestos, con el fin de evitar la instalación de una serie de procesos desconectados y sub-óptimos.

Recomendaciones pertinentes clave

- Dirigir las reformas adicionales al desarrollo de un sistema salarial del sector público más versátil, con un mayor alcance para los directivos a nivel de usuario del presupuesto; ello con el fin de adaptar las estructuras salariales a las necesidades de negocios y a la planificación de la fuerza laboral. Al mismo tiempo, mantener la coherencia en la fijación salarial en todo el sector público y aumentar el alcance de las políticas fiscales activas.
- Establecer y empoderar a una oficina empleadora pública central y profesional, responsable de la gestión estratégica y la supervisión de todo el sistema de GRH. Se trata de un prerrequisito esencial para una gestión coherente y eficiente del sistema salarial del sector público.
- Optar por una estrategia de reforma gradual, abstenerse de una reforma exhaustiva de "explosión simultánea" y garantizar el impulso hacia delante. Esto facilitará los diálogos políticos y sociales, permitirá la recepción de retroalimentación de los pasos de

reforma previos, y preverá un aumento paulatino de las competencias de GRH necesarias.

- Evitar utilizar cualquier forma de ajuste salarial indizado automático. Más bien, los ajustes tendrían que basarse en evaluaciones que tomen en cuenta la competitividad dela economía eslovena, otros aspectos de la situación macroeconómica y cambios en la retribución en el sector privado.
- Reducir la legislación actual relativa a salarios y otras condiciones de empleo, con el fin de incrementar el alcance del gobierno y los directivos de usuarios de presupuestos para ejercer una GRH activa.
- Renovar un diálogo social constructivo con el objetivo de restaurar un equilibrio mutuamente respetado entre la función de las instituciones gubernamentales elegidas en forma democrática, la función de los aliados sociales y el lugar de acuerdos colectivos acordados libremente. Según sea apropiado, fomentar y facilitar la cooperación intrasindical.
- Optar por un modelo de negociación de dos niveles.

Fuente: Adaptado de OCDE (2012e), Slovenia: Towards a Strategic and Efficient State, OECD Public Governance Reviews, OECD Publishing, París, http://dx.doi.org/10.1787/9789264173262-en.

Anexo 2:

Formulación abierta e incluyente de políticas públicas para un mejor desempeño

Una mayor participación del público puede ser beneficiosa para los gobiernos en sus deliberaciones, decisiones y acciones. Invertir en una mayor apertura e inclusión en la formulación de políticas y la prestación de servicios puede ayudar a lograr lo siguiente:

- **Más confianza en el gobierno.** Por lo general los ciudadanos juzgan a los gobiernos democráticos sobre la base de dos medidas principales: su "desempeño en políticas" (es decir, su capacidad para entregar a la sociedad resultados positivos tangibles) y su "desempeño democrático" (es decir, el grado en el que los procesos gubernamentales de toma de decisiones cumplen con los principios democráticos). En el primer caso, el centro de atención es, en esencia, el resultado. En el desempeño democrático, el foco lo constituyen los procesos. Una entrega fructífera en el primer nivel genera credibilidad, en tanto que el éxito en el segundo aporta legitimidad. La formulación de políticas públicas abierta e incluyente puede contribuir a reforzar ambos.
- **Mejores resultados a menor costo.** Formular políticas en una forma más abierta e incluyente puede contribuir a elevar la calidad de los resultados de políticas y asegurar el mejor uso de fondos públicos, al diseñar medidas políticas sobre la base de un mejor conocimiento de las necesidades en evolución de los ciudadanos. Mientras tanto, la naturaleza de los servicios públicos cambia. Hoy una proporción creciente es intangible: servicios basados en conocimientos que requieren un grado más alto de interacción y participación de los usuarios finales como colaboradores activos y no como beneficiarios pasivos. El **codiseño y cumplimiento** de políticas, programas y servicios con ciudadanos, empresas y la sociedad civil ofrecen la posibilidad de aprovechar una reserva más amplia de ideas y recursos.
- **Mayor cumplimiento.** Hacer de los demás parte del proceso de priorización y deliberación les ayuda a entender la apuesta de la reforma y puede ayudar a garantizar que las decisiones tomadas se perciban como legítimas, aun sin estar de acuerdo con ellas. Una formulación de políticas públicas más abierta contribuye a elevar los niveles de cumplimiento de las decisiones tomadas.
- **Asegurar la equidad de acceso a la formulación de políticas y servicios públicos.** Pese a los avances en desarrollo económico, van en aumento muchas divisiones sociales, económicas, culturales y políticas que permean a las sociedades modernas de la OCDE: entre pobres y ricos, población urbana y rural, minorías y mayorías étnicas y religiosas, jóvenes y ancianos. La afirmación de que el gobierno es representante de la mayoría de los ciudadanos es cada vez más débil. Hasta hoy, la mayoría de los países de la OCDE han dedicado sus energías a cerrar estas brechas mediante la redistribución o políticas sociales dirigidas a garantizar un acceso equitativo a los servicios públicos para todos los ciudadanos. Menos transitado es un camino complementario, el orientado

a bajar el umbral de acceso a los procesos de formulación de políticas a quienes afrontan barreras a la participación, y a escuchar las voces de todos los ciudadanos en los procesos de formulación de políticas públicas.

- **Apalancar los conocimientos y recursos.** En el extremo opuesto de la escala, muchos de los ciudadanos que no enfrentan barreras específicas a la participación (en lo que respecta a sus niveles económicos y educativos) también están renunciando al contacto con el gobierno y, más bien, acuden a proveedores privados de servicios y a la promoción de políticas (por ejemplo, empresas sociales y organizaciones monotemáticas de la sociedad civil). Al hacerlo, las capacidades, ideas e influencia política de los ciudadanos con buenas dotes se pierden ante los esfuerzos del sector público de atender los retos actuales de la sociedad. En tanto sus recursos se "inviertan" en el logro de objetivos sociales a través de otros canales, esto no tendría por qué considerarse un juego de suma cero. De todas maneras, para solicitar la contribución de sus ciudadanos, los gobiernos necesitan comprender las preferencias de éstos.
- **Soluciones innovadoras.** La participación pública se reconoce cada vez más como **impulsora de la innovación y la creación de valores** en los sectores privado y público. Además, crece la conciencia de que el gobierno no puede tratar problemas complejos por sí solo y que los ciudadanos tendrán que participar más en lograr objetivos compartidos de políticas públicas (por ejemplo, salud pública, cambio climático) (Lenihan et al., 2007). Los ciudadanos están también tomando la iniciativa para resolver por su cuenta asuntos del dominio público. Las iniciativas de **ciudadanía activa** pueden permanecer completamente autónomas, pero también puede requerirse que los gobiernos se unan a estos proyectos, los faciliten o creen los marcos legales o regulatorios necesarios para su éxito. Dada la complejidad y la dimensión de los retos emergentes relativos a la gobernanza, los gobiernos no pueden esperar diseñar respuestas eficaces de políticas, ni fortalecer la legitimidad y la confianza, sin la participación, ideas y conocimientos de la mayor variedad posible de voces ciudadanas. La participación pública se reconocerá cada vez más como otra palanca de gobierno, y se convertirá en parte del conjunto estándar de herramientas gubernamentales de elaboración de presupuestos, regulatorias, de gobierno electrónico y gestión del desempeño. Sin embargo, esto sólo puede suceder con la condición doble de que la palanca de participación pública se beneficie tanto de una mayor cantidad de recursos como de una evaluación más rigurosa que lo obtenido hasta ahora, para así elevar estándares y mejorar la práctica.

¿Qué queremos decir con una formulación de políticas abierta e incluyente?

El término **abierta** se refiere a transparencia, accesibilidad y sensibilidad en el proceso de formulación de políticas públicas. Como se define en trabajos anteriores de la OCDE, un gobierno "abierto" es un gobierno:

- Transparente; en otras palabras, sujeto al escrutinio público.
- Accesible para todos, en cualquier momento y en cualquier lugar.
- Sensible a nuevas ideas y demandas.

Incluyente denota el esfuerzo de incluir la mayor variedad posible de voces ciudadanas en el proceso de formulación de políticas públicas. En la práctica el acto de "inclusión" significa:

- Reducir las barreras de entrada a la participación a personas que están **dispuestas pero no son capaces** de participar. Estas barreras pueden ser socioeconómicas, culturales, geográficas o de otra naturaleza externa.
- Aumentar el atractivo de la participación a las personas que **son capaces pero no están dispuestas** a participar. Estas personas afrontan barreras subjetivas más que objetivas. La falta de "atractivo" de la participación para ellas puede deberse a escaso interés en la política, falta de confianza en la forma en que se utilizará su aportación, o beneficios personales limitados derivados de ésta.

La **formulación de políticas públicas** incluye todas las etapas del ciclo de políticas: fijación de objetivos, preparación de políticas, toma de decisiones, implementación y evaluación.

La formulación de políticas públicas abierta e incluyente es transparente, accesible y sensible a la gama más amplia posible de ciudadanos.

Fuente: OCDE (2009c), *OECD Studies on Public Engagement: Focus on Citizens*, OECD Publishing, París, http://dx.doi.org/10.1787/9789264048874-en.

Anexo 3:

Lista de verificación para el gobierno móvil

Mejor vigilancia del desarrollo del gobierno móvil

- Investigar, evaluar y comprender con regularidad las últimas tendencias relativas a nuevos dispositivos móviles, atributos y adopción:
  - ¿Cuántas personas usan estos tipos de dispositivos?
  - ¿Cuán bien funcionan estos dispositivos, bajo qué condiciones?
- Vigilar, evaluar e informar constantemente sobre las últimas tendencias en nuevos dispositivos móviles y avances de la tecnología, aplicaciones de medios sociales y cívicos, para preparar una hoja de ruta para futuras aplicaciones de gobierno móvil.
  - ¿Cuáles son las tendencias básicas de uso?
  - ¿Qué sabemos de las personas que más probablemente las utilizarán?
  - ¿Cómo combinan con los objetivos de comunicación del gobierno?
- Comenzar y seguir experimentando con nuevas aplicaciones de gobierno móvil para fomentar la innovación continuamente.
- Reconocer y optimizar el uso de innovaciones tecnológicas que faciliten y bajen el costo de empleo de nuevos servicios de gobierno móvil; y considerar la interoperabilidad de nuevos servicios públicos móviles en los niveles legal, organizacional, semántico y técnico.
- Analizar, elaborar prototipos y evaluar servicios de gobierno móvil, para entender si cualquier cambio que conduzca a nuevas formas de entrega de información o servicio, o acceso, o ambas, será aceptado por los ciudadanos.

Fortalecer la capacidad del sector público y facilitar un entorno favorable para el gobierno móvil

- Fortalecer las capacidades y habilidades de planificación estratégica del sector público. A menudo, los funcionarios públicos de alto nivel en el mundo expresan su preocupación porque no todos los servidores públicos puedan adoptar el gobierno electrónico o móvil. Algunos consideran que estos nuevos avances son una amenaza para sus empleos. Los gobiernos se interesan por la necesidad de:
  - Desarrollar la capacidad de los servidores públicos de familiarizarse y gestionar con eficacia las aplicaciones de gobierno móvil civil.
  - Mejorar la comunicación interna entre las unidades gubernamentales y dentro de ellas, para integrar mejor las aplicaciones de gobierno móvil.

- Ofrecer recompensas e incentivos para aumentar la adhesión y la adopción del gobierno móvil por parte de los servidores públicos.

- Adoptar políticas y procedimientos pertinentes para el uso de las nuevas herramientas (por ejemplo, estándares del sitio de medios sociales, cómo se utilizará y supervisará, qué y cómo se registrarán las medidas de desempeño). Sin políticas y procedimientos, no hay manera de saber si un programa o servicio particular está funcionando o no, o si se está utilizando como se planificó.

- Asegurar la continua actualización del marco legal y regulatorio para adecuarlo al gobierno móvil (por ejemplo, incluir medios sociales y cívicos, firmas digitales, seguridad, autenticación, identidad, contenido, pagos, privacidad, condiciones de servicio). Por ejemplo, puesto que muchas de las nuevas aplicaciones de gobierno móvil aceptan pagos, información personal y documentos legales, es cada vez más necesario garantizar que dichos esfuerzos estén cubiertos y apoyados por las leyes y regulaciones nacionales.

- Brindar orientación clara a los departamentos gubernamentales sobre aspectos relacionados con la privacidad y la seguridad. Desde una perspectiva tecnológica, a medida que aumente el uso de comunicación inalámbrica para tener acceso a servicios gubernamentales, tanto por parte de los ciudadanos como de los servidores públicos, la privacidad y el acceso a la información serán un reto importante, por lo que se requerirá seguridad adicional (por ejemplo, la autenticación del usuario es un reto considerable para atender el fraude en el caso de dispositivos móviles perdidos o robados).

Aprovechar el potencial del gobierno móvil para fomentar la participación abierta, sensible y transparente del gobierno y los ciudadanos

- Garantizar la sensibilidad de los organismos gubernamentales a las expectativas ciudadanas en lo que se refiere a rendición de cuentas, transparencia y mejor entrega de los servicios públicos. Esto implica adoptar políticas y procedimientos para gestionar las expectativas de los ciudadanos. Los ciudadanos que utilicen los dispositivos y aparatos móviles más recientes tienen altas expectativas de la disponibilidad y sensibilidad de los servicios. Esto ciertamente podría extenderse a cualquier nueva oferta de gobierno móvil. Cualquier servicio de gobierno móvil tendría que planificarse por completo y ponerse a prueba con bastante anticipación para garantizar que el sistema funcione como se planificó.

- Puesto que el gobierno móvil ahora se está arraigando firmemente en una gama creciente de empresas y funciones administrativas del gobierno, se requiere un aumento en investigación, mejores prácticas, formación y aprendizaje mutuo de pares. Identificar, revisar y difundir las mejores prácticas para las aplicaciones de participación ciudadana ayudará a los servidores públicos y a los formuladores de políticas públicas a detectar lo que otros organismos están haciendo, qué funciona y qué no funciona, y por qué es beneficioso determinar aplicaciones innovadoras y pertinentes. Se necesita que organizaciones internacionales como la Unión Internacional de Telecomunicaciones (UIT o ITU, por sus siglas en inglés), la Organización para la Cooperación y el Desarrollo Económicos (OCDE) y el Departamento de Asuntos Económicos y Sociales de Naciones Unidas (DAES o DESA, por sus siglas en inglés) sigan recabando y difundiendo mejores prácticas de países del mundo entero.

- Ampliar e implementar las oportunidades de participación ciudadana por medio de aplicaciones basadas en la web, las cuales beneficiarán a los gobiernos y a los ciudadanos.
- Continuar investigando el tema para identificar mejores prácticas relativas a aplicaciones tecnológicas, formación y satisfacción de los ciudadanos.
- Al desarrollar un nuevo sitio web, asegurar su accesibilidad (y la de su contenido) para todos los posibles usuarios y dispositivos.

Desarrollar y adoptar estrategias más amplias

- Apalancar el mayor uso de teléfonos inteligentes y otros dispositivos móviles en toda la sociedad, ya que esto generará un impacto importante en el gobierno móvil.
- Reconocer la necesidad de adoptar diferentes estrategias: una estrategia de infraestructura, una estrategia de prestación de servicios (basada en la evaluación de necesidades de los usuarios) y una estrategia de cambio organizacional.
- Seguir innovando y experimentando con nuevas aplicaciones móviles.
- Asegurar que la participación de unas cuantas personas, incluso muy bien intencionada, no sustituya la voluntad de la mayoría. Es necesario que los sistemas y protecciones garanticen que los valores e instituciones democráticos no sean reemplazados por una "pandilla digital". Independientemente de las tasas de adopción del gobierno móvil, quedará una parte importante de cualquier población determinada que no tenga los recursos o el entendimiento necesarios y, por consiguiente, requiera maneras alternativas de comunicarse con el gobierno. Por consiguiente, las acciones de políticas del gobierno móvil tendrían que intentar evitar que se amplíe la brecha digital.
- Elevar la conciencia nacional de la necesidad de invertir en el desarrollo de la disponibilidad de banda ancha y tecnologías emergentes.
- Fortalecer las alianzas público-privadas en línea con las tendencias que han surgido en muchos países, donde los organismos gubernamentales trabajan con empresas privadas en el desarrollo de aplicaciones que tengan atractivo comercial para ser vendidas y adoptadas por otros. Las alianzas con proveedores o abastecedores móviles globales son esenciales para el éxito del gobierno móvil para la funcionalidad y la reducción o financiamiento de costos. Las principales ventajas de este tipo de relación son las siguientes:
    - Los costos iniciales de nuevas empresas pueden amortizarse entre un grupo más grande de usuarios.
    - Los gobiernos que carecen de conocimientos expertos en desarrollo de aplicaciones de tecnología pueden acudir a quienes sí los tienen y pueden responsabilizarse de su trabajo.

Fuente: OCDE/International Telecommunication Union (2011), *M-government: Mobile Technologies for Responsive Governments and Connected Societies*, OECD Publishing, París, http://dx.doi.org/10.1787/9789264118706-en.

ORGANIZACIÓN DE COOPERACIÓN Y DESARROLLO ECONÓMICO

La OCDE constituye un foro único en su género, donde los gobiernos trabajan conjuntamente para afrontar los retos económicos, sociales y medioambientales que plantea la globalización. La OCDE está a la vanguardia de los esfuerzos emprendidos para ayudar a los gobiernos a entender y responder a los cambios y preocupaciones del mundo actual, como el gobierno corporativo, la economía de la información y los retos que genera el envejecimiento de la población. La Organización ofrece a los gobiernos un marco en el que pueden comparar sus experiencias políticas, buscar respuestas a problemas comunes, identificar buenas prácticas y trabajar en la coordinación de políticas nacionales e internacionales.

Los países miembros de la OCDE son: Alemania, Australia, Austria, Bélgica, Canadá, Chile, Corea, Dinamarca, Eslovenia, España, Estados Unidos de América, Estonia, Finlandia, Francia, Grecia, Hungría, Irlanda, Islandia, Israel, Italia, Japón, Luxemburgo, México, Noruega, Nueva Zelanda, Países Bajos, Polonia, Portugal, Reino Unido, República Checa, República Eslovaca, Suecia, Suiza y Turquía. La Comisión Europea participa en el trabajo de la OCDE.

Las publicaciones de la OCDE aseguran una amplia difusión de los trabajos de la Organización. Estos incluyen los resultados de la compilación de estadísticas, los trabajos de investigación sobre temas económicos, sociales y medioambientales, así como las convenciones, directrices y los modelos desarrollados por los países miembros.

OECD PUBLISHING, 2, rue André-Pascal, 75775 PARIS CEDEX 16
(42 2014 13 4 P) ISBN 978-92-64-21305-0 – 2015-17

www.ingramcontent.com/pod-product-compliance
Lightning Source LLC
LaVergne TN
LVHW080632011026
849160LV00014B/1189

* 9 7 8 9 2 6 4 2 1 3 0 5 0 *